Wolfgang Stegmüller

Probleme und Resultate der Wissenschaftstheorie
und Analytischen Philosophie

Band IV

Personelle und Statistische Wahrscheinlichkeit

Zweiter Halbband

Statistisches Schließen
Statistische Begründung
Statistische Analyse

Springer-Verlag Berlin · Heidelberg · New York 1973

Professor Dr. WOLFGANG STEGMÜLLER
Philosophisches Seminar II
der Universität München

ISBN-13: 978-3-642-61954-0   e-ISBN-13: 978-3-642-61953-3
DOI: 10.1007/978-3-642-61953-3

RUDOLF CARNAP
zum Gedenken

Inhaltsverzeichnis

Teil IV. ,Statistisches Schließen — Statistische Begründung — Statistische Analyse' statt ,Statistische Erklärung'

Inhaltsverzeichnis IX

Inhaltsverzeichnis des ersten Halbbandes

Teil I. Rationale Entscheidungstheorie (Entscheidungslogik)

Teil II. Die probabilistische Grundlegung der rationalen Entscheidungstheorie: Normative Theorie des induktiven Räsonierens (Rekonstruktion von Carnap II)

Gebrauchsanweisung für den Leser

Die beiden Hauptteile III *und* IV *können unabhängig voneinander und auch unabhängig von den beiden Hauptteilen* I *und* II *des ersten Halbbandes studiert werden.*

Wer sich für die *Abgrenzung* der in Teil III gegebenen Analyse des statistischen Schließens *vom Carnapschen Projekt einer Induktiven Logik* einerseits, *von der Popperschen Theorie der Bewährung* andererseits interessiert, möge zunächst die Unterabschnitte 1.a und 1.d von Teil III lesen. Der Inhalt dieser beiden Unterabschnitte ist ebenfalls vom Rest des Buches unabhängig.

Für solche Leser, die vor allem an der *Grundlagendiskussion* über die Einführung des Begriffes der statistischen Wahrscheinlichkeit interessiert sind, seien die folgenden Hinweise gegeben: In den Unterabschnitten 1.b und 1c. von Teil III kommen die *ältere Häufigkeitstheorie* sowie der Vorschlag von BRAITHWAITE zur Sprache, die statistische Wahrscheinlichkeit als *theoretische Größe* aufzufassen. Der *heutige Gegensatz zwischen den subjektivistischen und objektivistischen Richtungen* wird in Abschnitt 12 von Teil III diskutiert. Der Unterabschnitt 12.a, der dem Subjektivismus gewidmet ist, sollte *zusammen mit dem Anhang* II *über das Repräsentationstheorem von* DE FINETTI gelesen werden. Den Inhalt von Unterabschnitt 12.b, in welchem *die Poppersche Propensity-Theorie und ihre Weiterführung durch* GIERE *und* SUPPES behandelt wird, sollte man sich im Zusammenhang mit dem Anhang III über die *Metrisierung qualitativer Wahrscheinlichkeitsfelder* aneignen.

Von speziellen Begriffen der Statistik, die in Kap. B und Kap. C von Teil 0 eingeführt worden sind, wird nur in den Unterabschnitten 6.c bis 6.e sowie in gewissen Partien des Abschnittes 10 von Teil III Gebrauch gemacht. Einige der in Kap. D von Teil 0 angeführten Begriffe der Maßtheorie werden ausschließlich im Unterabschnitt 2.c von Anhang II verwendet.

Gelegentliche Rückverweisungen in Teil IV können ohne Beeinträchtigung des Verständnisses bei der Lektüre übersprungen werden.

Einleitung: Überblick über den Inhalt des zweiten Halbbandes

Wer sich heute als Philosoph und Wissenschaftstheoretiker der Problematik des sogenannten ‚Statistischen Schließens‘ zuwendet, der sollte sich zu Beginn rücksichtslos eine negative Tatsache einprägen: *Es besteht bis zum heutigen Tag eine ungeheure Kluft zwischen logischen und wissenschaftstheoretischen Analysen von Begriffen der Prüfung, der Bestätigung und der Bewährung von Hypothesen auf der einen Seite, und von Fachleuten im Gebiet der mathematischen Statistik angestellten Untersuchungen über diese Themenkreise auf der anderen Seite.* Den einzigen mir bekannten Versuch eines Brückenschlages stellt das Buch von J. HACKING "The Logic of Statistical Inference" dar. In dem auf den ersten Abschnitt von **Teil III** folgenden Text habe ich daher in vielen Punkten auf HACKINGs Ideen zurückgegriffen, allerdings meist in der Form kritischer Diskussionen und Rekonstruktionen, die vermutlich häufig zu Konsequenzen führen, die mit HACKINGs Auffassungen nicht übereinstimmen.

Die erwähnte Kluft wird von Philosophen nur allmählich zu überbrücken sein, und auch das allein dann, soweit sie bereit und in der Lage sind, sowohl den Willen zu äußerster Bescheidenheit als auch den zu größtmöglicher Vorurteilslosigkeit aufzubringen. Diese beiden Entschlüsse müssen sich in zwei verschiedenen Dimensionen bewegen.

Bescheidenheit ist nicht etwa gegenüber der philosophisch-wissenschaftstheoretischen Literatur geboten, sondern hat sich auf die statistische Fachliteratur zu richten. Was hier von Spezialisten geleistet worden ist — leider in einer ‚dem gewöhnlichen Sterblichen‘ kaum oder nur sehr schwer verständlichen mathematischen Sprache —, muß zunächst *verstanden*, d. h. begrifflich durchdrungen und auf seine Voraussetzungen und Konsequenzen hin analysiert werden. „Besser verstehen!" und nicht „besser machen!" muß die Devise beim Beginn der Arbeit lauten. (Mit der Niederschrift von Teil 0 im Ersten Halbband habe ich unter anderem auch den Zweck verfolgt, Philosophen und Wissenschaftstheoretiker mit den wichtigsten begrifflichen Apparaturen der Statistik vertraut zu machen, ohne die ein weiteres Eindringen in die Materie nicht möglich ist.) Allerdings wird man hier bald eine merkwürdige Beobachtung machen, nämlich daß sowohl bezüglich der Grundbegriffe als auch in sehr speziellen Detailfragen unüberwindliche Gegensätze zu bestehen scheinen. Der Gegensatz zwischen ‚Bayesianern‘ und ‚Anti-Bayesianern‘ spiegelt z. B. einen

Unterschied in den Auffassungen über die Natur des Begriffs der Wahrscheinlichkeit selbst wider. Wenn man dann noch solche Dinge zur Kenntnis nehmen muß, wie daß ein bedeutender Statistiker und Begründer einer Schule, R. A. FISHER, ausgeklügelte Testmethoden entwickelte, von denen der Begründer einer anderen Schule, J. NEYMAN, beweisen zu können behauptete, daß diese Methoden *in einem mathematisch präzisierbaren Sinn* ‚schlechter als nutzlos' seien, dann wird man gewahr, daß hier im Grundsätzlichen wie in Einzelheiten Gegensätze vorherrschen, wie sie in kaum einer anderen Wissenschaft anzutreffen sind — den Streit zwischen philosophischen Schulen natürlich ausgenommen. Gerade diese ‚heimatlichen Klänge' aber könnten vielleicht dazu beitragen, philosophisches Interesse zu erwecken. Tatsächlich kann ich mit introspektiver Gewißheit verifizieren, daß sie in mindestens einem Fall dazu beigetragen haben.

Die *Aufforderung zum vorurteilslosen Herantreten an die Probleme* muß dagegen die Bereitschaft einschließen, sich von herkömmlichen Denkansätzen zu befreien, und zwar nicht nur von solchen der traditionellen Philosophie, sondern gerade auch von solchen, die in der neueren Wissenschaftstheorie entwickelt worden sind. Wer sich heute als Philosoph mit Bestätigungs- und Testproblemen beschäftigt, stößt nicht nur mit Sicherheit auf zwei große Namen. Er wird sich fast unvermeidlich, bewußt oder instinktiv, mehr der einen oder der anderen Denkweise anschließen. Und ebenso wird der Leser, der mit den einschlägigen Diskussionen auch nur einigermaßen vertraut ist, zunächst herauszubekommen versuchen, ob sich der Betreffende mehr als ‚Carnapianer' oder als ‚Popperianer' den Problemen zuwendet. Der Titel des ersten Abschnittes wurde nicht nur gewählt, um von vornherein keine falschen Erwartungen aufkommen zu lassen; er ist gleichermaßen als Appell zu verstehen, sich in der Tugend der Befreiung von wissenschaftstheoretischen Voreingenommenheiten zu üben. Dagegen war damit keinerlei polemische Absicht verbunden. Die Abgrenzung gegenüber dem, was CARNAP induktive Logik nannte, ist zwar eine unmittelbare Konsequenz meiner entscheidungstheoretischen Uminterpretation des Carnapschen Projektes. Denn im gegenwärtigen Kontext haben wir es, wenigstens in der Hauptsache, mit *theoretischen* Nachfolgerproblemen zum Induktionsproblem zu tun. Doch würde der Unterschied auch dann bestehen bleiben, wenn man CARNAPs ursprünglichem Selbstverständnis folgte. Schlagwortartig seien die wesentlichen Unterschiede hervorgehoben: (1) In CARNAPs System können *isolierte* Hypothesen aufgrund von Erfahrungsdaten beurteilt werden. In dem hier versuchsweise eingeführten Analogon zum Bestätigungsbegriff wird hingegen ausdrücklich auf *miteinander rivalisierende Alternativhypothesen* Bezug genommen. (2) Der Begriff des *statistischen Datums* schließt nicht nur sog. ‚Beobachtungsdaten' ein, sondern stets auch ein background knowledge in Gestalt *akzeptierter statistischer Oberhypothesen*. Die Notwendigkeit einer solchen Einbeziehung ergibt sich daraus, daß man keine statistischen Hypothesen überprüfen kann, ohne andere statistische Hypothesen als gültig vorauszusetzen. Dieser scheinbar paradoxe Sachverhalt wird verständlicher, wenn man zu der von R. N. GIERE benützten Analogie greift, bei der es sich ebenfalls um eine theoretische Größe handelt: Es dürfte in der Physik nicht möglich sein, den Wert einer bestimmten Kraft zu bestimmen, ohne irgendwelche Annahmen über andere Kräfte zu machen. (3) Der Bestätigungsbegriff ist *nicht probabilistisch*, also in einem bestimmten technischen Sinn *nicht induktivistisch* (dies gilt allerdings nur mit Ausnahme von Abschnitt 13).

Die eben gemachten Andeutungen legen die Vermutung nahe, daß die hier vorgetragenen Überlegungen eine mehr oder weniger große Ähnlichkeit mit der Denkweise POPPERs haben werden. Ich bin gern bereit, dies zuzugeben. Dennoch scheint es mir, daß die Poppersche Theorie von vornherein auf *deterministische* Hypothesen zugeschnitten ist. Insbesondere gilt die von POPPER mit solcher Emphase betonte Asymmetrie zwischen Verifizierbarkeit und Falsifizierbarkeit im statistischen Fall nicht. Dies hat mehrere wichtige Konsequenzen: Erstens darf man bei der Beurteilung statistischer Hypothesen nicht nur an die Gefahr denken, daß man Falsches irrtümlich für richtig hält; die dazu duale *Gefahr der irrtümlichen Verwerfung von richtigen Hypothesen* ist genauso ernst zu nehmen. Zweitens ist jede *Verwerfung* statistischer Hypothesen etwas *prinzipiell Provisorisches*. Während im deterministischen Fall die empirische Widerlegung von Theorien nur dadurch rückgängig gemacht werden kann, daß man die empirischen Daten in Frage stellt, kann die *Zurücknahme der Verwerfung* einer statistischen Hypothese *durch bloße Vergrößerung der Erfahrungsdaten*, ohne Revision der bei der Verwerfung verfügbaren Daten, erzwungen werden. Dies allein zeigt, daß jeder Begriff der ‚vernünftigen Verwerfung‘ von statistischen Hypothesen, wie immer er genauer zu explizieren ist, etwas völlig anderes darstellt als der Begriff der Falsifikation, jedenfalls keine ‚natürliche Verallgemeinerung‘ dieses letzteren Begriffs. Schließlich kann man bei deterministischen Hypothesen stets feststellen, ob Beobachtungsdaten mit ihr in Einklang stehen oder ob sie dies nicht tun. Bei statistischen Hypothesen kann es sich ereignen, daß sich keines von beiden sagen läßt: *Urteilsenthaltung* ist dann die adäquateste Reaktion. Dies ist ein dritter Unterschied. Weiter oben wurde gesagt, daß der später benützte Bestätigungsbegriff nicht ‚induktivistisch‘ ist. Ergänzend füge ich jetzt hinzu: er ist auch nicht ‚deduktivistisch‘.

Von einem streng systematischen Gesichtspunkt aus gesehen wäre es wünschenswert, die Beschäftigung mit der statistischen Wahrscheinlichkeit in zwei Teile zu zerlegen. Im ersten Teil wäre zu schildern, wie dieser Begriff als ein ‚wohldefinierter Begriff‘ einzuführen ist. Erst im zweiten Teil hätte man sich dann der Bestätigungs- und Testproblematik zuzuwenden. Wir werden dagegen ‚das Pferd beim Schwanz aufzäumen‘ und mit dem letzteren beginnen: Der Grund dafür ist den Ausführungen in 1.b und 1.c zu entnehmen. Die v. Mises-Reichenbachsche Theorie, welche die statistischen Wahrscheinlichkeiten als Grenzwerte von Folgen relativer Häufigkeiten definiert (und daher von mir als *Limestheorie* der statistischen Wahrscheinlichkeit bezeichnet wird), ist zu starken Einwendungen ausgesetzt, als daß sie eine brauchbare begriffliche Basis abgeben könnte. Der Vorschlag von BRAITHWAITE wiederum, die statistische Wahrscheinlichkeit als eine *theoretische Größe* einzuführen, die durch eine Testregel zu charakterisieren ist, macht den Wahrscheinlichkeitsbegriff unendlich vieldeutig. Immerhin bildet der Braithwaitesche Vorschlag einen interessanten Vorläufer der *Propensity-Interpretation* von POPPER, die an späterer Stelle (in 12.b) ausführlich diskutiert wird. Bis einschließlich Abschnitt 11 stehen die Überlegungen somit unter einer Als-Ob-Konstruktion: Es wird stets so getan, *als ob* es so etwas wie eine theoretische Größe, genannt Statistische Wahrscheinlichkeit oder *Chance*, gäbe. Und alle Ausführungen von Abschnitt 2—10 gelten nur unter dieser wissenschaftstheoretischen Oberhypothese. Zur Rechtfertigung mag ein Analogiebild dienen: Wenn es stimmt, daß der Begriff der Kraft eine theoretische Größe ist, dann ist es — statt endlosen Nachgrübelns darüber, was die Kräfte ,eigentlich sind' und ob sie nicht vielleicht doch ,durch Definition auf Beobachtbares zurückgeführt' werden können — zweckmäßiger, zunächst pragmatisch vorzugehen und nachzusehen, ,wie die Physiker mit diesem Begriff umgehen'. Ebenso finde ich es ratsamer, die nun schon endlosen Streitigkeiten darüber, ob und wie Wahrscheinlichkeiten definierbar sind, *zunächst* zurückzustellen und *zuzusehen, wie man in der Statistik*, insbesondere in der Test- und Schätzungstheorie, *diese Begriffe handhabt*. Allerdings kann es sich auch *nur* um eine Zurückstellung handeln, zumal ja die erwähnte Oberhypothese bei allen Überlegungen bestimmend bleibt. Die Kontroverse *Subjektivismus gegen Objektivismus* wird in Abschnitt 12 geschildert. Ich bin sehr froh darüber, daß ich in 12.b die Arbeiten von GIERE und SUPPES auswerten konnte, die bei Drucklegung dieses Buches noch nicht veröffentlicht waren. Beide Autoren haben die Fruchtbarkeit des Popperschen Ansatzes durch Fortführung und Präzisierung seiner Ideen unter Beweis gestellt. Vor allem die beiden Arbeiten von SUPPES haben mich davon überzeugt, daß auch die Auffassung von HACKING nicht zum Erfolg führen kann, den Begriff der statistischen Wahrscheinlichkeit mittels einer Theorie der Stützung (support) adäquat zu charakterisieren. In den Gedanken von SUPPES erblicke ich den wichtigsten Beitrag unter allen bisherigen Versuchen, den Begriff der statistischen Wahrscheinlichkeit als eine theoretische Größe einzuführen. SUPPES war früher selbst überzeugter Bayesianer, der sich, wie er berichtet, nur über ständig nagende Zweifel vom betörenden Sirenengesang der großen personalistischen Wahrscheinlichkeitstheoretiker loszulösen vermochte.

Eine kritische Diskussion der subjektivistischen ,Gegentheorie' wird in 12.a gegeben. Leider war es unmöglich, auf engem Raum eine wirklich gerechte Darstellung dieser Theorie und ihrer großartigen Geschlossenheit zu liefern. Um das Bild dennoch einigermaßen zu vervollständigen, wurden zwei besonders wichtige Aspekte dieser Theorie im Anhang II im Detail behandelt.

Der Leser möge sich durch den ungewöhnlichen Symbolismus, der im vierten Abschnitt eingeführt wird, nicht abschrecken lassen. Es handelt sich dabei nur um eine Methode zur *simultanen* Darstellung von theoretischem Hintergrundwissen und empirischen Befunden. Der dabei benützte Begriff *der kombinierten statistischen Aussage* stammt von HACKING. Doch wird dieser Begriff als ein geordnetes Paar (und nicht wie bei HACKING als ein geordnetes Sextupel) konstruiert. Der hier verwendete Symbolismus hat den Vorteil, daß diese beiden Komponenten übersichtlich zutage treten: das Erstglied eines solchen Paares enthält die eigentliche statistische Hypothese (worunter stets eine *Verteilungshypothese* verstanden wird); das Zweitglied enthält den empirischen Befund. Dieses Zweitglied kann auf das tautologische Wissen zusammenschrumpfen. Im Erstglied kann statt von speziellen Hypothesen von bloßen *Klassen von* Verteilungen die Rede sein. Letzteres ist stets der Fall, wenn es sich um das Erstglied des statistischen Datums handelt. Daß die beiden Glieder einer kombinierten statistischen Aussage ihrerseits als geordnete Tripel eingeführt werden, hat seinen Grund darin, daß nicht nur die *Propensity-Verteilung* angegeben wird, sondern außerdem die *experimentelle Anordnung* sowie der *Versuchstyp*, auf den sich diese Verteilung bezieht.

In Anknüpfung an das Vorgehen HACKINGs wird im vierten Abschnitt zunächst eine ‚verdünnte‘ Version der *komparativen Stützungslogik* von B. O. KOOPMAN angegeben, und im darauffolgenden Abschnitt wird der dabei benützte komparative Begriff „*ist besser gestützt als*" präzisiert. Der für diese Definition verwendete Schlüsselbegriff ist der auf R. A. FISHER zurückgehende Begriff der *Likelihood*. Die Stützungsrelation ist daher nicht probabilistischer Natur. Zwei Arten von theoretischen Beurteilungen werden unterschieden: die prognostischen und anderen epistemischen Verwendungen bereits akzeptierter statistischer Hypothesen, die sich auf die *Einzelfall-Regel* stützen; und der *statistische Stützungsschluß*, der bei gegebenem Hintergrundwissen die Auszeichnung einer unter mehreren miteinander konkurrierenden statistischen Hypothesen aufgrund eines Likelihoodvergleiches im Licht akzeptierter Beobachtungsbefunde gestattet.

Gegenüber der von HACKING entwickelten Theorie ergeben sich zwei wesentliche Unterschiede: HACKING leitet die Einzelfall-Regel sowie den statistischen Stützungsschluß aus einem noch allgemeineren Prinzip ab, welches er *law of likelihood* nennt. Dieses Prinzip ist jedoch inhaltlich inadäquat. Wie gezeigt wird, ist es zwar sinnvoll, *verschiedene* statistische Hypothesen aufgrund *derselben* Beobachtungsdaten zu beurteilen (Stützungsschluß), und außerdem sinnvoll, *verschiedene* mögliche singuläre Sachverhalte mittels *derselben* statistischen Hypothesen zu beurteilen (Einzelfall-Regel).

Hingegen ist es *nicht* sinnvoll, *verschiedene* statistische Hypothesen aufgrund von *verschiedenen* Beobachtungsbefunden miteinander zu konfrontieren. Gerade diese unerwünschte Konsequenz folgt jedoch aus HACKINGs law of likelihood. Ihre Elimination gelingt durch Abschwächung dieses Gesetzes zur *Likelihood-Regel*, welche sich dann aber als nichts weiter erweist denn als eine konjunktive Zusammenfassung von Stützungsschluß und Einzelfall-Regel. Ein zweiter Unterschied ergibt sich dadurch, daß *die Bedingungen für die korrekte Anwendung der Einzelfall-Regel* genauer analysiert werden. Zu diesem Zweck wird auf die Untersuchungen HEMPELs zurückgegriffen, allerdings über eine Umdeutung, die das Explikandum betrifft: Die Hempel-sche Explikation wird nicht als ein Versuch interpretiert, den Begriff der statistischen Erklärung zu präzisieren, sondern als ein Versuch, den Begriff der rationalen Begründung von Annahmen über nicht akzeptierte singuläre Sachverhalte mittels statistischer Hypothesen zu explizieren, also gerade die korrekte Anwendung der Einzelfall-Regel. Da es sich hierbei um ein schwieriges Spezialproblem handelt, wurde seine Diskussion aus dem Teil III herausgenommen und unter dem Thema „*Statistische Begründung*" in den Teil IV verlagert.

Nach einer Schilderung des stetigen Falles werden in 6.d neuere Arbeiten, vor allem von BARNARD, DIEHL und SPROTT diskutiert, in denen zum Unterschied von der Maximum-Likelihood-Methode FISHERs *der gesamte Wertverlauf der Likelihood-Funktion* untersucht und als ‚*Plausibilitätsverteilung*' gedeutet wird. In 6.e erhält der Leser einen Vorgeschmack auf die Konfrontation mit dem Subjektivismus. Den Ausgangspunkt der Diskussion bildet eine ausführliche Schilderung des Theorems von BAYES in der diskreten wie in der stetigen Fassung. Das Facit lautet, daß man den Konflikt nicht mittels einer Analyse der Leistungsfähigkeit des Theorems von BAYES (Merkregel: „die Aposteriori-Wahrscheinlichkeit ist proportional der mit der Likelihood multiplizierten Apriori-Wahrscheinlichkeit") beheben kann, sondern daß man umgekehrt in dem Konflikt „Objektivismus oder Bayesianismus" bereits Stellung bezogen haben muß, um *danach* die Leistungsfähigkeit dieses Theorems zu würdigen.

Bei den Begriffen „Zufall", „Stichprobenauswahl", „Test" sowie bei der Erörterung der Schätzungsprobleme wird zunächst weitgehend an die Gedanken HACKINGs angeknüpft. Die Problematik der Testtheorien wird an den Begriffen *Macht eines Tests* und *Umfang eines Tests* sowie mittels einer *Konfrontation der Testtheorie von* NEYMAN-PEARSON *mit der* von HACKING vorgeschlagenen *Likelihood-Testtheorie* aufgezeigt. Der Umstand, daß nicht nur die zu testende Nullhypothese mit einer Klasse von Alternativhypothesen zu vergleichen ist, sondern daß jede Testaufgabe unter der Gültigkeitsannahme statistischer Oberhypothesen (Hintergrundwissen) gestellt werden muß, erzeugt — abgesehen vom Problem der Wahl der geeigneten Testtheorie — Komplikationen, die für statistische Hypothesen spezifisch sind. Der Prüfende kann z. B. erstens doppeltes Glück haben und sowohl die richtigen Oberhypothesen (z. B. Unabhängigkeit und parametrische Verteilungsform) als auch die richtige Nullhypothese (z. B. den Parameter einer Binomialverteilung) erraten. Er kann zweitens ‚Glück im Allgemeinen und Pech im Speziellen' haben, d. h. die richtige Oberhypothese wählen, bei der Nullhypothese dagegen daneben greifen. Er kann drittens vollkommen Pech haben und bereits falsche Oberhypothesen ansetzen (z. B. den Parameter einer Binomialverteilung herauszubekommen suchen, wo in Wahrheit eine hypergeometrische Verteilung gegeben ist). Wie lauten die Kriterien, um bei negativen empirischen Indizien zwischen dem zweiten und dem dritten Fall zu unterscheiden?

Im Abschnitt 10 über *Schätzungstheorie* werden zunächst in Ergänzung zu den in Kap. B und Kap. C von Teil 0 angeführten Begriffen einige technische Hilfsmittel geschildert, die man in der modernen Statistik bei der Behandlung dieser Materie verwendet. Die wissenschaftstheoretische Diskussion beginnt in 10. d. Grundlegend ist die Feststellung einer Äquivokation im Begriff der Schätzung. Darunter können entweder praktische Dispositionen (von Unternehmern, Politikern, Fußballtrainern, Feldherren) oder aber theoretische Vermutungen verstanden werden. Ersteres wird *Schätzungshandlung* genannt, letzteres *theoretische Schätzung*. Die Gütekriterien für Schätzungen lauten in beiden Fällen anders. Der subjektivistischen Theorie wird vorgeworfen, daß sie nur Schätzhandlungen untersucht, unter vollkommener Ausklammerung des Problems der theoretischen Schätzung. Die Problemsituation kompliziert sich zusätzlich dadurch, daß selbst theoretische Schätzungen unter zwei ganz verschiedenen Aspekten beurteilt werden können: auf der einen Seite unter Gesichtspunkten der *Optimalität auf lange Sicht* (wie z. B. Erwartungstreue, relative Effizienz usw.), auf der anderen Seite unter dem Gesichtspunkt der *Bestätigung oder Stützung*. Das Problem ist unterbestimmt, solange keine Entscheidung für das eine oder das andere Verfahren getroffen ist; denn die beiden Kategorien von Gütekriterien können, aber müssen nicht zu denselben Resultaten führen. Wie HACKING dargelegt hat, kann die theoretische Schätzungsproblematik selbst bei Beschränkung auf gute Schätzungen im Sinn der *gut gestützten* Schätzungen nicht vollständig auf das Problem der gut gestützten Hypothesen zurückgeführt werden. Der Gedanke ‚nah beim wahren Wert liegen' erzeugt neue Probleme, die den Begriff der guten Schätzung fragwürdig machen. Nur teilweise werden diese Probleme mittels des Begriffs der *gleichmäßig besseren Schätzung* bewältigt. Neben der Erörterung verschiedener spezieller Probleme wird schließlich der Hackingsche Versuch diskutiert, eine Parallele zwischen der Testtheorie von NEYMAN-PEARSON und der Schätzungstheorie von SAVAGE herzustellen.

Die statistischen Schätzungstheorien werden sich vermutlich noch solange in einem unbefriedigenden Zustand befinden, als keine *adäquate*

Theorie des menschlichen Handelns verfügbar ist und als man keine besseren Einsichten in das *Verhältnis von ‚Wissen und Handeln'* gewonnen hat als bis zum heutigen Tage.

Eine kritische Diskussion der Likelihood-Stützungs- und -Testtheorie erfolgt in Abschnitt 11. In diesem Rahmen kommt auch ein bislang nicht behobenes *Paradoxon von* KERRIDGE zur Sprache. Am Ende des Abschnittes wird die Vermutung ausgesprochen, daß ein adäquater Stützungsbegriff aus einem *fünfstelligen* Relationsschema hervorgeht, in welchem außer auf die zur Diskussion stehende Nullhypothese und die verfügbaren empirischen Daten auf eine Klasse von Alternativhypothesen, auf ein Hintergrundwissen *und außerdem auf eine Testtheorie* Bezug genommen wird.

In 12. a wird die moderne *subjektivistische Theorie* soweit kritisch diskutiert, als dies ohne größere technische Hilfsmittel möglich ist. Da auf diese Weise, wie bereits erwähnt, dem Subjektivismus keine vollkommene Gerechtigkeit widerfahren kann, wurden zwei besonders wichtige Aspekte getrennt im **Anhang II** behandelt: das subjektivistische Konzept der Objektivität als *Gewinnung intersubjektiver Übereinstimmung über das Lernen aus der Erfahrung,* sowie das *Repräsentationstheorem von* DE FINETTI, durch welches die Begriffe der *objektiven statistischen Wahrscheinlichkeit* und der *Hypothesenwahrscheinlichkeit* als *überflüssig* erwiesen werden sollen. In diesem Anhang wurde großes Gewicht darauf gelegt, dem Leser den intuitiven Zugang zu zwei grundlegenden Begriffen des de Finettischen Vorgehens zu erleichtern: dem Begriff der *Mischung von Bernoulli-Wahrscheinlichkeiten* und dem Begriff der *Vertauschbarkeit von Ereignissen* (bzw. der Symmetrie von Ereignisklassen und Wahrscheinlichkeitsmaßen).

Neuere Arbeiten über die Deutung der statistischen Wahrscheinlichkeit als einer *theoretischen Größe* werden in 12. b diskutiert. Den Ausgangspunkt bildet die *Propensity-Interpretation* von POPPER. In den Arbeiten von GIERE und SUPPES werden Unklarheiten und Lücken des Popperschen Ansatzes zu beheben versucht. Den wichtigsten Beitrag liefert *die Propensity-Theorie des radioaktiven Zerfalls* von SUPPES, die es erstmals gestattet, in Analogie zu anderen Metrisierungsfällen ein Repräsentationstheorem zu beweisen. Die für ein richtiges Verständnis der Theorie von SUPPES erforderlichen Kenntnisse aus der Theorie der Metrisierung werden im **Anhang III** vermittelt: In einem einleitenden Abschnitt dieses Anhanges wird die *axiomatische Theorie der extensiven Größen* behandelt, auf welche in dem dort angegebenen Standardwerk zu Metrisierungsfragen von KRANTZ et al. *die Metrisierung qualitativer Wahrscheinlichkeitsfelder* zurückgeführt wird. Der zweite Abschnitt behandelt diese für die wichtigsten Falltypen. Die Überlegungen von SUPPES bringen zwei wichtige Ergänzungen zu den früheren Diskussionen: Erstens wird darin gezeigt, daß es nicht genügt, den Begriff der Chance oder der Propensity, wie z. B. bei HACKING, durch eine Stützungstheorie für statistische Hypothesen zu charakterisieren, sondern daß eine eigene *quali-*

tative Propensity-Theorie erforderlich ist. Zweitens stellt sich heraus, *daß die Gültigkeit der Kolmogoroff-Axiome bei Zugrundelegung der Propensity-Deutung keine Selbstverständlichkeit ist:* die Quanten-Propensity genügt vermutlich *nicht* diesen Axiomen. Dies erkennt man erst, wenn man die Quantenphysik als eine genuine statistische Theorie betrachtet.

Zu den umstrittensten Begriffen der Statistik gehört die *Fiduzialwahrscheinlichkeit* von R. A. Fisher. (Carnap erwähnte einmal in einem persönlichen Gespräch, das Fiduzial-Argument sei ihm durchaus rätselhaft und er wisse nicht, ob und wie man dieses Argument in logisch korrekter Weise rekonstruieren könne.) Im letzten Abschnitt von Teil III wird versucht, die Exposition des Fiduzial-Argumentes, welche Hacking gegeben hat, in etwas verbesserter Form darzustellen, da auch die Hackingsche Rekonstruktion einige Unklarheiten enthält. Die Wiedergabe erfolgt kommentarlos, jedoch in der Hoffnung, daß der Fishersche Gedankengang stärkere kritisch-wissenschaftstheoretische Beachtung finden möge. Für die Herausarbeitung der logischen Struktur erwies sich die Beschränkung auf den diskreten Fall als zweckmäßig. Der Grundbegriff ist ein Begriff der *Hypothesenwahrscheinlichkeit*, den man in unmittelbare Beziehung setzen kann zum *quantitativen Bestätigungsbegriff* der ursprünglichen Carnapschen Theorie (Carnap I). Der Vergleich mit der Bestätigungstheorie Carnaps liefert zwei überraschende Resultate: Zwar ist die Methode Fishers nicht universell anwendbar; doch ist sie *weder* auf Sprachen oder begriffliche Systeme von einfacher Struktur beschränkt, wie die Theorie Carnap I, *noch* gibt es ein Analogon zu dem Carnapschen Problem der Auswahl einer bestimmten metrischen Bestätigungsfunktion. Die Hinzufügung zweier Axiome zu den Grundaxiomen genügt, um die Werte von Fiduzial-Wahrscheinlichkeiten zu ermitteln.

Teil IV enthält eine kritische Diskussion der beiden miteinander konkurrierenden Theorien der statistischen Erklärungen: der Theorie von Hempel und der Theorie von Salmon. Dreierlei wird zu zeigen versucht: (I) Es handelt sich dabei nur um *scheinbare* Konkurrenten, *da die Explikanda* des Hempelschen und des Salmonschen Explikates *völlig verschieden sind.* (II) Keines der beiden Explikate sollte man *statistische Erklärung* nennen. (III) Für beide Explikate werden *Vereinfachungen* und *Präzisierungen* vorgeschlagen.

Den Ausgangspunkt der Untersuchung bilden elf Schwierigkeiten, von denen nach Ausklammerung des Goodman-Paradoxons, der Ausschaltung peripherer Probleme und nach verschiedenen Problemreduktionen drei große Schwierigkeiten übrigbleiben: das Problem, daß sich entgegen aller rationalen Voraussage prinzipiell immer *Unwahrscheinliches* ereignen kann; die von Hempel als *Mehrdeutigkeit der statistischen Systematisierung* bezeichnete Schwierigkeit; die Paradoxie, die bei Berufung auf Gesetze entsteht, die *in irrelevanter Weise spezialisiert* worden sind. Die erste dieser

Schwierigkeiten ist von Jeffrey, die letzte von Salmon zum Angelpunkt kritischer Betrachtungen gemacht worden.

Drei voneinander unabhängige Überlegungen werden dafür angegeben, das Hempelsche Explikat nicht als *statistische Erklärung von Tatsachen* zu interpretieren, sondern als Explikat für die *rationale Begründung von Propositionen über (noch) nicht akzeptierte Tatsachen*, d. h. als Explikat der Einzelfall-Regel zu deuten: erstens eine *immante Kritik* des Weges, der zur Hempelschen Explikation führte (welche im Kap. IX, Abschnitt 13 von Bd. I geschildert worden ist); zweitens intuitive Gegenbeispiele, die zeigen sollen, daß (retrodiktive oder prognostische) *Begründungen von singulären Hypothesen* mit Hilfe von statistischen Gesetzen im nachhinein (d. h. bei Eintritt eines ‚Wissens um die Richtigkeit der singulären Hypothese‘) *nicht* als Erklärungen von Fakten annehmbar sind; drittens die ‚Paradoxie des Unwahrscheinlichen‘, *welche es unmöglich macht, bei Eintritt von etwas Unwahrscheinlichem eine Erklärung heischende Warum-Frage durch Berufung auf eine statistische Gesetzmäßigkeit zu beantworten*. Dann aber, so scheint es, kann auch bei Eintreten des wahrscheinlichen Ereignisses keine Erklärung gegeben werden, da nicht ein Gesetz, sondern der *Zufall* die Differenzierung vornimmt. (Vielleicht ist dies eine der intuitiv unbehebbaren ‚Paradoxien‘, mit denen wir bei indeterministischen Systemen konfrontiert sind.) In diesem Zusammenhang wird auf die Wichtigkeit der sog. *Leibniz-Bedingung* als einer Minimalbedingung für jede adäquate Erklärung hingewiesen. Der Umstand, daß ein gegen die ursprüngliche Explikation von Hempel vorgebrachtes Gegenbeispiel von Grandy auf einem Irrtum beruhte und nur eine Pseudoschwierigkeit erzeugte, sowie die Voraussetzung, daß *nur* ein Begründungsbegriff zu präzisieren ist, führen zu einer Vereinfachung der Explikation.

Salmon vertritt in seiner ‚Gegentheorie‘ zur Hempelschen Theorie die Auffassung, daß statistische Erklärungen *nicht als Argumente* von bestimmter Art zu deuten sind. Der Einwand gegen die Bezeichnung „Erklärung" für das Salmonsche Explikat ist sehr elementar: Man kann nicht angeben, *was* denn der Gegenstand dieser Erklärung ist. Die gegenteilige Auffassung von Salmon wurde durch eine Verwechslung hervorgerufen, nämlich die Verwechslung der Klasse der Familie der Relevanzbegriffe im Carnapschen Sinn mit dem Spezialfall der positiven Relevanz. Der Fall der *negativen Relevanz* (‚Aposteriori-Wahrscheinlichkeit‘ $<$ ‚Apriori-Wahrscheinlichkeit‘) führt daher zu einer Absurdität: als Erklärung dafür, daß dieses x, welches ein F ist, auch ein G ist, müßte Salmon die Feststellung zulassen, daß x außer F weitere Eigenschaften besitzt, *die es viel unwahrscheinlicher machen,* daß x auch ein G ist, als man ursprünglich vermuten konnte.

Salmon hat in Wahrheit etwas ganz anderes geliefert, nämlich den Ansatz für eine Explikation einer *statistischen Tiefenanalyse* (von optimaler und zugleich von minimaler Struktur), die zu der zunächst allein verfügbaren Oberflächenanalyse hinzutritt. Was dadurch gewonnen wird, bezeichne ich nach dem terminologischen Vorschlag von Prof. Y. BAR-HILLEL als *statistisches Situationsverständnis*. Nachdrücklich sei darauf hingewiesen, daß dieser Ausdruck *nur* im Kontext der dabei entwickelten Theorie verwendet werden sollte.

Die im Bd. I angestellten Analysen zum Begriff der Kausalität waren in einer wichtigen Hinsicht lückenhaft geblieben: Es wurde dort zwar auf die Wichtigkeit der Unterscheidung zwischen ‚Seinsgründen‘ und ‚bloßen Symptomen‘ hingewiesen; es konnten jedoch keine scharfen Kriterien für diese Unterscheidung gegeben werden. Ein wichtiges Nebenresultat der Diskussion der Salmonschen Theorie besteht darin, einen Weg aufzuzeigen, wie diese Lücke auszufüllen ist. Im statistischen Fall wird ein *komparativer Begriff* eingeführt, der es z. B. ermöglicht, eine Begründung dafür zu geben, warum ein Luftdruckfall für darauffolgende Wetterverschlechterung *in höherem Maße von kausaler Relevanz ist als* ein Barometerfall, der demgegenüber als ‚bloß symptomatisch‘ erscheint. Der dafür benötigte kausale Relevanzbegriff wird im statistischen Fall auf den Begriff der statistischen Relevanz zurückgeführt. Darüber hinaus wird angedeutet, wie die Übertragung auf den deterministischen Fall erfolgen kann. In beiden Fällen wird auf den von SALMON wiederaufgegriffenen Reichenbachschen Gedanken der *Abschirmung* zurückgegriffen. Der Teil IV schließt mit einer kurzen Betrachtung der verschiedenen logischen Möglichkeiten, den Ausdruck „statistische Erklärung" zu definieren.

Anhang II und Anhang III wurden bereits erwähnt. **Anhang I** enthält eine vereinfachte und verbesserte Variante der im ersten Band versuchten Explikation des ‚paradoxen‘ Begriffs des Indeterminismus vom zweiten Typ, bei dem Indeterminismus vorliegt, obwohl alle Gesetze, einschließlich der Ablaufgesetze, strikte (deterministische) Gesetze sind.

Insgesamt gibt es drei ‚Paradoxien des Indeterminismus‘. Die eine besteht in der am Schluß von Teil IV gewonnenen Erkenntnis, daß man in einem indeterministischen System *nichts erklären* kann. Die zweite ist eine Folge der Tatsache, daß quantenphysikalische Wahrscheinlichkeitsfelder *keine Wahrscheinlichkeitsfelder im Standardsinn* bilden. Die dritte ergibt sich daraus, daß die moderne Physik nicht Fälle von indeterministischen Systemen mit statistischen Ablaufgesetzen beschreibt, sondern Fälle *des Indeterminismus vom zweiten Typ* zum Gegenstand hat. Nur die erste ‚Paradoxie‘ gilt für alle logisch möglichen Arten des Indeterminismus.

Teil III

Die logischen Grundlagen des statistischen Schließens

1. ‚Jenseits von Popper und Carnap‘

1.a Programm und Abgrenzung vom Projekt einer induktiven Logik.
In diesem dritten Teil des Buches sollen Untersuchungen über die logischen
Grundlagen dessen angestellt werden, was in der Fachliteratur „Statistisches
Schließen“ genannt wird. Es geht dabei vor allem um die *Beurteilung und
Prüfung statistischer Hypothesen* sowie um *statistische Schätzungen*.

Wie bereits in der Einleitung erwähnt, werden wir für viele Überlegungen an die Gedanken anknüpfen, die HACKING in seinem Buch [Statistical
Inference] entwickelt hat. In diesem einleitenden Abschnitt werden wir uns
darauf beschränken, einige grundsätzliche Betrachtungen über die Probleme des statistischen Schließens und über die Methoden zu ihrer Behandlung anzustellen.

Man wird kaum fehlgehen in der Vermutung, daß die meisten wissenschaftstheoretisch interessierten Leser mit den Projekten von CARNAP und
(oder) von POPPER vertraut sind und daher mit der bestimmten Erwartung,
um nicht zu sagen: Voreingenommenheit, an die Lektüre herantreten werden, daß hier eines dieser Projekte oder eine ‚Kombination‘ beider auf die
Behandlung statistischer Hypothesen ausgedehnt werden solle. *Dies ist nicht
der Fall.* Die folgenden Ausführungen unterscheiden sich *grundsätzlich* sowohl von POPPERs Theorie der Bewährung als auch von CARNAPs Induktiver Logik. Es erschien mir daher als ratsam, diese einleitenden Bemerkungen so abzufassen, daß eine klare Abgrenzung nach *beiden* Richtungen erfolgt. Dadurch dürfte dem Leser die geistige Umorientierung erleichtert
werden, sofern er an die Lektüre als ‚Popperianer‘ oder als ‚Carnapianer‘
herantritt.

Nachdrücklich möchte ich jedoch betonen, daß es sich hierbei nur
um Abgrenzungen handelt, die dazu dienen sollen, ein vorbereitendes Verständnis zu erzeugen. *Die Ausführungen sind dagegen nicht polemisch gemeint*,
weder in bezug auf CARNAP noch in bezug auf POPPER. Und da sie nicht als
Polemiken intendiert sind, sollen die Bemerkungen über die Unterschiede
zu den Projekten dieser beiden Denker jeweils *innerhalb eines systematischen
Kontextes* erfolgen. Dies ist der Grund, warum die Abgrenzung zur Popperschen Testtheorie erst im Unterabschnitt 1.d zur Sprache kommen
wird.

Aus Gerechtigkeitsgründen muß allerdings betont werden, daß die folgenden Ausführungen *dem Geiste nach* größere Ähnlichkeit mit der Popperschen als mit der Carnapschen Denkweise haben werden, und zwar aus drei

Gründen: erstens wegen der *ausdrücklichen Bezugnahme auf ein Hintergrundwissen* (background knowledge) in Gestalt akzeptierter statistischer Oberhypothesen; zweitens wegen der *systematischen Einbeziehung miteinander rivalisierender Alternativhypothesen*[1]; und drittens vor allem wegen des *nichtprobabilistischen Charakters des komparativen Bestätigungsbegriffs*, der später eingeführt wird. Trotzdem erschiene es mir als ein sehr gequältes Unterfangen, die zunächst *ganz auf deterministische Hypothesen zugeschnittene* Theorie POPPERs — wie immer sie im einzelnen präzisiert werden mag[2] — nachträglich irgendwie auf statistische Hypothesen ‚auszudehnen‘ oder sie so zu ‚verallgemeinern‘, damit sie auch auf derartige Hypothesen übertragbar wird.

Noch gequälter allerdings erschiene es mir, CARNAPs Ideen zu einer induktiven Logik dafür benützen zu wollen, die logischen Grundlagen der Theorie des statistischen Schließens zu klären. Diese Feststellung ist ganz unabhängig von der in Teil II vorgeschlagenen entscheidungstheoretischen Umdeutung der Carnapschen Theorie. Denn als ein theoretisches Projekt, nämlich als eine *Metatheorie der Hypothesenbeurteilung* (oder um mit CARNAP zu sprechen: als eine *Theorie der Bestätigung*) ist diese Theorie schon ganz allgemein mit schwerwiegenden Nachteilen, wenn nicht sogar mit unlösbaren Problemen behaftet[3], die bei der Übertragung auf reichere Sprachen, in denen statistische Hypothesen formulierbar sind, nur noch deutlicher in den Vordergrund treten würden.

Die wichtigsten Vorarbeiten zum statistischen Schließen sind von Fachleuten auf dem Gebiet der mathematischen Statistik erbracht worden. Die nächstliegende Aufgabe für den heutigen Wissenschaftstheoretiker besteht darin zu versuchen, diese höchst interessanten Gedanken, welche zum Teil auf enormen Denkleistungen beruhen, zu analysieren, sie begrifflich zu durchdringen und ihre logische Struktur klarzulegen. Es scheint mir, daß man nur bei der Befolgung der Devise: „Eher besser verstehen als besser machen!" dazu beitragen kann, *die ungeheure Kluft zu überbrücken, die noch immer zwischen philosophischen Theorien der Bestätigung (oder der Bewährung) auf der einen Seite und Spezialuntersuchungen zum statistischen Schließen auf der anderen Seite besteht.* Natürlich sollte einen dies nicht davon abhalten, dort Kritik zu üben, wo man bei der logischen Analyse auf Unklarheiten, vielleicht sogar auf Fehler, oder auf begriffliche Konfusionen stößt, wie z. B. auf die Vermengung von praktischen und theoretischen Problemstellungen im Rahmen der statistischen Schätzungstheorie.

---

[1] Gemeint ist: zum Unterschied vom Vorgehen CARNAPs werden niemals *isolierte* Hypothesen beurteilt, sondern stets nur Hypothesen im Verhältnis zu einer Klasse mit ihr rivalisierender Alternativhypothesen.

[2] Bezüglich solcher Präzisierungsmöglichkeiten vgl. meinen Aufsatz [Induktion], insbesondere S. 31 ff.

[3] Vgl. den Aufsatz [Induktion], insbesondere S. 56 ff.

Es sollen jetzt einige wesentliche Merkmale der folgenden Betrachtungen hervorgehoben werden. Die Abgrenzung gegenüber CARNAPS Projekt erfolgt dann an geeigneten Stellen.

(I) Die Ausdrücke „Induktion" und „induktiv" werden wir an keiner Stelle benützen. Eines der Motive dafür ist in der Einleitung bereits angeklungen: Es ist zwecklos, sich mit einem Versuch zur Lösung des sog. Induktionsproblems herumzuschlagen. Womit wir es hier zu tun haben, ist *eine spezielle Familie von theoretischen Nachfolgerproblemen zum Induktionsproblem*, d. h. von solchen Problemen, welche *an die Stelle* des Induktionsproblems zu treten haben. Dazu gehört u. a. die Einführung eines adäquaten Bestätigungsbegriffs. Um auch nur terminologische Anklänge an vorliegende Bestätigungs- oder Bewährungstheorien zu vermeiden, werden wir von *Stützung* sprechen. Ich habe zwar keine prinzipielle Einwendung dagegen, wenn jemand vor den später zu explizierenden komparativen Stützungsbegriff das Beiwort „induktiv" einfügt. Ich könnte dazu nur zweierlei bemerken: erstens handelt es sich dabei um einen überflüssigen Zusatz, den man ebenso gut weglassen kann; zweitens birgt der Gebrauch dieses Beiwortes die Gefahr in sich, daß es zu einer weltanschaulichen Leerformel wird, da vielleicht dem Leser oder Hörer durch hinreichend oftmalige Wiederholung irgendeine der zahlreichen Varianten von induktiven Entdeckungs- oder Schlußtheorien insinuiert wird.

Der tieferliegende Grund für die Vermeidung der Induktionsterminologie ist aber ein anderer: Es soll bei Kennern der Bemühungen CARNAPS nicht der irrige Eindruck erweckt werden, als handele es sich darum, irgendeine spezielle Form der induktiven Logik auf die Statistik anzuwenden. Diese Feststellung bildet, wenn man sie zu den Bermerkungen des ersten Absatzes hinzunimmt, keinen Pleonasmus. Denn auch wenn man CARNAPS Theorie im Sinne seines eigenen Selbstverständnisses deutet, ist es höchst fraglich, ob und inwieweit man in ihr überhaupt eine Fortsetzung der Versuche zur Lösung des ‚Problems der Induktion‘ erblicken kann. Ein einziger Hinweis möge dafür genügen: Während es sich nach traditioneller Auffassung um die Rechtfertigung von *Schlüssen* handelt, geht es CARNAP um die Gewinnung von *C-Aussagen*, bei denen man im Normalfall — d. h. bei Nichterfüllung der Forderung des Gesamtdatums — die ‚Conclusio‘ nicht von der ‚Prämisse‘ abtrennen darf.

(II) Die Beschäftigung mit dem statistischen Schließen hat eine über die Untersuchung der Stützung und Prüfung statistischer Hypothesen hinausgehende Bedeutung. Wenn wir in Verallgemeinerung des Begriffs der deterministischen Gesetzesaussage unter *deterministischen Aussagen* Sätze verstehen, die beliebig viele Quantoren und darunter mindestens einen (nichtleeren) Allquantor enthalten, so können wir sagen: Die auf Prüfung statistischer Hypothesen gerichteten metatheoretischen Untersuchungen *können auch für den deterministischen Fall als paradigmatisch angesehen werden*, sofern es sich dabei um weder verifizierbare noch falsifizierbare komplexe Sätze handelt. Wenn wir uns z. B. entscheiden sollen, eine Aussage anzunehmen oder zu verwerfen, die sowohl unbeschränkte Allquantoren als auch unbeschränkte Existenzquantoren enthält — hier kurz *gemischte Aussage* genannt —, so droht uns, ebenso wie im statistischen Fall, eine doppelte Gefahr: Es kann sich nicht nur ereignen, *daß irrtümlich Falsches akzeptiert wird,* sondern ebenso, *daß man irrtümlich Wahres verwirft.* Während aber in einschlägigen wissenschaftstheoretischen Abhandlungen nur mehr oder weniger vage Bemerkungen über die indirekte positive und negative Bestätigung gemischter Sätze zu finden sind, trifft man in der statistischen Fachliteratur auf viel genauere Aussagen über die Prüfung und Stützung statistischer Hypothesen, insbesondere auch über optimale Teststrategien angesichts der beiden genannten Irrtumsgefahren. In dieser Situation besteht die erste Aufgabe des Philosophen darin, Feststellungen von Statistikern über die beiden Irrtumsmöglichkeiten und ihre Wahrscheinlichkeiten, über Umfang und Macht eines Tests etc. auf ihren Sinn, auf ihre Brauchbarkeit und Begründbarkeit hin zu überprüfen, ferner die miteinander konkurrierenden Testtheorien kritisch zu vergleichen und die Reichweite ihrer Gültigkeit abzustecken.

(III) Als ein wichtiger Begriff wird sich der des *statistischen Datums* erweisen. Dieser Begriff fällt *nicht* mit dem in der Literatur, insbesondere auch bei CARNAP, oft gebrauchten Term „Erfahrungsdatum" oder „Beobachtungsdatum" ("observational evidence") zusammen, auch nicht mit der Spezialisierung dieses Begriffs auf den Fall von Beobachtungsresultaten, mittels derer statistische Hypothesen geprüft werden. Vielmehr wird der Ausdruck „statistisches Datum" in einer viel allgemeineren Bedeutung genommen. Im Normalfall werden die statistischen Daten nicht nur Beobachtungsresultate, sondern selbst wiederum *statistische Hypothesen* enthalten.

Auf den ersten Blick könnte es scheinen, daß ein so konstruierter Begriff des statistischen Datums die Gefahr eines Zirkels oder eines unendlichen Regresses in sich berge. Wir geben daher zunächst eine kurze allgemeine Erläuterung und illustrieren hierauf den Sachverhalt an zwei einfachen Beispielen, je eines für den diskreten und für den stetigen Fall. Ein vorläufiges Verständnis dessen, was unter einem statistischen Datum gemeint sein soll, ist deshalb wichtig, weil ohne diesen Begriff eine präzise Rekonstruktion des Vorgehens der Statistiker bei der Prüfung von Wahrscheinlichkeitshypothesen gar nicht möglich sein dürfte.

Wenn wir eine statistische Hypothese h beurteilen, werden wir uns in der Regel auf zweierlei Wissenskomponenten stützen, die wir als gültig voraussetzen. Die eine Komponente besteht aus relevanten *Beobachtungsdaten,* z. B. den beobachteten Wurfergebnissen nach n Würfen. Die andere Komponente besteht aus dem vorausgesetzten *Hintergrundwissen (background knowledge).* Dieses Hintergrundwissen ist seinerseits darstellbar als eine Klasse von statistischen Hypothesen, die von allgemeinerer Natur sind als die zur Beurteilung vorgelegte Hypothese h. Wegen ihrer größeren Allgemeinheit nennen wir die zum background knowledge gehörenden Annahmen auch *die als gültig vorausgesetzten statistischen Oberhypothesen bezüglich der zu beurteilenden Hypothesen h*. Wenn aus dem Kontext eindeutig hervorgeht, *welche* Hypothese die zu beurteilende ist, so lassen wir die Wendung „bezüglich der zu beurteilenden Hypothese h" fort. Auf die Wendung „als gültig vorausgesetzt" verzichten wir generell. Auf diese Weise wird „statistische Oberhypothese(n)" ein mit dem unschönen deutschen Wort „Hintergrundwissen" synonymer Ausdruck und kann daher für diesen letzteren substituiert werden.

Zwischen Beobachtungs- oder Erfahrungsdaten und Hintergrundwissen besteht zwar ein prinzipieller Unterschied in *formaler*, nicht jedoch in *epistemologischer* Hinsicht. Die Erfahrungsdaten bestehen aus individuellen Tatsachen und werden daher durch Molekularsätze beschrieben, auch singuläre Sätze genannt; wir nennen sie *akzeptierte singuläre Erfahrungssätze*. Das Hintergrundwissen hingegen wird in *allgemeinen statistischen Hypothesen* festgehalten; es besteht also aus Gesetzesannahmen, mögen dies auch keine deterministischen Hypothesen sein. Gäbe es ein absolut sicheres Beobachtungswissen, so bestünde zwischen Erfahrungsdaten und Oberhypothesen neben dem formalen auch ein epistemologischer Unterschied. Wie erstmals Popper mit Nachdruck betont hat, gibt es keine absolut sichere Basis der Erfahrungswissenschaften: Jeder Basissatz — bzw. in unserer Sprechweise: jeder singuläre Erfahrungssatz — kann selbst einer Prüfung unterzogen werden, sofern begründete Zweifel an seiner Richtigkeit auftauchen. Darin kommt nur die Tatsache zum Ausdruck, daß die sog. Basis der Erfahrungserkenntnis kein absolut sicheres Fundament darstellt, sondern daß auch in ihr eine ‚prinzipiell unbehebbare' hypothetische Komponente steckt. Analoges gilt für die vorausgesetzten statistischen Oberhypothesen. Hier muß nur zusätzlich vorausgesetzt werden, daß das für statistische Hypothesen zu beschreibende Testverfahren auch auf die vorausgesetzten Oberhypothesen anwendbar ist, sobald diese in Zweifel gezogen werden.

Vom rein logischen Standpunkt können sowohl Erfahrungsdaten als auch Hintergrundwissen auf das tautologische Wissen zusammenschrumpfen. Der Normalfall ist dies allerdings nicht, insbesondere nicht in bezug auf die Oberhypothesen. Auch dies hat Popper mehrfach betont, besonders deutlich auf S. 52 von [Dangers] mit den Worten: "We approach everything in the light of a preconceived theory". Die ‚bereits konzipierte Theorie' besteht im gegenwärtigen Fall aus den vorausgesetzten statistischen Oberhypothesen.

Neuartig ist nur die *formale Behandlung* der in den beiden letzten Absätzen skizzierten Gedanken. Während die bisherige Schilderung es nahelegen würde, *drei* Faktoren zu unterscheiden: die zu beurteilende(n) statistische(n) Hypothese(n), die akzeptierte Erfahrungsbasis und das akzeptierte Hintergrundwissen, werden wir die beiden letzten Faktoren *als gleichwertige Komponenten des statistischen Datums* behandeln. Wie dies technisch möglich ist, soll später expliziert werden. Hier genüge die Andeutung, daß das statistische Datum als *ein geordnetes Paar* konstruiert werden wird, deren zwei Glieder geordnete Tripel sind. Das eine Tripel wird die statistische Oberhypothese repräsentieren, das andere Tripel den im Datum enthaltenen Erfahrungsbericht. Wir werden daher gelegentlich das erste Glied des statistischen Datums die *theoretische Komponente* und das zweite Glied die *experimentelle* oder *empirische Komponente* nennen[4]. Der so konstruierte Begriff des statistischen Datums hat neben rein technischen Vorteilen einen didaktischen Effekt: Es wird dadurch der Verdacht beseitigt, die Benützung von Oberhypothesen bei der Prüfung und Stützung von Hypothesen bilde bloß ein psychologisches oder historisches Faktum, welches die empirisch aufweisbare Tätigkeit der Einzelwissenschaftler kennzeichne, von dem jedoch der Wissenschaftstheoretiker abstrahieren müsse.

Die obige Bemerkung über die epistemologische Parallelität von Erfahrungsdaten und Oberhypothesen diente nur dazu, den späteren Ausführungen die scheinbare Befremdlichkeit zu nehmen. Dagegen findet in diese Ausführungen keine These Eingang, welche die prinzipielle Revidierbarkeit der akzeptierten Erfahrungsbasis behauptet. *Wer an absolut sichere singuläre Erfahrungssätze glaubt, braucht diesen Glauben nicht abzulegen, um die folgenden Gedankengänge zu verstehen.* Für ihn besteht das statistische Datum dann eben aus einer gegen mögliche Widerlegung immunen Komponente (dem Erfahrungsbericht) und einer prinzipiell revidierbaren Komponente (der statistischen Oberhypothese). Die formale Behandlung bleibt also dieselbe.

Wenn oben von den beiden logisch möglichen Grenzfällen des bloß tautologischen Wissens gesprochen wurde, so könnte sich bei genauerem Zusehen doch auch hier eine Asymmetrie ergeben. Daß das Erfahrungswissen auf das leere (tautologische) Wissen zusammenschrumpfen kann, ist zweifellos möglich: Man kann statistische Hypothesen aufstellen, *bevor* man Beobachtungsresultate zur Verfügung hat. Dagegen liegt es nicht auf der Hand, daß es möglich ist, bei der Prüfung statistischer Hypothesen ein bloß tautologisches Hintergrundwissen bezüglich der theoretischen Komponente zu benützen. Wie wir noch erkennen werden, hängt die Beantwortung dieser Frage davon ab, ob man die Wendung „irgendeine Verteilung" als sinnvoll akzeptieren soll. Ich möchte dies bezweifeln.

1. Beispiel (diskreter Fall): Man stellt eine Vermutung darüber auf, wie groß die Wahrscheinlichkeit ist, mit einer gegebenen Münze *Kopf* zu werfen

---

[4] HACKING konstruiert das statistische Datum demgegenüber als ein geordnetes Sextupel. Ich ziehe die obige Darstellung wegen der dadurch erzielten klaren Trennbarkeit der beiden genannten Komponenten vor.

(mit einem gegebenen Würfel eine *Zwei* zu würfeln). Die Vermutung wird nach ihrer Aufstellung durch einige Experimente getestet. *Scheinbar* handelt es sich hierbei um eine isolierte statistische Hypothese, bei deren Aufstellung keine allgemeineren statistischen Annahmen gemacht wurden, und die hiernach mit Erfahrungsdaten (den gewonnenen Wurfergebnissen) konfrontiert wird. *Diese Annahme ist jedoch grundfalsch.* Die Statistiker wissen dies auch. Sie würden im vorliegenden Fall sagen, daß es sich darum handle, eine hypothetische Annahme über den Parameter ϑ einer Binomialverteilung zu testen. Daß die Binomialverteilung das geeignete Modell für die Beurteilung des Sachverhaltes bilde, nennen sie „Spezifikation des statistischen Problems“. Hinter dieser etwas undeutlichen Wendung verbirgt sich die Tatsache, daß bei der Diskussion der Frage, wie groß die erwähnte Wahrscheinlichkeit ist, *stillschweigend eine statistische Oberhypothese als gültig vorausgesetzt wird.* Im Münz- bzw. Würfelbeispiel ist dies die Hypothese, daß der Münzwurf (Würfelwurf) *den Gesetzen der Binomialverteilung* (und nicht etwa z. B. denen der geometrischen oder der hypergeometrischen Verteilung) genügt. Unter dieser Voraussetzung wird die Hypothese über den Wert von ϑ geprüft. Diese Voraussetzung wird *innerhalb des vorliegenden Testverfahrens* überhaupt nicht zur Diskussion gestellt.

2. Beispiel (kontinuierlicher Fall): Es soll eine Hypothese über die durchschnittliche Brenndauer von Glühbirnen, die in einer Fabrik hergestellt worden sind, geprüft werden. Wieder wird zunächst ein theoretisches Modell zugrunde gelegt. Diesmal ist es die *Exponentialverteilung.* Das, worum sich die ganze Diskussion dreht, ist die Frage, ob der Parameter dieser Verteilung richtig erraten worden ist oder ob die experimentellen Ergebnisse eine Revision der Annahme über den Parameter nahelegen werden. *Daß es sich überhaupt um eine Exponentialverteilung handelt, wird dagegen nicht in Frage gestellt, sondern vorausgesetzt.*

In anderen (und zwar sehr vielen) Fällen wird die Annahme zugrunde gelegt, daß eine *Normalverteilung* vorliegt. Die untersuchte statistische Hypothese betrifft dagegen nur Annahmen über die Parameterwerte von μ und σ der Normalverteilung.

(IV) Unter *statistischen Hypothesen* werden wir stets *Verteilungshypothesen* verstehen. *Elementare statistische Aussagen* von der Gestalt: „die Wahrscheinlichkeit, mit diesem Würfel eine 2 zu werfen, beträgt r“ werden als degenerierte Fälle von Verteilungshypothesen aufgefaßt, in denen nur ein Teil der Verteilung angegeben wird. Die theoretische Komponente des statistischen Datums beschreibt dann die allgemeine Struktur der zur Diskussion stehenden Verteilungshypothesen.

Wir werden jedoch in dieser Hinsicht keine starre Haltung einnehmen. Die statistische Oberhypothese braucht nicht diese besondere Gestalt zu haben. Sie kann allgemeiner sein. Es wird nur verlangt, *daß darin die Zugehörigkeit zu einer Klasse von Verteilungen angegeben wird.* Der problematische

Grenzfall, daß diese Klasse alle überhaupt möglichen Arten von der Verteilungen einschließt (tautologische Oberhypothese), wird in der Regel außer Betracht bleiben. Nur bei der Auseinandersetzung mit der personalistischen Theorie wird dieser Punkt ausdrücklich zur Sprache kommen.

Das stillschweigend oder explizit vorausgesetzte Hintergrundwissen, das in unserem Fall aus statistischen Oberhypothesen besteht, ähnelt im Kleinen dem, was Th. Kuhn in [Revolutions] ein *Paradigma* nennt. Die Terminologie Kuhns soll jedoch streng vermieden werden. Dies hat seinen Grund nicht darin, daß ich sie an sich für unangemessen halte, sondern daß sie mir wegen der mit ihr verbundenen Assoziationen im gegenwärtigen Kontext als zu großsprecherisch erschiene. Die Preisgabe eines naturwissenschaftlichen Paradigmas und seine Ersetzung durch ein anderes ist eine wissenschaftliche Revolution. Die Ersetzung der theorischen Komponente eines statistischen Datums durch eine andere Oberhypothese ist hingegen etwas ganz Alltägliches. Wenn z. B. jemand nach der Beobachtung von hinreichend vielen Würfen aufhört, den wahren Parameter der Binomialverteilung zu suchen, da er den begründeten Verdacht hat, daß überhaupt keine Binomialverteilung vorliegt (weil die erzielten Wurfergebnisse vermutlich die späteren beeinflussen), so kann dies für ihn u. U. zwar sehr wichtig sein; dennoch hat eine derartige Änderung der Auffassung im Prinzip nichts Aufregendes oder Revolutionäres an sich.

Macht man die statistischen Oberhypothesen selbst zum Gegenstand der Analyse, so erweist es sich als wichtig, scharf zwischen drei Problemstellungen zu unterscheiden. Die erste betrifft die Frage, *wie man zu der theoretischen Komponente des statistischen Datums gelangt.* Dazu werden wir nur einige sehr allgemein gehaltene Bemerkungen machen können; denn darüber hinausgehende Feststellungen gehören nicht zur Wissenschaftstheorie, sondern zur Psychologie der Forschung. Die zweite umfaßt alle Fragen der *Prüfung und Stützung derartiger Oberhypothesen.* Hier wird man von vornherein verlangen, daß eine Theorie der Bestätigung (Stützung) sowie eine Testtheorie so allgemein gehalten sein muß, daß sie auf statistische Hypothesen beliebiger Allgemeinheitsstufe anwendbar ist. Damit ist gewährleistet, daß dasjenige, was ein *in einem bestimmten Kontext* vorausgesetztes statistisches Hintergrundwissen darstellt, *in einem anderen Kontext* Gegenstand kritischer Beurteilung sein kann. Schließlich ist noch das Problem zu erwähnen, ob es Regeln dafür gibt, *wann die Prüfung vorliegender Hypothesen bestimmter Allgemeinheitsstufe fallenzulassen ist und zur Infragestellung der zunächst als gültig vorausgesetzten Oberhypothesen übergegangen werden soll.* Wir werden diese Frage offen lassen. Ich vermute, daß es keine präzisen Regeln von dieser Art gibt. Sollte dies dennoch der Fall sein, so bleibt ihre Formulierung vorläufig (neben vielem anderen) ein Desiderat. Es würde sich dabei darum handeln, genau den Punkt zu bestimmen, an dem man zu einem Schluß gelangt, der in alltagssprachlicher Formulierung etwa so lauten würde: „Alle zur Diskussion stehenden Hypothesen sind falsch; ergo muß in den bisher vorausgesetzten Oberhypothesen ein Fehler stecken".

(V) Außer der ausdrücklichen Einbeziehung von Hintergrundwissen in das statistische Datum soll zum Zweck der Abgrenzung noch ein weiterer wesentlicher Unterschied zum Vorgehen CARNAPs in seiner induktiven Logik angeführt werden: Nach der hier vertretenen Auffassung können *isolierte* statistische Hypothesen niemals einer ädaquaten theoretischen Beurteilung unterzogen werden. Wir werden versuchen, die These zu begründen, daß die Beurteilung einer statistischen Hypothese nur erfolgen kann *in bezug auf eine Klasse von Alternativhypothesen, die mit der zur Diskussion stehenden Hypothese konkurrieren.*

Würden wir den Ausdruck „Induktion" verwenden — was wir ausschließlich in diesen Vorbemerkungen tun —, so müßten wir sagen: Bei der folgenden Theorie handelt es sich um eine moderne Variante der *eliminativen* Induktionstheorie. CARNAPs Theorie kann demgegenüber als eine moderne Variante der *enumerativen* Induktionstheorie angesehen werden. Der enumerative Charakter, d. h. die Beurteilung einzelner Hypothesen auf ihre Prüfbarkeit, den Grad ihrer Bestätigung, der Akzeptierbarkeit etc. verbindet im übrigen so heterogene Theorien, wie z. B. die von CARNAP, REICHENBACH und der Personalisten.

Innerhalb der sog. POPPER-CARNAP-Diskussion hat sich herausgestellt, daß CARNAP im intuitiven Teil seiner Ausführungen, d. h. bei der Klärung des Explikandums, zwei Begriffsfamilien nicht klar unterschieden hatte. Vor allem durch die Ausführungen BAR-HILLELs ist es klar gemacht worden, daß die Wiedergabe der Carnapschen Formel „$c(h, e) = r$" durch „der Grad, in dem *h durch e bestätigt* wird, beträgt r" recht irreführend ist. Denn r kann zwar groß, aber dennoch kleiner sein als der Wert von $c(h, t)$, so daß das Erfahrungsdatum e die Apriori-Wahrscheinlichkeit von h herabgedrückt hat. CARNAP trug dieser berechtigten Kritik im Vorwort zur zweiten Auflage von [Probability], S. XV—XVII dadurch Rechnung, daß er zwei Familien von Begriffen unterschied: die Familie der *Festigkeitsbegriffe* (concepts of firmness) und die Familie der *Begriffe des Zuwachses an Festigkeit* (concepts of increase[5] of firmness). Die zweite Familie entspricht dem, was CARNAP ursprünglich die Relevanzbegriffe genannt hatte[6]. Den komparativen Begriffen wurde dabei, so scheint es mir, keine genügende Aufmerksamkeit geschenkt. Diese Begriffe bilden eine eigene dritte Familie.

Hier muß man allerdings eine Differenzierung vornehmen. CARNAP wählt als Grundbegriff eine vierstellige Relation $\mathfrak{MC}(h, e, h', e')$, die besagt, daß h durch e

---

[5] Der von BAR-HILLEL vorgeschlagene Ausdruck "increment" an Stelle von "increase" wäre vorzuziehen.

[6] Nebenbei bemerkt: CARNAP hätte meines Erachtens noch einen Schritt weitergehen und die ursprüngliche Terminologie ändern sollen. Der Ausdruck „Grad der Bestätigung" hätte für den quantitativen Begriff $D(h,e)$ der zweiten und nicht der ersten Familie benützt werden sollen. Da dieser Begriff als Differenz $c(h,e)-c(h,t)$ definiert ist, wäre damit dem Streit wenigstens *eine* Spitze genommen worden: CARNAP hätte nach Änderung dieser Terminologie natürlich zugegeben, daß *der Begriff des Bestätigungsgrades nicht die formale Struktur einer Wahrscheinlichkeit hat.*

besser bestätigt wird als h' durch e'[7]. Als Spezialfall davon ergeben sich zwei dreistellige Relationen, nämlich einmal für $e = e'$ und einmal für $h = h'$. Nennen wir den ersten Begriff $\mathfrak{MC}(h, h', e)$. Mittels dieses Begriffes werden *zwei miteinander rivalisierende Hypothesen verglichen*. Dies ist das grundsätzlich Neue gegenüber den qualitativen und quantitativen Begriffen der Festigkeit und des Festigkeitszuwachses. In der traditionellen Sprechweise müßte man sagen, daß nur in $\mathfrak{MC}(h, h', e)$ die eliminative Theorie der Induktion zur Geltung komme, während CARNAPs übrige Theorie, wie schon erwähnt, eine Variante der enumerativen Theorie der Induktion darstelle. Daß CARNAP dies nicht bemerkt hat, dürfte darauf beruhen, daß er von der Voraussetzung ausging, es stehe uns ein adäquater quantitativer Begriff $c(h, e)$ zur Verfügung und $\mathfrak{MC}(h, h', e)$ sei darstellbar als $c(h, e) > c(h', e)$. Der Vergleich wird erst zu einem *nachträglichen* Vergleich numerischer c-Werte. Man muß diese Carnapsche Voraussetzung fallen lassen, um zu erkennen, daß der komparative Bestätigungsbegriff etwas prinzipiell anderes darstellt als die übrigen von ihm angeführten Begriffe.

Die dreistelligen Relationen wurden hier bewußt in den Vordergrund gerückt. *Ich bezweifle nämlich, ob* CARNAPs $\mathfrak{MC}(h, e, h', e')$ *überhaupt ein sinnvolles Explikandum darstellt*. Dieser Zweifel soll an späterer Stelle im Rahmen einer kritischen Diskussion der Auffassung HACKINGs durch ein — wie mir scheint überzeugendes — Gegenbeispiel gestützt werden. Auch HACKING geht nämlich bei seinem Versuch, die Einzelfallregel sowie die Regel für den Likelihood-Vergleich statistischer Hypothesen aus einem allgemeineren Prinzip (nämlich seinem 'law of likelihood') herzuleiten, von der intuitiven Vorstellung aus, man müsse eine derartige *vierstellige* Relation zu Grunde legen. Demgegenüber soll später gezeigt werden, daß es zwar sinnvoll ist, *verschiedene* statistische Hypothesen im Licht *eines und desselben* Beobachtungsbefundes zu beurteilen, und ebenfalls sinnvoll, *ein und dieselbe* statistische Hypothese aufgrund *verschiedener* Beobachtungsresultate zu beurteilen, *daß es hingegen kein sinnvolles Unterfangen darstellt, verschiedene statistische Hypothesen auf der Basis verschiedener empirischer Befunde beurteilen zu wollen.*

Es sei bereits hier angekündigt, daß sich etwas Merkwürdiges ergeben wird. Das intuitive Prinzip, stets nur Klassen miteinander rivalisierender Hypothesen in Betracht zu ziehen, wird sich *als doppeldeutig* erweisen. Den Nachweis dafür kann man einer von KERRIDGE konstruierten Paradoxie entnehmen. Dadurch wird in aller Deutlichkeit ein Gedanke in den Vordergrund treten, der auf POPPER zurückgeht und lange Zeit hindurch unbeachtet blieb, vermutlich weil man ihn unberechtigterweise entweder für nebensächlich oder für zu pragmatisch oder für zu vage hielt.

(VI) Ein dritter Unterschied zu CARNAPs Projekt einer induktiven Logik, die ja zugleich als Theorie der Bestätigung von Hypothesen dienen sollte, läßt sich folgendermaßen knapp formulieren: Der später eingeführte Begriff der Bestätigung oder Stützung wird *nicht* probabilistische Struktur haben. Wenn wir für den Augenblick statistische Hypothesen als Wahrscheinlichkeitshypothesen bezeichnen, so können wir diesen Grundgedanken auf die einprägsame, in ähnlicher Weise bereits von POPPER ausge-

---

[7] Ich habe hier eine kleine Modifikation vorgenommen, indem ich CARNAPs „$\geqq$" durch „$>$" ersetzte. Dies hat nur den praktischen Zweck, daß der folgende Gedanke klarer ausgedrückt werden kann.

drückte Formel bringen: *Wahrscheinlichkeitshypothesen haben keine Hypothesenwahrscheinlichkeit.*

Der Wahrscheinlichkeitsbegriff wird allerdings in den komparativen Bestätigungsbegriff Eingang finden, jedoch nur in sehr indirekter Weise: Dieser komparative Begriff wird definitorisch auf einen quantitativen Begriff, nämlich den Begriff der Likelihood, zurückgeführt, der seinerseits mittels des Wahrscheinlichkeitsbegriffs zu definieren ist.

Insgesamt ergeben sich inhaltlich drei wesentliche Unterschiede gegenüber Carnaps ursprünglichem Projekt einer induktiven Logik:

(1) Verwendung des Begriffs des statistischen Datums in dem geschilderten weiten Sinn, *wonach theoretisches Hintergrundwissen in der Gestalt akzeptierter statistischer Oberhypothesen in das Datum einzuschließen ist.*

(2) Ausschließliche Betrachtung von *Klassen miteinander rivalisierender Hypothesen,* niemals jedoch isolierter Hypothesen.

(3) Wahl eines bloß komparativen Begriffs als Ausgangsbasis. Dieser Begriff darf nicht durch die Wendung „ist wahrscheinlicher als" wiedergegeben werden; denn *er hat nicht die formale Struktur einer Wahrscheinlichkeit.*

(VII) Neben diesen drei inhaltlichen Abweichungen von Carnaps Theorie sei noch ein Unterschied oder besser: ein Zugeständnis in *formaler* Hinsicht angeführt: *Verglichen mit dem hohen Grad an Exaktheit in Carnaps Werk wird der Grad an formaler Präzisierung in den folgenden Betrachtungen recht niedrig sein.*

Allerdings gibt es auch einen plausiblen Grund dafür, eine derartige Präzisierung vorläufig gar nicht anzustreben. Er liegt in einer von Carnaps Auffassung etwas abweichenden Vorstellung von der Aufgabe einer Begriffsexplikation. Während nach Carnap die Explikation eines Begriffs ein mehr oder weniger geradliniger Prozeß ist, der nach einer vorbereitenden Klärung des Explikandums in der präzisen Ausarbeitung des Explikates besteht, sollte man meines Erachtens eine Begriffsexplikation wenigstens im ersten Stadium eher mit komplizierten feedback- oder Rückkoppelungsverfahren vergleichen. Denn nach vorbereitenden Klärungen und ersten Präzisierungsversuchen wird es sich fast immer als notwendig erweisen, zur intuitiven Ausgangsbasis zurückzukehren, etwa um weitere Differenzierungen vorzunehmen, die sich im Rahmen der formalen Präzisierung als notwendig erwiesen; oder um die Schwierigkeit zu beheben, die daraus entspringt, daß für den zu explizierenden Begriff Forderungen aufgestellt wurden, die sich inzwischen als miteinander unverträglich erwiesen haben. Auf diese Weise ist man im ersten Stadium genötigt, häufig zwischen der intuitiven und der formalen Ebene hin- und herzupendeln: man versucht, intuitive Vorstellungen zu präzisieren, verwirft sie aber wieder, weil sie sich als undurchführbar oder sogar als inkonsistent erweisen; die intuitive Ausgangsbasis wird revidiert; neue Präzisierungsversuche führen zu der Einsicht, daß man Differenzierungen machen muß, wo man zunächst keine sah, oder daß scheinbar Verschiedenes auf dasselbe hinausläuft; im ersten Fall muß sich die Neupräzisierung an Stelle des ursprünglich eindimensionalen Anlaufes von Anbeginn gabeln usw. usw. Erst nachdem alle diese Vorarbeiten geleistet sind und eine nochmalige ‚Rückkehr' zum Explikandum als unnötig erscheint, sind die Untersuchungen in das zweite Stadium eingetreten, in dem man sich ganz auf die Präzisierungen konzentrieren kann. Die Forschung befindet sich hingegen noch in statu nascendi, solange das erste Stadium nicht abgeschlossen ist. In diesem ersten Stadium aber befinden wir uns bezüglich des statistischen Schließens. Daher sollte man hier den Imperativ befolgen: *„Strebe keine zu große Präzision an, solange du nicht sicher sein kannst, dir prinzipielle Klarheit verschafft zu haben!"* Gemeint ist, daß man darauf verzichten solle, ein in allen Details ausgearbeitetes formales System aufzubauen, solange man nicht sicher ist, daß die Grundlagen der Kritik standhalten werden, und auch nicht genau weiß, welche Revisionen und Gabelungen sich an einzelnen Stellen als notwendig erweisen werden.

An einigen Punkten wird es sich allerdings als unerläßlich erweisen, bereits in diesem Stadium der Untersuchung mit einer formalen Präzisierung zu beginnen. Dies gilt vor allem für den Begriff der *statistischen Aussage*, unter die sowohl der Begriff des statistischen Datums als auch der Begriff der statistischen Hypothese subsumierbar sein wird. Wir werden, wie schon erwähnt, unter einer statistischen Aussage ein geordnetes Paar von geordneten Tripeln bestimmter Art verstehen.

Im übrigen aber wird der Nachteil des geringen Formalisierungsgrades vermutlich durch einen Vorteil aufgewogen: In den relativ einfachen Begriffs- und Sprachsystemen, die CARNAP seiner induktiven Logik zugrunde legte, können Hypothesen, die in der Sprache der mathematischen Statistik formuliert sind, nicht wiedergegeben werden. Auch bei Zugrundelegung des ursprünglichen Carnapschen Selbstverständnisses würde seine Theorie *vorläufig* für die logische Analyse des statistischen Schließens untauglich sein. Wir werden dagegen beliebige statistische Hypothesen in unsere Überlegungen einbeziehen können. Nicht einmal eine Beschränkung auf den diskreten Fall ist erforderlich. Nur bei der Rekonstruktion des Fiduzialargumentes ist es vorläufig nicht klar, ob und wie es sich auf den kontinuierlichen Fall übertragen läßt.

CARNAP selbst hätte vermutlich das Wort „vorläufig" im vorangehenden Absatz unterstrichen. Er hätte betont, daß auch sein Bestreben dahingehe, die induktive Logik auf reichere und reichere Sprachen anzuwenden, so daß schließlich auch statistische Hypothesen von beliebigem Komplexitätsgrad einbezogen werden könnten. CARNAP war sich dabei durchaus dessen bewußt, daß sein Projekt in diesem Prozeß mannigfache Modifikationen erfahren würde: *auf lange Sicht* — etwa in 300 Jahren — werden vielleicht die in (IV) bis (VI) hervorgehobenen Unterschiede verschwinden oder sich als geringfügig erweisen.

Unter diesem Aspekt des *long run* würde ich trotz meiner Skepsis gegenüber dem Projekt einer induktiven Logik vieles, wenn nicht alles von dem Gesagten wieder zurücknehmen und nur mehr den Gesichtspunkt der Ungeduld hervorkehren. Denn *"in the long run"*, sagt Lord J. M. KEYNES, *"we are all dead"*[8].

1.b Die relative Häufigkeit auf lange Sicht und die Häufigkeitsdefinition der statistischen Wahrscheinlichkeit. Nach CARNAP müssen wir zwischen zwei Begriffen der Wahrscheinlichkeit unterscheiden: der *induktiven Wahrscheinlichkeit* und der *statistischen Wahrscheinlichkeit*. Die induktive Wahrscheinlichkeit ist, wie wir in II gesehen haben, nichts anderes als eine in einem präzisen Sinn verschärfte *personelle* Wahrscheinlichkeit. Die CARNAP vorschwebende Verschärfung bestand in der Hinzunahme weiterer Axiome zu den Kolmogoroff-Axiomen. Da es uns im gegenwärtigen Zusammenhang nur um die Abgrenzung zur *statistischen* Wahrscheinlichkeit geht, können wir von der Frage abstrahieren, ob die von CARNAP vorgeschlagene Verschärfung wünschenswert ist. Wir wollen somit die Gegenüberstellung durch das Begriffspaar *Personelle Wahrscheinlichkeit* und *Statistische Wahrscheinlichkeit* charakterisieren. Daß es sich hierbei um zwei voneinander verschiedene, wissenschaftlich wichtige und exakt durchführbare Deutungen des mathematischen Wahrscheinlichkeitskalküls handelt, wird keineswegs allgemein anerkannt. In der Grundlagendiskussion der Wahrscheinlichkeitstheorie haben sich vielmehr zwei Schulen herausgebildet, die beide dadurch gekennzeichnet sind, daß sie nur den einen dieser beiden Begriffe als den ‚wahren' Begriff der Wahrscheinlichkeit anerkennen, den es zu explizieren gelte. Mit der These der Personalisten, wonach man auch für statistische Zwecke mit dem Begriff der personellen (subjektiven) Wahrscheinlichkeit als dem grundlegenden Begriff auskommen könne, werden wir uns an späterer Stelle auseinandersetzen.

Vorläufig wollen wir von der — möglicherweise illusionären — Annahme ausgehen, daß es einen davon verschiedenen Begriff der statistischen Wahrscheinlichkeit gibt und daß es nur noch nicht ganz klar ist, ob und wie sich dieser Begriff definieren läßt. Vorausgesetzt werden soll nur, daß dieser Begriff ein *objektives Merkmal* von Dingen oder von Ereignissen (bzw. von Systemen von solchen) betrifft und daß er etwas mit *beobachtbaren relativen Häufigkeiten* zu tun hat.

Wenn wir z. B. eine Urne betrachten, die 22 weiße und 78 schwarze Kugeln enthält, und wenn wir überdies annehmen, daß für jede der 100 Kugeln dieselbe Wahrscheinlichkeit[9] besteht, gezogen zu werden, so setzen

---

[8] J. M. KEYNES, *A Tract on Monetary Reform*, London 1924, S. 80.

[9] Die hier enthaltene Bezugnahme auf eine Wahrscheinlichkeit soll uns nicht stören. Es geht uns ja nur um eine vorläufige Erläuterung, nicht um eine scharfe Definition. Nur wenn eine solche bereits hier intendiert wäre, müßte die Erläuterung als zirkulär verworfen werden.

wir die statistische Wahrscheinlichkeit für die Ziehung einer weißen bzw. einer schwarzen Kugel einfach mit den uns bekannten relativen Häufigkeiten gleich: die statistische Wahrscheinlichkeit dafür, eine weiße Kugel zu ziehen, beträgt 22/100, und die statistische Wahrscheinlichkeit dafür, eine schwarze Kugel zu ziehen, ist 78/100. Wenn wir hingegen die statistische Wahrscheinlichkeit dafür angeben sollen, mit einem bestimmten Würfel eine 6 zu werfen, können wir uns nicht damit behelfen, auf bekannte Häufigkeitsverhältnisse zurückzugreifen. Denn die Gesamtheit der Würfe, die man mit diesem Würfel vornehmen kann, bildet keine fest umgrenzte endliche Gesamtheit. Und deshalb hat auch die Wendung „die relative Häufigkeit der Sechserwürfe" vorläufig noch gar keinen klaren Sinn. Man muß zu einer Idealisierung greifen, um auch in diesem Fall eine Verknüpfung zwischen statistischer Wahrscheinlichkeit und relativer Häufigkeit herzustellen.

Der Unterschied des zu explizierenden Begriffs der statistischen Wahrscheinlichkeit von dem der subjektiven Wahrscheinlichkeit[10] tritt besonders deutlich zutage, wenn man die Frage betrachtet, *woher man denn weiß, wie groß eine bestimmte Wahrscheinlichkeit sei.* Für den Fall der subjektiven Wahrscheinlichkeit bildet die Antwort keine Schwierigkeit, zumindest nicht Schwierigkeiten prinzipieller Natur. Denn subjektive Wahrscheinlichkeit ist partieller Glaube und partieller Glaube ist, wie wir gesehen haben, mittels des Begriffs des Wettquotienten quantitativ präzisierbar. *Eine subjektive Wahrscheinlichkeitsaussage ist somit prinzipiell entscheidbar*, d. h. es ist prinzipiell feststellbar, ob sie richtig oder falsch ist. *Demgegenüber ist eine statistische Wahrscheinlichkeitsaussage eine prinzipiell unentscheidbare Hypothese.* Während subjektive Wahrscheinlichkeiten immer *bekannte* Wahrscheinlichkeiten darstellen, sind statistische Wahrscheinlichkeiten *unbekannte* Wahrscheinlichkeiten, deren Werte man nur erraten, aber nicht definitiv wissen kann.

Der Grund dafür wird später noch deutlicher zutage treten. Für den Augenblick möge ein einfaches Illustrationsbeispiel genügen: Ich habe einen Würfel, von dem ich zunächst annehme, er sei unverfälscht, so daß die Wahrscheinlichkeit, mit ihm irgendeine Augenzahl zu werfen, 1/6 beträgt. Ich würfele 20 mal und erhalte dabei 12 Sechserwürfe, während die übrigen 8 Würfe sich irgendwie auf die restlichen fünf Augenzahlen verteilen. Dieses Ergebnis wird meinen ursprünglichen Glauben stark erschüttern; denn ich werde, gestützt auf diesen Beobachtungsbefund von 20 Würfen, jetzt eher zu der Auffassung neigen, daß der Würfel zugunsten der Augenzahl 6 verfälscht sei. Ich kann dies jedoch höchstens mit dem Hinweis darauf begründen, daß es vernünftig sei, die Hypothese der Unverfälschtheit (d. h. die Gleichverteilungshypothese bezüglich der sechs Augenzahlen) für unrichtig zu halten. Dagegen kann ich *nicht* behaupten, die letztere Hypothese sei

---

[10] Da es gegenwärtig nicht auf den Unterschied zwischen der deskriptiven und der normativen Betrachtungsweise ankommt und außerdem die Personalisten gewöhnlich als Subjektivisten bezeichnet werden, sprechen wir von nun an meist von subjektiver Wahrscheinlichkeit. Der Leser kann jedoch an allen Stellen, wo dieser Ausdruck im Text vorkommt, dafür die Wendung „subjektive oder personelle Wahrscheinlichkeit" substituieren.

empirisch widerlegt: Unter der Annahme der Richtigkeit dieser Hypothese ist nämlich das, was sich tatsächlich ereignet hat, nicht unmöglich, vielmehr kommt es nur sehr selten vor. *Eine statistische Hypothese ist also nicht empirisch falsifizierbar.* Mittels eines geeigneten Beispiels kann man sich leicht klar machen, *daß sie auch nicht empirisch verifizierbar ist.*

Diese gleichzeitige ‚negative Testsymmetrie‘ statistischer Hypothesen, d. h. ihre gleichzeitige Nichtverifizierbarkeit und Nichtfalsifizierbarkeit, impliziert natürlich nicht, daß sie überhaupt nicht *empirisch prüfbar* sind. Dies sind sie zweifellos, wenn wir auch von der Natur dieser Prüfung vorläufig noch eine recht ungenaue Vorstellung haben. Im Beispiel des vorigen Absatzes nahmen wir bereits einen intuitiven Appell an diese Prüfbarkeit vor, als wir uns überlegten, daß die Hypothese der Unverfälschtheit des Würfels bei Vorliegen des geschilderten Befundes von 20 Würfen vermutlich unrichtig sei. Auch über die Art der Befunde, welche zur Prüfung herangezogen werden, können wir eine allgemeine Feststellung treffen: Es handelt sich um *Auszählungen von relativen Häufigkeiten, d. h. von Proportionen.*

An diesen Sachverhalt knüpft die *Häufigkeitstheorie* der statistischen Wahrscheinlichkeit an. Der Ausdruck „Häufigkeitstheorie“ ist allerdings doppeldeutig. Es gibt davon zwei Varianten. Nach der einen Variante, die an späterer Stelle hier versuchsweise vertreten werden soll, ist der Zusammenhang zwischen statistischer Wahrscheinlichkeit und relativer Häufigkeit nur ein sehr indirekter. „Statistische Wahrscheinlichkeit“ ist danach kein durch Definition charakterisierbarer Ausdruck, sondern ein *theoretischer Term,* der nur indirekt mit beobachtbaren Folgen von Ereignissen, an denen relative Häufigkeiten feststellbar sind, in Zusammenhang steht. Gegenwärtig interessiert uns die andere, auch historisch ursprünglichere Variante dieser Auffassung, wonach der Begriff der statistischen Wahrscheinlichkeit auf den der relativen Häufigkeit *definitorisch zurückführbar* ist. Der Begriff der statistischen Wahrscheinlichkeit wird im Rahmen dieser Theorie als Häufigkeitsgrenzwert eingeführt. Zwecks Unterscheidung von der erstgenannten Variante sprechen wir von der *Limestheorie der statistischen Wahrscheinlichkeit.*

Zwei Faktoren bestimmten die Wahrscheinlichkeitsdefinition dieser Theorie: ein wissenschaftstheoretisches Konzept und ein merkwürdiger Typus von Beobachtungen, den man in zahllosen Situationen vornehmen kann. Das *wissenschaftstheoretische Konzept* besteht in einer gewissen Liberalisierung der Grundthese des Verifikationspositivismus, nämlich der These: „der Sinn einer empirischen Aussage besteht in der Methode ihrer Verifikation“ zu der schwächeren These: „der Sinn einer empirischen Aussage besteht in der Methode ihrer Prüfung“. Diese Liberalisierung war notwendig geworden, weil sich statistische Hypothesen als unverifizierbar erwiesen. Doch war damit die Erzeugung einer Vagheit verbunden; denn was heißt hier „Prüfung"? Die obige Feststellung hilft uns da weiter: Wir prüfen statistische Hypothesen auf dem Wege über Feststellungen relativer Häufigkeiten. Also zwingt uns die revidierte These, *den Begriff der statistischen Wahrscheinlichkeit mit Hilfe des Begriffs der relativen Häufigkeit zu definieren.* Unklar ist dabei zunächst nur die genaue Form dieser Definition.

Sicher ist jedenfalls eines: Wir können uns im Definiens nicht *auf die tatsächlich beobachteten* relativen Häufigkeiten beziehen. Betrachten wir dazu wieder ein einfaches Wurfexperiment: Angenommen, ich habe eine Münze 16mal geworfen und dabei 8mal K (*Kopf*) und 8mal S (*Schrift*) erhalten; die relativen Häufigkeiten von K und S sind also jeweils 1/2. Soll ich also die Wahrscheinlichkeit von K mit 1/2 ansetzen? Ich werfe die Münze ein 17. Mal. K oder S muß eintreten. Wie immer das Resultat auch lauten möge, als relative Häufigkeit des einen Merkmals in 17 Würfen wird sich der Wert 9/17, also mehr als 1/2, und als die des anderen Merkmals der Wert 8/17, also weniger als 1/2, ergeben. Ich wäre also in jedem Fall gezwungen, den eben vorgenommenen Wahrscheinlichkeitsansatz zu revidieren.

Auf die analoge Situation stoßen wir bei allen Arten von Zufallsexperimenten: Die tatsächlich beobachteten relativen Häufigkeiten ändern sich mit jeder Verlängerung der Beobachtungsreihe durch nochmalige Realisierung des Experimentes[11].

Aus diesem Dilemma: die statistische Wahrscheinlichkeit mittels des Begriffs der relativen Häufigkeit definieren zu *müssen*, sie aber wegen der ständig variierenden relativen Häufigkeiten *nicht* durch diese letzteren definieren zu *können*, scheint derjenige *Beobachtungstyp* herauszuführen, dessen Beschreibung wir oben ankündigten: Es handelt sich darum, daß derartige Zufallsexperimente (Würfel- und Münzwürfe, Ziehen von Kugeln aus einer Urne oder von Karten aus einem Spiel mit Zurücklegen und Mischen) trotz ihrer Unberechenbarkeit für den Einzelfall auf lange Sicht eine merkwürdige *Verhaltenskonstanz* aufweisen. Am Beispiel des Münzwurfes illustriert: Mit zunehmender Anzahl von Würfen nähert sich das Verhältnis der Anzahl der K-Würfe (S-Würfe) zur Gesamtzahl aller Würfe immer mehr einem festen Wert. Und *je größer die Anzahl der Würfe ist, desto geringfügiger wird die Abweichung der beobachteten relativen Häufigkeiten von diesem Wert.*

An diesem Punkt hakt die Limestheorie ein. Sie geht von der folgenden *Idealisierung* aus: Wir fingieren, daß wir das fragliche Zufallsexperiment *unbegrenzt oft* wiederholen könnten. Die Annäherung der relativen Häufigkeiten an einen bestimmten konstanten Wert läßt sich dann mit Hilfe des Begriffs des Grenzwertes präzisieren. Genauer sieht das Verfahren folgendermaßen aus[12]:

---

[11] Ausgenommen natürlich den extremen Grenzfall, daß *alle* Resultate von derselben Art waren.

[12] Wir knüpfen hier an die übersichtliche und bündige Darstellung bei S. KÖRNER in [Experience], S. 132 ff. an.

Gegeben sei ein Zufallsexperiment, dessen wiederholte Realisierungen Glieder einer Folge erzeugen, die das gemeinsame Merkmal F besitzen. (F ist z. B. das Merkmal, Ergebnis eines Wurfes mit dieser Münze oder mit diesem Würfel zu sein.) Uns interessiert ein Merkmal G, welches gewisse Glieder dieser Folge besitzen, andere nicht (G ist z. B. das Merkmal, ein Kopfwurf bzw. ein Dreierwurf zu sein). „$N_z(P)$" sei eine Abkürzung für „die Anzahl der Objekte, welche das Merkmal P besitzen"[13]. Die Proportion oder die relative Häufigkeit von Objekten mit der Eigenschaft F, die überdies das Merkmal G besitzen, ist dann gleich dem Bruch $N_z(F \cap G)/N_z(F)$ (wobei wir aus Gründen der Einfachheit die Prädikate als Mengenbezeichnungen auffassen). Wir betrachten jetzt die Folge f dieser Proportionen, die sich mit sukzessiver Wiederholung des Zufallsexperimentes ergeben, welches die Grundfolge mit der Eigenschaft F erzeugt. (Diese Folge wird gelegentlich auch die *Bezugsfolge* genannt.) Die Glieder dieser Folge mögen $f_1, f_2, f_3, \ldots$ heißen. Wenn z. B. F die Wurfergebnisse des Würfels charakterisiert und G die Dreierwürfe, so gibt f_{37} die Proportion der Dreierwürfe in den ersten 37 Würfen an. Falls in dieser Folge 5 Dreierwürfe vorkamen, so ist $f_{37} = 5/37$ (da $N_z(F) = 37$ und $N_z(F \cap G) = 5$).

Aus der Folge der f_i greifen wir ein bestimmtes Glied, etwa f_N heraus. Wir erklären nun, was es heißt, daß die mit f_N beginnende Fortsetzung der Folge *mindestens die Stabilität* ε besitzt. Wenn wir die Buchstaben „m" und „k" als Variable für ganze Zahlen verwenden, so lautet das Definiens für diesen Begriff:

> (a) $\wedge m \wedge k \, (m > N \to |f_m - f_{m+k}| < \varepsilon)$ (inhaltlich gesprochen: der absolute Betrag der Differenz zwischen zwei Proportionen von mehr als N Gliedern der Folge F, die überdies das Merkmal G besitzen, ist kleiner als ε.)

Wir sagen, daß die *Stabilität* der Folge *zunimmt*, wenn mit wachsender Folge kleinere und kleinere Zahlen ε angebbar sind, so daß (a) gilt.

Rein logisch gesehen sind verschiedene Möglichkeiten denkbar. So braucht z. B. die Stabilität nicht zuzunehmen; denn die Proportionen könnten um einen bestimmten Wert oszillieren. Der Grundgedanke der Limestheorie besteht darin, *von einer Wahrscheinlichkeit von G relativ zu F nur dann zu sprechen, wenn die idealisierte unendliche Folge relativer Häufigkeiten $f_1, f_2, f_3, \ldots$ an Stabilität beliebig zunimmt* (bzw. an Instabilität beliebig abnimmt). In präzisierter Form besagt dies: Zu jeder noch so kleinen Zahl ε existiert eine Zahl N, so daß die Bedingung (a) erfüllt ist. Wir sagen in die-

---

[13] Den Individuenbereich lassen wir bei dieser Symbolisierung vorläufig offen. Weiter unten erfolgt für unsere Anwendung eine diesbezügliche Präzisierung: Wir wenden diesen Begriff auf *Folgen von* Individuenbereichen an, wobei jeder einzelne Bereich aus der Anzahl der Resultate von Realisierungen eines Zufallsexperimentes besteht, die bis zu einem bestimmten Stadium durchgeführt worden sind.

sem Fall, daß die Folge *f stabil* sei. Die genaue Definition der *Stabilität von f* lautet somit:

$$(b) \quad \wedge \varepsilon \vee N \wedge m \wedge k \, (m > N \rightarrow |f_m - f_{m+k}| < \varepsilon).$$

Nach dem Konvergenzkriterium von Cauchy besitzt eine Folge *f* genau dann einen Grenzwert oder Limes, wenn sie die Bedingung (*b*) erfüllt. Es ist also zulässig, von diesem Grenzwert $\lim_{n \to \infty} f_n$ zu sprechen. *Dieser Grenzwert der relativen Häufigkeiten soll mit der Wahrscheinlichkeit von G bezüglich F identifiziert werden.* Wir bezeichnen ihn mit $p(G, F)$:

$$(c) \quad P(G, F) =_{Df} \lim_{n \to \infty} f_n \,.$$

Die statistische Wahrscheinlichkeit von *G* bezüglich *F* wird also gleichgesetzt mit dem Grenzwert der relativen Häufigkeit von *G* in einer unendlichen Bezugsfolge, deren Glieder alle das Merkmal *F* besitzen.

Von dem mittels (*c*) definierten Begriff läßt sich zeigen, daß er sämtlichen Axiomen des mathematischen Wahrscheinlichkeitskalküls genügt. Die so definierte statistische Wahrscheinlichkeit liefert somit ein *Modell* der axiomatischen Wahrscheinlichkeitstheorie. Für den Nachweis ist nichts weiter erforderlich als die elementare Mengenalgebra sowie die elementaren Rechenregeln für die Limesoperation. (Bezüglich eines detaillierten Nachweises vgl. Reichenbach, [Probability], § 18.)

Wäre diese Variante der Häufigkeitsinterpretation befriedigend, so hätten wir zugleich eine strenge Begründung dafür gewonnen, daß statistische Häufigkeitsaussagen weder verifizierbar noch falsifizierbar sind. Dies läge einfach darin, daß die Existenz der Wahrscheinlichkeit (*c*) mit der Gültigkeit von (*b*) äquivalent ist und daß in (*b*) sowohl ein *unbeschränkter Existenzquantor* als auch *unbeschränkte Allquantoren* vorkommen. Der erste schließt eine Falsifikation aus, die letzteren machen eine Verifikation unmöglich.

Gegen die geschilderte Definition der statistischen Wahrscheinlichkeit sind zahlreiche Einwendungen vorgebracht worden. Die wichtigsten sollen zunächst kurz angeführt und dann diskutiert werden.

(1) Der erste Einwand, der ursprünglich oft vorgebracht worden ist, aber auch heute noch gelegentlich von subjektivistischen Wahrscheinlichkeitstheoretikern ins Feld geführt wird, besagt, daß dieser Begriff *unentscheidbar* und daher praktisch wertlos sei.

(2) Ein weiterer Einwand besagt, daß der Begriff der unendlichen Folge relativer Häufigkeiten auf einer *unzulässigen Fiktion* beruhe; denn die Zufallsexperimente, welche derartige Folgen produzieren sollen, sind Experimente mit physischen Objekten (Würfeln, Münzen, Urnen usw.), die nur eine endliche Existenzdauer haben.

(3) Weiter wurde bemängelt, daß innerhalb dieser Theorie der dynamische Fall keine adäquate Berücksichtigung finde, nämlich *der Fall sich ändernder Wahrscheinlichkeiten* (wie z. B. bei einer sich ausbreitenden Epide-

mie, wo die Ansteckungswahrscheinlichkeit während einer bestimmten Zeitperiode ständig zunimmt).

(4) Eine große Schwierigkeit bildet für die Häufigkeitsdeutung die korrekte Interpretation des Sprechens über *die Wahrscheinlichkeit von Einzelereignissen.* v. Mises hatte Wahrscheinlichkeitsaussagen, die sich auf Einzelfälle bezogen, überhaupt abgelehnt. Reichenbach ging zwar nicht so weit; doch sah er sich gezwungen, Aussagen über die Wahrscheinlichkeit von Einzelereignissen in komplizierter Weise in Sätze über relative Häufigkeitsgrenzwerte von Ereignisfolgen umzudeuten.

(5) Zu jedem Zeitpunkt stehen uns nur endlich viele Beobachtungen zur Verfügung. Andererseits ist jede endliche Folge mit der Annahme eines beliebigen Grenzwertes verträglich. Um statistische Wahrscheinlichkeitsaussagen *überhaupt*, d. h. in einem auch nur sehr indirekten Sinn prüfbar zu machen, müssen die Limestheoretiker der Wahrscheinlichkeitstheorie voraussetzen, *daß sich der Grenzwert*, gegen den eine Folge relativer Häufigkeiten konvergiert, *bereits nach Beobachtung eines endlichen Teilabschnittes irgendwie ‚ankündigt‘ oder ‚sichtbar‘ wird.* Dies ist eine irrationale Zusatzannahme, die man der Theorie selbst nicht entnehmen kann.

(6) Die Häufigkeitstheorie in der Variante der Limestheorie arbeitet mit dem Begriffsapparat der klassischen Mathematik. Die konstruktivistische Kritik an diesem Begriffsapparat würde auch diese Form der Wahrscheinlichkeitstheorie treffen. Aber selbst wenn man sich auf den klassischen Standpunkt stellt, *muß die Art und Weise, wie innerhalb dieser Theorie mit dem Begriff des Grenzwertes operiert wird, in Frage gestellt werden.* Wenn wir vom Grenzwert einer Folge von Zahlen sprechen, so setzen wir dabei voraus, daß diese Folge durch ein mathematisches Gesetz erzeugt wird, welches für jedes Glied das folgende eindeutig festlegt. Diese Bedingung ist jedoch für den Fall, wo die Folge durch einen Zufallsmechanismus erzeugt wird, sicherlich nicht erfüllt: für jedes gegebene Glied ist das darauf folgende unberechenbar und unvorhersehbar. Dies soll ja gerade damit ausgedrückt werden, daß das Ergebnis *vom Zufall* abhängt. Ist es überhaupt sinnvoll, den Grenzwertbegriff auf Zufallsfolgen anzuwenden?

(7) Ein weiterer Einwand besagt, daß die Definition der statistischen Wahrscheinlichkeit als Grenzwert relativer Häufigkeiten, ganz abgesehen von allen übrigen Einwendungen, schon deshalb unbrauchbar sei, da sie einen *logischen Zirkel* enthalte. Bezüglich der Glieder jener unendlichen Folge von Ereignissen, für welche die Wahrscheinlichkeit eines Ereignismerkmals mit dem Grenzwert der relativen Häufigkeiten dieses Merkmals in den endlichen Teilfolgen der Gesamtfolge definitorisch gleichgesetzt wird, muß vorausgesetzt werden, daß sie *voneinander unabhängig* sind. Geht dieser Unabhängigkeitsbegriff somit einerseits *als Voraussetzung* in die Definition der statistischen Wahrscheinlichkeit ein, so wird andererseits der

Begriff der Unabhängigkeit selbst *unter Verwendung des Wahrscheinlichkeitsbegriffs* definiert (vgl. $\mathbf{D_2}$ von 3. b bzw. Teil 0, Formel (40)).

(8) Ein letzter Einwand lautet, daß die Verwendung des gewöhnlichen Konvergenzbegriffs auf alle Fälle fehlerhaft sei, und zwar ganz unabhängig davon, welche Position man zu dem in (6) vorgebrachten Einwand beziehe. Wir wollen uns diesen Einwand zunächst in einer etwas mehr mathematisch-technischen und darauf in einer intuitiven Weise verdeutlichen.

Für die mathematische Kritik vergleichen wir die Definition der statistischen Wahrscheinlichkeit in der Limestheorie mit dem Gesetz der großen Zahl. Nach der Limestheorie wird die statistische Wahrscheinlichkeit definiert als ein Grenzwert relativer Häufigkeiten, wobei der Ausdruck „Grenzwert" im Sinn der klassischen reellen Analysis verstanden wird. Das starke Gesetz der großen Zahlen besagt demgegenüber folgendes: Wenn wir es mit einer Bernoullischen Versuchsfolge mit der statistischen Wahrscheinlichkeit ϑ für das Eintreten eines Ereignisses E zu tun haben — d.h. also mit einer unendlichen Folge von wiederholten, voneinander unabhängigen Versuchen mit gleicher Erfolgswahrscheinlichkeit ϑ bei jedem Versuch, so daß jedes endliche Anfangsstück dem Gesetz der Binomialverteilung genügt, — dann konvergieren die relativen Häufigkeiten $\dfrac{x}{n}$ des Eintretens von E bei n Versuchen *mit Wahrscheinlichkeit 1* gegen die statistische Wahrscheinlichkeit ϑ (vgl. Teil 0,4. e, (71) und (69$_{st}$)).

Mit einem Blick auf dieses Gesetz könnte man daher einwenden, daß im Denken der Limestheoretiker die eingangs angeführten empiristischen Motive für die Definition des Wahrscheinlichkeitsbegriffs *mit einer fehlerhaften Interpretation des Gesetzes der großen Zahlen verschmelzen:* Wo immer diese Theoretiker den gewöhnlichen Konvergenzbegriff verwenden, ist er durch den maßtheoretischen Konvergenzbegriff zu ersetzen. Anders ausgedrückt: *die Wendung „konvergiert" muß durch „konvergiert mit Wahrscheinlichkeit 1" ersetzt werden.* Es liegt auf der Hand, daß damit die Limestheorie in unlösbare Schwierigkeiten gerät (vgl. dazu die Diskussion weiter unten).

Um die Sache nicht zu sehr zu komplizieren, haben wir an das *starke* Gesetz der großen Zahlen angeknüpft. Für die Formulierung des *schwachen* Gesetzes der großen Zahlen benötigt man zwar nur die stochastische Konvergenz, die als echte Konvergenz definiert ist. Doch wird auch hier ein Wahrscheinlichkeitsbegriff vorausgesetzt, allerdings an anderer Stelle: Es handelt sich um die Konvergenz *von Wahrscheinlichkeitswerten,* weshalb der Begriff der stochastischen Konvergenz ja auch häufig als Konvergenz *nach Wahrscheinlichkeit* charakterisiert wird. Da es sich bei der Erörterung von Einwand (7) nur darum handelt, *daß für die Definition der statistischen Wahrscheinlichkeit bereits ein Wahrscheinlichkeitsbegriff vorausgesetzt werden muß,* können wir für den augenblicklichen Kontext vom Unterschied zwischen diesen beiden Varianten des Gesetzes abstrahieren.

Der Sachverhalt werde noch an einem intuitiven Beispiel erläutert. Gegeben sei ein homogener Würfel. Es möge vorausgesetzt werden, daß aufeinanderfolgende Würfe mit diesem Würfel Folgen von unabhängigen Laplace-Experimenten darstellen, d. h. also, daß für jeden dieser Würfe die Wahrscheinlichkeit, die Augenzahl n ($n=1,\ldots,6$) zu werfen, gleich 1/6 beträgt. Die von den Limestheoretikern verwendete Idealisierung, wonach eine unendliche Folge solcher Würfe vorliege, werde akzeptiert. Beim ersten Wurf kann die Augenzahl 5 erhalten werden. Was sich beim ersten Wurf ereignet hat, dessen Vorkommen ist auch beim zweiten Wurf logisch möglich (die Wahrscheinlichkeit für das Vorkommen ist ja sogar dieselbe wie beim ersten Wurf), ..., also kann eine 5 auch beim n-ten Wurf gewonnen werden usw. Insgesamt kann man eine unendliche Folge von Fünferwürfen erhalten. Zwar können wir aufgrund des Gesetzes der großen Zahlen sagen, daß die Wahrscheinlichkeit für das Vorkommen einer solchen Folge 0 ist, aber dies ist eine schwächere Aussage als die, wonach ein derartiges Vorkommen logisch ausgeschlossen ist. Tatsächlich gibt es kein logisches Gesetz, welches den unverfälschten (gleichverteilten) Würfel zwingen würde, jemals so zu fallen, daß eine andere als die Augenzahl 5 nach oben ragt.

Die geschilderten Einwendungen sind von verschiedenen Autoren und mit verschiedener Emphase vorgetragen worden. Wenig bekannt dürfte es sein, daß die drei wichtigsten Einwendungen bereits in dem 1930 erschienenen Aufsatz von H. FEIGL [Wahrscheinlichkeit], implizit enthalten sind, nämlich (5), (6), (a. a. O. S. 251, 253), sowie der entscheidende Einwand (7), (a. a. O. S. 252).

Nach dieser Schilderung sollen die Einwendungen kurz diskutiert werden. Der erste Einwand wird nur sehr wenige überzeugen. Wenn man schon in den Naturwissenschaften genötigt ist, unverifizierbare Gesetzeshypothesen aufzustellen und gelegentlich sogar weder verifizierbare noch falsifizierbare Aussagen hypothetisch anzunehmen, so kann man keinen vernünftigen Grund dafür angeben, ‚unentscheidbare‘ Wahrscheinlichkeitshypothesen zu verbieten.

Auch der zweite Einwand ist nicht schlagend. Statt von einer unzulässigen Fiktion kann höchstens von einer *irrealen Hypothese* gesprochen werden, die auf der Annahme beruht, wir könnten das fragliche Zufallsexperiment unbegrenzt oft wiederholen. Nur wer irreale Konditionalsätze schlechthin als sinnlos verwirft, könnte vielleicht geneigt sein, dieses Argument zu akzeptieren. Soweit aber wollen wir keineswegs gehen, sondern dem Limestheoretiker zugestehen, daß derartige Annahmen zulässig seien.

Etwas Ähnliches gilt vom dritten Einwand. Um z. B. die wachsende Ansteckungswahrscheinlichkeit bei einer sich ausbreitenden Epidemie *zu einem bestimmten Zeitpunkt* im Häufigkeitssinn interpretieren zu können, muß man nur annehmen, die in einer ‚Momentphotographie‘ für diesen Zeitpunkt festgehaltenen Bedingungen würden für eine unbegrenzte Zeit weiter gelten.

Auch der vierte Einwand ist nicht geeignet, zu einer Verwerfung der Häufigkeitstheorie zu führen. Der Subjektivist freilich wird das Verfahren, den Begriff der Wahrscheinlichkeit von Einzelereignissen auf Umwegen und über eine künstliche Konstruktion einzuführen, für pervers halten. Denn nach ihm müssen die alltäglichen Wahrscheinlichkeitsaussagen, in denen von der Wahrscheinlichkeit von einzelnen Ereignissen die Rede ist, den *Ausgangspunkt* für eine korrekte Explikation des Wahrscheinlichkeitsbegriffs bilden. Diese Auffassung kann der Subjektivist aber nur dann überzeugend verteidigen, wenn er *aus anderweitigen Gründen* seinem Verfahren[14] den Vorzug gegenüber der Häufigkeitstheorie zu geben vermag. Ansonsten könnte sich der Limestheoretiker damit verteidigen, daß sein Verfahren allein geeignet sei, den Begriff der *statistischen* Wahrscheinlichkeit in adäquater Weise einzuführen, und daß man dabei Komplikationen bei der Deutung von Aussagen eben in Kauf nehmen müsse, wie dies ja auch sonst häufig bei Explikationen und Rekonstruktionen der Fall sei.

Viel schwerwiegender als die ersten vier Argumente ist der fünfte Einwand. Da in der Grenzwertdefinition der statistischen Wahrscheinlichkeit weder eine Aussage über die ‚Konvergenzgeschwindigkeit' gemacht wird, noch die Definition so verschärft werden kann, daß aus ihr eine Aussage über die *gleichmäßige* Konvergenz folgt, ist zunächst nicht einzusehen, wie derartig interpretierte statistische Hypothesen empirisch prüfbar (d. h. aufgrund von *endlich* vielen empirischen Daten überprüfbar) sein sollen, bei einer noch so weiten und liberalen Auslegung des Begriffs der Überprüfbarkeit. Doch da dieser Einwand nicht die *Einführung des Wahrscheinlichkeitsbegriffs* betrifft, sondern den *praktischen Umgang* mit diesem Begriff, nämlich seine Verwendbarkeit für empirisch zu testende Aussagen, wollen wir von diesem Einwand ebenfalls abstrahieren. (Alternativ könnten wir sagen, daß wir fingieren wollen, man könne ein Verfahren zur empirischen Prüfung solcher Hypothesen entwerfen). Wir müßten auf ihn nur dann zurückkommen, wenn kein weiterer überzeugender Einwand übrig bliebe.

Die Einwände (6) und (8) sind die massivsten. Trotzdem soll auch der sechste Einwand hier nicht näher untersucht werden, und zwar aus zwei Gründen nicht. Erstens würde eine gewissenhafte Erörterung der Schlüssigkeit dieses Einwandes eine langwierige Abschweifung in das Gebiet „Konstruktive Begründung der Mathematik" erforderlich machen; denn die Stellungnahme würde davon abhängen, ob man konstruktivistischen Skrupeln nachgibt oder von solchen frei sein zu dürfen glaubt, wie die Vertreter der sog. klassischen Mathematik meinen. Der zweite Grund ist der, daß im Kampf der Theorien miteinander *ein einziges* schlagendes Argument zur Elimination einer Theorie genügt; overkill spielt nur in den Gehirnen mancher Militärstrategen eine — selbst dort überflüssige — Rolle.

Der siebente Einwand ist ebenfalls ernst zu nehmen. Trotzdem ist es denkbar, daß der Limestheoretiker auch diesem entgeht: Er könnte darauf

---

[14] Gemeint ist natürlich: seinem Explikationsverfahren der *statistischen* Wahrscheinlichkeit, nicht der personellen Wahrscheinlichkeit!

hinweisen, daß er zwar verlange, die unendliche Folge von Ereignissen sei durch voneinander unabhängige Realisierungen eines Versuchstyps erzeugt worden. *Der dabei benützte Begriff der physikalischen Unabhängigkeit sei jedoch nicht identisch mit dem Begriff der stochastischen Unabhängigkeit*[15], obzwar man in der Praxis häufig von der einen Art von Unabhängigkeit auf die andere schließe. Während die stochastische Unabhängigkeit mittels der Formel (40) von Teil 0 *definiert* werde, sei der Begriff der physikalischen Unabhängigkeit im Sinn der *Abwesenheit einer physikalischen Wechselwirkung* zu verstehen, so daß das Eintreten oder Nichteintreten eines Ereignisses für das Eintreten oder Nichteintreten eines anderen ohne kausalen Einfluß sei.

Diese Antwort ist zwar insofern noch unbefriedigend, als der darin benützte Begriff der physikalischen Unabhängigkeit bzw. der kausalen Irrelevanz weiterer Explikation bedürftig ist. Doch wollen wir dem Limestheoretiker das eine zugestehen, daß er dem Vorwurf des logischen Zirkels auf diese Weise prinzipiell entgehen kann und daß er, die eben erwähnte Explikation vorausgesetzt, seinen Begriff in dieser Hinsicht in logisch einwandfreier Weise eingeführt hätte.

Der letzte Einwand ist nach meiner Auffassung für die Limestheorie tatsächlich tödlich. Das Argument zeigt, *daß diese Theorie praktische Sicherheit mit logischer Notwendigkeit verwechselt.* Die statistische Wahrscheinlichkeit kann einfach deshalb nicht durch Häufigkeitskonvergenz definiert werden, weil die relativen Häufigkeiten *nicht mit Notwendigkeit* gegen den als ‚statistische Wahrscheinlichkeit‘ bezeichneten Wert konvergieren, sondern *nur P-fast sicher* gegen ihn konvergieren, wie das Gesetz der großen Zahlen zeigt und das obige intuitive Beispiel veranschaulicht. Wollte man die Limesdefinition auf solche Weise verbessern, daß man im Definiens den gewöhnlichen durch den wahrscheinlichkeitstheoretischen Konvergenzbegriff ersetzt, so würde man in Schwierigkeiten geraten, die im Rahmen dieser Variante der Häufigkeitstheorie unlösbar sind. Man stünde nämlich vor einer doppelten Wahlmöglichkeit: *entweder* das Wahrscheinlichkeitsmaß, auf welches in der Wendung „P-fast sicher“ Bezug genommen wird, mit dem zu definierenden Wahrscheinlichkeitsmaß zu identifizieren; *oder* aber dabei auf einen anderen, jedoch vollkommen analog zu definierenden Wahrscheinlichkeitsbegriff zurückzugreifen. Im ersten Fall wäre die Theorie offenbar *zirkulär*, im zweiten Fall geriete sie in einen *unendlichen Regreß*[16].

Es bestünde allerdings noch die weitere Möglichkeit, das in „P-fast sicher“ erwähnte Wahrscheinlichkeitsmaß in vollkommen anderer Weise zu

---

[15] Vgl. dazu v. Kutschera, [Offenes Problem], S. 9.

[16] Ein deutlicher Hinweis auf diese Konsequenz findet sich in de Finetti, [Rezension von Reichenbach]. Daß de Finetti sich auf den zweiten Punkt beschränkt, ist darauf zurückzuführen, daß Reichenbach Hierarchien von Wahrscheinlichkeiten immer höherer Ordnung aufbaute, die er alle nach dem Verfahren der Limestheorie definierte.

deuten. Als einzige noch offenstehende Möglichkeit bliebe die subjektivistische Deutung übrig. *Dies wäre zwar tatsächlich eine Lösung; aber sie käme einer Kapitulation vor dem Subjektivismus gleich.* Damit hätte man ja zugegeben, daß der subjektivistische Wahrscheinlichkeitsbegriff der grundlegendere sei, den man für die Definition des objektiven Wahrscheinlichkeitsbegriffs — oder wie man jetzt genauer sagen sollte: für die Definition *eines Analogons* zum objektiven Wahrscheinlichkeitsbegriff — bereits vorauszusetzen hätte. *Der ‚Objektivist‘ hätte am Ende der Diskussion nur das zugestanden, was der ‚Subjektivist‘ von Anfang an behauptet hatte.*

Es ist vielleicht nicht uninteressant festzustellen, daß sich *nicht nur* die Limesdefinition in diese Schwierigkeit verstrickt. Auch andere Varianten der Häufigkeitstheorie werden vom Einwand (7) getroffen, z. B. diejenige Variante, welche K. POPPER in [L. F.] entwickelt[17]. POPPER definiert dort zwar nicht die Wahrscheinlichkeit als Grenzwert relativer Häufigkeiten, doch hat sein Vorgehen Konsequenzen, die ebenso unhaltbar sind wie die der Limestheorie. In [L. F.], S. 145, heißt es, daß (nur) eine unendliche Ereignisfolge mit einem Wahrscheinlichkeitsansatz in Widerspruch stehen könne. Auf S. 147 wird gesagt, daß jede Wahrscheinlichkeitsaussage eine unendliche Klasse von Es-gibt-Sätzen impliziere, ja daß sogar noch eine stärkere Aussage folge, nämlich daß es *immer wieder* etwas mit einer bestimmten Eigenschaft geben wird. (In unserem Laplace-Experiment mit dem Würfel: für jedes n gibt es ein k, so daß der $(n + k)$-te Wurf ein Sechserwurf ist.) Beide Behauptungen sind unrichtig. Nennen wir ein Ereignis *P-fast unmöglich*, wenn es *P*-fast sicher nicht eintritt, so können wir eine unendliche Folge als mit einem statistischen Wahrscheinlichkeitsansatz *P-fast unverträglich* nennen, wenn sie bei Richtigkeit dieses Ansatzes *P*-fast unmöglich ist. In der Wendung auf S. 145 müßte dann „in Widerspruch stehen" ersetzt werden durch „*P*-fast unverträglich sein". Analog wäre dann an der zweiten angegebenen Stelle „impliziert" zu ersetzen durch den leicht definierbaren Begriff „folgt *P*-fast sicher". Mit der Relativierung der verwendeten logischen Begriffe auf ein Wahrscheinlichkeitsmaß entstünde wiederum das obige Dilemma.

Nur nebenher sei erwähnt, daß wegen der Nichtherleitbarkeit (im strengen Sinn) von Existenzbehauptungen aus Wahrscheinlichkeitsansätzen POPPERs Versuch der Abgrenzung von empirischen Sätzen gegenüber metaphysischen Aussagen für den Fall statistischer Hypothesen zusammenbricht.

---

[17] Wenn man auf diese Stelle in [L. F.] mit kritischen Bemerkungen zurückkommt, so muß man aber sofort betonen, daß POPPER diese Deutung später preisgegeben hat, so daß dieser Einwand gegen seine spätere revidierte Auffassung nicht mehr vorgebracht werden kann. In [Propensity] skizziert er eine Interpretation, die unserer späteren Deutung sehr ähnlich ist, nämlich daß es sich bei der statistischen Wahrscheinlichkeit um eine *theoretische Disposition* physikalischer Systeme handelt. (Für Details vgl. 12. b.)

Die Diskussion des letzten Einwandes darf nicht etwa dahingehend mißverstanden werden, daß wir dem Subjektivismus Recht gegeben hätten. Wir haben bloß eine Konditionalaussage begründet: *Wenn* man an einem objektiven Begriff der statistischen Wahrscheinlichkeit festhalten möchte, *dann* kann seine Einführung nicht durch die von der Limestheorie vorgeschlagene definitorische Zurückführung auf den Begriff der relativen Häufigkeit erfolgen, es sei denn bei Strafe der Kapitulation vor dem Subjektivismus. Es besteht noch immer die Möglichkeit eines ganz andersartigen Ausweges, der keine solche Kapitulation impliziert. Er besteht in der *Preisgabe der reduktionistischen Grundannahme*, welche besagt, der Begriff der statistischen Wahrscheinlichkeit müsse mittels bereits verfügbarer mathematischer und empirischer Begriffe *explizit definierbar* sein.

Die acht geschilderten Einwendungen erschöpfen übrigens nicht sämtliche Bedenken, welche gegen die Häufigkeitsdefinition der statistischen Wahrscheinlichkeit vorgetragen worden sind. Es seien noch weitere drei Einwendungen angeführt, die verschiedene Autoren dazu veranlaßten, von der Limestheorie abzurücken:

(9) Ein strenger Aufbau der Statistik auf der Grundlage der Häufigkeitsdefinition ist *praktisch unmöglich*, weil diese Theorie viel zu kompliziert würde. Dieser Einfachheitsgesichtspunkt ist in neuester Zeit vor allem von P. Suppes in [Structures] unterstrichen worden.

(10) Wenn man den Begriff der Wahrscheinlichkeit mittels des Begriffs des Grenzwertes definiert, dann wird die statistische Wahrscheinlichkeit entgegen der Intention aller Häufigkeitstheoretiker zu einem *ordnungsabhängigen Begriff*. Zwar setzt die Limestheorie nicht voraus, daß die Beobachtungsergebnisse *zeitlich* geordnet sind. Doch muß angenommen werden, daß ein Prinzip vorliegt, gemäß welchem die Resultate eines Zufallsexperimentes zu ordnen sind. Sonst könnte nämlich der Fall eintreten, daß die relativen Häufigkeiten bei *verschiedener* Anordnung ein und derselben Folge *verschiedene* Grenzwerte besitzen, wodurch der Begriff der statistischen Wahrscheinlichkeit mehrdeutig würde.

Als Beispiel betrachte man die Folge: 1,0,1,0,1,0..., die sich in die Folge: 1,1,0,1,1,0, ... umordnen läßt. Der Grenzwert der relativen Häufigkeiten von Einsen beträgt in der ersten Folge 1/2, in der zweiten hingegen 2/3.

Für die üblichen statistischen Gesetze, wie z. B. „die statistische Wahrscheinlichkeit, daß eine Geburt eine Knabengeburt ist, beträgt 0,508“ scheint dagegen jede Art von Ordnung vollkommen irrelevant zu sein. Braithwaite betrachtet dieses Argument als einen entscheidenden Einwand gegen die Limestheorie[18].

(11) Als letzten Einwand betrachten wir eine Überlegung von Popper, die nach seinen eigenen Worten für ihn das Hauptmotiv dafür bildete, seine

---

[18] Vgl. sein Buch [Explanation] S. 125.

Ansichten über die Natur der statistischen Wahrscheinlichkeit zu ändern[19]. Angenommen, wir haben zwei Würfel. Uns sei bekannt, daß der erste Würfel gefälscht ist, der zweite hingegen nicht. Aufgrund unseres bisherigen Wissens erscheint die Annahme als korrekt, daß die Wahrscheinlichkeit, mit dem gefälschten Würfel eine Sechs zu erzielen, 1/4 beträgt, und daß die Wahrscheinlichkeit, mit dem nicht gefälschten Würfel eine Sechs zu erzielen, 1/6 ist.

Obwohl die Frage, *woher wir wissen*, daß unsere Annahme richtig sei, im gegenwärtigen Zusammenhang keine Rolle spielt, sei doch erwähnt, daß dieses — bei Zugrundelegung der objektivistischen Vorstellung natürlich immer hypothetische — Wissen sich *nicht nur* auf statistische Daten zu stützen braucht. Ebenso können auch relevante nichtstatistische Erfahrungsdaten vorliegen. So kann z. B. die Annahme über den ersten Würfel auf zwei verschiedenartigen Erfahrungsberichten beruhen: (*a*) auf der Kenntnis, daß bei der Herstellung dieses Würfels ein kleines Gewicht auf solche Weise eingebaut worden ist, daß die Sechserwürfe begünstigt werden (nichtstatistisches Datum); (*b*) auf einer großen Anzahl von vergangenen Versuchen mit diesem Würfel, bei denen die relative Häufigkeit der Sechserwürfe nahe bei 1/4 lag (statistisches Datum). Das Wissen (*a*) schließt den Verdacht aus, daß das Resultat (*b*) ‚durch Zufall‘ zustande gekommen sei; das Wissen (*b*) wiederum ermöglicht einen quantitativen Wahrscheinlichkeitsansatz, zu dem wir aufgrund von (*a*) allein nicht gelangt wären. Ganz analog kann sich die statistische Hypothese über den zweiten Würfel außer auf das Beobachtungsresultat, daß viele Würfe mit diesem Würfel zu einer angenähert 1/6 betragenden relativen Häufigkeit von Sechserwürfen führten, auf ein Wissen darum stützen, daß hier wirklich ein homogener und unverfälschter Würfel produziert worden ist.

Wir betrachten nun eine unbegrenzte Folge F von Versuchen mit dem ersten Würfel, in die an einer uns nicht bekannten Stelle eine Folge von höchstens drei Würfeln mit dem zweiten Würfel ‚eingestreut‘ worden ist. Diese Einstreuung ändert nichts an der Tatsache, daß der Grenzwert der relativen Häufigkeiten der Sechserwürfe — der nach Voraussetzung für Folgen, die mit dem ersten Würfel allein erzeugt werden, 1/4 beträgt — ebenfalls 1/4 ist. Die Wahrscheinlichkeit, gemäß der Limestheorie *als Eigenschaft der Folge* aufgefaßt, wäre also mit 1/4 anzusetzen, d. h. mit „G" für „eine 6 wird geworfen" würden wir erhalten: $P(G, F) = 1/4$. Vom intuitiven Standpunkt aus würden wir im Widerspruch dazu sagen, daß in bezug auf die wenigen Würfe mit dem nicht gefälschten Würfel die Wahrscheinlichkeit einer Sechs 1/6 betrage, und daß nur für die übrigen Würfe die Annahme korrekt sei, diese Wahrscheinlichkeit betrage 1/4.

Nachdem POPPER zu zeigen versucht, daß dieser Konflikt zwischen korrekter Intuition und Häufigkeitsdefinition im Rahmen der Limestheorie nicht behebbar ist[20], gelangt er zu dem Ergebnis, daß der Häufigkeitstheoretiker seine Theorie *modifizieren* muß, um mit diesem scheinbar so einfachen Problem fertig zu werden. Statt von einer (potentiellen oder

---

[19] Vgl. insbesondere [Propensitiy 2], S. 31 ff.
[20] a. a. O. S. 32/33.

aktuellen) Bezugsfolge auszugehen und die Wahrscheinlichkeit *als ein Merkmal dieser vorgegebenen Folge* zu betrachten, muß er die Wahrscheinlichkeit *als ein Merkmal der ‚Menge von erzeugenden Bedingungen‘* ("*a property of the generating conditions*") einer solchen Folge auffassen. Man könnte auch sagen: Er muß die Wahrscheinlichkeit *als eine Eigenschaft der experimentellen Anordnung* betrachten und kann sie nicht mehr als eine Eigenschaft der mittels dieser Anordnung erzeugten Folgen auffassen. Die Lösung des Problems besteht dann darin, daß zulässige Folgen nur solche sind, die durch wiederholte Versuche an ein und derselben experimentellen Anordnung entstehen. Zulässig sind in unserem Beispiel die Folge der durch den gefälschten Würfel erzeugten Wurfergebnisse sowie die Folge der durch den homogenen Würfel erzeugten Resultate. Dagegen ist die obige ‚Mischfolge‘ *F* jetzt für unzulässig zu erklären. Die drei eingeschmuggelten Resultate, die mit dem nicht gefälschten Würfel erzielt wurden, sind einer anderen experimentellen Anordnung zuzurechnen als diejenigen Resultate, welche mit dem gefälschten Würfel erzeugt worden sind.

Die Überlegungen Poppers sind insofern höchst interessant, als sie zeigen, wie eine *prima facie* geringfügige Modifikation einer Theorie zu einer ganz neuen Theorie führen kann. Popper selbst spricht vom *Übergang von der Häufigkeitsdeutung zur Propensity-Deutung der statistischen Wahrscheinlichkeit*[21]. In der Tat ist der Übergang zu dieser Interpretation, die in den folgenden Abschnitten zugrunde gelegt (und später noch ausführlicher diskutiert) werden soll, von größter epistemologischer Signifikanz. Denn es ist der Übergang von einer *definierbaren empirischen Größe*, die *beobachtbaren* Folgen zugesprochen oder abgesprochen wird, zu einer *empirisch nicht definierbaren theoretischen Disposition*, die einer *unbeobachtbaren* physikalischen Realität zukommt.

In die gegenwärtige Diskussion ist diejenige Deutung der statistischen Wahrscheinlichkeit nicht einbezogen worden, die H. Cramér in [Statistics] auf S. 148 ff. anführt und mit der sich vermutlich viele praktisch arbeitende Statistiker zufrieden geben. Ich habe sie in Bd. I auf S. 644 die *Vagheitsinterpretation* genannt (vgl. die dortige Formulierung (*J*)). In dieser Interpretation werden verschiedene nicht näher präzisierte Ausdrücke verwendet, darunter auch die Wendung „*es ist praktisch sicher, daß*“. Diese Interpretation eignet sich nicht für eine präzise wissenschaftstheoretische Auseinandersetzung, da wegen der Vagheit ihrer Formulierung nicht feststeht, was eigentlich genau gemeint ist. Streng genommen darf man nicht einmal — wie ich dies in Bd. I tat — voraussetzen, daß es sich um eine Variante der objektivistischen Auffassung handelt. *Denn falls das „praktisch sicher“ selbst wieder probabilistisch gedeutet wird, handelt es sich entweder um die Erzeugung eines unendlichen Regresses oder um eine versteckte Kapitulation vor dem Subjektivismus.*

1.c Der Vorschlag von Braithwaite, die statistische Wahrscheinlichkeit als theoretischen Begriff einzuführen. Braithwaite war vermutlich der erste Philosoph, der zwar einerseits an einer ‚objektivisti-

---

[21] a. a. O. S. 34.

schen' Konzeption der statistischen Wahrscheinlichkeit festhalten wollte, der aber andererseits klar erkannte, daß dies nicht auf dem von den Häufigkeitstheoretikern beschriebenen Weg einer *definitorischen* Zurückführung auf den Begriff der relativen Häufigkeit möglich sei. Er versuchte im sechsten Kapitel seines Werkes [Explanation] durch Verwendung eines Schemas für die vernünftige Verwerfung von statistischen Hypothesen eine indirekte Charakterisierung des Begriffs der statistischen Wahrscheinlichkeit zu liefern. Dazu knüpfte er an das Theorem von TSCHEBYSCHEFF an, welches wir in Teil 0 als Aussage (65) bewiesen haben.

Für diejenigen Leser, welche unsere Bemerkungen über BRAITHWAITE in dessen Werk nachprüfen wollen und daher den Zusammenhang zwischen unserem Symbolismus und dem von BRAITHWAITE rasch erkennen möchten, seien einige Hinweise gegeben. Anstelle des Erwartungswertes μ benützt BRAITHWAITE den Durchschnitt np, was mit unserer Formel (61) (a) im Einklang steht. Mit $q = 1 - p$ ergibt sich innerhalb der Braithwaiteschen Formulierung für σ^2 als zweites Moment über dem Mittel einer Binomialverteilung der Wert npq, so daß statt der Standardabweichung σ bei ihm der Wert $\sqrt{npq}$ auftritt. Die von uns in (65) mit $1/k^2$ bezeichnete kleine Zahl wird von BRAITHWAITE k genannt, so daß überall dort, wo bei uns k als Faktor vorkommt, bei BRAITHWAITE der Faktor $1/\sqrt{k}$ auftritt. Das

Tschebyscheffsche Intervall reicht also bei ihm von $np - \sqrt{\dfrac{npq}{k}}$ bis zu $np + \sqrt{\dfrac{npq}{k}}$

bzw. dieses Intervall ist nach Teilung durch n identisch mit dem abgeschlossenen

Intervall: $\left[p - \sqrt{\dfrac{pq}{nk}} , p + \sqrt{\dfrac{pq}{nk}} \right]$.

Der Grund für die etwas ungewöhnlichen Formulierungen BRAITHWAITEs ist in folgendem zu erblicken: BRAITHWAITE knüpft an ein Gedankenmodell von R. A. FISHER an, versucht dabei jedoch zugleich, die offenkundigen Mängel dieses Modells zu überwinden. Nach BRAITHWAITEs Überzeugung hatte bereits FISHER *eine rein theoretische Deutung der statistischen Wahrscheinlichkeit* intendiert, seinen Überlegungen jedoch eine unglückliche Fassung gegeben. Bei diesem Modell wird nur der diskrete Fall berücksichtigt, da gemäß einem Vorschlag von KOLMOGOROFF der kontinuierliche Fall als ein idealisiertes Schema betrachtet werden sollte, in dem Techniken entwickelt werden, um approximativ Wahrscheinlichkeiten zu gewinnen, die durch rationale Zahlenwerte darstellbar sind. Auf das Modell von FISHER sowie den Vorschlag von BRAITHWAITE zur Verbesserung dieses Modells kommen wir sogleich zu sprechen.

Wenn wir eine endliche Menge α von Objekten betrachten, so können wir empirisch feststellen, wie groß die relative Häufigkeit der Elemente von α ist, die auch zu einer Menge β gehören. Diese Zahl $\dfrac{N(\alpha \cap \beta)}{N(\alpha)}$ heiße das *Mengenverhältnis* der Mengen $\alpha \cap \beta$ und α. Hätten wir es nur mit endlichen Fällen zu tun, so könnten wir die statistische Wahrscheinlichkeit stets mit einem solchen Mengenverhältnis identifizieren; und damit wären statistische Aussagen prinzipiell verifizierbar. Tatsächlich können wir ja z. B. den Satz: „die Wahrscheinlichkeit, daß ein Einwohner des Staates S eine Glatze hat, beträgt p" als *gleichbedeutend* auffassen mit der verifizierbaren Aussage: „die relative Anzahl der Kahlköpfigen in S beträgt p".

Fisher hatte nun versucht, für den Fall unverifizierbarer statistischer Gesetzeshypothesen, die unter anderem auch für statistische Prognosen verwertet werden, den Begriff des Mengenverhältnisses zu verallgemeinern und von dem *Mengenverhältnis eines hypothetischen unendlichen Gesamtheit* zu sprechen. Gegeben sei eine ‚hypothetische‘ unendliche Menge U sowie ein Merkmal A, das für die Objekte von U sinnvoll ist. *Die statistische Wahrscheinlichkeit dafür, daß ein U-Element das Merkmal A besitzt*, wird als ein mit der unendlichen Menge U und dem Merkmal A assoziierter Parameter gedeutet, genauer: als eine Zahl p, die zwar nicht direkt ein Mengenverhältnis repräsentiert, die jedoch in dem Sinn einem solchen Mengenverhältnis *ähnlich* ist, als man daraus auf rein logischem Wege echte Mengenverhältnisse ableiten kann. Diese Mengenverhältnisse beziehen sich stets auf Gesamtheiten, die erstens *endliche* Mengen von *beobachtbaren* Objekten bilden und die zweitens *zufällige Stichproben* (random samples) aus der hypothetischen unendlichen Grundmenge U darstellen. In einem anschaulichen Bild kann man sich U als eine *unendliche Urne* vorstellen, die sowohl weiße als auch schwarze Kugeln enthält, wobei der Wahrscheinlichkeitsparameter p den relativen Anteil der weißen Kugeln charakterisiert. Hinzuzudenken ist ferner eine experimentelle Vorschrift, die es gestattet, aus der Urne in willkürlicher und zufälliger Weise endliche Mengen von Kugeln zu ziehen. Jede derartige endliche Kugelmenge repräsentiert eine endliche Gesamtheit von Beobachtungen, für welche man das Mengenverhältnis feststellen kann.

Dieses ‚anschauliche Modell‘ dient nur der Erleichterung des Verständnisses, darf jedoch nicht wörtlich genommen werden. Braithwaite meint, man habe Fishers Auffassung folgendermaßen zu interpretieren: Sowohl der Begriff der hypothetischen unendlichen Grundgesamtheit U als auch der Begriff des mit U assoziierten Wahrscheinlichkeitsparameters p seien bildhafte Veranschaulichungen rein *theoretischer Begriffe*, die keiner direkten empirischen Deutung fähig sind. Da jeder statistischen Hypothese aber ein derartiges Paar $(U; p)$ entspricht, sind statistische Hypothesen *als theoretische Hypothesen höherer Ordnung* aufzufassen, die dadurch *indirekt prüfbar* werden, daß aus ihnen empirisch nachprüfbare Aussagen deduzierbar sind. Die endlichen Kugelmengen, welche man aus der unendlichen Urne durch Zufallsauswahl gewinnen kann, sind die anschaulichen Modelle derartiger nachprüfbarer Aussagen.

Nun muß aber ein Modell, auch wenn es nur heuristischen Zwecken dienen soll, *prinzipiell verständlich* sein. Diese Bedingung ist nach Braithwaite — ganz abgesehen von dem vorläufig noch ungeklärten Begriff der zufälligen Auswahl — hier nicht erfüllt. Selbst wenn man das Sprechen über unendliche Totalitäten, wie dies in der klassischen Mathematik üblich ist, für unbedenklich hält, ergibt die Rede vom *relativen Anteil* der weißen Kugeln an der Kugelgesamtheit für den Unendlichkeitsfall zunächst überhaupt keinen Sinn. Fisher hat nach Braithwaite zwei logisch unverträgliche

Gedanken miteinander zu vereinigen versucht: Um das Urnenmodell überhaupt anwenden zu können, mußte er von Urnen mit *endlich vielen* Kugeln ausgehen, für welche das Reden von Mengenverhältnissen einen präzisen Sinn hat. Damit sich durch die zufälligen Auswahlen aus der Urne das Mengenverhältnis nicht ändert, mußte der Urneninhalt *als unendlich* vorausgesetzt werden; oder besser ausgedrückt: der Urneninhalt mußte *als ein unerschöpfliches Reservoir* mit stets gleichbleibendem Mengenverhältnis gedeutet werden, das durch die Wegnahme einzelner Elemente nicht tangiert wird. Der Urne, welche die hypothetische Grundmenge symbolisiert, werden also gleichzeitig die Merkmale einer endlichen und die einer unendlichen Menge zugeschrieben. *Dies ist ein Widerspruch.* In der Terminologie der Stichprobenauswahl könnte man diese Begriffsverwirrung auch so charakterisieren: FISHER versuchte vergeblich, das Verfahren der Stichprobenauswahl *mit Ersetzung* durch die Methode der Stichprobenauswahl *ohne Ersetzung* zu beschreiben.

Diese letzte Bemerkung könnte man versuchsweise für eine Verbesserung des Fisherschen Ansatzes verwenden: Wenn man jede gezogene Kugel nach Feststellung ihrer Farbe wieder in die Urne zurücklegt und den Urneninhalt ‚gut mischt‘, so wird die Ausgangskonstellation wiederhergestellt, *ohne daß man voraussetzen muß, die Urne sei unendlich.* Der Nachteil dieses zweiten Modells bestünde darin, daß man dabei die nebulosen Wendungen wie „gut mischen" und „die Ausgangskonstellation wiederherstellen" gebrauchen muß[22].

BRAITHWAITE selbst versucht, mit Hilfe seines *Briareos-Modells der statistischen Wahrscheinlichkeit* simultan den logischen Mangel des Fisherschen Modells und die Undeutlichkeit des eben erwähnten zweiten Modells zu überwinden, ohne auf die Vorzüge dieser Modelle zu verzichten. Er benennt sein Modell nach dem in der griechischen Mythologie vorkommenden 100armigen Riesen BRIAREOS, wobei er für ein beliebig vorgegebenes positives und ganzzahliges n ein solches n-armiges Wesen annimmt. Ebenso wie im zweiten Modell geht er nur von endlichen Mengen (endlichen Urnen) aus, macht jedoch das dort benötigte ‚Zurücklegen‘ nebst ‚gutem Mischen‘ dadurch wieder überflüssig, daß er eine geeignete *Klasse von* solchen Mengen (Urnen) benützt. Angenommen, n Beobachtungen zur Prüfung einer statistischen Hypothese mit dem Wahrscheinlichkeitspara-

---

[22] Wenn man den statistischen Wahrscheinlichkeitsbegriff bereits zur Verfügung hat, kann diesen Wendungen ein klarer Sinn gegeben werden. Daß die Ausgangskonstellation dieselbe ist, heißt danach nichts anderes, als daß nach erfolgtem Zurücklegen und Mischen *dieselbe Wahrscheinlichkeitsverteilung* besteht. Und die Tätigkeit des guten Mischens liegt genau dann vor, wenn sie *zu der* eben präzisierten *Ausgangskonstellation zurückführt.* Da wir über den Begriff der statistischen Wahrscheinlichkeit noch nicht verfügen, dieser vielmehr mit Hilfe dieses Modells *erst eingeführt* werden soll, steht uns eine derartige Präzisierungsmöglichkeit nicht offen und die beiden Wendungen bleiben tatsächlich nebelhaft.

meter p wurden gemacht. (Im ersten Modell würde dies besagen: n Kugeln wurden aus der unendlichen Urne U gezogen; und im zweiten Modell: n-mal wurde eine Kugel aus der Urne genommen, wieder zurückgelegt und die Urne wurde gut gemischt.) BRAITHWAITE geht davon aus, daß *n gleiche Urnen* verfügbar sind, deren jede genau *m* Kugeln enthält. Die relative Häufigkeit p der weißen Kugeln, auch jetzt wieder Mengenverhältnis genannt, sei für alle n Urnen dieselbe. (*m* wird zweckmäßigerweise als *kleinste* ganze Zahl gewählt, so daß $p \cdot m$ wieder eine ganze Zahl darstellt.) Abstrakt gesprochen: Wir gehen von einer *endlichen* Klasse von n Mengen aus, deren jede *m* Elemente enthält und die zudem dasselbe Mengenverhältnis p aufweist[23]. Eine beobachtbare Stichprobe von n Objekten kommt nach diesem Modell in der Weise zustande, *daß der n-armige Briareos gleichzeitig seine n Arme ausstreckt, mit jedem Arm in genau eine der n Urnen greift und aus jeder Urne genau eine Kugel herausholt.*

Ein konkretes Beispiel diene der Illustration. Zu überprüfen sei die statistische Hypothese, welche besagt, die Wahrscheinlichkeit dafür, daß eine Geburt eine Knabengeburt sei, betrage 0,51. Die Überprüfung geschieht mittels einer Stichprobe von 1000 Geburten, von denen sich 519 als Knabengeburten und 481 als Mädchengeburten erweisen.

In die Sprechweise des Braithwaiteschen Modells übersetzt, wäre diese Sachlage so zu schildern: (1) Man stelle sich vor, daß eine Gesamtheit von 1000 Urnen gegeben sei. (2) Jede dieser Urnen enthalte 100 Kugeln. (3) Außerdem sollen in jeder der 1000 Urnen genau 51 weiße Kugeln vorkommen (die übrigen 49 können z. B. jedesmal schwarz sein; doch dies ist unwesentlich). (4) Ein 1000armiger BRIAREOS ziehe gleichzeitig aus jeder Urne genau eine Kugel. (5) Eine empirische Untersuchung lehrt, daß von den dabei gezogenen 1000 Kugeln 519 weiß und 481 nicht weiß sind.

An dem Beispiel dürfte deutlich geworden sein, wie das Modell dafür dienen soll, die vagen Begriffe des Ziehens, Zurücklegens und guten Mischens ebenso zu vermeiden wie die durch diese temporale Beschreibung fast zwangsläufig entstehende Versuchung, die Reihenfolge der Züge in Betracht zu ziehen.

BRAITHWAITES Grundgedanke besteht darin, auf diesem Wege *den Bedeutungsgehalt der statistischen Hypothesen indirekt und partiell festzulegen*: Die tatsächlich beobachteten Mengenverhältnisse dienen als Test für die Falschheit einer derartigen Hypothese und sind dadurch bestimmend für die Bedeutung dieser Hypothese, obwohl sie weder logische Folgerungen der Hypothese bilden noch mit ihr logisch unverträglich sind. (Daß keine logische Unverträglichkeit bestehen kann, sieht man sofort, wenn man z. B. bedenkt, daß der 1000armige BRIAREOS selbst bei Gültigkeit der ersten vier

---

[23] Was wir Mengen nennen, heißt bei BRAITHWAITE Klasse, unserem Terminus „Klasse (von Mengen)“ entspricht bei BRAITHWAITE der Ausdruck „Hyperklasse (von Klassen)“. Statt von Familien von Klassen redet BRAITHWAITE von Hyperhyperklassen.

Modellannahmen im Widerspruch zu (5) *ausschließlich weiße Kugeln* gezogen haben könnte.)[24]

In der abstrakten Variante seiner Theorie nennt BRAITHWAITE eine Klasse von Mengen mit identischem Mengenverhältnis eine *Wahrscheinlichkeitsklasse* (in seiner Terminologie: eine Wahrscheinlichkeitshyperklasse). Die Gewinnung der Formel für die Binomialverteilung und der Regeln für die verschiedenen Momente wird bei diesem Vorgehen auf die Arithmetik der Mengen- und Klassenverhältnisse zurückgeführt, wobei nur elementare algebraische Umformungen benötigt werden. Für das Tschebyscheffsche Theorem ergeben sich dabei die oben angegebenen Intervallgrenzen. Diejenigen Leser, welche an den Rechenergebnissen im Braithwaiteschen Modell interessiert sind, finden alle relevanten Einzelheiten im Kap. VI sowie dem Anhang zu diesem Kapitel im Buch von BRAITHWAITE.

Bei der Beschäftigung mit diesem Modell darf man eines nicht übersehen: Trotz der geschilderten Beseitigung von Mängeln anderer Modelle *ist und bleibt das Braithwaitesche Modell nichts weiter als ein intuitiver Zugang zum Begriff der statistischen Wahrscheinlichkeit.* Sollte dagegen mit dem Modell der Anspruch verbunden werden, eine Explikation für den Begriff der statistischen Wahrscheinlichkeit geliefert zu haben, so könnte z. B. ein Vertreter der personalistischen Schule die ironische Bemerkung machen, daß hier nicht bloß auf einen mythologischen Begriff zum Zwecke der Erläuterung zurückgegriffen wurde, sondern daß BRAITHWAITE vielmehr jener Mythologie eine *Briareos-Hypermythologie* superponiert habe.

Ein derartiger Vorwurf wäre jedoch unberechtigt. Die Tatsache, daß BRAITHWAITE im siebenten Kapitel von [Explanation] eine indirekte Bedeutungsfestlegung der statistischen Wahrscheinlichkeit mittels einer Verwerfungsregel versucht, zeigt, daß er nicht in dem intuitiven Briareos-Modell, sondern in dieser Regel das Mittel für die Explikation des Begriffs der statistischen Wahrscheinlichkeit erblickt.

Unter dem *Tschebyscheffschen Intervall* verstehen wir das abgeschlossene Intervall, welches in der Terminologie von Teil 0, Satz (65), als das Intervall $[\mu - k\sigma, \mu + k\sigma]$ beschreibbar ist und welches innerhalb des Braithwaiteschen Formalismus mit dem Intervall $\left[p - \sqrt{\dfrac{pq}{nk}}, p + \sqrt{\dfrac{pq}{nk}}\right]$ identisch ist. Dieses Intervall hängt jedesmal von einem Parameter k ab. Um Eindeutigkeit zu erzielen, knüpfen wir an unsere Formulierung in (65) an. Eine statistische Hypothese schreibe einem Ereignis E eine Wahrscheinlichkeit $P(E)$ zu. BRAITHWAITE formuliert jetzt eine Klasse von *k-Verwerfungsregeln*. Das Schema für diese Regeln lautet: *„Wähle eine beliebig große positive Zahl k. Nimm außerdem n Versuche vor. Verwirf die Hypothese, wenn die relative Häufigkeit der Resultate, die nicht zu E gehören, aus dem Tschebyscheffschen Intervall herausfallen!"*

---

[24] Allerdings scheint BRAITHWAITE nicht zu bemerken, daß er von dieser Stelle an stillschweigend von einer Likelihood-Überlegung Gebrauch macht. Die Natur solcher Überlegungen soll später genauer analysiert werden.

(In der Terminologie von Braithwaite ist eine beliebig *kleine* Zahl k zu wählen; denn sein k entspricht unserem $1/k^2$. Ferner ist bei Zugrundelegung seines Intervalls natürlich $p = P(E)$ und $q = 1-p$ zu setzen.)

Die etwas umständliche Begründung, welche Braithwaite für seine Regel gibt, wird durchsichtiger, wenn man dafür eine Likelihood-Überlegung heranzieht, an welche auch Braithwaite implizit appelliert. Angenommen, die statistische Hypothese sei *falsch*. Dann erfolgt die Verwerfung sicherlich zu Recht; denn dann kann überhaupt keine Verwerfungsregel zu Fehlern führen, wie immer diese Regel formuliert sein mag. Angenommen hingegen, die statistische Hypothese sei *richtig*. Dann müßte sich, um das Beobachtungsresultat erhalten zu haben, etwas außerordentlich Unwahrscheinliches ereignet haben, nämlich etwas, das wegen des Theorems (65) eine Wahrscheinlichkeit besitzt, die kleiner ist als $1/k^2$. Da wir nicht annehmen wollen, etwas so Unwahrscheinliches habe sich ereignet, besteht unsere Verwerfung vermutlich zu Recht.

Natürlich können wir uns bei dieser zweiten Überlegung geirrt haben: *Es ist nicht logisch ausgeschlossen, daß man bei Befolgung dieser Regel eine richtige Hypothese verwirft, selbst wenn* $1/k^2$ *sehr klein war.* Braithwaite betont daher, daß im statistischen Fall nicht nur das Akzeptieren, sondern auch das Verwerfen einen prinzipiell vorläufigen Charakter habe, also etwas prinzipiell Provisorisches sei. Braithwaites Regeln sind empirische Test-Regeln von *verschiedenem Schärfegrad.* Je kleiner die Zahl $1/k^2$, desto schärfer der Test. Mit zunehmender Testschärfe wird die Gefahr, Wahres zu verwerfen, zwar sukzessiv geringer; sie ist jedoch niemals völlig auszuschließen.

Wir wollen diesen letzten Punkt hier nicht weiter verfolgen, da wir ihn in 1.d genauer betrachten werden. Im Augenblick interessiert uns nur Braithwaites These, durch sein Schema von k-Verwerfungsregeln *einen Beitrag zur Analyse der Bedeutung der statistischen Wahrscheinlichkeit geliefert zu haben.*

Gegen diese These kann man einen *tödlichen Einwand* vorbringen: Während Braithwaite beansprucht, *einen* bestimmten Begriff zu explizieren, macht er in Wahrheit den Begriff der statistischen Wahrscheinlichkeit *unendlich vieldeutig.* Jede seiner Verwerfungsregeln ist zu relativieren auf einen bestimmten *frei wählbaren* Parameter k. Wenn die statistische Wahrscheinlichkeit mittels dieser Regeln expliziert werden sollte, dann dürfte eigentlich nur von k-*Wahrscheinlichkeiten* die Rede sein (für beliebiges reelles k). *Statt eines Explikates* ‚*statistische Wahrscheinlichkeit*‘ *erhalten wir ein ganzes Kontinuum von Explikaten* ‚k-*Wahrscheinlichkeiten,*‘ wobei noch zusätzlich hinzuzufügen wäre, daß die Elemente dieses Kontinuums, die reellen Zahlen k, nur durch *subjektive Wahlakte* festgelegt sind.

Es scheint, daß Braithwaite eine ähnliche Verwechslung unterlaufen ist wie den früheren Empiristen: Bedeutungsanalysen sollten danach auf dem Wege der Schilderung von Prüfungsverfahren erfolgen. Aber diese beiden

Dinge sind voneinander zu trennen. Und der Fall der statistischen Wahrscheinlichkeit zeigt besonders deutlich, daß sie getrennt werden *müssen*, will man nicht in den Sog von Ungereimtheiten hineingeraten. BRAITHWAITE *hat mit seinen Überlegungen einen Beitrag zur erkenntnistheoretischen Klärung der Natur des Prüfungsverfahrens statistischer Hypothesen geliefert. Er hat dagegen nicht die Aufgabe gelöst, den Sinn von „statistische Wahrscheinlichkeit" zu explizieren.*

Diese kritische Auseinandersetzung mit der Auffassung von BRAITHWAITE sollte nur einen Vorgeschmack von den Schwierigkeiten geben, die man zu überwinden hat, wenn man zu einer adäquaten Explikation des Begriffs der statistischen Wahrscheinlichkeit gelangen will.

Anmerkung: Es sei noch ein weiterer kritischer Hinweis gegeben, der sich auf das Kap. VII von BRAITHWAITE, [Explanation], bezieht. Dort werden verschiedene statistische Hypothesen miteinander verglichen und es wird ein Begriff einzuführen versucht, den ich einen komparativen Begriff der Bestätigung oder der Stützung von statistischen Hypothesen nennen würde. Merkwürdigerweise knüpft BRAITHWAITE bei diesen Überlegungen überhaupt nicht mehr an seine Verwerfungsregeln an, sondern geht unvermittelt in eine *entscheidungstheoretische* Betrachtungsweise über. Solche Übergänge von rein ‚theoretischen‘ zu ‚praktischen‘ Betrachtungsweisen findet man in der Statistik vielfach. Wie wir in Abschn. 10 sehen werden, ist vor allem auch die Theorie der Schätzung von solchen Übergängen durchseucht; und auch CARNAP war davon vermutlich angekränkelt. Bei BRAITHWAITE ist dieser Übergang deshalb so merkwürdig, weil er den empirischen Gehalt statistischer Hypothesen durch eine Testregel von der Gestalt einer Verwerfungsregel zu klären versuchte und weil man daher erwarten würde, daß er in seiner Theorie der komparativen Stützung und des Tests statistischer Hypothesen an diese Regel anknüpfen, sie evtl. modifizieren, verbessern sowie ergänzen, *aber sie nicht gänzlich vergessen* würde.

1.d Vorbereitende Betrachtungen zur Testproblematik statistischer Hypothesen. Eine ungefähre Vorstellung von der Eigenart sowie von den spezifischen Schwierigkeiten der Prüfung statistischer Hypothesen dürfte man am besten in der Weise gewinnen, daß man einen Vergleich mit dem Verfahren der Prüfung deterministischer Gesetzesaussagen anstellt. In den ersten Schritten knüpfen wir dabei an POPPERs Begriff der Falsifikation an. Um Mißverständnisse auszuschließen, sei ausdrücklich betont, daß mit den folgenden Bemerkungen weder beansprucht wird, eine adäquate Schilderung der Popperschen Testtheorie zu geben, noch daß darin die Poppersche Position kritisiert werden soll. Die Kontrastbildung dient ausschließlich als Hilfsmittel für die Gewinnung eines vorläufigen Verständnisses der Testproblematik statistischer Hypothesen.

(I) Für wissenschaftliche Prognosen verwertbare deterministische Gesetzeshypothesen[25] sind nicht verifizierbar, jedoch prinzipiell falsifizierbar.

---

[25] Darunter verstehen wir hier stets unbeschränkte Allsätze, die evtl. noch ein Kriterium der Gesetzesartigkeit erfüllen müssen. Auf die Frage, ob und wie ein derartiges Kriterium zu formulieren wäre, brauchen wir hier nicht einzugehen.

POPPERS deduktive Methode der Nachprüfung knüpft an diesen logischen Sachverhalt an: Wir überprüfen deterministische Gesetzesannahmen, indem wir sie für die Ableitung von Voraussagen benützen. Trifft das Vorausgesagte zu, so hat sich die Hypothese vorläufig bewährt; trifft es nicht zu, so ist sie empirisch widerlegt oder falsifiziert. Von effektiver Falsifikation kann allerdings nur relativ auf anerkannte empirische Daten gesprochen werden. Daher braucht eine effektiv falsifizierte Hypothese nicht falsch zu sein; es könnte ja sein, daß die für die Falsifikation benützten Daten unrichtig waren. Eine Falsifikation kann daher rückgängig gemacht werden, jedoch nur in der Weise, daß begründete Zweifel an der Richtigkeit der falsifizierenden Daten auftreten und daß man diese Zweifel durch rationale Argumente so stark untermauert, daß diese Daten preisgegeben werden. Trotzdem kann man festhalten:

Relativ auf anerkannte empirische Daten ist eine deterministische Gesetzeshypothese effektiv falsifizierbar.

Illustrationsbeispiel: Die Hypothese laute: „Alle Störche haben rote Beine". Diese Hypothese ist effektiv falsifiziert, sobald man z. B. feststellt, daß im Hamburger Zoo eine Storchenfamilie lebt, die grüne Beine hat. Trotz dieser effektiven Falsifikation könnte die Hypothese richtig sein. Denn es *könnte* ja der Fall sein, daß die im Hamburger Zoo zu beobachtenden Vögel gar keine Störche sind. Ein Witzbold könnte an einem Käfig, in dem storchenähnliche Vögel leben, die Tafel „Störche" angebracht haben; die Tiere könnten bei der Sendung verwechselt worden sein usw. Solche Möglichkeiten bestehen immer. Man wird sie dann ernsthaft in Erwägung ziehen müssen, wenn schwerwiegende Gründe für sie vorgebracht wurden. Solange man aber den Beobachtungsbericht, daß es sich wirklich um Störche mit grünen Beinen handelt, nicht bestreitet, wird man die erwähnte Hypothese für falsifiziert ansehen. Diese Falsifikation ist definitiv, soweit am Datum festgehalten wird:

Die empirische Widerlegung deterministischer Gesetzeshypothesen relativ zu anerkannten Daten ist endgültig, d. h. sie kann nur nach einer Verwerfung dieser Daten rückgängig gemacht werden.

Wenden wir uns jetzt statistischen Hypothesen zu. Auch hier wird sich eine brauchbare Testtheorie damit bemühen müssen, die Umstände zu beschreiben, unter denen eine statistische Hypothese zu verwerfen ist. Tatsächlich wird in der statistischen Testtheorie versucht, einen Begriff der *vernünftigen Verwerfung* (im Englischen: "reasonable rejection") statistischer Hypothesen zu explizieren. Prima facie könnte es so scheinen, als handele es sich dabei um nichts anderes als darum, *den zunächst nur auf deterministische Hypothesen anwendbaren Begriff der Falsifikation in einer plausiblen Weise zu dem der vernünftigen Verwerfung statistischer Hypothesen zu erweitern.*

Diese Art und Weise, an das Problem der Prüfung statistischer Hypothesen heranzutreten, birgt eine große Gefahr in sich. Man übersieht dabei nämlich leicht die *logische Kluft*, welche zwischen dem Begriff der Falsifikation einerseits und dem Begriff der vernünftigen Verwerfung andererseits besteht, wie immer die endgültige präzise Explikation dieses Begriffs lauten möge. Diese logische Kluft ist u. a. von BRAITHWAITE deutlich gesehen worden. Insofern können wir der Skizze seiner Theorie in 1.c, ungeachtet unseres negativen Ergebnisses bezüglich seines Versuchs zur Explikation des Begriffs der statistischen Wahrscheinlichkeit, doch wieder einen wichtigen positiven Aspekt abgewinnen. BRAITHWAITE hat nämlich ganz klar erkannt, daß die Verwerfung einer statistischen Hypothese relativ auf anerkannte Daten *prinzipiell provisorisch* sein muß. Das „prinzipiell provisorisch" ist dabei folgendermaßen zu verstehen: Auch ohne die bisherigen Daten, auf die sich eine solche Verwerfung stützte, irgendwie anzufechten, können wir genötigt sein, *die Verwerfung wieder rückgängig zu machen*, weil zusätzliche Daten dies erzwingen. Genauer:

Die empirische Verwerfung statistischer Gesetzeshypothesen ist relativ zu anerkannten Daten niemals endgültig, sondern prinzipiell provisorisch, d. h. sie ist bei Hinzutreten neuer Daten rückgängig zu machen, ohne daß dabei die früheren Daten angefochten zu werden brauchen.

Bevor wir diesen (nur scheinbar merkwürdigen) Sachverhalt logisch analysieren, wollen wir ihn an einem elementaren Beispiel illustrieren. Gegeben sei ein Würfel. Es wird die Laplace-Hypothese aufgestellt, daß jede Augenzahl dieselbe Wahrscheinlichkeit des Eintreffens nach einem Wurf habe, nämlich 1/6. Aus dieser Verteilungshypothese sondern wir *die elementare statistische Wahrscheinlichkeitshypothese* aus, daß die Augenzahl 6 eine Wahrscheinlichkeit von 1/6 hat — kurz: $P(6) = 1/6$ —, und machen nur diese elementare Hypothese zum Objekt unserer Prüfung. Dazu werde der Würfel 20mal geworfen. Eine Auszählung der verschiedenen Wurfarten ergebe: 1 Einserwurf, 3 Zweierwürfe, 1 Dreierwurf, 1 Viererwurf, 2 Fünferwürfe, 12 Sechserwürfe. Wir werden die Hypothese *verwerfen* und angesichts dieses Beobachtungsdatums die neue Hypothese aufstellen, daß der Würfel zugunsten der Augenzahl 6 verfälscht sei und daß daher die Wahrscheinlichkeit, eine 6 zu werfen, wesentlich höher sei als 1/6. (Eine quantitative Präzisierung braucht nicht zu erfolgen.) Die Verwerfung der ursprünglichen Hypothese im Lichte dieses Beobachtungsdatums wird man zunächst als durchaus *vernünftig* ansehen. Angenommen nun, eine genauere physikalische Untersuchung des Würfels liefere keinerlei unabhängige Stützung der Hypothese der Fälschung, so daß der Verdacht aufkommt, die ursprüngliche Hypothese sei zu Unrecht verworfen worden. Man entschließt sich für einen nochmaligen statistischen Test und nimmt diesmal 300 weitere Würfe vor. Er stellt sich heraus, daß rund 1/6 der Würfe Sechserwürfe sind.

In diesem Fall wird man die Verwerfung der ursprünglichen Hypothese zurücknehmen und sie damit für weitere Verwendung zulassen. Wie ist dies möglich?

Um diese Frage zu beantworten, versuchen wir zu analysieren, worauf sich die ursprüngliche Überlegung stützte. Man kann sie etwa so skizzieren: „Angenommen, die Hypothese $P(6) = 1/6$ sei richtig. Dann hätte sich mit dem Ereignis ‚12 Sechserwürfe in einer Folge von 20 Würfen' etwas ungeheuer Unwahrscheinliches ereignet. Da nicht anzunehmen ist, daß sich vor unseren Augen etwas so Unwahrscheinliches abgespielt hat, verwerfen wir die Hypothese, da sie vermutlich falsch ist." Zweierlei ist hierzu zu bemerken:

(1) Der eben geschilderte Gedankengang stellt ein typisches Beispiel für eine *Likelihood-Überlegung* dar: Man *fingiert* darin in einem ersten Schritt, die zur Diskussion stehende statistische Hypothese sei richtig. Dann stellt man relevante Beobachtungen an und beurteilt die *Wahrscheinlichkeit dafür, daß sich das, was sich tatsächlich ereignet hat, unter der fingierten Annahme der Wahrheit der statistischen Hypothese ereignen würde.* Ergibt sich eine sehr niedrige Wahrscheinlichkeit, so verwirft man die Hypothese. (Eine quantitative Präzisierung kann man in der Weise einführen, daß man genau angibt, bei welchem Unwahrscheinlichkeitsgrad die Verwerfung einzusetzen hat.) Da es nicht um die Beurteilung dessen geht, was sich tatsächlich ereignet hat — denn daran wird nicht gerüttelt —, sondern um die Beurteilung der Hypothese, nennt man den erhaltenen Grad der Wahrscheinlichkeit (des Beobachteten unter der Annahme der Richtigkeit der Hypothese) auch *die Likelihood der Hypothese relativ zum Beobachtungsbefund.*

(2) Wie die Analyse weiter zeigt, war die Verwerfung durchaus *vernünftig*, da sie sich auf eine überzeugende Plausibilitätsbetrachtung stützte. Trotzdem war diese Verwerfung *nicht logisch zwingend.* Etwas sehr Unwahrscheinliches könnte sich ja ereignet haben! Davon, daß sich sehr Unwahrscheinliches tatsächlich ereignet, weiß jeder Gewinner des großen Loses zu berichten. Daß sich sogar ungeheuer Unwahrscheinliches ereignen kann, erfahren zu ihrer Bestürzung die Angehörigen von Personen, welche durch einen Meteoriten getötet worden sind[26].

An diese Tatsache (2), wonach vernünftige Verwerfung nicht Falsifikation bedeutet, knüpfte das *Revisionsargument* an: Eine analoge Likelihood-Betrachtung, für welche die Beobachtung von 300 weiteren Würfen zugrunde gelegt wurde, führt zu dem Resultat, daß die Hypothese *vermutlich*

---

[26] Nach vorliegenden Informationen ist die Wahrscheinlichkeit, von einem Meteoriten getötet zu werden, grob geschätzt etwa 1/6000 der Wahrscheinlichkeit, daß große Los zu gewinnen. Natürlich wissen wir auch von diesen zur Verständlichmachung der These „sehr Unwahrscheinliches ereignet sich" herangezogenen Hypothesen nicht, ob sie richtig sind, so daß es sich dabei nicht um eine *Begründung*, sondern nur um eine *Veranschaulichung* handelt. Schon im kommenden Jahr kann ein tödlicher Meteoritenschwarm über der Erde niedergehen oder es kann ein Riesenmeteorit einfallen, von dem eine unvorstellbare Katastrophenwirkung für die Menschheit ausgeht.

richtig ist. Der Widerspruch zwischen diesem Resultat und dem Ergebnis der Überlegung (1) wird zuungunsten von (1) entschieden. Da nämlich die neue Beobachtungsreihe *viel länger* ist als die alte (genauer: 15mal so lang), ist auch das für die Hypothese sprechende Argument ‚empirisch viel besser fundiert' als das dagegen sprechende Argument. *Es kommt somit zur Zurücknahme der Verwerfung.* Damit muß man ausdrücklich die Feststellung in Kauf nehmen, daß sich im Gegensatz zu der in (1) ausgesprochenen Annahme vermutlich doch bei der ersten Reihe von 20 Würfen etwas sehr Unwahrscheinliches ereignet hat.

Wir wollen den Unterschied zwischen dem deterministischen und dem statistischen Fall durch Bilder veranschaulichen (die wir hier nur beschreiben, die der Leser aber aufgrund der Beschreibung zeichnen kann.) Für beide Falltypen mögen zwei Körbe zu Verfügung stehen. Der Korb Nr. I enthält die vorläufig akzeptierten und zur weiteren Prüfung zugelassenen Hypothesen H_1, H_2 und H_3. Im Korb Nr. II sollen sich die verworfenen Hypothesen H_4, H_5 und H_6 befinden.

Fall 1: Alle Hypothesen seien deterministisch. Wir betrachten H_1. Diese Hypothese werde einem empirischen Test unterworfen. Hält sie der Prüfung stand, so bleibt die eben beschriebene Situation unverändert. Wurde H_1 hingegen durch den Test empirisch widerlegt, so wandert diese Hypothese in den Korb Nr. II.

Sofern kein Grund dafür besteht, die falsifizierenden Daten anzufechten, bleiben die in Korb Nr. II befindlichen Hypothesen endgültig darin. Diese ‚Dateninvarianz' wollen wir für das Folgende stets annehmen.

Fall 2: Alle Hypothesen seien statistisch. Aufgrund einer Likelihood-Überlegung von der weiter oben geschilderten Art werde die Verwerfung von H_1 empfohlen. H_1 wandert also ebenfalls von I in II. Eine Revisionsüberlegung empfehle jedoch die Rückgängigmachung der Verwerfung. H_1 wandert von II in I zurück. Es können also ‚Bewegungen nach beiden Richtungen hin' vorkommen. *Das „falsifiziert" vom deterministischen Fall muß daher im statistischen Fall durch „vorläufig verworfen" ersetzt werden.*

Prinzipiell kann sich dieses Verfahren beliebig oft wiederholen. In unserem Beispiel kann sich etwa nach Beobachtung von 1500 Würfen wieder ein ähnliches Überhandnehmen der Sechserwürfe zeigen wie nach der ersten Beobachtung usw.

Tatsächlich jedoch werden wir, falls wir wirklich sukzessive zu solchen merkwürdigen, einander zwar nicht logisch widersprechenden, aber miteinander logisch unverträgliche Hypothesen begünstigenden Beobachtungsfolgen gelangen sollten, das Spiel nicht in dieser Weise unbegrenzt weiterspielen. *Vielmehr werden wir nach einiger Zeit eine zunächst stillschweigend als gültig vorausgesetzte Oberhypothese in Zweifel ziehen und diese einem Test unterwerfen.* In unserem Beispiel wird dies die Hypothese sein, *daß eine Binomialverteilung vorliegt.* Nur unter dieser Oberhypothese war das Problem allein dies herauszubekommen, wie der Parameter der Binomialverteilung lautet. Das Problem der Überprüfung statistischer Oberhypothesen soll an dieser Stelle nicht weiter verfolgt werden. Es sei nur erwähnt, daß diese Überprüfung den theoretischen Effekt haben kann, daß man den Sachverhalt nicht mehr wie zuvor unter einem *statischen*, sondern unter einem *dynamischen* Gesichtspunkt betrachtet, d. h. daß man die neue Oberhypothese aufstellt: „Die Wahrscheinlichkeit der Sechserwürfe ändert sich nach einer bestimmten, noch ‚zu entdeckenden' Regel"[27].

(II) Was hier erörtert werden soll, hängt logisch unmittelbar mit den in (I) geschilderten Gedanken zusammen. Es sind mehr psychologisch-didaktische Gründe, welche eine gesonderte Erwähnung als ratsam erscheinen lassen. Bei den Überlegungen von (I) stand allein die Alternative „Annehmen-Verwerfen" im Vordergrund. Diesmal gehen wir zusätzlich von der *semantischen* Alternative „Wahr-Falsch" aus. Wir setzen dabei voraus, daß jeder sinnvolle Deklarativsatz entweder *wahr* (*richtig*) oder *falsch* (*unrichtig*) ist. Da wir Wahrheit anstreben und Falschheit vermeiden wollen, müssen wir diese zweite Alternative als die grundlegendere betrachten.

Unsere Intentionen und unsere Hoffnungen gehen also dahin, zu richtigen Hypothesen zu gelangen. Leider ist selbst in dieser Hinsicht die Geschichte des Alltags wie der Wissenschaften *auch* eine Geschichte immer wieder zerstörter Hoffnungen. Wissenschaftler aus allen Gebieten mußten oft diese bittere Erfahrung machen. Mit welchen *Fehlergefahren* müssen wir also rechnen, wenn wir Hypothesen entwerfen? Diese Frage kann nicht ‚in einem Atemzug' für deterministische wie für statistische Hypothesen beantwortet werden. Vielmehr müssen wir hier differenzieren.

Bei der Aufstellung deterministischer Hypothesen besteht (relativ auf anerkannte empirische Daten) nur die Gefahr, Falsches zu akzeptieren, weil man es irrtümlich für richtig hält.

Die Wendung „relativ auf anerkannte empirische Daten" haben wir in Klammern gesetzt, weil diese Art von Relativierung, auf die wir schon in (I) aufmerksam machten, *immer* hinzugedacht werden muß, so daß wir sie zwecks Vermeidung von Komplikationen in der Formulierung von nun an weglassen wollen. Die eben genannte Fehlergefahr nennt man in der statistischen Testtheorie den *Typ-II-Fehler*. Der Fehler wird begangen, *wenn Falsches irrtümlich für richtig gehalten und daher akzeptiert wird*. Bei der Prüfung statistischer Hypothesen muß man den dazu *dualen* Fehler, der *Typ-I-Fehler* genannt wird, jedoch genauso ernst nehmen, nämlich den Fehler, *Wahres irrtümlich für falsch zu halten und es daher zu verwerfen*. Dies ist eine Konsequenz dessen, daß statistische Hypothesen nicht nur, ebenso wie determini-

---

[27] ‚Zu entdeckende' Regel heißt natürlich *wieder* nur: Wir können eine derartige Regel *hypothetisch* annehmen, die durch die vorliegenden Daten gestützt ist. Man beachte, daß *diese* Daten nun aus *verschiedenen* Beobachtungsreihen von verschiedener Länge bestehen!

stische, nicht verifizierbar sind, sondern daß sie außerdem, zum Unterschied von deterministischen Hypothesen, nicht falsifiziert werden können.

Die von POPPER für deterministische Hypothesen mit Recht betonte Asymmetrie zwischen Verifizierbarkeit und Falsifizierbarkeit gilt hier nicht, vielmehr *eine vollständige Symmetrie von Nichtverifizierbarkeit und Nichtfalsifizierbarkeit*. Dies macht es von neuem deutlich, daß eine Theorie der Prüfung, welche im Begriff der vernünftigen Verwerfung — mag diese sich nun auf den Likelihoodbegriff stützen oder nicht — nichts weiter als eine ‚natürliche‘ Verallgemeinerung des Begriffs der Falsifikation erblickt, von vornherein zur Einseitigkeit verurteilt ist: *Sie würde sich bei der Analyse des Begriffs der Prüfung statistischer Hypothesen einseitig am Modell der Gefahr des Typ-II-Fehlers orientieren, unter Vernachlässigung der gleich ernst zu nehmenden Gefahr des Typ-I-Fehlers.*

Die Wahrscheinlichkeiten, einen der beiden Typen von Fehlern zu begehen, werden *Irrtumswahrscheinlichkeiten* genannt[28].

Die Aufgabe, eine adäquate Theorie des Tests statistischer Hypothesen aufzubauen, sieht sich also von vornherein mit zwei *in konträre Richtungen* weisenden Fehlertypen konfrontiert, so daß sie mit *zwei Arten von Irrtumswahrscheinlichkeiten* operieren muß. Es liegt keineswegs auf der Hand, welche Strategie angesichts dieser Situation die beste ist. Der Vorschlag: „Minimalisiere beide Irrtumswahrscheinlichkeiten!" käme, wie eine einfache Überlegung zeigt, einer unsinnigen Forderung gleich. (Für nähere Details vgl. Abschnitt 9.)

(**III**) Wenn man eine deterministische Hypothese überprüft, so gibt es nur zwei Möglichkeiten: Entweder steht das Beobachtungsergebnis mit der Hypothese im Einklang oder es widerspricht ihr. In der Popperschen Sprechweise ausgedrückt: die Hypothese ist falsifiziert oder sie ist nicht falsifiziert. *Dieses epistemologische tertium non datur*, wie man es nennen könnte, *gilt im statistischen Fall nicht.* Zwar kann man es, rein logisch gesehen, auch hier stets so einrichten, daß eine Hypothese im Licht vorliegender Daten entweder verworfen oder akzeptiert wird. (Gelegentlich wird sogar der Ausdruck „akzeptiert" als „nicht verworfen" *definiert*, was jedoch eher als eine

---

[28] Leider hat sich im Deutschen dieser Sprachgebrauch eingebürgert, wonach einerseits von Fehlertypen, andererseits von Irrtumswahrscheinlichkeiten die Rede ist. Ich halte diesen Sprachgebrauch nicht für sehr zweckmäßig. Es wäre besser gewesen, man hätte eine sprachliche Anpassung in der einen oder der anderen Richtung vorgenommen: also entweder weiterhin von Fehlertypen, dann aber auch von *Fehler*wahrscheinlichkeiten (und nicht Irrtumswahrscheinlichkeiten) zu sprechen, oder zwar von Irrtumswahrscheinlichkeiten, dann aber auch von Typ-I- bzw. Typ-II-*Irrtümern* (statt -Fehlern). Das letztere wäre vorzuziehen, weil dadurch zugleich der Einklang mit dem englischen Sprachgebrauch erzielt wäre, wo in beiden Fällen das Wort "error" verwendet wird. Um keine Mißverständnisse zu erzeugen, habe ich trotzdem den Standardgebrauch der deutschsprachigen statistischen Literatur übernommen.

unzweckmäßige Terminologie oder als eine Verlegenheitslösung anzusehen ist denn als eine sinnvolle Parallelisierung zum deterministischen Fall.) In den meisten Fällen wird es sich aber als die vernünftigste Methode erweisen, nicht zwei, sondern *drei* Klassen von Beobachtungsresultaten zu unterscheiden: erstens solche, bei denen Verwerfung empfohlen wird; zweitens solche, bei denen Annahme empfohlen wird; und *drittens solche, bei denen Urteilsenthaltung empfohlen wird.* Zu dieser dritten Klasse werden jene Resultate gehören, die einerseits von dem, was man aufgrund der Hypothese erwarten sollte, nicht so stark abweichen, um Verwerfung zu empfehlen, die aber andererseits mit der Hypothese auch nicht so gut im Einklang stehen, um Annahme zu rechtfertigen. So kann es sich denn im statistischen Fall ereignen, daß der *gewissenhafte* Beobachter auf die Frage, ob seine Befunde die Hypothese bestätigen oder erschüttern, mit „Weiß nicht" antworten muß. *Urteilsenthaltung* wird allerdings nur dann geboten sein, wenn eine Fortsetzung des Testverfahrens als ausgeschlossen erscheint. Im anderen Fall wird die vernünftigste Reaktion die sein, *die Fortsetzung der experimentellen Untersuchungen zu empfehlen und deren Resultate abzuwarten.* Diese Alternative führt direkt zur Problematik der sog. mehrstufigen oder sequentiellen Tests.

(**IV**) Testregeln bzw. Regeln der Annahme und der Verwerfung hängen in der Luft, wenn sie nicht durch Bezugnahme auf einen Begriff der *Stützung* oder *Bestätigung* formuliert sind: „Nur gut Bestätigtes (Gestütztes) soll akzeptiert, schlecht Bestätigtes (Erschüttertes) soll verworfen werden". Zunächst könnte man meinen, daß in dieser Hinsicht kein wesentlicher Unterschied zwischen dem deterministischen und dem statistischen Fall bestehe, wie immer die genaue Explikation der eben zitierten Regel aussehen möge. Soweit es sich nur um den *allgemeinen* Zusammenhang von Bestätigung einerseits, Annahme- und Verwerfungsregeln andererseits handelt, ist dies auch richtig. Doch im Detail ergibt sich eine entscheidende Abweichung.

Im deterministischen Fall ist es zumindest prinzipiell möglich, *isolierte* Hypothesen zu betrachten, ohne auf potentielle Konkurrenten dieser Hypothesen Bezug zu nehmen. Die in der Literatur diskutierten, qualitativen wie quantitativen Bestätigungsbegriffe sind fast alle dadurch charakterisiert, daß sie die Beurteilung *einzelner* Hypothesen aufgrund verfügbarer Daten gestatten, mögen diese Begriffe im übrigen ‚*deduktivistisch*‘ oder ‚*induktivistisch*‘ bzw. im quantitativen Fall *probabilistisch* oder *nichtprobabilistisch* sein.

Im statistischen Fall besteht auch hier wieder ein ganz entscheidender Unterschied: Ein auf isolierte statistische Hypothesen bezogener Begriff der Bestätigung (Stützung, Bewährung) ist ohne Informationsgehalt, wie immer er konstruiert werden mag. Eine statistische Hypothese kann aufgrund verfügbarer Daten nur beurteilt werden *im Vergleich zu anderen, mit ihr rivalisierenden statistischen Alternativhypothesen.* Diese wichtige Erkenntnis steht hinter der Aufforderung von J. NEYMAN, *daß man eine statistische Hypothese nicht verwerfen solle, solange man keine bessere anzubieten habe.*

Für den Augenblick begnügen wir uns damit, diesen Gedanken durch inhaltliche Plausibilitätsbetrachtung zu untermauern; die *zwingende* Motivation müssen wir auf die spätere systematische Erörterung verschieben.

Angenommen, wir wollten den Begriff der Likelihood einer Hypothese als Mittel zur Definition eines quantitativen Bestätigungsgrades isolierter statistischer Hypothesen benützen. Für eine konkrete Hypothese h möge sich aufgrund der vorliegenden empirischen Daten ein sehr geringer Bestätigungsgrad ergeben, etwa $1/100$. *Allein für sich genommen* würde dieses Ergebnis Verwerfung nahelegen. Nehmen wir nun an, daß zu dieser Hypothese 9900 einander ausschließende und auch mit h unverträgliche Alternativhypothesen in Frage kommen, deren jede aufgrund derselben Daten einen Bestätigungsgrad von $1/10000$ besitzt. Diese metatheoretische Feststellung *über die Rivalen von* h führt zu der Einsicht, daß h die bei weitem bestbestätigte Hypothese darstellt und daß daher ihre Verwerfung zugunsten einer bestimmten anderen Hypothese unvernünftig wäre.

Abermals zeigt sich hier ein wichtiger Unterschied zwischen dem deterministischen und dem statistischen Fall. Falsifizierte deterministische Gesetzeshypothesen sind zu verwerfen, ganz gleichgültig, ob man brauchbare Alternativen zur Verfügung hat oder nicht. Da es im statistischen Fall keine Falsifikation gibt, ist es hier für den Aufbau einer adäquaten Bestätigungstheorie unvermeidlich, *auf Alternativhypothesen, die bereits zur Verfügung stehen müssen, Bezug zu nehmen.*

(**V**) Eine weitere Komplikation tritt vermutlich hinzu. Die bisherigen provisorischen Überlegungen führten zu der vorläufigen Mutmaßung, daß ein adäquater Bestätigungsbegriff ein vierstelliger komparativer Begriff sein muß, der nicht nur auf eine ‚zur Diskussion gestellte‘ isolierte Hypothese h und ‚verfügbare Erfahrungsdaten‘, sondern außerdem explizit auf *vorausgesetzte Oberhypothesen* und *mit h rivalisierende Alternativhypothesen* Bezug nimmt. Wenn es um *Annahme und Verwerfung* geht, genügt selbst eine derartige komplexe — im Augenblick als adäquat vorausgesetzte — Relation nicht. Eine *Testtheorie* muß hinzutreten. Nun kann ein Testkriterium nicht nur mehr oder weniger scharf sein. Viel wichtiger ist es, nicht zu übersehen, daß sich *miteinander unverträgliche* Testkriterien formulieren lassen, die alle irgendwie den Anspruch auf Vernünftigkeit erheben können. Es liegt daher nahe, bei der Formulierung von Annahme- und Verwerfungsregeln *die Relativierung auf eine Testtheorie T* ausdrücklich hinzuzufügen.

Dies wird allerdings prima facie kaum jemandem einleuchten. Eher wird man einen derartigen Gedanken zunächst für absurd halten. Ist es denn nicht, so wird man fragen, Aufgabe einer logischen Analyse des Testbegriffs, *die* adäquate Testregel (*die* adäquate Testtheorie) ausfindig zu machen? Negativ formuliert: Muß die erwähnte Relativierung nicht notwendig zu einem subjektiven Präferenzspiel entarten, da man immer eine Testtheorie finden kann, die das zu verwerfen verlangt, was man verwerfen *will*, und das nicht zu verwerfen, was man beibehalten *möchte*? Aber so ist die Relativierung auf eine Testtheorie *T* auch nicht gemeint. Sicherlich gibt es Testtheorien, die *unter allen Umständen* inadäquat sind. Sie sind aus dem zulässigen Wertbereich der Variablen „*T*" zu eliminieren. Das Problem ist vielmehr, ob man über die Elimination solcher Theorien hinausgehen kann und die *schlechthin* adäquate Theorie zu finden auch nur hoffen darf. Ich vermute, daß einer solchen Suche kein Erfolg beschieden sein wird, weil der Begriff der optimalen Testtheorie von der *Zwecksetzung* sowie von den *Umständen* abhängt. Die Suche nach der *schlechthin* adäquaten Theorie ist die Suche nach derjenigen Theorie, die unter *allen* möglichen Umständen und relativ für *alle* möglichen Zwecke optimal ist. Die dabei vorausgesetzte Existenzhypothese, daß es eine derartige Theorie überhaupt gibt, ist vermutlich nur ein Wunschtraum, dem sich Vertreter miteinander konkurrierender Testtheorien gern hingeben. Das beste, was man vielleicht einmal erreichen wird, ist vermutlich dies, eine systematische Übersicht über Typen von Zielsetzungen und von Umständen zu gewinnen, für welche sich eine bestimmte Testtheorie als optimal auszeichnen läßt. Doch ist nicht einmal dies sicher, daß sich dieses bescheidenere Ziel realisieren lassen wird.

1.e Zusammenfassung und Ausblick. Ich habe diesem ersten Abschnitt den metaphorischen Titel gegeben: ‚Jenseits von Popper und Carnap‘. Nochmals sei daran erinnert, daß diese Wendung nicht polemisch gemeint war, sondern daß die in 1.a und 1.d enthaltenen Ausführungen der Gewinnung eines vorbereitenden Verständnisses dienen sollten. Es erscheint als zweckmäßig, nochmals in wenigen Worten die Hauptpunkte der Begründung für diese doppelte Abgrenzung zusammenzufassen.

Die *Abgrenzung vom Carnapschen Projekt* basiert auf zwei vollkommen verschiedenen Thesen, die man deshalb auseinanderhalten sollte, weil die erste vermutlich die Vertreter einer induktiven Logik nicht überzeugen dürfte, während die zweite These eher geeignet ist, allgemein zu überzeugen. Die *erste These* ist identisch mit der in diesem Buch vertretenen Auffassung, daß man Carnaps Untersuchungen *als Beiträge zur rationalen Entscheidungstheorie*, dagegen nicht als Grundlegung einer induktiven Logik oder einer Theorie der Bestätigung deuten sollte. Einer der Gründe dafür ist der, daß Carnaps Schlüsselbegriff eine Wahrscheinlichkeit im technischen Sinn des Wortes ist, während ein adäquater theoretischer Bestätigungsbegriff vermutlich weder im deterministischen noch im statistischen Fall probabilistische Struktur hat, sofern Gesetzeshypothesen das Objekt der theoretischen Beurteilung bilden. Die *zweite These* besagt erstens, daß eine Bestätigungstheorie im statistischen Fall außer auf ‚Beobachtungswissen‘ *auf Hypothesen* Bezug nehmen muß, *die mit der zu beurteilenden Hypothese konkurrieren* (‚eliminativer‘ statt ‚enumerativer‘ Charakter); und zweitens daß eine solche Theorie in das statistische Datum auch *Hintergrundwissen in der Gestalt akzeptierter Oberhypothesen* einzubeziehen hat.

Die beiden letzten Gesichtspunkte sind sicherlich implizit im Werk POPPERs enthalten. Deshalb wurde auch eingangs betont, daß die folgenden Überlegungen ‚dem Geist nach‘ eher der Popperschen als der Carnapschen Denkweise entsprechen. Trotzdem wäre es ein gekünsteltes Unterfangen, zu versuchen, die Poppersche Theorie der Bewährung auf die Beurteilung statistischer Hypothesen auszudehnen. Dazu ist diese Bewährungstheorie in allzu starkem Maße auf Hypothesen von deterministischem Typ ausgerichtet. In der *Abgrenzung vom Popperschen Projekt* erschien es daher als erforderlich, besonders auf zwei Punkte hinzuweisen. Erstens darauf, daß ein Begriff der vernünftigen Verwerfung statistischer Hypothesen, wie immer er expliziert werden mag, zu einem *prinzipiell provisorischen* Verwerfungsbegriff führen muß — „prinzipiell provisorisch“ in dem Sinn, daß es sich als vernünftig erweisen kann, auch *ohne* Revision der empirischen Daten die Verwerfung rückgängig zu machen. Zweitens auf den Punkt, daß im statistischen Fall keinerlei Asymmetrie zwischen Verifizierbarkeit und Falsifizierbarkeit besteht, *weshalb zwei duale Irrtumsmöglichkeiten gleich ernst genommen werden müssen:* der Typ-II-Fehler (irrtümliche Annahme von Falschem) und der Typ-I-Fehler (irrtümliche Verwerfung von Richtigem).

Wir beschließen diesen ersten Abschnitt mit einem kurzen Ausblick, der hoffentlich dazu beitragen wird, daß der Leser bei der Beschäftigung mit dieser nicht immer leichten Materie den roten Faden nicht verliert.

Die wichtigsten Begriffe der Theorie des statistischen Schließens sind die Begriffe der *Unabhängigkeit,* der *Zufälligkeit* (randomness) und der *statistischen Wahrscheinlichkeit.* Da "Zufälligkeit" doppeldeutig ist, handelt es sich im ganzen um vier Begriffe. Es soll versucht werden, die drei ersten Begriffe auf den letzten zurückzuführen. Dies hat zur Folge, daß es keine *speziellen* erkenntnistheoretischen Probleme der Beurteilung der Unabhängigkeit von Ereignissen und von Experimenten gibt, ebenso kein *eigenes* ‚Problem der Zufälligkeit‘. *Alle* Fragen, die im Zusammenhang mit diesen Begriffen auftreten, werden auf Probleme der Beurteilung statistischer Wahrscheinlichkeitshypothesen zurückgeführt.

Der Begriff der statistischen Wahrscheinlichkeit soll als ein *theoretischer Begriff* verstanden werden, genauer: als eine nicht explizit definierbare *theoretische Disposition* physikalischer Systeme. Wie wir schon bemerkten, war vermutlich BRAITHWAITE der erste, welcher eine solche Deutung ausdrücklich erwogen hat[29]. Unabhängig von ihm sind auch andere Denker, insbe-

---

[29] Wie wir in 1. c allerdings gesehen haben, schreibt BRAITHWAITE eine derartige Auffassung bereits R. A. FISHER zu.

sondere Popper und Carnap, zu ähnlichen Auffassungen gelangt[30]. Einer Untersuchung des statistischen Schließens wurde dieser Gedanke erstmals von Hacking zugrundegelegt[31]. *Die Interpretation der statistischen Wahrscheinlichkeit als einer theoretischen Disposition steht in deutlichem Konflikt zu allen reduktionistischen Versuchen, den Begriff der statistischen Wahrscheinlichkeit mittels bereits verfügbarer logischer und empirischer Begriffe zu definieren.* Auch der Streit zwischen den ‚Objektivisten‘ und ‚Subjektivisten‘ vollzog sich fast ausschließlich im Rahmen des Reduktionismus als einer von beiden Seiten stillschweigend anerkannten wissenschaftstheoretischen Oberhypothese. Da wir diese Oberhypothese nicht akzeptieren, müßten wir eigentlich sagen, daß der Gegensatz zwischen den Häufigkeitstheoretikern und den Subjektivisten ein Pseudogegensatz sei.

Ganz so einfach verhält es sich aber doch nicht. *Erstens* nämlich liegt auch der theoretischen Deutung die Vorstellung zugrunde, daß es sich dabei um eine Präzisierung des vorexplikativen Begriffs der ‚relativen Häufigkeit auf lange Sicht‘ handle. Wenn man daher nicht das Explikationsverfahren, sondern die intuitive Ausgangsbasis als tertium comparationis wählt, muß auch die theoretische Deutung der statistischen Wahrscheinlichkeit als eine Variante des Objektivismus betrachtet werden. *Zweitens* sollte man sowohl philosophische als auch einzelwissenschaftliche reduktionistische Thesen immer ernst nehmen, ungeachtet dessen, daß die philosophischen Reduktionismen, im Gegensatz zu fachwissenschaftlichen, fast alle gescheitert sind[32]. Mit der objektivistischen Variante brauchen wir uns allerdings nicht mehr zu beschäftigen. Denn diese fällt mit der Limestheorie zusammen, von der wir in 1.b erkennen mußten, daß sie unhaltbar ist. Dagegen werden wir in Abschnitt 12 die personalistische Variante des Reduktionismus ernsthaft in Erwägung ziehen. Es wird sich allerdings herausstellen, daß das Für und Wider, welches man zu dieser Theorie vorbringen kann, für eine endgültige Entscheidung noch nicht ausreichen dürfte.

---

[30] Bezüglich Poppers Konzeption vgl. [Propensity 1] und [Propensity 2]; hinsichtlich der Auffassung von Carnap vgl. meine Einleitung zu [Induktive Logik].

[31] Leider erweckt Hacking durch seine Formulierungen gelegentlich, insbesondere bei der Auseinandersetzung mit dem Subjektivismus, den irrigen Eindruck, als habe er den Begriff der statistischen Wahrscheinlichkeit *definiert*.

[32] Spezifisch philosophische reduktionistische Thesen sind: die *nominalistische These* von der Übersetzbarkeit aller sinnvollen Aussagen in eine nominalistische Sprache; die *phänomenalistische These* von der Zurückführbarkeit aller empirischen Aussagen auf die Sätze einer phänomenalistischen Grundsprache; die *konstruktivistische These*, wonach die gesamte Mathematik auf das konstruktiv Begründbare zurückführbar sei. Spezifisch einzelwissenschaftliche Reduktionismen betreffen z. B. die Zurückführbarkeit der Mechanik der festen Körper auf die Partikelmechanik, die Zurückführbarkeit der Wärmelehre auf die Mechanik, die Reduzierbarkeit der Chemie auf Physik, der Psychologie auf die Physiologie, der Soziologie auf die Psychologie usw.

Diese Grundsatzfrage wird uns aber vorläufig nicht weiter beschäftigen. Unser methodisches Vorgehen in den nächsten Abschnitten wird vielmehr folgendes sein: Zunächst wird im Anschluß an Hacking eine abgeschwächte Form eines auf Koopman zurückgehenden Systems einer *komparativen Stützungslogik* entwickelt. Da diese Logik sehr schwach ist und für den Aufbau einer Theorie der Stützung statistischer Hypothesen nicht ausreichen würde, wird ein weiterer *quantitativer* Begriff eingeführt: der auf R. A. Fisher zurückgehende *Begriff der Likelihood*. Sowohl für die Theorie der Stützung als auch für die Testtheorie wird sich dieser Begriff als von fundamentaler Bedeutung erweisen. Die für diesen Begriff aufgestellte *Likelihood-Regel* wird eine Abschwächung dessen darstellen, was Hacking "law of likelihood" nennt. Um terminologische Mißverständnisse auszuschließen, sei bereits jetzt darauf hingewiesen, daß diese Regel weder mit dem Prinzip der maximum likelihood von Fisher noch mit dem von Savage formulierten Likelihood-Prinzip der subjektivistischen Theorie verwechselt werden darf. Im Definiens des Likelihoodbegriffs kommt der Wahrscheinlichkeitsbegriff vor. *Trotzdem ist die Likelihood keine Wahrscheinlichkeit*; denn sie erfüllt nicht die Kolmogoroff-Axiome. Außerdem soll die Likelihood, obwohl selbst ein quantitativer Begriff, nur für die Definition eines *komparativen* Begriffs der Stützung und auch nur für die Formulierung einer *komparativen* Testregel benützt werden.

2. Präludium: Der intuitive Hintergrund

2.a Statistische Wahrscheinlichkeiten betreffen Merkmale von Teilen der Realität, deren Vorliegen wir mittels Häufigkeitsauszählungen überprüfen. Es erschiene daher prima facie plausibel, den Begriff der statistischen Wahrscheinlichkeit durch Definition auf den der relativen Häufigkeit zurückzuführen. Da wir relative Häufigkeiten empirisch feststellen können, wäre damit dem Wunsch der Empiristen Genüge getan, bei der Definition physikalischer Begriffe außer logisch-mathematischen Begriffen nur solche zu benützen, die sich auf prinzipiell Beobachtbares beziehen. Den intuitiven Ausgangspunkt bilden dabei zwei Feststellungen: erstens daß die statistische Wahrscheinlichkeit nicht mit den tatsächlich ermittelten relativen Häufigkeiten identifiziert werden kann; denn diese variieren von Beobachtung zu Beobachtung; zweitens daß trotz dieser Variation von Fall zu Fall die relativen Häufigkeiten eine bemerkenswerte Konstanz aufweisen.

So kam es zur *Limesdefinition der statistischen Wahrscheinlichkeit* durch v. Mises und Reichenbach. Diese Definition erwies sich als defekt. Wie bereits in Abschnitt 1 hervorgehoben, lautet der entscheidende Einwand nicht, daß der Begriff des Grenzwertes auf Zufallsfolgen nicht anwendbar sei — wie puristische Verfechter des Konstruktivismus behaupten —, auch nicht, daß der Gedanke einer unbegrenzten Wiederholung eines Ereignistyps unter gleichbleibenden Bedingungen auf einer metaphysischen Fiktion beruhe — wie antimetaphysische Puristen meinen. Er besteht in der geschilderten *Verwechslung von praktischer Sicherheit mit logischer Notwendigkeit*. Daneben stießen wir auf einen weiteren ernst zu nehmenden Einwand, der die Frage der *Nachprüfbarkeit* statistischer Hypothesen betrifft: Wir können immer nur *endliche* Folgen von relativen Häufigkeiten beobachten; eine derartige Beobachtung aber ist stets mit einer *beliebigen* Annahme über den Grenzwert verträglich. Dieses Argument beweist als solches nicht, daß die Limesdefinition auf einer falschen Vorstellung beruht, sondern bloß, daß zwischen statistischer Wahrscheinlichkeit und beobachteter relativer Häufigkeit ein komplizierterer und indirekterer Zusammenhang besteht, als die Vertreter der Limesdefinition annehmen. Der Zusammenhang muß so geartet sein, daß statistische Hypothesen *empirisch nachprüfbar* werden. Und diesen Zusammenhang gilt es ans Tageslicht zu fördern. Die Limesdefinition schließt die Nachprüfung aus: Jede Beobachtung ist mit jeder Hypothese verträglich.

Die folgende Modifikation bietet sich an: Das Überprüfungsverfahren, welches sich auf Häufigkeitsfeststellungen stützt, muß Eingang in die Bedeutung des Begriffes der statistischen Wahrscheinlichkeit finden. Dann aber darf dieser Begriff nicht in starrer Weise und unabhängig von jedem Überprüfungsverfahren definiert werden, wie dies in der Limestheorie geschieht. BRAITHWAITE hatte daher versucht, diesen Begriff mittels geeigneter *Verwerfungsregeln* zu präzisieren (statistisches Analogon zur deduktivistischen Falsifikationstheorie POPPERs). Auch BRAITHWAITEs Versuch schlug jedoch fehl. Sein Verwerfungsprinzip blieb abhängig von einem Parameter und machte damit den Begriff der statistischen Wahrscheinlichkeit unendlich vieldeutig.

Die Modifikation ist in anderer Richtung zu suchen. *Annahme* und *Verwerfung* sind zu grobe Begriffe, als daß sich mit ihrer Hilfe die Natur der statistischen Wahrscheinlichkeit klären ließe. Der Begriff der *Stützung* einer Hypothese ist nach der Auffassung HACKINGs ein besserer Kandidat. Dieser Begriff stellt uns nicht wie die ersten beiden Begriffe vor ein radikales Entweder-Oder, da er als komparativer Begriff „besser gestützt als" eingeführt werden kann. Vorsichtiger Gebrauch dieses Begriffs könnte die gewünschte Präzisierung ermöglichen, ohne daß sich der Nachteil des Braithwaiteschen Verfahrens einstellte. Dies jedenfalls ist die Hoffnung von HACKING. Wie bei BRAITHWAITE wird auch bei ihm der Begriff der statistischen Wahrscheinlichkeit als theoretische Größe eingeführt. Die erste partielle Charakterisierung erfährt dieser Begriff durch die *Kolmogoroff-Axiome*. Der dabei benützte begriffliche Hintergrund wird nur inhaltlich geschildert. Die weitere Präzisierung erfolgt durch zusätzliche Schritte. Durch eine *Logik der Stützung*, welche HACKING der abstrakten Wahrscheinlichkeitstheorie superponiert, wird die Bedeutung des Begriffs eingeengt. Zum Unterschied von

CARNAPs Induktiver Logik ist diese Stützungslogik keine quantitative, sondern eine viel schwächere komparative. Diese Logik bildet im Grunde nur ein formales Hilfsmittel für spätere Ableitungen. Das Schwergewicht liegt auf etwas Drittem: der *Likelihood-Regel*, welche Aussagen darüber gestatten soll, wann bei gegebenen Daten eine einfache statistische Hypothese besser gestützt ist als eine andere. In gewissen Fällen gelingt dann sogar eine Verschärfung zu *quantitativen* Aussagen über den Stützungsgrad. Dazu ist es nicht erforderlich, eine quantitative Stützungstheorie im Carnapschen Sinn aufzubauen. Vielmehr genügt die Hinzufügung zweier weiterer Prinzipien (Rekonstruktion des Fiduzialargumentes von R. A. FISHER).

Wir sprachen oben von HACKINGs Hoffnung. *Diese Hoffnung wird sich nicht und kann sich nicht erfüllen — leider.* Die genauen Gründe dafür werden erst an relativ später Stelle, nämlich im Rahmen einer Diskussion der Propensity-Theorie der statistischen Wahrscheinlichkeit in 12. b, zur Sprache kommen. (Vgl. insbesondere die dort genau formulierte Forderung von SUPPES nach einer qualitativen Theorie der statistischen Wahrscheinlichkeit, die stark genug ist, um ein Repräsentationstheorem beweisen zu können.) Wenn wir trotzdem vorläufig weitgehend an das Vorgehen HACKINGs anknüpfen, so geschieht dies aus folgendem Grund: Auch die kritischen Erörterungen in Abschn. 12 werden uns in der Überzeugung bestärken, daß die statistische Wahrscheinlichkeit als eine *theoretische Größe* aufzufassen ist. Wenn man als Wissenschaftstheoretiker zu der Überzeugung gelangt, daß ein Begriff, z. B. eine physikalische Größe, als theoretischer Begriff zu interpretieren ist, so erweist es sich stets als zweckmäßig, *sich genau darüber zu orientieren, wie in der fraglichen Wissenschaft ‚mit diesem Begriff umgegangen‘ wird.* So wollen auch wir verfahren. Nur daß wir es nicht mit physikalischen Theorien, sondern mit Theorien der Statistik zu tun haben. Nun hat aber HACKING vermutlich die bisher subtilste philosophische Analyse der modernen Statistik geliefert. Die Anknüpfung an ihn erfolgt daher unter Vorwegnahme der künftigen Bekräftigung einer Grundüberzeugung.

2.b Die Grundvorstellung, von der im folgenden ausgegangen wird, knüpft nicht an die personalistische, sondern an die objektivistische Auffassung an. Die statistische Wahrscheinlichkeit, die von nun an *Chance* heißen soll, wird als eine dispositionelle Eigenschaft physikalischer Systeme aufgefaßt, die nicht in der Beobachtungssprache charakterisierbar ist und die daher auch als *theoretische* Größe bezeichnet werden soll. (Für die Gründe dafür, Dispositionen als theoretische Begriffe aufzufassen, vgl. Bd. II, *Theorie und Erfahrung*, Kap. IV, 1; hier treten zusätzlich die in IV, 2 angeführten Gründe hinzu, da es sich außerdem um einen quantitativen Begriff handelt.) Die Eigenschaft muß so konstruiert werden, daß die relative Häufigkeit auf lange Sicht eine ‚gesetzmäßige Folge‘ dieser Eigenschaft ist. Deshalb werden wir größerer Anschaulichkeit halber gelegentlich doch wieder von der relativen Häufigkeit auf lange Sicht als dem Explikandum des Begriffs der Chance sprechen.

Wenn soeben die Chance eine *Eigenschaft* genannt worden ist, so ist dabei die folgende Vorsichtsmaßregel zu beachten: Sowohl das Explikandum als auch das Explikat sind Quantitäten oder Größen. Wenn man solche Größen Eigenschaften nennt, so ist dies eine elliptische Redeweise. Man spricht zwar z. B. von der Länge oder vom Volumen als einer Eigenschaft. Aber natürlich ist nicht die Länge schlechthin eine Eigenschaft eines Eisenstabes, sondern dieser Eisenstab hat *eine ganz bestimmte Länge*, nämlich 87 cm; dieser Holzwürfel hat *ein ganz bestimmtes Volumen*, nämlich 9/10 m³ usw. Analog kann man nicht die statistische Wahrscheinlichkeit oder Chance schlechthin als eine Eigenschaft von ‚irgendetwas in der Welt‘ betrachten, sondern nur *eine ganz bestimmte Chance*.

Daß die Eigenschaft *Chance* gegenüber anderen Quantitäten Besonderheiten aufweist, ist bereits mehrmals deutlich geworden, vor allem in der Feststellung, daß statistische Hypothesen weder verifizierbar noch falsifizierbar sind. Man kann eine noch darüber hinausgehende Feststellung treffen: Wenn die Messung eines Eisenstabes von 1 m Länge zu einem Meßergebnis von 2 m oder 50 cm führt, so wird man sagen, daß entweder ganz abnorme Bedingungen vorgelegen haben müssen oder daß ein phantastischer Irrtum bei der Meßoperation vorgelegen haben muß. Wenn wir hingegen annehmen, daß die Chance, mit zwei symmetrisch gebauten Würfeln gleichzeitig zwei Dreier zu werfen, 1/36 beträgt, so ruft es noch kein Befremden hervor, wenn in *einer* längeren Beobachtungsreihe die relative Häufigkeit gleichzeitiger Dreierwürfe 1/18 beträgt: Weder braucht man anzunehmen, daß man falsch beobachtet habe, noch, daß abnorme Bedingungen vorgelegen haben, noch, daß die Chance selbst sich mittlerweile geändert habe.

Prinzipiell allerdings ist die Änderung der Chance etwas, das durchaus ernst zu nehmen ist. Hier zeigt sich ein neuer Vorteil der Sprechweise, die Chance eine *Disposition* zu nennen: Eine dispositionelle Eigenschaft braucht nichts Statisches zu sein; sie kann einer Dynamik unterworfen sein, d. h. *sie kann sich ändern*. Die Chance, daß ein Einwohner Münchens während der Grippeepidemie vom Dezember 1969 angesteckt wurde, änderte sich während der Dauer dieser Epidemie von Tag zu Tag. Diese Chance war eine Funktion der zu einem bestimmten Zeitpunkt erkrankten Personen. Natürlich treten hier sofort grundlegende Fragen auf, wie z. B.: Wann ist die Abweichung von beobachteter relativer Häufigkeit und hypothetisch angenommener Chance ein Symptom dafür, daß eine andere Chance vorliegt, als wir annahmen? Wann sind die beobachteten relativen Häufigkeiten Anzeichen dafür, daß die Chance nicht gleichbleibt, sondern sich ändert? Wie lange muß denn die Beobachtungsreihe sein bzw. wieviele längere Beobachtungsreihen müssen vorliegen, damit man einen Schluß auf die zugrundeliegende Chance ziehen kann? etc. Die Untersuchung der Grundlagen des statistischen Schließens stellt sich die Aufgabe, solche und ähnliche Fragen zu beantworten.

Für das Verhältnis zwischen der Disposition *Chance* und der beobachtbaren *relativen Häufigkeit auf lange Sicht* mag vorläufig als Illustration die Beziehung zwischen der Disposition der Löslichkeit in Wasser dienen, die einem Zuckerstück zukommt, und dem an diesem Zuckerstück beobachtbaren Vorgang, sich in Wasser aufzulösen, nachdem es ins Wasser gegeben worden ist. Die Löslichkeit in Wasser ist nicht identisch mit dem Vorgang des Sichauflösens. Letzterer ist nur eine Manifestation der Disposition bei Vorliegen geeigneter Umstände. Analog sind die beobachtbaren relativen Häufigkeiten auf lange Sicht nicht identisch mit der statistischen Wahrscheinlichkeit, sondern Manifestationen oder Auswirkungen dieser dispositionellen Eigenschaft. Freilich: *Chance* ist eine in viel höherem Grad *theoretische* Disposition als Wasserlöslichkeit. Und darin dürfte auch *eine* Wurzel für viele Meinungsverschiedenheiten liegen: Je weiter man sich mit einem Begriff von der Beobachtungsebene entfernt, desto indirekter und unsicherer sind die Methoden, um festzustellen, ob der Begriff zutrifft oder nicht. Darüber, ob Wasserlöslichkeit in keinem konkreten Fall vorliegt, kann man sich durch einige Experimente rasch einigen. Darüber, wie man das Vorliegen einer bestimmten Chance feststellt, gehen die Meinung noch auseinander. (Ja es gibt sogar einen Streit darüber, ob es überhaupt einen Sinn habe, von dieser theoretischen Disposition zu reden. Doch davon soll hier noch abstrahiert werden.)

Drei grundlegende Begriffe sind die folgenden: *Experimentelle Anordnung* (kurz: *Anordnung*), *Versuchstyp* und *Ergebnis*. Sie werden benötigt, um den in dem Illustrationsbeispiel angedeuteten Gedanken durchzuführen. Zunächst muß die Frage beantwortet werden: *Was* ist es denn, dem die *Chance* genannte Disposition zugeschrieben wird? Im Illustrationsbeispiel handelt es sich um ein physisches Objekt (dieses Stück Zucker). Es wäre ein zu primitives Vorgehen, wollte man analog die Chance für das Eintreffen der einzelnen Augenzahlen diesem konkreten Würfel, oder die Chance für das Eintreffen von Kopf oder Schrift dieser bestimmten Münze zuschreiben. In den beiden letzten Fällen muß vielmehr auch noch die Wurfanordnung mit berücksichtigt werden. Und in diese wiederum ist auch die *Umgebung* mit einzubeziehen. Um dies rasch einzusehen, betrachte man Würfe mit einem sog. *verfälschten* Würfel, bei dem der Schwerpunkt nicht mit dem Mittelpunkt zusammenfällt, sondern durch Einbau eines Gewichtes so verlagert wurde, daß das Eintreffen der Augenzahl 6 begünstigt wird. Wie stark sich diese Begünstigung auswirkt, hängt offenbar, wie POPPER einmal hervorgehoben hat, außer vom Würfel selbst auch von der Struktur des umgebenden Gravitationsfeldes ab. Durch eine Verzerrung dieses Gravitationsfeldes kann die Begünstigung entweder verstärkt oder abgeschwächt werden.

Wir müssen also sagen, daß die Chance, eine Eins, Zwei, ..., Sechs zu werfen, eine dispositionelle Eigenschaft *des Würfels plus der Wurfanordnung* ist. Wir kürzen dies dadurch ab, daß wir von einer *Eigenschaft der Anordnung* sprechen.

Es bestehen zwei weitere wesentliche Unterschiede zum Löslichkeitsbeispiel. Daß sich etwas im Wasser auflöst, ist ein beobachtbarer *qualitativer* Vorgang. Beobachtete relative Häufigkeiten hingegen sind *Quantitäten*. In dieser Hinsicht ist der Sachverhalt besser vergleichbar mit der beobachteten Länge eines Eisenstabes. Entscheidender ist der folgende Unterschied: „Relative Häufigkeit auf lange Sicht" ist ein Ausdruck, dem eine *unbehebbare Vagheit* anhaftet, wenn man sich entschließt, zum Unterschied von den Limestheoretikern der statistischen Wahrscheinlichkeit auf die Einführung des Grenzwertbegriffs zu verzichten. Denn wenn ich von n Versuchen zu $n+1$ Versuchen übergehe, dann *muß* sich — außer in extremen Grenzfällen — die Häufigkeitsverteilung ändern: Die absolute Häufigkeit eines möglichen Ergebnisses nimmt um 1 zu, während die absoluten Häufigkeiten der übrigen möglichen Ergebnisse gleich bleiben. Dies hat die folgende Konsequenz: Die Wendung „relative Häufigkeit auf lange Sicht" darf zwar in der intuitiven Erläuterung verwendet werden, aber auch *nur* in dieser. In den für den Begriff der Chance aufzustellenden Postulaten darf diese Wendung nicht mehr vorkommen. Das ist eine notwendige Bedingung dafür, zu einer präzisen Theorie der statistischen Wahrscheinlichkeit und der Stützung statistischer Hypothesen zu gelangen.

Eben war bereits von möglichen Ergebnissen die Rede. Dies war eine Voreiligkeit, die wir gleich wieder zurücknehmen müssen. Durch eine Anordnung X sind nämlich die möglichen Ergebnisse noch nicht festgelegt. Dies geschieht erst, wenn an X Versuche vorgenommen werden. Hier ist nun folgendes zu beachten: An ein und derselben Anordnung können Versuche *von verschiedenem Typus* gemacht werden. Erst dadurch ist die Klasse der möglichen Ergebnisse festgelegt. Wir geben einige elementare Würfelbeispiele. In allen diesen Beispielen sei die Anordnung X dieselbe (d. h. der Würfel sowie die Wurfanordnung sollen vom einen Fall zum anderen in keiner Weise variieren). Der Versuchstyp ist dagegen jedesmal ein anderer[33]:

(1) man würfle einmal und beobachte das Ergebnis: 6 mögliche Resultate;

(2) man würfle viermal und beobachte, wie oft eine 3 vorkommt: 5 mögliche Resultate;

(3) man würfle wieder viermal, beobachte aber diesmal alle Zahlen sowie ihre Anordnung: $6^4 = 1296$ mögliche Resultate;

---

[33] Wenn der Würfel auf einer Kante oder Ecke stehen bleibt, so betrachte man das Experiment niemals als vollzogen und wiederhole den Versuch.

(4) man würfle einmal und betrachte das Experiment als nicht vollzogen, wenn eine 2 oder eine 5 herauskommt. In den übrigen vier Fällen würfle man noch ein zweites Mal und beobachte das Ergebnis.

Hier haben wir es mit einem sog. *bedingten* Versuch zu tun: sein Ergebnis hängt davon ab, ob ein anderer Versuch ein bestimmtes Ergebnis hat.

Die Klasse der möglichen Ergebnisse ist also in doppelter Weise zu relativieren: Erstens auf eine Anordnung X und zweitens auf einen Versuchstyp T (genauer eigentlich: T_X) an X. Ein konkreter Versuch des Typs T heiße V_T. Häufig wird von Versuchen auch noch gefordert, daß sie *Zufallsexperimente* seien. Diese Forderung wird hier nicht erhoben. Es soll nämlich später versucht werden, den Zufallsbegriff auf andere Begriffe zurückzuführen.

Wir haben damit bereits den Anschluß an die abstrakte Wahrscheinlichkeitstheorie gewonnen. Allgemein muß folgendes angenommen werden: Jeder Versuch vom Typ T an X hat genau ein mögliches Resultat aus einer (endlichen oder unendlichen) Klasse Ω möglicher Resultate, dem sogenannten Stichprobenraum. Gewisse Mengen solcher Resultate bilden die Ereignisse, also die Elemente des Ereigniskörpers $\mathfrak{A}$ über Ω. Ω repräsentiert das sichere Ereignis. Die Einerklassen der möglichen Resultate gehören alle zum Ereigniskörper $\mathfrak{A}$; sie bilden die elementaren Ereignisse. Im diskreten (endlichen oder abzählbar unendlichen) Fall besteht der Ereigniskörper gewöhnlich aus der Potenzmenge $P\,(\Omega)$ des Stichprobenraumes. Im überabzählbaren Fall wird er in der in Teil 0, D geschilderten Weise aus der Klasse meßbarer Ereignisse gebildet. (Die Meßbarkeit besteht relativ auf ein vorgegebenes äußeres Maß.) Wir sagen, daß ein Versuch (vom Typ T an der Anordnung X) *zum Ereignis E geführt* habe, wenn das Resultat des Versuchs ein Element der Klasse E ist.

Als nächstes werde der Begriff der Chance eingeführt. Gegeben seien erstens eine Anordnung X, zweitens ein Versuchstyp T und drittens ein geeigneter Ereigniskörper $\mathfrak{A}$ (über der Klasse Ω der möglichen Ergebnisse von Versuchen V_T an X). Die *statistische Wahrscheinlichkeit* oder *Chance* eines Ereignisses E, also eines Elementes E von $\mathfrak{A}$, sei eine quantitative dispositionelle Eigenschaft $W(E)$ der Anordnung X bezüglich T. Diese wahrscheinlichkeitstheoretische Charakterisierung von X bezüglich T kann vollständig oder partiell sein. Eine *partielle Charakterisierung* liegt vor, wenn die Chance nur für gewisse, aber nicht für alle Ereignisse aus $\mathfrak{A}$ festliegt. Ein Grenzfall ist gegeben, wenn nur für ein elementares Ereignis die Chance bekannt ist. Wir sagen dann, daß nur eine *elementare statistische Hypothese* bekannt sei (z. B.: „die statistische Wahrscheinlichkeit (Chance), mit diesem Würfel eine 5 zu werfen, beträgt 0,18"). Eine *vollständige Charakterisierung* liegt hingegen vor, wenn die Chancen für alle Ereignisse aus $\mathfrak{A}$ bekannt sind. Dafür genügt es im diskreten Fall zu wissen, wie die Chancen unter die verschiedenen möglichen Resultate (genauer: die Einerklassen dieser Resultate, also die elementaren Ereignisse) verteilt sind. (Im Würfelbeispiel: die sechs Chancen für das Eintreten einer 1, . . . , 6.) Im kontinuierlichen Fall ist es erforderlich, den Verlauf der Wahrscheinlichkeitsdichtefunktion bzw. der kumulativen Verteilungsfunktion zu kennen.

Statistische Hypothesen sollen im allgemeinen als derartige Verteilungshypothesen betrachtet werden. Eine Verteilungshypothese kann man anschaulich folgendermaßen deuten: Im endlichen Fall bildet sie eine Konjunktion von endlich vielen elementaren statistischen Hypothesen (im Würfelbeispiel also eine Konjunktion von sechs elementaren statistischen Hypothesen). In den Unendlichkeitsfällen müssen wir fingieren, es sei eine Konjunktion von unendlich vielen Sätzen gegeben: im diskreten Fall eine Konjunktion von abzählbar unendlich vielen elementaren statistischen Hypothesen, im kontinuierlichen Fall sogar eine Konjunktion von überabzählbar unendlich vielen elementaren statistischen Hypothesen. Das letztere sollte man natürlich nur als eine façon de parler betrachten: Mit der Kenntnis der Wahrscheinlichkeitsverteilung bzw. der Wahrscheinlichkeitsdichte ist bereits alles gegeben.

Anmerkung. HACKING hat eine (verständliche) Abneigung gegen die Verwendung des Begriffes der stochastischen Variablen. Wir brauchen uns dem nicht anzuschließen. Gelegentlich verwenden wir den in Kap. 0 eingeführten Begriff der Zufallsfunktion. Dies ist einfach eine reelle Funktion, die auf Ω definiert ist; im kontinuierlichen Fall muß die Funktion meßbar sein. Die ‚Übersetzung in die Zahlensprache‘ kann man natürlich stets auch dadurch erreichen, daß man die möglichen Resultate, also die Elemente von Ω, irgendwie durch Zahlen charakterisiert (im diskreten Fall: durchnumeriert) und dann einfach mit diesen Nummern identifiziert. Die Begriffe der Wahrscheinlichkeitsverteilung und der kumulativen Verteilung sind dann in vollkommener Analogie zum üblichen Vorgehen bereits für die Elemente aus $\mathfrak{A}$ definiert.

Wir wollen uns jetzt klarmachen, daß in dem abgesteckten begrifflichen Rahmen auch der früher erwähnte dynamische Fall behandelt werden kann. Der in dem Epidemiebeispiel zur Geltung kommende Sachverhalt läßt sich durch das folgende Urnenbeispiel illustrieren: Eine Urne enthalte $n = k + m$ Kugeln und zwar k schwarze und m weiße. Die experimentelle Anordnung X sei so beschaffen, daß für jede der n Kugeln dieselbe Chance besteht, gezogen zu werden, nämlich $1/n$. Ein Versuch vom Typ T bestehe in dem folgenden komplexen Vorgang: Man ziehe eine Kugel und untersuche ihre Farbe. Ist die Farbe weiß, so lege man die Kugel zurück und mische gut, so daß wieder Chancengleichheit für alle Kugeln entsteht. Ist die Farbe schwarz, so lege man die Kugel ebenfalls zurück, füge aber außerdem r weitere schwarze Kugeln hinzu. Man mische wieder gut, so daß ebenfalls Chancengleichheit entsteht. Dann mache man den nächsten Versuch usw. Dies ist in dem folgenden Sinn ein (möglicherweise stark vereinfachtes) Modell für die Verbreitung einer ansteckenden Krankheit: Das Ziehen einer schwarzen Kugel entspricht einer neuen Infektion. Die Hinzufügung von jeweils *r* weiteren schwarzen Kugeln — welche die Chance erhöht, beim nächsten Versuch eine schwarze Kugel zu ziehen — entspricht der sukzessiven Erhöhung der Ansteckungswahrscheinlichkeit mit jedem neuen Fall von Infektion. Wenn man hier den Zusammenhang von Chance und relativer Häufigkeit fixieren will, muß man ins Irreale abschweifen: An jedem Punkt der Folge von Versuchen können wir fragen, wie groß die ‚relative Häufigkeit auf lange Sicht‘ *wäre*, wenn wir zwar Züge und Ersetzungen vornähmen, jedoch niemals neue schwarze Kugeln in die Urne legten.

Ein solches künstliches Modell kann den fraglichen natürlichen Sachverhalt mehr oder weniger gut darstellen, kann ihn aber selbstverständlich auch völlig falsch rekonstruieren. Für uns führt das Modell vorläufig nur zu der folgenden Einsicht: Eine adäquate Behandlung des dynamischen Falles setzt voraus, daß es gelingt, *ein Gesetz für die Änderung der dispositionellen Eigenschaft Chance* zu entdecken.

Im übrigen aber darf die Bedeutung solcher Modellbeispiele nicht überschätzt werden. Würfe mit Münzen und Würfeln oder Züge aus einem Kartenspiel und aus einer Urne bilden gute Illustrationen und sind darüber hinaus häufig eine wichtige psychologische Quelle für die Entdeckung probabilistischer Zusammenhänge. Aber das ist auch alles. Man darf nicht glauben, daß durch die Konstruktion derartiger Modelle ein Beitrag zur begrifflichen Präzisierung selbst geleistet würde.

In einer Hinsicht sind diese Modelle sogar gefährlich. Sie legen den Gedanken nahe, es könnte eine begriffliche Präzisierung nur für solche Modellfälle geliefert werden, in denen eine Versuchsanordnung sowie ein Versuchstyp auf *künstlichem* Wege, d. h. durch vom Menschen geschaffene Vorrichtungen, erzeugt werden. Die statistische Behandlung von Naturvorgängen wäre danach erst dann möglich, wenn die ‚Übersetzung‘ in die Modellsprache erfolgt ist, wie etwa im obigen Epidemiebeispiel.

Dies wäre jedoch ein grundlegender Irrtum. Die Begriffe der Anordnung und des Versuchstyps müssen vielmehr so weit gefaßt werden, daß auch natürliche Prozesse darunter fallen, die vom Menschen teilweise oder ganz unbeeinflußt sind, wie etwa in den folgenden beiden Beispielen: (1) Die Anordnung X_1 bestehe darin, daß eine männliche und eine weibliche Ratte zusammenkommen. Der Versuch vom Typ T_1 sei die Paarung. Die möglichen Resultate seien die möglichen genetischen Eigenschaften der Nachkommenschaft. (2) Die Anordnung X_2 bestehe aus einem Stück Radium sowie einem Aufnahmegerät. Der Versuch vom Typ T_2 bestehe in der Feststellung, ob das Radium innerhalb des Zeitintervalls $t_1 - t_0$ Strahlung emittiert oder nicht. Die möglichen Ergebnisse: *Strahlung* sowie *keine Strahlung*. Es ist ohne Belang, ob Menschen beim Arrangement von Anordnung und Versuch beteiligt sind. Ebenso spielt es keine Rolle, ob ein Mensch die Resultate ermittelt; ein Meßgerät oder Roboter kann genau dieselben Dienste leisten.

Gelegentlich werden wir den begrifflichen Apparat von Kap. 0 übernehmen: Ist $\mathfrak{r}$ eine Zufallsfunktion über dem Stichprobenraum Ω, so ist $F_{\mathfrak{r}}$ die (kumulative) Verteilungsfunktion und $f_{\mathfrak{r}}$ die Wahrscheinlichkeitsverteilung (diskreter Fall) bzw. die Wahrscheinlichkeitsdichte (kontinuierlicher Fall). Der Begriff der Verteilung erweist sich als zentral: *Alle Methoden zur Stützung statistischer Hypothesen sowie sämtliche Testverfahren für statistische Hypothesen sind ausnahmslos Methoden der Stützung und des Tests von Verteilungshypothesen.*

Die wissenschaftstheoretischen Probleme lassen sich prinzipiell am diskreten Fall erläutern. Kontinuierliche Fälle werden nur gelegentlich am Rande herangezogen.

3. Die Grundaxiome. Statistische Unabhängigkeit

3.a Die Kolmogoroff-Axiome. Der statistische Begriff der Chance soll als Modellbegriff des Wahrscheinlichkeitsbegriffs gewählt werden. Daher müssen die Kolmogoroff-Axiome für ihn gelten. Vollständigkeitshalber schreiben wir auch diese Axiome an, ohne jedoch nochmals den Begriff des Ereigniskörpers zu definieren und ohne die Axiome für eine explizite Definition des Wahrscheinlichkeitsraumes zu benützen. Die Chance des Ereignisses E werde dabei mit $W(E)$ bezeichnet.

A 1. $\quad 0 \leqq W(E) \leqq 1$.

A 2. $\quad W(\Omega) = 1$ für das sichere Ereignis Ω.

A 3a. $\quad$ Wenn $E_1 \cap E_2 = \emptyset$, d. h. wenn E_1 und E_2 miteinander logisch unverträglich sind, so gilt:
$$W(E_1 \cap E_2) = W(E_1) + W(E_2) \text{ (Additivität)}.$$

A 3b. $\quad$ Wenn für alle i und j mit $i \neq j$ die Ereignisse E_i und E_j einander ausschließen, so gilt:
$$W(\textstyle\bigcup E_i) = \Sigma\, W(E_i) \quad (\sigma\text{-Additivität})\,.$$

Dabei soll im letzten Axiom $\bigcup E_i$ die abzählbar unendliche Vereinigung der Ereignisse E_i aus einer vorgegebenen, abzählbar unendlichen Folge von Ereignissen $E_1, E_2 \ldots$ darstellen; analog ist unter $\Sigma\, W(E_i)$ die unendliche Summe der Chancen der Ereignisse dieser Folge zu verstehen.

Wenn wir für den Augenblick auf das Explikandum „relative Häufigkeit auf lange Sicht" für den Begriff der Chance zurückgreifen, so kann man die folgende intuitive Rechtfertigung für die Axiome geben: Die relative Häufigkeit für das Eintreten eines Ereignisses muß zwischen 0 und 1 liegen. Die relative Häufigkeit dessen, was immer eintritt (des sicheren Ereignisses), ist gleich 1. Wenn zwei oder mehrere miteinander unverträgliche (einander ausschließende) Ereignisse gegeben sind, so ist die Häufigkeit dafür, daß mindestens eines dieser Ereignisse vorkommt, gleich der Summe der Häufigkeiten, mit denen diese Ereignisse vorkommen.

Die in den drei Axiomen verwendete Symbolik ist ungenau, wenn man sie im Licht der vorangehenden Vorbetrachtungen beurteilt: Die Relativierung auf die Anordnung sowie den Versuchstyp wird dabei unterdrückt. Streng genommen wäre also W als *dreistellige* Funktion zu deuten. Eine solche genauere Symbolik soll an späterer Stelle, wo es auf Präzision ankommt, eingeführt werden. Es wird sich dabei allerdings als zweckmäßig erweisen, mit geordneten Tripeln, bestehend aus einer Anordnung, einem Versuchstyp und einem Ereignis, zu operieren. Unter Benützung dieser Konvention hätten wir also im gegenwärtigen Fall statt $W(E)$ zu schreiben: $W(\langle X, T, E \rangle)$.

Ebenso wie bei der logischen Interpretation der Wahrscheinlichkeit ist auch bei der statistischen Deutung die eben eingeführte absolute Wahrscheinlichkeit ein Hilfsbegriff. Wichtiger ist der Begriff der *bedingten* Wahrscheinlichkeit. Es bezeichne $W(E, H)$ (in der ungenaueren Symbolik) die Chance, daß ein Versuch (vom Typ T an der Anordnung X) zum Ergebnis E führt, unter der Voraussetzung, daß er zum Ergebnis H geführt hat. So kann man etwa die Chance einer 6 beim zweiten Wurf mit diesem Würfel betrachten *unter der Bedingung, daß sich beim ersten Wurf eine 3 ergeben hat*. Das Explikandum dieses Begriffs kann direkt aus der Reichenbachschen Theorie entnommen werden: Die eben erwähnte Chance soll den Begriff der relativen Häufigkeit auf lange Sicht präzisieren, mit der Paare von Würfen mit diesem Würfel, deren erstes Glied eine 3 ist, als zweites Glied eine 6 haben.

In der jetzigen Sprechweise lautet die intuitive Motivation für die Definition der bedingten Chance folgendermaßen: Es mögen n Versuche vom Typ T an der Anordnung X gemacht werden; dabei komme k-mal H vor und i-mal $E \cap H$. Die Folge derjenigen unter den n Versuchen, deren Ergebnis H ist, bildet eine Teilfolge der n Versuche. Diese Teilfolge repräsentiert eine Folge *bedingter Versuche*, d. h. Versuche mit der Bedingung, daß H vorkommt. Diese bedingten Versuche können E oder non-E als Ergebnis haben. Wie ist die relative Häufigkeit der E unter der Voraussetzung H zu berechnen? Aus der obigen numerischen Angabe ergibt sich als Wert dafür: $\frac{i}{k}$. Hier stehen im Zähler wie im Nenner absolute Häufigkeiten. Die relativen Häufigkeiten in der Gesamtfolge ergeben sich nach Division durch n: $\frac{i/n}{k/n}$. Ersetzen wir im Zähler wie im Nenner das Explikandum durch das Explikat, so erhalten wir die Größen: $W(E \cap H)$ sowie $W(H)$. Es wird daher die bedingte Definition eingeführt:

$\mathbf{D_1}$ Wenn $W(H) > 0$, so sei: $W(E, H) = \dfrac{W(E \cap H)}{W(H)}$.

Für diese bedingte Wahrscheinlichkeit gelten wieder die Analoga zu den Axiomen für die absolute Wahrscheinlichkeit.

3.b Unabhängigkeit im statistischen Sinn. Es geht hier um zweierlei: Erstens um die Aufdeckung einer Äquivokation im Begriff der Unabhängigkeit. Zweitens um die Feststellung, daß Unabhängigkeitsannahmen selbst statistische Hypothesen darstellen oder Bestandteile solcher Hypothesen sind. Vorläufig konzentrieren wir uns auf das erste. Das zweite soll im nächsten Unterabschnitt zur Sprache kommen.

Derjenige Begriff, den Wahrscheinlichkeitstheoretiker gewöhnlich im Auge haben, ist die *Unabhängigkeit von Ereignissen*. Genauer gesprochen handelt es sich um folgendes: Gegeben sei eine Anordnung X sowie ein Typ T von Versuchen, vorgenommen an X. Es soll der intuitive Gedanke präzisiert werden, daß sich die Ereignisse, welche aus diesen Versuchen resultieren, *nicht kausal beeinflussen*. Man geht dabei methodisch am besten so vor, daß man an das Explikandum des Begriffs der Chance, also die relative Häufigkeit auf lange Sicht, anknüpft. Es seien etwa E_1 und E_2 zwei mögliche Ereignisse, zu welchen Versuche vom Typ T an X[34] führen können. (Wir verlangen, daß E_2 nicht das unmögliche Ereignis ist, d.h. daß $E_2 \neq \emptyset$; $E_1 = \emptyset$ könnte zugelassen werden, liefert aber nur einen trivialen Fall.) Wenn E_1 unabhängig von E_2 sein soll, dann muß die relative Häufigkeit von[35] E_1 überhaupt dieselbe sein wie die relative Häufigkeit von E_1 bei jenen bedingten Versuchen, die E_2 liefern. Die Unabhängigkeitsforderung läuft also auf die Forderung hinaus, daß gelten soll: $W(E_1, E_2) = W(E_1)$. Wenn man hier links das Definiens von $\mathbf{D_1}$ einsetzt, so erhält man:

$$\mathbf{D_2^{(2)}} \quad W(E_1 \cap E_2) = W(E_1) \cdot W(E_2).$$

Dieser Ausdruck ist vollkommen symmetrisch in bezug auf die beiden Glieder E_1 und E_2. Somit kann $\mathbf{D_2}$ als Definition des Begriffs aufgefaßt werden, daß die Ereignisse E_1 und E_2 bei Versuchen vom Typ T an X *voneinander unabhängig* sind (also daß weder das Vorkommen von E_2 das Vorkommen von E_1 ‚kausal beeinflußt' noch umgekehrt das Vorkommen von E_1 das von E_2).

Die Verallgemeinerung auf den Fall von n Ereignissen liegt auf der Hand: n mögliche Ereignisse $E_1, \ldots, E_n$ sind voneinander unabhängig, wenn für beliebige Durchschnitte von 2 bis n dieser Ereignisse die Chance identisch ist mit dem Produkt der Chancen dieser Ereignisse:

$$\mathbf{D_2^{(n)}} \quad \begin{array}{c} W(E_i \cap E_j) = W(E_i) \cdot W(E_j) \quad \text{für } i \neq j \\ \vdots \\ W(E_1 \cap \ldots \cap E_n) = W(E_1) \cdot \ldots \cdot W(E_n) \, . \end{array}$$

Von diesem Begriff der Ereignisunabhängigkeit ist der Begriff der *Unabhängigkeit der Versuche selbst* zu unterscheiden. Was einem hier vorschwebt, ist etwas ganz anderes. Man kann es so ausdrücken: Die Versuche werden *unter den gleichen Bedingungen* vorgenommen, so daß keine Änderung

---

[34] Den Zusatz „vom Typ T an der Anordnung X" lassen wir der einfachen Sprechweise halber von nun an häufig fort.

[35] Dies sei hier und im folgenden stets eine Abkürzung für den umständlicheren Ausdruck: „relative Häufigkeit auf lange Sicht des Vorkommens von".

in der Wahrscheinlichkeitsverteilung erfolgt. Im Fall des Münzwurfes etwa: Man ersetzt den die Würfe vornehmenden Menschen nicht (plötzlich für alle künftigen Fälle oder gelegentlich in regelmäßigen oder in unregelmäßigen Abständen) durch eine Wurfmaschine, für welche die Wurfresultate mit mehr oder weniger großer Präzision vorausgesagt werden können.

Dieser zweite Begriff läßt sich auf den ersten zurückführen, wenn man den Versuchsbegriff geeignet verallgemeinert. Es seien n Versuche vom Typ T vorgenommen worden, welche zu den Ereignissen $E_1, \ldots, E_n$ in dieser Reihenfolge führten. Wir sagen nun, daß das geordnete n-Tupel $\langle E_1, \ldots, E_n \rangle$ aus einem *zusammengesetzten Versuch n-ter Stufe* (vom Typ T an X) resultiere, der auf Versuchen vom Typ T an X beruht. Als nächstes werden die n *Komponenten* der Resultate eines solchen zusammengesetzten Versuchs eingeführt. Die i-te Komponente entsteht in der Weise, daß man in dem angegebenen n-Tupel das Glied E_i festhält, alle übrigen hingegen durch Ω, also durch das sichere Ereignis, ersetzt. Die erste Komponente des zusammengesetzten Versuchs lautet somit: $\langle E_1, \Omega, \ldots, \Omega \rangle$, die zweite Komponente: $\langle \Omega, E_2, \Omega, \ldots, \Omega \rangle, \ldots$, die n-te Komponente: $\langle \Omega, \ldots, \Omega, E_n \rangle$. Es handelt sich hierbei nur um einen Hilfsbegriff, der es ermöglicht, die Ergebnisse des ursprünglichen Versuchs in der Sprache der zusammengesetzten Versuche auszudrücken. Angenommen etwa, es wurden n Versuche vom Typ T vorgenommen, und es sei bekannt, daß der zweite Versuch im Ereignis E_2 resultierte; alles übrige sei unbekannt. Dies kann man jetzt so ausdrücken: Der Versuch n-ter Stufe hat als zweite Komponente das Ereignis $\langle \Omega, E_2, \Omega, \ldots, \Omega \rangle$. Wenn der i-te ursprüngliche Versuch zu E führte, so soll die i-te Komponente des zusammengesetzten Versuchs durch $\langle E \rangle^i$ abgekürzt werden.

Jetzt kann die allgemeine Definition der Unabhängigkeit gegeben werden. Zwecks terminologischer Unterscheidung nennen wir die ursprünglichen Versuche einfache Versuche, während der Ausdruck „Versuch" beide Arten von Versuchen umfassen soll. Die inhaltliche Motivation wird der Definition nachgestellt.

D₃ *Versuche* vom Typ T an der Anordnung X sind *voneinander unabhängig* genau dann wenn für jeden zusammengesetzten Versuch beliebiger n-ter Stufe, der auf einem einfachen Versuch vom Typ T beruht, die folgenden zwei Bedingungen erfüllt sind:

(a) die Komponenten des Versuchs sind im Sinn von **D₂** voneinander unabhängig;

(b) für jedes Ereignis E, das aus einem einfachen Versuch des Typs T resultieren kann, ist die Chance von $\langle E \rangle^i$ — d. h. die Chance, daß in der i-ten Komponente des betrachteten Versuchs n-ter Stufe an i-ter Stelle genau das Ereignis E vorkommt — dieselbe wie die Chance von E bei einfachen Versuchen vom Typ T.

Für die inhaltliche Motivation von (a) und (b) und zugleich zur Illustration kann man ein Bild von R. v. Mises über das dynamische und statische Wettverhalten benützen. Bekannte oder auch nur geschätzte statistische Wahrscheinlichkeiten können ja die Grundlage für Wetten bilden. Wir betrachten nur Fälle der ersten Art. Die Chance eines Ereignisses E bei Versuchen vom Typ T sei gleich p; und zwar sei diese Chance bekannt. Ein Wettender habe lediglich die Wahl, entweder mit dem Wettverhältnis $p/1-p$ auf E oder mit dem Wettverhältnis $1-p/p$ gegen E zu wetten. Es wird nun verlangt, *daß es kein Spielsystem gibt, welches auf lange Sicht Erfolg garantiert.* Dieser Gedanke umfaßt *beide* Unabhängigkeitsforderungen. Angenommen nämlich, die jeweiligen Resultate würden durch die vorangehenden beeinflußt. Dann könnte der Wettende prinzipiell dadurch zum Erfolg kommen, daß er sein Wettverhalten in Abhängigkeit von den jeweiligen Resultaten ändert. Daß jedes derartige *dynamische Wettverhalten* erfolglos bleiben muß, besagt, daß diese Art von Abhängigkeit nicht vorliegt ($\mathbf{D_2}$ bzw. (a) von $\mathbf{D_3}$). Ein ‚systemgeleitetes‘ *statisches Wettverhalten* würde demgegenüber darin bestehen, daß der Wettende die Art seiner Wetten nicht von den Resultaten abhängig sein läßt, sondern von vornherein einen festen Beschluß darüber faßt, auf welche Art von Würfen er wettet[36] (z. B. auf genau die Würfe mit einer geraden Nummernzahl). Die Erfolglosigkeit jedes derartigen Wettverhaltens impliziert, daß die einfachen Versuche als solche in dem Sinn unabhängig sind, daß keine Änderung in der Wahrscheinlichkeitsverteilung vorkommt ($\mathbf{D_3}$(b)). *Die Behauptung der Nichtexistenz eines Erfolg garantierenden Spielsystems enthält also zwei Komponenten:* eine Aussage über die Erfolglosigkeit jedes dynamischen Wettverhaltens und eine Aussage über die Erfolglosigkeit jedes statischen Wettverhaltens. Und damit gewährleistet diese Behauptung im Fall ihrer Wahrheit sowohl die Unabhängigkeit der Ereignisse als auch die der Versuchsarten.

An dieser Stelle muß allerdings auf ein mögliches Mißverständnis hingewiesen werden, dem vermutlich auch Hacking zum Opfer gefallen ist. Zwecks größerer Klarheit unterscheiden wir zwischen *zwei Kategorien von Unabhängigkeitsbegriffen,* nämlich internen und externen. Die *internen Unabhängigkeitsbegriffe* sind diejenigen, welche man innerhalb eines Systems der Statistik, in dem bereits ein Wahrscheinlichkeitsbegriff zur Verfügung steht, einführen kann. Unter einem *externen Unabhängigkeitsbegriff* verstehen wir einen solchen, den man für die Explikation des Begriffs der statistischen Wahrscheinlichkeit selbst benötigt. Was Hacking gezeigt haben dürfte, ist dies, daß man zwei Arten von internen Unabhängigkeitsbegriffen unterscheiden kann, von denen sich der zweite auf den ersten und dieser wiederum in der üblichen Weise auf den Begriff der Chance zurückführen läßt. Ein

---

[36] Ein erfolgreicher Wettender wäre einer, der die Art und Weise, wie sich die Wahrscheinlichkeitsverteilung von Versuch zu Versuch ändert, richtig oder annähernd richtig errät.

externer Unabhängigkeitsbegriff wird von ihm gar nicht erwähnt, vermutlich in der Überzeugung, daß ein solcher überflüssig oder bereits durch seinen zweiten gedeckt sei. Doch dies wäre ein Irrtum. Bereits bei der Erörterung des Einwandes (7) von 1.b ist darauf hingewiesen worden, daß man neben den stochastischen Unabhängigkeitsbegriffen einen Begriff der *kausalen Unabhängigkeit* benötigt, sofern man nicht die objektivistische Auffassung preisgeben und in das subjektivistische Lager hinüberwechseln möchte. Dieser Punkt wird in 12.b nochmals zur Sprache kommen. Da wir uns aber vorläufig nicht mit wahrscheinlichkeitstheoretischen Grundlagenfragen, sondern mit dem statistischen Schließen beschäftigen werden, soll vor dem Abschnitt 12 unter Unabhängigkeit stets die stochastische Unabhängigkeit verstanden werden. Daher werden insbesondere *Unabhängigkeitsannahmen* in den folgenden Abschnitten für uns stets *spezielle Fälle von statistischen Hypothesen* bilden.

Nebenher bemerkt, dürfte in dem eben angedeuteten Sachverhalt *eine* der Wurzeln für die subjektivistische Ablehnung der objektivistischen Wahrscheinlichkeitskonzeption zu erblicken sein. Denn einerseits wäre eine Definition des Begriffs der Chance mit Hilfe eines probabilistischen Unabhängigkeitsbegriffs zirkulär; andererseits erscheint DE FINETTI und seinen Anhängern der nicht-probabilistische Unabhängigkeitsbegriff als zu vage, um mit seiner Hilfe eine präzise Interpretation des statistischen Wahrscheinlichkeitsbegriffs zu liefern.

3.c Hypothesen und Oberhypothesen. Eine große Schwierigkeit, auf die man bei der Beschäftigung mit statistischen Hypothesen stößt, liegt darin, daß man es nur in den seltensten Fällen mit *isolierten* Hypothesen zu tun hat. Auch dies hat wieder zwei ganz verschiedene Gründe: Erstens kann man in den meisten Fällen statistische Hypothesen *nur in bezug auf mit ihnen rivalisierende Alternativhypothesen derselben Stufe* beurteilen. Dieser Aspekt wird noch genau zur Sprache kommen. Ein zweiter Grund ist der folgende: In fast allen Fällen haben wir es mit einer *Superposition von statistischen Hypothesen verschiedener Allgemeinheitsstufe* zu tun.

Der Unabhängigkeitsbegriff bildet ein Beispiel für den zweiten Fall. Dabei ist zu bedenken, daß eine Unabhängigkeitsbehauptung (von der ersten oder von der zweiten Art) *keine verifizierbare* Aussage darstellt, sondern eine *Hypothese*. Zweckmäßigerweise fassen wir den Begriff der statistischen Hypothese so weit, daß er auch Unabhängigkeitshypothesen umfaßt. Derartige Unabhängigkeitshypothesen werden bei der Überprüfung statistischer Hypothesen im engeren Sinne meist *stillschweigend als gültige Oberhypothesen vorausgesetzt*. Dies sei an zwei Beispielen erläutert. Im ersten Fall ist die Oberhypothese (vermutlich) richtig; im zweiten Fall ist sie sicherlich falsch.

Anmerkung. Mit Absicht wird für den zweiten Fall eine Situation gewählt, die jeder Statistiker als *trivialen* Fehler bezeichnen dürfte. Es handelt sich hier nur darum, den zur Diskussion stehenden Sachverhalt: den stillschweigenden Eingang einer hypothetischen Überlegung, möglichst klar herauszustellen. Dagegen geht es selbstverständlich nicht darum, den routinierten Statistiker vor Fehlschlüssen dieser Art zu warnen.

1. Beispiel: Es wird nach der Chance gefragt, mit einer vorgegebenen Münze bei n Versuchen k-mal *Kopf* zu werfen. Das ist ein rein rechnerisches Problem, sobald die Frage beantwortet ist, wie groß die Wahrscheinlichkeit von *Kopf* ist. Der Statistiker wird diese Frage in die folgende Aufgabenstellung übersetzen: *Es wird nach dem Parameter ϑ einer Binomialverteilung gefragt.* Seine Untersuchungen werden sich darauf konzentrieren, für diese Aufgabe eine gute hypothetische Lösung zu finden.

Mit dieser Art der Übersetzung hat er aber bereits eine statistische Oberhypothese stillschweigend als gültig angenommen, nämlich daß bei dem Wurf mit der fraglichen Münze eine Unabhängigkeit in beiden Hinsichten vorliegt. Die Regel für die Binomialverteilung, d. h. die Newtonsche Formel, gilt nur unter der Voraussetzung, daß beide Arten von Unabhängigkeit vorliegen. Alltagssprachlich kann man *die stillschweigend akzeptierte Oberhypothese* durch die Konjunktion der beiden Sätze ausdrücken: „Kein Resultat eines Wurfes beeinflußt das Resultat eines späteren Wurfes" und: „Die Wahrscheinlichkeit der Kopfwürfe bleibt im Verlauf der Durchführungen des Experimentes konstant."

2. Beispiel: Es soll überprüft werden, ob ein vorgegebenes Kartenspiel in bezug auf die Chance, ein As zu ziehen, gefälscht ist. Um die Sache zu vereinfachen, konzentrieren wir uns auf das für ein bestimmtes Spiel Relevante. In dem betreffenden Spiel kann es z. B. darum gehen, in Fünferzügen zwei Asse zu ziehen. Deshalb wird die Hypothese in der Weise geprüft, daß Fünferzüge untersucht werden und die Anzahl der jeweils wirklich gezogenen Asse mit der Anzahl verglichen wird, die sich bei einem unverfälschten Spiel ergeben müßte. Empirische Tests (deren genaue Natur uns hier nicht interessiert) ergeben eine gute Stützung der Hypothese, daß das Spiel *nicht* gefälscht ist. Der Prüfende ging von der Annahme aus, daß es sich auch hier um eine Binomialverteilung handle.

Diese Annahme war falsch. Er hat die Doppeldeutigkeit von „5 Karten ziehen" übersehen. Eine Binomialverteilung liegt vor, wenn es sich um *Züge mit Ersetzung* handelt, d. h. wenn die gezogene Karte jedesmal wieder ins Spiel zurückgelegt und dann gut gemischt wird. (Die gute Mischung hat, wie wir uns erinnern, nur die praktische Funktion, hoffentlich wieder Chancengleichheit für sämtliche Karten zu erzwingen). Tatsächlich wurden jedoch Fünferzüge *ohne Ersetzung* vorgenommen, d. h. die jeweils gezogene Karte wurde nicht ins Spiel zurückgegeben. Die Verteilung ist daher keine Binomialverteilung, sondern eine hypergeometrische Verteilung. Das Bild ändert sich nun völlig. Was unter der falschen Oberhypothese (Binomialverteilungshypothese) wie eine gute Stützung der zu testenden Hypothese der Unverfälschtheit des Spiels aussah, wird unter der richtigen Oberhypothese (Hypothese des Vorliegens einer hypergeometrischen Verteilung) zu einer Erschütterung dieser Hypothese und zur Stützung der Annahme, daß ein gefälschtes Spiel vorlag. *An den empirischen Daten hat sich nichts geändert, ebensowenig wie an der zu testenden Hypothese. Die einzige Änderung bestand in der Ersetzung einer stillschweigend angenommenen Oberhypothese durch eine andere.*

4. Die komparative Stützungslogik

4.a Vorbetrachtungen. In mindestens zwei Hinsichten ähnelt die Statistik der Philosophie. Erstens darin, daß es zahlreiche einander bekämpfende Richtungen gibt, welche die gegnerischen für Stumpfsinn erklären. Zweitens darin, daß in beiden Bereichen eine starke Tendenz zum Denken in Schablonen besteht. In der Statistik wie in der Philosophie findet dies vor allem seinen Niederschlag darin, daß Fragen, die nach verschiedenen Dimensionen verlaufen, über einen Kamm geschoren *und als Fragen ein und desselben Typs* behandelt werden. Einige wissenschaftstheoretisch interessante Fragen seien beispielshalber kurz angeführt. (Dabei soll diesmal unter einer statistischen Hypothese stets eine Verteilungshypothese über die Chancenverteilung der möglichen Resultate aus Versuchen eines Typs T an einer Anordnung X verstanden werden. Als degenerierte Grenzfälle seien wieder elementare statistische Hypothesen eingeschlossen, in denen die Chance für das Eintreten von Ereignissen einer bestimmten Art angegeben wird.)

(1) Gegeben eine statistische Hypothese H und bestimmte Erfahrungsdaten E. Wird H durch E *gestützt?* und wenn ja, *in welchem Grad?*

(2) Gegeben verschiedene statistische Hypothesen $H_1, \ldots, H_n$ sowie Erfahrungsdaten E. Welche von diesen Hypothesen wird durch E *am besten gestützt?*

(3) Unter welchen Bedingungen kann man behaupten, daß eine statistische Hypothese *erhärtet* sei?

(4) Unter welchen Bedingungen kann man behaupten, eine statistische Hypothese sei *widerlegt?*

(5) Wann ist es vernünftig, eine statistische Hypothese zu *akzeptieren?*

(6) Wann ist es vernünftig, eine statistische Hypothese *zurückzuweisen?*

(7) Was darf man unter der Annahme der Richtigkeit einer statistischen Hypothese über die Resultate (von Versuchen eines Typs T an einer Anordnung X) *vernünftigerweise erwarten?*

(8) Was ist die *beste Schätzung* einer Größe, für die mehrere Messungen vorliegen?

Dazu gleich einige Bemerkungen: Fragen vom Typ (8) sollen vorläufig ausgeklammert werden. Die Theorie der Schätzung bildet einen Problembereich für sich, dessen logische Grundlagen gesondert untersucht werden müssen. Dies soll erst an späterer Stelle geschehen (vgl. Abschn. 10). Hier sei nur darauf hingewiesen, *daß die Frage doppeldeutig ist.* Unter einer *guten*

Schätzung kann eine in einem rein *theoretischen* Sinn gute Schätzung verstanden werden. Man kann darunter aber auch eine Schätzung verstehen, die *für einen ganz bestimmten Zweck* besonders geeignet ist. Beides braucht nicht zusammenzufallen. Ein Armeeführer kann vor Beginn einer Schlacht gut daran tun, die Schlagkraft der gegnerischen Armee gegenüber der rein theoretisch vermuteten zu *über*schätzen. Versteht man die Frage im zweiten Sinn, so ist die Einbeziehung von Wertgesichtspunkten unvermeidlich. Bei der ersten Interpretation spielen derartige Gesichtspunkte keine Rolle. (CARNAP z. B. verwendet „Schätzung" stets nur im rein theoretischen Sinn.) Eine zusätzliche Komplikation wird dadurch entstehen, daß auch der theoretische Sinn nicht eindeutig ist, sondern daß sich ein Unterschied ergibt, je nachdem, ob man in der Definition des Begriffs der guten (theoretischen) Schätzung auf den sog. *wahren Wert* der Größe Bezug nimmt oder nur auf *gute Gründe*, auf die man sich stützt. Es liegt also hier nicht bloß eine einfache Äquivokation vor, sondern eine mindestens dreifache Mehrdeutigkeit.

Die Frage (1) könnte man als die Übertragung der Carnapschen Fragestellung auf die Statistik bezeichnen. Es wird sich erweisen, daß Fragestellungen von dieser Art *vermutlich nicht sinnvoll* sind. HACKING versucht, eingehend zu zeigen, daß man das Stützungsproblem nur in Bezug auf eine ganze Klasse miteinander rivalisierender statistischer Hypothesen formulieren kann. Die grundlegende Fragestellung wird somit nicht vom Typ (1), sondern vom Typ (2) sein.

Die Frage (3) ist unklar. Versteht man unter einer erhärteten Hypothese eine *empirisch verifizierte* Hypothese, so wissen wir bereits, daß es so etwas im Fall statistischer Hypothesen niemals geben kann. Die Frage wäre also vollkommen negativ zu beantworten: Unter *keinen* Bedingungen ist eine statistische Hypothese als erhärtet (im Sinn von verifiziert) anzusehen. Man muß also nach einer anderen Interpretation suchen. Es scheinen nur die Deutungen übrig zu bleiben, die in den Fragen (1), (2) und (5) enthalten sind. Damit aber hat die Frage (3) ihre Eigenberechtigung verloren.

Analog verhält es sich mit der Frage (4). Wir wissen bereits, daß statistische Hypothesen nicht nur nicht verifizierbar, sondern auch nicht falsifizierbar sind. Diese wissenschaftstheoretische Situation ist es ja, welche die Grundlagen des statistischen Schließens so undurchsichtig macht. Die von POPPER hervorgehobene Asymmetrie von strikten Allhypothesen in bezug auf Verifizierbarkeit und Falsifizierbarkeit besteht hier nicht. In dieser Hinsicht gleichen statistische Hypothesen nichtstatistischen Annahmen mit gemischten unbeschränkten Quantoren. Die Antwort auf (4) wäre also wieder rein negativ: Eine definitive Widerlegung statistischer Hypothesen aufgrund vorliegender Daten gibt es nicht. Der Widerlegungsbegriff muß durch etwas Schwächeres ersetzt werden. Man kann etwa fragen, wann eine statistische Hypothese als stark erschüttert anzusehen ist. Dies ist dann und nur dann der Fall, wenn es vernünftig ist, sie zurückzuweisen. Damit ist die Frage (4) in die Frage (6) übergegangen.

Die Fragen (5) und (6) betreffen typische Probleme der statistischen Testtheorie. Auch deren Grundlagen sollen später erörtert werden. Vorher muß die Stützungstheorie, bestehend aus einer Stützungslogik und der Likelihood-Regel, behandelt werden. Die Reihenfolge ist nicht umkehrbar: *Die Testtheorie muß auf die Stützungstheorie gegründet werden und nicht die letztere auf die erstere; auch läßt sich die erstere nicht unabhängig von der letzteren aufbauen.* Die Testtheorie kann nicht, wie viele Statistiker meinen, ohne zugrundeliegende Stützungstheorie formuliert werden. In diesem Fall wäre die Testtheorie auf einem Vakuum errichtet worden: Die Grundaxiome bilden eine viel zu schmale Basis, um irgendeine Aussage über die Annahme oder Verwerfung statistischer Hypothesen begründen zu können. Wer dennoch behauptet, so etwas sei möglich, übersieht eine Rationalitätslücke. Aufgabe der Stützungstheorie ist es, den irrationalen Appell an nicht explizit formulierte Einsichten überflüssig zu machen, indem die Lücke durch rationale Prinzipien ausgefüllt wird.

So bleibt also noch die Frage (7) übrig. Wir werden sie zunächst versuchsweise in die Diskussion von (2) einbeziehen. Da es hierbei nicht um die Beurteilung statistischer Hypothesen im Lichte von empirischen Befunden geht, sondern umgekehrt um die Beurteilung dessen, was unter der Gültigkeitsannahme statistischer Hypothesen empirisch zu erwarten ist, soll die systematische Erörterung erst im Rahmen der Themen „statistische Begründung" und „statistische Analyse" im Teil IV erfolgen.

Damit reduziert sich vorläufig — d. h. solange wir nicht in die Problematik der Testtheorie einsteigen — alles auf Fragen vom Typ (2) sowie auf den angekündigten Nachweis dafür, daß Fragen von der Art (1) durch solche von der Art (2) zu ersetzen sind.

Bereits aus den bisherigen Andeutungen ergibt sich, daß neue Prinzipien benötigt werden. Man kann dieses Desiderat schlagwortartig so formulieren: *Die Kolmogoroff-Axiome gestatten lediglich die Ableitung neuer Wahrscheinlichkeiten aus bereits bekannten, also den Beweis bestimmter probabilistischer Wenn ... Dann - - - Sätze. Sie geben uns nicht den geringsten Anhaltspunkt dafür, wann eine statistische Hypothese besser gestützt sei als eine andere.*

4.b Einige zusätzliche Zwischenbetrachtungen. Benötigt wird zunächst eine Erweiterung der Logik. Von der deduktiven Logik setzen wir stets voraus, daß sie zur Verfügung steht. Sie genügt jedoch nicht. Wir brauchen weitere Regeln, um von Aussagen über relative Stützung andere Aussagen von dieser Art herleiten zu können. Die Klasse dieser Regeln wird sehr schwach sein, viel schwächer jedenfalls als die Regeln von CARNAPS induktiver Logik; denn ein quantitativer Stützungsbegriff wird darin nicht vorkommen. Es wird sich um eine bloß komparative Stützungslogik handeln. Infolge ihrer Schwäche wird auch diese Logik nicht ausreichen.

Wir werden mindestens *ein* weiteres Prinzip benötigen, um über die Wenn-Dann-Verknüpfungen zwischen statistischen Hypothesen zu *kategorischen* Aussagen über Stützungsverhältnisse zu gelangen.

Immer wieder wird es sich als wichtig erweisen, begriffliche Differenzierungen vorzunehmen, die sich häufig hinter ein und demselben Ausdruck verbergen. Als Beispiel sei der Ausdruck „vernünftig" herausgegriffen, auf den man in der Statistik wie in der Entscheidungstheorie sehr oft trifft. Die (im Sinn der noch zu entwickelnden Stützungstheorie) am besten gestützte unter mehreren statistischen Hypothesen kann man auch die *vernünftigste* unter diesen Hypothesen nennen. Darin liegt zunächst nichts Bedenkliches. Es ist jedoch eine Warntafel aufzustellen: Nachlässiger Gebrauch von „vernünftig" kann zu gänzlich unvernünftigen Schlüssen führen!

Zunächst ein anschauliches Beispiel von HACKING: Ein junger Mann kennt zwei Mädchen, Helga und Elisabeth. In Helga ist er verliebt; Elisabeth mag er nicht. Von beiden erhält er gelegentlich einen Brief. Während ihm aber Helga nur sehr selten und in ganz regellosen Abständen schreibt, erhält er von Elisabeth regelmäßig Briefe. Nun bekommt er eines Tages einen Brief ohne Absender, der einen leichten Parfumgeruch ausstrahlt. Er weiß, daß das Schreiben nur entweder von Helga oder Elisabeth stammen kann; dagegen weiß er nicht, von welcher der beiden er stammt.

Intuitiv wird man sagen, daß aufgrund der ihm zur Verfügung stehenden Daten die für unseren jungen Mann am besten gestützte Hypothese die ist, daß der Brief von Elisabeth stammt. Vorausgesetzt wird dabei, daß das (in diesem Fall quantitativ nicht präzisierbare) Wissen um die relative Häufigkeit von Helga-Briefen im Verhältnis zu Elisabeth-Briefen als ein Wissen um ein Chancen-Verhältnis gedeutet werden darf[37]. Dieses Wissen kann in der Feststellung ausgedrückt werden: „Der Brief stammt höchstwahrscheinlich von Elisabeth". Der Glaube an diese Proposition ist unter den gegebenen Umständen ein *vernünftiger* Glaube. Nicht mehr vernünftig wäre es, wenn der junge Mann zu dem positiven Glauben gelangte, daß der Brief von Elisabeth stammt. Ganz und gar töricht und unvernünftig wäre es von ihm, sich so zu verhalten, als wüßte er, daß Elisabeth der Absender war. Denn dann würde er vermutlich den Berief ungeöffnet zerreißen. Selbstverständlich aber sollte er den Brief öffnen, solange noch die geringste Chance besteht, daß der Brief von dem geliebten Mädchen kommt.

---

[37] Dieser Übergang ist nicht selbstverständlich. Das ‚Wissen' um dieses Chancenverhältnis ist auf alle Fälle hypothetisch; denn die beiden Mädchen könnten ja ihre früheren Verhaltensdispositionen geändert haben. Doch dieser Punkt steht hier nicht zur Diskussion, so daß wir für das gegenwärtige Beispiel so tun können, als liege auch bezüglich dieser statistischen Hypothese ein Wissen vor.

In gewissem Sinn stimmt dieses Resultat mit einer Überlegung von CARNAP überein, nämlich *daß aus einer Aussage über gute (oder schlechte) Stützung einer Hypothese nicht eine Aussage darüber gefolgert werden darf, was zu akzeptieren (oder zu verwerfen) ist.*

(I) *(a) Es braucht nicht vernünftig zu sein, so zu handeln, als wüßte man, daß die vernünftigste Hypothese wahr ist.*

(b) Es braucht nicht einmal vernünftig zu sein, an die Wahrheit der vernünftigsten Hypothese zu glauben.

Der Schein einer Paradoxie in diesen Behauptungen entsteht nur dann, wenn man den Begriff der vernünftigsten Hypothese in fehlerhafter Weise mit den Begriffen des vernünftigen Glaubens und des vernünftigen Handelns verknüpft.

Die folgende Bemerkung soll auf die Notwendigkeit einer strengen Unterscheidung zwischen *bester Stützung* und *bester Schätzung* aufmerksam machen. In vielen Fällen wird die Gleichsetzung nahegelegt. Es werde etwa vorausgesetzt, daß es sich bei dem Wurf mit einer bestimmten Münze um eine Binomialverteilung handle; unbekannt sei nur der Parameter ϑ für *Kopf* bei diesem Münzwurf. Prima facie sieht es so aus, als dürfe man die beiden folgenden Fragen gleichsetzen:

(1) Welche Hypothese über den wahren Wert des Parameters ϑ ist aufgrund der verfügbaren Daten am besten gestützt?

(2) Welches ist die beste Schätzung des wahren Wertes des Parameters ϑ auf der Basis der verfügbaren Daten?

Man *kann* zwar (2) so deuten, daß es genau dasselbe besagt wie (1). Dies entspricht jedoch nicht dem normalen Gebrauch von „Schätzung". In den meisten Fällen wird man daher eine Deutung zugrundelegen müssen, aufgrund deren sich der folgende Unterschied ergibt: (1) Ist eine rein theoretische Frage; (2) ist keine rein theoretische Frage. Wertgesichtspunkte spielen bei (1) keine Rolle, während sie in (2) eine bedeutsame Rolle spielen. Ob eine Schätzung gut oder schlecht ist, hängt auch davon ab, welches Ziel man mit ihr verfolgt (vgl. das obige Beispiel aus der militärischen Taktik). Wenn wir analog wie in (I) das Prädikat „vernünftig" benützen, können wir dies in der folgenden Aussage festhalten.

(II) *Es braucht nicht vernünftig zu sein, die vernünftigste Hypothese über den wahren Wert einer Größe ϑ für die beste Schätzung dieser Größe zu halten.*

Die vernünftigste Hypothese ist auch diesmal wieder die aufgrund der verfügbaren Daten am besten gestützte Hypothese.

Die vorangehende Betrachtung legt den Gedanken nahe, als ergebe sich ein Unterschied zwischen bester Stützung und bester Schätzung nur aufgrund der Einschaltung von Wertgesichtspunkten. *Nicht einmal dies trifft zu,* wie das folgende Beispiel zeigt: Für den wahren Wert einer Größe G mögen aufgrund der verfügbaren Daten sechs Hypothesen in Frage kommen.

Diese sechs Hypothesen schreiben *G* die folgenden Werte zu: 0,95, 0,08, 0,09, 0,1, 0,11, 0,12. Die fünf letzten Hypothesen seien aufgrund der Daten gleich gut gestützt; die erste Hypothese sei wohl *etwas* besser gestützt als jede der fünf übrigen Hypothesen, aber noch immer weit geringer gestützt als die Adjunktion dieser fünf letzten Hypothesen. Die erste Hypothese ist also die am besten gestützte. Trotzdem ist es intuitiv viel ‚wahrscheinlicher‘, daß der wahre Wert in der Nähe von 0,1 als in der Nähe von 0,95 liegt. (Um dieses Beispiel eindeutig zu machen, müßten Begriffe wie „nahe bei“ präzisiert werden. Hier sollte nur darauf hingewiesen werden, daß für den Begriff der besten Schätzung *im rein theoretischen Sinn* vermutlich Differenzierungen vorgenommen werden müssen, die für den Stützungsbegriff nicht wesentlich sind, etwa der Unterschied zwischen dem, was nur im schwach probabilistischen Sinn vorausgesagt werden kann, und dem, was sich im stark probabilistischen Sinn prognostizieren läßt (vgl. dazu [Erklärung und Begründung], Kap. III).)

Wir gelangen somit zu der weiteren Feststellung:

(III) *Selbst dort, wo Wert- und Nützlichkeitsüberlegungen keine Rolle spielen und nur theoretische Überlegungen Platz greifen, braucht die vernünftigste (die am besten gestützte) Hypothese über den wahren Wert einer Größe nicht mit der besten Schätzung dieses Wertes zusammenzufallen.*

Die drei Feststellungen sind auch aus folgendem prinzipiellen Grund von Wichtigkeit: Sie dienen *zur vorläufigen Abgrenzung von Statistik und Entscheidungstheorie.* Bei der Klärung der logischen Grundlagen der Statistik geht es um rein *theoretische* Probleme. Die grundlegende theoretische Frage lautet: Welche statistische Hypothese aus einer Klasse miteinander rivalisierender statistischer Hypothesen ist die am besten gestützte? Wertgesichtspunkte sowie Nützlichkeitserwägungen spielen bei der Beantwortung dieser Frage keine Rolle. Dagegen stehen derartige Überlegungen in der rationalen Entscheidungstheorie gerade im Vordergrund; denn wir können keine rationalen Entscheidungen treffen, ohne die möglichen Konsequenzen unserer Entscheidungen wertgemäß zu beurteilen.

Ist es aber überhaupt sinnvoll, eine rein theoretische Analyse statistischer Wahrscheinlichkeiten vorzunehmen, in der von allen Wertgesichtspunkten abstrahiert wird? Radikale Verfechter der personalistischen Theorie (DE FINETTI, SAVAGE, JEFFREY) werden dies vermutlich leugnen und behaupten, daß die hier angestrebten rein theoretischen Überlegungen in nutzloser Spintisiererei bestehen.

Wer recht hat, kann an dieser Stelle nicht beurteilt werden. Wir können nur festhalten, daß der Ausgang des Streites zwischen Objektivismus und Personalismus davon abhängen wird, ob es gemäß unserer Ankündigung gelingen wird, in brauchbarer Weise einen theoretischen Begriff der Chance einzuführen; zweitens davon, ob der Personalismus seinerseits mit den Einwänden fertig wird, die gegen ihn vorgebracht werden können. Nur das erste kommt im folgenden zur Sprache.

4.c Die Axiome der Stützungslogik. In diesem Abschnitt haben wir bereits mehrmals von der *Stützung einer Hypothese* gesprochen. Dies ist der im folgenden zu explizierende Begriff. Bevor man sich anschickt, eine Begriffsexplikation durchzuführen, ist es erforderlich, *eine gewisse vorläufige Klärung des Explikandums zu erzielen.* Drei Bemerkungen sollen für uns genügen; die erste stützt sich auf eine bereits erbrachte negative Feststellung, die zweite knüpft an umgangssprachliche Formulierungen an und die dritte zieht einen Vergleich heran:

(1) Statistische Hypothesen sind aufgrund verfügbarer Daten *nicht verifizierbar.* Wären sie dies, so wäre ein Stützungsbegriff vollkommen überflüssig. Der Begriff der (besseren oder schlechteren) Stützung ist derjenige schwächere Begriff, den wir, der Not gehorchend, *anstelle* des Begriffs der Verifikation benützen müssen. Der Begriff der Stützung ist im folgenden Sinn schwächer als der Begriff der Verifikation: Während eine aufgrund der Daten e verifizierte Hypothese h wahr sein *muß*, sofern e richtig ist, braucht eine aufgrund von e gut oder ‚bestens' gestützte Hypothese h nicht wahr zu sein, wenn e richtig ist. Daß h aufgrund von e mehr oder weniger gut gestützt ist, soll bloß besagen, daß das Datum e der Vermutung, daß h richtig sei, eine mehr oder weniger große Plausibilität oder Glaubhaftigkeit verleiht.

(2) Mit der letzten Aussage sind wir aber bereits bei gewissen alltagssprachlichen Kontexten angelangt, die zur Klärung unseres Begriffs beitragen können. Neben Wendungen, in denen von Plausibilität oder Glaubhaftigkeit (bzw. Vergleichbarkeitsgraden oder absoluten Graden von solchen) die Rede ist, müßte man Äußerungen aus dem gewöhnlichen wie dem wissenschaftlichen Alltag heranziehen, wie: „die Hypothese h_1 erscheint aufgrund der verfügbaren Fakten als vernünftiger denn die Hypothese h_2“; „die Hypothese h_1 ist relativ auf die verfügbaren Daten viel besser gestützt als andere Hypothesen“; aber auch: „h_1 ist aufgrund der verfügbaren Daten viel wahrscheinlicher als h_2“. Hinsichtlich von Wendungen dieser letzten Art ist jedoch zu beachten, daß mit ihnen selbstverständlich nicht impliziert wird, der fragliche Begriff müsse auch eine Wahrscheinlichkeit im mathematisch-technischen Sinn darstellen, d. h. er müsse die Kolmogoroff-Axiome erfüllen.

(3) In der zweiten unter (2) angeführten Wendung war von Bestätigung die Rede. Angenommen, das Nachfolgerproblem zum Induktionsproblem sei für deterministische Gesetzeshypothesen durch Einführung eines adäquaten deduktiven Bestätigungsbegriffs gelöst worden. (Das Explikat braucht weder mit dem Popperschen noch mit dem Hempelschen Begriff identisch zu sein.) Dann könnte man sagen, daß es sich jetzt darum handele, *das analoge Nachfolgerproblem zum Induktionsproblem für statistische Hypothesen*

zu lösen. Der Ausdruck „Stützung" statt „Bestätigung" soll nur dazu beitragen, terminologische Konfusionen zu vermeiden. Das qualifizierende Adjektiv „deduktiv" ist hier unangebracht. Ebenso wäre es allerdings irreführend, den Stützungsbegriff als induktiven zu charakterisieren. Er ist, wie die Explikation zeigen wird, keines von beiden: *deduktivistisch* ist er deshalb nicht, weil in seinem Definiens nicht nur von Begriffen der deduktiven Logik Gebrauch gemacht wird; *induktivistisch* ist er deshalb nicht, weil er keine probabilistische Struktur (im technischen Sinn) besitzt. Die Lösung des Nachfolgerproblems zum Induktionsproblem besteht ebenso wie im deterministischen Fall in der Bewältigung zweier Aufgaben: erstens einer *scharfen Definition* dieses Begriffs; und zweitens im *Nachweis der Adäquatheit* dieses Begriffs.

Über die Begriffsform (klassifikatorisch, komparativ oder quantitativ) haben wir bislang nichts ausgesagt. Die Vermutung liegt nahe, daß ein quantitativer Begriff anvisiert werden soll. Dies ist jedoch nicht der Fall.

Während CARNAP dem quantitativen Begriff der statistischen Wahrscheinlichkeit einen ebenfalls quantitativen Begriff des Bestätigungsgrades an die Seite stellt, soll hier dem quantitativen Begriff der Chance (statistischen Wahrscheinlichkeit) nur ein komparativer Begriff der Stützung (Analogon zu CARNAPs Bestätigungsbegriff) superponiert werden. In formaler Hinsicht vollzieht sich dabei ein Übergang von der Objektsprache zur Metasprache: Statistische Hypothesen, in denen von Chancen und deren Verteilungen die Rede ist, bilden ebenso *objektsprachliche* Aussagen wie jene, in denen die Erfahrungsdaten formuliert werden. In der Stützungslogik dagegen werden *metasprachliche* Sätze, also Sätze über Aussagen formuliert. Dazu wird eine vierstellige Relation M für objektsprachliche Propositionen eingeführt. Die Aussagen, welche in der Anwendung den Gegenstand der Beurteilung bilden, sind teils Sätze über Chancen, teils Erfahrungssätze. Die vierstellige Relation $M(h_1, e_1, h_2, e_2)$ drückt die folgende Relation aus: *e_2 stützt die Hypothese h_2 mindestens ebenso gut wie e_1 die Hypothese h_1 stützt.* Größerer Suggestivität halber soll jedoch nicht das eben eingeführte Relationssymbol verwendet werden. Vielmehr soll diese Aussageform durch die Formel „$h_1|e_1 \leq h_2 | e_2$" abgekürzt werden. Zu beachten ist dabei nur, daß die beiden Zeichen „ | " und „$\leq$" keine selbständige Bedeutung besitzen, sondern nur in diesem ganzen Kontext definiert sind. In den folgenden Axiomen ist eine abgeschwächte Form der komparativen Stützungslogik von KOOPMAN ausgedrückt. (Alle Aussagen sind so zu verstehen, daß die Aussagenvariablen in der Allinterpretation zu nehmen sind.)

Anmerkung. Der komparative Stützungsbegriff soll an späterer Stelle scharf definiert werden. Gegenwärtig wird er als undefinierter Grundbegriff verwendet, für den die vorbereitenden intuitiven Erläuterungen genügen, um die folgenden elementaren Axiome aufzustellen.

Axiom 1 *(Regel der L-Implikation). Wenn $h_1 \Vdash h_2$, dann gilt:*
$h_1 \mid e \leq h_2 \mid e$ (inhaltlich: eine dem Gehalt nach schwächere (oder zumindest nicht stärkere) Aussage wird durch Erfahrungsdaten mindestens ebensogut gestützt wie eine dem Gehalt nach stärkere (oder zumindest nicht schwächere) Aussage.)

Axiom 2 *(Konjunktionsregel). Wenn* $e \Vdash h_2$, *dann* $h_1 \mid e \leq (h_1 \wedge h_2) \mid e$
(logische Folgerungen der benützten Erfahrungsdaten dürfen zu der Hypothese konjunktiv hinzugefügt werden, ohne deren Stützungsgrad zu verringern.)

Axiom 3 *(Transitivitätsprinzip). Wenn* $h_1 \mid e_1 \leq h_2 \mid e_2$ *und* $h_2 \mid e_2 \leq h_3 \mid e_3$, *dann* $h_1 \mid e_1 \leq h_3 \mid e_3$.

Dieses Axiom liefert die nachträgliche Rechtfertigung dafür, von einem *komparativen* Begriff der Stützung zu sprechen.

Axiom 4 *(Maximalprinzip).* $h \mid e \leq k \mid k$ (jede Aussage stützt sich selbst mindestens ebenso gut wie eine beliebige Aussage irgendeine Aussage stützt).

Theorem. Wenn $e_1 \Vdash h_1$ und $(h_1' \wedge h_1) \mid e_1 \leq (h_2' \wedge h_2) \mid e_2$, dann $h_1' \mid e_1 \leq h_2' \mid e_2$.

Beweis. Wegen der ersten Voraussetzung kann Axiom 2 angewendet werden, so daß man erhält:

(1) $h_1' \mid e_1 \leq (h_1' \wedge h_1) \mid e_1$.

Nun gilt weiter: $h_2' \wedge h_2 \Vdash h_2'$; also nach Axiom 1:

(2) $(h_2' \wedge h_2) \mid e_2 \leq h_2' \mid e_2$.

Nimmt man die zweite Voraussetzung hinzu und wendet darauf und auf (1) zweimal das Axiom 3 an, so gewinnt man die Behauptung.

Die Begriffe der Stützungsgleichheit und -verschiedenheit können in der bekannten Weise definiert werden. So kann man z. B. „$h_1 \mid e_1 < h_2 \mid e_2$" definieren als: „$h_1 \mid e_1 \leq h_2 \mid e_2 \wedge \neg (h_2 \mid e_2 \leq h_1 \mid e_1)$". Das obige Theorem gilt dann in der verschärften Form mit „<" anstelle von "$\leq$".

5. Die Likelihood-Regel

5.a Kombinierte statistische Aussagen. Wir knüpfen wieder an HACKINGS Gedanken an. Doch werden sich die folgenden Betrachtungen von seinem Vorgehen in bezug auf Inhalt, Methode und Formalisierung unterscheiden.

HACKING geht heuristisch vor: Er führt einige Prinzipien an, die allgemein als gültig anerkannt sind und zeigt, daß sie nicht in einer der üblichen Weisen gerechtfertigt werden können. Es scheint also nur übrig zu bleiben, sie als Axiome zu formulieren oder aus einem allgemeineren Prinzip herzuleiten, das als ebenso unanfechtbar erscheint. Als solches Prinzip bietet sich am Ende die Likelihood-Regel an, von HACKING "law of likelihood" genannt.

Wir gehen hier methodisch umgekehrt vor. Zunächst soll die Regel in einer abgeschwächten Form formuliert werden[38]. Erst im nachhinein zeigen wir, was sich mit ihr anfangen läßt. In einem vorbereitenden Schritt wird ein neuer Hilfsbegriff benötigt. Zwecks Präzisierung erweist es sich dabei als notwendig, gelegentlich vom Hackingschen Formalismus stark abzuweichen.

Statistische Hypothesen sind, wie bereits früher erwähnt, stets *Verteilungshypothesen*. In der Statistik ist es üblich, solche Hypothesen durch die Wahl einer Verteilungsfunktion festzulegen. Wir kürzen eine beliebige derartige Hypothese durch „D" ab (für „Distribution"). Wir können statistische Hypothesen aber nicht in dieser einfachen Weise symbolisieren. Aus den früher angegebenen Gründen ist ja stets die Relativierung auf eine Anordnung X sowie auf einen Versuchstyp T an dieser Anordnung zu beachten. Wir symbolisieren statistische Hypothesen daher als *geordnete Tripel* von der Art $\langle X, T, D \rangle$ (umgangssprachlich etwa: „die Verteilung von Chancen, die sich für Versuche vom Typ T an der Anordnung X ergibt, ist D").

Eine in gewisser Hinsicht analoge Symbolisierung wählen wir, um das empirische Resultat eines Zufallsexperimentes beschreiben zu können. Wieder sei X eine Anordnung; V_T sei diesmal ein *konkreter* Versuch vom Typ T; E sei ein bestimmtes, aus diesem Versuch resultierendes Ereignis (genauer gesprochen: das Element des Stichprobenraumes, das aus V_T resultiert, sei Element der Menge E). Diese komplexe Aussage kürzen wir ab durch: $\langle X, V_T, E \rangle$. Von E setzen wir stets stillschweigend voraus, daß es ein Element des zugehörigen Ereigniskörpers ist. (Im diskreten Fall ist diese Annahme in trivialer Weise erfüllt, da wir als Ereigniskörper die Potenzmenge des Stichprobenraumes wählen. Nur im kontinuierlichen Fall findet hier eine zusätzliche Voraussetzung Eingang; denn E muß eine in bezug auf das eingeführte Wahrscheinlichkeitsmaß meßbare Menge sein.)

Wenn A und B zwei Aussagen sind, so soll $\langle A; B \rangle$ das geordnete Paar von A und B darstellen. Inhaltlich soll darunter also eine Konjunktion verstanden werden, die nicht kommutativ ist, bei der es also auf die Reihenfolge der Glieder ankommt (die intuitive Motivation für diesen Begriff wird sofort gegeben.)

Unter einer *einfachen kombinierten statistischen Aussage* verstehen wir jetzt eine Aussage von der folgenden Gestalt:

$$(*) \qquad \langle \langle X, T, D \rangle \, ; \langle X, V_T, E \rangle \rangle$$

---

[38] Die Begründung für die Abschwächung wird die in 1.a, (V) geäußerten Zweifel bestätigen, ob $M(h_1, e_1, h_2, e_2)$ nicht nur dann einen brauchbaren Begriff liefert, wenn entweder e_1 mit e_2 oder h_1 mit h_2 L-äquivalent ist.

(inhaltlich: „die Verteilung der Chancen bei Versuchen vom Typ T an der Anordnung X ist D; und bei dem Versuch V_T vom Typ T an derselben Anordnung ergibt sich das Ereignis E".)

Das Motiv für die Einführung dieses Begriffs ist das folgende: In gewissen Fällen wird die statistische Hypothese als gegeben betrachtet. In einem solchen Fall handelt es sich darum, aus dem ersten Glied von (∗) auf das zweite Glied zu schließen. In anderen Fällen ist umgekehrt der empirische Befund bekannt. Hier wird es dann darum gehen, aus dem zweiten Glied von (∗) Rückschlüsse auf das erste zu machen. Um beide Klassen von Fällen simultan zu erfassen, ist diese neue Symbolik erforderlich: das erste Glied eines geordneten Paares (∗) ist stets eine allgemeine statistische Verteilungshypothese; das zweite Glied dieses Paares bildet einen konkreten statistischen Befund.

Aussagen der Art (∗) werden in zwei Hinsichten verallgemeinert: Es wird erstens zugelassen, daß nicht nur von einer ganz bestimmten Verteilung D die Rede ist, sondern von einer (möglicherweise unendlichen) Klasse von Verteilungen $\varDelta$. Zweitens braucht der konkrete Versuch nicht vom selben Typ zu sein, von dem im ersten Glied die Rede ist, sondern kann zu einem davon verschiedenen Typ T' gehören. (In allen praktischen Anwendungen wird die Relation von T und T' genauer beschrieben, d. h. der Versuchstyp T' wird ein in genau angegebener Weise vom Versuchstyp T *abgeleiteter* Versuchstyp sein.) Die verallgemeinerte Form lautet also:

$$(**) \qquad \langle\langle X, T, \varDelta\rangle;\ \langle X, V_{T'}, E\rangle\rangle$$

(inhaltlich: „die Verteilung der Chancen bei Versuchen des Typs T an der Anordnung X gehört zur Klasse $\varDelta$; und bei dem Versuch $V_{T'}$ vom Typ T' an derselben Anordnung ergibt sich das Ereignis E.")

Sätze von der Gestalt (∗) oder (∗∗) sollen *kombinierte statistische Aussagen* heißen. Nicht einfache kombinierte statistische Aussagen sollen *komplexe Aussagen* genannt werden. Da der Ausdruck „kombiniert" nur in dem eben definierten Begriff vorkommt, lassen wir häufig das Prädikat „statistisch" fort und sprechen bloß von kombinierten Aussagen oder Propositionen.

Statistische Hypothesen sollen je nach Kontext Erstglieder von Aussagen der Art (∗) oder von Aussagen der Art (∗∗) sein.

Im ersten Fall sprechen wir auch von *einfachen statistischen Hypothesen*, im zweiten Fall von *komplexen statistischen Hypothesen*. Die beiden Prädikate „einfach" und „komplex" werden also einerseits auf *kombinierte Aussagen*, andererseits auf Erstglieder von solchen, also auf *statistische Hypothesen*, angewendet. Erstglieder einer kombinierten Aussage können die dieser kombinierten Aussage entsprechenden statistischen Hypothesen genannt werden.

Eine kombinierte Aussage *folgt logisch* aus einer anderen, wenn sowohl das erste als auch das zweite Glied der ersteren aus den entsprechenden

Gliedern der letzteren folgt. Diese Folgebeziehung ist ganz in mengentheoretischer Symbolik ausdrückbar. Die zwei wichtigsten Fälle sind die folgenden:

(1) Daß aus $\langle\langle X, T, D\rangle; \langle X, V_T, E_1\rangle\rangle$ die Aussage $\langle\langle X, T, \Delta\rangle; \langle X, V_T, E_2\rangle\rangle$ logisch folgt, gilt gdw $D \in \Delta$ und $E_1 \subset E_2$ (man erinnere sich daran, daß Ereignisse als Mengen dargestellt sind).

(2) Daß aus $\langle\langle X, T, \Delta_1\rangle; \langle X, V_T, E_1\rangle\rangle$ die Aussage $\langle\langle X, T, \Delta_2\rangle; \langle X, V_T, E_2\rangle\rangle$ logisch folgt, gilt gdw $\Delta_1 \subset \Delta_2$ und $E_1 \subset E_2$.

Wer das ‚Denken in Aussagen' dem ‚Denken in Mengen' vorzieht, kann das Symbol „$\subset$" in diesen beiden Bestimmungen stets durch das Folgesymbol „$\Vdash$" ersetzen.

Logische Äquivalenz zweier kombinierter Aussagen bedeutet wechselseitige logische Implikation dieser beiden. Daß aus A die Aussage B logisch folgt, wird gelegentlich auch so ausgedrückt: A ist in *B eingeschlossen*. In (1) und (2) ist also jeweils die erste statistische Aussage in der zweiten eingeschlossen.

Die wechselseitige Austauschbarkeit der durch „$\subset$" und „$\Vdash$" ausgedrückten Begriffe gilt also im allgemeinen sowohl für kombinierte Propositionen wie für deren Glieder. Eine Ausnahme bildet nur die eine Hälfte der in (1) geschilderten Folgebeziehung, die nicht auf die Einschlußrelation, sondern auf die *Elementschaftsbeziehung* zurückgeführt wird.

5.b Likelihood und Likelihood-Regel. Der Ausdruck „statistische Hypothese" wird hier und im folgenden stets im eben definierten Sinn verstanden. Ob eine einfache oder eine komplexe statistische Hypothese gemeint ist, ergibt sich unzweideutig aus dem Kontext.

Angenommen, es soll die statistische Hypothese geprüft werden, daß ein vorgegebener Würfel unverfälscht ist, so daß die Chance, mit diesem Würfel eine 6 zu werfen, gleich 1/6 ist. Man würfelt 20mal und erhält 14 mal eine 6. Aufgrund dieses Datums wird man vermutlich zu dem Ergebnis gelangen, daß der Würfel doch zugunsten der 6 gefälscht sei, daß also die erwähnte Hypothese *mutmaßlich unrichtig* ist.

Wie läßt sich diese Vermutung begründen? Man überlegt sich zunächst, wie groß die Wahrscheinlichkeit ist, bei 20 Würfen 14 Sechserwürfe zu erhalten *unter der Voraussetzung, daß die angegebene statistische Hypothese stimmt* (wonach also eine Gleichwahrscheinlichkeit für alle sechs möglichen Augenzahlen besteht). Es stellt sich heraus, daß diese Wahrscheinlichkeit ungeheuer gering ist. Man schließt nun so weiter: Wir können nicht annehmen, daß sich vor unseren Augen etwas ungeheuer Unwahrscheinliches ereignet hat. Also dürfte die statistische Hypothese unrichtig sein. Man wird somit diese Hypothese preisgeben und durch eine andere (oder durch eine Klasse anderer Hypothesen) ersetzen, in der (in denen) eine Begünstigung für die 6 ausgesprochen ist.

Die Wahrscheinlichkeit des Ereignisses aufgrund der statistischen Hypothese wird die *Likelihood* der Hypothese in bezug auf das Ereignis genannt. Wer das erste Mal von der Likelihood hört, muß den Eindruck gewinnen, in eine ‚verkehrte Welt‘ versetzt worden zu sein. Es wird darin ja *nicht* die Wahrscheinlichkeit von etwas, das sich möglicherweise ereignen könnte, ermittelt; auch wird *nicht* die Wahrscheinlichkeit einer Hypothese aufgrund gegebener Daten beurteilt. *Vielmehr wird die Wahrscheinlichkeit von Ereignissen, welche tatsächlich stattgefunden haben, bestimmt.* Dies erscheint prima facie als recht merkwürdig; denn wie kann man die Wahrscheinlichkeit von etwas, das bereits eingetreten ist, also *mit Sicherheit* gilt, bestimmen? Dennoch liegt darin nichts Paradoxes.

Die Beurteilung wird ja unter der (möglicherweise ganz falschen) Annahme vorgenommen, daß eine bestimmte statistische Hypothese richtig sei. Und die Bestimmung des Wahrscheinlichkeitswertes soll natürlich nicht dazu dienen, dabei stehen zu bleiben — was sich tatsächlich ereignet hat, das hat sich mit Sicherheit ereignet, so daß eine Wahrscheinlichkeitsbeurteilung *für dieses Ereignis selbst* keine zusätzliche Information liefern könnte—; vielmehr soll die Bestimmung dieses Wahrscheinlichkeitswertes dazu dienen, einen Rückschluß auf die Hypothese zu ermöglichen.

Es sei schon hier hervorgehoben, daß der skizzierte Gedankengang einen Fehler sowie einen problematischen Übergang enthält. Der *Fehler* liegt in der stillschweigenden Annahme, daß die fragliche Hypothese wegen ihrer außerordentlich geringen Likelihood als in sehr geringem Maße gestützt anzusehen sei. Wie noch genauer zu zeigen sein wird, beruht die scheinbare Überzeugungskraft des Gedankens auf einer stillschweigenden Annahme, nämlich *daß es mit der zur Diskussion stehenden statistischen Hypothese rivalisierende Alternativhypothesen gibt, deren Likelihood in bezug auf das Datum wesentlich größer ist.* Anders ausgedrückt: Was zählt, ist nicht die isolierte oder ‚absolute‘ Likelihood einer einzigen Hypothese, vielmehr zählen nur die Relationen zwischen der Likelihood einer Hypothese zu den Likelihoods mit ihr rivalisierender Alternativhypothesen.

Der Likelihoodvergleich möge an einem einfachen Beispiel erläutert werden. Eine Münze werde zweimal geworfen. Beide Male sei das Resultat *Kopf* (abgekürzt: K). Dies ist unser Erfahrungsdatum E. Zwei statistische Hypothesen $h_1 = \langle X, T, D_1 \rangle$ und $h_2 = \langle X, T, D_2 \rangle$ werden miteinander verglichen. Die erste besage in inhaltlicher Sprechweise, daß die Münzwürfe voneinander unabhängig sind mit $W(K) = 0,8$; die zweite besage ebenfalls die Unabhängigkeit der Würfe, aber mit $W(K) = 0,3$. (Diese Angaben genügen. Wegen der vorausgesetzten Gültigkeit der Axiome ist mit S für *Schrift* das erste Mal $W(S) = 0,2$ und das zweite Mal $0,7$.) Die Likelihood von h_1 bezüglich E ist dann $0,64$ und die Likelihood von h_2 bezüglich desselben Erfahrungsdatums E ist gleich $0,09$. Die erste Hypothese besitzt also eine mehr als siebenmal größere Likelihood als die zweite. Wie dieses

Beispiel zeigt, muß der Begriff der Likelihood stets auf ein ganz bestimmtes Erfahrungsdatum relativiert werden. Innerhalb der formalen Präzisierung werden wir dieser Relativierung dadurch entgehen, daß wir die Likelihood nicht für statistische Hypothesen in dem hier verwendeten Sinn definieren, sondern für einfache *kombinierte* statistische Aussagen im oben präzisierten Sinn.

(Es möge nicht übersehen werden, daß wir die Symbole „h_1", „h_2" usw. je nach Kontext für etwas anderes verwenden. Innerhalb intuitiver Erläuterungen handelt es sich stets um statistische Hypothesen von der eben geschilderten Art. Innerhalb formaler Texte handelt es sich meist um kombinierte statistische Aussagen.)

Der Gesichtspunkt, wonach nur Likelihood-*Vergleiche* bei der Beurteilung statistischer Hypothesen ausschlaggebend sein sollen, wird sich als außerordentlich wichtig erweisen.

Problematisch ist der Übergang zur Annahme oder Verwerfung. Aufgabe einer Stützungstheorie ist es nicht, Regeln für die Annahme und Verwerfung von Hypothesen zu formulieren. Das letztere geschieht erst in der Testtheorie. Diese beruht zwar, wie bereits erwähnt, auf der Stützungstheorie, ist aber mit dieser nicht identisch, noch kann sie aus der Stützungstheorie gefolgert werden.

Wichtige Anmerkung. Der Begriff der Likelihood wurde zwar mittels des Begriffs der Chance (statistischen Wahrscheinlichkeit) definiert. Dies legt die Vermutung nahe, daß der Begriff der Likelihood ebenfalls die Kolmogoroff-Axiome erfüllt und daß man daher mit diesem Begriff so operieren könne, ‚als handle es sich um eine Wahrscheinlichkeit'. Eine solche Annahme wäre jedoch unrichtig. Wir begnügen uns damit, dies für den diskreten Fall zu zeigen und knüpfen dazu an das obige Beispiel mit dem Münzwurf an. Angenommen, es stünden uns abzählbar unendlich viele miteinander unverträgliche statistische Hypothesen zur Verfügung, deren jede einen anderen Zahlenwert zwischen 0 und 1 für $W(K)$ liefert. Das Beobachtungsdatum sei dasselbe wie im obigen Beispiel. Dann hat jede dieser unendlich vielen Hypothesen eine Likelihood, die größer ist als 0. Angenommen weiter, die Hypothesen seien so gewählt, daß die Likelihoods die folgenden Werte haben: 1/2, 1/3, 1/4, 1/5, . . . Wären die formalen Prinzipien der Wahrscheinlichkeitstheorie erfüllt, so müßte insbesondere das 3. Axiom gelten und die Summe der Likelihoods den Wert 1 haben. Tatsächlich ist jedoch dieser Wert unendlich (harmonische Reihe!). Das Gesagte gilt offenbar erst recht für den Fall, wo kontinuierlich viele statistische Hypothesen betrachtet werden.

Ein komparativer Begriff der Bestätigung oder Stützung, der auf einem Likelihoodvergleich beruht, hat also eine nichtprobabilistische Struktur. Versteht man unter induktiven Theorien der Bestätigung solche, in denen der Bestätigungsbegriff durch einen komparativen oder quantitativen *Wahrscheinlichkeits*begriff definiert wird, so ist die Likelihood-Stützungstheorie *keine induktive Theorie* der Bestätigung.

Wir gehen dazu über, den Begriff der Likelihood zu präzisieren. Bei Zugrundelegung des Begriffs der einfachen kombinierten statistischen Aussage ist dies sehr einfach. Gegeben sei die kombinierte Aussage $h: \langle\langle X, T, D\rangle; \langle X, V_T, E\rangle\rangle$. Unter der *Likelihood* $L(h)$ von h verstehen wir die Chance $W(E)$, die sich bei Versuchen vom Typ T an der Anordnung X ergibt, wenn die Verteilung D ist (wenn also diese Verteilung die Gestalt hat, die im ersten Glied der geordneten Konjunktion h beschrieben wird.) Zweierlei ist hier zu betrachten:

1. Der Begriff der Likelihood ist nur für eine *einfache* kombinierte statistische Proposition definiert, nicht dagegen für Aussagen von der Art (**). Für diese letzteren liegt gar keine bestimmte Verteilung und damit auch kein bestimmtes Wahrscheinlichkeitsmaß fest, so daß auch eine bestimmte Wahrscheinlichkeitsbeurteilung eines vorgegebenen Ereignisses unmöglich ist.

2. Zum Unterschied von den Begriffen der bedingten statistischen und der bedingten induktiven Wahrscheinlichkeit sind Likelihoods *absolute* Größen und nicht Größen, die auf etwas anderes relativ sind: Es wird der Begriff der Likelihood einer einfachen kombinierten Aussage schlechthin definiert, nicht hingegen bloß der Begriff der Likelihood einer Aussage *unter der Annahme, daß das und das bekannt sei.* (Dies widerspricht keineswegs dem obigen Hinweis darauf, daß nur relative Likelihoods eine Rolle spielen. Denn dort war an den *Likelihoodvergleich verschiedener Propositionen* gedacht. Dies wird sogleich in der Likelihood-Regel präzisiert werden.) Die Vermeidung jeder Art von Relativierung in der Likelihood-Definition wurde offenbar dadurch erzielt, daß die Likelihood von einem geordneten Paar von Aussagen, aufgefaßt als geordnete Konjunktion, prädiziert wird.

Selbstverständlich aber kann der auf diese Weise eingeführte Likelihood-Begriff durch Definition wieder auf *statistische Hypothesen*, also auf Erstglieder von Aussagen der Art der Aussage h, übertragen werden, wobei aber jetzt *eine Relativierung auf Beobachtungsdaten* erforderlich ist. Wenn wir das Erstglied der obigen Aussage $h = \langle\langle X, T, D\rangle; \langle X, V_T, E\rangle\rangle$ die statistische Hypothese s nennen, so ist $W(E)$ *die Likelihood der statistischen Hypothese s bezüglich des Beobachtungsdatums E*, abgekürzt: $L(s, E)$.

Wir werden gewöhnlich den Likelihood-Begriff in der ersten Form benützen. In 9.d wird im Rahmen der Likelihood-Testtheorie an die übliche zweite Form angeknüpft. Mißverständnisse können trotz dieser Doppeldeutigkeit des Likelihood-Begriffs nicht auftreten. Denn entweder ist von der Likelihood einer *kombinierten* statistischen Aussage die Rede, oder von der Likelihood einer statistischen *Hypothese* — also des Erstgliedes einer kombinierten Aussage — *relativ auf ein Beobachtungsdatum*. Im ersten Fall ist die Likelihood-Funktion $L(\cdot)$ einstellig, im zweiten Fall ist sie eine zweistellige Funktion $L(\cdot,-)$. Für die Likelihood der kombinierten Aussage h haben wir bereits die Abkürzung $L(h)$ eingeführt. Analog kürzen wir die Likelihood der statistischen Hypothese s bezüglich des Beobachtungsdatums E durch $L(s, E)$ ab.

Als zusätzliches Axiom formulieren wir jetzt die

Likelihood-Regel für diskrete Verteilung $\mathbf{LR}_d$ (der untere Index „d" steht für „diskret"):

Es gelte:

(1) h_1 und h_2 seien zwei einfache kombinierte statistische Propositionen mit diskreten Verteilungen. Entweder die beiden Erstglieder von h_1 und h_2 oder die beiden Zweitglieder von h_1 und h_2 seien miteinander identisch.

(2) e sei eine komplexe kombinierte Proposition;

(3) Sowohl h_1 als auch h_2 sind in e eingeschlossen.

Dann gilt: Das Datum e *stützt h_1 besser als h_2*, wenn $L(h_1) > L(h_2)$, d.h. wenn die Likelihood von h_1 die Likelihood von h_2 übersteigt (oder anders ausgedrückt: wenn das Likelihoodverhältnis $L(h_1)/L(h_2)$ größer ist als 1).

Wir wollen die Regel noch teilweise formalisieren. Mit „$>$" für „besser gestützt als" kann es folgendermaßen formuliert werden:

$\mathbf{LR}_d$ Es seien die obigen Voraussetzungen (1) und (2) erfüllt.

$$\text{Dann gilt: } (h_1 \subset e \wedge h_2 \subset e) \rightarrow [L(h_1) > L(h_2) \rightarrow h_1|e > h_2|e)].$$

Falls man zu der Auffassung gelangen sollte, daß die erwähnte Größer-Relation zwischen den Likelihoods nicht nur eine *hinreichende*, sondern außerdem eine *notwendige* Bedingung für diese Stützungsrelation darstellt, so würde diese Regel aufhören, ein *Postulat* zu sein, und sich in eine *bedingte Definition* des Begriffs „besser gestützt als", verwandeln. Denn dann könnte unter den beiden Voraussetzungen (1) und (2) die Stützungsrelation folgendermaßen eingeführt werden:

$$h_1|e > h_2|e =_{\text{Df}} h_1 \subset e \wedge h_2 \subset e \wedge L(h_1) > L(h_2).$$

Wenn von zwei kombinierten Aussagen mit identischem Zweitglied die eine besser gestützt ist als die andere, so übertragen wir dieses Stützungsverhältnis auch auf die statistischen Hypothesen, welche die betreffenden Erstglieder ausmachen und sagen: *Die erste statistische Hypothese ist aufgrund der vorliegenden Beobachtungsbefunde besser gestützt als die zweite statistische Hypothese.*

Der Leser möge abermals nicht übersehen, daß wir auf der linken Seite nur größerer Anschaulichkeit halber die *beiden* Symbole „|" und „$>$" verwendeten, daß diese jedoch nur *in diesem Gesamtkontext* eine Bedeutung haben, also nicht aus dem Zusammenhang herausgerissen werden dürfen. Was tatsächlich definiert wurde, ist eine dreistellige Relation. Wer die obige Symbolik daher irreführend findet, möge das Definiendum (bzw. das letzte Formelglied im Postulat) durch den dreistelligen Relationsausdruck

„Stü(h_1, h_2, e)" ersetzen. Weiter ist zu beachten: Im Definiens wird zwar die Größer-Relation auf zwei Quantitäten (nämlich auf $L(h_1)$ und $L(h_2)$) angewendet. Trotzdem ist der Stützungsbegriff *kein* quantitativer, sondern ein *komparativer* Begriff. Quantitative Stützungsbegriffe lägen erst vor, wenn es erlaubt wäre, die beiden Werte $L(h_1)$ und $L(h_2)$ mit den Graden zu identifizieren, in denen h_1 bzw. h_2 durch e gestützt wird. Die Einführung eines Begriffs des Stützungs*grades* ist aber hier überhaupt nicht intendiert, so daß die eben erwähnte Identifizierung unzulässig wäre.

Mit dem obigen Stützungsbegriff wird ein *komparatives Analogon zu einem Bestätigungsbegriff für deterministische Hypothesen* eingeführt. Die Frage, ob es sich dabei um einen *deduktivistischen* oder um einen *induktivistischen* bzw. *probabilistischen Bestätigungsbegriff* handele, müßte aus den genannten Gründen als sinnlos zurückgewiesen werden: Der Begriff ist in dem Sinn nicht deduktivistisch, als das Definiens nicht nur Begriffe der deduktiven Logik, sondern außerdem numerische Relationen zwischen Zahlenwerten enthält. Er ist aber auch nicht einmal in einem indirekten Sinn probabilistisch, als er nicht auf Wahrscheinlichkeitsvergleichen basiert; denn Likelihoods sind ja keine Wahrscheinlichkeiten.

Man kann die Regel auch noch anders formulieren, wenn man vorher den Begriff der Likelihood *bei gegebenem (statistischen Datum)* e statt des bisher benützten Begriffs der absoluten Likelihood einführt. „Die Likelihood von h bei gegebenem e ist gleich r" soll dasselbe besagen wie: „h ist in e eingeschlossen und $L(h) = r$". (Man beachte, daß nur bei Vorliegen des Einschlußverhältnisses diese Likelihood überhaupt existiert.) Eine gewisse (triviale) Verallgemeinerung wird ferner dadurch erzielt, daß man eine Äquivalenzbedingung einführt: Wenn $e \Vdash h_1 \leftrightarrow h_2$ und die Likelihood von h_1 bei gegebenem e gleich r ist, so soll auch die Likelihood von h_2 bei gegebenem e den Wert r haben. Die Alternativfassung der Regel lautet jetzt: Falls die Likelihoods von h_1 bei gegebenem e und von h_2 bei gegebenem e existieren, so stützt e die einfache kombinierte statistische Aussage h_1 besser als die einfache kombinierte statistische Aussage h_2, wenn die Likelihood von h_1 bei gegebeben e die Likelihood von h_2 bei gegebenem e übersteigt.

Die Regel $\mathbf{LR}_d$ muß noch für den kontinuierlichen Fall verallgemeinert werden. Dies ist ein rein technisches Problem. Es erscheint als ratsamer, diese Aufgabe zurückzustellen und bereits jetzt in eine wissenschaftstheoretische Diskussion dieses Prinzips einzutreten.

Anmerkung 1. Es sei nochmals darauf hingewiesen, daß e nichts mit dem zu tun hat, was man häufig Erfahrungsdatum nennt. Das Datum e ist vielmehr selbst eine komplexe kombinierte statistische Proposition. Warum die Bezugnahme auf ein solches statistisches Datum erforderlich ist, wird im Verlauf der folgenden Überlegungen deutlich werden.

Anmerkung 2. Die hier formulierte Likelihood-Regel darf nicht verwechselt werden mit dem maximum-likelihood-Prinzip von R. A. Fisher. Das letzte Prinzip besagt inhaltlich etwas anderes und hat außerdem eine viel eingeschränktere Verwendung, da es nur in der Theorie der Schätzung zur Anwendung gelangt. Wie bereits bemerkt, besagt auch das Likelihood-Prinzip von SAVAGE etwas anderes.

In HACKINGs Formulierung des Likelihood-Prinzips fehlt der in der Bedingung (1) enthaltene Zusatz, welcher die Gleichheit der Erst- oder Zweitglieder der beiden Propositionen fordert. Daß diese Einschränkung erforderlich ist, soll durch das folgende Gegenbeispiel gezeigt werden:

Es sei eine Urne mit 100 Kugeln gegeben, die entweder gelb (G) oder blau (B) gefärbt sind. Man wisse, daß die Urne nur drei mögliche Zusammensetzungen hat, wobei jeweils die relativen Häufigkeiten von G und B genau mit den Chancen, *gelb* oder *blau* zu ziehen, identisch sein mögen. Wir erhalten somit drei Verteilungshypothesen D_i. (Im statistischen Datum ist also das Δ des ersten Gliedes mit $D_1 \lor D_2 \lor D_3$ identisch, während das E des zweiten Gliedes dasselbe besagt wie $G \lor B$).

Die drei möglichen Verteilungen lauten:

$$D_1: \quad 90\,G; \quad 10\,B,$$

$$D_2: \quad 2\,G; \quad 98\,B,$$

$$D_3: \quad 1\,G; \quad 99\,B.$$

Die 6 einfachen kombinierten Aussagen, die nach Hinzutreten des Beobachtungsberichtes über das Ergebnis einer einmaligen Ziehung gebildet werden können, kürzen wir in naheliegender Vereinfachung ab durch $\langle D_i; G \rangle$ und $\langle D_i; B \rangle$. Wir erhalten die folgenden 6 Likelihoodwerte (links stehen die *L-Werte* bei Ziehung einer gelben, rechts die bei Ziehung einer blauen Kugel):

$$L(\langle D_1; G \rangle) = 0{,}9 \qquad L(\langle D_1; B \rangle) = 0{,}1$$

$$L(\langle D_2; G \rangle) = 0{,}02 \qquad L(\langle D_2; B \rangle) = 0{,}98$$

$$L(\langle D_3; G \rangle) = 0{,}01 \qquad L(\langle D_3; B \rangle) = 0{,}99.$$

Der Vergleich des ersten linken Wertes mit dem zweiten rechten Wert ergibt:

$$L(\langle D_2; B \rangle) > L(\langle D_1; G \rangle).$$

Nach der *Hackingschen Formulierung der Likelihood-Regel* müßte man sagen dürfen, daß unser Datum die kombinierte Aussage $\langle D_2; B \rangle$ besser stützt die als kombinierte Aussage $\langle D_1; G \rangle$. Dies aber würde wiederum besagen, daß das Beobachtungsdatum B („eine blaue Kugel wurde gezogen") die statistische Hypothese D_2 besser stützt als das Beobachtungsdatum G („eine gelbe Kugel wurde gezogen") die statistische Hypothese D_1 stützt. *Dieses Resultat ist jedoch vom inhaltlichen Standpunkt aus inadäquat:* Tritt nämlich G ein, so ist D_1 45mal ‚plausibler' als sein nächster Konkurrent D_2 (und 90mal plausibler als sein zweiter Konkurrent). Falls jedoch B eintritt, so ist die (angeblich durch diesen Beobachtungsbefund besser gestützte) statistische Hypothese D_2 nicht einmal die ‚plausibelste‘.

HACKING scheint übersehen zu haben, daß er mit der Einführung von kombinierten Propositionen *eine nicht intendierte Verallgemeinerung des Likelihood-Argumentes erzeugt*. In unserem Gegenbeispiel werden ja zwei Likelihoods miteinander verglichen, bei denen *sowohl* die statistische Hypothese *als auch* der Beobachtungsbefund verschieden sind. Dies war offenbar nicht bezweckt: Ein Likelihood-Vergleich zwischen verschiedenen miteinander konkurrierenden Hypothesen ist nur dann sinnvoll, wenn diese Hypothesen *mit demselben Beobachtungsbefund* konfrontiert werden. Unsere Zusatzbestimmung, die im zweiten Satz von Bedingung (1) enthalten ist, schließt diese durch das Gegenbeispiel getroffene unerwünschte Konsequenz aus.

Die Erkenntnis, daß die Regel $\mathbf{LR_d}$ in der angegebenen Einschränkung zu formulieren ist, deckt einen grundlegenden Irrtum HACKINGs auf. HACKINGs Bestreben geht nämlich dahin, sowohl die noch zu erörternde Einzelfall-Regel als auch eine hinreichende Bedingung für das komparative Stützungsverhältnis zwischen statistischen Hypothesen aus einem allgemeineren Prinzip abzuleiten. Dieses *allgemeinere* Prinzip glaubt er in der Likelihood-Regel gefunden zu haben. (Vermutlich aus diesem Grunde nennt er diese Regel ein *Gesetz*.) Diese Annahme beruht jedoch auf einem Irrtum. Wie ein Vergleich der Likelihood-Regel auf der einen Seite mit der Einzelfall-Regel und dem statistischen Stützungsschluß auf der anderen Seite zeigen wird, enthält die Regel $\mathbf{LR_d}$ nichts weiter als *eine konjunktive Zusammenfassung dieser beiden Bestimmungen*. Die Zusammenfassung zu einer einzigen Aussage wird durch den hier eingeführten *Symbolismus* ermöglicht, der es gestattet, mit kombinierten Aussagen zu arbeiten.

Mit dem obigen Gegenbeispiel haben wir zugleich eine nachträgliche Begründung für die in der Anmerkung von 1.a, (V), geäußerte Skepsis gegenüber CARNAPs vierstelligem komparativen Bestätigungsbegriff gegeben. Man kann zwar, wie auch wir dies oben auf S. 94 getan haben, diese vierstellige Relation $M(h_1, e_1, h_2, e_2)$ *formal* ansetzen. Vernünftige Anwendungen liefert dieser Begriff jedoch erst bei Spezialisierung zu *dreistelligen* Relationen: Man kann entweder verschiedene statistische Hypothesen aufgrund *desselben Beobachtungsbefundes* beurteilen oder *ein und dieselbe Hypothese* für die Begründung der Bevorzugung einer singulären empirischen Annahme gegenüber einer anderen benützen. Die Beurteilung *verschiedener* Hypothesen aufgrund *verschiedener* Beobachtungsdaten hingegen führt zu ‚statistischen Fehlschlüssen‘.

6. Die Leistungsfähigkeit der Likelihood-Regel

6.a Die Einzelfall-Regel und ihre Begründung. Es soll jetzt gezeigt werden, daß die Likelihood-Regel zwei Arten des Räsonierens zusammenfaßt. Erstens ermöglicht es diese Regel, Aussagen über die Bestätigung von statistischen Hypothesen aufgrund von Beobachtungsdaten zu formulieren. Zweitens läßt sich damit eine Regel über singuläre Voraussagen rechtfertigen, die man häufig verwendet und die vom intuitiven Standpunkt für fast selbstverständlich gehalten wird, ohne daß eine anderweitige Rechtfertigung dafür geglückt wäre.

Die Diskussion wird zwei Nebeneffekte haben. Erstens wird darin eine nachträgliche Rechtfertigung für die Likelihood-Regel geliefert. Zweitens wird deutlich werden, daß es tatsächlich immer nur auf das Likelihoodverhältnis und nicht auf die absolute Likelihood ankommt.

Wir beginnen mit einer intuitiven Schilderung der Einzelfall-Regel $E.R.$ Sie soll später durch eine präzisere Fassung ersetzt werden, so daß $\mathbf{LR_d}$ anwendbar wird. Es handelt sich um eine sehr plausible Regel für das ‚Raten im Einzelfall‘. Vorausgeschickt sei, daß vom GOODMAN-Paradoxon abstrahiert werden muß. Alle erwähnten Eigenschaften seien im Goodmanschen Sinn projektierbar.

Es seien A, B und C bestimmte Dingmerkmale. x sei ein Objekt, für welches die Merkmale A, B und C sinnvoll sind. x sei aber in dem Sinn ein bezüglich A und B *neues* Objekt, daß man noch nicht untersucht hat, ob Ax oder Bx. Aufgrund der bisherigen Erfahrungen habe sich gezeigt, das folgendes gilt: (für (1) bis (4) mögen *sehr viele* Erfahrungen vorliegen, so daß die darin enthaltenen Annahmen als gesichert gelten können).

(1) Alle Objekte der Art C haben entweder das Merkmal A oder das Merkmal B;

(2) kein Objekt der Art C hat zugleich beide Merkmale A und B;

(3) die Objekte von der Art C sind häufiger zugleich von der Art A als von der Art B;

(4) daß ein Objekt von der Art C die Eigenschaft A hat, ist (im probabilistischen Sinn) unabhängig davon, ob andere Objekte der Art C die Eigenschaft A oder die Eigenschaft B besitzen;

(5) das Objekt x hat das Merkmal C.

Unter diesen Annahmen wird man sagen: Die Hypothese, daß Ax, ist *besser gestützt als* die Hypothese, daß Bx (so daß man insbesondere vernünftigerweise eher erwarten wird, daß eine Prüfung von x ergibt, daß x die Eigenschaft A hat als daß es die Eigenschaft B besitzt). Die unmittelbare Reaktion darauf dürfte vermutlich die sein zu sagen; „Dies ist doch selbstverständlich! Die Wahrscheinlichkeitstheorie soll u. a. dazu dienen, einen derartigen Schluß zu ermöglichen." *Es soll nun gezeigt werden, daß alle naheliegenden Versuche, diese Regel zu begründen, fehlschlagen.*

Zunächst ein Beispiel zur Erläuterung: Gegeben sei eine Urne, die zahlreiche Kugeln enthalte. Die meisten dieser Kugeln seien rot; die übrigen seien grün. (Für die folgenden Betrachtungen spielt es keine Rolle, ob die Wendungen „zahlreiche" und „die meisten" im Vagen belassen oder quantitativ präzisiert werden, also etwa zu „10000" oder „98%"). Es werde die statistische Hypothese als gültig vorausgesetzt, daß die Chance, eine rote Kugel zu ziehen, viel größer ist als die Chance, eine grüne Kugel zu ziehen. (Bezüglich der Frage der quantitativen Präzisierbarkeit dieser Hypothese gilt dasselbe wie soeben.) Man beachte, daß diese Hypothese nicht etwa die logische Folge der Kenntnis ist, die wir über die Urne besitzen; darum das Wort „Hypothese". Wir nehmen jedoch an, daß diese Hypothese nicht angefochten wird, sondern als gültig vorausgesetzt werden darf. (Sie wurde etwa nahegelegt und bestätigt durch die Beobachtung der Ergebnisse zahlreicher vorangehender Experimente: es wurden immer wieder einzelne Züge aus der Urne gemacht, nach jedem Zug die gezogene Kugel zurückgelegt und gut gemischt; *rot* stellte sich viel häufiger ein als *grün*.) Worauf es jetzt ankommt ist dies: *Es soll eine Voraussage über das Ergebnis des nächsten Zuges gemacht werden.* Wir sagen, die beste Voraussage sei *rot*. Warum sagen wir das? Wenn wir die Regel *E.R.* als gültig voraussetzen, so ist diese Voraussage richtig. Denn es handelt sich dabei um eine korrekte Anwendung der Regel. Wie aber steht es mit der Regel selbst? Läßt sie sich weiter rechtfertigen?

Wir gehen methodisch folgendermaßen vor: Es werden vier mögliche Begründungsversuche der Regel *E.R.* diskutiert. Die ersten drei werden sich entweder als fehlerhaft oder als zirkulär erweisen. Nur die vierte Begründung mittels der Likelihood-Regel ist haltbar; sie setzt allerdings eine Präzisierung in der Formulierung der Regel *E.R.* voraus. Die ersten drei Begründungen könnte man auch als ein Thema mit drei Variationen auffassen; denn der Gedanke „was geschieht *auf lange Sicht*?" spielt dabei überall eine entscheidende Rolle. Doch wird von diesem Grundgedanken so verschiedener Gebrauch gemacht, daß es der Klarheit dienlicher sein dürfte, drei Argumentationsweisen zu unterscheiden.

(a) *Die long-run-Rechtfertigung (Erfolgsrechtfertigung* REICHENBACHS*)
von E.R.*

Weder die Frage, ob die Regel *E.R.* wirklich korrekt (und nicht nur plausibel) ist, noch die Frage, ob im obigen Beispiel von der Regel eine korrekte Anwendung gemacht wurde, soll hier erörtert werden. Vielmehr setzen wir ihre Gültigkeit voraus und diskutieren die Möglichkeit ihrer Rechtfertigung. Das Problem ist folgendes: Die obigen fünf ‚Prämissen' enthalten außer Feststellungen über gewisse Merkmalszusammenhänge nur statistische Hypothesen, d.h. Hypothesen über Chancen, bzw. in intuitiver Formulierung: Hypothesen über relative Häufigkeiten auf lange Sicht. Es wird zu der Behauptung übergegangen, daß diese Prämissen die eine von zwei Hypothesen über die Eigenschaft des nächsten Falles besser stützen als die andere. Der Begriff der Stützung kommt in den Prämissen überhaupt nicht vor. Die versuchte Rechtfertigung muß einen Zusammenhang herstellen zwischen Chance (relativer Häufigkeit auf lange Sicht) einerseits, Stützung andererseits. Welcher Art ist dieser Zusammenhang?[39]

REICHENBACH gab die folgende Rechtfertigung, die ihm einleuchtend zu sein schien[40]. Er wählt das Beispiel eines gleichförmig gebauten Würfels und fragt, ob es vernünftiger sei zu raten, daß im nächsten Wurf eine Eins erscheinen werde oder das eine von Eins verschiedene Ziffer geworfen werde. Seine Antwort lautet: Es ist vernünftiger, nicht-Eins zu raten; denn wenn das Experiment fortgesetzt wird, *dann werden wir bei diesem Vorgehen auf lange Sicht eine größere Erfolgsaussicht haben.*

Zur Prüfung dieser Begründung muß zunächst die *long-run-Regel L. R. R.* selbst präzisiert werden. Dies kann in vollkommener Analogie zur Regel $E. R.$ geschehen: Die Bedingungen (1) bis (5) sind wörtlich von oben zu übernehmen. Unter diesen Annahmen gilt: *Wenn man für eine lange Folge von Objekten der Art C eine Vermutung aufstellen soll und dabei so oft wie möglich recht behalten will, so soll man jedesmal A raten.* Kurz gesagt: Die fragliche Regel empfiehlt, unter den gegebenen Voraussetzungen stets nach dem Schema $AAAAA \ldots$ zu raten.

Der Begriff der langen Folge muß in einer gewissen Vagheit belassen werden. Er darf z. B. *nicht* mathematisch zum Begriff der unendlichen Folge präzisiert werden: „lange Folge" ist nicht im mathematischen, sondern — horribile dictu — durchaus im *menschlichen* Sinn zu verstehen. Das Operieren mit unendlichen Folgen ergibt keinen vernünftigen Sinn, wenn es um das *menschliche* Raten geht.

REICHENBACHS Gedanke (und ebenso der vieler Statistiker) scheint folgender zu sein:

(α) „Die Regel $L. R. R.$ ist offensichtlich richtig. Außerdem folgt die Regel $E. R.$ aus ihr, also gilt auch diese Regel".

Eine genauere Analyse zeigt allerdings, daß gar nicht eine Ableitung der einen Regel aus der anderen versucht wird, sondern daß man folgendes zu zeigen trachtet:

(α^*) „Die Gründe für die Rechtfertigung von $L. R. R.$ können, falls man sie akzeptiert, auch zur Rechtfertigung von $E. R.$ verwendet werden".

Der Unterschied ist wesentlich: Hätten wir es nur mit (α) zu tun, so könnten wir uns auf eine Diskussion des angeblichen Ableitungsverhältnisses beschränken und von der Frage der Rechtfertigung von $L. R. R.$ abstrahieren. Da wir es jedoch tatsächlich mit (α^*) zu tun haben, müssen auch

---

[39] Der Leser wird ohne Mühe einen Zusammenhang herstellen können zwischen der Regel $E. R.$ einerseits, dem sog. statistischen Syllogismus bzw. dem, was HEMPEL statistische Systematisierung nennt, andererseits. Dieser Punkt wird in Teil IV ausführlich zur Sprache kommen.

[40] [Prediction], S. 310.

die Rechtfertigungsversuche von $L.R.R.$ selbst unter die Lupe genommen werden.

Daß (α^*) und nicht (α) benützt wird, zeigt sich deutlich an der von Reichenbach versuchten *Erfolgsrechtfertigung*. Danach führt die Befolgung dieser Regel auf lange Sicht zu größerem Erfolg als irgendeine andere Regel.

Dagegen werden wir zweierlei einwenden: In der naheliegenden Interpretation ist diese Behauptung falsch. In einer anderen, etwas gekünstelteren Interpretation, setzt sie die Gültigkeit der Regel $E.R.$ bereits voraus und kann nicht zur Rechtfertigung für diese dienen.

Kritik an der *naheliegenden* Interpretation: Wenn in der Folge außer Objekten mit dem Merkmal A auch solche mit dem Merkmal B vorkommen (präziser formuliert: wenn auch B eine positive Chance hat), so können für viele Folgen andere Regeln auf lange Sicht erfolgreicher sein als die Regel $L.R.R.$ Solche Regeln könnten z. B. manchmal *starre Regeln* sein, etwa von der Art: „Rate stets für die nächsten drei Objekte AAB"; bisweilen könnten *zufallsabhängige Regeln* erfolgversprechender sein, etwa die folgende Regel: „Bevor man rät, würfle man mit einem unverfälschten Würfel; wenn man 3 oder 5 würfelt, so rate man B, bei allen anderen Wurfergebnissen rate man A" (abstrakter formuliert: Man macht das Raten jeweils selbst wieder abhängig vom Ausgang eines Zufallsexperimentes mit drei möglichen Ausgängen, für die man z. B. Gleichwahrscheinlichkeit annimmt; bei einem der drei Ausgänge rate man B, sonst A.)

Dieser Gegeneinwand zeigt den folgenden gedanklichen Fehler in der Erfolgsrechtfertigung auf: *Alles was man mit Recht annehmen kann, ist die Tatsache, daß $L.R.R.$ häufiger zum Erfolg als zum Mißerfolg führt. Von dieser Annahme darf man aber nicht zu der weit stärkeren Behauptung übergehen, daß $L.R.R.$ unter allen möglichen Regeln die erfolgreichste ist.* Es mag *viele* Regeln geben, die häufiger zum Erfolg als zum Mißerfolg führen; $L.R.R.$ braucht *nicht* die beste unter diesen Regeln zu sein.

Da also bei dieser Deutung die Erfolgsrechtfertigung überhaupt nicht funktioniert, braucht die Frage ihrer Übertragbarkeit zur Rechtfertigung von $E.R.$ nicht weiter untersucht zu werden.

Kritik an einer *gekünstelten* Interpretation: Der Vertreter der Erfolgsrechtfertigung wird möglicherweise den folgenden Rettungsversuch unternehmen[41]: Wir dürfen nicht *einzelne* lange Folgen (Folgen erster Ordnung) betrachten, sondern müssen zu Folgen zweiter Ordnung übergehen, d. h. *wir müssen lange Folgen von langen Folgen betrachten.* Hier wird die Regel $L.R.R.$ größeren Erfolg haben als alle übrigen, z. B. als die Regel AAB, obzwar

---

[41] Von Reichenbach, der stets zu Folgen höherer Ordnung überging, kann man mit Sicherheit annehmen, daß er diesen Rettungsversuch unternommen hätte.

diese letztere oder eine andere Regel für *spezielle* Folgen erster Ordnung erfolgreicher sein mag.

Dreierlei läßt sich dem entgegenhalten:

(1) Auch für diese Behauptung fehlt eine Begründung. Warum soll nicht für gewisse Folgen zweiter Ordnung eine von $L.R.R.$ verschiedene starre Regel erfolgreicher sein als diese?

(2) Selbst wenn nachweislich keine solche starre Regel existieren sollte, so könnte doch eine alternierende Regel auf lange Sicht besser sein, etwa eine Regel von der Art: Statt für jede Folge (von Folgen) nach dem Schema $AAA\ldots$ zu raten, soll man zwar oft nach diesem Schema, *manchmal* aber nach dem Schema $AAB\ldots$ raten.

(3) Angenommen, es sei zutreffend, daß das Raten nach dem Schema $AAA\ldots$ für *jede* lange Folge zweiter Ordnung die erfolgreichste Politik ist. Ist es dann richtig, daß dieses Schema auch für eine bestimmte Folge erster Ordnung, welche Glied dieser Folge zweiter Ordnung ist, benützt werden soll? Nun: Dies kann man nur behaupten, wenn man entweder bereits die Regel $E.R.$ zur Verfügung hat oder eine Rechtfertigung für den Übergang von LRR zu ER kennt. *Dieser Übergang ist ja nur um eine Stufe nach oben verlagert worden!*

(b) *Die Minimax-Rechtfertigung.* Die Terminologie ist von der Entscheidungstheorie entlehnt. Es besteht aber ein wesentlicher Unterschied: In der Entscheidungstheorie ist von Nutzen die Rede, im vorliegenden Fall dagegen nur vom Irrtum.

Um die Rechtfertigung überhaupt formulieren zu können, muß eine kurze Anleihe bei der in Abschnitt 9 erörterten Testtheorie gemacht werden.

Zu beachten ist, daß $L.R.R.$ auf einer statistischen Hypothese beruht: Alle C's sind A oder B, niemals beides zugleich und häufiger A als B. Ob man eine derartige Hypothese annimmt, hängt von zweierlei ab, erstens von den empirischen Befunden und zweitens von der *akzeptierten Testtheorie.* Wenn 10 000 C's beobachtet wurden, ohne daß ein A vorkommt, so ist dieses Resultat zwar mit der Häufigkeitsthese *formal verträglich.* Doch wird jeder vernünftige Mensch (lies: jede vernünftige Testtheorie) sagen, daß die statistische Hypothese *praktisch widerlegt* worden sei. Im Augenblick machen wir keine genauere Annahme über die Natur der akzeptierten Testtheorie. Es genügt die allgemeine Feststellung: Eine solche Theorie zieht eine scharfe Grenze zwischen den bei gegebenen Daten zu verwerfenden und den nicht zu verwerfenden statistischen Hypothesen. In unserem Fall würde es sich darum handeln, die Klasse der langen Folgen von A's und B's in zwei Teilklassen zu zerlegen: jene, bei deren Eintreten die Häufigkeitsannahme verworfen wird, und jene, bei deren Eintreten sie nicht verworfen wird. Die erste wird die *Klasse der unzulässigen Ergebnisse* genannt, die zweite die *Klasse der zulässigen Ergebnisse.* Wir machen nun die weitere Annahme, die benützte Testtheorie sei in dem schärferen Sinn eine *vernünftige* Testtheorie, daß sie von jedem zulässigen Ergebnis verlangt, es müßten darin mehr A's als B's vorkommen.

Anmerkung. Damit im Leser keine Verwirrung entsteht, sei auf zwei Punkte hingewiesen: (1) Vorliegen eines unzulässigen Ergebnisses bedeutet nicht Falsifikation der Hypothese im formalen Sinn; denn der Begriff der Verwerfung ist relativ auf eine Testtheorie, und Verwerfung ist etwas anderes als Falsifikation (vgl. 1. d). (2) Wenn von einer Häufigkeitsannahme ausgegangen, auf ihrer Grundlage eine Voraussage gemäß $L.R.R.$ gemacht und schließlich festgestellt wird, das Ergebnis sei unzulässig, so ist dafür nicht die Regel $L.R.R.$ verantwortlich zu machen, sondern die ihrer speziellen Anwendung zugrundeliegende Häufigkeitsproposition. Wir beschränken uns auf zulässige Ergebnisse; das ist alles. Darin steckt natürlich wieder implizit die Annahme einer Testtheorie.

Das Minimax-Argument besagt nun folgendes: Die Maximalzahl von Irrtümern, die vorkommen können, wenn man $L.R.R.$ befolgt, ist kleiner als die Maximalzahl von Irrtümern, die bei Befolgung einer anderen Regel vorkommen können. $L.R.R.$ *minimalisiert den maximalen möglichen Irrtum* (in technischer Sprechweise ausgedrückt: $L.R.R.$ *hat eine kleinere obere Irrtumsschranke als eine beliebige andere Regel*). Darin liegt ihr Vorzug. [Übungsaufgabe: Der Leser überlege sich, warum dies so ist. Wie groß ist der höchste Prozentsatz von Fehlern, den man (unter der gegebenen Voraussetzung) begehen kann? Und wie groß ist der höchste Prozentsatz von Fehlern, zu dem etwa die Regel „rate stets nach dem Schema $,AAB$‘" führen kann?]

Wir unterscheiden zwei Fälle:

(1) Viele werden bezweifeln, daß dies tatsächlich ein Vorzug von $L.R.R.$ sei. Dann sind wir bereits am Ende. Ist diese Art der Rechtfertigung der Regel nicht überzeugend, so braucht man die Frage, ob sie auf $E.R.$ übertragbar ist, gar nicht mehr zu stellen.

(2) Angenommen, diese Auszeichnung von $L.R.R.$ wird für überzeugend gehalten. Dann ist das Minimax-Argument trotzdem nicht auf $E.R.$ übertragbar. Wenn man nämlich *nur eine einzige Voraussage* macht, wie dies in $E.R.$ ja geschieht, so kann man nicht mehr behaupten, die Voraussage nach der Regel „rate A" habe eine kleinere obere Irrtumsschranke als irgend eine andere Regel. *Denn alle Regeln haben ohne Ausnahme genau dieselbe obere Irrtumsschranke 1*: Wenn man nur einmal rät, ist genau ein Irrtum möglich.

Das Minimax-Argument versagt also völlig.

(c) *Die axiomatische Rechtfertigung.* Es ist schließlich sogar der Gedanke aufgetaucht, *axiomatisch zu fordern, daß die long-run-Politik stets mit der Einzelfall-Politik zusammenfallen soll.* Man müßte sofort fragen, *mit welchem Recht* man eine solche Forderung aufstellen könne, wenn keine weitere Begründung vorliege. Wir brauchen auf diese Frage nicht einzugehen; man kann nämlich das folgende Hackingsche Gegenbeispiel vorbringen. Darin wird gezeigt, *daß vernünftiges Raten im Einzelfall nicht mit vernünftigem Raten auf lange Sicht zusammenzufallen braucht.* Dies dürfte der entscheidende

Einwand gegen jede Art von Rückgriff auf $L.R.R.$ zur Rechtfertigung von $E.R.$ sein. Die Verwertung des Beispiels wird vereinfacht, wenn wir an dieser Stelle wieder eine Anleihe bei etwas Künftigem machen, diesmal aber nur bei der im nächsten Unterabschnitt diskutierten zweiten Verwendung der Likelihood-Regel für Aussagen über Stützungsverhältnisse von statistischen Hypothesen.

Wir vergleichen zwei Urnenbeispiele. Im ersten Beispiel liegt nur eine einzige Urne mit drei möglichen Häufigkeitsverteilungen vor. Im zweiten Beispiel haben wir es mit einer großen Folge gleichzahliger[42] Urnen mit denselben drei möglichen Häufigkeitsverteilungen zu tun. Das erste Beispiel dient zur Illustration eines bestimmten vernünftigen Ratens im Einzelfall; das zweite Beispiel dient zur Illustration eines *davon abweichenden* vernünftigen Ratens auf lange Sicht.

Die Urne des ersten Beispiels enthalte 1000 Kugeln. Wir kennen nicht die genaue Farbverteilung unter den Kugeln, wissen jedoch (aus welchen Gründen immer), daß nur drei mögliche Hypothesen h_1, h_2 und h_3 in Frage kommen:

(a) h_1: 999 Kugeln sind weiß und eine ist schwarz;

(b) h_2: 2 Kugeln sind weiß und 998 schwarz;

(c) h_3: eine Kugel ist weiß und 999 sind schwarz.

In allen drei Fällen wird die zusätzliche Voraussetzung gemacht, daß die Chance, *weiß* oder *schwarz* zu ziehen, mit dieser Häufigkeitsverteilung äquivalent ist.

Ein Zug wird gemacht und eine weiße Kugel wird gezogen. An dieser Stelle erfolgt die angekündigte Anleihe bei Späterem: h_1 ist aufgrund dieser Daten die weitaus am besten gestützte Hypothese (intuitiv: nur wenn h_1 richtig ist, besteht eine hohe Chance, *weiß* zu ziehen; bei Richtigkeit von h_2 und h_3 ist die Chance, *weiß* zu ziehen, dagegen äußerst gering; *Weiß* jedoch *hat* sich ereignet). Daher wird die Vermutung am vernünftigsten sein, daß die Urne die in h_1 beschriebene Zusammensetzung hat.

Im zweiten Beispiel haben wir es mit einer großen Anzahl von Urnen zu tun, die alle ebenfalls je 1000 Kugeln enthalten. Für jede Urne stehen wieder dieselben drei Hypothesen zur Verfügung. Außerdem mögen wir wissen, daß wir aus der Gültigkeit einer Hypothese für eine Urne nicht auf die Gültigkeit dieser oder einer anderen Hypothese für eine andere Urne schließen können. Die Experimente sind die folgenden: Man beginnt mit der ersten Urne, zieht eine Kugel, stellt deren Farbe fest und rät, welche Beschaffenheit die Urne hat (d.h. welche Hypothese für sie gilt), geht sodann zur nächsten Urne über, tut dort dasselbe und so fort. Unser Ziel ist es,

---

[42] Urnen, die Kugeln enthalten, nennen wir gleichzahlig, wenn sie gleich viele Kugeln enthalten.

möglichst viele richtige Voraussagen zu machen. (Die Aufgabenstellung wurde etwas elliptisch formuliert: strenggenommen handelt es sich wie im ersten Beispiel nicht um die Stützung von Folgen von Hypothesen, sondern um Folgen von Voraussagen über den nächsten Zug. Um die Sache nicht zu sehr zu komplizieren, verwenden wir nur die einfachere Situation des ‚Hypothesen-Erratens‘. Dies genügt, um den Unterschied zwischen vernünftiger Einzelfall-Politik und vernünftiger long-run-Politik zu verdeutlichen.)

Angenommen, wir gehen methodisch ebenso vor wie im ersten Fall. Dann müßten wir, wenn *weiß* gezogen wird, stets auf h_1 tippen, und wenn *schwarz* gezogen wird, stets auf h_3 (und natürlich entsprechende Voraussagen für die nächsten Züge machen). *Was aber, wenn z. B. h_2 für alle Urnen richtig ist?* Wir hätten dann eine ganz fatale Politik gewählt; denn wir hätten immer falsch geraten! (Weniger katastrophal, aber noch immer schlimm genug wäre es, wenn für die meisten Urnen h_2 richtig wäre.)

Hier ist es tatsächlich sinnvoll, eine *Minimax-Überlegung* anzustellen, *durch welche das Maximalrisiko des falschen Ratens minimalisiert werden soll.* Man wird eine *gemischte Strategie* wählen, zu der u. a. gehört, daß bei Zügen einer weißen Kugel bisweilen auf h_1 und bisweilen auf h_2 getippt werden muß. Die Berechnung führt zum überraschenden Resultat, daß das beste Verhältnis zwischen diesen beiden Möglichkeiten 1000/999 ist. Dies bedeutet: Viel besser als immer auf die Gültigkeit von h_1 zu schließen, wenn *weiß* gezogen wird, ist es, bei Ziehen von *weiß* eine (beinahe) unverfälschte Münze zu nehmen, sie zu werfen und auf h_1 zu tippen, wenn sich *Kopf* ergibt, auf h_2 hingegen, wenn sich *Schrift* ergibt.

Angenommen, jemand gehe auch im ersten Beispiel so vor: Wenn er eine weiße Kugel zieht, dann rät er nicht, daß h_1 richtig ist, sondern wirft eine Münze und entscheidet sich für h_1 oder h_2, je nachdem, ob er *Kopf* oder *Schrift* erhält. Jeder vernünftige Mensch wird den Betreffenden für verrückt halten. Im zweiten Fall aber ist solches Verhalten nicht unsinnig. Dort ist es sogar nachweislich die beste Strategie.

Ein Gegenbeispiel genügt, um die axiomatische Forderung zusammenbrechen zu lassen. Die Überlegung: „Was auf lange Sicht vernünftig ist, das ist auch für den Einzelfall vernünftig“ ist nicht einmal auf Sand gebaut. Sie erweist sich als eine nebelhafte Vorstellung.

(d) *Die Likelihood-Rechtfertigung.* Die meisten Statistiker sind auf long-run-Überlegungen abonniert. Die vorangehenden Kritiken könnten daher geeignet sein, bei ihnen eine skeptische Haltung hervorzurufen, die etwa in den folgenden Worten ihren Niederschlag fände: In Fällen, wo wir es nicht mit langen Folgen von Voraussagen zu tun haben oder wo die Rechtfertigung für eine long-run-Politik nicht auf den Einzelfall übertragbar ist, da kann man für einen Einzelfall überhaupt keine Voraussagen vornehmen, sofern nur Häufigkeitsdaten verfügbar sind. Kurz: „*Wo es keine long-run-*

*Rechtfertigung gibt, da gibt es überhaupt keine". Also wäre die Regel E. R. preis-
zugeben.*

Doch dies ist nicht überzeugend. Das Nichtfunktionieren der long-run-Rechtfertigung bildet keine hinreichende Basis, um die Regel *E. R.* als irrational abzutun. Dies dürfte frühestens dann geschehen, wenn ein überzeugendes *Gegenbeispiel* gegen diese Regel gefunden wäre. Bisher ist ein solches nicht gefunden worden.

Es liegt daher nahe, den Spieß umzudrehen und *die Einzelfall-Regel selbst zum Angelpunkt für das Verhältnis von Chance (relativer Häufigkeit auf lange Sicht) und Stützung zu machen.* Tatsächlich werden wir die Einzelfall-Regel *E. R.* als Bestandteil in die Likelihood-Regel einbauen.

Es sei nochmals daran erinnert, daß wir in diesem Punkt vom Vorgehen HACKINGs in einer wesentlichen Hinsicht abweichen. HACKINGs Intention geht dahin, sowohl die Regel *E. R.* als auch die in 6. b zu erörternde Regel für den statistischen Stützungsschluß aus einem *allgemeineren* Prinzip herzuleiten, welches in seinem "law of likelihood" ausgesprochen ist. Wie das Gegenbeispiel von 5. b gezeigt hat, schlägt dieser Verallgemeinerungsversuch fehl.

Mit unserer Regel $\mathbf{LR_d}$ beanspruchen wir dagegen nicht, ein allgemeines ‚Gesetz' gefunden zu haben, aus dem diese beiden Teilregeln herleitbar wären. Vielmehr ist die Likelihood-Regel *nichts anderes als eine konjunktive Zusammenfassung* der Regel *E. R.* und der Regel für den statistischen Stützungsschluß.

Auch der Ausdruck „Regel" sollte nicht mißverstanden werden. In beiden Fällen handelt es sich darum, eine *hinreichende Bedingung* dafür anzugeben, daß eine Annahme *besser gestützt (bestätigt, begründet)* ist als eine andere. Mittels *E. R.* können wir eine Aussage darüber machen, welche von mehreren singulären Voraussagen *bei gegebener statistischer Hypothese* am besten gestützt ist. Mittels der Regel für den statistischen Stützungsschluß können wir eine Aussage darüber machen, welche unter mehreren miteinander rivalisierenden statistischen Hypothesen *bei gegebenem Beobachtungsbefund* (und gegebenen statistischen Oberhypothesen) am besten gestützt ist.

Die vorläufige Präzisierung der Regel *E. R.* soll nun an einem möglichst durchsichtigen Beispiel beschrieben werden. Das Beispiel kann als Prototyp für alle analogen Beispiele dienen. Gegeben sei eine Münze mit den beiden möglichen Resultaten K und S. Es sei $W(K) = 0{,}9$ d.h. es handle sich um eine Binomialverteilung mit dem Parameter $\vartheta = 0{,}9$ für K. Es gilt dann: $W(S) = 0{,}1$. Das statistische Datum lautet: „Bei einem einfachen Versuch an der Anordnung X (Münzwurf) vom Typ T (einmaliges Werfen und Beobachten des Resultates) ist die Verteilung D der Chancen unter den beiden möglichen Resultaten $W(K) = 0{,}9$; $W(S) = 0{,}1$. Der nächste einfache Versuch V vom Typ T an der Anordnung X liefert entweder K oder S". In unserer Symbolik könnte dies so formuliert werden:

$$e: \langle\langle X, T, D\rangle; \langle X, V_T, K \vee S\rangle\rangle,$$

wobei alle Buchstaben die angegebenen Bedeutungen haben. Man beachte, daß das zweite Glied inhaltsleer (tautologisch) ist.

Es werden zwei einfache kombinierte statistische Propositionen h_1 und h_2 betrachtet. Das erste Glied ist beide Male dasselbe wie in e. Das zweite Glied enthält in h_1 die konkrete Voraussage *Kopf* und in h_2 die konkrete Voraussage *Schrift*, also:

$$h_1: \langle\langle X, T, D\rangle; \langle X, V_T, K\rangle\rangle.$$

$$h_2: \langle\langle X, T, D\rangle; \langle X, V_T, S\rangle\rangle.$$

h_1 sowie h_2 sind offenbar beide im Datum e eingeschlossen. Die Likelihood von h_1 ist 0,9; die Likelihood von h_2 ist 0,1. h_1 wird nach der Regel **LR**$_d$ durch e besser gestützt als h_2.

Anmerkung. In bezug auf das erste Glied sind alle drei Sätze: das Datum und die beiden Hypothesen, identisch. Unterschiede bestehen bezüglich des zweiten Gliedes, wobei die jeweiligen zweiten Glieder der beiden Hypothesen das zweite Glied von e zur Folge haben. Dies ist charakteristisch für ein Argument von der Art, welches zur Regel *E. R.* führt.

Bei dem in 5.b erörterten statistischen Stützungsschluß wird genau die umgekehrte Situation vorliegen: Identität aller Zweitglieder und Verschiedenheit der Hypothesen und des Datums in bezug auf die Erstglieder (aber ebenfalls wieder ein analoges Einschlußverhältnis).

Darin zeigt sich der Vorteil der Darstellung statistischer Aussagen als kombinierter Propositionen. Nur auf diese Weise wird es möglich, so heterogene Regeln wie *E. R.* und den Stützungsschluß in der Likelihood-Regel zusammenzufassen.

Die Begründung ist noch nicht am Ende. Es soll ja folgendes gezeigt werden: Die *Voraussage*, daß K beim nächsten Versuch eintreten wird, ist besser gestützt als die Voraussage, daß S eintreten wird. Hierzu ist ein Rückgriff auf die komparative Stützungslogik von Abschnitt 2 erforderlich. Der Einfachheit halber bezeichnen wir das erste und das zweite *Glied* von h_1 durch $_1^{(1)}$ und $h_1^{(2)}$. h_1 ist dann eine Abkürzung für die Konjunktion $h_1^{(1)} \wedge h_1^{(2)}$. Analog kann h_2 durch $h_2^{(1)} \wedge h_2^{(2)}$ wiedergegeben werden. Es gilt $e \Vdash h_2^{(1)}$, und außerdem nach dem eben gewonnenen Zwischenresultat: $h_2^{(1)} \wedge h_2^{(2)} \mid e < h_1^{(1)} \wedge h_1^{(2)} \mid e$.

Aufgrund des Theorems von S. 84 erhalten wir: $h_2^{(2)} \mid e < h_1^{(2)} \mid e$. Dies war zu zeigen.

Bei der Diskussion der Einzelfall-Regel müssen zwei Dinge säuberlich auseinandergehalten werden: das Problem der *Rechtfertigung* dieser Regel und das Problem der *Bedingungen ihrer korrekten Anwendung*. Nur mit dem ersten haben wir uns hier beschäftigt. Das zweite scheint zunächst kein Problem zu sein. Die scheinbare Problemlosigkeit wird jedoch nur durch unsere einfachen Beispiele nahegelegt. In Wahrheit treten genau hier das Hempelsche Problem der Mehrdeutigkeit der statistischen Systematisierung auf sowie weitere Schwierigkeiten. Da es sich dabei um einen außerordentlich diffizilen Fragenkomplex sui generis handelt, verschieben wir die Erörterung des zweiten Problems auf den Teil IV, wo die Diskussion in einen größeren Rahmen eingebaut werden soll. Es wird sich dort erweisen, daß der Begriff der statistischen Erklärung als Explikandum preiszugeben ist zugunsten zweier anderer Explikanda: erstens der *statistischen Begründung*, welche einen Spezialfall des statistischen Schließens darstellt, nämlich die korrekte Anwendung der Regel *E.R.*, und zweitens die *statistische Analyse*, die selbst in einem weiteren oder übertragenen Sinn kein Argument darstellt, sondern eine Methode zur Gewinnung eines *statistischen Situationsverständnisses* bildet.

6.b Der statistische Stützungsschluß im diskreten Fall und seine Rechtfertigung. Aufgrund von Beobachtungsbefunden soll eine Aussage darüber gewonnen werden, welche von mehreren statistischen Hypothesen (im üblichen Sinn) die am besten gestützte sei. Zunächst wird ein intuitives Beispiel gegeben und dann wird der Sachverhalt an dem quantitativen Beispiel geschildert, das im vorigen Unterabschnitt unter (c) gegen die axiomatische Rechtfertigung vorgebracht worden ist.

Das von HACKING gebrachte Beispiel[43] lautet in etwas ausführlicher Schilderung: Jemand möchte ein Ciceronisches Fragment publizieren. Er weiß, daß das Fragment aus dem 13. Jahrhundert stammt. Dagegen ist ihm nicht bekannt, ob das Fragment originalgetreu ist oder nicht. Er muß dies erraten. Dabei stützt er sich auf ein weiteres Datum: Er findet in dem Text einen Sprachschnitzer, den man zwar gelegentlich auch bei klassischen Autoren antrifft, jedoch äußerst selten. Mittelalterlichen Kopisten unterlaufen derartige Schnitzer dagegen recht häufig. Er vermutet daher, daß das Fragment nicht originalgetreu ist.

Zunächst geben wir eine vorläufige Schematisierung des Schlusses (besserer Vergleichsmöglichkeit halber wählen wir dieselben Symbole wie bei der intuitiven Schilderung der Einzelfall-Regel in 5.a): C sei die Klasse der Fragmente mit Sprachschnitzern; A sei die Klasse der unzuverlässigen Texte; B sei die Klasse der zuverlässigen Texte. Wir haben dann die folgenden Prämissen:

(1) Jedes C ist entweder ein A oder ein B und nicht beides zugleich;

(2) die relative Häufigkeit der Elemente von C unter den Elementen von A ist größer als die relative Häufigkeit der Elemente von C unter den Elementen von B.

Unter der Annahme, daß keine weitere Information zur Verfügung steht, scheint man behaupten zu dürfen:

(3) Die Vermutung, daß *dieses spezielle Element* von C zur Klasse A gehört, ist besser gestützt als die Vermutung, daß dieses spezielle Element von C ein B ist.

In (2) wird das vorausgesetzte relative Häufigkeitswissen festgelegt. Die Wendung von (3): „dieses spezielle Element von C" bringt das zusätzliche Tatsachenwissen zur Geltung, daß der vorliegende Text einen Sprach-

---

[43] [Statistical Inference], S. 54.

schnitzer enthält. In (1) wird nur noch ausdrücklich die Trivialität formuliert, daß jedes Fragment mit Sprachschnitzern entweder zuverlässig ist oder nicht und nicht beides zugleich.

Ein oberflächlicher Vergleich mit dem Beispiel von 5.a könnte zu der Vermutung führen, daß es sich auch diesmal um einen Spezialfall der Regel $E.R.$ handle. Dazu müßte jedoch die zweite Prämisse folgendermaßen lauten: Die relative Häufigkeit der Elemente von A unter den Elementen von C ist größer als die relative Häufigkeit der Elemente von B unter den Elementen von C.

Dieser Unterschied ist wesentlich: Bei der Einzelfall-Regel bildet eine bestimmte statistische Hypothese den Fixpunkt, d.h. diese Hypothese wird als unbezweifeltes Datum vorausgesetzt, um eine Aussage darüber zu machen, welche von zwei möglichen singulären Prognosen besser gestützt ist. Bei dem hier vorliegenden statistischen Stützungsschluß ist das empirische Einzeldatum (der Beobachtungsbefund) bekannt, und es soll eine von zwei möglichen statistischen Hypothesen als die besser gestützte ausgezeichnet werden.

Man beachte aber, daß diese Auszeichnung nicht dasselbe bedeutet wie Auswahl. Um die letztere geht es erst innerhalb der Testtheorie.

Die intuitive Begründung für den obigen Schluß besteht in der folgenden Überlegung: „Dieses C ist ein A" *ist besser gestützt denn* „dieses C ist ein B", *weil der Satz* „dieses C ist ein B" *nur dann wahr wird, wenn sich etwas ereignet hat, was sich viel seltener ereignet als das, was sich ereignen muß, damit der Satz* „dieses C ist ein A" *wahr wird.* Oder anders formuliert: Eine statistische Hypothese h_1 ist besser gestützt als eine statistische Hypothese h_2, wenn h_1 zusammen mit einem Beobachtungsbefund impliziert, daß sich etwas ereignet hat, was sich weniger selten ereignet als das, was sich bei demselben Beobachtungsbefund ereignet, wenn h_2 richtig ist.

Dieses Beispiel von HACKING ist zwar sehr interessant, trotzdem aber — zumindest vom didaktischen Standpunkt aus betrachtet — etwas irreführend, da man zunächst gar nicht erkennt, wieso es sich im vorliegenden Fall überhaupt um die Beurteilung einer *statistischen* Hypothese handelt und nicht um eine historische Vermutung. Er muß dabei stillschweigend eine bestimmte *singuläre Aussage* der Alltagssprache *als verklausulierte Formulierung einer statistischen Hypothese* deuten. Eine solche Deutung kann man hier tatsächlich, wie in vielen ähnlichen Fällen, vornehmen. Analog wie man die Feststellung: „dieser Würfel ist unverfälscht" als sprachlich abgekürzte Wiedergabe einer statistischen Verteilungshypothese auffassen wird, so muß er den Satz: „dieses Manuskript M ist originalgetreu" z.B. als Abkürzung der folgenden zu beurteilenden ‚statistischen Nullhypothese' auffassen: „Die statistische Wahrscheinlichkeit, daß der Schreiber dieses Textes einen Fehler von der Art A beging, beträgt (höchstens) 1/1000", während die damit rivalisierende Fälschungshypothese zu deuten wäre etwa im Sinn von: „die Wahrscheinlichkeit, daß der Schreiber dieses Textes einen Fehler von der Art A beging, ist (ungefähr) 1/10." Der empirische Befund lautet in beiden Fällen: „der Schreiber von M beging einen Fehler von der Art A".

Wir gehen jetzt auf das Beispiel von 6.a, (c) mit den drei statistischen Hypothesen h_1, h_2 und h_3 zurück, ergänzen diese aber jetzt durch Heranziehung des Beobachtungsdatums zu einer kombinierten statistischen Aussage. Wir führen die Formalisierung nur so weit durch, als es zum Verständnis notwendig ist.

Es sei aber wenigstens ein Hinweis auf die präzise Fassung gegeben. X und T können diesmal ohne weiteres angegeben werden. Das verfügbare statistische Datum besage, daß eine der drei Verteilungen vorliege und daß weiß (w) gezogen wurde. Das ist also die Aussage:

$$\langle\langle X, T, W(w) = 0{,}999 \vee W(w) = 0{,}002 \vee W(w) = 0{,}001\rangle; \langle X, V_T, w\rangle\rangle.$$

Bei der Wiedergabe der drei statistischen Hypothesen wird nur jeweils das dritte Glied der beiden konjunktiv verknüpften Aussagen explizit angeführt.

$$h_1: \quad W(w) = 0{,}999; \quad \text{weiß wird gezogen};$$

$$h_2: \quad W(w) = 0{,}002; \quad \text{weiß wird gezogen};$$

$$h_3: \quad W(w) = 0{,}001; \quad \text{weiß wird gezogen}.$$

Da diese drei kombinierten Aussagen jeweils dasselbe Beobachtungsdatum mitschleppen und sich im übrigen nur bezüglich des ersten Gliedes, also die statistische Hypothese, unterscheiden, nennen wir sie der Einfachheit halber selbst statistische Hypothesen. Alle drei statistischen Hypothesen sind im Datum e eingeschlossen. Der Beobachtungsbefund „weiß wird gezogen" bildet diesmal den Fixpunkt, während drei statistische Hypothesen im engeren Sinn durchlaufen und relativ auf diesen Befund in bezug auf ihre Likelihoods beurteilt werden. *Diese Likelihoods sind genau identisch mit den drei W-Werten*, die in den ersten Gliedern angeführt sind. h_1 ist also aufgrund von **LR**$_d$ die am besten gestützte Hypothese, und zwar viel besser gestützt als h_2 und h_3.

Durch ein analoges Verfahren wie im vorigen Beispiel erhält man die beste Stützung für jene Hypothese, wonach die Urne 999 weiße und eine schwarze Kugel enthält.

Wir nennen ein Argument von dieser Art einen *statistischen Stützungsschluß*.

Wäre *schwarz* gezogen worden, so wäre h_3 (und die entsprechende Hypothese über die Zusammensetzung der Urne) am besten gestützt gewesen. Aber man könnte diesmal nicht hinzufügen: „und zwar wäre h_3 viel besser gestützt als die beiden übrigen Hypothesen". Denn der Unterschied zu h_2 ist diesmal recht gering. Hier zeigt sich deutlich, wie sich das Likelihood-

Verhältnis im Stützungs*verhältnis* widerspiegelt. Dies könnte man auch als eine nachträgliche Plausibilitätsbetrachtung zugunsten des Verfahrens ansehen, die Größe des Likelihoodverhältnisses als ein Maß für den Unterschied im Grad der Stützung anzusehen.

Aufgabe. Es soll angedeutet werden, wie das eingangs gegebene Beispiel mit dem Cicero-Fragment in präziser Weise zu rekonstruieren wäre.

Wir machen nochmals ausdrücklich auf zwei Dinge aufmerksam:

(1) Der Begriff der Likelihood wurde zwar mittels des Begriffs der Chance definiert; doch handelt es sich beim Likelihood-Vergleich, auf den der relative Stützungsbegriff zurückgeführt wird, *nicht* um einen Vergleich von Wahrscheinlichkeiten.

(2) Hypothesen mit geringer Likelihood werden *nicht* als schlecht gestützt bezeichnet. Obwohl der Begriff der Likelihood auf isolierte Aussagen (genauer: auf geordnete Satzpaare) angewendet wird, gründet sich jede Aussage über die Stützung von Hypothesen auf den *Vergleich* von Likelihoods. *Nur wenn eine rivalisierende Alternativhypothese vorhanden ist, kann eine Stützungsaussage überhaupt formuliert werden.* Das Grundprädikat für eine solche Aussage lautet nicht: „ist in dem und dem Grad gestützt", sondern: „ist besser gestützt als".

Dieser Sachverhalt wird sich in der Testtheorie wiederholen. Nach der Likelihood-Testtheorie ist eine Hypothese nicht bereits dann zu verwerfen, wenn sie eine geringe Likelihood besitzt, sondern erst dann, *wenn eine andere Hypothese mit einer größeren Likelihood zur Verfügung steht.*

Im obigen Beispiel hatten wir es mit drei miteinander rivalisierenden statistischen Hypothesen zu tun. Häufig sind wir bloß vor die Frage gestellt, welche von zwei statistischen Hypothesen besser gestützt sei als die andere. Auf der anderen Seite gilt dieselbe Art von Betrachtung natürlich auch für eine beliebige endliche Anzahl voneinander abweichender statistischer Alternativhypothesen.

Noch interessanter dürfte die Feststellung sein, daß der statistische Stützungsschluß auch dann anwendbar wird, *wenn eine unendliche — abzählbare oder sogar überabzählbar unendliche — Anzahl miteinander rivalisierender statistischer Hypothesen daraufhin überprüft werden soll, welche die am besten gestützte Hypothese ist.*

Zur Illustration diene eine unendliche Gesamtheit von Binomialverteilungshypothesen. Eine Münze werde n-mal geworfen und liefere k-mal K. Es sei bekannt, daß die Würfe voneinander unabhängig sind. („Es ist bekannt" heißt hier wie in allen anderen Fällen: „es wird als gesichert vorausgesetzt und nicht in Frage gestellt". Selbstverständlich kann, wie wir wissen, jede im statistischen Datum enthaltene statistische Oberhypothese von dieser Art bei Vorliegen geeigneter Beobachtungsresultate auf höherer Ebene wieder in Frage gestellt werden; doch darum geht es hier nicht.) Frage: *Welche statistische Hypothese* $W(K) = p$ *ist am besten gestützt?*

Wegen der Unabhängigkeitsvoraussetzung wissen wir, daß wir es mit einer Binomialverteilung zu tun haben. $\mathbf{b}(x; n, p)$ bezeichnet die Chance, daß in n unabhängigen Würfen mit dieser Münze x-mal K geworfen wird, sofern die Wahrscheinlichkeit für das Auftreten von K bei einem Wurf gleich $W(K) = p$ ist. Es gilt (vgl. Teil 0, (46)):

$$\mathbf{b}(x; n, p) = \binom{n}{x} p^x (1-p)^{n-x}.$$

Wir gehen methodisch folgendermaßen vor: Zunächst wählen wir für n den *fest vorgegebenen* Wert aus unserem Beobachtungsbefund. Wir betrachten nun unendlich viele einfache kombinierte Propositionen h_p, wobei p alle reellen Zahlen von 0 bis 1 durchläuft. x, die Anzahl der Erfolge (K-Würfe), ist jedesmal eine *variable* Größe. (Um einer Hyperformalisierung zu entgehen, schreiben wir diesmal die beiden Glieder umgangssprachlich an). h_p: $\langle\langle$die Verteilung der Chancen für x Resultate der Art K bei n Würfen mit dieser Münze ist genau $\mathbf{b}(x; n, p)\rangle$; $\langle$bei dieser speziellen Folge von n Würfen mit dieser Münze ergibt sich genau k-mal $K\rangle\rangle$[44].

Auch bezüglich dieser *kontinuierlichen* Mannigfaltigkeit von kombinierten statistischen Hypothesen können wir aufgrund von $\mathbf{LR_d}$ sagen, daß die am besten gestützte Hypothese diejenige ist, welche die größte Likelihood besitzt. Auf Grund der oben erwähnten Formel für die Binomialverteilung kann man mathematisch beweisen: Die Chance, daß sich bei n Würfen mit dieser Münze k-mal K ergibt, ist genau dann maximal, wenn $p = k/n$. (Dies war natürlich auch intuitiv zu erwarten.) In Analogie zum oben geschilderten Verfahren schließen wir, daß die am besten gestützte statistische Hypothese über die Chance von K lautet: $W(K) = k/n$.

Für die strenge Anwendung der Likelihood-Regel beachte man folgendes: Das statistische Datum ist in bezug auf das zweite Konjunktionsglied mit dem zweiten Konjunktionsglied aller Hypothesen h_p identisch; denn dieses schildert den Beobachtungsbefund. Das erste Konjunktionsglied schließt die ersten Glieder aller Hypothesen h_p ein; es bildet also eine Klasse von überabzählbar unendlich vielen Verteilungshypothesen, worin nur n fest, dagegen sowohl x als auch p variabel ist (p durchläuft alle reellen Zahlen von 0 bis 1 und x alle natürlichen Zahlen von 0 bis n).

6.c Übergang zum stetigen Fall. Um den stetigen Fall einbeziehen zu können, erscheint es als zweckmäßig, mit dem neuen Begriff der *Likelihoodfunktion* zu operieren. Wir verwenden auch dafür das Symbol „L". Eine Verwechslung mit dem gleichnamigen Symbol von 6.b wird dadurch ausgeschlossen, daß der neue Funktor *zweistellig* ist. Die Darstellung ist so allgemein gehalten, daß sie den diskreten Fall als Spezialfall einschließt.

Damit der Formalismus nicht übermäßig kompliziert wird, verzichten wir diesmal auf die Verwendung des Begriffs der kombinierten Aussage

---

[44] Man beachte, daß die Rede von einer Verteilung in den ersten Gliedern der Hypothesen h_p nur dadurch Sinn bekommt, daß x variabel ist.

und geben eine umgangssprachliche Beschreibung dessen, was das statistische Datum beinhaltet.

Die experimentelle Anordnung X und der Versuchstyp T seien vorgegeben und sollen für die folgenden Überlegungen festgehalten werden, ohne daß wir sie ausdrücklich erwähnen. $f(x)$ sei die Wahrscheinlichkeitsverteilung (diskreter Fall) bzw. die Wahrscheinlichkeitsdichte (stetiger Fall); die kumulative Verteilungsfunktion werde wieder durch $F(x)$ dargestellt. Δ sei die Klasse der Wahrscheinlichkeitsverteilungen, welche im statistischen Datum angeführt ist (d. h. die nicht zu dieser Klasse gehörenden Wahrscheinlichkeitsverteilungen sollen außer Betracht bleiben). Für die Elemente dieser Klasse machen wir die spezielle Voraussetzung, daß sich diese Wahrscheinlichkeitsverteilungen nur durch einen Parameter ϑ einer Menge M unterscheiden.

Wir erläutern den Sachverhalt am Beispiel der Normalverteilung. Die Dichtefunktion lautet:

$$N(x;\mu,\sigma^2) = \frac{1}{\sigma\sqrt{2\pi}}\, e^{-\frac{1}{2}\left(\frac{x-\mu}{\sigma}\right)^2} \qquad -\infty < x < +\infty \quad \text{(vgl. Teil 0,(100))}.$$

Es ist dies eine einstellige Funktion mit den beiden Parametern μ (Mittel) und σ^2 (Varianz). Derartige Parameter fassen wir stets zu einem k-dimensionalen Vektor ϑ zusammen. In unserem Fall ist ϑ zweidimensional, nämlich: $\vartheta = (\mu, \sigma^2)$. Daß es sich um Parameter handelt, besagt bei inhaltlicher Deutung im vorliegenden Fall, daß wir in jeder konkreten Anwendung μ und σ^2 als gegeben annehmen und die Wahrscheinlichkeiten mittels der so entstehenden einstelligen Funktion $N(x)$ berechnen.

Bei der Likelihood-Betrachtung müssen wir den Spieß umdrehen. Hier tritt an die Stelle der Variablen x ein festes experimentelles Resultat x_0. Die Parameter, bzw. in der vektoriellen Zusammenfassung der Vektor ϑ, übernehmen jetzt die Rolle von Variablen, die über die Elemente von M laufen.

Wenn n der Umfang der Stichprobe ist, welcher wir das Resultat entnehmen, so können wir zunächst eine $(n+1)$-dimensionale Funktion

$$F \colon \mathbb{R}^n \times M \mapsto [0,1]$$

als gegeben ansehen, aus der wir sämtliche mit dem statistischen Datum verträglichen Verteilungsfunktionen

$$F(\cdot, \vartheta) \colon \mathbb{R}^n \mapsto [0,1]$$

gewinnen, indem wir alle Wahlen $\vartheta \in M$ vornehmen. Mit $F(\cdot, \vartheta)$ ist die zugehörige Wahrscheinlichkeitsdichte (Wahrscheinlichkeitsverteilung) $F(\cdot, \vartheta)$ eindeutig bestimmt. Wenn x_0 das feste experimentelle Resultat ist, so entsteht durch Vertauschung der Rollen von Variablen und Parameter (ϑ jetzt als Variable, x_0 als fester Parameter) die Likelihood-Funktion:

$$L(\vartheta \mid x_0) = f(x_0, \cdot) \colon M \mapsto [0,1].$$

Kehren wir nun wieder zum Likelihood-Argument zurück! Für zwei beliebige Elemente ϑ_1 und ϑ_2 aus M erhalten wir zwei miteinander konkurrierende Hypothesen h_1 und h_2 über die wahre Gestalt von $f(x_0, \vartheta)$. Zur Beantwortung der Frage, welche der beiden Hypothesen die größere Plausibilität besitzt, konstruiere man für diese beiden Werte den *Likelihood-Quotienten*

$$\frac{L(\vartheta_1 \mid x_0)}{L(\vartheta_2 \mid x_0)},$$

der genau dann größer als 1 ist, wenn $L(\vartheta_1 \mid x_0) > L(\vartheta_2 \mid x_0)$. Damit haben wir bereits die Anknüpfung an die frühere Likelihood-Definition (bzw. die Likelihood-Regel) der Stützung gefunden. Im vorliegenden Fall würden wir also sagen: Die Hypothese h_1 ist *besser gestützt als* h_2, weil der entsprechende Likelihood-Quotient größer ist als 1.

Wir können nun noch einen Schritt weiter gehen und unter allen $\vartheta \in M$ dasjenige ϑ^* aufzufinden versuchen, dessen zugehörige Dichte (Wahrscheinlichkeitsverteilung) durch das experimentelle Resultat x_0 *am besten gestützt* wird. Ein solches ϑ^* existiert genau dann, wenn die Likelihood-Funktion $L(\vartheta \mid x_0)$ ein Maximum besitzt. Denn wenn $L(\cdot \mid x_0)$ für ϑ^* einen maximalen Wert annimmt, gilt für alle $\vartheta \in M$:

$$\frac{L(\vartheta^* \mid x_0)}{L(\vartheta \mid x_0)} \geqq 1.$$

(Ob und für welchen Wert dies der Fall ist, kann nach den Standardverfahren der Differentialrechnung ermittelt werden.)

Mit dieser letzten Überlegung ist der Zusammenhang hergestellt worden zu der von R. A. Fisher entwickelten *Methode der Maximum-Likelihood* zur Punktschätzung von Parametern. Daß ein solcher Zusammenhang besteht, war von vornherein zu erwarten: Schätzungen bilden ja einen Spezialfall von hypothetischen statistischen Vermutungen und können daher sowohl unter dem Gesichtspunkt der Stützung als auch unter testtheoretischen Gesichtspunkten behandelt werden. Daß die Schätzungstheorie dennoch zu speziellen wissenschaftstheoretischen Fragen führt, hat, wie noch zu zeigen sein wird, hauptsächlich zwei Gründe: Erstens versteht man unter Schätzungen häufig nicht theoretische Vermutungen, sondern *praktische Entscheidungen* oder *Handlungen* von bestimmtem Typus. Zweitens konkurriert auch im theoretischen Fall der Gesichtspunkt der besten Stützung mit *anderen Gütekriterien* (nämlich mit solchen Kriterien, die wir in Abschnitt 10 Optimalitätsmerkmale auf lange Sicht nennen werden).

Im gegenwärtigen Zusammenhang begnügen wir uns damit, einen grundsätzlichen Unterschied zwischen der Maximum-Likelihood-Methode und dem Likelihood-Stützungsargument hervorzukehren. (Der Unterschied bleibt bestehen, wenn die später zu schildernde Likelihood-Testtheorie zum Vergleich herangezogen wird.) Nach der Maximum-Likelihood-Methode ist derjenige Wert ϑ^* als bester Schätzwert anzusehen, für den die Likelihoodfunktion ihr Maximum annimmt. *Der gesamte übrige Verlauf der Likelihoodfunktion wird dabei vollkommen vernachlässigt.* In der komparativen Stützungsrelation „h_1 ist besser gestützt als h_2" gelangt demgegenüber der *Gesamtverlauf* der Likelihoodfunktion zur Geltung, da ja für zwei *beliebige* Argumente ϑ_1 und ϑ_2 die entsprechenden statistischen Aussagen miteinander verglichen werden können. Der Gedanke, die *ganze* Likelihoodfunktion in Betracht zu ziehen, taucht bereits bei R. A. FISHER gelegentlich auf[45]. Nachdrücklich wird die Forderung von G. A. BARNARD et al. in [Likelihood-Inference] vertreten; ähnlich auch von H. DIEHL und D. SPROTT in [Likelihood]. Man kann diese Forderung in die Hackingsche Stützungsrelation einbauen, die im stetigen Fall auf dem Likelihoodquotienten basiert.

Wir wollen uns diese Weiterentwicklung der Likelihood-Idee veranschaulichen. Dazu betrachten wir eine Folge von Likelihoodfunktionen $L_1, L_2, \ldots, L_n, \ldots$, die alle an der Stelle ϑ^* ihr Maximum haben; und zwar soll dieser maximale Wert jedesmal derselbe sein. (Die letztere Zusatzannahme machen wir nur der größeren Anschaulichkeit wegen.) Die Funktionen unterscheiden sich durch zunehmende Steilheit ihrer Graphen in der Umgebung von ϑ^*: L_1 (bzw. der Graph dieser Funktion) ist also nach unserer Annahme die flachste Kurve, L_2 ist bereits etwas steiler, $\ldots$, L_n ist wesentlich steiler als L_1 usw. (Mit wachsendem Index haben also die Kurven in der Umgebung des Maximums zunehmend schmalere Buckel.) Wir betrachten jetzt weitere, in der Nähe von ϑ^* gelegene mögliche Werte des unbekannten Parameters ϑ, etwa ϑ_i und ϑ_k. Die Maximum-Likelihood-Methode gestattet keinerlei Differenzierung zwischen all diesen Fällen; denn stets liefert ja ϑ^* den maximalen L-Wert und ist daher nach dieser Methode zu wählen. Wenn wir dagegen die Likelihood-Quotienten für ϑ^* und ϑ_i (oder ϑ_k) bilden, so ergibt sich bei jedem Übergang von einer Funktion L_i unserer Folge zur Funktion L_{i+1} *eine zunehmende Verschärfung der Aussagekraft des komparativen Stützungsbegriffs.* Dies folgt aus unserer Annahme über die Kurvengestalten. Wegen der relativ flachen Gestalt von L_1 ist die statistische Hypothese mit dem Parameter ϑ^* nur geringfügig besser gestützt als die mit dem Parameter ϑ_i (ϑ_k); für L_n hingegen ergibt sich bereits ein beträchtlicher Unterschied.

Dieser Unterschied kommt allerdings erst dann zur Geltung, wenn man den Likelihood-Quotienten auch als Maß dafür betrachtet, daß eine Hypothese *mehr oder minder gut* gestützt ist als eine andere. (Der Leser veranschauliche sich den am obigen Beispiel geschilderten Sachverhalt durch ein Diagramm, welches die Graphen von Likelihoodfunktionen verschiedener Steilheit, aber mit demselben Maximum enthält).

---

[45] So z.B. in [Two new properties], S. 300.

Wir sind hier von einer rein theoretischen Gegenüberstellung ausgegangen. Die Maximum-Likelihood-Methode ist demgegenüber heute gewöhnlich in entscheidungstheoretischer Verkleidung anzutreffen, d. h. sie wird als *Entscheidungsregel* formuliert. Dazu benötigt man eine Verlustfunktion $V(\vartheta', \vartheta)$, deren zweite Argumentwerte über die möglichen wahren Werte des Parameters laufen, während der erste Argumentbereich aus den möglichen Schätzwerten (sog. Punktschätzungen) des Parameters besteht. Die Funktion V ist so beschaffen, daß nur dann der Verlust gleich 0 ist, wenn der Schätzwert ϑ' mit dem wahren Wert ϑ übereinstimmt. In den übrigen Fällen tritt dagegen ein positiver Verlust ein. (Der Einfachheit halber kann man annehmen, daß für sämtliche Fehlschätzungen der konstante Verlust $k > 0$ auftritt.) Die Maximum-Likelihood-Regel läßt sich dann so aussprechen: „*Wähle ϑ' auf solche Weise, daß der Verlust genau dann minimal wird, wenn der Parameter mit maximalem Likelihoodwert der wahre Parameter ist!*" Dieser Imperativ enthält offenbar keine theoretische Aussage mehr, sondern bildet eine praktische Empfehlung.

6.d Wahrscheinlichkeitsverteilung und Likelihoodfunktion („Plausibilitätsverteilung'). Wir knüpfen hier vor allem an die sehr illustrative Arbeit von H. DIEHL und D. SPROTT, [Likelihoodfunktion], an. Wenn wir von Verteilungen sprechen, so setzen wir stets voraus, daß die möglichen Beobachtungsbefunde in numerischer Charakterisierung vorliegen. Dies läßt sich durch Einführung geeigneter Zufallsfunktionen immer erreichen. Verteilungen sind dann Verteilungen dieser Funktionen; das ursprüngliche Wahrscheinlichkeitsmaß wird hierbei durch sein Bildmaß ersetzt. Diese Voraussetzung soll wieder nur dazu dienen, die Sprechweise zu vereinfachen.

M sei der Raum der möglichen Parameter ϑ. Wenn x_0 einen Beobachtungsbefund darstellt, so ist die zugehörige Likelihoodfunktion definiert durch:

$$L(\vartheta \mid x_0) =_{\mathrm{Df}} f(x_0; \vartheta),$$

mit f als Wahrscheinlichkeitsverteilung (diskreter Fall) oder Wahrscheinlichkeitsdichte (kontinuierlicher Fall). Wenn man f als eine zweistellige Funktion von x und ϑ auffaßt, so erhält man daraus *bei gegebenem ϑ* eine Funktion von x, die eine Wahrscheinlichkeitsverteilung ausdrückt, und *bei gegebenem x* eine Funktion von ϑ, die eine Likelihoodfunktion bildet. Dieser Sachverhalt wird bisweilen folgendermaßen wiedergegeben: Die Likelihoodfunktion leistet *nach* einem Zufallsexperiment einen ähnlichen Dienst wie die Wahrscheinlichkeitsverteilung *vor* der Durchführung des Experimentes.[46] In der Tat: Ist der Parameter ϑ_0 bekannt, so können wir aufgrund einer Kenntnis der Funktion $f(x; \vartheta_0)$ von x eine Wahrscheinlich-

---

[46] So z.B. H. DIEHL u. D. SPROTT, [Likelihoodfunktion], S. 114.

keitsaussage über die beobachtbaren Ausgänge des Zufallsexperimentes machen. Liegt dagegen der Beobachtungsbefund x_0 vor, so bildet die Likelihoodfunktion $L(\vartheta \mid x_0)$ ein objektives Ungewißheitsmaß für den unbekannten Parameter ϑ. Sie könnte daher auch als *Plausibilitätsfunktion*, *Vertrauensfunktion* oder *Stützungsfunktion* für ϑ bezeichnet werden.

Diese schematische Gegenüberstellung zwischen vorexperimenteller und nachexperimenteller Situation geht allerdings im ersten Fall von einer Fiktion aus: Der Parameter ϑ ist uns ja *niemals* bekannt. Wir können über ihn nur unverifizierbare (und nicht einmal empirisch widerlegbare) Hypothesen aufstellen. Dies unterstreicht jedoch um so mehr die Wichtigkeit dieser Funktion L, welche aus einem Beobachtungsbefund eine äußerst wichtige Information über den unbekannten Parameter herausholt. Die *Likelihood-Schule* geht sogar soweit zu behaupten, daß diese Funktion die *gesamte* in der Beobachtung steckende Information über den unbekannten Parameter enthält[47]. Selbst wenn dies keine Übertreibung sein sollte, wäre eine derartige Schilderung der Situation doch recht irreführend. Denn was für statistisch relevante Informationen wir aus einer Beobachtung herausholen können, hängt u. a. davon ab, *mit welcher stillschweigend vorausgesetzten statistischen Oberhypothese wir an die Beobachtung herantreten*. Diese Oberhypothese bestimmt die Form der (zweistelligen!) Funktion f. Nach der in 5. a eingeführten Sprechweise bildet sie das erste Konjunktionsglied des statistischen Datums.

DIEHL und SPROTT geben eine gute geometrische Veranschaulichung des Unterschiedes zwischen Wahrscheinlichkeitsverteilung und Likelihoodfunktion. Dazu spanne man im dreidimensionalen Raum ein Cartesisches Koordinatensystem auf. Die erste Koordinate sei die x-Koordinate, die zweite die ϑ-Koordinate; die Werte der Funktion $f(x; \vartheta)$ tragen wir für jeden Punkt der x-ϑ-Ebene in der dritten Koordinatenrichtung auf. Dadurch erhalten wir eine Fläche, die wir das $f(x; \vartheta)$-*Gebirge* nennen wollen. Für jeden bestimmten Wert ϑ_0 aus M können wir dieses f-Gebirge mit der Ebene $\vartheta = \vartheta_0$ zum Schnitt bringen. Dadurch gewinnen wir die zu diesem Parameter gehörige Wahrscheinlichkeitsverteilung $f(x; \vartheta_0)$ (genauer natürlich: den Graphen dieser Funktion). Liegt hingegen ein Beobachtungsbefund x_0 vor, so können wir dieses f-Gebirge mit der Ebene $x = x_0$ zum Schnitt bringen und erhalten den Graphen der Likelihoodfunktion $L(\vartheta; x_0)$. Wenn wir den Ausdruck „Verteilung" nicht von vornherein probabilistisch festlegen, so können wir sagen, daß auf diese Weise eine *Plausibilitätsverteilung* für den unbekannten Parameter ϑ im Lichte des Beobachtungsbefundes x_0 gewonnen worden ist.

Eine solche Charakterisierung kann allerdings Anlaß zu sprachlichen Mißverständnissen geben. Denn ein bestimmter Wert $L(\vartheta; x_0)$ ist zwar

---

[47] DIEHL u. SPROTT, a. a. O. S. 115.

eine Wahrscheinlichkeit für das Ereignis x_0, *nicht* jedoch eine Wahrscheinlichkeit für den Parameter ϑ! Es wurde bereits hervorgehoben, daß die Regeln der Wahrscheinlichkeitsrechnung für die Likelihoodwerte nicht gelten. Wir können jetzt noch darüber hinausgehend sagen: Während für Wahrscheinlichkeiten Operationen wie Produkt-, Summen- und Differenzbildung definiert sind, ist dies hier nicht der Fall. Das Produkt, die Summe sowie die Differenz von Likelihoodwerten verschiedener ϑ (also z. B. $L(\vartheta_1 \mid x_0) \times L(\vartheta_2 \mid x_0)$ etc.) *haben überhaupt keine erkenntnistheoretische oder statistische Bedeutung.*

Wenn wir das Supremum einer bestimmten Likelihoodfunktion L mit $\sup_{\vartheta \in M} L(\vartheta \mid x)$ abkürzen, so erhalten wir dadurch für jedes x die *supremale Wahrscheinlichkeit von x* $\left(\text{nämlich } \sup_{\vartheta \in M} f(x; \vartheta)\right)$. Mit Hilfe dieses Begriffs können wir die auf das Intervall [0,1] normierte sog. *relative Likelihoodfunktion*

$$R(\vartheta \mid x) = \frac{L(\vartheta \mid x)}{\displaystyle\sup_{\vartheta \in M} L(\vartheta \mid x)}$$

erhalten (verstanden als einstellige Funktion $R(\cdot \mid x)$ mit dem Parameter x). Dadurch, daß R für jedes x und beliebiges ϑ angibt, wie wahrscheinlich x unter der Voraussetzung ϑ im Vergleich zur supremalen Wahrscheinlichkeit von x ist, liefert R ein *relatives Plausibilitätsmaß* für den unbekannten Parameter, d. h. eine Angabe darüber, wie ‚plausibel‘ ϑ im Verhältnis zum ‚plausibelsten‘ Parameter ist. Wenn man überhaupt den Ausdruck „Plausibilitätsverteilung" verwenden will, so wäre es daher zweckmäßiger, diese Funktion R statt der ursprünglichen Funktion L als *Plausibilitätsverteilung* (oder: Vertrauensverteilung, Stützungsverteilung) über M zu bezeichnen.

Die Funktion R hat neben diesem praktischen den *theoretischen* Vorteil, *daß sich die Likelihoodfunktionen nunmehr zu systematischen Äquivalenzklassen zusammenfassen lassen:* Für jede Funktion L wird die zugehörige Äquivalenzklasse K_L gebildet aus allen Likelihoodfunktionen von der Gestalt $k \cdot L$ und $\varphi (x) \cdot L$ mit einer beliebigen Konstanten k oder einer vom Beobachtungsbefund x abhängenden Funktion $\varphi (x)$. Alle derartigen Funktionen, die zu ein und derselben Äquivalenzklasse gehören, führen zur selben relativen Likelihoodfunktion, da der Faktor k bzw. $\varphi (x)$ rechts im Zähler sowie im Nenner auftritt, so daß durch ihn gekürzt werden kann. Eine derartige Systematisierung stellt keineswegs, wie man auf den ersten Blick argwöhnen könnte, eine bloß formal-technische Spielerei dar. Wenn man unter *Likelihood-Schluß* ganz allgemein *die* (sei es quantitative, sei es bloß komparative) *Beurteilung von statistischen Ungewißheiten in Likelihood-Werten allein* versteht, so kann man sagen: die zu ein und derselben Äquivalenzklasse gehörenden Likelihoodfunktionen sind in dem Sinn wissenschaftstheoretisch gleichwertig, daß sie zu demselben Likelihood-Schluß führen.

Ein von BARNARD et al. in [Likelihood Inference] sowie von DIEHL und SPROTT in [Likelihoodfunktion], S. 124—127 diskutiertes Beispiel eines Münzwurfes möge dies veranschaulichen. Die gegebene experimentelle Anordnung und den Versuchstyp fassen wir unter der Bezeichnung „Wurf mit dieser Münze" zusammen. Zum statistischen Datum gehöre die Annahme, daß die Würfe voneinander unabhängig sind, d. h. daß eine Binomialverteilung vorliegt. ϑ sei die unbekannte Chance des Elementarereignisses *Kopf* dieser Münze.

Bei n Würfen wurde k-mal *Kopf* erzielt. Dagegen sei es unbekannt, ob entweder vor der Durchführung des Experimentes vereinbart worden ist, die Münze n-mal zu werfen, oder ob vereinbart worden war, die Münze solange zu werfen, bis sich das Ereignis *Kopf* k-mal verwirklicht. Wir müssen also zwei Fälle unterscheiden:

1. Fall. Die Münze wird n-mal geworfen. Es realisiere sich k-mal *Kopf.* Wir schreiben die Verteilungsformel in der Weise an, daß wir zunächst die Likelihoodfunktion und daneben die Wahrscheinlichkeitsverteilung angeben. Denn dadurch wird der Unterschied zum zweiten Fall deutlicher zutage treten. Der Wert der Zufallsfunktion ist in diesem ersten Fall k. Dieser Wert tritt in der Wahrscheinlichkeitsverteilung als erstes Argument auf. In der Likelihoodfunktion führen wir diesen Wert an erster Stelle hinter dem senkrechten Strich an. Nach der Formel für die Binomialverteilung ergibt sich:

$$L_1(\vartheta \mid k;n) = p(k;\vartheta,n) = \binom{n}{k} \vartheta^k (1 - \vartheta)^{n-k} \qquad \text{(vgl. Teil 0, (46)).}$$

Man beachte: Der Wert k der Zufallsfunktion muß die Bedingung $0 \leq k \leq n$ erfüllen; der Ereignisraum besteht also aus $n + 1$ Zahlen.

2. Fall. Die Münze wird solange geworfen, bis genau k-mal Zahl eingetreten ist. Diesmal ist n der Wert der Zufallsfunktion. Unter Benützung der analogen Schreibweise wie im vorigen Fall ergibt sich diesmal:

$$L_2(\vartheta \mid n;k) = p(n;\vartheta,k) = \binom{n-1}{k-1} \vartheta^k (1 - \vartheta)^{n-k}.$$

In diesem zweiten Fall ist n der Wert der Zufallsfunktion. Da n nur die Bedingung $k \leq n$ zu erfüllen hat, ist der Ereignisraum diesmal unendlich.

(Hinweis für die Gewinnung dieser Formel, welche auch Formel für die *negative Binomialverteilung* genannt wird: Aus der Aufgabenstellung ergibt sich, daß der letzte Wurf ein Kopfwurf sein muß. Es ist also die Wahrscheinlichkeit dafür gesucht, in $n - 1$ Würfen $k - 1$-mal Kopf *und* beim n-ten Mal außerdem Kopf zu werfen. Wir haben also die Formel für die Binomialverteilung für $n - 1$ und $k - 1$ zu bilden und diesen Wert mit ϑ zu multiplizieren. Wir gewinnen:

$$\binom{n-1}{k-1} \vartheta^{k-1} (1 - \vartheta)^{n-1-(k-1)} \cdot \vartheta = \binom{n-1}{k-1} \vartheta^k (1 - \vartheta)^{n-k},$$

also den obigen Wert.)

Der Vergleich von L_1 und L_2 zeigt, daß die von ϑ abhängigen Funktionsteile miteinander identisch sind. Es gilt somit: $L_1 = c \cdot L_2$ für einen konstanten Faktor c. *Die relative Likelihoodfunktion R ist also für beide Experimente dieselbe; und damit ist auch die durch diese Funktion beschriebene Plausibilitätsverteilung von ϑ ein und dieselbe.* Dieses Ergebnis ist durchaus adäquat: Der Likelihood-Schluß abstrahiert von den speziellen Wegen, auf denen man zu dem Ergebnis „k-mal *Kopf* bei n Würfen" gelangt. In Anknüpfung an

HACKINGS Terminologie könnte man derartige Likelihoodfunktionen, die zu ein und derselben durch R erzeugten Äquivalenzklasse gehören, als *stützungsäquivalent* bezeichnen[48]. Denn tatsächlich gelangt man mit ihrer Hilfe zu identischen Aussagen über die Stützung von Vermutungen über unbekannte Parameter von statistischen Wahrscheinlichkeitsverteilungen, d. h. über statistische Hypothesen. Darin tritt eine eindeutige Überlegenheit der Likelihood-Betrachtungsweise gegenüber anderen Schlußweisen zutage die, wie im obigen Beispiel, Differenzierungen vornehmen, wo keine gemacht werden sollten, da gleiche Ergebnisse bei bloß verschiedenen Wegen zu diesen Ergebnissen vorliegen[49].

Wollte man die Vorzüge des sog. Likelihood-Schlusses auf eine Kurzformel bringen, so könnte man mit DIEHL und SPROTT die folgenden Merkmale anführen: (1) verglichen mit anderen Verfahren ist er *sehr einfach* durchzuführen; (2) er liefert für jeden Stichprobenumfang ein *exaktes* Resultat; (3) er verwertet *die gesamte Information*, die man einer Beobachtung entnehmen kann.

Der dritte Punkt ist allerdings, wie bereits angedeutet, anfechtbar, so daß dieses Merkmal der Likelihoodfunktion bis heute als kontrovers gelten muß. Uneingeschränkt wird es von den heutigen Subjektivisten akzeptiert („subjektivistisches Likelihoodprinzip"), aber auch von einem Teil der Nichtsubjektivisten (vgl. 12. a, (6)).

6.e Denken in Likelihoods und Bayesianismus. Scheinbar rationale Diskussionen sind vordergründig, wenn in ihnen unausgesprochene weltanschauliche Konflikte ausgetragen werden, zu deren Bekämpfung und Verteidigung die vorgebrachten Argumente dienen. Äußeres Symptom für eine derartige Situation ist das Nichtzustandekommen einer Einigung. Der Gegensatz zwischen Bayesianern und Anti-Bayesianern scheint von dieser Natur zu sein. Die ‚Weltanschauung' hat dabei allerdings keinen religiösen und kaum einen metaphysischen Inhalt; sie reduziert sich auf den Gegensatz zwischen der personalistischen und der objektivistischen Wahrscheinlichkeitskonzeption. Nicht immer sind die Diskussionen um das Prinzip von BAYES allerdings von der Art, daß die probabilistische Weltanschauung dabei bloß implizit zur Geltung gelangt. „Ich bin Bayesianer" wird man gewöhnlich als *ausdrückliches* Bekenntnis zu einer Variante des Subjektivismus oder Personalismus auffassen dürfen.

Um die Situation besser überschauen zu können, gehen wir auf das Theorem von BAYES zurück (vgl. Teil 0, (43)) und betrachten dessen typische Verwendung für einen sog. ‚Rückschluß von der Wirkung auf deren Ursache'.

---

[48] Dieser terminologische Vorschlag stammt von Herrn Dipl.-Mathematiker GODEHARD LINK, München.

[49] Ein derartiger anderer Fall läge beim sog. Signifikanzschluß vor.

Wenn die n Mengen $M_1, \ldots, M_n$ eine Zerlegung des Stichprobenraumes bilden mit $P(M_i) \neq 0$ für alle $i = 1, \ldots, n$, und wenn außerdem A ein Ereignis mit $P(A) \neq 0$ ist, so gilt nach diesem Theorem für jedes r zwischen 1 und n:

$$(1) \quad W(M_r, A) = \frac{W(M_r) \cdot W(A, M_r)}{\sum\limits_{i=1}^{n} W(M_i) \cdot W(A, M_i)} \; .$$

Wir betrachten das folgende Anwendungsbeispiel: In einer Fabrik stehen fünf Maschinen, die alle ein und denselben Produkttyp erzeugen; und zwar produziere die erste Maschine 500 Stück, die zweite 800, die dritte 1200, die vierte 1500 und die fünfte Maschine 2000 Stück täglich. Aufgrund längerer systematischer Untersuchungen habe man in der Vergangenheit herausgefunden, daß die erste Maschine 0,6% schadhafte Objekte erzeugt, die zweite und fünfte je 1,5%, die dritte ud vierte je 1% schadhafte Produkte. Es wird das folgende Zufallsexperiment vorgenommen: Man wählt ein Stück einer Tagesproduktion willkürlich aus. Angenommen, man entdeckt dabei, daß dieses Stück schadhaft ist. *Wie groß ist die Wahrscheinlichkeit, daß das Objekt von der zweiten Maschinen erzeugt worden ist?*

Wir übersetzen zunächst das gegebene Datum in die wahrscheinlichkeitstheoretische Sprechweise: Die Zufallsauswahl besagt, daß für jedes der pro Tag erzeugten 6000 Stücke dieselbe Wahrscheinlichkeit 1/6000 besteht, gewählt zu werden. Die relativen Häufigkeiten können wir mit den Chancen identifizieren, daß ein zufällig gewähltes Stück von der fraglichen Maschine erzeugt wurde. Wenn M_i das Ereignis bedeutet, daß das Stück von der i-ten Maschinen produziert worden ist, so erhalten wir die Werte: $W(M_1) = 500/6000 = 1/12$; $W(M_2) = 2/15$; $W(M_3) = 1/5$; $W(M_4) = 1/4$; $W(M_5) = 1/3$. Analog sind die Prozentangaben über die schadhaften Stücke als bedingte Wahrscheinlichkeiten zu interpretieren. Wenn wir das Ereignis, daß ein Objekt schadhaft ist, mit A (für „Ausschuß") bezeichnen, so gewinnen wir fünf weitere Aussagen: $W(A, M_1) = 0{,}006$ (die Wahrscheinlichkeit, daß die erste Maschine Ausschuß produziert, ist 0,006); $W(A, M_2) = W(A, M_5) = 0{,}015$; $W(A, M_3) = W(A, M_4) = 0{,}01$. Gesucht ist die bedingte Chance $W(M_2, A)$, d. h. die Chance dafür, daß ein defektes Stück von der zweiten Maschine erzeugt worden ist. Mittels der Formel von Bayes errechnet sich dieser Wert wie folgt:

$$W(M_2, A) = \frac{2/15 \cdot 0{,}015}{1/12 \cdot 0{,}006 + 2/15 \cdot 0{,}015 + 1/5 \cdot 0{,}01 + 1/4 \cdot 0{,}01 + 1/3 \cdot 0{,}015} = 1/6.$$

Damit ist die Antwort bereits gefunden: *Die gesuchte Wahrscheinlichkeit beträgt 1/6.*

Das Rechenverfahren kann man sich mittels eines Baumdiagrammes veranschaulichen. Die Äste dieses Diagramms führen nicht zu sämtlichen möglichen Resultaten, sondern nur zu jenen, die das Merkmal A besitzen.

Zwischenstationen bilden die 5 Ereignisse M_1 bis M_5. Die eingetragenen Wahrscheinlichkeiten sind den obigen Informationen entnommen.

Die Wahrscheinlichkeit 1/6 dafür, daß ein schadhaftes Objekt von der zweiten Maschine produziert worden ist, haben wir auf folgende Weise gewonnen: Wir haben den Bruch gebildet, dessen Zähler die Wahrscheinlichkeit dafür enthält, A auf dem durch M_2 gehenden Ast zu erreichen, während der Nenner die Summe aller Wahrscheinlichkeiten enthält, A auf einem der 5 Äste zu erreichen. Für jeden einzelnen Gesamtast errechnet sich dabei die Wahrscheinlichkeit von A als das Produkt der beiden Wahrscheinlichkeiten, daß zunächst M_i und dann von M_i aus A erreicht wird.

Auf die bei derartigen Anwendungen gebrauchten Ausdrücke „Ursache" und „Wirkung" sollte man kein großes Gewicht legen. Im vorliegenden Fall besteht die ‚Wirkung' in einem schadhaften Gegenstand, während die möglichen ‚Ursachen' die fünf Maschinen sind, von denen genau eine diesen Gegenstand erzeugt haben muß.

Das Bayessche Theorem gilt auch im kontinuierlichen Fall[50]. Hierfür müssen die Begriffe der zweidimensionalen Verteilungsdichte sowie der bedingten Wahrscheinlichkeitsdichte benützt werden. φ_1 und φ_2 seien zwei Zufallsfunktionen, deren *gemeinsame* (zweidimensionale) *Verteilungsdichte* $f(x_1, x_2)$ sei. Die *Marginaldichte* von x_2 zur Komponente x_1 ist dann definiert durch: $g_2(x_2) = \int\limits_{-\infty}^{+\infty} f(x_1, x_2)\, dx_1$. Die *bedingte Wahrscheinlichkeitsdichte* von φ_1 unter der Annahme, daß φ_2 den Wert x_2 annimmt, lautet:

$$f_1(x_1 \,|\, x_2) = \frac{f(x_1, x_2)}{g_2(x_2)} \,.$$

Die etwas umständliche Wendung „unter der Annahme, daß φ_2 den Wert x_2 annimmt" soll die Tatsache ausdrücken, daß f_1 für festes x_2 als Funktion von x_1 zu betrachten ist. (x_2 ist also diesmal der beliebige, aber feste Parameter.)

---

[50] Vgl. dazu H. RICHTER, Wahrscheinlichkeitstheorie, S. 127 ff. und S. 294—296; sowie D. V. LINDLEY, [Probability 1], S. 117/118.

Wegen dieser letzten Formel kann man analog zu früher die gemeinsame Verteilungsdichte (der beiden Zufallsfunktionen) mit dem Produkt der Marginaldichte f_1 und der bedingten Dichte g_2 identifizieren:

$$f(x_1, x_2) = g_2(x_2) \cdot f_1(x_1 \mid x_2).$$

Durch Vertauschung der Rollen von x_1 und x_2 können wir die bedingte Wahrscheinlichkeitsdichte f_2 als Funktion von x_2 definieren:

$$f_2(x_2 \mid x_1) = \frac{f(x_1, x_2)}{g_1(x_1)},$$

wobei g_1 diesmal die Marginaldichte von φ_1 zur Komponente x_2 ist, d. h.:

$$g_1(x_1) = \int_{-\infty}^{+\infty} f(x_1, x_2)\, dx_2.$$

Wenn man sowohl im Zähler als auch im Nenner (hier innerhalb des Integralzeichens) der Definition von f_2 die gemeinsame Verteilung f durch das obige Produkt ersetzt, so ergibt sich genau *das Bayessche Theorem für Dichten*, nämlich:

$$(2) \quad f_2(x_2 \mid x_1) = \frac{g_2(x_2) \cdot f_1(x_1 \mid x_2)}{\int_{-\infty}^{+\infty} g_2(x_2) \cdot f_1(x_1 \mid x_2)\, dx_2}.$$

Um auch hierfür eine anschauliche Vorstellung zu gewinnen, greifen wir auf das Modell des Relaisexperimentes zurück, wie es sich z. B. in H. RICHTER, [Wahrscheinlichkeitstheorie], S. 127 ff., findet. Unter einem *Relais* verstehen wir eine experimentelle Anordnung Y, zusammen mit einem Versuchstyp, die Realisationswerte im Bereich $\mathbb{R}$ der reellen Zahlen hat. Außerdem sei für jeden derartigen Realisationswert $\vartheta \in \mathbb{R}$ ein (wieder jeweils mit einem bestimmten Versuchstyp verbundenes) Experiment X_ϑ festgelegt, welches ebenfalls Realisationswerte in $\mathbb{R}$ haben möge. (Da wir uns nicht auf den diskreten Fall beschränken wollen, nehmen wir an, daß wir es mit einer kontinuierlichen Mannigfaltigkeit solcher Experimente zu tun haben.) Das dem Relais Y und dieser Klasse von X_ϑ entsprechende Relaisexperiment R besteht in der folgenden Vorschrift: „*Führe zunächst Y durch*; *sofern dabei ϑ realisiert wird, schließe den Versuch X_ϑ an!*" Das Gesamtexperiment kann man durch die zweidimensionale Verteilungsdichte $f(x, \vartheta)$ charakterisieren. Wenn wir auch für die übrigen Dichtefunktionen dieselbe Symbolik benützen wie oben (mit x für x_1 und ϑ für x_2), so erhalten wir als bedingte Dichte $f_1(x \mid \vartheta)$ zum Experiment X_ϑ:

$$f_1(x \mid \vartheta) = \frac{f(x, \vartheta)}{g_2(\vartheta)}.$$

Das Gesamtexperiment habe nun das Resultat x ergeben. Jetzt entsteht analog zum diskreten Fall das folgende *Rückschlußproblem*: x kann auf ganz verschiedenen Wegen zustande gekommen sein, je nachdem, welcher Wert

ϑ im Relais aufgetreten ist. Wir fragen nach der Wahrscheinlichkeit, mit der x über das Experiment X_ϑ für ein spezielles ϑ zustandekam. *Wieder sollen wir also von einem gegebenen experimentellen Befund auf den wahren Parameter ϑ des Experimentes zurückschließen!* Dazu bilden wir $f_2(\vartheta \mid x)$ und erhalten nach (2):

$$(2')\quad f_2(\vartheta \mid x) = \frac{g_2(\vartheta) \cdot f_2(x \mid \vartheta)}{\int\limits_{-\infty}^{+\infty} g_2(\vartheta) \cdot f_1(x \mid \vartheta)\, d\vartheta}.$$

(Die Veranschaulichung mittels des Baummodells würde diesmal eine beim Ursprung einsetzende *kontinuierliche* Verzweigung voraussetzen, die zu den verschiedenen ϑ-Werten führt. Im übrigen bliebe alles beim alten, außer daß natürlich im Nenner die Summe durch das Integral zu ersetzen ist.)

Nach Voraussetzung ist x fest gegeben. (Analog war in (1) vorausgesetzt worden, daß A gegeben sei.) Der Integralausdruck im Nenner ist für festes x eine konstante Zahl, etwa k^{-1}. (Dieselbe Bezeichnung können wir auch für (1) wählen.) Das zweite Glied im Zähler ist nichts anderes als die Likelihoodfunktion; denn es ist ja: $L(\vartheta \mid x) = f_1(x \mid \vartheta)$ bzw. als Funktionen: $L(\cdot \mid x) = f_1(x \mid \cdot)$. (Analoges gilt wieder für (1) bei gegebenem A.) Das erste Glied im Zähler liefert die unbedingte oder Apriori-Dichte von ϑ. (In (1) steht an der entsprechenden Stelle die Apriori-Wahrscheinlichkeit $W(M_r)$.) Auf der linken Seite haben wir die Aposteriori-Dichte, d. h. die Dichte von ϑ bei gegebenem x. (In (1) hatten wir auf der linken Seite die Aposteriori-Wahrscheinlichkeit von M_r bei gegebenem A.) Das Bayessche Theorem kann daher für den kontinuierlichen Fall so angeschrieben werden:

$$f_2(\vartheta \mid x) = k \cdot g_2(\vartheta) \cdot L(\vartheta \mid x).$$

Wenn wir „$\sim$" als Abkürzung für „ist proportional zu" verwenden, so können wir den Proportionalitätsfaktor k unberücksichtigt lassen und den Inhalt dieser Bayesschen Formel umgangssprachlich folgendermaßen wiedergeben:

(B_k) *Aposterioridichte $\sim$ Aprioridichte $\times$ Likelihood.*

Analog erhalten wir für den diskreten Fall die Aussage:

(B_d) *Die Aposteriori-Wahrscheinlichkeit ist proportional zum Produkt aus der Apriori-Wahrscheinlichkeit und der Likelihood.*

Dies ist nicht nur eine sehr einprägsame Formulierung. Sie liefert überdies — sofern man die Bedeutungen der drei in dieser Formulierung vorkommenden Ausdrücke klar erfaßt hat — eine außerordentlich gute Veranschaulichung des Gehaltes des Bayesschen Theorems: die Wahrscheinlichkeit, welche einer Größe ϑ *nach* Vorliegen eines Beobachtungsbefundes x zukommt, ist proportional der Wahrscheinlichkeit für diese Größe ϑ *vor* Gewinnung dieses Befundes, multipliziert mit der auf den Befund x bezogenen Likelihood von ϑ. (Zu beachten ist dabei, daß bei dieser Proportionalität das Beobachtungsdatum als fest gegeben vorausgesetzt ist. Mit einer Änderung des Beobachtungsdatums variiert auch die Proportionalitätskonstante.)

Sowohl bezüglich des diskreten als auch bezüglich des kontinuierlichen Falles haben wir das Theorem nur in der einfachsten Gestalt formuliert, in welcher die Aposteriori-Wahrscheinlichkeit zur Apriori-Wahrscheinlichkeit in Beziehung gesetzt wird. Es gilt jedoch auch in der Verallgemeinerung, in der die Apriori-Wahrscheinlichkeit durch die *Ausgangswahrscheinlichkeit*, d.h. durch die bedingte Wahrscheinlichkeit relativ zu einem früheren empirischen Befund, und die Aposteriori-Wahrscheinlichkeit durch die *Endwahrscheinlichkeit*, d.h. durch die bedingte Wahrscheinlichkeit relativ zu dem *um ein neues Beobachtungsresultat erweiterten empirischen Befund*, zu ersetzen ist[51]. Da die wissenschaftstheoretische Situation aber beide Male dieselbe ist, brauchen wir für die folgende Diskussion keine Differenzierung vorzunehmen.

Dagegen unterscheiden wir zwischen zwei Typen von Statistikern. Der erste Typ werde durch die Person X repräsentiert. X ist in dem Sinn ‚Objektivist‘, daß er entweder eine *direkte Häufigkeitsinterpretation* der statistischen Wahrscheinlichkeit akzeptiert (wie dies z. B. in der v. Mises-Reichenbach-Schule geschah) oder den Begriff der statistischen Wahrscheinlichkeit für eine *theoretische Größe* hält, die nur indirekt mit dem Begriff der relativen Häufigkeit in Zusammenhang gebracht werden kann. (Die zweite Variante dieser Denkweise soll also entweder identisch oder doch sehr ähnlich sein mit der von uns versuchsweise vertretenen Auffassung, daß *Chance* eine undefinierbare theoretische Größe ist.) Der zweite Typ werde durch die Person Y repräsentiert, welche allein eine subjektivistische Wahrscheinlichkeitskonzeption für richtig hält.

X wird zugestehen, daß man unter gewissen Voraussetzungen das Bayessche Theorem als statistisches Inferenzmodell verwenden könne. Im Unterschied zum ‚Likelihood-Schluß-Modell‘ macht dieses Bayessche Modell *bedingte Wahrscheinlichkeitsaussagen* über miteinander konkurrierende statistische Hypothesen. Vor die Wahl gestellt, welcher dieser beiden Modelle er den Vorzug geben wolle, wird X betonen, daß er eindeutig das Likelihood-Verfahren befürworte, *da das Bayessche Theorem nur eine sehr begrenzte Anwendungsmöglichkeit besitze*. Der Grund dafür liegt nach X darin, daß man, um das Bayessche Inferenzmodell überhaupt anwenden zu können, über wohldefinierte objektive Apriori-Wahrscheinlichkeiten (Aprioridichten) bzw. über objektive Ausgangswahrscheinlichkeiten (Ausgangsdichten) verfügen müsse. Wie aber soll man zu diesen gelangen? Für ihn ist jede statistische Wahrscheinlichkeitsaussage *eine Hypothese über einen unbekannten*

---

[51] Für den diskreten Fall vgl. dazu etwa die Formel (19—9) in CARNAP, [Induktive Logik], S. 169.

Parameterwert. Es erscheint ihm daher bestenfalls dann als sinnvoll, einen Apriori-Ansatz zu machen, wenn er *aufgrund zahlreicher früherer Experimente* glaubt, bereits eine *vernünftige*, d.h. eine *gut gestützte Hypothese* zu besitzen, die er als erstes Glied auf der rechten Seite des Bayesschen Theorems einsetzen kann. Wenn diese Voraussetzung hingegen nicht erfüllt ist, wäre es nach der Auffassung von X verantwortungslos, sich auf das Theorem von BAYES zu stützen. Er könnte zwar einen willkürlichen Apriori-Ansatz wählen und unter Benützung der nach Beobachtung gewonnenen Likelihood die Berechnung gemäß dem Theorem von BAYES vornehmen. Da das Rechenergebnis jedoch an den willkürlichen, also gänzlich unfundierten Apriori-Ansatz rückgebunden bleibt, ist es in diesem Fall wertlos.

Ganz anders der ‚Subjektivist‘ Y. Er ist frei von den Skrupeln, die den ‚Objektivisten‘ X beherrschen. Y stellt keine mehr oder weniger problematischen (bzw. mehr oder weniger gut bestätigten) Hypothesen über unbekannte Größen auf. Die einzige wahre Wahrscheinlichkeit ist für ihn die subjektive Wahrscheinlichkeit; und diese ist ihm entweder genau oder innerhalb gewisser Grenzen bekannt. Vorausgesetzt wird lediglich ein gewisses Minimum an realistischer Denkweise, um phantastische Apriori-Annahmen auszuschließen. (So z. B. darf Y nicht aufgrund eines seltsamen Vorurteils gegen ein bestimmtes Merkmal bzw. gegen ein bestimmtes Größenintervall deren Apriori-Wahrscheinlichkeit mit 0 ansetzen[52]). Hier muß man allerdings eine weitere Differenzierung vornehmen.

Subjektivisten ‚vom alten Schlag‘ meinten, auch für den Apriori-Ansatz eine ganz bestimmte Empfehlung aussprechen zu müssen, nämlich daß eine Apriori-Gleichverteilung in Ansatz zu bringen sei[53]. Heutige Subjektivisten, wie z. B. SAVAGE, verzichten auf jede derartige Empfehlung (und laufen dadurch auch nicht Gefahr, sich für ihren Ansatz rechtfertigen zu müssen und dabei in eine schwierige Situation zu geraten, wenn sie bei der Rechtfertigung einen intuitiven Appell an das Indifferenzprinzip vornehmen.) Y kann also eine Aprioriverteilung vorschlagen, die seiner persönlichen Überzeugung entspricht und die ihren numerischen Niederschlag in Wettquotienten findet. Dem Einwand, daß dieses persönliche Dafürhalten ja nichts weiter beinhalte als ein subjektives Vorurteil, begegnet Y damit,

---

[52] Diese Zusatzannahme beinhaltet keinen Schönheitsfehler des subjektivistischen Vorgehens. Denn Y muß, um überhaupt mit den Gesetzen der Wahrscheinlichkeitsrechnung zu operieren, ohnehin von vornherein *als ein idealisiertes rationales Subjekt* aufgefaßt werden. Vgl. dazu die Begründung der wahrscheinlichkeitstheoretischen Axiome bei CARNAP II sowie die Diskussion in 11.c.

[53] Dies war auch das Vorgehen von BAYES selbst. Eine solche Auffassung vertrat selbst noch JEFFREYS in [Probability], Abschnitt 3.4. Eine ausführliche Diskussion des Bayesschen Beispiels findet sich bei HACKING, [Statistical Inference], S. 195ff. Auch BAYES selbst machte in diesem Beispiel bereits von der Methode der Relaisexperimente Gebrauch. HACKING nennt a. a. O. S. 195 eine experimentelle Anordnung für ein derartiges Experiment *tandem set-up.*

daß es nichts ausmache, bei derartigen Vorurteilen zu beginnen; denn die erforderliche ‚Objektivierung' stelle sich in einem genau präzisierbaren Sinn ein.

Damit ist folgendes gemeint: *Der im Bayesschen Theorem auf der rechten Seite verwendete Likelihoodfaktor versammelt in sich alle Informationen aus dem empirischen Befund. Und dieser Faktor nimmt mit wachsender Zahl von Beobachtungen an Gewicht immer mehr zu, während die voneinander divergierenden Apriori-Meinungen mehr und mehr an Bedeutung verlieren.*

Zwecks besserer Veranschaulichung nehmen wir z. B. an, die im statistischen Datum enthaltene Oberhypothese besage, daß eine kontinuierliche Verteilung von der Form einer Normalverteilung mit gegebener kleiner Varianz σ^2 vorliege. Außer der Kurve, welche die Aprioridichte repräsentiert, erhalten wir zusätzlich eine relativ steile Gaußsche Glockenkurve. Mit wachsenden empirischen Daten wird die Spitze der Likelihoodfunktion um den maximalen Likelihoodwert immer schärfer.[54] Die im Bayesschen Theorem rechts vorgeschriebene Multiplikation drückt alle Wahrscheinlichkeiten außerhalb eines Bereiches innerhalb der Glockenkurve fast auf 0 herab (denn die Glockenkurve verläuft dort bereits ganz flach). Die Unterschiede in der Aprioribewertung gelangen also nur in jenem kleinen Bereich zur Geltung, verlieren aber angesichts des immer mächtiger werdenden Likelihoodfaktors zunehmend an Relevanz.

Dieser Prozeß wird von den Subjektivisten als das *Lernen aus der Erfahrung* bezeichnet[55]. An diesem Begriff kann man sich besonders eindrucksvoll den Gegensatz zwischen den *verschiedenen Deutungen von ‚Objektivität'* vor Augen führen. Außerdem gewinnen wir hier ein vorbereitendes Verständnis für die in 12.a diskutierte personalistische Rekonstruktion des Begriffs der statistischen Wahrscheinlichkeit. Für den Objektivisten bleibt ja das Ziel seiner Bemühungen stets der Erwerb eines Wissens um die unbekannte, aber festliegende statistische Wahrscheinlichkeit. Als *Objektivitätsmaß* kommt daher für ihn nur entweder die Entfernung des vermuteten Wertes vom wahren Wert (absolutes Maß) oder der Stützungsgrad einer Vermutung über den wahren Wert (Stützungsmaß) in Frage[56]. Nach sub-

---

[54] Der einfache mathematische Grund dafür ergibt sich aus der weiter unten angeführten Rechenskizze: Wenn mehrere Meßwerte vorliegen, kommt es in der Formel für die Likelihoodfunktion zu einer *Multiplikation*. Werte, die größer sind als 1, erhöhen sich dadurch sukzessive, während sich unterhalb von 1 liegende Werte dadurch verkleinern.

[55] Der Leser wird sich an eine analoge Situation in CARNAPs System erinnern.

[56] Diese beiden miteinander konkurrierenden Maße erzwingen eine Differenzierung innerhalb der objektivistischen Auffassung. In Abschnitt. 10 soll genauer gezeigt werden, wie das erste (absolute) Maß im Gesichtspunkt der *Optimalität auf lange Sicht* und das zweite im Gesichtspunkt der *Bestätigung* zur Geltung gelangt und *zu zwei voneinander abweichenden Gütekriterien* von Schätzungen führt. Als Konsequenz davon wird sich ergeben, daß auch bei Abstraktion von aller entscheidungstheoretischer Problematik Fragen der Schätzung *unterbestimmt* bleiben, solange man sich nicht für eines der beiden Gütekriterien entschieden hat.

jektivistischer Ansicht ist es zwecklos und unfruchtbar, sich auf eine derartige unbekannte ‚metaphysische' Entität zu beziehen. Die sog. *Objektivität* besteht in einem die Überzeugungen betreffenden Prozeß von der Art, der im Prinzip des Lernens aus der Erfahrung zur Geltung gelangt: *Voneinander mehr oder weniger stark abweichende persönliche Überzeugungen haben die Tendenz, sich unter dem Gewicht der Tatsachen einander zu nähern*[57]. Dieser Deutung von Objektivität als Meinungskonvergenz entspricht die subjektivistische Deutung des empiristischen Schlagwortes, daß man ‚die Fakten allein sprechen lassen' müsse: Für den Subjektivisten kann dies nicht heißen, daß man vollkommen unvoreingenommen, d. h. ohne jegliche Vormeinung, an die empirischen Daten heranzutreten habe, um dann alle erforderlichen Informationen aus diesen Fakten herauszuholen. Vielmehr muß es als *Aufforderung zu der Bereitschaft* interpretiert werden, *unsere vorhandenen Vormeinungen im Licht der empirischen Daten zu modifizieren*.

Ein einfaches Illustrationsbeispiel für die subjektivistische Deutung des Bayesschen Theorems gibt Savage et al. in [Statistical Inference], S. 21 ff.; vgl. dazu die graphische Veranschaulichung auf S. 22, die auch den eben beschriebenen allgemeinen Fall deckt. Das Beispiel ist noch in einer anderen Hinsicht lehrreich, da es darin prima facie überhaupt nicht um eine statistische Aussage, sondern um ein Problem der Messung, nämlich um die genaue Bestimmung des Gewichtes eines physikalischen Gegenstandes geht. Eine statistische Problemstellung entsteht erst dadurch, daß die für die Gewichtsbestimmung benützte Waage als ein erprobtes Meßgerät vorausgesetzt wird, dessen Fehler eine Normalverteilung mit gegebener Varianz besitzt.

Ich möchte dieses Beispiel zum Anlaß nehmen, um eine kurze Ergänzung zu den Ausführungen von Bd. II, *Theorie und Erfahrung*, S. 105—109, zu geben. Dort habe ich eine Begründung für die These skizziert, daß man bei der Prüfung quantitativer Gesetzmäßigkeiten zwischen *außersystematischen* und *systematischen Basissätzen* unterscheiden müsse. Die ersteren beschreiben die tatsächlichen Meßresultate, während die letzteren statistische Hypothesen über den wahren Wert darstellen. Diese Konstruktion erwies sich als notwendig, da sonst jedes Gesetz als *effektiv falsifiziert* betrachtet werden müßte. Die Behauptung, daß man deterministische Gesetze mittels statistischer Hypothesen überprüft, hat bei verschiedenen meiner wissenschaftstheoretischen Kollegen Befremden hervorgerufen, obwohl ich hier nichts anderes getan habe als eine den Statistikern wohlbekannte Tatsache in die wissenschaftstheoretische Sprechweise zu übersetzen.

Dieser Sachverhalt ist in einer weiteren Hinsicht von Interesse, welche den sog. *wahren Wert* einer Größe betrifft. Dazu sei nochmals das a. a. O. S. 106 angeführte Beispiel von Daniel Bernoulli[58] zum Vergleich herangezogen. Sein eigentliches Problem, nämlich aus voneinander abweichenden astronomischen Meßergebnissen für ein und dasselbe Phänomen den wahren Wert herauszufinden, verglich er mit der folgenden Aufgabe: Gegeben sei eine Zielscheibe mit vertikalen äquidistanten Linien sowie eine Anzahl n von Markierungen x_i auf dieser Scheibe, welche die Einschläge darstellen, die von einem guten Bogenschützen herrühren. Es sei außerdem bekannt, daß der Schütze stets auf eine bestimmte Linie gezielt hat; doch wissen wir nicht, welche Linie dies war. Die Ermittlung dieses *wahren*

---

[57] Vgl. dazu Savage et al., [Statistical Inference], S. 14.

[58] D. Bernoulli, [Most Probable Choice].

Zieles des Schützen ist vielmehr unsere Aufgabe. Um dem Problem eine mathematisch präzisierte Gestalt geben zu können, muß doch genau gesagt werden, was mit der Bezeichnung „guter Schütze" alles impliziert wird. Gemeint ist jedenfalls, daß *systematische* Fehler ausgeschlossen sein sollen, gleichgültig, ob solche vom Schützen oder von seinem Gerät oder von Vorgängen in der Außenwelt herrühren (z. B. der Schütze schielt nicht; seine Armbrust ist nicht verbogen; es herrscht kein konstanter Seitenwind von rechts usw.). Unter dieser Annahme können die Abweichungen vom Ziel als *statistische Fehler* angesehen werden. Die Abweichungen der Einschläge x_i vom Ziel nimmt BERNOULLI als normalverteilt an. Daher löst er seine Aufgabe in der Weise, daß er als wahres Ziel die Linie l_k bestimmt, um die sich die Treffer am dichtesten scharen. Offenbar handelt es sich dabei um einen Maximum-Likelihood-Schluß; denn die Hypothese, daß l_k das wahre Ziel sei, hat mit größerer Wahrscheinlichkeit zu der Verteilung der Einschlagstellen x_i geführt als jede der endlich vielen damit rivalisierenden Alternativhypothesen.

Das analoge Meßproblem — bei dem ja zum Unterschied von diesem Beispiel nicht eine feste Anzahl möglicher wahrer Werte vorgesehen ist — kann in das folgende mathematische Gewand gekleidet werden: Es liege eine Zufallsfunktion vor, deren Verteilung durch eine normale Wahrscheinlichkeitsdichte

$$f(x) = \frac{1}{\sigma \sqrt{2\pi}}\, e^{-\frac{1}{2}\left(\frac{x-\mu}{\sigma}\right)^2}$$

gegeben sei. Das Mittel μ und die Standardabweichung σ seien unbekannt. Dagegen liege eine Stichprobe

$$\{x_1, \ldots, x_n\}$$

vom Umfang n vor, deren Elemente unabhängig beobachtete Werte dieser normalverteilten Zufallsfunktion sind. Es sollen die plausibelsten Werte von μ und σ bestimmt werden. Die zugehörige Likelihoodfunktion mit dem Parameter $\vartheta = (\mu, \sigma)$ lautet:

$$L(\vartheta)\mid x) = \prod_{i=1}^{n} \frac{1}{\sigma\sqrt{2\pi}}\, e^{-\frac{1}{2}\frac{(x_i-\mu)^2}{\sigma^2}} = (2\pi)^{-\frac{n}{2}} (\sigma^2)^{-\frac{n}{2}} e^{-\frac{1}{2\sigma^2}\sum_{i=1}^{n}(x_i-\mu)^2}.$$

Als plausibelster Wert von μ ergibt sich das arithmetische Mittel der beobachteten x-Werte, nämlich:

$$\hat{\mu} = \bar{x} = \frac{1}{n}\sum x_i.$$

Der plausibelste Wert der Varianz σ^2 ist von μ abhängig. Einsetzung des eben gewonnenen Wertes in die Lösungsformel liefert:

$$\hat{\sigma}^2 = \frac{1}{n}\sum (x_i - \hat{\mu})^2.$$

(Rechentechnisch geht man dabei am besten so vor, daß man $\ln L$ statt L zum Ausgangspunkt wählt; denn wegen der strengen Monotonie der Logarithmusfunktion nimmt die letztere Funktion genau dort ein Maximum an, wo die erstere maximal wird. Die Nullsetzung der ersten Ableitung nach μ und nach σ^2 liefert dann zwei Gleichungen mit diesen Lösungen. Für die Einzelheiten sei auf die Aufgabe 22, S. 153, in VAN DER WAERDEN, [Statistics], verwiesen.)

Man kann nun die wissenschaftstheoretisch interessante Frage aufwerfen, ob wirklich die von DANIEL BERNOULLI behauptete Analogie zwischen diesem Meßproblem und seinem Beispiel mit dem Bogenschützen besteht. Hier sind zwei verschiedene Standpunkte denkbar. Nach der *ersten Auffassung* ist die Analogie perfekt: Im einen Fall handelt es sich darum, das wahre Ziel des Schützen zu ermitteln; im anderen Fall geht es um die Bestimmung einer wahren Größe. Daß in beiden Fällen die Aufgabe durch eine statistische Fragestellung ersetzt wird, die von einer normalverteilten Zufallsfunktion ausgeht, ist allein in *menschlicher Unzulänglichkeit* begründet, darin nämlich, daß auch der beste Schütze das Ziel nicht genau trifft und daß auch der gewissenhafteste Beobachter außerstande ist, den exakten Wert zu messen. Nach der *zweiten Auffassung* bricht die Analogie in einem wesentlichen Punkt zusammen. Das wahre Ziel des Schützen könnte man auch auf anderen Wegen ermitteln. Es wird ja vorausgesetzt, daß zumindest der Schütze selbst dieses Ziel genau kennt. Insofern hat in diesem Fall das Reden vom *wahren Ziel* einen guten Sinn. Dagegen ist nach der zweiten Auffassung der wahre Wert einer Größe eine metaphysische Fiktion, was sich z. B. darin zeigt, daß man auf die Frage: „wer kennt diesen Wert?" höchstens antworten könnte: „der liebe Gott". Wenn man diese zweite Position ernst nimmt, so wird die Suche nach der wahren Größe nicht wegen menschlicher Unzulänglichkeit durch die Suche nach einer best-gestützten statistischen Hypothese *ersetzt*, sondern das, was man unter „wahre Größe" verstehen soll, wird durch den Wert μ der statistischen Hypothese erst *definiert*. Die zweite Auffassung ist zweifellos die realistischere und dürfte nicht *nur* von Subjektivisten vertreten werden.

Die vorangehenden Betrachtungen dürften dreierlei gezeigt haben. Erstens hat sich herausgestellt, daß *die Beurteilung der Leistungsfähigkeit des Bayes-schen Prinzips* ganz anders ausfällt, je nachdem, ob man mit einer ‚objektivistischen' oder mit einer ‚subjektivistischen' Wahrscheinlichkeitskonzeption an dieses Theorem herantritt. Zweitens wurde damit ein neues Licht auf den *Begriff der Likelihood* geworfen. Von großer Wichtigkeit ist dieser Begriff für *sämtliche* Schulen in der Wahrscheinlichkeitstheorie: Für den Subjektivisten hat die Likelihoodfunktion wegen ihrer unerläßlichen Rolle innerhalb des Bayesschen Theorems Bedeutung. Für den Objektivisten liegt ihre Bedeutung darin, daß er mit dem Likelihood-Schluß auch dann operieren kann, wenn von seinem Standpunkt aus die Voraussetzung für eine korrekte Anwendung des Bayesschen Theorems nicht erfüllt sind. Drittens können wir aus den Diskussionen um dieses Prinzip *eine philosophische Lehre* ziehen, nämlich daß es eine trügerische Hoffnung wäre, *zunächst* über die Verwendbarkeit des Bayesschen Theorems im Rahmen des statistischen Schließens zu einer Übereinstimmung zu gelangen, um *dann* eine Entscheidung zugunsten des Subjektivismus oder des Objektivismus treffen zu können. Vielmehr müssen wir den Spieß umdrehen: *Zunächst* muß Klarheit über die Natur des Wahrscheinlichkeitsbegriffs herrschen; *dann* kann man hoffen, zu einer Einigung über die Rolle des Theorems von BAYES zu gelangen. Ansonsten ist die Diskussion dazu verdammt, ohne Erfolgsaussichten ins uferlose zu führen: Der Objektivist wird immer wieder die außerordentlich begrenzte Anwendungsmöglichkeit des Theorems angesichts der Tatsache hervorkehren, daß die benötigten objektiven Apriori-Wahrscheinlichkeiten nicht verfügbar sind. Der Subjektivist wird immer wieder entgegnen, daß diese angeblich begrenzte Anwendungsmöglichkeit auf einer Pseudoschwierigkeit basiert, da man für die Apriori-Wahrscheinlichkeiten das persönliche Dafürhalten von Personen verwenden könne. „Und was in der menschlichen Welt", so könnte er hinzufügen, „ist denn besser und häufiger verfügbar als subjektive Vorurteile?" Dem sich dabei sofort aufdrängenden potentiellen Gegeneinwand wird er durch sein Prinzip des Lernens aus der Erfahrung von vornherein das Wasser abgraben; denn dieses Prinzip verhindert das Versanden im Subjektivismus und garantiert die (nach seiner Auffassung einzig sinnvolle) ‚Objektivität'.

Erst wenn man die Reihenfolge in der Diskussion über die Themen „Bayesianismus" einerseits, die Alternative „subjektive oder objektive Interpretation der statistischen Wahrscheinlichkeit" andererseits in der geschilderten Weise umkehrt, werden Sätze wie „ich bin Bayesianer" und „ich bin Anti-Bayesianer" aufhören, quasi-religiöse Glaubensbekenntnisse zu sein, über die man nicht mehr rational diskutieren kann.

7. Vorläufiges Postludium: Ergänzende Betrachtungen zu den statistischen Grundbegriffen

7.a Der Begriff des statistischen Datums. Der Ausdruck „Datum" wird meist im Sinn von „Beobachtungsbefund" benützt, so z. B. in fast allen Bestätigungstheorien, aber häufig auch in der Statistik. Die hier verwendete Terminologie weicht von diesem Sprachgebrauch stark ab. In der Formalisierung wird ein statistisches Datum durch eine komplexe kombinierte Proposition ausgedrückt. Das erste Glied dieser geordneten Konjunktion enthält eine Behauptung über eine Klasse möglicher Verteilungen; das zweite Glied enthält eine Aussage über ein mögliches Resultat eines möglichen Versuchs an einer experimentellen Anordnung. Das letztere wird in der Statistik gewöhnlich als Datum bezeichnet, das erstere hingegen als Spezifikation des statistischen Problems oder als Wahl des geeigneten Modells. Die Rechtfertigung dafür, beides in der geschilderten Weise zusammenzufassen, liegt darin, daß die Experimentatoren und statistischen Praktiker Annahmen beider Formen für ihre Überlegungen voraussetzen.

Voraussetzungen sind selbstverständlich keine unumstößlichen Gewißheiten. Beide Komponenten eines statistischen Datums bleiben vielmehr stets einer *möglichen Revision* unterworfen. Bezüglich der zweiten Komponente kommt es dazu, sobald Zweifel an der Gültigkeit des Beobachtungsbefundes auftreten, z. B. wegen eines mutmaßlichen Versagens eines Meßinstrumentes, eines experimentellen Irrtums oder des Vorliegens einer Sinnestäuschung. Hinsichtlich der ersten Komponente liegt dies noch mehr auf der Hand. Darin wird ja von vornherein eine Klasse von möglichen statistischen Hypothesen ausgewählt. Und diese Klasse kann *eingeengt* oder *erweitert* oder *durch eine ganz andere ersetzt* werden.

Wie gelangt man zu dieser ganz speziellen Klasse, die in das Datum einbezogen wird? Es ist wichtig einzusehen, daß es ein hoffnungsloses Unterfangen wäre, auf die Frage eine generelle Antwort zu geben. Der statistischen Stützungstheorie geht es um eine befriedigende Antwort auf die Frage: „Welche statistische Hypothese ist aufgrund statistischer Daten am besten bestätigt?" und der statischen Testtheorie hauptsächlich um die Beantwortung der Frage: „Welche statistischen Annahmen sollen auf Grund statistischer Daten verworfen werden?" *Dagegegen sind ‚Schlüsse‘, die zu den Daten selbst führen, nichts für die Statistik charakteristisches.*

Natürlich kann man und soll man sich trotzdem Gedanken darüber machen, welche Überlegungen den Anlaß dafür geben können, Hypothesen vorauszusetzen, die in der ersten Komponente des statistischen Datums stecken. Dazu ist zu beachten, daß wir es hier mit *zwei vollkommen verschiedenen Arten von Oberhypothesen zu tun haben*: (a) Das eine ist die Annahme, daß die untersuchten, miteinander rivalisierenden statistischen Verteilungshypothesen *zu einer bestimmten Klasse von Verteilungen* gehören (z. B. daß wir es nur mit Exponentialverteilungen zu tun haben und die Hypothesen nur in bezug auf den Parameter λ voneinander abweichen). (b) Das zweite ist die in vielen Fällen stillschweigend vorausgesetzte *Unabhängigkeitsannahme* (in der doppelten Bedeutung des Wortes, vgl. 3.b).

Die Gründe für die Annahme derartiger Oberhypothesen können sehr vielfacher Natur sein. Erstens stützen sie sich vermutlich meist auf sehr abstrakte andersartige theoretische Annahmen; zweitens ist es fraglich, ob diese andersartigen Annahmen eine formale Präzisierung zulassen.

Drei mutmaßliche Faktoren bei der Wahl von (a) seien kurz angedeutet:

1. Bereits akzeptierte *physikalische Theorien*. Die für gültig erachtete Theorie der Strahlung sagt z. B. voraus, daß die kumulative Verteilung für radioaktives Material die Struktur einer Exponentialverteilung hat. Also geht man davon aus, daß die kumulative Verteilung für eine neuentdeckte radioaktive Substanz die Struktur $F(x) = 1 - e^{-\lambda x}$ hat und daß es nur unbekannt ist, welchen genauen Wert λ hat. Über diesen Wert werden verschiedene statistische Hypothesen formuliert.

2. Nicht zu unterschätzen sind auch *Einfachheitsbetrachtungen*. Die Einrichtungsstücke der Werkzeugkammer, aus welcher der Statistiker sein Material herausholt, sind von mathematischen Virtuosen nach Einfachheit und Durchsichtigkeit präfabriziert. Zu komplizierte Verteilungsfunktionen, die mathematisch nicht zu handhaben sind, bleiben von vornherein außer Betracht.

3. An die Rolle von intuitiven *Analogiebetrachtungen* ist bereits in Punkt 1. implizit appelliert worden. Verschiedene radioaktive Substanzen sind bereits bekannt. Die Hypothese, daß die für sie geltenden Verteilungsfunktionen eine bestimmte Gestalt haben, hat sich an der Erfahrung bestens be-

währt. Also nimmt man *per analogiam* an, daß es sich auch bei *dieser neuentdeckten* radioaktiven Substanz nicht anders verhalten werde.

Spätestens bei der in Punkt 3 benützten Redewendung „an der Erfahrung bestens bewährt" wird im Leser die Frage aufgetaucht sein, wie es denn mit dem Überprüfungs- (und *nicht* Gewinnungs-) Verfahren solcher Oberhypothesen steht. Die Antwort dürfte lauten: Falls die hier skizzierte Stützungstheorie überhaupt als akzeptabel angesehen wird, *ist sie auch auf dieser höheren Stufe anwendbar.*

Ähnliche Überlegungen gelten bezüglich (b). Wie stützt man denn z. B. die Annahme, daß die Ergebnisse von Versuchen einer bestimmten Art unabhängig voneinander sind? Auch hier gibt es wieder verschiedenste Möglichkeiten: Untersuchung des Mechanismus des Zufallsexperimentes; Feststellung einer Ähnlichkeit (Analogie) zu anderen experimentellen Mechanismen, von denen man bereits zu wissen glaubt, daß sie Resultate liefern, die voneinander unabhängig sind. Eine wichtige Klasse bilden diejenigen Fälle, wo man die Unabhängigkeit *künstlich* mittels eines Randomizers erzeugt (Münzwurf, Tabelle mit Zufallszahlen usw.).

Hier gilt dasselbe wie im ersten Fall: Unabhängigkeitsannahmen sind ebensowenig sakrosankt wie Oberhypothesen vom Charakter statistischer Verteilungshypothesen.

Wir sind in diesen letzten Betrachtungen stets von der Unterscheidung zwischen zwei Arten von *Oberhypothesen* ausgegangen, nämlich solchen, die selbst den Charakter *statistischer Verteilungshypothesen* haben, und solchen, welche die *Unabhängigkeit* von Ereignissen und von Versuchen betreffen. Dies bedarf noch einer Rechtfertigung, da wir an früherer Stelle die These aufstellten, daß es sich bei den zwei Unabhängigkeitsbegriffen nicht um selbständige Begriffe handle, sondern daß die beiden letzteren auf den Begriff der Chance reduzierbar seien. Zunächst ist festzustellen, daß die jetzige Unterscheidung bloß *methodischen* Charakter hat, und daß daher dadurch nicht etwa im Widerspruch zu der früheren These wieder eine *begriffliche* Zweiteilung eingeführt werden soll. Die Begründung für die methodische Unterscheidung bezüglich Fragen der Stützung und Prüfung lautet folgendermaßen: Soweit es sich bei den zum statistischen Datum gehörenden Oberhypothesen um *Verteilungs*hypothesen handelt, nehmen sie vom Standpunkt der Stützung und Prüfung überhaupt keine Sonderstellung ein. Soweit es sich jedoch um *Unabhängigkeitsannahmen* handelt, liegen die Dinge komplizierter. Wie nämlich bereits in 1.b bei Erörterung des Einwandes (7) hervorgehoben wurde, läßt sich vom probabilistischen Unabhängigkeitsbegriff ein Begriff der *physikalischen Unabhängigkeit* von Ereignissen unterscheiden, der eine fehlende kausale Beeinflussung beinhaltet. Nun darf zwar dieser Begriff nicht mit dem der probabilistischen Unabhängigkeit identifiziert werden. Doch besteht zwischen beiden ein enger *Prüfungszusammenhang*: Häufig wird uns eine gut bestätigte Hypothese über das Vorliegen der einen Art von Unabhängigkeit *als Symptom für* das Vorliegen der anderen Art von Unabhängigkeit dienen, insbesondere also z. B. eine gut bestätigte Hypothese über das Fehlen einer physikalischen Wechselwirkung als ein starkes indirektes Indiz für das Vorliegen einer Unabhängigkeit im statistischen Sinn. Soweit das letztere der Fall ist, läßt sich die Beurteilung statistischer Unabhängigkeitshypothesen *auf die Untersuchung von Kausalhypothesen zurückführen.* Für die Bestätigungs- und Testproblematik kann sich dadurch in gewissen Situationen eine vorteilhafte Vereinfachung ergeben.

Was POPPER über die Beobachtungsbasis der Erfahrungserkenntnis sagt, gilt für diesen verallgemeinerten Fall. Ebenso wie man zunächst akzeptierte Beobachtungssätze später einer Revision unterziehen kann, *falls Bedenken auftreten,* lassen sich die statistischen Oberhypothesen beider Arten einer späteren Überprüfung unterziehen. Und es kann der Fall eintreten, daß sie gegen andere Möglichkeiten getestet werden müssen und diesem Test nicht standhalten.

Man kann das Vorgehen auch mit einem Grundgedanken von N. GOODMANs Theorie in Verbindung bringen: Wir können bei der Überprüfung statistischer Hypothesen nicht mit dem statistischen Nullpunkt anfangen. Vielmehr müssen wir stets statistische Oberhypothesen — und zwar meist sogar Oberhypothesen von zwei verschiedenen Arten — als gültig voraussetzen. Dieses prima facie zirkulär oder dogmatisch aussehende Verfahren rechtfertigt bei genauerem Zusehen keines der beiden Verdachtsmomente: Einerseits erfolgt die Annahme der Oberhypothese nicht aufgrund eines vorangehenden Tests; andererseits kann der Dogmatismus jederzeit aufgehoben werden, indem man die Hypothese selbst einer Prüfung unterzieht.

Zusammenfassend kann man also sagen: Die statistischen Daten, welche man bei der Überprüfung einer statistischen Hypothese als gültig voraussetzt, schließen nicht nur Beobachtungsergebnisse ein (einschließlich des leeren Resultates), sondern daneben noch zwei Arten von statistischen Hypothesen höherer Ordnung: die Annahme der Zugehörigkeit zu einer Verteilungsklasse (parametrische Verteilungsform) und z. B. die Annahme der Unabhängigkeit. Beide Annahmen kann man in Zweifel ziehen oder sogar fallenlassen. Insbesondere kann man immer beschließen, auch die vorausgesetzten statistischen Hypothesen höherer Ordnung zu testen.

7.b Chance und Häufigkeit auf lange Sicht. Die inhaltliche Ausgangsbasis für den Begriff der statistischen Wahrscheinlichkeit oder der Chance bildete der vage Begriff „Häufigkeit auf lange Sicht". In der Sprechweise CARNAPs bildet das letztere das Explikandum für das erstere, welches das gesuchte Explikat darstellt. Den Zusammenhang zwischen beidem darf man sich nicht als zu einfach vorstellen, vor allem nicht so, daß der Begriff der Chance *definitorisch* auf den Begriff der relativen Häufigkeit zurückgeführt werden müsse. Das letztere ist die Auffassung der Reduktionisten unter den Vertretern eines objektiven Wahrscheinlichkeitsbegriffs. Und diese allzu primitive Vorstellung war es, die zu der subjektivistischen Kritik führte.

Eine Diskussion dieser Kritik soll an späterer Stelle erfolgen. Hier handelt es sich nur darum festzustellen, daß die präzise Explikation, welche in der Formulierung von Regeln ihren Niederschlag findet, *von diesem intuitiven Hintergrund keinen Gebrauch macht.*

Besonders deutlich tritt dies dort zutage, wo *sich ändernde Chancen* betrachtet werden, wie etwa in dem in 1.b erwähnten Beispiel. Ein 'long run' bei gleichbleibender Wahrscheinlichkeit liegt hier überhaupt nicht vor, und die Zurückführung auf relative Häufigkeit auf lange Sicht könnte, wie wir gesehen haben, nur unter Zuhilfenahme künstlicher Als-ob-Konstruktionen erfolgen. Eine derartige Zurückführung ist jedoch überflüssig, sofern die skizzierte Stützungstheorie und auch die noch zu schildernde Testtheorie HACKINGS, die ebenfalls auf den Likelihood-Begriff aufbaut, als akzeptabel erscheint. Denn dann *braucht man nicht anzunehmen, daß mehr als ein Einzelfall eines Versuchstyps vorgekommen ist.*

Diese letzte Behauptung wird verständlich, wenn man sich an den Begriff des zusammengesetzten Versuchs n-ter Stufe zurückerinnert. Wenn ein Statistiker eine Hypothese gegen eine andere testet und dafür 150 Experimente anstellt, von denen er annimmt, daß sie unabhängig sind und Wiederholungen desselben Typs T von Experimenten bilden, so brauchen wir diese seine Denkweise nicht wörtlich zu übernehmen. In der Testtheorie können wir die relative Likelihood zweier kombinierter Propositionen bestimmen, die sich *auf einen einzigen zusammengesetzten Versuch vom Typus T'* stützt. Dieser Versuch besteht aus 150 Experimenten des Typs T; es ist dabei gleichgültig, ob die Experimente unabhängig sind oder nicht. Auf diese Weise lassen sich Hypothesen über sich ändernde Chancen überprüfen. In der kombinierten Proposition enthält die durch D repräsentierte statistische Hypothese diesmal eine Aussage über *sich ändernde* Chancen. (Dieser Hypothese kann aber natürlich eine Alternativhypothese entgegengestellt werden, die *gleichbleibende* Chancen behauptet.) Das Epidemiebeispiel gibt uns dafür wieder eine Illustration. Der ‚Versuch' wird so rekonstruiert, daß er sich über den ganzen Verlauf der Epidemie erstreckt; und die Beobachtungsdaten werden in entsprechender Weise rekonstruiert. Wenn die Epidemie 30 Tage währt, und genau die Information zur Verfügung steht, daß am dritten Tag 20 neue Infektionen stattgefunden haben, am fünften Tag 60 neue Infektionen, und analog für den achten bis vierzehnten sowie einundzwanzigsten bis dreißigsten Tag entsprechende Berichte vorliegen, so wird man all dies in E einsetzen und für die restlichen 11 Tage annehmen, es habe *irgendetwas* stattgefunden. Es ist an keiner Stelle erforderlich, von einer unbegrenzten Folge von derartigen Folgen von 30 Tagen zu sprechen.

7.c Versuchstypen. Zwar brauchen wir nie anzunehmen, daß mehr als ein Versuch einer bestimmten Art stattgefunden hat, wenn wir den Begriff „Versuch vom Typ T" in der geschilderten Allgemeinheit verwenden.

Doch entsteht in jeder Anwendung das Problem, die Versuche einer bestimmten Art adäquat zu beschreiben. Ein generelles Rezept dafür dürfte nicht existieren. Praktische Probleme treten insbesondere dann auf, wenn die Versuche in bestimmter Weise gestört worden sind. Beispiele: (a) Jemand will eine Hypothese über die Farbverteilung der Tochtergeneration einer bestimmten Pflanzengattung überprüfen und streut 20 Samen aus. Drei davon zertritt er durch Unachtsamkeit und merkt dies auch. (b) Ein Psychologe nimmt einen Test durch Befragung von Versuchspersonen vor. Während der Durchführung des Tests erkranken einige dieser Personen. (c) Ein Physiker oder ein Chemiker macht eine Reihe von Experimenten, um eine Hypothese zu testen. Einige dieser Experimente kann er nicht zu Ende führen, weil er weggeholt wird oder einen Telefonanruf bekommt.

Was für ein Versuch liegt hier jeweils vor und was sind die möglichen Resultate eines solchen Versuchs? Manchmal wird es sich als zweckmäßig erweisen, die nicht zu Ende geführten Testversuche einfach unberücksichtigt zu lassen. Manchmal dürfte es adäquater sein, das Gesamtexperiment als nicht vollzogen zu betrachten und es zu wiederholen. Aber dies sind nicht die einzigen Möglichkeiten. Im ersten Beispiel könnte der Experimentator etwa beschließen, statt von der erfolgreichen Aussaat von nur 17 Pflanzen zu sprechen, davon auszugehen, daß sein Versuch in der Aussaat von 20 Pflanzen bestand, wobei jedoch das sichere Wissen hinzutritt, daß drei davon nicht keimen werden.

Es erscheint nicht als sinnvoll, an dieser Stelle einzuhaken und absolute Präzision anzustreben. Eher dürfte es vernünftig sein, derartige Fälle zum Anlaß zu nehmen, um vor einer Inflation an Präzision zu warnen.

Im übrigen sollte mit diesen paar Bemerkungen darauf aufmerksam gemacht werden, daß sich eine *pragmatische Relativierung* des Begriffs des Versuchstyps nicht wird umgehen lassen.

Die Analyse eines weiteren wichtigen Grundbegriffs steht noch aus. Da er von zentraler Bedeutung ist, soll ihm ein eigener Abschnitt gewidmet werden.

8. Zufall, Grundgesamtheit und Stichprobenauswahl

Der Begriff der Zufälligkeit (randomness) kommt vor allem in zwei Kontexten vor. Es wird von *zufälligen Auswahlen* und von *zufälligen Stichproben* geredet. Schon in der naivsten Form eines typischen statistischen Schlusses wird in intuitiver Weise von diesen Begriffen Gebrauch gemacht: Man möchte einen Rückschluß auf eine Gesamtheit machen und untersucht zu diesem Zweck eine repräsentative Stichprobe. Wenn r die relative Häufigkeit derjenigen Elemente der Stichprobe ist, die das Merkmal F besitzen, so nimmt man an, daß r auch ungefähr die relative Häufigkeit von F in der Gesamtheit sein wird. Der Schluß ist nur solange überzeugend, als man die

Stichprobe für wirklich *repräsentativ* halten kann. Und sie ist nur dann repräsentativ, wenn sie eine *zufällige* Stichprobe darstellt und nicht eine solche, die auf einem tendenziösen Auswahlverfahren beruht; mit anderen Worten, die Auswahl der Elemente der Grundgesamtheit, welche zu der Stichprobe führten, muß eine *Zufallsauswahl* gewesen sein, damit der Schluß haltbar war.

Diese kurze Reflexion zeigt bereits, daß *zufällige Auswahl* und *nicht zufällige Stichprobe* der grundlegende Begriff ist. Bei dem Versuch, eine Klärung des Zufallsbegriffs herbeizuführen, darf man sich daher nicht von den Begriffen der *Grundgesamtheit* und der *Stichprobe* hypnotisieren lassen, *sondern muß die Aufmerksamkeit auf das Auswahlverfahren richten.*

Am besten unterscheidet man zwei Fragegruppen:

(A) *Sinnfragen*, welche die Klärung (Explikation) des Zufallsbegriffs betreffen;

(B) *Testprobleme* z. B. die folgenden: Wie testet man Behauptungen von der Art, daß eine Auswahl zufällig war bzw. daß eine Stichprobe eine zufällige Stichprobe ist?

(B) gehört in die Testtheorie. Hier interessiert nur (A). Offenbar setzt die Inangriffnahme des Testproblems die Lösung der Explikationsaufgabe voraus; denn man muß ja wissen, *was* man denn überhaupt testen soll.

Innerhalb von (A) können wir wieder vier Typen von Fragen unterscheiden:

(1) Was ist die Bedeutung (sind die Bedeutungen) von „zufällig" in der deutschen Sprache? Diese Frage ist für unser Problem ohne Relevanz.

(2) Wie ist der mathematische Begriff zu definieren, der sich auf unendliche Folgen bezieht und dem alltäglichen Begriff am nächsten kommt? Auch diese Frage ist hier ohne Interesse. Sie hat übrigens eine definitive befriedigende Lösung durch A. CHURCH erfahren.

(3) Was ist unter einer zufälligen Auswahl im statistischen Sinn zu verstehen?

(4) Welche Merkmale von zufälligen Stichproben sind für statistische Schlüsse wesentlich?

(3) und (4) sind für uns von Bedeutung. Nach HACKINGS Auffassung ist die Frage (3) leicht zu beantworten: *Der Begriff der Zufälligkeit ist definitorisch auf den Begriff der Unabhängigkeit von Versuchen zurückzuführen.* Im Gegensatz zu einer weit verbreiteten Auffassung gibt es dann gar kein ‚Problem der randomness' sui generis; denn dieser Unabhängigkeitsbegriff ist ja früher definitorisch auf den Begriff der Unabhängigkeit von Ereignissen zurückgeführt worden, der seinerseits allein mittels des Begriffs der Chance definiert wurde. Insbesondere hört auch (B) auf, eine eigene Fragengruppe zu sein: Das Problem, Stichproben daraufhin zu überprüfen, ob sie auf einer Zufallsauswahl beruhen, ist zurückgeführt auf das Problem, ob eine bestimmte statistische Hypothese, nämlich eine Unabhängigkeitshypo-

these, richtig ist. Es gibt nicht zusätzlich zu den üblichen statistischen Tests eine eigene Kategorie von *Zufallstests*.

Da dies vielfach bestritten werden dürfte, sei hier ein ganz kurzer Vorgriff auf die Testtheorie eingeschoben. Es könnte nämlich darauf hingewiesen werden, daß zwar eine statistische Hypothese stets gegen eine mit ihr rivalisierende Hypothese getestet werden müsse, daß hingegen bei der Überprüfung der Unabhängigkeit *keine* rivalisierende Hypothese existiere. Das erste ist, wie wir noch sehen werden, richtig. Das zweite ist jedoch falsch (obwohl die Lehrbücher der Statistik häufig einen gegenteiligen Eindruck vermitteln). Die Unabhängigkeitsannahme bildet meist einen Bestandteil des statistischen Datums. Dieser Bestandteil der akzeptierten statistischen Oberhypothese wird in Frage gestellt, sobald gewisse experimentelle Ergebnisse den *Verdacht* nahelegen, daß eine *bestimmte Art von Abhängigkeit* besteht. Die Annahme über diese Art von Abhängigkeit — evtl. eine Annahme über Klassen von Abhängigkeiten bestimmter Art — bildet die Alternativhypothese, gegen welche die Unabhängigkeitsbehauptung zu testen ist.

Die zu definierenden Begriffe werden nun in der folgenden Reihenfolge eingeführt:

Wenn die Versuche (vom Typ T an einer Anordnung X) einer Versuchsfolge unabhängig sind, so soll die Folge der Resultate der Versuche dieser Folge *zufällig* genannt werden. Jede Folge solcher zufälliger Resultate heiße auch eine *Zufallsfolge*.

Das nächste sind die Begriffe einer Grundgesamtheit oder Population (population) und der Stichprobenauswahl (sampling). Eine *Grundgesamtheit* ist nichts weiter als eine Klasse bestimmter voneinander unterschiedener Dinge. Sie ist *geschlossen*, wenn sie eine feste Anzahl von Elementen hat (mag diese auch aus praktischen Gründen nur annähernd bestimmbar sein). Eine *offene* Grundgesamtheit liegt vor, wenn die Gesamtheit ihrer Elemente zu keinem gegebenen Zeitpunkt ermittelt werden kann. Beispiel: Die Klasse der heute lebenden Kaninchenzüchter Deutschlands bildet eine geschlossene Grundgesamtheit; die Klasse aller vergangenen, lebenden und künftigen Kaninchenzüchter auf der Welt hingegen macht eine offene Grundgesamtheit aus. Nur geschlossene Gesamtheiten sollen betrachtet werden. Vom problematischen Begriff der unendlichen Grundgesamtheiten soll kein Gebrauch gemacht werden. (Es war einer der Mängel der Theorie von R. A. Fisher, daß er für die Grundlegung seiner Theorie Stichprobenauswahlen aus aktual-unendlichen Gesamtheiten benötigte).

Eine Stichprobenauswahl aus einer Grundgesamtheit vornehmen soll heißen, eine Folge von Elementen aus der Grundgesamtheit auszuwählen. Es gibt Auswahlen mit Ersetzung und solche ohne Ersetzung. Diese beiden Fälle, welche den intuitiven Hintergrund für den Unterschied zwischen der

Binomialverteilung und der hypergeometrischen Verteilung bilden, müssen nochmals kurz betrachtet werden.

Es sei eine geschlossene Grundgesamtheit G gegeben. Es werde eine experimentelle Anordnung X konstruiert, so daß die folgenden Bedingungen erfüllt sind:

(*a*) Die Versuche vom Typ T an X bestehen in der Auswahl von Elementen aus G *mit nachträglicher Ersetzung*.

(*b*) die einzelnen Versuche sind *voneinander unabhängig*;

(*c*) für alle Elemente aus G besteht *Chancengleichheit* dafür, bei einem Versuch vom Typ T gewählt zu werden.

Wir sagen dann, es liege ein *Zufallsauswahlverfahren mit Ersetzung* vor. Die Folge der dabei erhaltenen Resultate heißt *zufällige Stichprobe mit Ersetzung*.

Bei der Beschreibung des *Zufallsauswahlverfahrens ohne Ersetzung* sind die folgenden Modifikationen vorzunehmen: In (*a*) muß es heißen, daß die Auswahl *ohne* nachträgliche Ersetzung erfolgt; (*b*) bleibt unverändert; in (*c*) wird die entsprechende Chancengleichheit für *noch nicht gewählte* Elemente aus G verlangt. Die Folge der erzielten Resultate ist eine *zufällige Stichprobe ohne Ersetzung*.

Wesentlich ist, *daß das Prädikat „zufällig" der Stichprobe erst indirekt zugeschrieben wird. Dagegen wird dieses Prädikat dem Auswahlverfahren direkt zugeschrieben.* Da bei der Definition nur die Begriffe der Chance und der Unabhängigkeit benützt werden, kann die Hypothese, daß eine bestimmte Stichprobe zufällig ist, als eine statistische Hypothese aufgefaßt werden. Insbesondere können die Überlegungen über Stützung und Test statistischer Hypothesen darauf angewendet werden. Sollte z. B. der Verdacht auftauchen, daß die Versuche nicht unabhängig waren oder daß für die Wahl der Elemente keine Chancengleichheit bestand, so ist dies per definitionem ein Verdacht dafür, daß die Folge der Resultate keine zufällige Stichprobe bildet.

Anmerkung. Für negative Feststellungen bezüglich der Zufallseigenschaft einer Stichprobe ist nicht immer ein komplizierter statistischer Test erforderlich. Beispiele:

(1) Jemand will eine zufällige Stichprobe (mit Ersetzung) für die Einwohner einer Stadt bilden. Er benützt dazu das amtliche Telefonbuch und denkt sich ein Zufallsauswahlverfahren für die darin eingetragenen Personen aus. Nicht alle Einwohner haben ein Telefon. Man weiß daher, daß die gewonnene Stichprobe *keine* zufällige Stichprobe sein kann. Denn wenn n die Zahl der Einwohner ist und $k < n$ die Zahl der Eintragungen im Telefonbuch, so müßte bei jeder Wahl die Chance für eine Person, gewählt zu werden, $1/n$ sein, während sie tatsächlich für die eingetragenen Personen $1/k$ ist und für die restlichen 0. Es besteht also sicher keine Chancengleichheit.

(2) Jemand behauptet, eine Folge von Resultaten bilde eine zufällige Stichprobe ohne Ersetzung. Ein Objekt komme darin mindestens zweimal vor. Man

weiß, daß die Behauptung unrichtig ist. Denn mehrmaliges Vorkommen eines Individuums ist höchstens bei zufälligen Stichproben mit Ersetzung möglich.

Am Beispiel des Begriffs der Stichprobenauswahl mit Ersetzung soll ein wichtiger statistischer Schluß erläutert werden, obwohl dies eigentlich erst in die Testtheorie gehört. (Für große Grundgesamtheiten kann die Auswahl mit Ersetzung als Approximation für die Auswahl ohne Ersetzung betrachtet werden. Dies ist zweckmäßig, weil die erstere technisch leichter zu handhaben ist als die letztere.)

Die Grundgesamtheit G habe n Elemente; k davon besitzen die Eigenschaft F. Angenommen, es stehe uns ein Zufallsauswahlverfahren mit Ersetzung für G zur Verfügung. Dann ist, wie man leicht erkennt, die Chance, bei einer Wahl ein Individuum mit dieser Eigenschaft zu erhalten, gleich $p = k/n$. (Hinweis: $a_{i_1}, \ldots, a_{i_k}$ seien die k Individuen mit der Eigenschaft F. Es handelt sich um die Bestimmung der Chance für das Ereignis, daß genau eines dieser Individuen gewählt wird. Wegen des Additionsprinzips ist dies gleich der Summe der Chancen für die Wahl eines dieser k Individuen. Nach Voraussetzung aber besteht Chancengleichheit.)

Dieser einfache Sachverhalt liegt dem sog. *Schluß von der zufälligen Stichprobe auf die Gesamtheit* zugrunde. Bei diesem Schluß ist n bekannt, k hingegen unbekannt. Man prüft die Hypothese, daß bei dem Zufallsauswahlverfahren die Chance für das Vorkommen von F gleich p ist. Nach einer Grundregel der Testtheorie hat man eine derartige Hypothese gegen eine rivalisierende Hypothese zu testen. Der Test liefert automatisch ein Testverfahren für die relative Häufigkeit von F in der Gesamtheit; denn $k = p \cdot n$. Das Verfahren funktioniert nur solange, als man an der statistischen Oberhypothese, wonach es sich um ein Zufallsauswahlverfahren handelt, festhält. Wie immer, kann man natürlich diese Oberhypothese auch in Zweifel ziehen und einer Prüfung unterwerfen.

Wir können sofort eine schärfere Behauptung formulieren. Dazu nehmen wir an, unsere Oberhypothese sei richtig und wir haben mittels unseres Auswahlverfahrens eine zufällige Stichprobe gewonnen. Die relative Häufigkeit der Individuen mit der Eigenschaft F in der Stichprobe sei r. *Dann ist*, wie die Rechnung ergibt, $W(F) = r$ *die nach dem Likelihood-Prinzip am besten gestützte statistische Teilhypothese.* „$W(F)$" bedeutet hier natürlich: „die Chance, mit dem benützten Auswahlverfahren ein Individuum der Eigenschaft F zu erhalten". Von einer *Teil*hypothese sprechen wir deshalb, weil wir ja gar keine vollständige Verteilungshypothese untersuchen, sondern bloß eine Hypothese, die etwas über die Wahrscheinlichkeit, F anzutreffen, aussagt.

Es ist wichtig zu beachten, an welcher Stelle der Schluß eine hypothetische Komponente enthält und an welcher Stelle er dies nicht tut. *Der Übergang von der Stichprobe auf die Grundgesamtheit ist vollkommen unproblematisch und trivial:* Wenn sich ergibt, daß $W(F) = r$ die am besten gestützte Teilhypothese ist, dann ist automatisch die Hypothese, daß die relative Häufigkeit der F's in der Grundgesamtheit gleich r ist, am besten gestützt (dies ist eine Folge der obigen Definitionen). Aber natürlich kann diese das Stichprobenresultat betreffende statistische Hypothese falsch sein! *Dieser* Gefahr sind wir immer ausgesetzt: Das am besten Gestützte braucht nicht richtig zu sein. Außerdem kann die im statistischen Datum enthaltene Oberhypothese unrichtig sein. Dann bricht selbstverständlich das ganze Verfahren zusammen.

Diese beiden Gefahren muß man im Auge behalten. Falsch wäre es aber zu glauben, daß dies eine Besonderheit des statistischen Schlusses von der Stichprobe auf die Gesamtheit ist. Es kann ja stets der Fall eintreten, daß erstens die untersuchte Hypothese unrichtig ist, obwohl sie die am besten gestützte ist, oder daß sich zweitens in die statistischen Daten gewisse falsche Annahmen eingeschlichen haben.

Eine zufällige Stichprobe mit Ersetzung kann wegen des geschilderten Sachverhaltes als *typisch für die Grundgesamtheit* angesehen werden. Den Wert r von $W(F)$, der sich aus der obigen Likelihood-Betrachtung ergibt, könnte man als die *beste Schätzung der relativen Häufigkeit von F in der Grundgesamtheit* bezeichnen.

Die Wendung „typisch für die Grundgesamtheit" wird aber häufig noch in einem anderen Fall gebraucht, der von diesem scharf zu unterscheiden ist[59]. Dies sei an einem Beispiel erläutert: Man möchte herausbekommen, wieviele Einwohner Münchens eine Eigenschaft E besitzen. Man nimmt dazu das Telefonbuch Münchens, sondert daraus eine zufällige Stichprobe (im oben definierten Sinn) aus und gewinnt nach dem eben geschilderten Verfahren die beste Schätzung für die relative Häufigkeit r *der im Telefonbuch angeführten* Einwohner Münchens mit der Eigenschaft E. Nicht alle Leute haben ein Telefon. Wir können aber gute Gründe für die Annahme besitzen, daß die relative Häufigkeit der in München wohnhaften Personen, welche die Eigenschaft E haben, identisch ist mit der relativen Häufigkeit der im Münchner Telefonbuch angeführten Personen mit dieser Eigenschaft. Die Stichprobe wird dann als typisch für die Einwohner Münchens bezeichnet.

Offenbar liegt in diesem letzten Fall ein komplizierterer Sachverhalt vor: Eine Stichprobe S ist nach Voraussetzung eine Zufallsstichprobe für die Grundgesamtheit G_1; G_1 ist eine Teilklasse von G_2. Ferner wird *eine weitere Prämisse* eingeschoben, nämlich daß G_1 in dem Sinn für G_2 typisch ist, daß die relativen Häufigkeiten des Vorkommens von E in beiden Gesamtheiten dieselben sind. Diese Prämisse kann auf sicheren Informationen basieren. Meist aber wird sie selbst auf statistischen oder sonstigen Hypothesen beruhen. Im letzteren Fall kann sie aus vielerlei Gründen falsch sein. Ent-

---

[59] Vgl. HACKING, [Statistical Inference], S. 126.

deckt man nachträglich ihre Unrichtigkeit, so wird man die Stichprobe nicht mehr als für die Gesamtheit typisch ansehen. Daraus darf man jedoch nicht mehr den Schluß ziehen, daß die Stichprobe keine Zufallsstichprobe war. Der Fehler bestand ja nicht im Übergang von S zu G_1, sondern im Übergang von G_1 zu G_2. Die Hypothese, daß G_1 für G_2 repräsentativ ist, wäre sicherlich höchst problematisch und vermutlich falsch, wenn man das im obigen Beispiel geschilderte Verfahren dazu benützen wollte, die relative Häufigkeit der Einwohner Münchens zu ermitteln, die ein monatliches Mindesteinkommen von 2500,— DM haben.

Warum wird dieses komplizierte Verfahren überhaupt angewendet? Dafür gibt es zwei völlig verschiedene Gründe:

(1) Wenn man es, wie im Beispiel, mit einer geschlossenen Gesamtheit zu tun hat, sind praktisch-technische und ökonomische Gründe maßgebend. Es kann zu kostspielig oder zu schwierig sein, ein Zufallsauswahlverfahren für die eigentlich interessierende Gesamtheit G_2 zu entwickeln. Die Gewinnung zufälliger Stichproben aus einer repräsentativen Teilgesamtheit G_1 ist einfacher und billiger.

(2) Wenn man es dagegen mit offenen Populationen zu tun hat, bildet dieses zweite Verfahren sogar prinzipiell die einzige Möglichkeit eines Stichprobenverfahrens. Zunächst ein Beispiel: Wenn man z. B. an einer Versuchsstation über Unmengen von Mikroorganismen oder von Samen einer Pflanzenart verfügt, so kann man durch das Stichprobenverfahren nur mittels Hintereinanderschaltung beider Schlüsse etwas über diese Art von Mikroorganismen oder von Pflanzen überhaupt erfahren. Auf Grund der Untersuchung einer zufälligen Stichprobe aus dem verfügbaren Vorrat erschließt man etwas über Eigenschaften der Population, *über welche man verfügt.* Ein ganz neuer Schluß ist es, wenn man von da aus etwas über die Gesamtpopulation überhaupt (die Mikroorganismen bzw. Pflanzen dieser Art) erschließt, weil man die verfügbare Population als für die Gesamtpopulation typisch ansieht. Warum ist hier diese Hintereinanderschaltung zweier Arten von Schlüssen wesentlich? Die Antwort ist höchst einfach: *Es gibt keine zufälligen Stichprobenauswahlen aus offenen Populationen.* Denn die Chance, einen Organismus (Samen) zu wählen, der erst in künftigen Jahren existieren wird, ist stets gleich 0.

Ein wichtigeres Beispiel gibt die Bestimmung der Sterbewahrscheinlichkeiten für die verschiedenen Berufsgruppen. Wenn man etwa die durchschnittliche Lebenserwartung eines bayerischen Schneiders ermitteln will, wird man sich auf eine zufällige Stichprobe aus der Klasse der bayerischen Schneider, die bis zu einem bestimmten Zeitpunkt gestorben sind, beschränken. Aber die Tafel der Sterbewahrscheinlichkeit soll natürlich zur Information für die Lebenden dienen, nicht zur Information für die Toten. Die letzteren brauchen eine solche nicht mehr.

Von den bisherigen Fällen ist noch ein ganz anderer Fall zu unterscheiden. Es handelt sich um die sog. *irreführenden Stichproben*. Dies sind Stichproben, welche zwar aufgrund eines Zufallsauswahlverfahrens zustande kamen, aber *trotzdem nicht für die Gesamtheit typisch sind*, wie man aufgrund *andersartiger* Informationen erfahren hat. Wie diese Informationen aussehen können, soll gleich an einem Beispiel gezeigt werden. Zunächst seien nochmals *die Gründe dafür* zusammengestellt, *daß ein Schluß von der Stichprobe auf eine Gesamtheit zu verwerfen ist*:

(1) weil die Stichprobe *keine zufällige Stichprobe* ist, die Gewinnung ihrer Elemente also nicht auf einem Zufallsauswahlverfahren beruht;

(2) weil die Stichprobe nur eine Zufallsstichprobe für eine Teilpopulation bildet, die ihrerseits *nicht repräsentativ* ist für die Gesamtpopulation;

(3) weil die Stichprobe zwar eine zufällige, aber doch *irreführende* Stichprobe der Grundgesamtheit bildet.

Nun zum Beispiel für den dritten Fall. Es werde wieder die relative Häufigkeit einer Eigenschaft E unter den Einwohnern Münchens untersucht. Diese bilden die Population G. Man greift eine zufällige Stichprobe S aus G heraus und prüft diese. Im *nachhinein* — dieses „nachträglich" ist wesentlich! — macht man die ‚zufällige' Feststellung, daß alle Personen aus S auch im Telefonbuch stehen. Nun habe man z. B. anderweitige gute Gründe[60] für die Annahme, daß die relative Häufigkeit der im Telefonbuch stehenden Personen mit der Eigenschaft E erheblich größer ist als die relative Häufigkeit der Elemente aus G mit dieser Eigenschaft E. (Das wird z. B. der Fall sein, wenn E das Merkmal ist, ein Mindesteinkommen von monatlich 3000,— DM zu beziehen; oder einer Familie anzugehören, die eine Wohnung von mindestens 4 Zimmern bewohnt; oder bei den nächsten Landtagswahlen die FDP zu wählen). In diesem Fall wird die Stichprobe als *irreführend* bezeichnet. Sollte sich als relative Häufigkeit von E in S der Wert r ergeben, so wird man vernünftigerweise daran zweifeln, daß r auch die relative Häufigkeit der E's in G ist, sondern wird annehmen, daß diese relative Häufigkeit kleiner ist als r. Diese Überlegung soll noch präzisiert werden.

Dazu ist eine Vorfrage zu klären. Wieso kann sich eine einwandfreie Zufallsstichprobe nachträglich als irreführend erweisen? Es ist nur ein *Schein* von Paradoxie, der zu dieser Frage führt. Es ist dieselbe scheinbare Paradoxie, die z. B. dann gegeben ist, wenn man mit einem symmetrisch gebauten Würfel in 12 Würfen achtmal eine 6 würfelt. Sehr Unwahrscheinliches *kann* sich immer ereignen; und in diesem Fall *hat* es sich tatsächlich ereignet. Ähnlich in unserem Beispiel. Wenn das Verfahren tatsächlich ein

---

[60] Wir benützen mit Absicht diese etwas vage Wendung. Es soll damit nur ausgedrückt werden, daß die Annahme anderweitig bestätigt sein muß. Die Analyse dieser Bestätigung interessiert hier nicht. Es kann sich u. U. sogar um definitive Verifikation handeln.

Zufallsauswahlverfahren für G ist, so ist es außerordentlich unwahrscheinlich, daß eine — wie wir voraussetzen wollen: nicht zu kleine — Stichprobe nur zu solchen Leuten führt, die ein Telefon besitzen. Nachträgliche Prüfung ergibt, daß dies dennoch der Fall ist.

Wie aber, wenn wir nicht wissen, daß eine Stichprobe irreführend ist?[61] Dann begehen wir beim Schluß auf die Gesamtheit einen Fehler. Abermals ist es wichtig, den Fehler nicht an falscher Stelle zu lokalisieren. Nicht der Schluß von der Stichprobe auf die Gesamtheit ist fehlerhaft. *Vielmehr liegt hier einer der Fälle vor, wo die* (aufgrund der Likelihood-Regel) *am besten gestützte Hypothese falsch ist.* Die relative Häufigkeit der E's in S ist nicht gleich der Chance, ein Element mit dem Merkmal E zu wählen.

Um den Sachverhalt besser durchschauen zu können, sei eine kurze formale Präzisierung gegeben. G, S und E haben die angegebenen Bedeutungen. (für E werde etwa die Eigenschaft genommen, die FDP zu wählen). B bezeichnet das Ereignis, daß eine ausgewählte Person im Telefonbuch steht. Zu den statistischen Daten gehört die Hypothese, daß S eine zufällige Stichprobe aus G darstellt. Hinzu treten die folgenden drei zusätzlichen Informationen:

(1) Die relative Häufigkeit von E in der Stichprobe S ist p;

(2) jedes Element von S ist ein B;

(3) $W(E, B) \geqq W(E) + d$ (mit $d > 0$).

Die dritte Aussage beinhaltet die Feststellung, daß die relative Häufigkeit von E unter den Elementen von B um mindestens den Betrag d die relative Häufigkeit von E in der Grundgesamtheit übersteigt. (In der Praxis wird so wie in der obigen inhaltlichen Schilderung häufig keine derartige quantitative Präzisierung möglich sein.)

In bezug auf die beiden Merkmale E und B führt ein einzelner Versuch zu vier Möglichkeiten, deren Wahrscheinlichkeiten die folgenden Werte haben:

$W(E \wedge B) = a$, $W(E \wedge \neg B) = b$, $W(\neg E \wedge B) = c$, und daher:

$W(\neg E \wedge \neg B) = 1-(a+b+c)$. Ferner gilt $W(E) = a+b$, $W(B) = a+c$.

Wenn man die Definition der bedingten Wahrscheinlichkeit benützt, so erhält man aus (3):

$$(4) \quad \frac{a}{a+c} \geqq a + b + d.$$

Das Zusatzwissen besagt also, daß jene Wertekombinationen von a, b und c auszuschließen sind, die gegen die Ungleichung (4) verstoßen. Diese einschränkende Bedingung wird der Likelihood-Regel auferlegt. Die (komplizierte) Rechnung ergibt, daß p (d.h. die relative Häufigkeit von E in S)

---

[61] Dies soll natürlich heißen, daß eine geeignete Information uns davon überzeugen *würde*, daß sie tatsächlich irreführend ist.

nicht gleich $a + b$ (d. h. $W(E)$ bzw. die relative Häufigkeit von E in G) ist, sondern daß gilt: $p > a + b$, was intuitiv zu erwarten war.

Dieses Resultat gilt natürlich nur dann, wenn die Bestandteile des Datums selbst nicht angefochten werden. In der Praxis wird dies vermutlich höchstens dann der Fall sein, wenn die Stichprobe klein ist. Sollte die Stichprobe dagegen ziemlich groß sein, so wird man die Daten selbst einer Prüfung unterziehen, wobei die Prüfung sich auf zwei Punkte konzentrieren wird; denn man wird entweder den Verdacht äußern, daß S keine Zufallsstichprobe ist oder daß die Ungleichung (3) falsch ist.

9. Die Problematik der statistischen Testtheorie, erläutert am Beispiel zweier konkurrierender Testtheorien

9.a Vorbetrachtungen. Ein warnendes historisches Beispiel. Wann soll eine statistische Hypothese akzeptiert und wann soll sie verworfen werden? Bevor wir auf eine Diskussion dieser Frage eingehen, sei auf einige wichtige Punkte hingewiesen.

(I) In den herkömmlichen statistischen Testtheorien wird fast immer nur die Frage erörtert, wann eine statistische Hypothese zu verwerfen sei. Was nicht als verworfen anzusehen ist, das gilt eo ipso als akzeptiert.

Diese Einstellung ist höchst bedenklich. Ihr liegt die stillschweigende Voraussetzung zugrunde, *daß Annahme und Verwerfung eine vollständige Disjunktion bilden.* Das ist weder theoretisch überzeugend noch entspricht es der Einstellung des realistisch denkenden Statistikers. Die vorliegenden Beobachtungsresultate können so geartet sein, daß sie als nicht hinreichend erscheinen, um eine statistische Hypothese zu verwerfen. Eben diese Daten können es aber als bedenklich erscheinen lassen, die Hypothese zu akzeptieren. In derartigen Fällen wird es das vernünftigste sein, *die Entscheidung vorläufig zu suspendieren und das Resultat künftiger Beobachtungen abzuwarten.* Schon die Frage: „Ist h zu akzeptieren oder zu verwerfen?" ist Ausdruck intellektueller Ungeduld. Die Ungeduld ist in vielen Fällen begreiflich, aber nichtsdestoweniger nicht rational zu rechtfertigen. Der Wissenschaftstheoretiker sollte sich nicht dazu verleiten lassen, diejenigen zu ermuntern, die dem Statistiker die Pistole an die Brust setzen wollen.

Im folgenden wird hauptsächlich die ‚Verwerfungsproblematik' erörtert werden. Dies ist nur ein Teil der Testproblematik; *denn Nichtverwerfung $\neq$ Annahme.*

Hinter der Gleichsetzung von Annahme und Nichtverwerfung steckt allerdings häufig nur ein harmloser terminologischer Beschluß. Nicht harmlos wird die Sache erst, wenn man den Beschluß nicht als solchen kenntlich macht und dadurch sprachliche Mißverständnisse erzeugt. Wir kommen auf diesen Punkt in 9.c zu sprechen.

(II) Ebenso wie beim Begriff der Schätzung kann und muß auch beim Begriff der Verwerfung zwischen einem *rein theoretischen* und einem *praktischen Begriff* unterschieden werden:

(1) Mittels des theoretischen Begriffs soll die Frage beantwortet werden, wann eine statistische Hypothese aufgrund vorliegenden Beobachtungsmaterials *als rational verwerfbar* anzusehen ist.

(2) Falls Wertgesichtspunkte hereinspielen — insbesondere wenn monetäre oder sonstige potentielle Verluste drohen —, kann die Verwerfung selbst dann als ratsam erscheinen, wenn die Daten aus rein theoretischen Gründen keine Verwerfung nahelegen. Das Problem, um welches es hier geht, besteht darin, relativ auf die möglichen Lebenssituationen gute *Verwerfungsstrategien* zu entwerfen.

Im folgenden wird es uns nur um den theoretischen Begriff gehen[62].

(III) Der theoretische Begriff der Verwerfung fällt *nicht* mit dem Begriff der Widerlegung zusammen und schon gar nicht mit dem der Inkonsistez. Ob ein System von Aussagen konsistent (widerspruchsfrei) oder inkonsistent ist, kann auf rein logischem Wege ermittelt werden; Erfahrung wird dazu nicht benötigt. *Konsistenz in diesem logischen Sinn setzten wir im gegenwärtigen Kontext stets voraus.* Wenn man es mit empirischen Hypothesen und Theorien zu tun hat, so ist der wissenschaftstheoretisch viel interessantere Begriff der der empirischen Widerlegung oder der empirischen Falsifikation. Eine Hypothese ist empirisch widerlegbar nur *relativ auf gegebene Erfahrungsdaten*. Auch hier liegt zwar ein formaler Widerspruch vor. Aber es ist keine Inkonsistenz der Hypothese selbst, sondern der Konjunktion, bestehend aus der Hypothese und dem Satz, welcher die Erfahrungsdaten beschreibt. Die Widerlegung gilt nur, sofern die Daten für unumstößlich gehalten werden.

Bei statistischen Hypothesen kann, wie wir wissen, dieser Fall der empirischen Falsifikation nicht eintreten. Daher darf man auch von vornherein nicht erwarten, daß sich eine ein für allemal geltende Grenzlinie ziehen läßt zwischen der Klasse jener statistischen Hypothesen, die aufgrund verfügbarer Daten zu verwerfen sind, und jenen, bei denen dies nicht der Fall ist. Dagegen ist es ein realistisches Unterfangen, danach zu streben, eine *Schärfeskala* in bezug auf Verwerfung aufzustellen.

Widerlegung ist etwas *Endgültiges*; Verwerfung hingegen ist nichts Definitives, sondern etwas *Provisorisches*. Dies ist der entscheidende Unterschied. Zwar ist auch empirische Falsifikation prinzipiell revidierbar. Aber diese Revidierbarkeit beruht auf der Revidierbarkeit der sog. Erfahrungs-

---

[62] Der Ausdruck „theoretisch" bedeutet in diesem Kontext nur soviel wie: „unabhängig von Wertgesichtspunkten". Diese Verwendung des Wortes „theoretisch" ist natürlich scharf zu unterscheiden von derjenigen, wonach als theoretisch jene Begriffe bezeichnet werden, die in einer ,voll verständlichen' empiristischen Sprache (,Beobachtungssprache') nicht definierbar sind. Diesen letzteren Gebrauch legten wir zugrunde, als wir Chance eine *theoretische Größe* nannten.

daten, die stets auch hypothetische Komponenten enthalten. *Wenn* man dagegen an den Beobachtungsberichten nicht zweifelt, daß es in Australien schwarze Schwäne gibt, *dann* ist der Satz „alle Schwäne sind weiß" unwiderruflich empirisch falsifiziert.

Bei statistischen Hypothesen liegen die Dinge völlig anders. Angenommen, wir haben irgendwelche Verwerfungsregeln (deren genaue Natur im Augenblick keine Rolle spielt). Die Anwendung der Regeln auf eine statistische Hypothese plus Beobachtungsbefund impliziere Verwerfung. Dann können stets neue Beobachtungen Rückgängigmachen der Verwerfung, d. h. Nichtverwerfung implizieren, ohne daß der ursprüngliche Befund angefochten wird.

Hier haben wir die Situation vor uns, die im Fall strikter Allsätze undenkbar wäre, *nämlich daß neue empirische Befunde (ohne Revision der früher gewonnenen) zur Aufhebung einer früher vollzogenen Verwerfung führen können*. Wir erinnern an das von BRAITHWAITE gegebene anschauliche Bild aus 1. d: Statistische Testverfahren können als Regeln aufgefaßt werden, wonach Hypothesen in zwei Körbe zu legen sind. Auf dem ersten Korb steht „verworfen", auf dem zweiten Korb steht „für Erwägung weiterhin zugelassen". Anwendung der Regeln auf neue Beobachtungsdaten kann nicht nur bewirken, etwas aus dem zweiten Korb herauszunehmen und in den ersten zu legen, sondern auch umgekehrt Hypothesen, die bereits im ersten Korb abgelegt worden sind, zurückzuholen.

(IV) Wenn die Frage der Prüfung und Stützung von Theorien aufgeworfen wird, so hat man sich angewöhnt, nur an zwei Dinge zu denken: erstens an die zu testende Hypothese und zweitens an die verfügbaren relevanten Beobachtungsdaten. Als dritte Komponente haben wir das statistische background knowledge in der Gestalt akzeptierter statistischer Hypothesen einbezogen. Bereits die vorangehenden Andeutungen dürften die Vermutung nahelegen, daß selbst dies noch *unvollständig* ist. Zumindest im statistischen Fall benötigt man noch etwas Viertes: eine *Testtheorie* oder ein *System von Verwerfungsregeln*.

Würde es sich nur um die oben angedeutete Gradabstufung in bezug auf Schärfe (Stringenz) der Verwerfung handeln, so würde es genügen, diesen vierten Faktor in bezug auf den Grad zu erwähnen. Leider aber liegen die Dinge auch hier viel komplizierter: Es gibt keine allgemein anerkannte Testtheorie, sondern verschiedene miteinander unverträgliche Theorien dieser Art. Keine davon braucht *in allen Situationen* die beste zu sein. Es ist durchaus denkbar, daß *je nach den pragmatischen Umständen* eine andere Testtheorie vorzuziehen ist. Die Grundrelation der Verwerfungstheorie ist dann nicht die dreistellige Relation: „die Hypothese h ist aufgrund des Erfahrungsdatums e und des akzeptierten Hintergrundwissens b zu verwerfen", sondern die vierstellige Relation: „die Hypothese h ist aufgrund des Datums e und des akzeptierten Hintergrundwissens *b bei Benützung der Testtheorie T.T.* zu verwerfen".

Auf eine weitere Komplikation kommen wir im nächsten Punkt zu sprechen.

(V) Es gibt eine prima facie recht plausible Annahme über die Verwerfung. Sie kann so formuliert werden: „Verwirf eine statistische Hypothese immer dann, wenn sie aufgrund verfügbarer Beobachtungsdaten sehr schlecht gestützt ist, d. h. wenn sie eine geringe Likelihood besitzt!" Unter Vermeidung des technischen Likelihood-Begriffs würde die Annahme lauten: „Verwirf eine statistische Hypothese h, wenn sich das, was sich tatsächlich ereignet, unter der Annahme der Richtigkeit von h nur sehr selten ereignet!"

Diese Annahme erscheint als plausibel. Sie ist dennoch falsch. Damit kommen wir zu dem angekündigten warnenden Beispiel. Mit diesem Beispiel verfolgen wir einen dreifachen Zweck: *Erstens* soll der Grund für einen Fehlschluß aufgezeigt werden, einen Fehlschluß, den man sehr leicht begehen kann und der zu einer unrichtigen Vorstellung vom Testen statistischer Hypothesen führt. *Zweitens* soll im Zusammenhang mit der Aufdeckung des Fehlers der Unterschied zwischen *isolierter* Likelihood-Betrachtung und *komparativer* Likelihood-Betrachtung verdeutlicht werden. Im Zusammenhang damit wird auch die Notwendigkeit einsichtig werden, nicht über einzelne Hypothesen zu befinden, sondern eine Auswahl zwischen verschiedenen miteinander rivalisierenden Hypothesen zu treffen. *Drittens* sollen im Rahmen dieser Diskussion einige wichtige Begriffe der Testtheorie in zwangloser und intuitiver Weise eingeführt werden. Dadurch dürfte das Verständnis späterer Präzisierungen erleichtert werden.

J. ARBUTHNOT veröffentlichte im Jahre 1710 in den "Philosophical Transactions of the Royal Society" ein Argument für die göttliche Vorsehung, welches auf der Beobachtung eines konstanten Verhältnisses der Geburten von Menschen der beiden Geschlechter beruht. Was Arbuthnot tat, können wir in unserer Terminologie so ausdrücken: *Es sollte die statistische Hypothese überprüft werden, nach welcher eine gleiche Wahrscheinlichkeit dafür besteht, daß ein neugeborenes Kind männlichen oder weiblichen Geschlechtes ist.* Zur Abkürzung nennen wir ein Jahr mit überwiegend Knabengeburten ein männliches Jahr M. ARBUTHNOTS Überlegung verlief folgendermaßen: Falls die Gleichwahrscheinlichkeitshypothese richtig wäre, müßte die Verteilung der männlichen und weiblichen Jahre über insgesamt 82 Jahre der Verteilung der Resultate K und S über 82 Würfe mit einer symmetrisch gebauten Münze entsprechen. Er bewies diese Behauptung nicht, sondern setzte sie als selbstverständlich voraus. Die von ihm überprüfte Hypothese h lautete also: *Die Wahrscheinlichkeitsverteilung für männliche und weibliche Jahre ist eine Binomialverteilung mit dem Paramater $W(M) = 1/2$.*

Als Beobachtungsergebnis legte ARBUTHNOT das Geburtenregister der Stadt London für 82 aufeinanderfolgende Jahre zugrunde. Danach gab es in allen 82 Jahren mehr männliche als weibliche Geburten. ARBUTHNOT stellte die folgende Überlegung an: Wäre die Hypothese h richtig, so wäre die Chance, 82 aufeinanderfolgende männliche Jahre zu erhalten, gleich

$$\left(\frac{1}{2}\right)^{82} \approx 1/48360 \overbrace{\ldots 0}^{20 \text{ Nullen}} .$$

Dies ist ein ungeheuer niedriger Wert. Wenn wir per analogiam annehmen, daß sich dasselbe empirische Ergebnis auch für andere Weltgegenden und andere Zeiten ermitteln läßt, so erhalten wir eine Wahrscheinlichkeit, die praktisch unendlich klein ist. Er verwarf daher die Hypothese h.

Es dürfte sich um das erste historisch nachweisbare Beispiel dafür handeln, *daß ein Denker aufgrund einer Likelihood-Betrachtung zur Verwerfung einer Hypothese gelangte.* Eine rationale Rekonstruktion seiner Argumentation würde ja in folgendem Appell an eine Likelihood-Verwerfungsregel bestehen: „Wäre h wahr, so wäre die Wahrscheinlichkeit dessen, was sich tatsächlich ereignet hat, unvorstellbar klein. Ein Ereignis von dieser Art würde praktisch niemals stattfinden. Es hat jedoch stattgefunden. Also ist h zu verwerfen".

ARBUTHNOT begnügte sich nicht mit der Verwerfung von h, sondern zog den weiteren Schluß, daß nicht der Zufall, sondern die göttliche Vorsehung die Verteilung der Geschlechter regle.

Wie nicht anders zu erwarten, wurde ARBUTHNOTs ‚Argument' begierig aufgegriffen und durch mehrere Jahrzehnte hindurch von den Kanzeln Oxfords bis herab zu denen Münchens verkündet[63].

Dieses weitergehende Argument ist natürlich lächerlich. Aber es ist immerhin interessant festzustellen, daß es nicht ohne theoretisches Fundament ist. Zu der damaligen Zeit herrschte noch ganz die klassische Vorstellung vor, wonach jede Wahrscheinlichkeit auf gleichmöglichen (d. h. gleichwahrscheinlichen) Alternativen beruht. (Vgl. die klassische Wahrscheinlichkeitsdefinition: Wahrscheinlichkeit ist gleich dem Bruch, bestehend aus der Zahl der *günstigen* Fälle im Zähler und der der *möglichen* Fälle im Nenner.) N. BERNOULLI attackierte ARBUTHNOT, aber nicht in bezug auf die uns allein interessierende Verwerfung der Hypothese h, sondern wegen des voreiligen Schlusses auf die göttliche Vorsehung: Er zeigte, daß man die verworfene Hypothese h nicht durch die Vorhersehungshypothese zu ersetzen brauche, sondern daß es genüge, einen *anderen Parameter* der Binomialverteilung zu wählen, etwa den Parameter 18/35 für männlich, wodurch sich ein guter Einklang zwischen Theorie und Erfahrung erzielen lasse. Der be-

---

[63] Vgl. J. P. SÜSSMILCH, *Die Göttliche Ordnung*, Berlin 1741, und W. DERHAM, *Physico-Theology: or a demonstration of the being and attributes of God from the works of Creation*, London 1713.

deutende Wahrscheinlichkeitstheoretiker DE MOIVRE bestritt die Korrektheit der Argumentation BERNOULLIs. Wieso man dies ernsthaft bestreiten kann, werden wir sofort sehen.

Charakteristisch für ARBUTHNOTs Vorgehen ist nämlich *die Untersuchung einer isolierten Hypothese h.* Seine Überlegung besagt, daß *h* zu verwerfen ist, wenn diese Hypothese im Licht der verfügbaren Daten eine sehr geringe Likelihood besitzt (im vorliegenden Fall die Likelihood $(1/2)^{82}$).

In der Argumentation ARBUTHNOTs sind somit zwei Schritte zu unterscheiden: erstens der eben beschriebene Schritt (das Likelihood-Argument); zweitens der Übergang zur Hypothese der göttlichen Vorsehung. Nur der erste Schritt soll hier diskutiert werden. Der Fehler im zweiten Schritt ist im Prinzip von BERNOULLI aufgedeckt worden: Gleichwahrscheinlichkeitsannahmen sind nicht die einzig möglichen statistischen Annahmen. BERNOULLIs Argument war bloß unvollständig. Auf diesen Punkt kommen wir noch kurz zurück.

Nicht erst der Schluß auf die göttliche Vorsehung ist anfechtbar, sondern bereits das Likelihood-Argument. Würde man die Art von Überlegung für korrekt halten, die ARBUTHNOT aufgestellt hat, so hätte dies eine katastrophale Konsequenz: *Es müßte nicht nur die zur Diskussion stehende Hypothese h verworfen werden, sondern ebenso jede andere Hypothese, gleichgültig was sich tatsächlich ereignet.*

Um dies einzusehen, nehmen wir an, die Befragung des Londoner Geburtenregisters hätte ein Resultat ergeben, das vom intuitiven Standpunkt mit *h* im Einklang steht, etwa 41 männliche und 41 weibliche Jahre in irgendeiner bestimmten Reihenfolge. Wie groß ist die Likelihood von *h* bei 41 weiblichen und 41 männlichen Jahren *in einer bestimmten Anordnung?* Die Antwort ist höchst einfach. Sie ist genau dieselbe wie oben, nämlich $(1/2)^{82}$! *Wenn man sich entschließt, alles zu verwerfen, was eine niedrige Likelihood hat, so muß man h verwerfen, was auch immer sich ereignen mag.* Dies war der nicht anzufechtende Gegeneinwand von DE MOIVRE gegen BERNOULLI: Es ist gar nicht richtig, daß man bei Wahl eines anderen Parameters einen besseren Einklang mit der Erfahrung erzielt, wenn man den ersten Schritt in der Argumentationsweise von ARBUTHNOT überhaupt akzeptiert.

Der gesunde Menschenverstand wird sich dagegen auflehnen. Er wird sagen: „Es stimmt zwar, daß bei Annahme der Richtigkeit von *h* die Wahrscheinlichkeit von 41 männlichen und 41 weiblichen Jahren in einer ganz bestimmten Ordnung nicht größer ist als die Wahrscheinlichkeit von 82 männlichen Jahren. *Aber auf die Ordnung kommt es eben nicht an.* Bei Annahme der Richtigkeit von *h* ist die Wahrscheinlichkeit von 41 männlichen und 41 weiblichen Jahren *in irgendeiner beliebigen Ordnung* viel größer als die Wahrscheinlichkeit von 82 männlichen Jahren".

Damit sind wir bei einer weiteren Frage angelangt: *Was rechtfertigt es, nur die Proportion in Betracht zu ziehen, von der Ordnung jedoch zu abstrahieren?*

Für den Augenblick verschieben wir die Antwort auf diese Frage, da sie die Aufmerksamkeit von dem entscheidenden Punkt unnötig ablenken würde. Es muß zuvor prinzipiell Klarheit über etwas anderes geschaffen werden. (Allerdings sei bereits hier angedeutet, daß die Beantwortung der eben formulierten Frage nicht trivial ist und daß überraschenderweise eine korrekte Antwort erst im Jahre 1922 von R. A. FISHER gegeben worden ist.)

Wir übersetzen zunächst ARBUTHNOTS Gedankengang in die Sprache der modernen Testtheorie. Unter einem möglichen Resultat soll eine Folge von 82 Jahren, bestehend aus teils männlichen und teils weiblichen Jahren, verstanden werden (mit den beiden Grenzfällen von Folgen nur männlicher und nur weiblicher Jahre). h habe dieselbe Bedeutung wie eben. Die *Verwerfungsklasse R von h* ist die Klasse jener möglichen Resultate, bei deren tatsächlichem Auftreten h verworfen wird. ARBUTHNOTS Grundintuition läßt sich nun so wiedergeben: *R ist so zu wählen, daß im Fall der Wahrheit von h die Wahrscheinlichkeit eines möglichen Resultates (Elementes) von R sehr gering ist.* Die inhaltliche Rechtfertigung dafür lautet: Bei einer derartigen Wahl von R besteht eine äußerst geringe Irrtumswahrscheinlichkeit vom Typ I, d. h. *eine geringe Chance, eine richtige Hypothese zu verwerfen.*)

Der Gedanke läßt sich auch in der Likelihood-Terminologie ausdrücken: X sei die Folge der Jahre. T sei eine Beobachtung von 82 aufeinanderfolgenden Jahren in bezug auf die Merkmale „männliches Jahr" und „weibliches Jahr". E sei das Ereignis, in der Klasse R zu liegen. (R ist für den Augenblick eine variable Größe; ihre endgültige Bestimmung erfolgt mittels der unten geschilderten Minimal-Likelihood-Forderung von ARBUTHNOT.) D sei die in h beschriebene Verteilung, also die Binomialverteilung mit dem Parameter $W(M) = 1/2$. V_T sei die Beobachtung der letzten 82 Jahre (in London oder in der Welt) in bezug auf die beiden Merkmale. Wir bilden jetzt die einfache kombinierte statistische Proposition $\langle\langle X, T, D\rangle;$ $\langle X, V_T, E\rangle\rangle$, die wir zwecks größerer Suggestivität durch $\langle h; R\rangle$ abkürzen. ARBUTHNOTS Gedanke kann nur in der Gestalt der folgenden Forderung der minimalen Likelihood ausgedrückt werden: „Wähle R so, daß die Likelihood von $\langle h; R\rangle$ sehr klein ist". (Um R quantitativ zu präzisieren, muß natürlich „sehr klein" irgendwie in die quantitative Sprache übersetzt werden. Für das Beispiel bildet diese Wahl keine Schwierigkeit. Denn z. B. $(1/10)^{10}$ wird man sicherlich als sehr klein bezeichnen; und diese Zahl oder eine noch viel kleinere würde durchaus genügen, um die von ARBUTHNOT vorgenommene Verwerfung zu erzielen.)

Auch diese Präzisierung führt jedoch leider überhaupt nicht weiter. Die Wahl von R kann noch auf verschiedenste Weise erfolgen. Hegt man ein Vorurteil gegen eine Hypothese h_1, so kann man nach Beobachtung eines Resultates E_1 die Verwerfungsklasse R_1 stets so wählen, daß erstens E_1 in R_1 liegt und daß zweitens die Likelihood von $\langle h_1; R_1\rangle$ sehr klein ist.

Diese Tatsache zeigt erneut die Berechtigung der Frage: *Ist es überhaupt sinnvoll, isolierte statistische Hypothesen zu testen?*

Laplace dürfte der erste gewesen sein, der gezeigt hat, wie man an dieses Problem heranzugehen hat. Seine Methode enthält implizit eine negative Antwort auf die eben formulierte Frage. Er bringt das folgende anschauliche Beispiel: Auf einer Tafel stehe das Wort „Konstantinopel" geschrieben. Es soll die Hypothese geprüft werden, daß dieses Wort *durch Zufall* dorthin gelangt sei (etwa in der Weise, daß ein Kind, welches zwar die Buchstaben des Alphabetes beherrscht, aber dieses Wort nicht kennt, die Buchstabenreihe gedankenlos, Buchstabe für Buchstabe, hingeschrieben hat.) Diese Zufallshypothese ist zu verwerfen; *aber nicht deshalb, weil das angegebene Wort unter der Annahme ihrer Richtigkeit sehr selten zustandekäme* (die Chance seines Auftretens außerordentlich gering wäre), *sondern weil wir eine viel bessere andere Hypothese zur Verfügung haben, d. h. eine Hypothese, bei deren Richtigkeit das fragliche Wort viel häufiger angeschrieben wird.* Die andere Hypothese lautet: „Jemand hat das Wort ‚Konstantinopel' bewußt hingeschrieben". Das Wort „Konstantinopel" kommt in unserer Sprache vor. Die Wahrscheinlichkeit, daß einer, der die Sprache beherrscht, das Wort absichtlich hingeschrieben hat, ist daher viel größer als die Wahrscheinlichkeit, daß es durch Zufall auf die Tafel gelangt sei. (Übungsaufgabe: Der Gedankengang soll formal präzisiert werden. Hinweis: Die sog. Zufallshypothese muß noch schärfer umrissen werden, etwa in der Weise, daß man eine Binomialverteilung mit dem Parameter $\vartheta = 1/26$ annimmt, wobei hier im Nenner die Anzahl der Buchstaben des Alphabetes steht.)

Die Moral von der Geschichte läßt sich im folgenden Imperativ festhalten: „Verwirf eine Hypothese h nicht bereits dann, wenn das, was sich tatsächlich ereignet hat, unter der Annahme der Richtigkeit von h sehr selten ereignet; verwirf h nur dann, wenn du eine bessere Hypothese hast!" Was diese moralische Ermahnung, in der von einer *besseren* Hypothese gesprochen wird, eigentlich beinhaltet, kann mittels des Begriffs der Stützung so präzisiert werden: „Ein Test soll nur dann zur Verwerfung einer Hypothese führen, wenn eine andere Hypothese verfügbar ist, die *viel besser gestützt* ist als die erste". Über den Stützungsbegriff ist hier zunächst noch nichts Näheres ausgemacht. Wenn man aber die früher zitierte Theorie akzeptiert, so ist es klar, daß damit auch das Grundprinzip der Testtheorie auf den Begriff der relativen Likelihood zurückgeführt wird. Denn der eben ausgesprochene intuitive Grundsatz stellt ja eine Verknüpfung her zwischen dem Grundbegriff der Testtheorie, nämlich dem Begriff der *Verwerfung*, und dem Grundbegriff der Stützungstheorie, nämlich dem Begriff *besser gestützt als*. Und dieser letztere Begriff ist auf den Begriff der Likelihood zurückgeführt worden.

In der Sprache der Verwerfungsklassen formuliert: Die Wahl der Verwerfungsklasse R für h_1 darf nicht nur von der Likelihood von $\langle h_1; R \rangle$ für eine isolierte Hypothese h_1 abhängig gemacht werden. Vielmehr ist sie abhängig zu machen vom *Likelihood-Vergleich* zwischen zwei kombinierten Propositionen, etwa zwischen $\langle h_1; R \rangle$ und $\langle h_2; R \rangle$ für eine geeignete zweite Hypothese h_2.

Man übersehe nicht, daß bei der Einbeziehung einer zweiten statistischen Hypothese der Begriff der Verwerfungsklasse weiterhin *auf die erste Hypothese bezogen* bleibt.

Wenden wir dies auf unser Beispiel an. Wir setzen für h_1 die Hypothese von ARBUTHNOT ein („die Wahrscheinlichkeit eines männlichen Jahres ist gleich 1/2") und für h_2 die Gegenhypothese von Bernoulli („die Wahrscheinlichkeit eines männlichen Jahres ist gleich 18/35"). Eine im Sinn von Laplace vernünftige Verwerfungsklasse für h_1 wäre dann dadurch charakterisiert, daß sie Ergebnisse enthält, die im Fall der Wahrheit von h_1 selten vorkommen, sich dagegen im Fall der Wahrheit von h_2 nicht selten ereignen.

Wenn wir wieder zu einem etwas laxeren Sprachgebrauch zurückkehren, können wir zwei Arten von Likelihood-Tests einander gegenüberstellen, nämlich:

(1) den *reinen* Likelihood-Test, welcher auf der Intuition beruht: „Verwirf eine Hypothese dann, wenn sich das, was sich ereignet, unter der Annahme der Wahrheit der Hypothese sehr selten ereignet"
und:

(2) den *relativen* Likelihood-Test, bei dem die zugrundeliegende Intuition die folgende ist: „Verwirf eine Hypothese h_1, welche zusammen mit einer Hypothese h_2 zur Diskussion gestellt worden ist, wenn das, was sich ereignet, unter der Annahme der Wahrheit von h_1 sehr unwahrscheinlich ist, nicht jedoch unter der Annahme der Wahrheit von h_2".

Unsere These lautet: Die für (1) angegebenen intuitiven Begründungen sind falsch, die für (2) gegebenen hingegen im Prinzip richtig. Daher ist auch ARBUTHNOTs Argument unrichtig, da es auf einer stillschweigenden Annahme eines *reinen* Likelihood-Tests beruht. Die Verwerfung seiner Hypothese h_1 war allerdings trotzdem richtig, aber nicht deshalb, weil die Hypothese der göttlichen Vorsehung der Hypothese h_1 vorzuziehen ist, sondern weil man als Gegenhypothese h_2 die von BERNOULLI erwähnte wählen kann und diese zu einer Verwerfung von h_1 auf der Grundlage eines korrekten *relativen* Likelihood-Tests führt.

Für die Begründung dieser Behauptung muß allerdings noch die früher zurückgestellte Frage erörtert werden, warum man denn bei Beobachtungsresultaten von der Art, wie sie ARBUTHNOT verwenden mußte, die Ordnung vernachlässigen kann. (Nur dann funktioniert ja, wie wir uns erinnern, im vorliegenden Fall ein Test von der Art (2).) Die Antwort sieht folgendermaßen aus: h_1 und h_2 seien wieder die beiden erwähnten Hypothesen. e_0 sei ein Erfahrungsdatum, welches für 82 aufeinanderfolgende Jahre das Verhältnis von männlichen und weiblichen Jahren ausdrückt und darüber hinaus auch die genaue Reihenfolge dieser beiden Typen von Jahren beschreibt. e_k sei dasjenige Datum, welches aus e_0 dadurch zustandekommt, daß die Erwähnung der Reihenfolge weggelassen wird. Wir nennen e_k das relativ zu e_0 *kontrahierte* Datum. Es läßt sich nun, wie R. A. Fisher gezeigt hat, beweisen, daß die folgende Gleichheit zwischen Brüchen über Chancen besteht:

$$(*) \quad \frac{\text{die Chance, daß } e_0 \text{ im Fall der Wahrheit von } h_1 \text{ eintritt}}{\text{die Chance, daß } e_0 \text{ im Fall der Wahrheit von } h_2 \text{ eintritt}} = \frac{\text{die Chance, daß } e_k \text{ im Fall der Wahrheit von } h_1 \text{ eintritt}}{\text{die Chance, daß } e_k \text{ im Fall der Wahrheit von } h_2 \text{ eintritt}}$$

Terminologische Anmerkung. Fisher nennt e_k eine *hinreichende Statistik* für e_0.

Jetzt kann man leicht erkennen, wie unter Benützung eines Tests von der Art (2) die Argumentation Arbuthnots in Ordnung gebracht werden kann. Bezüglich des empirischen Datums berücksichtigen wir den tatsächlichen und den davon verschiedenen möglichen anderen Fall:

1. Fall: e_0 besagt, daß alle 82 Jahre männlich sind. Hier spielt die Ordnung keine Rolle, also ist e_0 *identisch mit* e_k. Die obige Gleichung ist eine Tautologie von der Gestalt „$r = r$". Die Berechnung des Bruches ergibt einen sehr kleinen Wert, da die Wahrscheinlichkeit des Ereignisses e_0 (oder was ja dasselbe ist: e_k) bei Voraussetzung der Wahrheit von h_1 viel geringer ist als die Wahrscheinlichkeit eben dieses Ergebnisses bei Voraussetzung der Wahrheit von h_2. Unter Berufung auf den relativen Likelihood-Test (Intuition (2)) ist also h_1 zu verwerfen.

2. Fall: e_0 besagt, daß 41 männliche und 41 weibliche Jahre *in einer ganz bestimmten Ordnung* vorliegen. Hier ist e_0 *nicht* mit e_k identisch (in der Carnapschen Terminologie hätte man zu sagen, daß e_0 eine Zustandsbeschreibung enthält, e_k hingegen nur eine zugehörige Strukturbeschreibung). Obwohl das tatsächliche Beobachtungsresultat e_0 ist, genügt es für die Bestimmung der relativen Likelihoods wegen (*), die rechte Seite dieser Gleichung zu berechnen. Die Berechnung ergibt diesmal einen sehr hohen Wert, d. h. der reziproke Wert ist sehr klein. Also wäre diesmal die Bernoulli-Hypothese zugunsten der Arbuthnot-Hypothese zu verwerfen.

Alles bisher Gesagte gehört zu den intuitiven Vorbetrachtungen. Viele der dabei benützten Begriffe waren daher mit einer inhaltlichen Vagheit behaftet. Das, worauf es ankäme, wäre der Aufbau einer Testtheorie, die auf der Intuition (2) beruht. Dieser weitere Aufbau hätte auch die Aufgabe, die Intuition dadurch zu erhärten, daß gezeigt wird: Diese Testtheorie hat zahlreiche Konsequenzen, die vermutlich richtig sind, jedoch keine, die vermutlich falsch sind. Dies bleibt jedenfalls unser Wunsch. Er wird sich leider nicht ganz erfüllen (vgl. 10.b).

Zuvor soll jedoch eine andere Testtheorie diskutiert werden, die überhaupt nicht mit dem Begriff der Likelihood arbeitet. Diese Theorie verdient es, genauer analysiert zu werden, da sie vermutlich die unter Statistikern am stärksten verbreitete Theorie ist.

9.b Macht und Umfang eines Tests. Die Testtheorie von Neyman-Pearson. In einer wesentlichen Hinsicht besteht zwischen der hier zu erörternden und der später zu schildernden Likelihood-Testtheorie eine Ähnlichkeit. Es werden in beiden Fällen keine isolierten Hypothesen in Betracht gezogen. NEYMAN dürfte der erste gewesen sein, der den intuitiven Gedanken von LAPLACE explizit formulierte, nämlich, *daß es keinen statistischen Test von Hypothesen gibt, der nicht auf miteinander rivalisierende Hypothesen Bezug nimmt.* In diesem Sinn können alle modernen Testtheorien, ebenso wie die früher skizzierte Stützungstheorie, *als moderne statistische Varianten der Theorie der eliminativen Induktion* angesehen werden. Demgegenüber bilden sowohl die Theorie REICHENBACHS als auch die ursprüngliche Theorie CARNAPS Varianten der enumerativen Theorie der Induktion. Über die Nebulosität des Ausdruckes „Induktion" muß man sich bei diesem Vergleich natürlich hinwegsetzen.

Die folgenden Überlegungen zielen nicht so sehr auf die Kritik einer bestimmten Testtheorie ab; sie sollen vielmehr in der Hauptsache dazu dienen zu verhindern, daß die an sich sehr interessanten und wichtigen Begriffe des Umfangs und der Macht eines Tests wissenschaftstheoretisch überschätzt werden.

Einige Autoren halten Begriffe wie den der Annahme und der Verwerfung einer Hypothese für zu grob. Tatsächlich jedoch können wir in zahllosen praktischen Situationen nicht umhin, solche Entscheidungen zu treffen. Wenn der leitende Ingenieur einer Firma für Leuchtröhren eine Entscheidung darüber treffen muß, ob eine bestimmte Neuproduktion eingeleitet werden soll, so wird diese Entscheidung davon abhängen, wie aufgrund von Stichproben der Test der Hypothese ausfällt, daß die durchschnittliche Lebensdauer dieser neuen Röhren mindestens 600 Std. beträgt. Wenn sich die Geschäftsführung einer chemischen Fabrik entscheiden soll, ob man ein neues Medikament auf den Markt bringen werde, so wird dieser Entscheidung z. B. ein Test der Hypothese vorangehen, daß 85% der Leute, welche an einer bestimmten Krankheit leiden, nach Einnahme dieses Medikamentes genesen. Und wenn in einem Land mit zentraler Wirtschaftsplanung der Entschluß gefaßt wird, nunmehr eine bestimmte Weizensorte zu produzieren, so kann diesem Beschluß ein Test der Hypothese vorangehen, daß diese Weizensorte einen höheren Ertrag liefert als eine andere.

In allen drei Fällen handelt es sich um die Überprüfung einer Hypothese, welche eine Aussage über einen Parameter macht: Im ersten Fall besagt die Hypothese, daß $\vartheta \geq 600$, wobei ϑ der Parameter einer *Exponentialverteilung* ist. Im zweiten Fall ist der Parameter $\vartheta = 0{,}85$, wobei eine *Binomialverteilung* vorliegt. Im dritten Fall lautet die Hypothese, daß $\mu' - \mu'' = 0$, wobei μ' und μ'' die Mittel zweier *Normalverteilungen* mit gegebener Varianz sind.

In den Sätzen, die mit „wobei" beginnen, wird jeweils explizit jener Teil der statistischen Daten erwähnt, der eine Annahme über eine bestimmte Struktur der Verteilungshypothese enthält. In allen drei Fällen werden also statistische Hypothesen höherer Ordnung vorausgesetzt. Dies ist, wie wir bereits wissen, der übliche Fall: der Test beschränkt sich auf *die Überprüfung einer Annahme über den Wert eines Parameters*. Bisweilen aber werden diese Oberhypothesen selbst einem Test unterzogen. Das Problem nimmt dann eine völlig andere Form an: Es steht nicht mehr der Wert eines Parameters zur Diskussion, sondern *die Struktur der Verteilung*. Hier wird das mathematische Modell selbst in Frage gestellt: Im ersten Fall fragt der Ingenieur, ob es überhaupt richtig ist anzunehmen, daß eine Exponentialverteilung vorliegt; im zweiten Fall fragt der Chemiker, ob der Genesungsvorgang durch das Modell der Binomialverteilung adäquat beschrieben wird; im dritten Fall muß sich der Agrarpolitiker überlegen, ob es berechtigt ist, von einer Normalverteilung auszugehen.

Zunächst führen wir einige in der Testtheorie übliche Begriffe ein. Getestet wird eine Hypothese h_0 gegen eine zweite Hypothese h_A. h_0 wird *Nullhypothese* genannt. h_A heißt die (mit h_0 rivalisierende) *Alternativhypothese*. Das Prüfungsverfahren wird von den Statistikern so interpretiert, daß die Verwerfung von h_0 äquivalent ist mit der Annahme von h_A und die Annahme von h_0 äquivalent mit der Verwerfung von h_A. Wie schon einmal erwähnt, ist diese Voraussetzung nicht unproblematisch; doch soll sie vorläufig nicht in Frage gestellt werden.

Zur Illustration sei für die obigen drei Beispiele jeweils eine geeignete Alternativhypothese h_A angegeben: Im ersten Beispiel behauptet die Alternativhypothese, daß $\vartheta < 600$; im zweiten Beispiel besage sie etwa, daß $\vartheta = 0,60$, und im dritten Beispiel, daß $\mu' - \mu'' \neq 0$.

Wenn sowohl die Form der Verteilungsfunktion als auch die Werte sämtlicher Parameter genau spezifiziert sind, spricht man von einer *einfachen* Hypothese, ansonsten von einer *zusammengesetzten* Hypothese. Im ersten Beispiel wird die zusammengesetzte Hypothese $\vartheta \geq 600$ gegen die zusammengesetzte Hypothese $\vartheta < 600$ getestet. Im zweiten Beispiel dagegen sind sowohl die Nullhypothese als auch die Alternativhypothese einfach, wenn wir für die Alternativhypothese den Parameter mit dem genauen Wert $\vartheta = 0,60$ ansetzen. Im dritten Beispiel wird die einfache Hypothese $\mu' - \mu'' = 0$ gegen die zusammengesetzte Hypothese $\mu' - \mu'' \neq 0$ getestet.

Die Wahl eines Testkriteriums für die Nullhypothese h_0 kann formal präzisiert werden als eine erschöpfende Unterteilung des Stichprobenraumes, d.h. des Raumes der möglichen Resultate, in zwei disjunkte Klassen, nämlich in:

(a) die *Verwerfungsklasse R*, auch *kritische Region* für h_0 genannt, und:

(b) die *Annahmeklasse $\overline{R}$* für h_0.

Die Wendung „Wahl eines statistischen Tests für h_0" sei synonym mit „Wahl einer kritischen Region für h_0".

Da eine statistische Hypothese aufgrund gegebener Beobachtungsdaten weder definitiv verifizierbar noch definitiv falsifizierbar ist, erscheint es als zweckmäßig, in einer Tabelle übersichtlich die vier Möglichkeiten zusammenzustellen, die vorliegen können, wenn man eine kritische Region R für h_0 gewählt hat. Dabei wird vorausgesetzt, daß nur die beiden Alternativen h_0 und h_A gegeben sind.

	h_0 ist wahr (h_A ist falsch)	h_0 ist falsch (h_A ist wahr)
Annahme von h_0 (Verwerfung von h_A)	korrekte Entscheidung	Typ-II-Fehler (Irrtumswahrscheinlichkeit β)
Verwerfung von h_0 (Annahme von h_A)	Typ-I-Fehler (Irrtumswahrscheinlichkeit α)	korrekte Entscheidung

Ein *Typ-I-Fehler* wird also begangen, wenn eine richtige Nullhypothese verworfen wird (obwohl sie eigentlich angenommen werden sollte). Ein *Typ-II-Fehler* wird begangen, wenn eine falsche Nullhypothese akzeptiert wird (obwohl sie eigentlich verworfen werden sollte). Es geht um eine vernünftige Methode zur Umschiffung dieser *beiden* Klippen: Wahres zu verwerfen oder Falsches zu akzeptieren. Und zwar soll diese Methode durch eine geeignete Wahl der kritischen Region R erfolgen.

Unter dem *Umfang* eines Tests für h_0 gegen h_A versteht man die Chance α, ein in die kritische Region R fallendes Resultat zu beobachten, obwohl die Nullhypothese wahr ist. *Der Umfang eines Tests ist also dasselbe wie die Chance, bei der Wahl des zu diesem Test gehörenden R einen Typ-I-Fehler zu begehen* (also die richtige Nullhypothese zu verwerfen und die falsche Alternative zu akzeptieren). Viele Autoren sprechen statt vom Umfang α eines Tests von der *Signifikanzstufe* α dieses Tests.

Unter der *Macht eines Tests* für h_0 gegen h_A wird *die Chance* verstanden, *bei der Wahl des zu diesem Test gehörenden R h_0 im Fall der Wahrheit von h_A zu verwerfen.* Wenn β die Wahrscheinlichkeit der Begehung eines Typ-II-Fehlers ist, so ist die Macht eines Tests also die Wahrscheinlichkeit $1 - \beta$, nämlich *die Wahrscheinlichkeit, keinen Typ-II-Fehler zu begehen,* kurz gesagt: es ist die Wahrscheinlichkeit, Falsches zu verwerfen. Da die Wahl eines Tests in der Wahl von R besteht, wird häufig auch vom Umfang und von der Macht der kritischen Region gesprochen.

Die Theorie von NEYMAN-PEARSON kann am besten in der Weise gedeutet werden, daß darin versucht wird, die folgenden beiden Gedanken miteinander zu verknüpfen:

Erster Gedanke: Es soll ein Test gewählt werden, der einen *möglichst kleinen Umfang* (eine möglichst kleine Signifikanzstufe) besitzt. Anders ausgedrückt: R ist so zu wählen, daß die Wahrscheinlichkeit, einen Typ-I-Fehler zu begehen (d. h. die Wahrscheinlichkeit, eine wahre Hypothese zu verwerfen), möglichst gering ist.

Zweiter Gedanke: Bei dem gewählten Test soll zugleich eine große Chance bestehen, eine falsche Hypothese zu verwerfen, d. h. der Test soll eine *möglichst große Macht* besitzen. Anders ausgedrückt: Es soll auch die Wahrscheinlichkeit dafür, einen Typ-II-Fehler zu begehen (d. h. die Wahrscheinlichkeit, etwas Falsches zu akzeptieren), möglichst gering sein.

In einem Schlagwort könnte man das intuitive Grundprinzip von NEYMAN-PEARSON so wiedergeben:

(a) *Es soll eine kleine Wahrscheinlichkeit dafür, Wahres zu verwerfen, mit einer großen Wahrscheinlichkeit dafür, Falsches zu verwerfen, verknüpft werden.*

In der Sprache der Irrtumswahrscheinlichkeit lautet das Prinzip:

(a') *Es soll eine geringe Wahrscheinlichkeit dafür, einen Typ-I-Fehler zu begehen, mit einer großen Wahrscheinlichkeit dafür, keinen Typ-II-Fehler zu begehen, verknüpft werden.*

Wir geben noch eine dritte Formulierung, die mit den beiden Begriffen *Umfang* und *Macht* operiert:

(a'') *Es sol ein Test gewählt werden, der einen kleinen Umfang, aber eine große Macht besitzt.*

Dieser Gedanke dürfte auch in allen nichtstatistischen Fällen sinnvoll sein, in denen wir es mit weder verifizierbaren noch falsifizierbaren Hypothesen zu tun haben, vorausgesetzt allerdings, daß dort ein geeigneter Wahrscheinlichkeitsbegriff definiert werden kann (denn der in der Formulierung statistischer Hypothesen benützte Wahrscheinlichkeitsbegriff steht ja dort nicht zur Verfügung).

Es möge nun beachtet werden, daß man bei oberflächlicher Formulierung des Gedankens zu einer Absurdität gelangt, so daß es nicht möglich ist, ihn unmodifiziert zu übernehmen und zu präzisieren. Ein Vergleich mit dem sog. *ökonomischen Prinzip*, wie es in der theoretischen Nationalökonomie gelegentlich formuliert wurde, möge dies verdeutlichen. Danach soll mit möglichst geringen Kosten ein möglichst hoher Ertrag erzielt werden. Diese Forderung ist unsinnig. Die eben formulierte Behauptung läßt sich zwar nicht logisch beweisen, aber doch sehr plausibel machen. Das ökonomische Prinzip in der gegebenen Fassung hat eine verdächtige Ähnlichkeit mit der Aufforderung: „Wasch mir den Pelz, aber mach mich nicht naß!“ Ein

Wirtschaftssubjekt hätte dieses Prinzip erst dann wirklich befolgt, wenn es ihm gelungen wäre, ohne Einsatz von Mühe ein Schlaraffenland zu erzeugen. Man kann nicht zwei in entgegengesetzte Richtung gehende Superlative simultan verlangen. Es ist sinnvoll zu fordern, daß bei *gegebenen* Kosten der Ertrag möglichst hoch werden soll; ebenso zu verlangen, daß ein *gegebener* Ertrag mit möglichst niedrigen Kosten erzielt werden soll. Unerfüllbar hingegen ist die Forderung, *ohne* Kosten *alles* zu erreichen.

NEYMAN und PEARSON haben natürlich nicht den Fehler begangen, die Forderung zu erheben, daß simultan der Umfang zu minimalisieren und die Macht zu maximalisieren sei. In der *Neyman-Pearson-Testtheorie* wird vielmehr an Stelle von (*a*) das folgende Prinzip aufgestellt:

> (*b*) *Es soll ein kleiner, aber fester Umfang* (eine kleine Typ-I-Irrtumswahrscheinlichkeit) *gewählt werden*, etwa der Betrag 0,01, *und unter allen kritischen Regionen soll diejenige mit der größten Macht ausgewählt werden.*

Hier tritt die Frage auf, ob dies überhaupt möglich ist. Das Lemma von NEYMAN und PEARSON, welches wir hier ohne Beweis anführen, gibt darauf eine bejahende Antwort. Danach existiert im Fall einer Alternative zwischen zwei einfachen Hypothesen für jeden gewählten Umfang ein mächtigster Test (eine mächtigste kritische Region). Zugleich werden darin hinreichende Bedingungen dafür angegeben, daß diese Situation vorliegt. Sofern die Bedingungen erfüllt sind, ist also bei vorgegebener Wahrscheinlichkeit, die Nullhypothese im Wahrheitsfall zu verwerfen (also einen Typ-I-Irrtum zu begehen) die Wahrscheinlichkeit, die Nullhypothese im Falschheitsfall zu verwerfen (also keinen Typ-II-Irrtum zu begehen), am größten.

Anmerkung. Für einen einfachen Beweis des Lemmas vgl. etwa J. E. FREUND, [Statistics], S. 240 ff. Der Beweis ist wissenschaftstheoretisch interessant; denn der dabei benützte zentrale Begriff ist der Begriff der Likelihood. Dies zeigt, daß die NEYMAN-PEARSON-Testtheorie nicht so stark von der im nächsten Unterabschnitt geschilderten Likelihood-Testtheorie abweicht, wie es zunächst den Anschein hat. Denn auch die erstere kann als eine verklausulierte Likelihood-Testtheorie angesehen werden. Trotzdem wird es sich herausstellen, daß diese beiden Testtheorien divergieren.

Die skizzierte Theorie kann nach zwei Richtungen verallgemeinert werden.

(I) Die erste Verallgemeinerung besteht darin, daß der *reine* Test durch einen *gemischten* Test ersetzt wird. Man nennt einen Test *rein*, wenn man nur mit der Zweiteilung *Annahme* und *Verwerfung* operiert und dabei zugleich *Nichtverwerfung mit Annahme identifiziert.* In einem *gemischten Test* werden demgegenüber die möglichen Resultate in drei Kategorien eingeteilt: (1) diejenigen Resultate, die zu einer Verwerfung der Nullhypothese führen; (2) diejenigen Resultate, die zur Annahme der Nullhypothese führen; (3) diejenigen Resultate, in denen vorgeschrieben wird, die Nullhypothese weder anzunehmen noch zu verwerfen, sondern eine diesbezügliche Entscheidung vom Ausgang eines neuen Experimentes abhängig zu machen. Gemischte Tests werden bisweilen auch als *mehrstufige Tests* oder als *sequentielle Tests* bezeichnet.

Um keine Verallgemeinerung, sondern um eine Modifikation — und zwar um eine Modifikation im Sinne einer *Abschwächung* — reiner Tests handelt es sich bei den *Signifikanztests*: Hier wird als Alternative zur Verwerfung der Nullhypothese h_0 nicht die Annahme der mit h_0 rivalisierenden Hypothese h_A, sondern Urteilsenthaltung empfohlen.

Ein Beispiel erläutere den Unterschied zwischen den drei Tests. h_0 sei die Hypothese, daß eine gegebene Münze symmetrisch gebaut ist, daß also für diese Münze gilt: $W(K) = W(S) = 1/2$. h_A besagt, daß die Münze nicht symmetrisch gebaut ist. Der Beobachtungsbefund bestehe aus den Resultaten von 100 Würfen mit der Münze. *1. Fall* (reiner Test): Wenn mindestens 60mal oder höchstens 40mal K aufscheint, ist h_0 zu verwerfen und h_A zu akzeptieren. Ergibt sich dagegen höchstens 59mal und mindestens 41mal K, so wird h_0 akzeptiert. *2. Fall* (gemischter Test): Die kritische Region von h_0 wird genauso gewählt wie im vorigen Fall. Die Annahme von h_0 wird auf jene Fälle beschränkt, in denen mindestens 48mal und höchstens 52mal K erzielt wird. Für die restlichen Resultate wird Aufschub des Urteils verlangt, bis das Ergebnis von 100 weiteren Würfen vorliegt (für welche dann abermals einer der drei Tests zu wählen ist). Daß es sich hierbei um einen differenzierten Test handelt, ergibt sich daraus, daß bei 53 bis 59 Resultaten K oder S zum Unterschied vom reinen Test die Gefahr des Typ-II-Fehlers für den Augenblick beseitigt wird und sein Wiederauftreten davon abhängt, was sich zukünftig ereignen wird. (Es ist aber zu bedenken, daß man, sofern der Test nach dem nächsten oder dem n-ten Schritt zu Ende kommen soll, keine definitive Aussage über eine Verringerung dieser Irrtumsgefahr machen kann, sondern nur eine *probabilistische* Aussage darüber.)

3. Fall (Signifikanztest): h_0 wird verworfen, wenn mindestens 56mal oder höchstens 44mal K aufscheint. In den übrigen Fällen ist Urteilsenthaltung zu üben.

An diesem Beispiel lassen sich die intuitiven Überlegungen verdeutlichen, auf denen dieser dritte Testtyp beruht: „Wenn z. B. 54mal oder 47mal *Kopf* geworfen wird, so erscheint es als vernünftig zu sagen, man könne nicht wissen, ob dieses Resultat entweder so zu interpretieren sei, daß zwar die Nullhypothese (Symmetriehypothese) richtig ist, sich jedoch eine gegenüber den (bei Gültigkeit dieser Hypothese) zu erwartenden 50 K-Würfen *zufallsbedingte Abweichung* ergeben hat; oder so, daß die Nullhypothese *falsch* ist. Für eine Entscheidung zugunsten der Falschheitsannahme ist die Abweichung vom Wert 50 zu gering."

Der Gefahr eines Typ-I-Fehlers ist man auch bei diesem Test ausgesetzt (wie immer, wo mit einer Verwerfungsregel operiert wird). Dagegen entgeht man der Gefahr eines Typ-II-Fehlers dadurch, daß man die

Forderung nach Verwerfungs- *und* Annahmeregeln fallen läßt und sich mit Verwerfungsregeln allein begnügt. Diesen Vorteil erkauft man sich allerdings mit einem Verzicht auf positive Entscheidungen.

(Die Irrtumswahrscheinlichkeit α wird meist nur im Zusammenhang mit einem derartigen Test als *Signifikanzstufe* bezeichnet: Je größer diese Stufe, desto höher auch *das einzige* bei diesem Test entstehende Risiko, nämlich das Risiko, Wahres irrtümlich zu verwerfen.)

Rein theoretisch kann man nicht entscheiden, welchem Test der Vorzug zu geben ist. *Wertgesichtspunkte* treten unvermeidlich ins Spiel. *Nicht immer kann man sich den Luxus leisten, das Urteil zu suspendieren oder neue Resultate abzuwarten*, z. B. weil die Zeit drängt oder die Geldmittel für die Durchführung weiterer Experimente fehlen.

(II) Die zweite Verallgemeinerung besteht in der Zulassung allgemeinerer Formen statistischer Hypothesen. Alle bisher betrachteten derartigen Hypothesen waren *einfache Hypothesen*, d. h. sie hatten die Gestalt: „Die wahre Verteilung ist D". Demgegenüber besagt eine *komplexe statistische Hypothese*: „Die wahre Verteilung liegt in der Klasse Γ". Wird für eine derartige Hypothese eine kritische Region R gewählt, so versteht man unter dem *Umfang des Tests* (d. h. unter dem Umfang der Verwerfungsklasse R) das *Maximum* unter den Umfängen von R, wenn R für sämtliche zu der komplexen Hypothese gehörenden einfachen Hypothesen als kritische Region gewählt wird. (Der Leser verdeutliche sich genau den Sinn dieser Aussage.) Auch hier wird man zunächst mit einem reinen Test beginnen und die komplexe Nullhypothese H_0 gegen eine komplexe Alternativhypothese H_A prüfen. Es kann sich dann ergeben, daß ein solcher Test von gegebenem Umfang zugleich ein gegenüber jedem anderen Test *mächtigster* Test ist für *jede* in H_0 enthaltene einfache Hypothese gegen *jede* in H_A enthaltene einfache Hypothese. Ein solcher Test wird *einheitlich mächtigster Test* oder UMP-Test genannt ("uniformly most powerful test"). Ein derartiger Test ist sehr selten. Häufig wird es notwendig sein, von Fall zu Fall Tests zu entwickeln, die als optimal empfunden werden. Eine über solche ‚Ad-Hockerien‘ hinausgehende systematische Vereinheitlichung ist bisher nicht geglückt.

Es ist zweckmäßig, sich diejenigen Begriffe der Testtheorie zu merken, in deren Definition keine Bezugnahme auf einen Wahrscheinlichkeitsparameter enthalten ist, zum Unterschied von solchen, die eine derartige Bezugnahme enthalten. Bei strenger Formalisierung würden sich alle diese Begriffe als metasprachliche Begriffe erweisen.

(A) Die wichtigsten ohne Wahrscheinlichkeitsparameter definierten Begriffe sind: Nullhypothese; Alternativhypothese; einfache Hypothese; komplexe Hypothese; kritische Region (Test, Verwerfungsklasse); Annahmeklasse; Typ-I-Fehler; Typ-II-Fehler.

(B) Mit Hilfe eines Wahrscheinlichkeitsparameters definierte Begriffe sind: Umfang (Signifikanzstufe) eines Tests = Typ-I-Irrtumswahrscheinlichkeit (Wahrscheinlichkeit, Wahres zu verwerfen); Macht eines Tests (Wahrscheinlichkeit, Falsches zu verwerfen = Wahrscheinlichkeit, keinen Typ-II-Irrtum zu begehen).

Wichtig ist auch die Beachtung des jeweiligen relationalen Charakters des Begriffs. Im Fall eines einfachen Tests ist insbesondere ein Fehler vom Typ I bezüglich der Nullhypothese dasselbe wie ein Fehler vom Typ II bezüglich der Alternativhypothese, und ein Fehler vom Typ II bezüglich der Nullhypothese dasselbe wie ein Fehler vom Typ I bezüglich der Alternativhypothese. Man kann also die Begriffe *Nullhypothese* und *Alternativhypothese* miteinander vertauschen, wenn man gleichzeitig die Begriffe *Typ-I-Fehler* und *Typ-II-Fehler* miteinander vertauscht.

9.c Die Mehrdeutigkeit der Begriffe „Annahme" und „Verwerfung". Abgesehen von gelegentlichen Andeutungen haben wir die beiden Begriffe der Annahme und der Verwerfung keiner Analyse unterzogen. Mißverständnisse können in einer Diskussion über statistische Testtheorien vor allem dadurch erzeugt werden, daß die einzelnen Diskussionsteilnehmer unter diesen Ausdrücken verschiedenes verstehen. Wenn wir vom positiven Ausdruck „annehmen" ausgehen, so lassen sich mindestens drei Bedeutungen unterscheiden:

(1) Nach der ersten Bedeutung heißt „eine Proposition annehmen" soviel wie: „an die Richtigkeit dieser Proposition glauben (von ihrer Richtigkeit überzeugt sein)". Analog bedeutet „verwerfen" dasselbe wie: „von der Falschheit überzeugt sein". Für diesen Begriff ist es also wesentlich, daß darin sowohl von der *Wahrheit* bzw. *Falschheit* als auch von *Überzeugungen* die Rede ist. Andererseits ist dieser Begriff in dem Sinn *absolut*, daß das Annehmen (und analog das Verwerfen) nicht auf einen Zweck relativiert wird. Wenn man an die Richtigkeit einer Proposition glaubt, so nimmt man sie schlechthin an; und wenn man sie für falsch hält, so verwirft man sie schlechthin. Nicht jedoch nimmt man sie *für den und den Zweck* an.

Diese Bedeutung dürfte fast immer intendiert sein, wo man solche Ausdrücke im Alltag benützt: Wenn jemand *annimmt, daß S*, so glaubt er, daß S der Fall ist.

Weder in der Wissenschaftstheorie noch in der Statistik steht jedoch dieser Begriff im Vordergrund. Denn hier hat man es mit *Hypothesen* zu tun, deren Wahrheitswert man nicht kennt. Und etwas, dessen Wahrheitswert man nicht mit Sicherheit ermitteln kann, in dem Sinne annehmen, daß man daran mit unerschütterlicher Überzeugung glaubt, heißt nichts geringeres, als einem unkritischen Irrationalismus zu huldigen.

(2) Trotzdem ist man sowohl in theoretischen als auch in praktischen Entscheidungssituationen häufig genötigt, eine bloße Mutmaßung *für einen bestimmten Zweck* zu akzeptieren. Hinsichtlich praktischer Zwecke wurden oben einige Beispiele angeführt (S. 152). Von theoretischen Entscheidungssituationen sprechen wir dann, wenn ein Wissenschaftler eine Theorie für Systematisierungszwecke, also insbesondere für *Erklärungen* sowie für *Prognosen*, benützt. Ein Naturwissenschaftler ist sich z. B. dessen

bewußt, daß die Hypothesen, mit welchen er umgeht, unverifizierbar sind. Trotzdem benützt er die am besten bestätigte (am besten gestützte) Theorie, um bisher unerklärliche Phänomene *versuchsweise* zu erklären oder um mit ihrer Hilfe Voraussagen abzuleiten, von denen er *hofft*, daß sie eintreffen werden.

Eine Wendung von der Art „*X* hat die Hypothese *h* angenommen" ist bei diesem Gebrauch eine elliptische, d. h. unvollständige Aussage. Es muß hinzugefügt werden (a) ob die Annahme für einen praktischen oder für einen theoretischen Zweck erfolgt und (b) welches dieser spezielle praktische oder theoretische Zweck ist. Die Zweckrelativierung ist erforderlich, weil das Annehmen nicht den Glauben an die Richtigkeit impliziert.

(3) In der statistischen Testtheorie kommt leider, wie bereits in 9.a erwähnt, noch eine weitere Bedeutung hinzu. Annehmen und Verwerfen in den bisherigen Bedeutungen bilden keine alle Fälle umfassende Alternative: Man braucht weder an die Wahrheit noch an die Falschheit einer Hypothese *h* zu glauben. Ebenso kann man sich darüber unschlüssig sein, ob man eine Hypothese für praktische oder theoretische Zwecke annehmen solle. Solange in der Statistik mit einem *reinen* Test gearbeitet wird — d. h. also solange man sowohl sequentielle Tests als auch Signifikanztests außer Betracht läßt —, wird die Alternative „annehmen — verwerfen" dagegen *als vollständige Alternative* konstruiert, und zwar geschieht dies mittels einer Nominaldefinition: Der grundlegende Begriff ist der Begriff der (provisorischen) Verwerfung; und „annehmen" ist *definiert* als „nicht verwerfen"[64]. Eine solche Definition ist nicht sehr zweckmäßig, da sie die beiden heterogenen Fälle des positiven Entschlusses zur Annahme für bestimmte Zwecke ebenso umfaßt wie die Unschlüssigkeit. Aber diese Definition hat sich nun einmal eingebürgert.

Gäbe es nur die beiden Bedeutungen (1) und (2), so wären kaum Mißverständnisse zu befürchten. *Es ist die Nichtbeachtung des Unterschiedes zwischen den Bedeutungen (2) und (3), welche die Gefahr heraufbeschwört, daß Logiker und Statistiker aneinander vorbeireden, wenn sie in eine kritische Diskussion der statistischen Testtheorie eintreten.*

9.d Einige kritische Bemerkungen zu den Begriffen Umfang und Macht. Es soll jetzt gezeigt werden, daß sich ein Unterschied ergibt je nachdem, ob man eine statistische Hypothese beurteilt, *bevor* man Versuche unternommen hat, oder *nachdem* derartige Versuche gemacht worden sind. Die Überlegungen von NEYMAN und PEARSON dürften für das erste, also für die ‚Vor-Versuchs-Überlegungen', angemessen sein, nicht jedoch für das letztere, also die ‚Nach-Versuchs-Überlegungen'. Um die Analysen möglichst durchsichtig zu machen, werden nur einfache statistische Hypothesen und auch nur einfache Tests betrachtet.

---

[64] Dies gilt ganz besonders für die englischsprachige Literatur; VAN DER WAERDEN trägt dem in [Statistik] Rechnung, indem er auf S. 353 "to accept" mit „nicht verwerfen" übersetzt.

h_0 sei eine einfache Nullhypothese. In ihr werde auf die experimentelle Anordnung X und die Versuchsart T Bezug genommen. Eine Verwerfungsklasse R sei gewählt worden. Der Umfang dieses Tests sei klein und betrage etwa 1/100. Die Chance, h_0 im Wahrheitsfall zu verwerfen, ist also gleich der Chance 1/100, unter der Voraussetzung der Richtigkeit von h_0 bei einem Versuch der Art T an X ein Resultat zu erhalten, welches in die kritische Region R hineinfällt. Diese etwas pendantisch anmutende Erinnerung daran, daß Versuche einer bestimmten Art an einer experimentellen Anordnung vorgenommen werden, erfolgte deshalb, weil in der statistischen Testtheorie die Relativierung meist vernachlässigt wird und dadurch der Eindruck entsteht, daß im Rahmen dieser Theorie die statistischen Wahrscheinlichkeiten „in einem Vakuum betrachtet werden", wie HACKING sich ausdrückt.

Wir betrachten jetzt die folgende

Metahypothese M_{h_0} : „h_0 wird nicht fälschlich verworfen werden".

Eine *Metahypothese* liegt hier vor, weil darin eine *Aussage über* h_0 gemacht wird. Solange keine Versuche (der Art T an X) unternommen worden sind, kann man M_{h_0} als gut gestützt ansehen. Diese Wendung „gut gestützt" nimmt *nicht* Bezug auf den früher definierten Stützungsbegriff. Denn letzterer galt für statistische Hypothesen, nicht dagegen für Aussagen *über* solche. Die Wendung ist vielmehr in einem rein intuitiven Sinn zu verstehen. Ihre Rechtfertigung liegt in der folgenden long-run-Überlegung: „Falls h_0 richtig ist, wird es sich bei Wahl dieses Tests auf lange Sicht ereignen, daß im Durchschnitt nur ungefähr jeder hundertste Versuch zur Verwerfung von h_0 führt". Diese Überlegung soll hier nicht kritisiert, sondern als gültig vorausgesetzt werden. (Dies ist unsere Konzession an NEYMAN und PEARSON; denn ihrer Theorie liegt diese Art von intuitiver Rechtfertigung einer Metahypothese zugrunde.) Wir sprechen von einer *guten A-priori-Stützung von* M_{h_0}.

Die gute A-priori-Stützung von M_{h_0} darf einen aber nicht zu dem Fehlschluß verleiten, *daß die Metahypothese* M_{h_0} *auch dann gut gestützt ist, wenn ein bestimmter Versuch von der Art T an X vorgenommen worden ist und sein Resultat bekannt ist.*

HACKING bringt dazu ein illustratives Beispiel: Gegeben sei eine Anordnung X und ein Versuchstyp T an X. Es gibt nur drei mögliche Resultate E_1, E_2 und E_3. Der Gehalt der Verteilunghypothese h_0 (Nullhypothese) werde ebenso wie der Gehalt von h_A (Alternativhypothese) in der folgenden Tabelle ausgedrückt:

	$W(E_1)$	$W(E_2)$	$W(E_3)$
h_0	0,01	0,95	0,04
h_A	0	0,95	0,05

Angenommen, wir wählen einen Test mit der Verwerfungsklasse $R = \{E_1\}$, d. h. h_0 ist genau bei Vorkommen von E_1 zu verwerfen. Da die Chance für das Eintreten von E_1 1/100 beträgt, ist auch die Wahrscheinlichkeit, bei Wahl dieses Tests einen Fehler vom Typ I zu begehen, also der Umfang des Tests, genau 1/100. Wir unterscheiden jetzt zwei Fälle. *1. Fall:* Wir betrachten die Situation, *bevor* wir noch einen Versuch gemacht haben. Dann können wir ziemlich sicher sein, keine fehlerhafte Verwerfung von h_0 vorzunehmen[65]; denn die Wahrscheinlichkeit, daß so etwas passieren könnte, beträgt ja nur 1/100. *2. Fall:* Es sei ein Versuch der Art T an X vorgenommen worden und das (ungewöhnliche) Resultat E_1 sei eingetreten. Dann passiert etwas völlig Absurdes: *Unser Test verlangt von uns, eine Hypothese zu verwerfen, von der wir fast mit Sicherheit wissen, daß sie richtig ist.* Anders ausgedrückt: Wir können (relativ auf die akzeptierten statistischen Daten) fast sicher sein, daß unser Test uns in die Irre führt. Wieso ist dies der Fall? Nun: Auf Grund der statistischen Daten steht nur die Wahl zwischen h_0 und h_A zur Diskussion. Im Wahrheitsfall von h_A kann aber wegen der Struktur dieser Verteilungshypothese E_1 mit praktischer Sicherheit gar nicht auftreten. Hat sich trotzdem E_1 ereignet, so können wir praktisch sicher sein, daß die Alternativhypothese falsch und daher h_0 richtig ist. Die Wahl von R verlangt jedoch die Verwerfung der Nullhypothese.

Nehmen wir an, die Alternativhypothese habe die folgende Beschaffenheit:

	$W(E_1)$	$W(E_2)$	$W(E_3)$
h'_A	0,000001	0,95	0,049999

Dann ist die Situation zwar nicht ganz so kraß wie im vorigen Fall, aber doch prinzipiell analog: Das Vorkommen von E_1 läuft diesmal zwar nicht auf einen ‚praktischen Beweis' dafür hinaus, daß h_0 richtig ist. Trotzdem haben wir starke Gründe dafür, die Richtigkeit von h_0 anzunehmen. Denn unter der Annahme der Richtigkeit von h_A ist das Auftreten von E_1 viel unwahrscheinlicher als im Fall der Richtigkeit von h_0. *Unser Test verlangt aber, das mutmaßlich Richtige zu verwerfen.*

Diese einfachen Beispiele sind nicht etwa als Einwendungen gegen die Neyman-Pearson-Theorie gedacht; denn diese Theorie arbeitet ja nicht nur mit dem Begriff des Umfanges, sondern daneben mit dem der Macht, und der eben geschilderte Test ist *nicht* der mächtigste Test zur Prüfung

---

[65] *Fehlerhafte Verwerfung* oder *fälschliche Verwerfung* einer Hypothese soll stets dasselbe bedeuten wie *Verwerfung der Hypothese im Wahrheitsfall*, d. h. in dem Fall, daß sie richtig ist. Analog soll *korrekte Verwerfung einer Hypothese* dasselbe bedeuten wie *Verwerfung der Hypothese im Falschheitsfall*.

von h_0 gegen die Alternative h_A bzw. h'_A. Doch wird dadurch eine sozusagen innere Problematik im Begriff des Umfangs aufgezeigt. Solange man nicht mit derartigen Beispielen konfrontiert wird, scheint ein kleiner Umfang — inhaltlich gesprochen: eine geringe relative Häufigkeit fehlerhafter Verwerfung auf lange Sicht — prima facie eine für sich wünschenswerte Eigenschaft eines Tests zu sein. Tatsächlich jedoch muß man hier scharf zwischen zwei Fällen unterscheiden: (a) Falls man es nur *mit einer einzigen Hypothese* zu tun hat, außerdem noch *kein Versuchsergebnis* vorliegt, ferner eine Wette darüber abgeschlossen werden soll, ob der Test zu einer fehlerhaften Verwerfung der Hypothese führt, wird man sich nur auf den Umfang stützen. Alle Tests vom gleichen Umfang — in unserem Fall gibt es nur einen Test vom Umfang 0,01, in komplizierteren Fällen gibt es zahlreiche — wären für den Wettenden gleichwertig. (b) Falls hingegen überdies *ein Resultat bekannt* ist, führen nicht mehr alle Tests vom selben Umfang zu einem gleich guten Wettverhalten. In unserem Beispiel, insbesondere im ersten Fall, würde ein Wettverhalten, das sich nur auf den Umfang stützt, vollkommen irrational sein. Denn wenn darauf gewettet würde, daß die Hypothese nicht fälschlich verworfen werde, so ginge die Wette (fast) jedesmal, wenn es zur Verwerfung käme, verloren. Die Moral von der Geschichte lautet: *Rationales Verhalten vor Bekanntwerden eines Versuchsergebnisses braucht nicht mehr rationales Verhalten nach dessen Bekanntwerden zu sein.*

Die bisherige Kritik richtete sich gegen den Begriff des *Umfanges*. Sie läßt sich auf den Begriff der *Macht* übertragen. Es sei wieder eine experimentelle Anordnung X und ein Versuchstyp T gegeben. Versuche dieser Art können zu vier möglichen Resultaten: $E_1, \ldots, E_4$ führen. Zur Diskussion stehen zwei Hypothesen h_0 und h_A. Der Gehalt dieser zwei Verteilungshypothesen soll in der folgenden Tabelle festgehalten werden. (Man beachte, daß im ersten Beispiel zwei sehr ähnliche Hypothesen miteinander verglichen wurden, während diesmal Nullhypothese und Alternativhypothese radikal voneinander verschiedene Behauptungen aussprechen.)

	$W(E_1)$	$W(E_2)$	$W(E_3)$	$W(E_4)$
h_0	0	0,01	0,01	0,98
h_A	0,01	0,01	0,97	0,01

Zum Unterschied vom vorigen Fall werden diesmal *zwei verschiedene Tests* mit demselben Umfang, jedoch verschiedener Macht miteinander verglichen. Beide Male handle es sich um *einfache* Tests.

Erster Test: Verwerfungsklasse $R = \{E_3\}$.

     Umfang $= 0,01$,

     Macht $= 0,97$.

Begründung der beiden letzten Behauptungen: Wenn h_0 richtig ist, so ist die Wahrscheinlichkeit von E_3 gleich 0,01. Wenn E_3 eintritt, muß nach diesem Test h_0 verworfen werden. Der Betrag 0,01 ist also dasselbe wie die Wahrscheinlichkeit, h_0 im Wahrheitsfall zu verwerfen, d. h. *die Wahrscheinlichkeit, einen Typ-I-Fehler zu begehen.* Dies aber ist nach Definition genau dasselbe wie der Umfang des Tests. Wenn h_0 falsch und daher gemäß Voraussetzung h_A richtig ist (einfacher Test!), so ist die Wahrscheinlichkeit von E_3 gleich 0,97. Die Testvorschrift ist dieselbe: Bei Eintreten von E_3 ist h_0 zu verwerfen. Unter der Voraussetzung der Richtigkeit von h_A ist also 0,97 die Wahrscheinlichkeit, h_0 im Falschheitsfall zu verwerfen, m. a. W. *die Wahrscheinlichkeit, keinen Typ-II-Fehler zu begehen.* Nach Definition ist dies genau dasselbe wie die Macht des Tests.

Zweiter Test: Verwerfungsklasse $S = \{E_1, E_2\}$.

Umfang $= 0,01$,

Macht $= 0,02$.

Begründung der beiden letzten Behauptungen: Die erste Behauptung ergibt sich analog wie oben; denn wenn h_0 wahr ist, so ist die Wahrscheinlichkeit, daß E_1 oder E_2 — also mindestens ein Element der Verwerfungsklasse — eintritt, gleich 0,01. Dies ist also wieder der Umfang, nämlich die Wahrscheinlichkeit, h_0 fälschlich zu verwerfen. Ist dagegen h_A richtig und damit h_0 falsch, so ist die Wahrscheinlichkeit des Eintretens eines dieser beiden Ereignisse $0,01 + 0,01 = 0,02$. Dies ist also die Wahrscheinlichkeit, h_0 korrekt zu verwerfen, d. h. keinen Typ-II-Irrtum zu begehen.

Wir benennen die beiden Tests nach den entsprechenden Verwerfungsklassen. *Bevor man noch mit einem Versuchsergebnis konfrontiert ist, wird man sicherlich dem Test R vor dem Test S den Vorzug geben; denn R hat denselben Umfang wie S, jedoch eine viel größere Macht:* Das Risiko, h_0 im Wahrheitsfall zu verwerfen, ist beide Male dasselbe. Das Risiko, h_0 im Falschheitsfall nicht zu verwerfen, also einen Typ-II-Fehler zu begehen, ist dagegen im ersten Fall sehr gering (nämlich 0,03), im zweiten Fall jedoch sehr groß (nämlich 0,98).

Angenommen nun, das tatsächlich beobachtete Resultat sei E_1. Dann ist h_0 mit praktischer Sicherheit falsch. R führt jedoch nicht zur Verwerfung von h_0, während S Verwerfung verlangt. *S ist also R vorzuziehen.*

Diese scheinbare Paradoxie löst sich analog wie vorhin: Der Apriori-Vergleich der beiden Tests fiel zugunsten von R aus, der Aposteriori-Vergleich, (d. h. der Vergleich nach Vorliegen eines geeigneten Beobachtungs-resultats) spricht dagegen für S.

Bei der kritischen Auswertung ist zweierlei auseinanderzuhalten:

(I) Von neuem zeigt sich, daß Umfang und Macht zwar brauchbare Kriterien liefern, wenn wir eine Hypothese beurteilen sollen, *bevor Versuchsresultate bekannt sind,* daß sie aber zu fehlerhaften Beurteilungen statistischer Hypothesen führen können, *nachdem Versuchsergebnisse vorliegen.*

Man wird vielleicht einwenden, daß damit diese beiden Begriffe praktisch doch entwertet seien, weil man ja in allen interessanten und wichtigen Fällen Versuchsergebnisse abwarten wird. Doch ist hier Vorsicht am Platz. Man übersetze die Überlegungen wieder in die Sprache der Wetten: Man kann wetten, bevor einem Resultate bekannt sind, aber auch, nachdem solche vorliegen. Der praktisch arbeitende Statistiker wird es meist mit dem letzteren Fall zu tun haben. Wer vor einem Pferderennen eine Wette abschließt, steht dagegen immer vor der ersten Situation. Er wird so viele verfügbare Informationen wie möglich einholen, um die Wahrscheinlichkeit beurteilen zu können, daß die verschiedenen beteiligten Pferde gewinnen werden; den tatsächlichen Ausgang kann er jedoch nicht abwarten. Wenn dennoch das fast chancenlose Pferd gewinnt, das bisher noch nie ein Rennen gewonnen hat, so zeigt dies nicht, daß seine auf Umfang und Macht basierenden Überlegungen falsch waren (auch wenn er sich nachträglich die Haare ausraufen möchte, keine andere Wette abgeschlossen zu haben).

(II) Das zweite Beispiel scheint prima facie einen Einwand gegen die Neyman-Pearson-Theorie zu enthalten. Denn dabei wird ja ein Gegenbeispiel gegen das Prinzip vorgebracht, welches lautet: „Wähle einen Test von geringem Umfang mit größter Macht!" Aber dies wäre eine Übervereinfachung. Die fragliche Testtheorie ist komplizierter und differenzierter. Sie verlangt u. a., daß ein UMP-Test gewählt werden soll, falls ein solcher existiert; und ein derartiger Test degeneriert im Fall einer Alternative zwischen einfachen Tests zu einem Likelihood-Test von der Art, wie er im folgenden Unterabschnitt behandelt wird. Doch nicht auf diese technischen Details kommt es hier an, sondern vielmehr, wie HACKING hervorhebt, auf folgendes: Die Theorie von NEYMAN und PEARSON war nicht deshalb so erfolgreich, weil sie mit den beiden Begriffen des Umfanges und der Macht operiert. *Niedriger Umfang und große Macht sind keine an sich wünschenswerten Merkmale, wenn es um die Beurteilung von Hypothesen nach Vorliegen von Beobachtungsresultaten geht.* Der Erfolg der Theorie beruht vielmehr darauf, daß darin in so geschickter Weise mit diesen beiden Begriffen operiert wird, *daß in den meisten Fällen ein adäquater Likelihood-Test herauskommt.* Die relative Likelihood ist ein fundamentaler Begriff; Macht und Umfang dagegen sind dies nicht.

Abschließend sollen noch zwei weitere Begriffe eingeführt werden, und zwar aus zwei Gründen: erstens um den Eindruck zu zerstören, daß die Neyman-Pearson-Theorie eine so grobe Theorie ist, wie man auf Grund des bisher Gesagten vermuten könnte. Sie enthält Subtilitäten, von denen wenigstens einige angedeutet werden sollen. Zweitens werden diese beiden Begriffe für den Vergleich mit der im nächsten Unterabschnitt beschriebenen Theorie benötigt.

Wir gehen davon aus, daß wir eine *komplexe* Hypothese H_0 mit einer anderen *komplexen* Hypothese H_A vergleichen. (Der Leser erinnere sich daran, daß die Behauptung der Wahrheit von H_0 dasselbe bedeutet wie die Behauptung, daß mindestens eine der (endlich vielen, abzählbar oder überabzählbar unendlich vielen) in H_0 liegenden einfachen Hypothesen richtig ist. Analoges gilt für H_A.) R sei die kritische Region für H_0. Wenn also das

Ergebnis eines Versuchs in R liegt, so wird H_0 verworfen, d. h. sämtliche in H_0 liegenden einfachen Hypothesen werden verworfen. Ein Typ-I-Fehler besteht jetzt darin, unter der Annahme der Wahrheit eines Elementes h von H_0[66] ein Resultat aus R zu erhalten. Kein Typ-II-Irrtum wird begangen, wenn H_0 im Falschheitsfall (Falschheit aller Elemente von H_0 = Wahrheitsfall von H_A = Wahrheit mindestens eines Elementes von H_A) verworfen wird.

Das Neue ist nun dies, *daß das Verhältnis zwischen der Chance, einen Typ-I-Fehler zu begehen, und der Chance, keinen Typ-II-Fehler zu begehen, berücksichtigt wird.* Ein Test wird *unverfälscht* (unbiased) genannt, wenn die zweite Chance die erste übersteigt. Es erscheint als vernünftig, von einem Test zu verlangen, daß er unverfälscht ist. Tatsächlich wird ein nicht unverfälschter Test von den meisten als absurd empfunden werden: Dies wäre ja ein solcher, bei dem die Wahrscheinlichkeit, H_0 im Wahrheitsfall zu verwerfen, mindestens so groß ist wie die Wahrscheinlichkeit, H_0 im Falschheitsfall zu verwerfen.

Diese zusätzliche Forderung von NEYMAN-PEARSON, daß die Chance, H_0 im Wahrheitsfall zu verwerfen, kleiner sein soll als die Chance, H_0 im Falschheitsfall zu verwerfen, kann in der Terminologie der beiden Autoren bündig formuliert werden: *Die Macht eines Tests soll stets dessen Umfang übersteigen,* d. h. es soll stets gelten: $1 - \beta > \alpha$, wobei α und β wieder die früher definierten Irrtumswahrscheinlichkeiten sind. Die Befolgung dieser Zusatzforderung der Unverfälschtheit hat die folgende weitere Bedeutung: Wie bereits angedeutet, läßt sich ein UMP-Test nur sehr selten angeben. Falls man jedoch die Klasse der möglichen Tests von vornherein auf die Klasse der unverfälschten Tests beschränkt, so kann man, *relativ auf diese kleinere Klasse,* häufig einen UMP-Test finden. Er wird *UMPU-Test* genannt ("uniformly most powerful test among unbiased tests"). Eine Forderung der Neyman-Pearson-Theorie lautet: „*Wenn ein UMPU-Test existiert, so soll er gewählt werden*".

Eine andere Überlegung stützt sich auf eine ähnliche Betrachtung wie jene, die CARNAP in der linguistischen Version seiner Induktiven Logik verwendet hat. Es handelt sich um den Gedanken, daß kein Test von der Art der Formulierung einer Hypothese abhängen darf. Ein derartiger Test wird *invarianter Test* genannt. (Man beachte jedoch, daß wegen der Zulassung der höheren Mathematik diese Forderung noch viel weniger trivial ist als im Carnapschen Fall: gleiche statistische Hypothesen können in einem völlig andersartigen Gewand ausgedrückt sein und der Äquivalenzbeweis kann sich als sehr schwierig erweisen). Auch ein derartiger Test, *UMPI-Test* genannt, ist nach NEYMAN-PEARSON vorzuziehen. Da die Forderung der Unverfälschtheit aber vorangeht bzw. als erfüllt vorausgesetzt wird, ist die Abkürzung *UMPUI-Test* zweckmäßiger (als Abkürzung etwa für: "invariant

---

[66] Dies bedeutet dasselbe wie die Annahme der Wahrheit von H_0 selbst, da H_0 als *disjunktive* Satzklasse interpretiert wird.

and uniformly most powerful test among unbiased tests"). Das Auswahlverfahren ist in der folgenden Weise zu denken: In einem ersten Schritt beschränkt man sich auf die invarianten Tests; in einem zweiten Schritt beschränkt man sich weiter auf die unverfälschten unter den invarianten Tests. Falls in dieser so erhaltenen Klasse ein UMP-Test existiert, soll er allen übrigen vorgezogen werden. Dies jedenfalls ist die Empfehlung von NEYMAN und PEARSON.

9.e Die Likelihood-Testtheorie. Diese Theorie operiert überhaupt nicht mit den Begriffen des Umfanges und der Macht. Vielmehr verwendet sie als Grundbegriff den in Abschn. 4 und 5 eingeführten komparativen Begriff der Stützung. Der Grundgedanke kann folgendermaßen ausgedrückt werden: *Eine Hypothese soll dann verworfen werden, wenn es eine mit ihr rivalisierende und viel besser gestützte Alternativhypothese gibt.* Auf die Frage: „Was ist unter dem vagen Ausdruck ‚viel besser gestützt' genauer zu verstehen?" läßt sich selbst dann keine eindeutige Antwort geben, wenn der Stützungsvergleich entsprechend dem in Abschnitt 5 gemachten Vorschlag definitorisch auf den Likelihoodvergleich zurückgeführt wird. Man kann nichts weiter tun, als *Testkriterien verschiedener Schärfe* zu entwickeln. Dies soll in quantitativer Weise geschehen, indem jedem Test eine *kritische Zahl* γ zugeordnet wird. Die Auswahl eines ganz bestimmten Tests, der seinen Niederschlag in der Wahl der Zahl γ findet, wird dann Sache eines freien Entschlusses sein (der aber natürlich sinnvoll motiviert sein muß).

Wir beginnen mit einer groben Erläuterung: γ sei eine rationale Zahl, die größer ist als 1. Wir sagen dann, daß bei Vorliegen des Resultates E die Hypothese h_0 zugunsten der Alternativhypothese h_A *auf der kritischen Stufe γ verworfen* wird, wenn das Likelihood-Verhältnis bezüglich des Resultates E, also $L(h_A, E) \,|\, L(h_0, E)$, den Wert γ übersteigt.

Ebenso wie im vorigen Unterabschnitt unterscheiden wir auch hier zwischen einfachen und komplexen statistischen Hypothesen. In den statistischen Daten wird auf eine Klasse Δ von statistischen Verteilungen Bezug genommen. Sofern eine einfache Hypothese vorliegt, nach welcher die wahre Verteilung D ist, so besagt die *Verträglichkeit mit den Daten*, daß $D \in \Delta$. Liegt eine komplexe Hypothese mit einer Verteilungsklasse Γ vor, so lautet die entsprechende Verträglichkeitsannahme: $\Gamma \subset \Delta$.

Da wir den Ausdruck „statistische Hypothese" nicht im Sinn der *kombinierten* statistischen Proposition verwenden, sondern in dem Sinn, der mit dem ersten Tripel einer kombinierten Proposition zusammen fällt, ist die ausdrückliche Bezugnahme auf ein empirisches Resultat notwendig. Auch der Begriff des Datums enthalte vorläufig nur den ersten Teil einer kombinierten Proposition, d. h. die Beschränkung der statistischen Hypothese auf eine Klasse von Verteilungen.

Es sei γ eine vorgegebene Zahl > 1. h_0 sei eine mit den Daten e verträgliche einfache statistische Hypothese, welche besagt, daß D_0 bei Versuchen der Art T an der Anordnung X die wahre Verteilung ist; h_1 sei eine ebenfalls mit e verträgliche einfache statistische Hypothese, wonach bei Versuchen der Art T an X die wahre Verteilung D_1 ist. Die Ungleichung $L_{h_1, h_0}(E) > \gamma$ sei eine Abkürzung für die Feststellung, daß die Likelihood von h_1 bezüglich E, dividiert durch die Likelihood von h_0 bezüglich E, größer ist als γ; abgekürzt daß $(L(h_1, E) \mid L(h_0, E)) > \gamma$, oder, nochmals anders geschrieben, daß gilt:

$$\frac{\textit{die Chance, E im Fall der Wahrheit von } h_1 \textit{ zu erhalten}}{\textit{die Chance, E im Fall der Wahrheit von } h_0 \textit{ zu erhalten}} > \gamma \; .$$

Wir sagen, daß h_0 bei Vorliegen von E γ-verwerfbar ist, wenn es eine mit den Daten e verträgliche einfache statistische Hypothese h_1 gibt, so daß gilt:

$$(*) \quad L_{h_1, h_0}(E) > \gamma.$$

Ist diese Bedingung gegeben, so sagen wir: *Der Likelihood-Test verlangt eine Verwerfung von h_0 auf der kritischen Stufe γ.*

In Analogie zur Neyman-Pearson-Theorie kann man die Klasse der Resultate E, für welche diese Ungleichung gilt, als *Verwerfungsklasse R für h_0* bezeichnen[67]. Dabei ist jedoch ein doppelter Unterschied gegenüber dem analogen Begriff jener anderen Theorie zu beachten:

(1) Man kann nicht schlechthin von der Verwerfungsklasse R sprechen, sondern nur von einer γ-Verwerfungsklasse R bezüglich h_0; denn die kritische Region hängt diesmal von der vorher gewählten rationalen Zahl γ ab.

(2) Ein noch wichtigerer Unterschied besteht darin, daß gegenüber der Neyman-Pearson-Theorie nicht von einer festen Alternativhypothese h_A ausgegangen wird. Die Verwerfungsklasse R besteht daher *nicht* aus der Klasse aller möglichen Resultate E, so daß $L_{h_A, h_0}(E) > \gamma$ für ein *festes h_A*. Vielmehr enthält die Bestimmung einen Existenzquantor, der über alle mit den Daten e verträglichen einfachen statistischen Hypothesen läuft. Die γ-Verwerfungsklasse R ist die Klasse aller möglichen Resultate E, so daß es eine mit e verträgliche Hypothese h_1 gibt, welche die Ungleichung $(*)$ erfüllt.

Der Begriff der γ-Verwerfbarkeit kann auf den Fall einer komplexen Hypothese übertragen werden. Wenn h eine einfache Hypothese ist, die D zur wahren Verteilung erklärt, und H eine komplexe Hypothese ist, nach welcher die wahre Verteilung in Γ liegt, so sagen wir, daß *h in H liegt*, wenn $D \in \Gamma$.

Ferner wird eine mit den Daten verträgliche komplexe Hypothese H_0 bei Vorliegen von E als γ-verwerfbar erklärt, wenn für *jede* einfache sta-

---

[67] Um keine terminologische Verwirrung entstehen zu lassen, verwenden wir diesmal das Prädikat „kritische Region" nicht. Denn der Ausdruck „kritisch" wird jetzt im Kontext von „kritische Zahl γ" benützt.

tistische Hypothese h, welche in H_0 liegt, eine mit den Daten verträgliche einfache statistische Hypothese h' existiert, so daß $L_{h',h}(E) > \gamma$.

Die Klasse dieser möglichen Resultate E bildet die *γ-Verwerfungsklasse für H_0*.

Wir wollen noch andeuten, wie diese Begriffe in die Sprache der kombinierten Propositionen zu übersetzen sind. e, h_0, h_1 usw. seien jetzt *kombinierte* statistische Propositionen. Die erste Komponente von e ist ein Satz, der bei inhaltlicher Deutung besagt, daß die wahre Verteilung in Δ liegt. Die Verträglichkeit einer (einfachen oder nichteinfachen) kombinierten Proposition h mit e besagt nun, daß die erste Komponente von h mit der ersten Komponente von e im obigen Sinn verträglich ist. Unter einer *disjunktiven* Satzklasse verstehen wir eine Klasse von Sätzen die genau dann als wahr erklärt wird, wenn mindestens ein Element der Klasse wahr wird. Jede komplexe kombinierte Proposition ist logisch äquivalent mit einer disjunktiven Klasse einfacher Propositionen.

Eine einfache kombinierte statistische Aussage h_0 heißt *γ-verwerfbar auf Grund des Datums e*, wenn die zweite Komponente von h_0 mit der von e identisch ist und wenn entweder h_0 logisch unverträglich ist mit e oder wenn eine in e eingeschlossene einfache kombinierte statistische Aussage h_1 existiert, so daß das Likelihood-Verhältnis $L(h_1) / L(h_0)$ größer ist als γ[68].

Eine *Likelihood-Test* bezüglich des Datums e für die einfache kombinierte statistische Hypothese h mit der kritischen Zahl γ (kurz: ein γ-Likelihood-Test für h bezüglich e) ist ein Test, der Verwerfung von h vorschreibt, wenn eine der folgenden beiden Bedingungen (a) oder (b) erfüllt ist:

(a) h ist eine auf Grund von e γ-verwerfbare einfache kombinierte Proposition, so daß auch jede aus $e \wedge h$ logisch folgende einfache kombinierte Proposition auf Grund von e γ-verwerfbar ist;

(b) h ist eine komplexe kombinierte Proposition, so daß für jede beliebige, mit h logisch äquivalente disjunktive Klasse K einfacher kombinierter Propositionen gilt: jedes Element h' von K erfüllt die Bedingung (a) (mit h' für h).

Der Likelihood-Test ist auf eine kritische Zahl γ relativ. *Je kleiner γ ist, desto kritischer (empfindlicher) wird der Test*, d. h. desto mehr wird verworfen.

Anmerkung. Man kann die kritische Zahl γ natürlich auch auf das Intervall zwischen 0 und 1 beschränken. Dann muß man jeweils Zähler und Nenner in den obigen Brüchen vertauschen und „$>$" durch „$<$" ersetzen. Die Verwerfung wird hier davon abhängig gemacht, ob $L_{h_0,h_1}(E) < \gamma$. Ein Test ist bei diesem Vorgehen um so kritischer (empfindlicher), je *größer* γ ist.

An dieser Stelle berührt sich die Likelihood-Testtheorie mit der personalistischen Wahrscheinlichkeitsauffassung. Man kann die Zahl γ *als eine für eine Person Y charakteristische Zahl* auffassen. *In der Wahl von γ steckt die subjektive Komponente bei der Beurteilung statistischer Hypothesen.* Davon ließe sich nur dann abstrahieren, wenn es Gründe gäbe, ein für allemal eine feste

---

[68] Man beachte, daß wir diesmal *nicht* auf ein bestimmtes Resultat Bezug nehmen müssen. Davon wird bereits im zweiten Glied gesprochen, das aufgrund der übrigen Bestimmungen in e, h_0 und h_1 identisch ist.

Zahl γ zu wählen. Dies liefe darauf hinaus, nur Unterschiede in den statistischen Daten gelten zu lassen. Das wäre jedoch ein höchst unrealistisches Vorgehen. „Alles ist gleich geblieben außer den statistischen Daten" ist meist eine unbrauchbare, weil fiktive Annahme.

Die Wahl von γ kann von vielerlei Faktoren abhängen; jedenfalls werden dies meist *außerstatistische* Faktoren sein. Drei solche Faktoren seien angeführt: (1) Gewisse *nichtstatistische Daten* sprechen nach Auffassung von *Y gegen h. Y* entschließt sich daher, einen sehr kritischen Test zu wählen; (2) *Y* macht die Wahl abhängig davon, wie schwerwiegend *die praktischen Konsequenzen* einer fehlerhaften Annahme von *h* sind; (3) *Charakterliche Merkmale* finden Eingang in die Wahl: Die Neigung, eine relativ niedrige kritische Zahl zu wählen, ist symptomatisch für Skeptiker und Pedanten, die auch weit entfernte Möglichkeiten ins Auge fassen. Mit einer höheren Zahl werden sich hingegen sogenannte ‚vernünftige Männer‘ zufrieden geben, die, wie man zu sagen pflegt, mit beiden Beinen im Leben stehen und rasche Entscheidungen zu fällen haben.

Keine objektive Lösung, sondern nur eine weitere Differenzierung läge vor, wenn man zusätzlich zur kritischen Zahl γ einen Koeffizienten anführen wollte, der *die Ernsthaftigkeit von h_0 gegenüber h_A* ausdrückt[69]. Beispiel: Es werde ein Impfstoff gegen MS (multiple Sklerose) gefunden, der vor dem 6. Lebensjahr verabreicht werden muß. Die Nullhypothese enthalte u. a. die Teilbehauptung, daß die geimpften Kinder zu einem großen Teil vor Erreichung des 20. Lebensjahres an einer durch die Impfung erzeugten Herzkrankheit sterben werden. Die Alternativhypothese leugne eine derartige Gefahr. Die erste Hypothese ist viel ernster als die zweite, daher wird ihr ein sehr hoher Ernsthaftigkeitskoeffizient a zugeordnet, der zweiten hingegen ein kleiner Koeffizient b. Beim Test von h_0 gegen h_A wird die ursprünglich gewählte kritische Zahl γ durch $\gamma \cdot a/b$ ersetzt. Während es ursprünglich vielleicht bald zu einer Verwerfung von h_0 gekommen wäre, wird nun h_0 (wegen ihrer Ernsthaftigkeit) erst dann verworfen, wenn sehr viele Daten gegen sie sprechen.

Eine derartige Modifikation mag als sehr wünschenswert erscheinen. Doch dürfte es ein hoffnungsloses Unterfangen sein, eine ‚objektive Theorie der Ernsthaftigkeit‘ zu entwickeln. Es tritt also zu dem weitgehend subjektiven Faktor γ ein zweiter subjektiver Faktor a/b.

Verschiedene Wahlen der kritischen Zahl (und evtl. weitere Faktoren) können zu Konflikten zwischen Personen führen. Gleiche Daten können beim einen zur Verwerfung führen, wo der andere infolge der von ihm gewählten höheren kritischen Zahl keine Verwerfung vornimmt. Wie ist der Konflikt zu lösen? Hier dürfte es nur einen Ausweg geben: Man muß die Personen dazu bringen, neue relevante Daten zu sammeln, in der Hoffnung,

---

[69] Ein solcher Vorschlag geht auf D. V. LINDLEY zurück.

daß sich dadurch die Meinungsverschiedenheiten beheben lassen werden (da *beide* zur Verwerfung bzw. zur Nichtverwerfung gelangen).

Es wird aber immer Fälle geben, in denen der Konflikt sich nicht lösen läßt. Ein Beispiel, das auf GOSSETT zurückgehen soll, möge dies verdeutlichen: In einem Kartenspiel erhalte ich als einziger Spieler sämtliche 13 Trümpfe. Da dieses Ereignis unter der Annahme, daß die Karten nicht gefälscht sind, ungeheuer unwahrscheinlich ist, werden vermutlich *alle anderen* am Spiel Beteiligten (sowie eventuelle Zuschauer) die Hypothese verwerfen, daß es sich um ein korrektes Spiel handelt. Der einzige, der an der Hypothese, daß es sich tatsächlich um eine zufällige Stichprobe handle, trotzdem festhält, bin ich selbst. Denn ich war es, der das Spiel seinerzeit kaufte und oft benützte; und ich war es auch, der das Spiel gut gemischt und die Karten verteilt hat. Nichts wird mich daher von der Überzeugung abbringen, daß alles mit rechten Dingen zugegangen ist. Trotz des Protestes der übrigen werde ich sagen, daß sich eben etwas ungeheuer Unwahrscheinliches tatsächlich ereignet hat.

In einer Hinsicht ist das Bild von BRAITHWAITE mit den beiden Körben zu revidieren. Es ist zwar wichtig, sich immer wieder daran zu erinnern, daß Verwerfung niemals dasselbe ist wie Widerlegung, *wie immer die benützte Testtheorie auch aussehen mag*, so daß es stets theoretisch denkbar ist, daß neue Daten zur Wiederaufnahme von etwas früher Verworfenem führen können (und natürlich auch umgekehrt zur Verwerfung von etwas früher Akzeptiertem). Dieser theoretischen Möglichkeit steht jedoch ein praktisches "Aber" gegenüber. Das zuletzt gebrachte Beispiel bildet dafür *keine* Illustration (sondern eine Illustration dafür, daß es Grenzfälle gibt, in denen etwas *aus anderen Gründen* beibehalten wird, obwohl jede rationale Testtheorie bei den vorliegenden Daten Verwerfung empfiehlt). Ein Illustrationsbeispiel für das zuletzt Gesagte wäre vielmehr folgendes: Ich werfe 5000mal eine Münze und erhalte 4999mal K und nur einmal S. Ich werde die Hypothese, daß es sich um eine Binomialverteilung mit dem Parameter 1/2 handelt, *endgültig verwerfen*. Was aber, wenn die nächsten 100000 Würfe annähernd gleichviele Resultate K und S ergeben? Nun: dann werde ich nicht die Verwerfung rückgängig machen, sondern nach anderen Auswegen suchen, z. B. den wählen zu sagen, die experimentellen Verhältnisse hätten sich (in einer mir selbst unbekannten Weise) geändert, so daß jetzt $\vartheta = 1/2$ gilt, während bei den ersten 5000 Würfen diese Gleichung nicht bestand. Das letztere wäre dann die aufgrund der neuen Daten gestützte Alternativhypothese. Solche Alternativen werden sich immer finden lassen. Man könnte dies auch als einen jener Fälle betrachten, in denen wir die Diskussionsebene miteinander rivalisierender statistischer Hypothesen verlassen und *Oberhypothesen* angreifen und preisgeben, die ursprünglich stillschweigend als gültig vorausgesetzt worden waren (im vorliegenden Fall die Oberhypothese, daß für die Versuche eine Unabhängigkeit im zweiten Wortsinn bestand)

Es wurde früher behauptet, daß auch die NEYMAN-PEARSON-Theorie nur eine verklausulierte Likelihood-Testtheorie sei. Fällt sie also mit der hier beschriebenen Theorie zusammen? Die Antwort lautet: „Nein". Der Nachweis kann in der Weise erbracht werden, daß man einen UMPUI-Test angibt, der kein γ-Likelihood-Test ist.

Für den Nachweis wird eine etwas merkwürdige experimentelle Anordnung benützt. Wir beschreiben sie in zwei Schritten. Im ersten Schritt wird eine Anordnung von der bereits bekannten Art konstruiert. Im zweiten Schritt wird diese dadurch modifiziert, daß man einen Hilfsmechanismus, "Randomizer" genannt, in die zunächst gebildete Anordnung einbaut. Der Likelihood-Test kann bereits nach Vollendung des ersten Schrittes angegeben werden, der UMPUI-Test erst nach Bildung des zweiten Schrittes.

1. Schritt. Die Versuchsart T an der Anordnung X habe 101 mögliche Resultate E_0, E_1, ..., E_{100}. Der Einfachheit halber bezeichnen wir diese Resultate durch die Zahlen: 0,1, ..., 100. Zur Diskussion stehen eine *einfache Nullhypothese* h_0 und eine *komplexe Alternativhypothese* H_A, die selbst wieder 100 einfache Hypothesen j_1, ..., j_{100} umfaßt. (Insgesamt haben wir es also mit 101 einfachen Hypothesen zu tun.) Wir beschreiben die Hypothesen zunächst wortsprachlich und fassen dann ihren Gehalt in einer Tabelle zusammen.

Nullhypothese h_0: Die Chance, bei Versuchen vom Typ T an der Anordnung X das Resultat 0 zu erhalten, beträgt 0,9. Für die Resultate 1 bis 100 besteht Chancengleichheit und zwar ist die Chance dafür stets 0,001.

Alternativhypothese H_A: Sie besagt, daß mindestens eine[70] der 100 Verteilungshypothesen j_1, ..., j_{100} zutrifft. (Man erinnere sich daran, daß komplexe Hypothesen stets als disjunktive Klassen aufgefaßt werden können.) j_n für $n = 1$, ..., 100 besagt erstens, daß die Chance, das Resultat 0 zu erhalten, gleich 0,91 sei; zweitens, daß die Chance, das Resultat n zu erhalten, gleich 0,09 sei; und drittens, daß die Chance, ein Resultat m mit $m \neq 0$ und $m \neq n$ zu erhalten, gleich 0 sei.

	$W(0)$	$W(n)$	$W(m)$ für $m \neq n$ und $1 \leq m \leq 100$
h_0	0,9	0,001	0,001
j_n (1≤n≤100)	0,91	0,09	0

In der zweiten Zeile sind die 100 einfachen Hypothesen j_n schematisch beschrieben. Der Unterschied zwischen der dritten und vierten Spalte ist nur

---

[70] Da die Hypothesen j_n miteinander logisch unverträglich sind, kann das „mindestens eine" zu „genau eine" verschärft werden.

für diese Hypothesen von Relevanz, nicht dagegen für h_0, welches ja für alle von 0 verschiedenen Resultate dieselbe Behauptung aufstellt.

Bevor wir nun zum zweiten Schritt übergehen, formulieren wir die Aufgabe, die sich auch nach diesem weiteren Schritt nicht ändert: *Es soll ein Test vom Umfang 0,1 angegeben werden, der nach Vornahme eines einzigen Versuchs vom Typ T eine Entscheidung herbeiführt, sei es zugunsten einer Hypothese, sei es zugunsten einer Enthaltung.*

Dazu werde zunächst eine inhaltliche Plausibilitätsüberlegung angestellt, welche nur dazu dienen soll, die Wahl eines bestimmten Tests zu motivieren: Wenn 0 eintrifft, so wird sich kaum eine Entscheidung zwischen h_0 und H_A treffen lassen. Dieses Ergebnis hat nämlich fast dieselbe Wahrscheinlichkeit, wenn h_0 richtig ist, wie wenn H_A richtig ist. Im Wahrheitsfall von H_A ist die Wahrscheinlichkeit nur ganz geringfügig, nämlich um 1/100, größer. Falls jedoch ein von 0 verschiedenes Resultat herauskommt, ist die Sachlage eine völlig andere. Angenommen, es ergäbe sich das Resultat 37. Dann besagt H_A dasselbe wie daß j_{37} zutrifft; denn die übrigen 99 einfachen Hypothesen von H_A sind mit dem Resultat unverträglich. Der Vergleich zwischen der Nullhypothese und H_A reduziert sich also auf einen Vergleich zwischen h_0 und j_{37}. Falls h_0 richtig ist, hätte sich etwas sehr Unwahrscheinliches ereignet, nämlich etwas, das nur in 1/1000 der Fälle vorkommt. Wenn hingegen j_{37} richtig ist, so hätte sich immerhin etwas nicht allzu seltenes ereignet, nämlich etwas, das mit einer Wahrscheinlichkeit von 9/100, d. h. beinahe 1/10, vorkommt (also etwas fast hundertmal Wahrscheinlicheres als im Fall der Richtigkeit von h_0). Das Vorkommen des Resultates 37 ist somit ein deutliches Indiz dafür, daß j_{37} (und damit H_A!) richtig und h_0 falsch ist. Eine analoge Überlegung läßt sich natürlich für jedes Resultat k mit $1 \leqq k \leqq 100$ anstellen.

Es liegt daher nahe, einen Test zu wählen, der zwar bei Vorkommen von 0 keine Entscheidung zugunsten von h_0 oder von H_A gestattet, der jedoch bei Vorkommen eines Resultates zwischen 1 und 100 eine Verwerfung von h_0 und die Annahme von H_A (über die Annahme einer entsprechenden einfachen Hypothese von H_A) vorschreibt. Ein *Likelihood-Test*, der dieses leistet, läßt sich leicht angeben. Dazu braucht man lediglich eine kritische Zahl γ zu wählen, die größer ist als 91/90, aber nicht größer als 89, also etwa die Zahl 4. *Beim Resultat 0 ist keine Entscheidung möglich*; denn das Likelihood-Verhältnis $L_{H_A,h_0}(0)$ ist 91/90 und somit kleiner als die gewählte kritische Zahl. *Dagegen ist h_0 zu verwerfen, wenn ein Resultat k mit $k > 0$ vorkommt.* Denn das Likelihood-Verhältnis $L_{j_k,h_0}(k) = \dfrac{9/100}{1/1000} = 90$, also größer als die gewählte kritische Zahl.

Damit ist die Beschreibung des Likelihood-Tests beendet. Versuchen wir nun, einen Test anzugeben, der in der Sprache der NEYMAN-PEARSON-Theorie formuliert ist! Dazu verwenden wir die zweite kursiv gedruckte

Aussage des vorigen Absatzes als Verwerfungsregel; *die Verwerfungsklasse besteht also aus allen von 0 verschiedenen Elementen des Stichprobenraumes.* (Für den Fall des Vorkommens von 0 kann dadurch Einklang mit dem anderen Test erzielt werden, daß Nichtverwerfung nicht Annahme, sondern Enthaltung bedeuten soll. In dieser Hinsicht laufen die Modifikationen der beiden Tests vollkommen parallel.) Die eingangs gestellte Aufgabe wäre erfüllt, sofern sich keine weiteren Bedenken ergäben, da der Test den Umfang 0,1 hat. (Aus der Tabelle sowie den wahrscheinlichkeitstheoretischen Axiomen ergibt sich, daß die Wahrscheinlichkeit einer fälschlichen Verwerfung von $h_0 = 0,1$ ist.)

Leider aber tritt ein Bedenken auf. Der Test widerspricht den Prinzipien der NEYMAN-PEARSON-Theorie, da er *nicht unverfälscht* ist. Die Macht des Tests (die Wahrscheinlichkeit der Verwerfung von h_0 im Falschheitsfall) beträgt 0,09, und dies ist eine kleinere Zahl als 0,1. Die Macht ist also kleiner als der Umfang. Dies darf (nach der Theorie von NEYMAN und PEARSON) nicht sein. Daher erfolgt eine Modifikation. Diese Modifikation wird absichtlich so gewählt, daß es jetzt zu einer Verwerfung in ganz anderen Situationen kommt.

2. Schritt. Es wird eine weitere experimentelle Anordnung X^* herangezogen, die wir als *Hilfsmechanismus* oder als *Randomizer* bezeichnen. Versuche vom Typ T^* an X^* liefern zwei mögliche Resultate A und B mit $W(A) = 8/9$ und $W(B) = 1/9$. Es muß vorausgesetzt werden, daß Versuche vom Typ T an X unabhängig sind von den Versuchen vom Typ T^* an X^*. Das Wissen um die durch den Randomizer gelieferte Wahrscheinlichkeiten wird in die statistischen Daten einbezogen.

Der neue Test basiere auf der folgenden

Verwerfungsregel: h_0 ist genau dann zu verwerfen, wenn (bei Versuchen vom Typ T an X) 0 *vorkommt und der Randomizer das Resultat B liefert.*

Dieser Test ist ein UMPUI-Test.

Begründung: Der *Umfang* des neuen Tests ist ebenso wie der des alten 0,1. Angenommen nämlich, h_0 sei wahr. Verwerfung ist nur vorgeschrieben, wenn sowohl 0 als auch B vorkommt. Wegen der Unabhängigkeit multiplizieren sich die Wahrscheinlichkeiten zu $0,9 \cdot 1/9 = 0,1$.

Die *Macht* des Tests ist größer als 0,1. Angenommen nämlich, h_0 sei falsch. Dann ist eines der j_n richtig, also die Wahrscheinlichkeit des Vorkommens von 0 gleich 0,91. Die Wahrscheinlichkeit, daß außerdem B vorkommt, ist wiederum 1/9, also die Wahrscheinlichkeit, keinen Typ-II-Fehler zu begehen, gleich $0,91 \cdot 1/9 > 0,1$. (Die Macht übersteigt den Umfang um 1/900.)

Der Test ist also *unverfälscht.* Da er auch nicht von der Art der sprachlichen Formulierung der Hypothesen abhängt, ist er überdies *invariant.* Damit ist die Behauptung bewiesen.

Vergleichen wir nun die beiden Tests miteinander, so sehen wir sofort, daß sie stets voneinander abweichende Resultate liefern: Nach dem Likelihood-Test ist h_0 zu verwerfen, wenn ein Resultat $k > 0$ vorkommt. Gemäß dem Test, der nach den Prinzipien der Neyman-Pearson-Theorie konstruiert wurde, wird dagegen h_0 nur dann verworfen, wenn 0 vorkommt (nämlich wenn 0 vorkommt und sich noch etwas Weiteres ereignet). *Die beiden Tests sind miteinander unverträglich.*

Zwecks Verdeutlichung seien einige Bemerkungen angefügt:

(1) Nur die Theorie von Neyman-Pearson arbeitet explizit mit dem Begriff „Umfang eines Tests". Der Begriff als solcher ist aber von jeder Relativität auf eine Testtheorie frei. Wir können daher auch sagen, daß der geschilderte Likelihood-Test den Umfang 0,1 habe. Es wurden also tatsächlich zwei Tests vom selben Umfang 0,1 miteinander verglichen.

(2) Die obige Plausibilitätsbetrachtung, welche zum Likelihood-Test führte, läßt sich natürlich *nicht* auf den Test der Neyman-Pearson-Theorie übertragen. Eine solche Übertragung ist auch gar nicht bezweckt. Beim zweiten Test kam es lediglich darauf an, eine Verwerfungsregel zu konstruieren, *welche den immanenten Kriterien der Neyman-Pearson-Theorie genügt.* Im vorliegenden Fall war dies die Forderung, daß der Test ein UMPUI-Test zu sein habe.

(3) Der Vergleich zeigt, daß in gewissen Fällen die Neyman-Pearson-Theorie zu inadäquaten Vorschlägen führt. Vorausgesetzt wird dabei, daß die Plausibilitätsbetrachtung, welche zu dem Likelihood-Test führte, als überzeugend angesehen wird. Dabei tritt noch die ebenfalls kaum anfechtbare Überlegung hinzu, daß im vorliegenden Fall die so gewonnene Verwerfungsregel für h_0 nicht deshalb umgestoßen und durch eine ihr widersprechende ersetzt werden darf, weil es einen weiteren Zufallsmechanismus gibt, dessen Resultate mit den durch h_0 beschriebenen Resultaten überhaupt nichts zu tun haben.

(4) Der Grund für die Überlegenheit des Likelihood-Tests ist leicht angebbar. Er besteht *in der Rückbezogenheit der Verwerfungsregel auf einen präzisen Begriff der Stützung.* Dieser Stützungsbegriff ist, wie wir uns erinnern, ein *zweistelliger Relationsbegriff*, nämlich *ein komparativer Bestätigungsbegriff für statistische Hypothesen.* Mittels dieses Begriffs läßt sich eine Verwerfung *rechtfertigen*: Eine statistische Hypothese wird bei Vorliegen geeigneter Beobachtungsbefunde deshalb verworfen, weil es eine mit ihr konkurrierende *und viel besser gestützte* statistische Alternativhypothese gibt. In dem Wort „viel" steckt zwar eine nicht zu eliminierende subjektive Komponente. Doch wird die zunächst darin enthaltene Vagheit durch die Angabe der kritischen Zahl beseitigt. (Und mehr kann wohl nicht verlangt werden, da für die Wahl dieser Zahl *pragmatische* Umstände, wie z. B. die Wichtigkeit der Hypothese und der Ernst der Situation, maßgebend sind.)

Da es für die Formulierung einer Verwerfungsregel unerläßlich ist, *auf miteinander rivalisierende Hypothesen Bezug zu nehmen*, haben wir auch eine nachträgliche Begründung dafür erhalten, daß die Bestätigungsdefinition gerade auf einen *komparativen* Stützungsbegriff abzielte; denn nur ein solcher kann für die erwähnte Rechtfertigung herangezogen werden.

Die Neyman-Pearson-Theorie beruht demgegenüber bloß auf gewissen Plausibilitätsbetrachtungen, die überdies ihrer Natur nach alle *rein frequentistisch* sind und deshalb den substantiellen Einwendungen gegen die Häufigkeitsinterpretation zum Opfer fallen. Auf jeden Fall fehlt dieser Theorie in Ermangelung einer Bestätigungsdefinition für statistische Hypothesen das *systematische* Fundament. Der oben geschilderte Hackingsche Trick, durch Benützung eines Randomizers einen unverfälschten Test zu konstruieren, dessen Resultate unplausibel sind, macht es nur besonders deutlich, daß hier ein wirklicher Mangel vorliegt.

(5) Dieser intuitive Nachweis für die *relative* Überlegenheit des Likelihood-Tests darf andererseits nicht überbewertet werden. Die Adäquatheit der Likelihood-Testtheorie ist damit nicht gezeigt worden. In Abschnitt 11 soll die Eignung des Likelihoodbegriffs für eine Stützungs- und Testtheorie untersucht werden.

10. Probleme der Schätzungstheorie

10.a Vorbemerkungen. Experten im Gebiet der mathematischen Statistik führen den Ausdruck „statistisches Schließen" gewöhnlich erstmals in dem Abschnitt ein, in welchem sie sich mit Schätzungen beschäftigen. So z. B. lautet der erste Satz von Kap. 9 über Punktschätzung bei J. E. Freund: *„Unter statistischem Schließen versteht man den Prozeß, durch den man aufgrund von Informationen über Stichproben zu Konklusionen oder zu Entscheidungen über Parameter von Grundgesamtheiten gelangt"*[71]. Probleme des statistischen Schließens werden dann eingeteilt in die *Probleme der Schätzung* und die *Probleme des Tests von statistischen Hypothesen.* Im ersten Fall geht es um Mutmaßungen über unbekannte Parameter von Verteilungen, im zweiten Fall um die bereits im vorangehenden Abschnitt diskutierten Regeln zur Annahme und Verwerfung von statistischen Hypothesen. In beiden Fällen aber wollen die Statistiker noch mehr, wie aus dem obigen Zitat hervorgeht, nämlich zu *vernünftigen Entscheidungen* gelangen oder besser: zu *Vorschlägen* für solche Entscheidungen.

Mit dieser Auffassung werden wir uns im folgenden auseinandersetzen. Die klärenden Bemühungen werden bisweilen die Form starker Polemiken annehmen. In der Schätzungstheorie werden nämlich zwei ganz verschiedene Typen von Fragen ständig miteinander verquickt: *theoretische Probleme* und *praktische Entscheidungsfragen.* Es handelt sich um eine ähnliche unselige Verquickung wie jene, die sich in der ursprünglichen Version von

---

[71] "Statistical inference is the process of arriving at conclusions or decisions concerning the parameters of populations on the basis of information contained in samples". [Statistics], S. 209.

CARNAPS Induktiver Logik findet und von der sich CARNAP erst allmählich, durch Beschränkung auf die Grundlegung der normativen Entscheidungstheorie, befreite.

Vom *systematischen* Standpunkt aus betrachtet wäre es vernünftiger gewesen, die meisten der folgenden Überlegungen bereits im Abschnitt 9 anzustellen, da es sich ja auch dort bereits um einen Spezialfall des sog. statistischen Schließens handelte. Doch wären dadurch die in jenem Abschnitt erörterten Fragen, die ohnehin schon recht schwierig sind, noch zusätzlich kompliziert worden. Vom didaktischen Standpunkt aus erwies es sich daher als ratsamer, diese Betrachtungen erst jetzt anzustellen.

Wir werden methodisch folgendermaßen vorgehen: Zunächst nehmen wir eine vorbereitende Klärung des Begriffs der Schätzung vor, um dann gleich auf die Klassifikation der Schätzungsprobleme zu sprechen zu kommen. In einem weiteren Unterabschnitt sollen die wichtigsten technischen Begriffe der Schätzungstheorie eingeführt werden. Dies ist das einzige Mal, wo wir von dem in den vorangehenden Abschnitten benützten Formalismus abgehen und auf den üblichen Formalismus der Zufalls- und Verteilungsfunktionen zurückgreifen. Im folgenden sollen dann verschiedene Differenzierungen vorgenommen werden, z. B. in bezug auf die sog. Güte einer Schätzung, ferner bezüglich des theoretischen und des praktischen Aspektes von Schätzungen. Unter anderem soll die Frage erörtert werden, ob auch der Theorie der Schätzung eine Theorie der Stützung statistischer Hypothesen voranzustellen ist.

10.b Was ist Schätzung? Klassifikation von Schätzungen. Während im Alltag das Wort „schätzen" viele Verwendungen hat, sowohl in deskriptiven Äußerungen wie in bewertenden Stellungnahmen, wird es *als technischer Ausdruck* in der Statistik nur dort benützt, wo es darum geht, eine Vermutung über den tatsächlichen oder wahren Wert einer Größe zu äußern. Nur wo ein Begriff bereits *als quantitativer Begriff* eingeführt worden ist, d. h. wo eine metrische Skala zur Verfügung steht, kann von Schätzung im statistischen Sinn die Rede sein.

Wenn man auf die Frage: „Welche Temperatur herrscht heute im Freien?" antwortet: „Ich *schätze*, sie beträgt 19° C", so stellt man *eine Mutmaßung über den genauen wahren Temperaturwert* auf. Falls man hingegen die Frage: „Wie weit ist dieses Haus von hier entfernt?" mit den Worten beantwortet: „Ich *schätze*, 330 bis 360 Meter", so stellt man zwar ebenfalls eine *Mutmaßung* auf, aber nur *darüber, daß der wahre Wert der Entfernung in dem angegebenen Intervall liegt*.

Die beiden gegebenen Arten von Antworten illustrieren bereits zwei Typen von Schätzungen, die in der Statistik unterschieden werden: Punktschätzungen und Intervallschätzungen. Die Worte „Punkt" und „Intervall" sind der geometrischen Veranschaulichung von Zahlen entnommen. Bei der *Punktschätzung* wird versucht, den wahren Wert der Größe ganz genau zu treffen. Bei der *Intervallschätzung* begnügt man sich damit, versuchsweise ein Intervall anzugeben, in welches der wahre Größenwert hineinfällt. Die zwei gegebenen Beispiele stimmen allerdings insofern nicht mit der Charakterisierung von 10. a überein, als es sich bei diesen Zahlenwerten nicht um Parameter von Verteilungen handelt. Erst im Rahmen der statistischen Fehlertheorie, in der man Messungen als Zufallsexperimente einer bestimmten Art deutet, werden die beiden Antworten als Schätzungen im statistischen Sinn aufgefaßt. Im übrigen aber beschränken sich Statistiker auf solche Dinge wie: Schätzungen der wahren durchschnittlichen Lebensdauer einer Art von Rundfunkröhren; Schätzung des Intervalls, in welches der wahre durchschnittliche I. Q. des Studierenden an einer deutschen Hochschule hineinfällt. Häufige Objekte von Schätzungen sind der Parameter ϑ einer Verteilung (z. B. der Parameter der Binomialverteilung oder der Exponentialverteilung), ferner die Parameter μ (Mittel) und σ^2 (Varianz).

Schätzungen beiden Typs können gut und schlecht sein. *Was ist das Kriterium für die Güte einer Schätzung?* Die Frage ist mehrdeutig. Zweckmäßigerweise wenden wir uns ihrer Beantwortung erst zu, nachdem wir zuvor einige technische Begriffe eingeführt haben.

10.c Einige spezielle Begriffe der statistischen Schätzungstheorie.
Dieser Unterabschnitt hat rein referierenden Charakter[72]. Wir müssen zunächst etwas weiter ausholen und an die Art und Weise der technischen Behandlung von Stichproben in der mathematischen Statistik erinnern; denn statistische Schätzungen stützen sich stets auf numerische Resultate, die man für Stichproben gewonnen hat.

Gegeben sei eine Grundgesamtheit (Population), ein Ereigniskörper über dieser Grundgesamtheit und ein für diesen Ereigniskörper definiertes Wahrscheinlichkeitsmaß. Aus der Grundgesamtheit kann man Stichproben auswählen. Die Statistiker unterscheiden zwischen Stichprobenauswahlen aus unendlichen Populationen und Stichprobenauswahlen aus endlichen Populationen. Da diese Bezeichnungen etwas irreführend sind, sei sogleich bemerkt, daß eine Stichprobenauswahl aus einer unendlichen Population dasselbe ist wie eine Stichprobenauswahl mit Ersetzung, dagegen eine Stichprobenauswahl aus einer endlichen Population dasselbe wie eine Stichprobenauswahl ohne Ersetzung. Wenn ich z. B. aus einem 52 Karten umfassenden Kartenspiel eine Karte ziehe, weglege, eine nächste ziehe usw., so liegt eine *Stichprobenauswahl ohne Ersetzung* (*Stichprobenauswahl aus einer endlichen Gesamtheit*) vor: Die Stichprobe kann maximal 52 Elemente enthalten. Allgemein: Ist die Grundgesamtheit endlich und enthält sie N

---

[72] Er kann daher von allen Lesern, die mit den hier eingeführten Begriffen bereits vertraut sind, übersprungen werden. Für ein Verständnis des größten Teiles der folgenden Unterabschnitte sind die schwierigeren unter den hier eingeführten technischen Einzelheiten nicht erforderlich. Die kritische Diskussion beginnt erst in 10. d., S. 191.

Elemente, so kann eine Stichprobenauswahl ohne Ersetzung nur zu Stichproben führen, die nicht mehr als N Elemente umfassen. Angenommen hingegen, es liege eine Folge von Zügen aus dem Kartenspiel vor, wobei man das Ergebnis eines jeden Zuges aufnotiert, die Karte aber jedesmal zurückgegeben und das Spiel gut gemischt wird, bevor der neue Zug gemacht wird. Dann haben wir es mit einer *Stichprobenauswahl mit Ersetzung* zu tun. Die Tatsache, daß das Spiel 52 Karten umfaßt, darf also nicht darüber hinwegtäuschen, daß nach statistischer Terminologie hier eine *Stichprobenauswahl aus einer unendlichen Gesamtheit* vorliegt. Eine n Elemente enthaltende Stichprobe nennen wir auch gelegentlich eine *n-Stichprobe* oder eine *Stichprobe vom Umfang n*.

Zwecks größerer Übersichtlichkeit führen wir für die nun zu schildernden einzelnen Begriffsfamilien römische Nummern ein.

(I) Für das Folgende nehmen wir an, daß die Resultate der Stichprobenauswahl in quantitativer Sprache vorliegen, daß es sich also um *Meßergebnisse* handelt. (Die Übersetzung in die quantitative Sprechweise kann natürlich immer erfolgen.) Ferner beschränken wir uns zunächst auf den Fall der *Stichprobenauswahl mit Ersetzung*. Es mögen etwa n Meßresultate $x_1, \ldots, x_n$ vorliegen. *Diese Meßresultate werden als Funktionswerte von n Zufallsfunktionen $\mathfrak{x}_1, \ldots, \mathfrak{x}_n$ über dem Stichprobenraum interpretiert.* Daß eine *zufällige* Stichprobe vorliegt, besagt, daß diese Zufallsfunktionen erstens *unabhängig* sind und zweitens *dieselbe Verteilung* haben. Es muß also gelten: $f(x_1, \ldots, x_n) = f(x_1) \times f(x_2) \times \cdots \times f(x_n)$, wenn die rechte einstellige Wahrscheinlichkeitsverteilung bzw. -dichte die für alle n Zufallsfunktionen geltende Wahrscheinlichkeitsverteilung (bzw. -dichte) ist. Die Art der Verteilung wird gewöhnlich der Grundgesamtheit zugeschrieben. So etwa spricht man von einer Exponentialpopulation, einer Normalpopulation usw.

Nach unserer Terminologie ist dabei folgendes zu beachten: Die Art der Verteilung wird in einer statistischen *Oberhypothese* festgehalten, die wir in das statistische Datum einbeziehen. Mit der Wahl des Parameters (bzw. der Parameter, wenn es mehrere gibt) ist die *spezielle statistische Hypothese* fixiert. Daß es sich tatsächlich um eine zufällige Stichprobe handelt, ist natürlich *eine weitere Hypothese*. Es werden also insgesamt an drei Stellen hypothetische Annahmen gemacht. Der Begriff des statistischen Datums ist dabei von uns so weit gefaßt worden, daß man darunter auch eine Aussage von der Gestalt verstehen darf: „Die Verteilung ist entweder eine Exponentialverteilung oder eine Normalverteilung". Die spezielle statistische Hypothese kann dann besagen, daß eine Normalverteilung mit den bestimmten Parametern μ und σ^2 vorliege.

Beispiel. Die Population bestehe aus einer Art von Fernsehröhren. Man mißt die Lebenszeiten von 14 dieser Röhren. Diese 14 Meßwerte $x_1, \ldots, x_{14}$ werden als Werte von 14 Funktionen $\mathfrak{x}_1, \ldots, \mathfrak{x}_{14}$ angesehen. Die in das Datum einbezogene Oberhypothese laute etwa: „Bei den Fernsehröhren von dieser Art handelt es sich um eine Exponentialpopulation". Die spezielle statistische Hypothese ist fixiert, wenn der Parameter der Exponentialverteilung angegeben wurde; dies sei etwa der Wert 500. *Damit ist zugleich die für alle* 14 *Zufallsfunktionen geltende Wahrscheinlichkeitsdichte bekannt.* Sie lautet nämlich:

$$(a) \qquad f(x) = \frac{1}{500} \cdot e^{-\left(\frac{x}{500}\right)}.$$

Das Ergebnis dieser etwas umständlichen Beschreibung könnte in knapper Form folgendermaßen wiedergegeben werden: „Die 14 Meßwerte $x_1, \ldots, x_{14}$ bilden eine zufällige Stichprobe aus einer *Exponentialpopulation* mit der Verteilung (a)"[73].

Bei einer anderen Grundgesamtheit kann bereits die in das Datum einbezogene Oberhypothese eine andere sein, obzwar die Meßwerte auch diesmal die Lebenszeiten von technischen Geräten einer bestimmten Art betreffen. Wenn die Stichprobe etwa 7 Elemente enthält, so könnte die analoge Information diesmal lauten:

„Die 7 Meßwerte $y_1, \ldots, y_7$ bilden eine zufällige Stichprobe aus einer *Normalpopulation* mit dem Mittel $\mu = 80$ und der Varianz $\sigma^2 = 400$".

Zusammen mit der Information, daß es sich um eine Normalpopulation handele, genügen die beiden Parameterangaben; denn daraus kann die Verteilung sofort erschlossen werden, die diesmal lautet:

$$(b) \qquad g(y) = N(y;80,400) = \frac{1}{20\sqrt{2\pi}} \cdot e^{-\frac{1}{2}\frac{(x-80)^2}{400}}.$$

Dies ist also die Verteilung, welche diesmal für 7 Zufallsfunktionen $\mathfrak{y}_1, \ldots, \mathfrak{y}_7$ gilt.

In beiden Fällen handelt es sich um *unendliche* Grundgesamtheiten!

Bei der statistischen Beschreibung von Zufallsstichproben bleibt zunächst die Frage vollkommen offen, *wozu die Stichproben benützt werden.* Das erste obige Beispiel legt den Gedanken nahe, daß die Stichprobe, bestehend aus 14 Zahlenwerten, dazu benützt werden soll, *die wahre durchschnittliche Lebensdauer der Röhren dieses Typs zu schätzen,* indem man aus diesen Zahlwerten den Durchschnitt bildet. Dies ist tatsächlich *eine* mögliche Verwendung, auf die wir noch zurückkommen werden. Die Dinge können aber selbst im Schätzungsfall wesentlich komplizierter liegen. Zur Verdeutlichung diene vorläufig das folgende Beispiel: Man muß auf Regierungsebene eine Entscheidung darüber fällen, ob eine bestimmte Region R des Staates als unterentwickelt zu betrachten sei und deshalb ökonomisch zu fördern ist. Dazu soll der Vergleich des durchschnittlichen nationalen Familieneinkommens E_0 mit dem durchschnittlichen Familieneinkommen E_1 in R dienen. Die fragliche Entscheidung wird davon abhängig gemacht, ob der erste Wert den zweiten mindestens um einen Betrag k übersteigt. Nun kenne man zwar den Wert E_0 für den gesamten Staat (entweder aufgrund einer genauen Erhebung oder aufgrund einer früheren Schätzung; wie der Wert E_0 gewonnen wurde, ist hier ohne Belang). E_1 sei un-

---

[73] Bei diesen Kurzbeschreibungen wird im stetigen Fall unter Verteilung stets die Dichtefunktion verstanden. Dies nochmals zu betonen, dürfte deshalb nicht ohne Nutzen sein, weil ja die Dichtefunktion zum Unterschied von einer diskreten Wahrscheinlichkeitsverteilung *keine Wahrscheinlichkeit* ist.

bekannt. Man wählt in R eine für repräsentativ gehaltene Stichprobe von 60 Familien, ermittelt deren Einkommen und verwendet den Durchschnitt, um E_1 zu schätzen; der Schätzwert sei E_1^*. Falls $E_0 - E_1^* > k$, werden die wirtschaftlichen Förderungsmaßnahmen in die Wege geleitet; sonst nicht.

Für die weitere mathematische Behandlung von Stichprobenresultaten ist das Folgende von Bedeutung: Mit n Zufallsfunktionen $\mathfrak{x}_1, \ldots, \mathfrak{x}_n$ ist auch jede *lineare Kombination* davon eine Zufallsfunktion, d. h. jede Funktion $\mathfrak{z}$ von der Gestalt: $\mathfrak{z} = \sum_{i=1}^{n} a_i \, \mathfrak{x}_i$ (die a_i sind konstante reelle Zahlen). Kennt man die Verteilung der $\mathfrak{x}_i$, so kann daraus die von $\mathfrak{z}$ berechnet und es können deren Eigenschaften studiert werden.

Uns interessiert im Augenblick nur der Fall, daß die $\mathfrak{x}_i$ voneinander unabhängig sind und alle dieselbe Verteilung haben. Dann wird eine spezielle lineare Kombination dieser $\mathfrak{x}_i$ durch die Wahl von $a_i = 1/n$ gewonnen. Die neue Zufallsfunktion hat die folgende Gestalt:

$$(1) \qquad \bar{\mathfrak{x}} = \frac{\mathfrak{x}_1 + \mathfrak{x}_2 + \ldots + \mathfrak{x}_n}{n} \, .$$

Diese Funktion ist natürlich so zu verstehen: Wenn $\mathfrak{x}_1$ den Wert $x_1, \ldots,$ $\mathfrak{x}_n$ den Wert x_n annimmt, so nimmt $\bar{\mathfrak{x}}$ den Wert $\bar{x} = \dfrac{\Sigma x_i}{n}$ an.

Gehen wir nun wieder auf das erste obige Beispiel einer Exponentialpopulation und einer zufälligen Stichprobe aus dieser Population mit den 14 Werten $x_1, \ldots, x_{14}$ zurück. Der Wert von $\bar{\mathfrak{x}}$ ist in diesem Fall:

$$(2) \qquad \bar{x} = \frac{x_1 + x_2 + \ldots + x_{14}}{14} \, ,$$

also das, was man gewöhnlich als den *Durchschnitt* aus diesen 14 Werten bezeichnet. Vom formalen Standpunkt aus ist es wichtig, zu beachten, daß der Durchschnitt einen Wert der Zufallsfunktion (1) darstellt (in unserem Beispiel für $n = 14$). Man muß genau darauf achten, ob unter „Durchschnitt" ein *Zahlenwert* von der Art (2) oder eine *Funktion* von der Art (1) verstanden werden soll.

Für $\bar{\mathfrak{x}}$ gilt der häufig verwendete

Satz 10—1 *Es seien $\mathfrak{x}_1, \mathfrak{x}_2, \ldots, \mathfrak{x}_n$ Zufallsfunktionen, von denen gilt:*
    1. die n $\mathfrak{x}_i$ sind voneinander unabhängig;
    2. die n $\mathfrak{x}_i$ haben alle dieselbe Verteilung mit dem Mittel
     μ und der Varianz σ^2.
Dann sind das Mittel (der Erwartungswert) und die Varianz von $\bar{\mathfrak{x}}$ durch die Formeln bestimmt:
    (a) $\mathbf{E}(\bar{\mathfrak{x}}) = \mu$[74]

    (b) $Var(\bar{\mathfrak{x}}) = \dfrac{\sigma^2}{n} \, .$

---

[74] Vgl. Freund, [Statistics], S. 176.

Die Quadratwurzel von $\mathrm{Var}(\bar{x})$, also $\dfrac{\sigma}{\sqrt{n}}$, wird auch als *Standardfehler des Durchschnitts* bezeichnet.

Nehmen wir jetzt an, in unserem ersten Beispiel sei der Wert $\bar{x}$ von (2) tatsächlich dazu verwendet worden, um die durchschnittliche Lebensdauer der Röhren dieses Typs zu schätzen, d. h. $\bar{x}$ sei der *Schätzwert von* μ. Hier tritt sofort die Frage auf, ob man eine Aussage über das Verhältnis von Schätzwert $\bar{x}$ und geschätztem Wert μ machen kann, *falls der Umfang n der Stichprobe wächst*. Darauf gibt die Formel (*b*) eine Antwort: Mit wachsendem n wird der Standardfehler immer kleiner, so daß man erwarten kann, daß mit der durch die Vergrößerung der Anzahl der Elemente der n-Stichprobe wachsenden Information der Schätzwert $\bar{x}$ der zu schätzenden Größe μ immer näher kommt. Genauer kann man aus dem obigen Satz unter Verwendung des Theorems von Tschebyscheff die folgende Aussage ableiten:

Korollar. *Es sei k eine beliebige positive Konstante. Dann konvergiert mit $n \to \infty$ die Wahrscheinlichkeit, daß $\bar{x}$ einen von μ um mehr als k abweichenden Wert annimmt, gegen* 0 $\bigg($denn nach dem Theorem von Tschebyscheff ist die Wahrscheinlichkeit, daß der durch die Funktion $\bar{x}$ angenommene Wert von μ um mehr als k abweicht, kleiner als $\dfrac{\sigma^2}{n\,k^2}\bigg)$.

In der Wahrscheinlichkeitstheorie wird der Ausdruck „*Statistik*" häufig in einem ganz speziellen Sinn verstanden, nämlich im Sinn von „*Wert, der von einer Zufallsfunktion angenommen wird*". So ist z. B. $\dfrac{\Sigma x_i}{n}$ eine Statistik; denn dieser Wert wird von der Zufallsfunktion $\bar{x}$ in (1) am Punkt $(x_1, \ldots, x_n)$ des n-dimensionalen Stichprobenraumes angenommen.

Ein anderes wichtiges Beispiel einer Statistik ist die *Stichprobenvarianz*. Diese ist bei gegebenen Stichprobenresultaten $x_1, \ldots, x_n$ der Wert, der am Punkt $(x_1, \ldots, x_n)$ des Stichprobenraumes von der folgenden Zufallsfunktion $\mathfrak{s}^2$ angenommen wird:

$$(3) \qquad \mathfrak{s}^2 = \frac{\sum\limits_{i=1}^{n} (x_i - \bar{x})^2}{n-1}.$$

$\mathfrak{s}$, die Quadratwurzel daraus, wird *Standardabweichung der Stichprobe* genannt. (Die auf den ersten Blick etwas merkwürdige Tatsache, daß im Nenner der Wert $n{-}1$ und nicht n steht, hat rein rechnerische Gründe, auf die wir nochmals zurückkommen werden.)

Verteilungen von Zufallsfunktionen, die Statistiken entsprechen, heißen auch *Stichprobenverteilungen*. So jedenfalls wird der Ausdruck gewöhnlich definiert. Sieht man sich aber die obige, sehr allgemein gehaltene Definition von „Statistik" an, so würde daraus folgen, daß man jede Verteilung einer

Zufallsfunktion Stichprobenverteilung nennen dürfte. Dies erscheint nicht als sinnvoll. Tatsächlich denken die Statistiker gewöhnlich an Verteilungen der Funktionen $\bar{x}$ und s^2 (sowie verwandter Funktionen), wenn sie von Stichprobenverteilungen sprechen. Wir werden jedenfalls diese Terminologie nur mit Bezug auf die beiden genannten Funktionen verwenden.

Ein häufig benütztes Theorem über Stichprobenverteilungen sei hier angeführt (der Ausdruck „Durchschnitt" ist dabei genau im Sinn der obigen Formel (2) zu verstehen):

Satz 10—2. *Es sei eine Normalpopulation mit der Verteilung $N(x; \mu, \sigma^2)$ sowie eine zufällige n-Stichprobe aus dieser Population mit dem Durchschnitt $\bar{x}$ gegeben. Dann ist die Stichprobenverteilung der Zufallsfunktion $\bar{x}$ die Normalverteilung $N\left(\bar{x}; \mu, \dfrac{\sigma^2}{n}\right)$* [75].

(**II**) Bisher haben wir uns ausschließlich mit Stichprobenauswahlen aus unendlichen Gesamtheiten beschäftigt. Die folgenden Bemerkungen beziehen sich auf *Stichprobenauswahlen ohne Ersetzung.*

Ein anschauliches Modell für diese Art von Stichprobenauswahl bildet das Ziehen von Karten aus einem normalen Kartenspiel mit 52 Karten, ohne daß die jeweils gezogene Karte in das Spiel zurückgelegt wird. Wie wir von Kap. 0 her wissen, muß in diesem Fall für die Berechnung der Wahrscheinlichkeiten (z. B. der Wahrscheinlichkeit, in 7 aufeinanderfolgenden Zügen ohne Ersetzung 3 Damen zu ziehen) die hypergeometrische Verteilung benützt werden.

Wie sieht nun die Behandlung von Stichprobenauswahlen ohne Ersetzung (= Stichprobenauswahlen aus endlichen Gesamtheiten) *in der Sprache der Zufallsfunktionen* aus? Nehmen wir dazu der Einfachheit halber an, die gegebene endliche Grundgesamtheit sei *eine Klasse $K = \{r_1, r_2, \ldots, r_N\}$ von irgendwelchen reellen Zahlen r_i.* (Sollten zwei Zahlen identisch sein, so erteilen wir ihnen einfach verschiedene Indizes, um sie einerseits unterscheiden zu können, andererseits doch von einer Klasse sprechen zu dürfen.)

Angenommen, wir wollen aus der N Zahlen enthaltenden Grundgesamtheit eine Stichprobe von n Zahlen auswählen. Die Resultate der n Wahlen werden wieder als Werte von n Zufallsfunktionen $x_1, \ldots, x_n$ gedeutet. Da diesmal aber Auswahlen *ohne* Ersetzung erfolgen und daher die Wahrscheinlichkeiten sich von einer Wahl zur nächsten ändern, müssen wir auf die *Reihenfolge* achten und die Zufallsfunktionen, *die diesmal nicht unabhängig sind,* entsprechend dieser Reihenfolge charakterisieren. So etwa sei die Bedeutung von x_1: „die erste aus der Klasse K gewählte Zahl", die Bedeutung von x_2: „die zweite aus der Klasse K gewählte Zahl", ..., die Bedeutung von x_n: „die *n-te* aus der Klasse K gewählte Zahl".

---

[75] Vgl. FREUND, a. a. O. S. 191.

Zum Unterschied von dem in (I) behandelten Fall haben diese Funktionen nicht dieselbe Verteilung. Der Begriff der zufälligen Stichprobe wird daher diesmal nicht durch Bezugnahme auf die individuellen Verteilungen, sondern durch Bezugnahme auf die *gemeinsame Verteilung f* der n Zufallsfunktionen definiert (die Stichprobe schreiben wir als geordnetes n-Tupel, um die Reihenfolge hervorzuheben): $\langle x_1, \ldots, x_n \rangle$ heißt zufällige Stichprobe vom Umfang n aus der endlichen Grundgesamtheit K vom Umfang N gdw alle $x_i \in K$ und

$$f(x_1, \ldots, x_n) = \frac{1}{N(N-1) \ldots (N-n+1)}.$$

Die zufälligen Stichproben vom Umfang n sind also in ihrer Gesamtheit dadurch charakterisiert, daß jedes geordnete n-Tupel von Zahlen aus K, also jedes Element des (n-dimensionalen) Stichprobenraumes, dieselbe eben angegebene Wahrscheinlichkeit haben muß.

Die Marginalverteilungen $f(\mathfrak{x}_i)$ sind für alle n Zufallsfunktionen dieselben, nämlich:

$$f(x_i) = \frac{1}{N} \text{ (für alle } x_i \in K).$$

Für die Erwartungswerte der $\mathfrak{x}_i$ erhält man daher:

$$E(\mathfrak{x}_i) = \sum_{i=1}^{N} \frac{r_i}{N} = \mu; \text{ und für die Varianz:}$$

$$\mathrm{Var}(\mathfrak{x}_i) = \sum_{i=1}^{N} \frac{(r_i-\mu)^2}{N} = \sigma^2.$$

Diese beiden Größen sind also für alle x_i dieselben und von der Größe n der Stichprobe unabhängig. Man ordnet diese beiden Zahlen daher der endlichen Grundgesamtheit K selbst zu und spricht von dem *Mittel* und der *Varianz der endlichen Population.* Es gilt der folgende

Satz 10 — 3. *Eine zufällige Stichprobe vom Umfang n, die durch Auswahl aus einer endlichen Population vom Umfang N mit dem Mittel μ und der Varianz σ^2 zustande kam, habe den Durchschnitt $\bar{x}$. Dann gilt:*

(a) $E(\bar{\mathfrak{x}}) = \mu;$

(b) $Var(\bar{\mathfrak{x}}) = \dfrac{\sigma^2}{n} \cdot \dfrac{N-n}{N-1}.$

Vergleicht man die Teile (*b*) von Satz 1 und Satz 3, so ergibt sich ein gelegentlich verwertbares praktisches Resultat: Die beiden Formeln für die Varianz unterscheiden sich nur durch den Faktor $\dfrac{N-n}{N-1}$. Ist der Umfang N der Population im Vergleich zum Umfang n der Stichprobe sehr groß, so kann dieser Faktor und damit der Unterschied zwischen den beiden Formeln vernachläßigt werden. Der Wert $\dfrac{\sigma}{\sqrt{n}}$ wird daher häufig als approximativer Wert für die Standardabweichung von $\bar{x}$ für Stichproben aus endlichen Gesamtheiten verwendet, sofern die letzteren hinreichend groß sind.

(III) Jetzt wenden wir uns wieder dem speziellen Fall der Schätzung zu. Es wird dabei sofort deutlich werden, warum wir in **(I)** und **(II)** Bemerkungen über den Zusammenhang von Stichproben und Zufallsfunktionen vorangestellt haben. Die Statistiker arbeiten nämlich mit sog. *Schätzfunktionen* (estimators). Dies sind Zufallsfunktionen von der Art der in **(I)** eingeführten Funktionen $\bar{x}$ und s^2, deren Werte Statistiken bilden. Die tatsächlich erhaltenen Werte dieser Funktionen werden *Schätzwerte* genannt. Da die Werte von Schätzfunktionen eindeutig bestimmt sind, kann mit solchen Funktionen nur innerhalb der Theorie der *Punktschätzung* gearbeitet werden.

Wenn eine Funktion als Schätzfunktion bezeichnet wird, so ist dies eine unvollständige Kennzeichnung. Man muß den Parameter ausdrücklich angeben, *für den* die Funktion als Schätzfunktion verwendet wird. So etwa dient $\bar{x}$ als *Schätzfunktion für* μ; analog wird der erhaltene Wert, etwa $\bar{x} = 27{,}4$, als *Schätzwert von* μ bezeichnet.

Für die weiteren Betrachtungen genügt es, wenn der Leser sich folgendes merkt: Schätzfunktionen sind definiert auf der Menge der möglichen Beobachtungen und haben als Werte reelle Zahlen; der Wert einer derartigen Funktion für eine bestimmte Beobachtung ist ein Schätzwert.

Das Arbeiten mit Schätzfunktionen hat wichtige theoretische Konsequenzen. Die wichtigste dürfte darin liegen, daß die Identifizierung dieser Funktionen mit gewissen Zufallsfunktionen das Studium der statistischen Merkmale dieser Zufallsfunktionen zu einer der Hauptaufgaben, wenn nicht zu *der* Hauptaufgabe der Theorie der Punktschätzung gemacht hat.

Wir werden diese Denkweise nicht kritiklos hinnehmen, sondern in einem späteren Unterabschnitt deren Problematik aufzuzeichnen versuchen. Zuvor aber sollen einige Begriffe eingeführt werden, durch die man Schätzfunktionen näher charakterisiert.

(IV) Man kann mit vielen verschiedenen Schätzfunktionen arbeiten, um zu Schätzungen zu gelangen. Nicht alle Schätzungen aber sind gleich gut brauchbar. Man wird daher in jedem Fall zunächst zu ermitteln versuchen, welche Schätzfunktion die geeignetste sein dürfte. Um für dieses Ermittlungsverfahren eine rationale Basis zur Verfügung zu stellen, haben die Statistiker eine Reihe von *wünschenswerten Eigenschaften von Schätzfunktionen* definiert, von denen die vier wichtigsten hier angeführt werden sollen.

(a) Angenommen, wir haben es mit einer unendlichen Population zu tun. Der Wert der Schätzfunktion kann als das Ergebnis einer Folge von Experimenten beschrieben werden, durch welches wir eine Stichprobe erzeugen, die uns den Schätzwert liefert. Es ist naheliegend, folgendes zu verlangen: Wenn wir das Experiment immer und immer wiederholen, so soll *im Durchschnitt* der Parameterwert herauskommen, den wir schätzen. In die technische Sprechweise der Statistik übersetzt, besagt diese erste wünschenswerte Eigenschaft:

Der Erwartungswert der Schätzfunktion soll mit dem Parameterwert identisch sein, für dessen Schätzung sie verwendet wird.

Eine Schätzfunktion, welche diese Bedingung erfüllt, soll *erwartungstreu* (unbiased)[76] genannt werden.

Als Beispiel für den stetigen Fall können wir wieder auf den Satz 1 (*a*) zurückgreifen: Die Zufallsfunktion $\bar{x}$ ist eine erwartungstreue Schätzfunktion von μ, falls μ überhaupt existiert, da unter dieser Voraussetzung gilt: $E(\bar{x}) = \mu$. Es darf allerdings nicht übersehen werden, daß dort eine weitere Voraussetzung gemacht worden ist, nämlich daß alle x_i dieselbe Verteilung haben. Woher weiß man dies? Die Antwort liegt auf der Hand: Man weiß es natürlich nicht, sondern kann es nur vermuten. Daß das Auswahlverfahren zu einer *zufälligen* Stichprobe geführt hat, ist eben in jeder Situation selbst eine statistische Hypothese!

Ein einfaches Beispiel für den diskreten Fall ist folgendes: Gegeben sei eine Binomialpopulation. Der Parameter der Binomialverteilung sei ϑ. Wenn die Zufallsfunktion x die Bedeutung hat: „die Anzahl der Erfolge in n Versuchen", so ist die Funktion $\dfrac{x}{n}$ eine erwartungstreue Schätzfunktion für den Parameter dieser Verteilung. Denn es gilt: $E\left(\dfrac{x}{n}\right) = \dfrac{1}{n}\, E(x) = \vartheta$.

Als letztes Beispiel sei die in (3) definierte Stichprobenvarianz $\mathfrak{s}^2$ genannt. Diese bildet eine erwartungstreue Schätzfunktion für die Varianz σ^2 einer unendlichen Grundgesamtheit. Denn es gilt nachweislich: $E(\mathfrak{s}^2) = \sigma^2$.[77] Wenn wir also eine zufällige Stichprobe aus einer unendlichen Population auswählen, so können wir den nach Formel (3) gewonnenen Wert als Schätzwert von σ^2 verwenden. Wir haben dabei die Garantie, daß es sich um ein erwartungstreues Schätzverfahren handelt. Dieses Resultat liefert die nachträgliche Motivation für die auf den ersten Blick befremdliche Tatsache, daß in der Formel (3) von (I) im Nenner der Wert $n-1$ und nicht n steht, obwohl sich die Formel auf eine Stichprobe vom Umfang n bezieht.

(**b**) Ein weiteres Merkmal ist die *relative Effizienz*. Dieses wird nur für den Fall angewendet, daß mehrere Schätzfunktionen vorliegen, die alle erwartungstreu sind, so daß eine Auszeichnung einer von ihnen erst aufgrund eines weiteren Kriteriums erfolgen kann. Von zwei erwartungstreuen Schätzfunktionen θ_1 und θ_2 wird die erste als *relativ effizienter* denn die zweite bezeichnet, wenn

$$\frac{Var(\theta_1)}{Var(\theta_2)} < 1.$$

Eine kleinere Varianz gilt somit als Symptom größerer Effizienz denn eine größere Varianz. Wenn wir an einen der wichtigsten Fälle, nämlich die Normalverteilung, denken und dabei zugleich auf die geometrische Veranschaulichung von Wahrscheinlichkeitsdichten und Wahrscheinlichkeiten

---

[76] Dem Vorschlag von VAN DER WAERDEN, dafür den doppelsprachigen Ausdruck „biasfrei" einzuführen, vermag ich mich nicht anzuschließen.

[77] Für einen einfachen Beweis vgl. J. E. FREUND, [Statistics], S. 216.

zurückgehen, so können wir sagen: Größere Effizienz bedeutet kleinere Varianz, d. h. *stärkere Konzentration der Fläche unter der Wahrscheinlichkeitsverteilung (-dichte) um das Mittel.*

Ein Beispiel für die Anwendung dieses Kriteriums liegt z. B. in der folgenden Situation vor: Gegeben ist eine Normalpopulation; deren Mittel soll aufgrund einer zufälligen Stichprobe geschätzt werden. Man kann zeigen, daß sowohl $\bar{x}$ als auch $\tilde{x}$ (der Median[78], aufgefaßt als Zufallsfunktion) erwartungstreue Schätzfunktionen darstellen. Da jedoch gilt: $Var(\bar{x}) = \dfrac{\sigma^2}{n}$ und $Var(\tilde{x}) = \dfrac{\pi\sigma^2}{2n}$, ist $\bar{x}$ von größerer relativer Effizienz als $\tilde{x}$ (denn $\pi > 2$).

Angenommen, es werde ein Vergleich zwischen einer erwartungstreuen Schätzfunktion θ für einen Parameter ϑ auf der einen Seite, und *sämtlichen übrigen* erwartungstreuen Schätzfunktionen für ϑ auf der anderen Seite angestellt. Der Vergleich ergebe, daß die Varianz von θ mindestens ebenso niedrig ist wie die für eine dieser übrigen Schätzfunktionen. Es wird dann gesagt, daß θ *von größter relativer Effizienz* ist. Da dieses Kriterium die Schätzfunktionen mit niedrigster Varianz auszeichnet, könnte man es daher auch *das Kriterium der minimalen Varianz* nennen.

(c) Erwartungstreue ist nicht die einzige für wünschenswert gehaltene Eigenschaft von Schätzfunktionen. Der Nachteil fehlender Erwartungstreue kann u. U. durch andere Vorteile überkompensiert werden. Dazu müssen wir bedenken, daß die Erwartungstreue im Grunde eine ziemlich schwache Eigenschaft einer Schätzfunktion ist: Sie beinhaltet ja lediglich, daß die Werte der Schätzfunktion *im Durchschnitt* dem geschätzten Parameterwert gleichen. *Dies besagt aber nicht, daß auch nur ein einziger der gewonnenen Werte dem geschätzten Wert notwendig sehr nahe kommt.* Vielmehr ist es durchaus damit verträglich, daß die einzelnen gewonnenen Werte vom geschätzten Wert stark abweichen.

Es ist daher beinahe zwingend, einen weiteren Gedanken zur Forderung zu erheben: Wir wollen eine Art von *praktischer Gewißheit*, daß für ein hinreichend großes n (für eine hinreichend große Stichprobe) die Schätzfunktion Werte annimmt, welche dem zu schätzenden Parameter sehr nahekommen. Dieser Gedanke ist für uns nicht neu; er kam bereits im Theorem von TSCHEBYSCHEFF sowie im Gesetz der großen Zahl zur Geltung.

Eine Schätzfunktion θ, die zur Schätzung des Parameters ϑ verwendet wird, und welche diese noch zu präzisierende Bedingung erfüllt, wird *konsistent* genannt[79]. Genauer lautet die Konsistenzbedingung für θ (wobei unter ϑ_w der tatsächliche oder wahre Wert des Parameters verstanden wird):

---

[78] Wenn $v_1, \ldots, v_n$ die nach Größe geordneten Werte der Stichprobe sind, so ist der Median im Fall $n = 2m + 1$ der Wert v_{m+1}, im Fall $n = 2m$ der Wert $\dfrac{v_m + v_{m+1}}{2}$.

[79] Mit dem *logischen* Konsistenzbegriff hat diese Bezeichnung nichts zu tun.

*Die Wahrscheinlichkeit, daß θ einen Wert annimmt, welcher von ϑ_w um mehr als eine beliebige vorgegebene **Konstante** k abweicht, konvergiert für $n \to \infty$ gegen 0.*

(Der Leser übersehe nicht, daß hier nicht von einer Konvergenz des Schätzwertes gegen den tatsächlichen Wert die Rede ist, sondern davon, daß *die Wahrscheinlichkeit* des beschriebenen Sachverhaltes gegen 0 konvergiert.)

Da im Definiens von einem Grenzwert die Rede ist, können wir die Konsistenz auch eine *Limeseigenschaft* (oder *asymptotische Eigenschaft*) einer Schätzfunktion nennen.

Versteht man unter dem *Fehler* einer Schätzung den absoluten Betrag der Differenz zwischen dem durch die Schätzfunktion angenommenen Wert und dem wahren Wert des geschätzten Parameters, so kann das Merkmal der Konsistenz einer Schätzfunktion umgangssprachlich ungefähr so wiedergegeben werden: *Wenn n hinreichend groß ist, so können wir praktisch sicher sein, daß der Fehler, zu welchem die konsistente Schätzfunktion führt, kleiner ist als ein beliebig vorgegebener konstanter Wert.* Der formale Begriff der Wahrscheinlichkeitskonvergenz wird hier durch den Alltagsbegriff der praktischen Sicherheit wiedergegeben.

Ein partieller Zusammenhang zwischen Erwartungstreue und Konsistenz ist ausgedrückt in dem folgenden

Satz 10 — 4. *Eine erwartungstreue Schätzfunktion θ ist konsistent, wenn sie außerdem die Bedingung erfüllt: Var (θ) konvergiert für $n \to \infty$ gegen 0.*

Dieser Satz wird häufig benützt, um die Konsistenz von Schätzfunktionen zu beweisen. Es möge nicht übersehen werden, daß es sich dabei nur um eine hinreichende, aber nicht um eine notwendige Bedingung der Konsistenz handelt.

(d) Schließlich wird eine Schätzfunktion *erschöpfend* (sufficient) genannt, falls sie sämtliche in der Stichprobe enthaltenen Informationen verwertet, die für die Schätzung des Parameters ϑ relevant sind. Wenn also eine erschöpfende Schätzfunktion θ einen Wert liefert und außerdem eine Stichprobe mit Zahlwerten $x_1, \ldots x_n$ vorliegt (welche die Werte der Zufallsfunktionen $\mathfrak{x}_1, \ldots, \mathfrak{x}_n$ darstellen), so dürfen diese n Stichprobenwerte keine über den Wert von θ hinausgehende Information über den geschätzten Parameter ϑ liefern.

Eine mögliche formale Präzisierung dieses Begriffs lautet: Es sei $f(x_1, \ldots, x_n \mid \vartheta^*)$ die bedingte gemeinsame Verteilung von $\mathfrak{x}_1, \ldots, \mathfrak{x}_n, \theta$, wobei die Bedingung lautet, daß θ den Wert ϑ^* annimmt. θ wird eine *erschöpfende* Schätzfunktion für ϑ genannt, wenn der Wert von $f(x_1, \ldots, x_n \mid \vartheta^*)$ nicht vom tatsächlichen Wert von ϑ abhängt.

(V) Die in **(IV)** angeführten Begriffe betrafen wünschenswerte Eigenschaften von Schätzfunktionen. Da die letzteren nur ein Werkzeug für die

Theorie der Punktschätzung bilden, sind alle diese Begriffe für die Theorie der Intervallschätzung ohne Relevanz.

Der wichtigste Begriff der *Intervallschätzung* ist der Begriff des *Vertrauensintervalls* (confidence interval). Er möge zunächst an einem Beispiel illustriert werden. Es liege eine Normalpopulation mit dem Mittel μ und der Varianz σ^2 vor. σ sei bekannt, μ *hingegen unbekannt*. Es wird eine zufällige n-Stichprobe aus dieser Grundgesamtheit ausgewählt. Die Zufallsfunktion $\bar{x}$ habe dieselbe Bedeutung wie früher. Wir erinnern daran, daß man allgemein die Standardisierung einer Zufallsfunktion x durch Übergang zur Zufallsfunktion $y = \dfrac{x - \mu}{\sigma}$ erhält, wenn μ und σ^2 Mittel sowie Varianz der Verteilung von x sind; die Zufallsfunktion in Standardform hat das Mittel 0 und die Varianz 1. Unter $z_{p/2}$ verstehen wir denjenigen Wert, für den das Integral der Standardnormaldichte von $z_{p/2}$ bis ∞ den Wert $p/2$ liefert, d. h.

$$\int\limits_{z_{p/2}}^{\infty} N(x;\,0,1) = \frac{p}{2}\,.$$

(Zur Erleichterung des Verständnisses möge der Leser annehmen, daß $p/2$ eine sehr *kleine* Zahl sei.)

Wenn wir auf Satz 10.2 zurückgreifen, können wir behaupten, daß die Stichprobenverteilung von $\dfrac{(\bar{x} - \mu)}{\sigma/\sqrt{n}}$ — nämlich die Standardisierung von $\bar{x}$ — die Normalverteilung $N(\bar{x};\,0,1)$ ist. Da die Normalverteilung symmetrisch bezüglich des Mittels ist, welches im standardisierten Fall den Wert 0 hat, können wir nach dem vorigen Resultat behaupten:

(4) *Die Wahrscheinlichkeit, daß die Zufallsfunktion* $\dfrac{(\bar{x} - \mu)}{\sigma/\sqrt{n}}$ *einen Wert zwischen* $-z_{p/2}$ *und* $+z_{p/2}$ *annimmt, beträgt* 1$-p$.

Angenommen, wir setzen den tatsächlich aus der Stichprobe gewonnenen Wert $\bar{x}$ ein und schreiben die Ungleichung an:

$$-z_{p/2} < \frac{\bar{x} - \mu}{\sigma/\sqrt{n}} < +z_{p/2}\,.$$

Diese kann man umformen in:

$$(5) \qquad \bar{x} - z_{p/2}\frac{\sigma}{\sqrt{n}} < \mu < \bar{x} + z_{p/2}\frac{\sigma}{\sqrt{n}}\,.$$

Alle Werte außer μ sind hier Konstante: $\bar{x}$ wurde empirisch ermittelt; n ist der Umfang der Stichprobe; σ war als bekannt vorausgesetzt; und $z_{p/2}$ wurde rein rechnerisch durch die obige Integralbedingung ermittelt.

Selbstverständlich können wir nicht behaupten, daß (5) richtig ist, sondern können nur sagen: (5) muß richtig oder falsch sein. Wegen (4) können wir allerdings noch mehr behaupten, nämlich:

(6) *Die Wahrscheinlichkeit, daß die beiden Zufallsfunktionen* $\bar{x} - z_{p/2} \dfrac{\sigma}{\sqrt{n}}$

und $\bar{x} + z_{p/2} \dfrac{\sigma}{\sqrt{n}}$ *Werte annehmen, welche die doppelte Ungleichung* (5) *erfüllen* (der Wert der ersten die linke und der Wert der zweiten die rechte), *beträgt* 1—*p*.

Dieses Ergebnis drückt der Statistiker folgendermaßen aus:

(a) Das Intervall, welches von $\bar{x} - z_{p/2} \dfrac{\sigma}{\sqrt{n}}$ bis $\bar{x} + z_{p/2} \dfrac{\sigma}{\sqrt{n}}$ läuft, ist ein (1—*p*)-*Vertrauensintervall für* μ;

(b) der *Grad des Vertrauens* (degree of confidence), daß μ in dem Intervall (5) liegt, beträgt 1—*p*;

(c) der Wert ganz links in (5) bildet die *untere* (1—*p*)-*Vertrauensgrenze* (lower confidence limit) für den geschätzten Parameter μ; der Wert ganz rechts bildet die *obere* (1—*p*)-*Vertrauensgrenze*.

Ein numerisches Beispiel ist folgendes: Die Normalpopulation habe die bekannte Varianz $\sigma^2 = 144$; die Stichprobe habe den Umfang $n = 25$; der Wert von $\bar{x}$ sei 81; *p* wird 0,05 gesetzt. Aus der statistischen Tabelle für Normalverteilungen liest man ab, daß $z_{0,025} = 1,96$. Einsetzung in (5) ergibt: $76,3 < \mu < 85,7$. Obwohl diese doppelte Ungleichung falsch sein kann, können wir behaupten: Es liegt ein 0,95-Vertrauensintervall vor bzw. wir können im Grad 0,95 vertrauen, daß μ in diesem Intervall liegt. *Unser subjektives Gefühl, daß die beiden Ungleichungen eher richtig als falsch sind, hat damit eine quantitative Präzisierung erfahren.*

Es ist jedoch Vorsicht am Platz, damit man in die Sache nicht mehr hineindeutet als darin liegt. Mit der Einführung der *Vertrauensbegriffe* wurde nicht etwa ein Übergang zu einer Bestätigungstheorie oder einer personalistischen Wahrscheinlichkeitstheorie vollzogen, auch nicht zu einer Stützungstheorie von der früher beschriebenen Art. *Alle diese Begriffe basieren vielmehr ausschließlich auf dem Begriff der statistischen Wahrscheinlichkeit.* Wir wollen die Frage hier nicht diskutieren, ob diese Terminologie daher überhaupt empfehlenswert sei. Sie hat sich jedenfalls in der Statistik eingebürgert.

Das Beispiel illustriert zugleich das allgemeine Verfahren: Wenn wir eine Intervallschätzung für einen Parameter β einer gegebenen Population in der Weise vornehmen wollen, daß wir (bei vorgegebenem *p*) zu einem (1—*p*)-Vertrauensintervall für β gelangen, so müssen wir eine Stichprobenauswahl vornehmen und zwei Zufallsfunktionen θ_1 und θ_2 finden, welche die folgenden beiden Bedingungen erfüllen:

(1) θ_1 nimmt immer einen kleineren Wert an als θ_2;

(2) Wir können mit einer Wahrscheinlichkeit von 1—*p* behaupten, daß die Werte ϑ_1 und ϑ_2, welche sie aufgrund des Stichprobenresultates annehmen, die Ungleichung erfüllen: $\vartheta_1 < \beta < \vartheta_2$.

Die Begriffe *Vertrauensintervall, Vertrauensgrenze* und *Vertrauensgrad* sind in dem allgemeinen Fall analog zu definieren wie im obigen speziellen Fall.

Das praktische Problem, das hier zu lösen ist, besteht darin, geeignete Zufallsfunktionen zu finden, deren Werte sich aufgrund der verfügbaren Daten berechnen lassen, deren Verteilung aber nicht von dem (unbekannten) Parameter abhängt. In unserem Beispiel wurde das Wissen darum benützt, daß die Funktion $\dfrac{\bar{x} - \mu}{\sigma \sqrt{n}}$ die Standardnormalverteilung hat, welche von μ unabhängig ist.

In unserem Beispiel hatten wir vorausgesetzt, daß die Varianz der Normalpopulation bekannt ist. Wenn σ *unbekannt* ist, so muß man zu einer neuen Art von Verteilung übergehen, die wir hier wegen der damit verbundenen Komplikationen nicht erwähnten, nämlich zur sog. *Student-Verteilung.* In den Analoga zu den obigen Formeln tritt dann an die Stelle von σ die durch Formel (3) definierte Standardabweichung der Stichprobe s, so daß eine Zirkularität vermieden wird. Für eine klare Schilderung der technischen Einzelheiten vgl. FREUND, [Statistics], S. 201 ff. und S. 230.

Eine Frage von ganz anderer Art tritt auf, wenn man es nicht mit einer Normalverteilung zu tun hat, sondern mit *anderen* Verteilungen, deren Varianz bekannt ist. Hier entschließt man sich häufig, *hinreichend große Stichproben* zu verwenden, so daß sich der zentrale Grenzwertsatz anwenden läßt und das Problem abermals auf ein Problem *für Normalverteilungen* zurückgeführt wird.

Wiederum ganz anders liegen die Dinge, wenn man ein *Vertrauensintervall* nicht für μ, sondern *für σ^2* erhalten möchte. Auch hier muß zu einer besonderen Art von Verteilung übergegangen werden, die wir nicht erwähnten, nämlich zur sog. χ^2-*Verteilung.* Vgl. Freund, a.a.O., S. 193 ff. und S. 234 f.

Ein interessantes Problemgebiet bilden die *Schätzungen von Proportionen.* Dieses Gebiet umfaßt so heterogene Fälle wie die Schätzung der Sterblichkeitsrate bei einer bestimmten Art von Krankheit; der Proportion von defekten Schrauben einer Tagesproduktion in einer Schraubenfabrik; die — wie man so sagt — Wahrscheinlichkeit, daß ein Auto, welches in einer Straße parkt, unkorrekte Scheinwerfer hat usw. Alle diese Fälle können als Spezialisierungen der Aufgabe aufgefaßt werden, den Parameter einer Binomialverteilung zu schätzen. Ähnlich wie die im vorletzten Absatz erwähnten Fälle wird auch diesmal eine *Reduktion auf Normalverteilungen* angestrebt. Die Überlegung benützt die Tatsache, daß für großes n die Binomialverteilung durch die Normalverteilung approximiert werden kann.

10.d Die Doppeldeutigkeit von „Schätzung" und die Mehrdeutigkeit von „Güte einer Schätzung". Fast alle Statistiker machen die für sie mehr oder weniger selbstverständliche Annahme, daß Schätzungen *Handlungen* sind. Da Handlungen praktische Konsequenzen haben, bringen sie den weiteren Gedanken ins Spiel, daß man diese Konsequenzen von Schätzungen *bewerten* müsse. Von da ist es dann nur mehr ein sehr kurzer Schritt zu der These, daß man (α) *die gesamte Schätzungstheorie* oder sogar (β) *Schätzungstheorie plus Testtheorie,* ja schließlich (γ) *die gesamte Statistik der Entscheidungstheorie einverleiben müsse.*

Nun ist jedoch der Ausdruck „Schätzung" doppeldeutig. Es ist zwar richtig, daß man unter Schätzungen *Handlungen* bestimmter Art (englisch: action) verstehen kann und auch häufig darunter versteht. Auf der anderen Seite ist nicht zu übersehen, daß man unter Schätzen die Formung einer bestimmten Art von *Überzeugung* (englisch: belief) verstehen kann. Wir wollen das erste *Schätzhandlung*, das zweite *theoretische Schätzung* nennen. Der Unterschied ist deshalb wichtig, weil wir ja von einer Schätzung verlangen, daß sie *gut* sein soll. „Güte einer Schätzung" kann aber etwas ganz anderes bedeuten, je nachdem, ob man unter der Schätzung eine Schätzhandlung oder eine theoretische Schätzung versteht.

Mit der Differenzierung zwischen den beiden Arten der Schätzung werden wir uns in 10.e genauer befassen. Im Augenblick möge ein bereits früher gegebenes Beispiel zur Illustration des Unterschiedes dienen: die Schätzung der Stärke einer feindlichen Armee. Als *theoretische* Schätzung wird man diese Schätzung z. B. dann für gut erklären, wenn sie die Zahl der Feinde und ihrer Ausrüstung ziemlich genau trifft. Für die Schätzung als *Schätzhandlung* kann sich ein ganz anderes Bild ergeben: Der Befehlshaber der eigenen Armee *über*schätzt die gegnerischen Kräfte etwas und trifft danach seine Dispositionen. Der feindliche Angriff wird zurückgeschlagen. Dies wäre nicht geglückt, wenn die feindliche Armee in bezug auf ihre Stärke nicht überschätzt worden wäre. Hier ist die theoretische *Über*schätzung die vom praktischen Standpunkt, d. h. vom Standpunkt der *Schätzhandlung*, gute Schätzung.

Leider tritt aber jetzt eine weitere Komplikation auf: Selbst wenn man den Begriff der Schätzung im rein theoretischen Sinn versteht, ist die Wendung „die Schätzung Sowieso ist gut" nicht eindeutig. Wir wollen für den Augenblick nur bei diesem Punkt verweilen und zu diesem Zweck annehmen, daß eine Schätzung nicht eine Handlung von irgendwelcher Art, sondern eine *theoretische Mutmaßung* sei. Eine solche Schätzung kann von zwei ganz verschiedenen Gesichtspunkten aus für *gut* befunden werden: erstens deshalb, *weil der Schätzwert nahe beim wahren (wirklichen) Wert liegt*; zweitens deshalb, *weil gute Gründe dafür vorliegen, anzunehmen, der Schätzwert liege nahe beim wahren Wert*. Wir wollen das erste *gut im absoluten Sinn*, das zweite *gut im Stützungssinn* nennen. Diese Terminologie soll hervorheben, daß im ersten Sinn ein *Vergleich zwischen* Schätzwert und zu schätzendem Wert vorgenommen wird, während im zweiten Sinn nur von einer gut gestützten *Hypothese über* den wirklichen Wert die Rede ist. Bei Verwendung dieser zweiten Bedeutung benötigt man allerdings ein Kriterium dafür, daß eine derartige Hypothese gut gestützt ist.

Man möchte meinen, daß die Frage, welcher dieser beiden Begriffe der guten Schätzung vom epistemologischen Standpunkt aus der wichtigere ist, eindeutig zugunsten des zweiten Begriffs beantwortet werden müsse.

Denn entweder lernen wir den wahren Wert niemals kennen; dann können wir auch niemals einen Vergleich zwischen Schätzwert und wahrem Wert anstellen und niemals beurteilen, ob die Schätzung gut im ersten Sinn war. Oder aber wir lernen den wahren Wert zwar einmal kennen. Doch haben wir dann die Schätzung sicher vorgenommen, *bevor* wir ihn kennenlernten; ansonsten wäre sie ja überflüssig gewesen. Insgesamt kann man sagen: *Wir wählen einen Schätzwert (das Ergebnis einer Schätzung) nicht deshalb, weil wir mit Sicherheit wissen, daß er nahe beim wahren Wert liegt; vielmehr wählen wir ihn, weil wir gute Gründe für die Annahme zu besitzen glauben, daß er nahe beim wahren Wert liegt.*

Ein Blick in die moderne statistische Schätzungstheorie lehrt allerdings, daß der erste Gütebegriff in den Vordergrund gerückt wird. Natürlich kann man sich dort nicht auf ein so primitives Verfahren wie den Vergleich zwischen Schätzwert und unbekanntem wahren Wert einlassen. Daher werden die Schätzfunktionen eingeführt. Deren Gütemerkmale, die in 10.c, (III) geschildert wurden, nehmen aber alle irgendwie auf den wahren Wert bezug. *Wie die dortigen Überlegungen zeigten, gründen sich sämtliche Empfehlungen für die Auszeichnung bestimmter Schätzfunktionen letzten Endes darauf, daß diese ‚im Durchschnitt‘ (Erwartungstreue) oder ‚auf lange Sicht‘ (Konsistenz) Schätzwerte liefern, die tatsächlich nahe beim wahren Wert liegen.* Wir wollen diese Auffassung von Statistikern dadurch charakterisieren, daß wir sagen: Die Probleme der Schätzung werden allein unter dem *Gesichtspunkt der Optimalität auf lange Sicht* betrachtet. Nach dem zweiten und von uns bevorzugten Gütebegriff werden Schätzungen demgegenüber unter dem *Gesichtspunkt der Stützung von Schätzungshypothesen* betrachtet.

Was ist die Ursache dieses Widerstreites zwischen dem, was die Intuition nahelegt, und dem, was die statistische Praxis lehrt? Darauf gibt es, wie HACKING bemerkt, wohl nur *eine* plausible Antwort: Wenn eben von guten Gründen für die Annahme gesprochen wurde, daß der Schätzwert nahe beim wahren Wert liegt, so ist damit gemeint, *daß die statistischen Daten eine derartige Annahme stützen.* Nun ist es aber ein wesentliches Merkmal der modernen Schätzungstheorien ebenso wie der Testtheorien, daß sie *nicht* auf einer Theorie der Stützung von Hypothesen basieren. Wenn keine Stützungstheorie, sei es statistischer, sei es sonstiger Hypothesen, vorhanden ist (und auch nicht einmal das Bedürfnis nach einer solchen empfunden wird), muß die Frage nach dem zweiten Gütebegriff in totale Skepsis einmünden: *Statistische Daten können dann eben niemals gute Gründe für die Überzeugung liefern, daß ein Schätzwert dem wahren Wert nahekommt.* Die Skepsis in bezug auf den zweiten Begriff erzwingt jetzt einen Rückgriff auf den allein verbleibenden ersten: die Optimalität auf lange Sicht. Daraus erklärt sich auch die Vorliebe für die Schätzfunktionen genannten Zufallsfunktionen, an denen sich diese long-run-Optimalitätseigenschaften in präziser Weise studieren lassen.

Die nachträgliche Begründung für eine frühere Behauptung in 6.a, (d) ist jetzt gegeben: Es ist die Ablehnung von Stützungstheorien, welche die meisten Statistiker dazu veranlaßt, ein festes Abonnement auf long-run-Betrachtungen einzugehen.

Um jedes Mißverständnis auszuschließen: Es ist durchaus denkbar, daß die zunächst getrennt angesetzten Untersuchungen — nämlich solche, die nach gut gestützten Schätzungen streben, und solche, die Schätzungen mit langfristigen Optimalitätsmerkmalen anvisieren — im Ergebnis gar nicht differieren, sondern konvergieren. Da sich darüber aber a priori überhaupt nichts aussagen läßt und es daher ebenso denkbar ist, daß die beiden Arten von Untersuchungen zu völlig abweichenden Resultaten gelangen, *müssen zumindest zu Beginn der Untersuchungen die beiden Gesichtspunkte streng auseinandergehalten werden.*

HACKING setzt diese zwei Gesichtspunkte in Relation zu einer Unterscheidung, die bei der Diskussion der Testtheorie gemacht wurde: Eine Testtheorie kann vorzuziehen sein, wenn sie sich auf einen Zeitpunkt bezieht, zu dem *noch keine Versuchsergebnisse* vorliegen (z. B. die mit Umfang und Macht operierende Theorie); eine andere Testtheorie kann sich dann als besser erweisen, wenn es sich um die Auswertung *bereits vorliegender Versuchsergebnisse* handelt (z. B. die Likelihood-Testtheorie). Analog mag es als ratsam erscheinen, Schätzfunktionen mit long-run-Optimalität zu begünstigen, solange noch keine empirischen Daten verfügbar sind. Es ist nicht selbstverständlich, daß diese Schätzfunktionen auch dann noch gut sind, wenn es sich um eine Auswertung nach Vornahme geeigneter Versuche handelt.

Doch die Parallele ist keine vollständige: Wenn sich ein Industriebetrieb langfristig auf die Produktion einer Warengattung einstellen will und dazu gewisse quantitative Merkmale der zu produzierenden Waren schätzt, so wird vermutlich einer Methode der Vorzug gegeben werden, die *im Durchschnitt* einen Wert liefert, der *nahe beim wahren Wert* liegt. Eine Person, die eine bestimmte Ware kaufen möchte, welche sie für einen ganz bestimmten Zweck benötigt, wird dagegen vermutlich nicht an langfristigen Optimalitätsmerkmalen interessiert sein, sondern einen Schätzwert wünschen, der aufgrund der verfügbaren Daten *gut gestützt* ist. Auch im ersten Fall aber wird sich die Schätzung auf eine empirische Basis stützen, nämlich auf die Resultate von bestimmten Stichprobenauswahlen.

10.e Theoretische Schätzungen und Schätzhandlungen. Die zuletzt vorgenommene Gütedifferenzierung von Schätzungen betraf nur *Schätzungen als theoretische Überzeugungen.* Von diesen sind die *Schätzhandlungen* zu unterscheiden. Zwischen *Überzeugungen bilden* auf der einen Seite und *Handeln* auf der anderen wird in der statistischen Schätzungstheorie nicht scharf unterschieden. Viele Wahrscheinlichkeitstheoretiker dürften der Meinung sein, daß diese Differenzierung nur zu philosophischen Haarspaltereien führe, die für die Statistik ohne Relevanz sind. *Daß eine solche Auffassung auf einem Irrtum beruht, zeigt bereits der Streit zwischen solchen Autoren, die verlangen, man müsse stets die Konsequenzen von Schätzungen bewerten, und anderen, die eine derartige Bewertung für ausgeschlossen halten.*

Um in diesem Punkt größere Klarheit zu erzielen, dürfte es sich empfehlen, von der folgenden allgemeinen Feststellung auszugehen: Es gibt *zwei große Begriffsfamilien*, die scharf voneinander zu unterscheiden sind. Die eine Begriffsfamilie kann man durch das Schlagwort „Überzeugungen bilden" ungefähr kennzeichnen, die andere durch das Schlagwort „handeln". In beiden Begriffsfamilien wird man zahlreiche Differenzierungen vornehmen müssen; außerdem sind die Zusammenhänge zwischen den Begriffen der einen und denen der anderen Familie zu erforschen. Was den ersten Punkt betrifft, so liegen zahlreiche Untersuchungen logischer, psychologischer, epistemologischer und entscheidungstheoretischer Natur vor, die aber noch längst nicht abgeschlossen sind. Was den zweiten Punkt, die Zusammenhänge zwischen den beiden Familien, anbelangt, so sind die Untersuchungen noch sehr im Anfangsstadium. Dies wird auch derjenige zugeben müssen, der nicht den vollkommen skeptischen Standpunkt HACKINGS teilt, welcher zwar nicht bestreitet, daß man Fortschritte im Verständnis des Unterschiedes zwischen guten und schlechten Überzeugungen gemacht hat und ebenso Fortschritte in der Klärung von Handlungen und ihren Konsequenzen; daß man aber in bezug auf die Relation von Überzeugungen und Handlungen heute sagen müsse: „Hier herrscht nur Chaos und Begriffsverwirrung"[80].

HACKING erwähnt zwei interessante mögliche Motive für die häufige Nichtunterscheidung der beiden Begriffsfamilien:

(1) Der Begriff der *Überzeugung* (belief) wird als Dispositionsbegriff eingeführt. Diese Disposition wird dadurch genauer charakterisiert, daß man die Reaktionsweisen, *also Handlungen*, unter spezifizierten Umständen beschreibt. Man übersieht dabei leicht, daß Überzeugungen, auch wenn sie als Handlungsdispositionen definiert sind, selbst keine Handlungen darstellen.

(2) Der Ausdruck „glauben" ("to believe") wird doppeldeutig verwendet. Glauben, *daß etwas der Fall sei*, ist ein rein theoretischer Akt; *an etwas glauben* hingegen kann einen praktischen Akt bezeichnen. Letzteres gilt besonders im religiösen Bereich. PASCAL z. B. empfiehlt den Glauben an Gott: Wenn man an Gott glaubt, obzwar er nicht existiert, *so verliert man nicht viel*; wenn man nicht an ihn glaubt, obwohl er existiert, *so verliert man u. U. ungeheuer viel*, da man die ewige Verdammnis riskiert. „Glaube an" bezeichnet hier etwas, das praktische Konsequenzen hat und das etwas Ähnliches ist wie ‚die Entscheidung für das Christentum'. Da im Alltag „glauben, daß" und „Glaube an" ständig nebeneinander gebraucht werden, ist die Gefahr gegeben, über einen wesentlichen Unterschied in diesen Verwendungen hinwegzusehen.

Für den gegenwärtigen Zusammenhang ist die folgende Überlegung bedeutsam: Theoretische Schätzungen gehören zur Begriffsfamilie der Überzeugungen. Und *Überzeugungen haben überhaupt keine praktischen Konsequenzen*, jedenfalls nicht in dem Sinn, in welchem Handlungen Konsequenzen besitzen. Wenn sich daher die oben erwähnte Gruppe von Statistikern dagegen wehrt, die Schätzungstheorie vollkommen in der Entscheidungstheorie aufgehen zu lassen, und das damit begründet, daß sich die Konsequenzen von Schätzungen nicht bewerten lassen, so ist darauf zu erwidern: Je nachdem, was unter „Schätzung" verstanden wird, gesteht man entwe-

---

[80] [Statistical Inference], S. 166.

der dem Gegner schon viel zu viel zu, oder man behauptet etwas, was sich nicht halten läßt.

Wenn man darunter *theoretische* Schätzungen versteht, so haben diese ja überhaupt keine Konsequenzen! Die These, daß sich die Konsequenzen solcher Schätzungen nicht bewerten lassen, ist dann eine leere Feststellung; denn was nicht existiert, kann erst recht nicht bewertet werden. Jene Gruppe von Statistikern reicht dem Teufel den kleinen Finger, wenn sie sagt, Schätzungen hätten unbewertbare praktische Folgen. Denn nur Schätz*handlungen* haben praktische Folgen und diese lassen sich auch bewerten. Man könnte sogar eine der Hauptaufgaben nationalökonomischer und soziologischer Theorien darin erblicken, die menschlichen Entscheidungen für oder gegen bestimmte Wirtschaftsverfassungen und Gesellschaftssysteme dadurch zu erleichtern, daß sie die (mutmaßlichen) ungewollten Konsequenzen von Handlungen aufzeigen und dadurch eine rationale Basis für wertmäßige Entscheidungen liefern; die Handlungen würden hier in der Einführung oder Abschaffung von Formen des Wirtschaftens und zwischenmenschlichen Zusammenlebens bestehen. Der Entideologisierung und Überwindung des Irrationalismus auf diesem Gebiet wäre damit sicherlich außerordentlich gedient.

Wenn man sich mit dem Problemkomplex der Schätzungen befaßt, muß man sich daher zunächst darüber Rechenschaft geben, auf welchem Boden man steht: (1) Handelt es sich um *theoretische Schätzungen*, also um die Bildung *theoretischer Überzeugungen? Dann muß man alles berücksichtigen, was für oder gegen die Annahme spricht, daß die Überzeugung richtig ist*; etwaige unangenehme Konsequenzen dieser Überzeugungen spielen keine Rolle, mag es solche geben oder nicht. (2) Handelt es sich um *Schätzhandlungen*, also um *vorsätzliche Handlungen?* Dann gibt es nur einen vernünftigen Rat: *Halte dir sämtliche mutmaßliche Konsequenzen vor Augen und wähle erst, nachdem du sie alle bewertet hast!*

HACKING betont ausdrücklich in polemischer Absicht, daß Schätzungen *keine* Handlungen, sondern Überzeugungen seien. Damit stellt er sich bewußt auf den Boden von (1). Die gesamte Schätzungsproblematik wird dann nur mehr unter dem Gesichtspunkt „Prüfung und Stützung von Hypothesen" gesehen. Genau die gegenteilige Position nehmen die Entscheidungstheoretiker und viele Statistiker ein. Für sie existiert nur der Problembereich (2). Demgegenüber erscheint es mir als sinnvoller, in Anbetracht der Doppeldeutigkeit von „Schätzung" *beide* Positionen als gleichberechtigte anzuerkennen, zugleich aber zu betonen, daß es sich um heterogene Problemkomplexe handelt, die von ganz verschiedenen Theoriengruppen behandelt werden.

Es seien einige Beispiele für die Vermengung der beiden Problembereiche angeführt.

CARNAP führt in [Probability] sowie in [Continuum] den Begriff der Schätzung zunächst als einen zur Begriffsfamilie der Überzeugungen gehörenden Begriff ein. Er definiert den Schätzwert einer Größe als gewogenes arithmetisches Mittel mit den induktiven Wahrscheinlichkeiten als Wägungskoeffizienten (vgl. etwa die Definition D23—1 in [I. L.], S. 197). Daß er hierbei ganz anders vorgeht als die

Statistiker, die ja nicht über seinen Begriff der *c*-Funktion verfügen, darf nicht darüber hinwegtäuschen, daß sein Begriff zur ersten Familie gehört. CARNAP gleitet jedoch unvermittelt in die zweite Begriffsfamilie hinüber, wenn er — wenn auch zunächst nur provisorisch — den praktischen Ratschlag erteilt, *man solle so handeln, als wisse man, daß der Schätzwert ū einer Größe dem tatsächlichen Wert u gleiche* (vgl. etwa [I.L.], Regel R_3 auf S. 111). Dieser Übergang vom Theoretischen ins Praktische ist höchst anfechtbar, weil für die Handlung Wertgesichtspunkte maßgebend sind, die bei den theoretischen Überlegungen überhaupt keine Rolle spielen. Ein Autoverkäufer kann überzeugt sein, daß er etwa 5000 Autos benötigen wird, und diese Überzeugung kann in dem Sinn rational sein, daß es sich um die *am besten gestützte Schätzung* (gute theoretische Schätzung im Stützungssinn) oder um die *dem wahren Wert am nächsten kommende Schätzung* (gute theoretische Schätzung im absoluten Sinn) handelt. Trotzdem wird er vielleicht 6000 bestellen, weil er praktische Gründe dafür hat, für längere Zeit keine weiteren Bestellungen aufzugeben; oder er bestellt nur 3800, weil er praktische Gründe dafür hat, einen Überschuß im Lager mit Sicherheit zu vermeiden. Die Bestellung richtet sich nicht nach der theoretischen Schätzung oder zumindest nicht nach ihr allein, sondern nach dem Bedarf in der konkreten Situation.

Eine ganz ähnliche Überlegung findet sich bei SAVAGE (vgl. [Foundations], S. 232). Er schildert die Situation einer Person, welche die Menge einer Ware, die sie für einen bestimmten Zweck benötigen wird, schätzt. Daraufhin beschreibt Savage ein Verfahren, welches angibt, wieviel man bestellen soll. Solche Verfahren zu entwickeln ist durchaus sinnvoll; nur bilden sie kein Verfahren der (theoretischen) Schätzung. SAVAGE aber gibt vor, eine Schätzmethode zu schildern.

Der Irrtum von SAVAGE ist in gewissem Sinn das duale Gegenstück zu jenem CARNAPs: CARNAP schildert zunächst eine Methode zur *theoretischen* Schätzung einer Größe. In einem zweiten Schritt empfiehlt er die Wahl des so erhaltenen Wertes als der besten Schätz*handlung*. Er übersieht dabei, daß das in einem theoretischen Sinn Beste nicht das in praktischer Hinsicht Zweckmäßigste zu sein braucht. SAVAGE dagegen geht direkt auf das praktische Problem los und gibt dafür einen Lösungsvorschlag, tut aber so, als hätte er das theoretische Problem gelöst. Angenommen, seine Lösung des Problems sei praktizierbar. Dann müßte man sagen: *Er hat gezeigt, wie man in einer Situation der angegebenen Art am besten handelt, aber nicht, wie man am besten theoretische Schätzungen vornimmt*; denn gute Bestellungen erteilen ist etwas anderes als den Betrag der Ware, den man benötigt, richtig schätzen. SAVAGE hat auch nicht eine simultane Lösung des Schätz- und Bestellungsproblems geliefert. Bestenfalls hat er gezeigt, wie man das zweite Problem lösen kann, *ohne* in die Diskussion des ersten überhaupt einzutreten.

Daß auch für solche modernen Statistiker, die nicht wie SAVAGE aus der personalistischen Schule kommen, die Grenze zwischen theoretischen und praktischen Fragen verschwimmt, zeigt wieder ein Beispiel aus dem Buch von FREUND. Unmittelbar an seine eingangs zitierte Äußerung (vgl. 10.a), aus der man immerhin noch Gleichwertigkeit von theoretischen und praktischen Gesichtspunkten herauslesen könnte, betont FREUND, daß sich der gesamte Problemkomplex des statistischen Schließens nur unter dem Gesichtspunkt der *Entscheidungstheorie* in einheitlicher Weise behandeln lasse. Er schildert daraufhin (a.a.O., S. 210f.) das allgemeine Schema für ein solches Vorgehen: Im üblichen entscheidungstheoretischen Formalismus wird eine *Verlustfunktion* (das negative Spiegelbild zur Nutzenfunktion) eingeführt. Ferner wird eine *Entscheidungsfunktion δ* definiert, welche auf dem Stichprobenraum erklärt ist und deren Werte die verschiedenen Handlungen bilden, die man nach Vornahme eines Experimentes (und Feststellung von dessen Resultat) wählen kann. Schließlich wird noch eine zweistellige

Risikofunktion $\varrho\,(\vartheta,\,\delta)$ benützt, die sich aus der Verlustfunktion herleiten läßt und durch die man den Erwartungswert des Verlustes gewinnt, dem wir ausgesetzt sind, wenn ϑ der wahre Wert des Parameters ist und δ die benützte Entscheidungsfunktion darstellt.

Diese Andeutung dürfte genügen, um ersichtlich zu machen, daß auch bei Freund das Problem ganz unter dem praktischen Handlungsgesichtspunkt gesehen wird. Als Objektivist wagt er es zwar, vom *wahren* Wert eines Parameters zu sprechen. Doch unter *Schätzen* wird nicht ein theoretischer Akt, sondern eine *Handlung* verstanden, *die vorteilhafte oder nachteilige Konsequenzen hat.* Dies steht in einem etwas merkwürdigen Mißverhältnis zu den folgenden Ausführungen, in denen fast ausschließlich die in 10.c, (IV) angeführten Merkmale der Optimalität auf lange Sicht behandelt werden (in unserer Terminologie also um *theoretische* Güte im absoluten Sinn, nicht im Stützungssinn).

Man könnte uns nicht ganz zu Unrecht vorwerfen, daß die bisherigen Ausführungen, soweit sie den Unterschied von theoretischen Schätzungen und Schätzhandlungen betreffen, unbefriedigend sind, da sie mehr polemischer als klärender Natur seien. Dies ist insofern ein unvermeidbarer Mangel, als eine befriedigende Theorie der Schätzung, die nicht nur theoretische Schätzungen betrachtet, *auf einer noch nicht existierenden, befriedigenden und umfassenden Theorie des menschlichen Handelns aufbauen* müßte. Immerhin erörtert die rationale Entscheidungstheorie *einen* wichtigen Aspekt einer solchen Theorie, die im übrigen noch ein Desiderat ist. Als Entschuldigung sei noch angeführt, daß sinnvolle Polemik prinzipiell auch zur Klärung beitragen kann.

Was die Schätzungen als theoretische Akte betrifft, so dürfte allerdings keine *prinzipielle* Unklarheit mehr bestehen, falls es sich nicht überhaupt um Unklarheiten in den Grundlagen der Statistik handelt[81]. Soweit die Objekte von theoretischen Schätzungen Parameter von statistischen Verteilungen sind, handelt es sich nur um *Spezialfälle von statistischen Hypothesen.* Damit wird alles von Relevanz, was über Stützung und Prüfung statistischer Hypothesen gesagt wurde und noch zu sagen sein wird. Pflichtet man dem Vorgehen Háckings im Prinzip bei, dann ist der grundlegende Gütebegriff der Begriff der *guten Schätzung im Stützungssinn;* denn nur dieser Begriff beruht auf einer Theorie der Stützung statistischer Hypothesen. Gibt man jedoch dem Vorgehen der objektivistischen Statistiker den Vorzug, dann muß *die Güte im absoluten Sinn* in den Vordergrund gerückt werden, für welche Merkmale der Optimalität auf lange Sicht maßgebend sind; denn bei dieser Denkweise steht eine Theorie der Stützung statistischer Hypothesen überhaupt nicht zur Verfügung.

Einige weitere Bemerkungen dürften (hoffentlich) der Abgrenzung des Theoretischen vom Praktischen dienlich sein. Zunächst: Wo liegt die Grenze überhaupt? Sie ist jedenfalls sehr eng zu ziehen. *Bereits die* (laut- oder schrift-) *sprachliche Artikulation einer theoretischen Schätzung kann eine Handlung*

---

[81] Ich spiele damit auf die später ausführlich erörterte subjektivistische Kritik an, die sich auch gegen das bisherige Vorgehen richten würde.

sein, die in bezug auf ihre positiven und negativen Effekte wertmäßig zu beurteilen ist. Selbst wenn eine Schätzung als theoretische Schätzung gut ist (sei es im absoluten Sinn, sei es im Stützungssinn), kann es unvernünftig sein, sie auszusprechen. Wenn mein Freund mir seine neue Wohnung zeigt, auf die er offensichtlich sehr stolz ist, und mich fragt, für wie groß ich sie schätze, so kann es sein, daß meine Vermutung lautet: „etwa 90 m²", daß ich aber aus Gründen des Taktes *sage*: „ich schätze, 120 m²".

Dieses triviale Beispiel sollte aber nicht die doch wieder einseitige Auffassung begünstigen, daß bei Schätzhandlungen nur soziale Wertbetrachtungen eine Rolle spielen. Zur Begründung dafür greifen wir auf das bei der Kritik der axiomatischen Rechtfertigung der Regel E. R. gegebene zweite Urnenbeispiel zurück (vgl. S. 101 f.). Angenommen, ich gelange zu der Überzeugung, daß es unvernünftig wäre, für jede gegebene Urne stets h_1 zu akzeptieren, wenn *weiß* aufscheint, dagegen h_3 zu akzeptieren, wenn *schwarz* aufscheint. Das Motiv meiner Überzeugung ist klar: Ich würde stets falsch raten, wenn die Urne die Struktur (b) hat; da alle Urnen diese Struktur haben können, rate ich bei dieser Strategie evtl. immer falsch. Daher entschließe ich mich zu der früher geschilderten gemischten Strategie: Wenn *weiß* aufscheint, werfe ich eine unverfälschte Münze und rate (a) oder (b), je nachdem ob *Kopf* oder *Schrift* erscheint; falls *schwarz* aufscheint, werfe ich ebenfalls eine Münze und mache von dem Ergebnis des Wurfes mein Raten zugunsten von (b) oder von (c) abhängig. *Dieses Raten ist kein theoretischer Akt der Überzeugung, sondern eine Schätzhandlung!* Wenn ich *weiß* ziehe, so kann ich durchaus der *theoretischen* Überzeugung sein, daß die Urne die Struktur (a) hat; analog kann ich, wenn ich *schwarz* ziehe, der *theoretischen* Überzeugung sein, daß die Struktur (c) vorliegt. *Strategische* Zusatzbetrachtungen halten mich jedoch davon ab, diese theoretischen Überzeugungen *praktisch* in der Form eines entsprechenden *Ratens* zu realisieren. Da ich mir das Ziel setzte, die maximale Irrtumswahrscheinlichkeit zu minimalisieren, gelangte ich aufgrund einer Rechnung dazu, eine *gemischte Strategie* zu wählen, *die zu einer Politik führt, welche mit meiner theoretischen Überzeugung nicht im Einklang zu stehen braucht* (ob Einklang herrscht oder Konflikt, hängt vom Ergebnis der Münzwürfe ab).

Gegen diese Deutung könnte eingewendet werden, daß man genauso gut den Akt des Ratens *auch* als einen theoretischen Akt betrachten könnte. Es bestehe daher kein Konflikt zwischen ‚Theorie und Praxis', sondern ein Konflikt zwischen zwei Arten theoretischer Überzeugungen. Wenn man aber die frühere These akzeptiert, daß man nicht bei theoretischen Überzeugungen, sondern erst bei Handlungen von Konsequenzen sprechen können, die es zu bewerten gilt, so ergibt sich die Antwort auf diesen Einwand fast von selbst: Die Wahl der gemischten Strategie war durch die Überlegung motiviert, welche fatale Konsequenz es u. U. haben könnte, immer den theoretischen Vermutungen nachzugeben. Wie aber kann ein

Akt des Ratens fatale Konsequenzen haben? Antwort: Dazu muß man den praktischen Kontext berücksichtigen. Dieser kann z. B. darin bestehen, daß ich Urne für Urne eine *Wette* abschließe und insgesamt *so oft wie möglich gewinnen möchte* (ob der Gewinn rein ‚ideeller‘ Natur ist oder sich in Vermögenswerten niederschlägt, spielt dabei keine Rolle). Wenn immer die von mir gewählte gemischte Strategie empfiehlt, zu raten, daß die Urne von der in h_2 ausgesprochenen Struktur ist, so liegt ein Konfliktfall vor: Die ‚praktische Vernunft‘ lehrt mich, etwas zu raten, was *nicht* dem entspricht, was die ‚theoretische Vernunft‘ mich anzunehmen heißt.

Zusammenfassung. Unsere Überlegungen haben zu zwei verschiedenen Arten von Kritik geführt. Da es außerordentlich wichtig ist, diese beiden Arten der Kritik nicht miteinander zu konfundieren, sei das Wesentliche nochmals gesagt (und zwar diesmal in umgekehrter Reihenfolge). Erstens vernachlässigen Statistiker meist den fundamentalen Unterschied zwischen *theoretischen Überzeugungen oder Vermutungen* auf der einen Seite und *Handlungen (praktischen Akten)* auf der anderen. Wenn wir auch heute noch keine befriedigende Antwort auf die Frage geben können: „Durch welche Merkmale sind Handlungen charakterisiert (oder vielleicht allgemeiner: welche Art von Begriffsfamilie wird durch ‚Handlung‘ umschrieben)?“, und noch weniger eine befriedigende Antwort auf die Zusammenhänge von ‚Theorie und Praxis‘ zu geben vermögen, so dürfte es doch möglich sein, für den augenblicklichen Zweck ein *Abgrenzungskriterium* zu formulieren: Theoretische Überzeugungen und Vermutungen sind richtig oder falsch; dagegen haben sie keine praktischen Konsequenzen. Wo von solchen Konsequenzen die Rede ist, liegt kein theoretischer Akt, sondern eine Handlung vor. Die mutmaßlichen Konsequenzen von Handlungen müssen *bewertet* werden; und die tatsächlich gewählte Handlung ist vom Ergebnis dieser Bewertung abhängig zu machen.

Diese Differenzierung ist auf Schätzungen zu übertragen. *Theoretische Schätzungen* sind Vermutungen und haben keine praktischen Folgen. *Schätzhandlungen* hingegen haben solche Folgen. Daher spielen in der zweiten, nicht aber in der ersten Klasse von Fällen Wertgesichtspunkte verschiedenster Art eine Rolle: *soziale* (Takt, Ansehen, Prestige, Macht) und *rein persönliche* (Geldgewinn und -verlust, Unlustvermeidung und Lustzuwachs). Gewisse wichtige Aspekte dieser zweiten Klasse werden in der rationalen Entscheidungstheorie behandelt. Die Forderung, *alle* Schätzprobleme im Rahmen der Entscheidungstheorie zu erörtern, beruht hingegen auf einer Vermengung zweier heterogener Begriffsfamilien.

Angenommen, man beschränkt sich auf Schätzungen im Sinn *theoretischer Vermutungen*. Soweit sich diese auf Parameter statistischer Verteilungen beziehen, handelt es sich um Spezialfälle von *statistischen Hypothesen*; soweit sie sich auf etwas anderes beziehen, handelt es sich um *nichtstatistische Hypothesen* (z. B. bei der Schätzung der heutigen Temperatur aufgrund meiner subjektiven Kälteempfindungen). Die Beurteilung solcher Vermutungen als gut oder schlecht kann unter zwei ganz verschiedenen Gesichtspunkten erfolgen. Nach dem einen Gesichtspunkt ist *die tatsächliche Nähe zum wahren Wert* maßgebend. Dies führt dazu, *Schätzfunktionen* auszuzeichnen, welche Merkmale der *long-run-Optimalität* besitzen. Nach dem anderen, vermutlich wichtigeren Gesichtspunkt, kommt es darauf an, die Schätzung *als mehr oder weniger gut durch die Fakten gestützt* zu beurteilen. Die Beurteilung unter dem ersten Gesichtspunkt setzt nur den Apparat der mathematischen Statistik voraus; die Beurteilung unter dem zweiten Gesichtspunkt muß auf eine Theorie der Stützung statistischer Hypothesen zurückgreifen.

Die in dieser Zusammenfassung nochmals angedeuteten Schwierigkeiten sind nicht die einzigen. Weitere treten hinzu.

10.f Das Skalendilemma. Zwecke von Schätzungen. CARNAP hat in [Probability] auf S. 531 ein Problem angeführt, welches er das *Paradoxon der Schätzung* nennt. Die Carnapsche Formulierung macht zwar Gebrauch von seiner Theorie der c-Funktionen, doch läßt sich bei dem Problem davon vollkommen abstrahieren.

Angenommen, eine Größe f habe die drei möglichen Werte 1, 2 und 3. Als Schätzwert werde der Durchschnitt genommen, also 2. Der Schätzwert von f^2 ist dann 4. Andererseits sind die möglichen Werte von f^2 1, 4 und 9, deren Durchschnitt 14/3 beträgt, also einen größeren Wert als 4 liefert. Dieses elementare Beispiel zeigt, daß es für eine Größe, die als nichtlineare Funktion von Größen definiert ist, einen Unterschied ausmacht, ob man sie selbst schätzt oder ob man die Schätzung in der Weise vornimmt, daß man zunächst die in der Definition benützten Größen schätzt und erst dann die funktionelle Operation anwendet.

CARNAP nennt dies deshalb ein Paradoxon, weil die schätzende Person im obigen Beispiel vor zwei unvereinbare Alternativen gestellt ist: Nach der einen soll sie als Wert von f^2 vernünftigerweise 4 erwarten und dies als Grundlage für ihre praktischen Entscheidungen wählen. Nach der anderen soll sie vernünftigerweise den größeren Wert 14/3 erwarten und so handeln, als wüßte sie, daß f^2 den Wert 14/3 hat. Die Person kann sich aber nur für *eine* Handlung entschließen. CARNAPs Lösungsvorschlag besteht darin, Regeln anzuwenden, in denen auf Vermögenswerte bzw. allgemeiner: auf Nützlichkeiten, bezug genommen wird.

Die Behandlung dieses Fragenkomplexes ist eine gute Exemplifikation dessen, was früher allgemein kritisiert wurde: das Hinübergleiten vom Theoretischen ins Praktische[82]. Die Wendung, „der Schätzende solle so *handeln,* als wüßte er …", die zu Beginn der Überlegung CARNAPs vorkommt, ist höchst anfechtbar. Sein Lösungsvorschlag kann als ein guter Vorschlag in bezug auf Schätz*handlungen* akzeptiert werden; theoretische Schätzungen läßt er unberührt.

Zur Illustration der Wertgesichtspunkte sei ein konkretes Beispiel gegeben: die Europa-Brücke südlich von Innsbruck. Bei ihrer Konstruktion mußte davon ausgegangen werden, daß diese Brücke der maximalen Belastung standhalten müsse. Die maximale Belastung während der Zeit ihrer Existenz kennt man aber nicht; man kann sie nur *schätzen.* Der maximale tatsächliche Belastungswert r kann überschätzt oder unterschätzt werden. Die Brücke muß einem starken Föhnsturm (der dort häufig vorkommt) standhalten, auch einem orkanartigen Wirbelsturm (der dort ziemlich selten vorkommt), ferner sogar einem tektonischen Erdbeben von der Stärke 7 (das in der Umgebung von Innsbruck nur alle paar Jahrzehnte vor-

---

[82] Zugleich liefert dies wieder ein Beispiel dafür, daß bereits im großen Werk von 1950 der normativ-entscheidungstheoretische Gesichtspunkt den theoretischen verdrängte.

kommt). Es ist außerordentlich unwahrscheinlich, daß alle drei Ereignisarten einmal gleichzeitig stattfinden werden. Trotzdem wurde die Brücke unter der Annahme gebaut, so etwas könnte geschehen. Geschieht es nicht, so wurde r zu einem Betrag $r + k$ überschätzt und, nehmen wir an, 200 Millionen österreichische Schillinge wurden zuviel ausgegeben. Der möglichen Überschätzung steht eine gleichgroße mögliche Unterschätzung $r - k$ zur Seite. Hätte man $r - k$ zur Grundlage der Berechnung gemacht und würde einmal eine diesen Betrag übersteigende Belastung zustandekommen, so würde der Schaden in die Milliarden gehen; außerdem würden vermutlich Menschenleben vernichtet. Obwohl rein theoretisch ununterscheidbar, ist in diesem Fall eine Überschätzung wesentlich sinnvoller als eine Unterschätzung. Es spielt für diese Überlegung keine Rolle, ob r die tatsächliche Maximalbelastung ist, der die Brücke einmal ausgesetzt sein wird, oder die Maximalbelastung, mit der man aufgrund der heutigen Daten (der Meteorologie, Erdbebenforschung usw.) rechnen muß.

CARNAP meint nun, daß auf theoretischer Ebene überhaupt kein Problem entstehe. Die Aussage „der Schätzwert von f ist 2; also ist das Quadrat dieses Schätzwertes 4" sei verträglich mit „der Schätzwert von f^2 beträgt 14/3". Eine scheinbare Unverträglichkeit entstehe erst dann, wenn man diese Aussagen fehlerhaft als Voraussagen interpretiere.

Wäre dem so, dann wäre das Problem aus der Welt geschafft: Als theoretisches Problem existiert es nicht, und als praktisches Problem muß es durch Heranziehung geeigneter Wertgesichtspunkte gelöst werden.

CARNAPs Äußerung enthält aber in bezug auf den theoretischen Aspekt wiederum eine Verniedlichung des Problems. Die Frage tritt nicht nur auf, wenn man nichtlineare Funktionen gegebener Größen wählt. Sie tritt bereits dann auf, wenn man von einer Skala zu einer anderen übergeht: Was bei der Benützung der einen Skala als kleiner Wert erscheint, ist aufgrund der anderen ein großer Wert und umgekehrt. Ob ein Irrtum bei der Schätzung als groß oder als klein zu beurteilen ist, hängt somit davon ab, was für eine Skala gewählt wurde[83].

Die Lösung dieses Problems dürfte darin zu suchen sein, daß man seine Beantwortung ablehnt und für die Ablehnung die folgende Begründung gibt: Im Rahmen der Schätzungstheorie sind Skalen (einschließlich ihrer Verwendungsweise) *als vorgegeben* anzusehen. Ist nicht eine, sondern sind mehrere vorhanden, so kann man die Schätzungen nach mehreren Skalen vornehmen. Ist überhaupt keine vorhanden (z. B. für die Messung des Schadens im Fall einer möglichen enormen Naturkatastrophe), so muß man ehrlich sein und sagen, man könne keine Schätzung vornehmen.

---

[83] Sogar *die Art der Verwendung* derselben Skala kann entscheidend sein. Es werde etwa der Abstand eines Punktes auf dem Großkreis einer Kugel vom Nullpunkt im Winkelmaß geschätzt. Die Schätzung liefert den Wert $+2°$, während der Abstand tatsächlich $-2°$ beträgt. Man wird sagen: der Irrtum beträgt $+4°$. Wie aber, wenn jemand behauptet, der Irrtum betrage $+356°$, weil er im positiven Winkelmaß (Gegenuhrzeigersinn) mißt? Man wird vermutlich erwidern, dies sei ein Sophisma. Aber so etwas sagt sich leichter als es sich begründen läßt.

Wenn man nach den Gründen für die Wahl einer Skala fragt, so muß man auf die *Zwecke* zu sprechen kommen, welche die Wahl dieser Skala motivierten. Dies ist nicht zu verwechseln mit einem abermaligen Abgleiten vom Theoretischen ins Praktische. Denn diese Zwecke sind keine Zwecke der Schätzung; daher braucht man auf sie im Rahmen der Schätzungstheorie nicht zu sprechen kommen. Auf die Frage nach dem Warum kann der Schätzungstheoretiker erwidern: „Das weiß ich nicht. Es geht mich auch gar nichts an (oder: interessiert mich nicht)."

Zwecke spielen somit an zwei ganz verschiedenen Stellen der Schätzung eine Rolle. Von *Zwecken der Schätzung* zu sprechen, ist sinnvoll und sogar unbedingt notwendig, wenn man Schätzhandlungen vollziehen möchte. Bei theoretischen Schätzungen braucht man dagegen auf derartige Zwecke nicht zu sprechen kommen. Zwar gibt es Zwecke, welche die Wahl der ververfügbaren metrischen Skalen bestimmten. Aber dies sind *keine Zwecke der Schätzung*.

10.g Schätzungen im engeren und Schätzungen im weiteren Sinn. Zu den bisherigen Differenzierungen müssen wir leider noch eine weitere hinzufügen. Wir haben eingangs festgestellt, daß man theoretische Schätzungen *beliebiger* Größen vornehmen kann. Später haben wir den Begriff der theoretischen Schätzung im *statistischen* Sinn auf Hypothesen über den Parameterwert von Verteilungshypothesen beschränkt. Wir wollen jetzt die letzteren als *Schätzungen im engeren Sinn* bezeichnen. Im ersten Fall sprechen wir von *Schätzungen im weiteren Sinn*, soweit dabei statistische Verfahren benützt werden. Die erste Klasse ist dadurch charakterisiert, daß Vermutungen über den wahren Wert einer *statistischen* Größe (z. B. des Parameters einer Verteilungshypothese bestimmter Art oder des Mittels oder der Varianz) angestellt werden. Die zweite Klasse ist dadurch gekennzeichnet, daß die geschätzten Größen *nichtstatistischer* Natur sind. Wie ist es möglich, daß statistische Verfahren für die Schätzung nichtstatistischer Größen benützt werden?

Die beste Antwort liefert ein Blick in die Geschichte der Schätzungen. Es verhält sich nämlich nicht so, daß zunächst die Schätzungstheorie im engeren Sinn entwickelt wurde, um dann zu einer Theorie der Schätzungen nichtstatistischer Größen erweitert zu werden. Vielmehr ist umgekehrt die erste Theorie relativ jungen Datums (sie beginnt strenggenommen erst in den zwanziger Jahren dieses Jahrhunderts), während die Schätzungstheorie im weiteren Sinn bereits vor Jahrhunderten begann und sich dann unter der Bezeichnung *Fehlertheorie* vor allem auf zwei Gebieten entwickelte.

Das eine davon betrifft die *Messungen* von nichtstatistischen Größen (z. B. Größenabständen zwischen Sternen und Galaxien; Messungen von Schmelz- und Verdampfungspunkten bestimmter Substanzen). Bekanntlich ergeben sich immer von Messung zu Messung gewisse Abweichungen. Auf der Grundlage der gewonnenen tatsächlichen und miteinander nicht übereinstimmenden Meßwerte soll der *wahre* Wert der Größe geschätzt werden. In Band II, Kap. I, 9, S. 106, wurde ein von D. BERNOULLI zur Illustration dieses Sachverhaltes gegebenes Bild geschildert. In diesem Bild wird die Messung mit der Tätigkeit eines Bogenschützen verglichen, der auf ein uns unbekanntes Ziel schießt. Die Aufgabe besteht darin, aus einer Kenntnis der Einschußstellen und der Fähigkeiten des Schützen auf den wahren Zielpunkt zu schließen. Die Einschußstellen entsprechen in diesem Bild den tatsächlichen Meßresultaten, und der unbekannte Zielpunkt dem unbekannten wahren Wert der Größe. Wir waren a. a. O., S. 108, zu dem Ergebnis gelangt, daß man als *systematische Basissätze* gewisse *statistische Hypothesen*, nämlich die mittels statistischer Schätzverfahren gewonnenen Vermutungen über den wahren Wert, anzusehen habe, nicht dagegen die Aussagen über die tatsächlichen Meßresultate. Die letzteren bilden nur die empirischen Daten für die Beurteilung der ersteren. Würden wir die *tatsächlichen* Meßresultate einer Prüfung von quantitativen Hypothesen zugrundelegen, so wäre nach kurzer Zeit jede derartige Hypothese effektiv falsifiziert. *Quantitative Hypothesen werden nicht aufgrund von Meßresultaten beurteilt, sondern aufgrund von statistischen Vermutungen über wahre Meßwerte, wobei sich diese statistischen Vermutungen ihrerseits auf die faktischen Meßwerte stützen.* Das Überprüfungsverfahren ist auch im deterministischen Fall zweistufig und basiert auf der Beurteilung der Richtigkeit einer statistischen Hypothese.

Ein zweites Gebiet betrifft *die Wahl einer möglichst einfachen und passenden Kurve*, die durch endlich viele Punkte hindurchgeht. Diese Punkte bilden die geometrische Veranschaulichung von Beobachtungen (genauer: von statistischen Hypothesen der eben erwähnten Art, die wir systematische Basissätze nannten). Die Kurve selbst ist, wie wir dort feststellten, der analytische Ausdruck für ein hypothetisch angenommenes deterministisches Naturgesetz. Eines der bekanntesten Verfahren bildet hier *die Methode der kleinsten Quadrate*, die auf einen Gedanken von GAUSS zurückgeht. Angenommen, es stehe uns bereits ein zweifaches Wissen zur Verfügung: (1) eine Kenntnis der Struktur der Kurve, die zu einer Klasse K von in Frage kommenden Kurven führt; (2) endlich viele Beobachtungsresultate (in dem eben qualifizierten Sinn), von denen wir voraussetzen, daß sie approximativ Punkte auf der Kurve wiedergeben. Nach der Methode der kleinsten Quadrate ist *diejenige Kurve* zu wählen, *für welche die Summe aus den Quadraten der Abstände zwischen den gemessenen Punkten und der Kurve ein Minimum bildet.* Eine andere Methode stammt von K. PEARSON: die sog. *Methode der Momente.* Wiederum seien das Ausgangswissen (1) sowie (2) verfügbar. Falls eine bestimmte Kurve aus der durch (1) vorgegebenen Klasse K von Kurven durch die ersten n Momente über dem Mittel festgelegt ist, hat man nach PEARSON folgendermaßen zu verfahren: Zuerst ist der Durchschnitt aus den Meßwerten zu wählen und dann sind die n Momente über diesem Durchschnitt zu bestimmen. Man wähle sodann dasjenige Element aus K, welches die so errechneten Werte als die ersten n Momente aufweist.

Bezüglich all dieser Verfahren ist wissenschaftstheoretisch zweierlei von Bedeutung: Erstens kehrt die doppelte Wissensbasis, die bei statistischen Hypothesen in dem „statistisches Datum" genannten geordneten Satzpaar ihren Niederschlag fand, auch hier wieder: (1) repräsentiert das *background-knowledge*, (2) repräsentiert die *empirische Basis*. Der zweite Punkt betrifft die Beurteilung dieser Verfahren: *Was beide Verfahren auszeichnet, sind Einfach-heitsüberlegungen, nicht jedoch eine Erfolgsgarantie*. Beide Verfahren (sowie beliebige andere) führen nur zu hypothetischen Verallgemeinerungen. Und diese können, wie alle Hypothesen, falsch sein.

Eine der bekanntesten Methoden der Punktschätzung, die Methode der *Maximum Likelihood* von R. A. FISHER[84], ist hingegen als Methode der Punktschätzung i. e. S. konzipiert worden. In der früheren Terminologie kann die Maxime dieser Theorie bündig formuliert werden: „Wähle auf-grund des statistischen Datums denjenigen unter den möglichen Schätz-werten des Parameters, der den Parameter der am besten gestützten sta-tistischen Hypothese bildet!" Oder noch kürzer (wenn auch etwas mißver-ständlich): „Wähle den Schätzwert, der aufgrund der Daten die größte Likelihood besitzt!"

10.h Kritisches zu den Optimalitätsmerkmalen auf lange Sicht, zur Minimax-Theorie und zur Intervallschätzung. Wenn man überhaupt mit Schätzfunktionen arbeitet, so ist das in 10.c, (IV) (d) angeführte Merkmal, erschöpfend zu sein, sicherlich wünschenswert. Denn eine Schätzung, die nicht alle durch die empirischen Daten zur Verfügung gestellten Informa-tionen verwertet, ist unvollständig; sie sollte jedoch in diesem Sinn voll-ständig sein.

Wie aber steht es mit den drei übrigen Merkmalen der Erwartungstreue, Effizienz und Konsistenz? Könnte man zwingende Gründe zugunsten dieser Eigenschaften vorbringen, so wären dies vermutlich indirekt auch Gründe dafür, die Güte im absoluten Sinn der Güte im Stützungssinn vor-zuziehen (obwohl auch dies keineswegs selbstevident ist; denn das Ope-rieren mit Schätzfunktionen wird bei der Frage nach solchen Gründen ja schon vorausgesetzt). *Nun scheint es aber, daß überzeugende Gründe niemals vor-gebracht worden sind, sondern stattdessen nur mehr oder weniger vage Appelle an die Intuition vorgenommen wurden.* Es liegt daher nahe, den Spieß umzudrehen und umgekehrt zu fragen, *ob sich Bedenken gegen die Auszeichnung von Schätz-funktionen mit diesem Merkmal vorbringen lassen, und wenn ja, welcher Art diese Bedenken sind.* Zunächst muß hervorgehoben werden, daß überhaupt nicht einzusehen ist, warum ein Merkmal der Optimalität auf *lange* Sicht auch ein vorteilhaftes Merkmal für einen *konkreten Einzelfall* sein soll. Das gilt um

---

[84] Auch diese Methode ist jedoch bereits in den Werken von D. BERNOULLI und GAUSS angedeutet.

so mehr, als die long-run-Betrachtung nicht einmal eine lange Sicht *im menschlichen Sinn*, sondern nur *im Sinn mathematischer Konvergenz* darstellt.

Zugunsten der Forderung nach Erwartungstreue wird z. B. vorgebracht, daß eine Schätzfunktion mit dieser Eigenschaft Schätzwerte liefert, deren Durchschnitt auf lange Sicht nachweislich mit dem wahren Wert identisch ist. Wer aber eine Größe schätzt, der beurteilt diese Größe *nur einmal* in einer *konkreten* Situation. Hingegen erzeugt er keine Folge von Schätzungen; und schon gar nicht eine beliebig lange. Warum soll nicht eine verfälschte, d. h. nicht erwartungstreue Schätzfunktion hic et nunc einen als vernünftiger oder besser empfundenen Schätzwert liefern denn eine erwartungstreue? Darauf läßt sich wohl nur antworten: Selbstverständlich kann sie das.

Aber selbst wo es um den langfristigen Durchschnitt geht, würde die Annahme, erwartungstreue Schätzfunktionen seien eo ipso verfälschten Schätzfunktionen überlegen, auf einem Denkfehler beruhen. (Man lasse sich durch die suggestiven Prädikate nicht irreführen.) Dazu ein triviales Beispiel: f sei eine Schätzfunktion, die systematisch von Fall zu Fall zu enormen Fehlschätzungen führt. Eine solche Funktion wird man sicherlich als unvernünftig ablehnen. *Trotzdem kann f erwartungstreu sein:* die positiven Fehler (Überschätzungen) und die negativen Fehler (Unterschätzungen) können sich die Waage halten, so daß im Durchschnitt der wahre Wert herauskommt.

Ein Plausibilitätsargument zugunsten der *relativen Effizienz* ist bereits bei der Einführung dieses Begriffs vorgebracht worden. Tatsächlich gilt folgendes: Wenn die Verteilungen von Schätzfunktionen Normalverteilungen oder annähernde Normalverteilungen sind, so ist einer Funktion mit kleinerer Varianz gegenüber einer solchen mit größerer Varianz der Vorzug zu geben. Diese Vorzugseigenschaft gilt im absoluten Sinn *und im Stützungssinn*.

Trotzdem läßt sich auch hier Kritik üben: Das auszeichnende Merkmal ist eine Vorzugseigenschaft von Schätz*funktionen*. Dieser Vorzug braucht sich auf die *einzelnen* Schätzungen, die wir vornehmen, nicht zu übertragen. In der Sprache der Stützung formuliert: Eine individuelle Schätzung, die mittels einer Schätzfunktion f_1 vorgenommen wurde, kann *besser gestützt sein als* die mit einer Schätzfunktion f_2 gemachte individuelle Schätzung, selbst wenn die relative Effizienz von f_2 größer ist als die von f_1.

Im verstärkten Maß gelten die Bedenken gegen die Eigenschaft der *Konsistenz*. Die intuitive Begründung dafür, hierin ein wünschenswertes Merkmal zu erblicken, fußt auf dem Gedanken, daß eine derartige Schätzfunktion zunehmend genauere Werte liefere. Doch hier muß man sich wieder daran erinnern, daß die Konsistenz eine *Limes*eigenschaft ist: Eine nichtkonsistente Schätzfunktion kann innerhalb einer sehr langen Zeitspanne — „sehr lange" im praktisch-menschlichen Sinn — zunehmend genauere Werte liefern; und umgekehrt kann eine konsistente Schätzfunktion in bezug auf menschliche Zeitspannen in dieser Hinsicht versagen. Auf den

long-run, welcher im mathematischen Konvergenzbegriff implizit enthalten
ist, kann man mit sachlicher Berechtigung (und nicht nur wie im Abschnitt 1
mit subjektiver Berechtigung) den Ausspruch von Lord KEYNES anwenden:
"In the long run we are all dead". Das "we" braucht dabei gar nicht verstanden zu werden im Sinn von „wir Lebenden". Es läßt sich interpretieren
als: „Wir und alle unsere Nachkommen".

Eine häufig angewandte Methode der Punktschätzung wird von der sog.
Minimaxtheorie geliefert, die von A. WALD systematisch ausgebaut worden
ist[85]. Nach der hier vertretenen Auffassung gehören zum Anwendungsbereich dieser Methode eigentlich nicht die Schätzungen im theoretischen
Sinn, sondern die Schätzhandlungen. Denn WALD konzipierte seine Theorie
ausdrücklich als Bestandteil der Entscheidungstheorie. Trotzdem können
wir auf dieses Verfahren zu sprechen kommen, da sich die theoretische und
die praktische Komponente relativ leicht voneinander isolieren lassen und
nach Abstraktion von der letzteren die erstere übrigbleibt.

Schematisch könnte man den Grundgedanken dieser Theorie dadurch
charakterisieren, daß man sagt, sie gipfle in der Empfehlung, *Schätzungen
auf solche Weise vorzunehmen, daß das Maximum der möglichen Fehlererwartungen
(Irrtumserwartungen) minimalisiert wird.* (Im technischen Aufbau der Theorie
wird mit einer Minimax-Schätzfunktion operiert.)

Um dieser Empfehlung konkrete Gestalt zu geben, wird ein Maß für
den Fehler (Irrtum) vorausgesetzt. Der entscheidungstheoretische Gesichtspunkt kommt dann dadurch zur Geltung, daß die möglichen Fehler ge-
wogen werden, mit den entstehenden *Verlusten als Wägungskoeffizienten.* In
dieser weiten Fassung dient die Theorie zur Lösung praktischer Probleme,
nämlich zum Vollzug adäquater Schätzhandlungen. Was danach als bester
Schätzwert ausgezeichnet wird, ist abhängig von zwei Konventionen, deren
jede eine eigene Dimension von Variationsmöglichkeiten zuläßt: erstens
davon, wie der Fehler gemessen wird; zweitens von der Art der Gewinn-
und Verlustkalkulation. Wenn wir von dieser zweiten Komponente absehen, also auf die wertmäßigen Wägungen der Fehler verzichten, gelangen
wir zum theoretischen Kern dieser Methode, von dem ganz unabhängig von
entscheidungstheoretischen Gesichtspunkten Gebrauch gemacht werden
kann.

Für die Fehlermessungen soll eine zweistellige Funktion $F(\vartheta, s)$ dienen,
welche die folgende Adäquatheitsbedingungen erfüllt: Wenn ϑ_w der wahre
Wert von ϑ ist, so soll für alle Schätzwerte $s_1 = s_1(\vartheta_w)$ und $s_2 = s_2(\vartheta_w)$
mit $\vartheta_w \leqq s_1 \leqq s_2$ oder $s_2 \leqq s_1 \leqq \vartheta_w$ die Relation $F(\vartheta_w, s_2) \geqq F(\vartheta_w, s_1)$ gelten.
Eine derartige Schätzfunktion heiße *einfache* Fehlerfunktion.

Wie HACKING hervorhebt, liefert für eine große Zahl klassischer Probleme die jeder einfachen Fehlerfunktion entsprechende Minimax-Schätz-

---

[85] Vor allem in seinem Werk [Decision Functions].

funktion eine *zulässige* Funktion im Sinn von **D10 — 4** unten. Die gewählte Fehlerfunktion gibt somit für diese Fälle eine mit seinen Grundvorstellungen im Einklang stehende Lösung des Schätzproblems, da durch sie genau *eine* zulässige Schätzfunktion ausgewählt wird.

Nun steht die Theorie von WALD im Widerspruch zu gewissen Vorstellungen anderer Autoren. Dies gilt vor allem von R. A. FISHER. FISHER hat zwar gegen WALDs Theorie nicht polemisiert; denn seine Arbeiten erschienen wesentlich früher. Doch kann man die Unvereinbarkeit unschwer feststellen. Für FISHER ist ein Schätzwert eine exakte und konzentrierte Zusammenfassung dessen, was in den empirischen Daten für die Beurteilung des wahren Wertes einer Größe relevant ist. Schätzwerte müssen nach seiner Auffassung daher insbesondere gegenüber allen funktionellen Transformationen invariant sein[86]. Gegen diese Invarianzforderung aber verstößt die Minimax-Theorie.

Aus diesem Grunde hat CARNAP die Minimax-Theorie expressis verbis zurückgewiesen[87]. Sein Grundgedanke läßt sich in den Grundzügen folgendermaßen darstellen: Wenn erstens zwei Größen addiert werden dürfen; wenn zweitens der (unbekannte) Wert der einen Größe *a* und der (unbekannte) Wert der anderen Größe *b* ist und ihre Summe *c* ergibt; und wenn drittens *c* bekannt ist, so muß die Summe der Schätzwerte von *a* und *b* den Wert *c* liefern. Diese Bedingung heiße die *Additivitätsforderung für Schätzungen*. Diese Forderung gilt nicht für die Minimax-Theorie: Zwar wissen wir, daß die Chance von *Kopf* plus die von *Schrift* für eine vorgegebene Münze zusammen den Wert 1 ergeben; die Summe ihrer Minimax-Schätzwerte ist dagegen von 1 verschieden. CARNAP ist der Überzeugung, daß dieses Resultat inadäquat ist und derartige Schätzungen daher zu verwerfen sind.

Hier tritt allerdings die Frage auf, ob der Appell an die Intuition durch ein überzeugendes Argument ersetzt werden kann. Wenn nicht, so könnte man umgekehrt das intuitive Argument, das vielleicht nur prima facie als plausibel erscheint, anzweifeln, die Additivitätsforderung preisgeben und weiter an der Minimax-Theorie festhalten.

Zum Abschluß noch eine Bemerkung zur *Intervallschätzung*, wie sie in 10.c, (V) geschildert wurde. Wie man unmittelbar erkennt, handelt es sich nur um mathematische Umformulierungen von Wahrscheinlichkeitsaussagen, die als bereits verfügbar vorausgesetzt werden. Da es sich dabei um statistische Hypothesen handelt, muß die Frage, wie man diese zu beurteilen hat, bereits beantwortet sein, bevor man zu Aussagen über Vertrauensintervalle usw. gelangt. Was neu hinzutritt, sind lediglich *mathematisch beweisbare Relationen zwischen diesen Werten*. Anders verhielte es sich erst, wenn ein Intervall irgendwie vorgegeben wäre und die Frage aufgeworfen würde, wie gut die Hypothese gestützt sei, daß der zu schätzende Parameter in

---

[86] So etwa in [Statistical Methods], S. 140.
[87] [Continuum], S. 81 ff.

dieses Intervall hineinfällt. Dann handelte es sich wieder um die Güte im Sinn der Stützung. Die erkenntnistheoretische Situation wäre damit analog der bei der Punktschätzung, natürlich mit der Abschwächung der Forderung, den Nagel auf den Kopf zu treffen, zu der Forderung, sich mit einem ungefähren Treffer zu begnügen.

10.i Ein Präzisierungsversuch des Begriffes der besser gestützten Schätzung. An zwei Stellen (10.d und Zusammenfassung von 10.e) wurde hervorgehoben, daß der wissenschaftstheoretisch wichtige Sinn von „gute Schätzung" der ist, in dem man erstens unter Schätzung eine *theoretische* Schätzung (und nicht eine Schätzhandlung) versteht und zweitens unter „gut" eine vernünftige, d. h. *gut gestützte* Hypothese über den wirklichen Wert. Bedenkt man weiter, daß Schätzungen im engeren Sinn (10.g) statistische Hypothesen darstellen, so könnte man leicht zu der Annahme gelangen, daß hier überhaupt kein wissenschaftstheoretisches Spezialproblem vorliegt: Alles, was über die Stützung und Prüfung von statistischen Hypothesen zu sagen ist, findet auf Schätzungen *als speziellen statistischen Hypothesen* Anwendung.

Doch so einfach liegen die Dinge nun wieder nicht! Approximativ können wir als unterscheidendes Merkmal vorerst die Wendung „nahe beim wahren (wirklichen) Wert" benützen. Statistische Hypothesen sind Verteilungshypothesen. Wenn man solche Hypothesen beurteilt, so ist von der Nähe zum wahren Wert nirgends die Rede. Die Hypothesen sind wahr oder falsch und aufgrund der verfügbaren Daten besser oder schlechter gestützt. Bei theoretischen Schätzungen muß dagegen auch dann auf *die Relation von Schätzwert und wahrem Wert* Bezug genommen werden, wenn man kein Gütekriterium im absoluten Sinn sucht, sondern nur gut gestützte Schätzungen anstrebt: es müssen gute Gründe für die Annahme vorliegen, *daß der Schätzwert nahe beim wahren Wert liegt.*

Um zeigen zu können, daß dies zu *neuen* Problemen führt, versuchen wir zunächst eine naheliegende Präzisierung: ϑ sei der zu schätzende Parameter. (Der Leser denke am besten an den Parameter einer Binomialverteilung, damit er einen möglichst einfachen Modellfall zur Hand hat.) ϑ_w sei der wahre Wert; $s_1(\vartheta)$ und $s_2(\vartheta)$ seien zwei verschiedene Schätzwerte. Es möge weiter geglückt sein, ein kleines ε-Intervall um ϑ_w zu finden — wir nennen ein solches Intervall ein *Fehlerintervall* —, welches im folgenden Sinne eine Differenzierung zwischen den beiden Schätzungen ermöglicht: Die Hypothese h_1, daß $s_1(\vartheta)$ im ε-Intervall von ϑ_w liegt (d. h. daß gilt: $|\vartheta_w - s_1(\vartheta)| < \varepsilon$), ist aufgrund der Daten *besser gestützt als* die Hypothese h_2, daß $s_2(\vartheta)$ in diesem ε-Intervall von ϑ_w liegt. Die beiden zur Diskussion stehenden Hypothesen sind statistische Hypothesen im früher erklärten allgemeinen Sinn (nämlich Erstglieder von *komplexen* kombinierten statistischen Aussagen, vgl. 5.a, S. 86): Jede von ihnen faßt eine Klasse von Verteilungshypothesen zusammen; die (unendlichen) Klassen sind durch eine einschränkende Bedingung über die in den Hypothesen vorkommenden Parameter $s_1(\vartheta)$ bzw. $s_2(\vartheta)$ festgelegt. *Damit wird der gesamte frühere Begriffsapparat anwendbar.* Wir könnten daher jetzt weiter definieren:

Die Schätzung $s_1(\vartheta)$ *ist besser als* die Schätzung $s_2(\vartheta)$ gdw gilt: h_1 ist besser gestützt als h_2.

Doch dies wäre unbefriedigend. Angenommen nämlich, die verfügbaren Daten würden uns außerdem die folgende Information liefern: Wenn der Wert $s_1(\vartheta)$ nicht sehr nahe bei ϑ_w liegt, so ist er von ϑ_w sehr weit entfernt; der Wert $s_2(\vartheta)$ kann dagegen nicht sehr weit von ϑ_w entfernt liegen. Die Auswertung des relevanten Teiles der Daten kann somit zu einem Ergebnis führen, welches sich umgangssprachlich ungefähr so ausdrücken läßt: „Es liegen gute Gründe für die Annahme vor, daß $s_1(\vartheta)$ näher bei ϑ_w liegt als $s_2(\vartheta)$ bei ϑ_w liegt. Doch ist dies nicht sicher. Genauer gilt: $s_1(\vartheta)$ liegt meist in dem festen ε-Intervall um ϑ_w, $s_2(\vartheta)$ liegt dagegen zwar nicht meist in diesem Intervall, jedoch *immer* im 7ε-Intervall um ϑ_w. Von $s_1(\vartheta)$ gilt das letztere nicht; wenn es außerhalb des ε-Intervalls um ϑ_w liegt, so liegt es sogar *immer weit außerhalb* des 7ε-Intervalls um ϑ_w.“ Dies ist ein wirkliches Dilemma; denn vermutlich kommt die erste Schätzung dem wahren Wert näher als die zweite; sollte die erste ihm aber nicht näher kommen, so liegt sie vom wahren Wert viel weiter entfernt als die zweite.

Dasselbe Problem läßt sich auch etwas präziser in der Sprache der Schätzfunktionen formulieren: Gegeben seien zwei verschiedene Fehlerintervalle ε_1 und ε_2 mit $\varepsilon_1 < \varepsilon_2$; f_1 und f_2 seien zwei Schätzfunktionen für denselben Parameter ϑ. f_1 möge öfter Schätzwerte innerhalb des ε_1-Intervalls von ϑ_w liefern als f_2, f_2 hingegen öfter Schätzwerte innerhalb des ε_2-Intervalls von ϑ_w als f_1 (z. B. 85% der f_1-Werte liegen innerhalb des ε_1-Intervalls, 10% aber außerhalb des ε_2-Intervall; 94% der f_2-Werte liegen innerhalb des ε_2-Intervalls, dagegen nur 79% auch innerhalb des ε_1-Intervalls).

Es dürfte nicht möglich sein, eine *generelle* Antwort auf die Frage zu finden, welche Schätzung hier besser ist. *Damit scheint aber auch der Begriff der guten Schätzung selbst zu zerfallen.* Man darf natürlich *nicht* die Konsequenz ziehen: „Dieses Dilemma betrifft nur den Begriff der gut gestützten Schätzung“. Denn das Problem ist invariant gegenüber der Art und Weise der Einführung des Begriffs der Güte; es ist nur mit dem Gedanken der *Nähe beim wahren Wert* verzahnt.

HACKING versucht, ‚zu retten, was zu retten ist‘ und diese Schwierigkeit *teilweise* dadurch zu beheben, daß er einen neuen Begriff „*gleichmäßig besser als*“ einführt. Hierin wird nicht von vornherein ein festes Fehlerintervall ausgezeichnet, sondern es wird über alle möglichen Fehlerintervalle quantifiziert. Zum Zwecke einer einfachen Verallgemeinerung wird nicht mehr vorausgesetzt, daß die Größe des unteren Fehlerintervalls ε_1 mit der Größe des oberen Fehlerintervalls ε_2 zusammenfällt. Wir nehmen eine Teilformalisierung der Definition vor.

Es sei θ ein statistischer Parameter, ϑ_w sei sein wahrer Wert; $s_1(\vartheta)$ und $s_2(\vartheta)$ seien Schätzwerte von θ. e sei das zugrundeliegende statistische Datum.

D10—1 Der Schätzwert $s_1(\vartheta)$ ist aufgrund von e *mindestens ebenso gut wie* der Schätzwert $s_2(\vartheta)$ gdw $\bigwedge\limits_{\varepsilon_1 \geqq 0} \bigwedge\limits_{\varepsilon_2 \geqq 0}$ [e stützt die Hypothese, daß $-\varepsilon_1 \leqq \vartheta_w - s_1(\vartheta) \leqq \varepsilon_2$ mindestens ebenso gut wie die Hypothese, daß $-\varepsilon_1 \leqq \vartheta_w - s_2(\vartheta) \leqq \varepsilon_2$]

D 10—2 Der Schätzwert $s_1(\vartheta)$ ist aufgrund von e *gleichmäßig besser als* der Schätzwert $s_2(\vartheta)$ gdw der Schätzwert $s_1(\vartheta)$ aufgrund von e mindestens ebenso gut ist wie der Schätzwert $s_2(\vartheta)$, aber $s_2(\vartheta)$ nicht mindestens ebenso gut wie $s_1(\vartheta)$.

Für den Fall, daß ein quantitativer Stützungsbegriff p zur Verfügung gestellt werden könnte, wie dies nach Abschnitt 13 für bestimmte Fälle möglich ist, könnte das Definiens der zweiten Definition wiedergegeben werden durch:

$$p(-\varepsilon_1 \leqq \vartheta_w - s_1(\vartheta) \leqq \varepsilon_2 \mid e) \geqq p(-\varepsilon_1 \leqq \vartheta_w - s_2(\vartheta) \leqq \varepsilon_2 \mid e),$$

mit der zusätzlichen Forderung, daß für wenigstens ein Paar ε_1, ε_2 die strenge Ungleichung zu gelten habe.

D 10—3 Ein Schätzwert $s(\vartheta)$ ist *zulässig* gdw kein anderer Schätzwert gleichmäßig besser ist als $s(\vartheta)$.

D 10—4 Eine Schätzfunktion f heißt *zulässig* gdw jeder mittels f gewonnene Schätzwert zulässig ist.

Unter Verwendung dieses Begriffs läßt sich eine frühere Behauptung begründen: Wenn es unter Schätzfunktionen mit Normalverteilung eine Schätzfunktion mit größter Effizienz (minimaler Varianz) gibt, dann ist nur diese zulässig: ihre Schätzwerte sind gleichmäßig besser als diejenigen, welche mit den anderen Schätzfunktionen erzielt werden.

Bei all diesen Begriffen handelt es sich um sinnvolle Übertragungen des Begriffs der Stützung auf den Fall der Schätzungen. *Allerdings ist es keineswegs evident, daß ein zulässiger Schätzwert in einer bestimmten Situation das beste ist.* Die Zulässigkeit ist vielmehr ein ziemlich schwaches Merkmal.

Hier ist der Ort, um einige Bemerkungen zu R. A. FISHERs Methode der Maximum-Likelihood anzufügen. FISHERs Ideen haben zweifellos Pate gestanden bei HACKINGs Theorie der Likelihood-Stützung und des Likelihood-Tests von statistischen Hypothesen. Doch bestehen zwei wesentliche Unterschiede: Erstens hat FISHER nur beansprucht, eine *Methode der Schätzung* zu entwickeln, während HACKING den Likelihood-Begriff zu einem zentralen Begriff der *Beurteilung statistischer Hypothesen überhaupt* macht. Zweitens hält FISHER zum Unterschied von HACKING die beiden Gesichtspunkte: den der Optimalität auf lange Sicht und den der guten Stützung, nicht scharf auseinander. Vielmehr verschmelzen bei FISHER diese beiden Gesichtspunkte in einer etwas merkwürdigen Art und

Weise. Wie bereits am Schluß von 10.g bemerkt, empfiehlt FISHER, den Parameter der aufgrund der Daten *am besten gestützten* Hypothese als Schätzwert zu wählen. Insofern also steht tatsächlich der Gesichtspunkt der guten Stützung im Vordergrund. Doch dies ist nur die eine Seite der Medaille. Auf der anderen Seite nämlich arbeitet FISHER, so wie die meisten übrigen Statistiker, mit *Schätzfunktionen* und rechtfertigt sein Verfahren durch Berufung auf *Limes*eigenschaften (asymptotische Eigenschaften) dieser Funktionen. Ja er war sogar der erste, der auf die Wichtigkeit dieser Eigenschaften, vor allem des Merkmals der *Konsistenz*, hinwies[88]. Maximum-Likelihood-Schätzfunktionen sind konsistent; außerdem konvergiert die Verteilung von Schätzungen, die man mit ihnen erzielt, nachweislich gegen die Werte einer *erwartungstreuen* Schätzfunktion (nämlich gegen eine Normalverteilung), die überdies *von größter Effizienz* ist[89]. Alles, was in 10.h an kritischen Bemerkungen zur Optimalität auf lange Sicht vorgetragen wurde, läßt sich hier wiederholen, allerdings nicht für den Zweck einer Kritik an FISHERS Theorie, sondern für eine Kritik *des von ihm gewählten Rechtfertigungsverfahrens*.

Beweisen lassen sich allerdings zwei Dinge: Erstens, daß Likelihood-Schätzfunktionen eine *Konvergenz* der Schätzwerte *gegen* zulässige Schätzwerte garantieren. Zweitens, daß bei Vorliegen einer einfachen Dichotomie, sowie überall dort, wo das Fiduzialargument anwendbar wird, diese Schätzfunktionen zulässig sind. Aber all das genügt nicht: Konvergenz gegen Zulässigkeit ist schwächer als Zulässigkeit selbst; und das, was zulässig ist, braucht nicht zugleich das Beste zu sein.

10.j Ist die Schätzungstheorie von Savage das Analogon zur Testtheorie von Neyman-Pearson? HACKING versucht, seine Kritik am testtheoretischen Begriffsapparat von NEYMAN und PEARSON auf die Schätzungstheorie von SAVAGE zu übertragen, da nach seiner Auffassung zwischen beiden Theorien eine weitgehende Parallele besteht[90]. Nun knüpft SAVAGE zwar an die personalistische Interpretation der Wahrscheinlichkeit von DE FINETTI an und steht somit philosophisch auf einem ganz anderen Boden als die Objektivisten NEYMAN und PEARSON (vgl. dazu Abschnitt 12.a). Doch läßt sich im gegenwärtigen Kontext vom philosophischen Hintergrund abstrahieren und die Theorie von SAVAGE so behandeln, als sei sie eine objektivistische Theorie.

$\varDelta$ sei die Klasse der möglichen Verteilungen, die im statistischen Datum ins Auge gefaßt werden. Wir benötigen ein neues Symbol, um die Behauptung ausdrücken zu können, daß ein bestimmtes Element dieser Klasse die *wahre* Verteilung ist. Da Verteilungshypothesen spezielle Fälle

---

[88] Vgl. R. A. FISHER, [Mathematical Foundations], S. 316; [Statistical Methods], S. 141.

[89] Eine genauere mathematische Analyse findet sich bei A. WALD [Maximum Likelihood Estimate], S. 595—601.

[90] Vgl. HACKING, a. a. O., S. 179f. Die kritisierte Theorie findet sich in SAVAGE, [Foundations], S. 224ff.

von Aussagen sind, können wir mit $\mathfrak{W}$ als Klasse der wahren Aussagen den Satz: „D ist die wahre Verteilung" abkürzen durch: „$D \in \mathfrak{W}$". Den Gegenstand der Schätzung bilde ein einfacher Parameter ϑ. Jeder Verteilung D entspricht der Parameter ϑ_D. Für $D \in \mathfrak{W}$ fällt somit ϑ_D und ϑ_w zusammen. Zwecks größerer Suggestivität verwenden wir für die formale Definition das erste Symbol und nur für die intuitive Erläuterung das zweite. Ω sei wieder der Stichprobenraum.

Der Grundgedanke von SAVAGE läßt sich nun inhaltlich folgendermaßen ausdrücken: Eine Schätzfunktion f_1 ist *mindestens ebenso gut wie* eine Schätzfunktion f_2 gdw für jede Verteilung und für jedes Fehlerintervall ε die relative Häufigkeit der von f_1 gelieferten Schätzwerte, welche innerhalb des ε-Intervalls um ϑ_w liegen, auf lange Sicht mindestens ebenso groß ist wie die relative Häufigkeit der von f_2 gelieferten Schätzwerte, welche in der ε-Umgebung von ϑ_w liegen. Gilt dasselbe nicht, wenn man f_1 und f_2 vertauscht, so ist f_1 *besser als* f_2.

Die Häufigkeit auf lange Sicht geben wir durch den formalen Begriff der Chance W wieder; das Fehlerintervall verallgemeinern wir ebenso wie in den obigen Definitionen. Für „mindestens ebenso gut im Sinn des Kriteriums von SAVAGE" schreiben wir „mindestens S-gleich"; analog ist der Ausdruck „S-besser" zu verstehen.

D 10—5 f_1 ist *mindestens S-gleich mit* f_2 gdw

$$\bigwedge_{B\in\Omega} B \quad \bigwedge_{D\in\varDelta} D \quad \bigwedge_{\varepsilon_1\geqq 0} \varepsilon_1 \quad \bigwedge_{\varepsilon_2\geqq 0} \varepsilon_2 \{D \in \mathfrak{W} \to [W(-\varepsilon_1 \leqq \vartheta_D - f_1(B) \leqq \varepsilon_2)$$

$$\geqq W(-\varepsilon_1 \leqq \vartheta_D - f_2(B) \leqq \varepsilon_2)]\}$$

D 10—6 f_1 ist *S-besser als* f_2 gdw f_1 mindestens S-gleich ist mit f_2, nicht jedoch f_2 mindestens S-gleich ist mit f_1. Diese Bedingung ist genau dann erfüllt, wenn in **D5** zusätzlich verlangt wird, daß die scharfe Relation $>$ zwischen den Chancen mindestens einmal, d. h. für ein ε_1, D usw. gilt).

Wenn es zu einer Schätzfunktion f keine S-bessere gibt, so werde f *S-optimal* genannt.

Anmerkung. HACKING versucht eine andere Formalisierung. Danach wird Ereignissen von der Art, *daß D die wahre Verteilung ist*, eine statistische Wahrscheinlichkeit W_D zugeordnet (vgl. [Statistical Inference], S. 180). Nun ist aber eine Verteilung selbst eine statistische Hypothese, in welcher der Begriff der statistischen Wahrscheinlichkeit vorkommt. Damit die fragliche Zuordnung überhaupt einen Sinn ergibt, müßte daher zunächst entweder eine Hierarchie von statistischen Wahrscheinlichkeiten konstruiert werden oder es müßten ‚verschachtelte' Wahrscheinlichkeitsaussagen in ihrer Bedeutung erklärt werden, etwa in Analogie zu Modalitäten logischer Systeme mit ineinander geschachtelten Modalitätsoperatoren. Da HACKING keine Andeutung darüber macht, wie derartige Iterationen von statistischen Wahrscheinlichkeiten zu deuten sind, bleibt seine Interpretation der Definition von SAVAGE im Dunkeln.

Die obige Definition hat allerdings die Konsequenzen, daß die Bedingung des Definiens für alle nichtwahren Verteilungen trivial erfüllt ist. Da die Erfüllung aber für *alle* Elemente von Δ verlangt wird und die wahre Verteilung nach Annahme darin enthalten ist, führt dies zwar nicht direkt zu einer Inadäquatheit. Doch könnte die Auffassung vertreten werden, daß eine adäquate inhaltliche Wiedergabe der Intention die Ersetzung von „$\rightarrow$" durch ein Symbol für *subjunktive* Konditionalsätze erforderlich machte, da für jedes D aus Δ *die Möglichkeit seiner Wahrheit* ins Auge gefaßt werden muß. Vielleicht war es dieser Umstand, der HACKING bewogen hat, neue Ereignisse von der Art ‚D ist die wahre Verteilung' ins Auge zu fassen und die Iteration statistischer Wahrscheinlichkeiten in Kauf zu nehmen.

Der Vergleich mit den Definitionen **D1** ff. zeigt deutlich eine Analogie zwischen der Familie der HACKINGschen Begriffe und der von SAVAGE eingeführten Begriffsfamilie. Der Unterschied ist jedoch ebenso deutlich: Bei HACKING fußt alles letztlich auf dem Begriff der *besseren Stützung von statistischen Hypothesen*, bei SAVAGE hingegen wird eine Schätzfunktion f gegenüber den anderen dadurch ausgezeichnet, *daß sie den wahren Parameter im Durchschnitt besser approximiert* als die übrigen. Wiederum sind wir mit dem Gegensatz zweier Gütebegriffe konfrontiert, der Güte im Stützungssinn und der Optimalität auf lange Sicht.

HACKING gibt ein einfaches Beispiel dafür, daß eine Schätzfunktion f_1 S-besser ist als eine andere Funktion f_2, trotzdem aber für gewisse Beobachtungsresultate B $f_2(B)$ einen vernünftigen Schätzwert liefert, $f_1(B)$ hingegen einen absurden. Es handelt sich um eine Binomialverteilung mit einer einfachen Dichotomie, wie z. B. beim Münzwurf. Man beachte, daß in diesem Fall die ganze Verteilung bereits bekannt ist, wenn man nur eine elementare statistische Aussage kennt, z. B. $W(K) = r$. Δ enthalte nur zwei Verteilungen; nach der ersten ist die Chance eines Erfolges bei einem einmaligen Versuch an der Anordnung gleich 0,1; nach der zweiten ist diese Chance gleich 0,9. Die beiden Schätzfunktionen f_1 und f_2 geben u. a. eine Vorschrift darüber, wie der Parameter der Binomialverteilung zu schätzen sei, wenn die Zahl der Erfolge bei fünf Versuchen bekannt ist. Die zweite und dritte Spalte zeigen die Schätzwerte an:

Zahl der Erfolge bei fünf Versuchen (z. B. Zahl der Resultate *Kopf* bei fünf aufeinanderfolgenden Münzwürfen)	f_1	f_2
0	0,9	0,1
1	0,1	0,9
2	0,1	0,1
3	0,9	0,1
4	0,9	0,9
5	0,9	0,9

f_1 ist S-besser als f_2. Angenommen nämlich, der wahre Parameterwert sei 0,9. Dann ist die Chance, daß 3 oder 4 oder 5 Erfolge beobachtet werden, größer als die Chance, daß 1 oder 4 oder 5 Erfolge beobachtet werden. Angenommen, der wahre Parameter sei 0,1. Dann ist die Chance, daß 1 oder 2 Erfolge beobachtet werden, größer als die Chance, daß 0 oder 2 oder 3 Erfolge beobachtet werden. In beiden Fällen gilt also die starke Ungleichung. Falls jedoch bei 5 Würfen mit einer Münze kein einziger Kopfwurf beobachtet wird, ist es absurd, die Wahrscheinlichkeit von Kopf mit 0,9 zu schätzen. Gerade dies schreibt jedoch f_1 vor.

Die Analogie zur NEYMAN-PEARSON-Theorie ist die folgende: Solange das statistische Datum nur eine Information über die Klasse der möglichen Verteilungen, jedoch *keinen Beobachtungsbefund* enthält, kann man sagen, die Hypothese sei besser gestützt, daß f_1 einen besseren Schätzwert liefere als f_2. Wenn jedoch *ein Beobachtungsbefund* hinzutritt, gilt diese Behauptung nicht mehr unbedingt. Das eben angeführte spezielle Resultat (0 Erfolge) bildet ein Gegenbeispiel hierfür.

Analog wie wir früher davor warnten, zu einem ungerechten Urteil über die Theorie von NEYMAN-PEARSON zu gelangen, muß auch jetzt gesagt werden, daß dieses Beispiel nicht als Kritik an der *Theorie* von SAVAGE dienen soll. Denn keine der beiden Schätzfunktionen f_1 und f_2 ist S-optimal.

Analog wie bei der Testtheorie soll dagegen auch dieses Beispiel dreierlei lehren: Erstens *daß die beiden Gütebegriffe tatsächlich auseinanderklaffen*; zweitens *daß das, was bei einer Apriori-Beurteilung als sinnvoll erscheint, bei einer Aposteriori-Beurteilung unvernünftig sein kann*; drittens *daß der Gütebegriff im Stützungssinn wichtiger ist als der der langfristigen Optimalität*.

Zwar führen beide Beurteilungsmethoden für verschiedene klassische Spezialfälle zu demselben Resultat; doch ist allein dies entscheidend, daß sie *nicht immer* zu demselben Resultat führen. Während das obige elementare Beispiel den bereits ausgedrückten Gedanken nahelegt, dem mittels des Stützungsbegriffs definierten Gütebegriff den Vorzug zu geben, wird man im allgemeinen Fall vorsichtiger sein müssen und nur folgendes sagen können: *Das Problem der Schätzung ist wissenschaftstheoretisch unterbestimmt, solange man sich nicht für einen der beiden Gütebegriffe oder für weitere Gütebegriffe entschieden hat.*

Diese Feststellung wird uns, im Verein mit einer analogen Bemerkung am Ende von Abschnitt 9, dazu führen, in 11.c sowohl für den Stützungsbegriff als auch für den Testbegriff eine weitere Relativierung vorzuschlagen: *die ausdrückliche Bezugnahme auf eine Stützungs- bzw. eine Testtheorie.* Dies stellt eine wesentliche Abweichung gegenüber der Methode von HACKING dar.

11. Kritische Betrachtungen zur Likelihood-Stützungs- und -Testtheorie

11.a Ist der Likelihood-Test schlechter als nutzlos? Die Begriffe *Umfang* und *Macht* können zwar, wie bemerkt, auf jeden Test angewendet werden; sie spielen aber in der Likelihood-Testtheorie selbst keine Rolle. Insbesondere wird auf die Relation dieser beiden Größen hier keine Rücksicht genommen. Gerade dies könnte aber den Anlaß für eine Kritik abgeben. Der im Beispiel von 9.e benützte Likelihood-Test hat eine Macht, die kleiner ist als sein Umfang. (Wir erinnern an die Bedeutung dieser Aussage: die Wahrscheinlichkeit, die Hypothese fälschlich (im Wahrheitsfall) zu verwerfen, ist größer als die Wahrscheinlichkeit, sie korrekt (im Falschheitsfall) zu verwerfen). Derartige Tests werden von NEYMAN und PEARSON als *schlechter denn nutzlos* ("worse than useless") bezeichnet.

Das etwas verblüffende Argument zugunsten dieser Behauptung lautet: *Man kann in einem derartigen Fall stets einen geeigneten Zufallsmechanismus angeben, der einen besseren Test liefert.* Im Fall der Hypothese h_0 von 9.e würde der Test folgendermaßen konstruiert werden: Man suche eine Anordnung X auf, bei welcher eine bestimmte Versuchsart mit einer Chance von 1/10 zu dem Resultat a führt (alles weitere ist irrelevant). Die Testregel lautet: „*Verwirf h_0, wenn sich a ereignet!*" Dieser Test hat denselben Umfang wie der Likelihood-Test, aber eine größere Macht; denn Umfang und Macht sind hier beide gleich 1/10, während die Macht bei jenem Test nur 0,09 betrug. Die Wahrscheinlichkeit, h_0 zu verwerfen, ist hier sowohl im Wahrheitsfall als auch im Falschheitsfall gleich 1/10.

Diese Kritik ist vom inhaltlichen Standpunkt gesehen jedoch zirkulär: Sie setzt bereits voraus, daß Umfang und Macht geeignete Kriterien der Hypothesenbeurteilung liefern. Der zweite Test wird ja nur deshalb *besser* genannt, weil er bei gleichem Umfang eine größere Macht besitzt als der erste. Wir haben gesehen, daß diese Auffassung zu einem Vorurteil wird, wenn bereits Resultate vorliegen. Hier zeigt sich wieder die Wichtigkeit der Unterscheidung zwischen: ‚Wetten vor dem Vorliegen eines Befundes‘ und ‚Wetten nach Vorliegen eines Befundes‘. Sollte noch kein Befund vorliegen, so wäre es in der Tat zweckmäßiger, die Entscheidung für oder gegen h_0 vom Ausgang des Versuchs am eben beschriebenen Zufallsmechanismus abhängig zu machen, obwohl dieser paradoxerweise mit der Hypothese in keinerlei Zusammenhang steht. Falls hingegen ein Resultat vorliegt, ist der frühere Likelihood-Test dem jetzigen Zufallstest natürlich vorzuziehen: h_0 ist genau dann zu verwerfen, wenn ein Resultat $k > 0$ herauskommt, und nicht, wenn der neue Mechanismus a liefert. Die Verwerfung auch diesmal vom Zufallsmechanismus abhängig zu machen, wäre vollkommen läppisch.

Daß der frühere Likelihood-Test nutzlos genannt wird, ist ein Symptom für die *Überbewertung der Apriori-Beurteilung von Hypothesen gegenüber der viel wichtigeren Aposteriori-Beurteilung.* Umfang und Macht sind nur für die erste Beurteilungsart adäquate Hilfsmittel, nicht aber für die letztere. Der erste Einwand gegen das Likelihood-Prinzip ist also nicht überzeugend.

(HACKING gibt a. a. O., S. 101 ff., eine systematische Übersicht über die möglichen Fälle von Verwerfungen, je nachdem ob Befunde vorliegen oder nicht, ob die Befunde vollständig oder nur unvollständig ausgewertet werden, ob nur rein theoretische Gesichtspunkte oder darüber hinaus auch ökonomische Gesichtspunkte maßgebend sind.)

11.b Das Karten-Paradoxon von Kerridge. Schwerwiegender scheint der folgende Einwand von D. KERRIDGE zu sein[91]. Gegeben sei ein gut gemischtes gewöhnliches Kartenspiel mit 52 Karten. Der Versuch bestehe darin, eine Karte blind herauszuziehen; die Wahrscheinlichkeit, eine beliebige Karte zu ziehen, beträgt 1/52. Es werden zwei mögliche Situationen unterschieden, in denen zwischen Alternativhypothesen entschieden werden muß. Zwecks besserer Vergleichsmöglichkeit schildern wir zunächst beide Situationen und geben erst im nachhinein den in beiden Fällen gleichen Beobachtungsbefund an.

1. *Fall.* Man erhält vor dem Experiment die Information, daß das Spiel entweder *normal* sei oder daß alle 52 Karten dieselben, nämlich alle *Herzdame* sind. h_0 besagt also: „das Spiel ist normal“; h_A: „alle 52 Karten sind Herzdame-Karten“.

2. *Fall.* Vor Durchführung eines Versuchs erfährt man, daß das Spiel entweder *normal ist* oder *eine von 52 möglichen Fälschungen* darstellt. Jede dieser möglichen Fälschungen soll darin bestehen, daß ein und dieselbe Karte 52-mal vorkommt. Die Nullhypothese ist hier dieselbe; die Alternativhypothese besteht in einer Disjunktion von 52 einfachen Fälschungshypothesen („alle Karten sind *Karo*-Einsen“ etc.).

Man macht nun einen Zug und erhält *Herzdame*. Angenommen nun, die folgende Art von inhaltlicher Überlegung wird als überzeugend angesehen (da diese Überlegung nur zur Kritik benützt wird, sehen wir von jedem Formalisierungsversuch ab): Im ersten Fall ist das gewonnene Datum ein sehr deutliches Indiz dafür, daß man es mit einem *gefälschten Spiel* zu tun hat. Im zweiten Fall hingegen erhält man aus dem Beobachtungsdatum nur das schlüssige Resultat, daß 51 (der insgesamt 53) Möglichkeiten *nicht* in Frage kommen (so daß sich die Klasse der Möglichkeiten auch im zweiten Fall auf zwei der Alternativen reduzieren wird; die 51 ausgeschlossenen Möglichkeiten betreffen nur Fälle von Fälschungen). Dagegen erhält man aus diesem Beobachtungsbefund *keinen Hinweis darauf, ob das Spiel normal oder gefälscht ist.*

Wenn man diese Überlegung akzeptiert, so scheint sie eine Verwerfung der Likelihood-Regel im Gefolge zu haben. Um dies rasch einzusehen, hat man nur folgendes zu bedenken:

(a) Nach Vornahme des Experimentes bleiben in beiden Fällen *nur zwei einfache Hypothesen* übrig;

---

[91] KERRIDGE hat dieses Paradoxon HACKING brieflich mitgeteilt. HACKING referierte darüber in der Fußnote seiner Besprechung eines Buches von I. LEVI in Synthese 17 (1967), S. 448.

(b) diese übrigbleibenden Hypothesen, zwischen denen eine Entscheidung zu treffen ist, sind in beiden Fällen *genau dieselben*;

(c) das *Beobachtungsergebnis* ist ebenfalls in beiden Fällen *genau dasselbe*.

Trotzdem gelangen wir aufgrund des obigen Raisonnements in beiden Fällen zu ganz anderen Ergebnissen. (Es ist zu vermuten, daß jemand, dem man den Sachverhalt nur in abstracto, d. h. durch Schilderung von (a) bis (c) sowie des Resultates, schildert, *den Eindruck eines Paradoxons* gewinnen wird, d. h. so etwas für nicht möglich halten wird.)

Wegen der Übereinstimmung beider Fälle in den drei genannten Punkten (a) bis (c) vermag jedoch eine Likelihood-Betrachtung — jedenfalls eine solche von der in den vorangehenden Abschnitten geschilderten Art — *zwischen diesen beiden Fällen nicht zu differenzieren*. Im ersten Fall führt die Likelihood-Betrachtung zu genau demselben Resultat wie die oben skizzierte inhaltliche Überlegung; denn auch nach der Likelihood-Regel ist h_A wesentlich besser gestützt als h_0 (die Wahrscheinlichkeit, die angegebene Karte bei Richtigkeit von h_A zu ziehen, ist gleich 1; bei Richtigkeit von h_0 ist diese Wahrscheinlichkeit nur 1/52). Leider aber ist diese Situation für die Likelihood-Betrachtung zum Unterschied von der obigen inhaltlichen Überlegung im zweiten Fall genau dieselbe! Es fragt sich daher, wie die Likelihood-Regel modifiziert werden sollte, so daß im zweiten Fall *keine* Auszeichnung der Hypothese „*gefälscht*' gegenüber der Hypothese „*normal*' erfolgt.

Dieses Beispiel zeigt, daß die Wendung „Berücksichtigung von Alternativhypothesen" und damit auch die hier geschilderte statistische Variante der eliminativen Induktionstheorie *zweideutig* ist. Es stellt sich nämlich heraus, daß die Bedeutung eines Experimentes davon abhängen kann, *welche Hypothesen man tatsächlich ins Auge gefaßt hat, bevor man dieses Experiment durchführte.* Dieser Gedanke ist implizit in POPPERs Arbeiten über die Prüfung von Theorien enthalten. Offenbar ist es erforderlich, zwischen zwei Fällen zu unterscheiden, nämlich:

(1) *Berücksichtigung von Alternativhypothesen bei Beurteilung bestimmter Hypothesen, unabhängig davon, was der experimentelle Befund lehrt;*
und:

(2) *Auswertung des experimentellen Befundes in Abhängigkeit von den Hypothesen, die vor Durchführung des Experimentes in Erwägung gezogen worden sind.*

(1) ist bisher berücksichtigt worden; (2) dagegen wurde vernachlässigt. Ist es möglich, die Likelihood-Testtheorie so zu modifizieren bzw. zu verbessern, daß auch der in (2) ausgedrückte und durch das obige Beispiel illustrierte Gedanke hinreichend zur Geltung kommt? Die Antwort auf diese Frage kenne ich noch nicht.

11.c Die logische Struktur des Stützungsbegriffs. Die in den Abschnitten 9 und 10 angestellten Überlegungen sowie das Beispiel in 11.b lassen es als sinnvoll erscheinen, *den Gedanken preiszugeben, daß so etwas wie* *eine ein für alle denkbaren Situationen richtige oder adäquate Stützungs- und Testtheorie existiere.*

Wir beschränken uns darauf, die Konsequenz aufzuzeigen, welche dies für den Stützungsbegriff hat. (Die erforderlichen Modifikationen für den Testbegriff werden angedeutet.) Die Stützungsrelation ist danach wesentlich komplexer als sowohl die Vertreter eines qualitativen Bestätigungsbegriffs (z. B. HEMPEL) als auch die eines quantitativen Bestätigungsbegriffs (z. B. CARNAP) vermuteten. Nach deren Auffassung genügt ein Vergleich zwischen der zur Diskussion stehenden Hypothese H und den relevanten Erfahrungsdaten E. Der qualitative Stützungsbegriff ist danach eine zweistellige *Relation* $S(H, E)$, die inhaltlich gedeutet besagt: „die Hypothese H wird durch die Erfahrungsdaten E (gut) gestützt". Der quantitative Stützungsbegriff ist eine zweistellige *Funktion* $st(H, E) = r$, die so zu interpretieren ist: „H wird durch E im Grad r gestützt" (ob *st* die Struktur einer Wahrscheinlichkeit hat oder nicht, spielt jetzt keine Rolle).

Demgegenüber schlagen wir vor, den Begriff der Stützung als etwas aufzufassen, das durch Einsetzung in ein *fünfstelliges Relationsschema* hervorgeht. Es sei H_0 eine Variable für die zu untersuchende Nullhypothese. $K = \{H_1, \ldots, H_n\}$ sei eine Variable für *die Klasse der zur Diskussion stehenden Alternativhypothesen. $B = \{OH_1, \ldots, OH_k\}$ sei eine Variable für die Klasse der Oberhypothesen, welche die theoretische Voraussetzung* (background knowledge) *darstellen, unter der die Prüfung erfolgt.* Schließlich sei T eine Variable, *welche über die in Frage kommenden Stützungstheorien (Testtheorien) läuft.*

Die fünfstellige Relation laute: $St\ddot{u}(H_0; K; B; T; E)$. Zwecks besserer Verständlichkeit der umgangssprachlichen Fassung numerieren wir die einzelnen Punkte. Dann ist der Ausdruck zu lesen als:

(1) *Die Nullhypothese H_0 ist*

(2) *aufgrund der Erfahrungsdaten E*

(3) *relativ zu den mit ihr rivalisierenden Hypothesen $H_1, \ldots, H_n$ (zusammengefaßt in der Klasse K)*

(4) *unter den Oberhypothesen $OH_1, \ldots, OH_k$* (unter dem background knowledge B)

(5) *durch die Stützungstheorie T*

(6) *die am besten gestützte Hypothese.*

Die Rolle der Erfahrung kommt in (2) zur Geltung. In dieser Hinsicht steht die Relation mit dem Grundgedanken des Empirismus im Einklang, wonach *empirische Befunde* über den Grad der Stützung entscheiden.

(3) enthält ein Zugeständnis an das *Prinzip des Hypothesenvergleichs*. Es ist das Analogon zu den Grundgedanken der eliminativen Induktion. Da wir diesen Ausdruck vermeiden, würden wir im Testfall von *eliminativem Verfahren* sprechen, weil H_0 die nach Verwerfung von $H_1, \ldots, H_n$ zu wählende Hypothese wäre.

In (4) wird ein Grundgedanke der Popperschen Auffassung festgehalten, wonach bei der Prüfung einer Hypothese *immer schon ein theoretischer Rahmen verfügbar* sein muß. In diesem Punkt kommt zugleich ein wichtiger Aspekt des statistischen Datums zur Geltung.

(5) enthält die geschilderte Konsequenz: *die ausdrückliche Relativierung auf eine Theorie der Stützung.*

(6) drückt schließlich aus, daß es sich um einen *komparativen Begriff* handelt.

Der Übergang von der Stützung zum Test erfordert zwei Modifikationen: in (5) ist „Stützungstheorie" durch „Testtheorie" zu ersetzen; in (6) ist „die am besten gestützte" durch „zu akzeptierende" zu ersetzen.

Zum Abschluß stellen wir noch die Frage, an welcher Stelle *der pragmatische Gesichtspunkt* zur Geltung gelangt. Dazu ist zunächst zu sagen, daß es *den* pragmatischen Gesichtspunkt nicht gibt. Wir können nur ganz allgemein von Abhängigkeiten von konkreten Wissenssituationen sprechen. Und solche gibt es nicht weniger als vier. Von der Situation hängt es ab,

(a) was *als Erfahrungsdatum anerkannt* ist;

(b) *welche Alternativhypothesen* als potentielle Konkurrenten unserer Nullhypothese *in Erwägung gezogen* werden;

(c) *welches* in diesem Kontext nicht bezweifelte, sondern als gültig unterstellte *background knowledge (System von Oberhypothesen)* in das statistische Datum einbezogen wird;

(d) *was für eine Stützungstheorie (Testtheorie) der Beurteilung zugrundegelegt wird.*

Die Ersetzung einer zweistelligen Stützungsrelation durch eine fünfstellige bedeutet somit zugleich die Berücksichtigung eines vierfachen pragmatischen Aspektes statt eines höchstens einfachen.

Ob es möglich sein wird, die *Situationstypen* genau zu charakterisieren, in denen *bestimmte* Stützungs- bzw. Testtheorien als adäquat anzusehen sind — so daß die Einsetzung für die vierte Variable durch genau angebbare situationsabhängige Kriterien zu erfolgen hat — oder ob sich vielleicht sogar die Hoffnung realisieren lassen wird, die Variable „T" durch die Beschreibung einer ‚ein für allemal optimalen' Stützungs- oder Testtheorie zu ersetzen, dieses offene Problem zu lösen, wird Aufgabe einer künftigen *systematischen Pragmatik* der einzelwissenschaftlichen Erkenntnis sein.

12. Subjektivismus oder Objektivismus?

12.a Die subjektivistische (personalistische) Kritik: de Finetti und Savage kontra Objektivismus. DE FINETTI und an ihn anknüpfende Denker, vor allem SAVAGE, versuchten einen ganz anderen Zugang zu den Problemen des statistischen Schließens. Wir sprechen innerhalb dieses

Unterabschnittes von der *subjektivistischen* Richtung, da sich im Kontext der jetzt zu diskutierenden Auseinandersetzung diese Bezeichnung eingebürgert hat. (Aus den von Carnap angegebenen Gründen wäre die Verwendung des auf Savage zurückgehenden Ausdruckes „Personalismus" angemessener.)

In einem ersten Schritt (**I**) sollen die radikal ablehnende Haltung der Subjektivisten gegenüber allen anderen Deutungen, einschließlich der hier vorgeschlagenen, charakterisiert und die Motive für diese Haltung geschildert werden. In einem zweiten Schritt (**II**) soll gezeigt werden, daß die übliche Charakterisierung des Unterschiedes zwischen Subjektivismus und Objektivismus irreführend ist, da tatsächlich ein ganz anderer Gegensatz vorliegt. In einem dritten Schritt (**III**) soll de Finettis Alternativprojekt so weit geschildert werden, als es für ein Verständnis der gegenwärtigen Diskussion erforderlich ist. In einem vierten Schritt (**IV**) sollen einige kritische Anmerkungen zum Subjektivismus gemacht werden.

(**I**) de Finettis Radikalismus kann in wenigen Worten vielleicht am besten durch eine Analogie verdeutlicht werden, nämlich durch die Analogie zu Quines Ablehnung intensionaler Begriffe. Quine behauptet bekanntlich, daß Ausdrücke wie „analytisch", „kontradiktorisch", „synonym" etc. keine größere Klarheit besitzen als die meisten theologischen Begriffe. de Finetti vertritt in der Wahrscheinlichkeitstheorie eine ähnliche Auffassung: Das Sprechen von *Versuchsanordnungen*, Versuchen vom *selben Typ*, *Unabhängigkeit von Ereignissen*, *Zufallsfolgen* und vor allem von *objektiven Wahrscheinlichkeiten* ist für ihn nicht mehr als ein nebuloses Geschwätz. Es gibt nur eine wahre Wahrscheinlichkeit: *den Grad, in dem eine Person an etwas glaubt*; oder, wie es de Finetti gelegentlich ausdrückt: *den Grad, in dem eine Person an etwas zweifelt*. Diese subjektive Deutung ist nach ihm die einzig sinnvolle Interpretation des Wahrscheinlichkeitsbegriffs. Der Glaube an eine mit physikalischen Systemen verknüpfte objektive Wahrscheinlichkeit ist nichts weiter als ein Spezialfall eines metaphysischen Irrglaubens, der auf einer unberechtigten Ontologisierung und Hypostasierung subjektiver Überzeugungsgrade bzw. Zweifelsgrade beruht.

Da in früheren Abschnitten verschiedene der von den Subjektivisten verworfenen Begriffe, z. B. der Begriff der Zufälligkeit, auf den der Chance zurückgeführt worden sind, *trifft diese Ablehnung vor allem den objektiven Wahrscheinlichkeitsbegriff*, d. h. *den Begriff der Chance*. Doch bleiben auch weitere Begriffe von scharfer Ablehnung nicht verschont. Dies ist für uns deshalb von Wichtigkeit, weil einige dieser weiteren Begriffe in die Explikation des Begriffs der Chance mit Eingang finden. Dazu gehört insbesondere der Begriff des *gleichen* Versuchs oder des Versuchs *von derselben Art* (z. B. Wurf mit dieser Münze). de Finetti fragt: Was heißt hier „gleich"? Interpretiert man diesen Ausdruck im Sinn von „identisch", so ergibt sich ein

Unsinn; interpretiert man ihn anders, so entsteht etwas so Vages, daß man darunter alles oder nichts verstehen kann[92].

Zwei Motive dürften DE FINETTI hauptsächlich zu seiner Ablehnung der objektivistischen Auffassung bewogen haben. Das erste Motiv ist die Forderung nach *Entscheidbarkeit* von Wahrscheinlichkeitsaussagen, die von statistischen Hypothesen im objektivistischen Sinn nicht erfüllt wird. Dieses Motiv erinnert stark an den radikalen Verifikationspositivismus innerhalb des Empirismusstreites und dürfte daher mit der Überwindung dieses Standpunktes innerhalb der Wahrscheinlichkeitstheorie ebenfalls nicht mehr allzu ernst genommen werden. Es ist auch gegenwärtig in den Hintergrund getreten. Um so größeres Gewicht ist auf das zweite Motiv zu legen: die Entdeckung eines Fehlers in der v. Mises-Reichenbachschen Analyse des statistischen Wahrscheinlichkeitsbegriffs. Davon war bereits an früherer Stelle die Rede (vgl. 1.b). Wenn f eine Folge von Resultaten bei Versuchen einer bestimmten Art ist und $H_n^E(f)$ die relative Häufigkeit der Ereignisse E in den ersten n Gliedern dieser Folge darstellt, so definiert z. B. REICHENBACH die statistische Wahrscheinlichkeit von E durch: $W(E) = \lim_{n \to \infty} H_n^E(f)$. Diese

Definition beruht, wie wir gesehen haben, auf einer *Verwechslung von praktischer Sicherheit mit logischer Notwendigkeit*: Angenommen, die Wahrscheinlichkeit, mit diesem Würfel eine 6 zu werfen, beträgt 1/6. Falls diese Wahrscheinlichkeit — wie dies soeben geschehen ist — als Grenzwert der relativen Häufigkeit von Sechserwürfen einer unendlichen Wurffolge interpretiert wird, so ist es *logisch unmöglich*, daß eine unendliche Folge von Würfen mit diesem Würfel nur Resultate 2 (oder nur 1 und 2 oder nur 1 und 2 und 3 oder irgendeine andere Folge von Augenzahlen, unter denen die 6 nicht vorkommt) liefert. Tatsächlich können wir aber unter der angegebenen Voraussetzung nur *praktisch sicher* sein, daß so etwas nicht vorkommt.

Will man diesen Gedanken präzisieren, so muß in der obigen Formel die strikte Konvergenz durch die *wahrscheinlichkeitstheoretische Konvergenz* ersetzt werden.

Dies sieht genauer so aus: Es wird nicht mehr behauptet, daß es für jede Folge f einen Wert $g^E(f)$ gibt, so daß die obige Gleichung (mit „$g^E(f)$" für „$W(E)$") gilt, sondern nur, daß diese Konvergenz *für fast jede Folge f* gilt, wobei das „fast jede" auf ein Wahrscheinlichkeitsmaß w zu relativieren ist. In formaler Sprechweise: $w(\{f \mid \lim_{n \to \infty} H_n^E(f) = g^E(f)\}) = 1$ (d. h. für eine beliebige Folge f konvergiert die relative Häufigkeit der E's in f *mit Wahrscheinlichkeit* 1 gegen den Grenzwert $g^E(f)$).

Inhaltlich gesprochen bedeutet dies nichts anderes *als daß die Vergröberung des (starken) Gesetzes der großen Zahl, welche die Limestheoretiker ihrer Explikation des Begriffs der statistischen Wahrscheinlichkeit zugrunde legen* — und welche in der Ersetzung der wahrscheinlichkeitstheoretischen Konvergenz

---

[92] Vgl. [Initial Probabilities], S. 11.

durch die gewöhnliche Konvergenz besteht — *wieder rückgängig gemacht wird.* Absichtlich haben wir diesmal ein kleines „*w*" für „Wahrscheinlichkeit" geschrieben. Denn würden wir „W" schreiben und darunter die statistische Wahrscheinlichkeit verstehen, so würden wir entweder in einen Definitionszirkel oder in einen unendlichen Regreß hineingeraten, je nachdem, ob wir $g^E(f)$ mit dieser Wahrscheinlichkeit identifizieren oder unter W eine Wahrscheinlichkeit höherer Ordnung verstehen wollen.

Der Einwand, daß es überall dort, wo v. MISES und REICHENBACH den Ausdruck „konvergiert" gebrauchen, statt dessen heißen muß: „konvergiert fast überall", ist für diese Variante der objektivistischen Theorie tödlich. Ist sie für *jede* Variante der objektivistischen Theorie tödlich? Dies hängt, wie in (**II**) zu zeigen sein wird, davon ab, wie man den Ausdruck „objektive Wahrscheinlichkeit" interpretiert.

Für die subjektivistische Theorie entsteht mit der Einführung von $g^E(f)$ hingegen keinerlei Schwierigkeit. Es wird darin ja nicht behauptet, daß dieser probabilistische Grenzwert als Wahrscheinlichkeit zu interpretieren sei! Vielmehr wird dieser Grenzwert *mittels des bereits anderweitig zur Verfügung stehenden subjektiven Wahrscheinlichkeitsbegriffs w* eingeführt. Wir werden auf die Größe $g^E(f)$ in (**III**) nochmals zurückkommen. Ihre Bedeutung liegt darin, daß sie in gewissem Sinn *das fiktive subjektivistische Analogon zum Begriff der objektiven statistischen Wahrscheinlichkeit* darstellt. Von einem *Analogon* sprechen wir deshalb, weil dieser Begriff dazu dient, in der Sprache der subjektivistischen Theorie Aussagen über objektive statistische Wahrscheinlichkeiten zu rekonstruieren. Wir nennen das Analogon *fiktiv*, weil es sich ja um keine Wahrscheinlichkeit handelt, sondern nur um etwas, mit dem man so operieren kann, ‚als ob‘ es eine Wahrscheinlichkeit sei, und das im übrigen ganz mit Hilfe von Begriffen der subjektivistischen Theorie definiert ist.

Wer an den technischen Einzelheiten im Aufbau der Wahrscheinlichkeitstheorie nicht interessiert ist, kann leicht den Verdacht hegen, der Unterschied zwischen objektiver und subjektiver Theorie reduziere sich auf Unterschiede in mathematischen Einzelheiten. Daß dies eine irrige Annahme wäre, sei an einem konkreten Problem erläutert: *den unbekannten Wahrscheinlichkeiten.* Für den Objektivisten ist das Vorliegen unbekannter Wahrscheinlichkeiten der Normalfall, welcher überhaupt erst zur ganzen Problematik des statistischen Schließens führt: Da wir die Wahrscheinlichkeiten (gewöhnlich oder zumindest häufig) nicht kennen, müssen wir Hypothesen über sie formulieren und diese Hypothesen zu stützen und zu prüfen versuchen. Für den Subjektivisten ist diese Voraussetzung unhaltbar: Da eine Wahrscheinlichkeitsaussage stets eine Aussage darüber darstellt, in welchem Grad eine Person P an etwas glaubt, *kann es keine unbekannten Wahrscheinlichkeiten geben.* Die Unbekanntheit könnte höchstens besagen, daß der Person P der Glaubensgrad nicht voll bewußt ist. Aber dies bildet kein Hindernis, davon zu reden. Denn falls P eine rationale Person ist, kann der Subjektivist sofort ein Verfahren angeben — welches im Angebot verschiedener Wetten besteht —, um diesen Grad bewußt zu machen. Unbekannte objektive Wahrscheinlichkeiten hingegen sind für ihn metaphysischer Nonsens.

(**II**) Wir müssen jetzt die gegensätzlichen Auffassungen etwas systematischer unter die Lupe nehmen. Die übliche Gegenüberstellung „objektive Interpretation der (statistischen) Wahrscheinlichkeit — subjektive Interpretation der Wahrscheinlichkeit" ist nämlich nur solange berechtigt, *als man an der reduktionistischen These festhält*. Unter der reduktionistischen These verstehen wir dabei im gegenwärtigen Zusammenhang die Forderung, *den Begriff der statistischen Wahrscheinlichkeit mit Hilfe von bereits verständlichen Begriffen zu definieren*. Um eine Kurzformel zur Verfügung zu haben, sprechen wir vom *probabilistischen Reduktionismus*. Sofern wir annehmen, daß alles Verständliche in der sog. Beobachtungsprache formulierbar ist, handelt es sich um die Auffassung, daß die statistische Wahrscheinlichkeit auf beobachtbare Größen definitorisch zurückführbar sein müsse.

Wir haben gesehen, daß unter dieser Voraussetzung das Recht auf der Seite der Subjektivisten steht. Da jedoch die Voraussetzung wesentlich ist, können wir vorläufig nicht mehr behaupten als die Gültigkeit einer Konditionalaussage: *Wenn der probabilistische Reduktionismus gilt, dann sind die Subjektivisten im Recht.*

Aber gilt dieser Reduktionismus überhaupt? Die gesamte vorliegende Analyse ging von der Voraussetzung aus, daß er *nicht* gilt, sondern daß *Chance* kein beobachtungsmäßig definierbarer, sondern nur ein partiell deutbarer theoretischer Begriff sei. Damit aber verschiebt sich die ganze Problemlage. Das, worum es geht, ist nicht mehr der Gegensatz zwischen Objektivismus und Subjektivismus, sondern der Gegensatz zwischen *Reduktionisten* und *Anti-Reduktionisten*. Der Subjektivist bleibt erst dann Sieger, wenn auch bei diesem Gegensatz das Pendel zugunsten der ersten Alternative ausschlägt.

Die Zeiten des allgemeinen Glaubens an reduktionistische Programme sind heute vorbei. Insbesondere hat sich in der Grundlagendiskussion der Realwissenschaften immer mehr die Auffassung durchgesetzt, daß in all diesen Disziplinen *theoretische Begriffe* eine zentrale Rolle spielen. Die Gründe, welche für die Einführung solcher Begriffe sprechen, sollen hier nicht wiederholt werden. Statt dessen soll umgekehrt vor einer vorschnellen Analogie gewarnt werden: Damit, daß sich die meisten dispositionellen und quantitativen Begriffe als theoretische Begriffe erwiesen haben, ist noch nicht gezeigt, daß auch *Chance* als eine dispositionelle theoretische Größe aufgefaßt werden müsse. Daraus, daß der Reduktionismus manchmal oder oft nicht funktioniert, darf man nicht den übereilten Schluß ziehen, daß er niemals funktioniert. Eine gesonderte Prüfung im Einzelfall bleibt unerläßlich. Dies um so mehr, als reduktionistische Programme *aller* Spiel-arten etwas Faszinierendes und prima facie Überzeugendes an sich haben: der *Nominalist* fordert die Übersetzung suspekter platonistischer Kontexte in harmlose nichtplatonistische; der *Verifikationspositivist* fordert die Eli-mination aller prinzipiell nicht verifizierbaren Hypothesen; für den radi-kalen *Empiristen* müssen die Aussagen des Theoretikers auf die des Beob-achters zurückgeführt werden; der *Phänomenalist* anerkennt nur solche Ding-Aussagen, die als stenografische Abkürzungen von Sätzen über Phänomenales deutbar sind. In diese Liste — die sich leicht verlängern ließe, z. B. um den *Extensionalismus*, den mathematischen *Konstruktivismus* — fügt sich zwanglos der probabilistische Reduktionismus der Personalisten ein: Alle Wahrscheinlichkeitsaussagen (und was sonst noch damit zusam-menhängt) sind letztlich zurückführbar auf subjektive Wahrscheinlich-keitsurteile.

In einer entscheidenden Hinsicht allerdings ist der Personalist in einer wesentlich besseren Position als die reduktionistischen Kollegen anderer Fakultäten: *in der Frage der Beweislast.* Dazu muß man sich zunächst an den (trivialen) Sachverhalt erinnern, daß nur partiell deutbare Begriffe keinen Selbstzweck darstellen, der mit Freude zu begrüßen wäre, sondern eher für ein unvermeidbar hinzunehmendes Übel gehalten werden: Wo man mit dem voll Verständlichen nicht auskommt, muß man sich mit dem nur par-tiell Verständlichen begnügen. Dazu aber muß für jede Kategorie von Termen, die als theoretische Terme gedeutet werden, zunächst gezeigt worden sein, daß diese Terme *nicht* als voll verständliche Begriffe in die Wissenschaftssprache eingeführt werden können. Daß diese Voraussetzung stimmt, wird vom probabilistischen Reduktionisten bestritten, da er über eine Theorie zu verfügen meint, in welcher der Wahrscheinlichkeitsbegriff nicht als eine nur partiell deutbare Größe eingeführt zu werden braucht. Um diesen Standpunkt kritisch beurteilen zu können, muß man die zu-grundeliegende Theorie zunächst zur Kenntnis nehmen[93].

(**III**) Es gibt verschiedene Möglichkeiten, die ersten Explikationsschritte der subjektivistischen Theorie zu tun. Den Ausgangspunkt bildet in allen Fällen die vorwissenschaftliche Verwendung von Wahrscheinlichkeitsaus-sagen, und zwar in *komparativen Vergleichsfeststellungen*[94] von der Art: „Es ist (für mich) mindestens ebenso wahrscheinlich, daß es morgen regnen wird, als daß das Wetter schön bleiben wird". Um diese Wendung zu prä-

---

[93] Vgl. für das Folgende auch B. DE FINETTI, [Foresight], [Initial Probabili-ties]; F. v. KUTSCHERA, [Subjektiver Wahrscheinlichkeitsbegriff]; J. HACKING, [Statistical Inference], Kap. 13. Zwei wichtige Aspekte der subjektivistischen Theorie werden im Anhang II eingehend erörtert.

[94] Für eine präzise formale Charakterisierung des komparativen Wahrschein-lichkeitsbegriff sowie eine genaue Formulierung des zugehörigen Metrisierungs-problems vgl. Anhang III, insbes. 2. a.

zisieren und den Übergang zu einer Metrisierung des zunächst rein komparativen Wahrscheinlichkeitsbegriffs zu ermöglichen, wird von einem neuen Grundgedanken Gebrauch gemacht, der sich kurz so beschreiben läßt: Der Wahrscheinlichkeitsgrad, den eine Person einem bestimmten Ereignis beimißt, läßt sich dadurch ermitteln, *daß man die Bedingungen untersucht, unter denen die Person bereit wäre, auf dieses Ereignis zu wetten.*

Es sei P eine Person; b sei ein Geldbetrag oder sonstiger Vermögenswert, der für P von Nutzen ist. P wird vor die folgende (ausschließende!) Alternative gestellt: „Du mußt entweder auf das Ereignis E_1 wetten und erhältst b, falls E_1 eintrifft; dagegen nichts, wenn es nicht eintrifft. Oder du mußt auf das Ereignis E_2 wetten und erhältst b, wenn E_2 eintrifft; dagegen nichts, wenn E_2 nicht eintrifft". Wenn P auf E_1 wettet[95], so wird dies als Kriterium dafür genommen, daß E_1 für P *wahrscheinlicher* ist *denn E_2.*

Diese ‚Übersetzung‘ in die Sprache des Wettverhaltens ist notwendig, um in einem ersten Schritt einige einleuchtende Axiome für den komparativen Wahrscheinlichkeitsbegriff zu formulieren und in einem zweiten Schritt diesen komparativen Begriff zu metrisieren. Auf eine Kurzformel gebracht, lautet DE FINETTIs Gedanke: Subjektive Wahrscheinlichkeit oder subjektiver Glaubensgrad (einer Person X an ein Ereignis E) ist *operational zu definieren* als maximaler Wettquotient (zu dem X auf E zu wetten bereit wäre). Wie erstmals DE FINETTI gezeigt hat, muß diese Metrisierung die Kolmogoroff-Axiome (mit Ausnahme der σ-Additivität) erfüllen, d. h. die subjektive Wahrscheinlichkeit erweist sich als ein normiertes Maß über einem Ereigniskörper.

Es sei auch zu diesem quantitativen Fall für diejenigen Leser, die Teil II (noch) nicht kennen, eine inhaltliche Erläuterung gegeben: Angenommen, unsere Person P bewertet die folgenden, ihr angebotenen Alternativen als gleich gut (d. h. sie ist bereit, die eine für die andere auszutauschen): entweder jetzt gleich 1,— DM zu bekommen (ohne daß irgendeine weitere Bedingung erfüllt sein müßte) oder 10,— DM unter der Voraussetzung zu erhalten, daß morgen schönes Wetter sein wird. Dann wird der Grad, mit dem P an morgiges schönes Wetter glaubt, gleich 1/10 gesetzt. Allgemein: S sei ein Geldbetrag. Wenn P bereit ist, den Besitz des Betrages $w \cdot S$ auszutauschen gegen den Besitz von S *unter der Voraussetzung, daß E vorkommt,* so ist w der Grad der Wahrscheinlichkeit des Ereignisses E für die Person P.

Etwas anders war das Vorgehen von F. P. RAMSEY. Sein Grundbegriff war der des rationalen Verhaltens bei einer Wahl zwischen verschiedenen einander ausschließenden Möglichkeiten. Er versuchte, Postulate für dieses rationale Wahlverhalten aufzustellen und dadurch sowohl den Begriff der subjektiven Nützlichkeit als auch den des rationalen Wettquo-

---

[95] Der Ausdruck „Wette" wird in dem hier beschriebenen allgemeinen Sinn des Wählens verwendet, nicht in dem engeren Sinn, der in den Teilen I und II verwendet worden ist und bei der noch zu beschreibenden dritten Methode zur Sprache kommt.

tienten auf den des rationalen Wahlverhaltens zurückzuführen. Die Kolmogoroff-Axiome für die Wahrscheinlichkeit lassen sich auf diese Weise ebenso begründen wie die sog. Nützlichkeitsaxiome. Eine moderne und originelle Variante dieser Theorie, für welche auch die technischen Einzelheiten ausgearbeitet wurden, haben wir in Teil I in Gestalt der Entscheidungslogik von R. JEFFREY kennengelernt.

Gewisse Grundideen DE FINETTIs sowie RAMSEYs wurden von den drei Logikern J. G. KEMENY, A. SHIMONY und R. S. LEHMANN im Detail durchgeführt. Es wird hier nicht mit einzelnen Wetten, sondern mit ganzen *Systemen von* Wetten gearbeitet und ein neues Rationalitätskriterium, genannt *Kohärenz*, eingeführt. Wenn man zugibt, daß es unvernünftig ist, ein System von Wetten zu akzeptieren, die, was immer sich tatsächlich ereignen mag, mit Sicherheit zu einem Gesamtverlust führen, dann muß man, wie ebenfalls bereits DE FINETTI erkannt hatte, außerdem zugeben, daß die Kolmogoroff-Axiome gelten, sofern man Wahrscheinlichkeit als rationalen Wettquotienten deutet. (Die präzise Darstellung des Beweisganges für das System CARNAP II findet sich in Teil II.)

Läge nichts weiter vor als das bisher Geschilderte, so wäre die subjektivistische Theorie vermutlich weitgehend unbeachtet geblieben. Die Kritik an der Limesdefinition wäre zwar hingenommen worden; doch hätten sich die Statistiker vermutlich auf das zurückgezogen, was ich an anderer Stelle die Vagheitsinterpretation der statistischen Wahrscheinlichkeit nannte (vgl. auch [Erklärung und Begründung], S. 644). Und was die eben erwähnten subjektivistischen Begründungsversuche der Kolmogoroff-Axiome betrifft, so würden die meisten Wahrscheinlichkeitstheoretiker dies als eine nicht sehr aufregende interne philosophische Spintisiererei betrachten, da sich unter ihnen ja ohnehin kaum einer befindet, der an der Gültigkeit dieser Axiome zweifelt[96].

Daß DE FINETTIs Gedanken unter den Grundlagenforschern und Statistikern starken Anklang gefunden haben, beruht auf einem weiteren wichtigen Resultat. Es gelang ihm, ein Theorem zu beweisen, welches zu drei wichtigen Erkenntnissen führte: erstens daß das Sprechen von objektiven Wahrscheinlichkeiten im Rahmen der subjektivistischen Theorie in exakter Weise *als eine harmlose façon de parler* rekonstruiert werden kann; zweitens daß diese Theorie den Gedanken des *Lernens aus der Erfahrung* in vernünftiger Weise zu präzisieren gestattet; und drittens daß zusammen mit dieser Präzisierung zugleich der Gedanke der *rationalen intersubjektiven Übereinkunft aufgrund gemeinsamer Erfahrungen* in befriedigender Weise zur Geltung gelangt. Wir begnügen uns mit einer kurzen intuitiven Skizze, die für das Verständnis ausreichend sein dürfte. Um nicht in Punkten, die in diesem

---

[96] Im quantenmechanischen Fall bestehen hingegen echte Zweifelsgründe; vgl. dazu Abschnitt 12.b, ferner Anhang III, 2.b sowie den Anhang von Bd. II, *Theorie und Erfahrung*.

Zusammenhang unwesentlich sind, zu weit abschweifen zu müssen, verwenden wir einige früher eingeführte Begriffe. (Eine wesentlich genauere Schilderung findet der Leser in Anhang II).

Gegeben sei eine experimentelle Anordnung X und Versuche vom Typ T an X. (Wegen der Relativität der einzuführenden Begriffe auf Personen ist es nicht erforderlich vorauszusetzen, daß diese Versuche, wie z. B. Würfe mit einer Münze oder mit einem Würfel, in irgendeinem objektiven Sinn als Versuche desselben Typs charakterisierbar sind. Vielmehr genügt die Annahme, daß der fragliche Personenkreis die Versuche für Versuche desselben Typs *hält*.) Eine Unabhängigkeitsannahme wird nicht gemacht und kann auch nicht gemacht werden, da ja, wie wir wissen, der Begriff der Unabhängigkeit ebenfalls zu den von den Subjektivisten verabscheuten Begriffen gehört. An die Stelle dieses Begriffs tritt bei DE FINETTI, gewissermaßen als subjektivistisches Analogon, der wichtige Begriff der Vertauschbarkeit von Ereignissen. Wir übernehmen dazu die bereits oben eingeführte Symbolik: f sei eine Folge von Ereignissen, die durch Realisierung von Versuchen vom Typ T an X zustandekommt. Die Glieder dieser Folge $E_1, E_2, \ldots E_n, \ldots$ heißen *vertauschbar*, wenn die Wahrscheinlichkeiten aller Konjunktionen von je r Gliedern dieser Folge (r beliebig) gleich sind. Eine Person wird diese Vertauschbarkeit insbesondere dann annehmen, wenn sie die Ereignisse ‚für unabhängig hält‘.

Wir gehen davon aus, daß für jede Person P_i eine subjektive Apriori-Wahrscheinlichkeit (Ausgangswahrscheinlichkeit) $w_i^{(0)}$ gegeben sei. In formaler Sprechweise handelt es sich um ein Wahrscheinlichkeitsmaß, das für den Ereigniskörper über dem Stichprobenraum, bestehend aus den möglichen Resultaten von Versuchen des Typs T an X, erklärt ist. Daß es sich um *subjektive* Wahrscheinlichkeitsmaße handelt, soll heißen: Die Größen $w_i^{(0)}$ können als Wettquotienten bei rationalem (lies: kohärentem) Wettverhalten interpretiert werden. Es wird nicht vorausgesetzt, daß diese Größen gleich oder auch nur einander ähnlich sind: Die subjektiven Ausgangswahrscheinlichkeiten können von Person zu Person vollkommen differieren.

Die Größen $w_i^{(0)}$ liegen fest, *bevor* mit Durchführungen von Versuchen begonnen wurde. Jetzt nehmen wir an, daß die Versuchsfolge beginnt. Es kommt dann zu drei verschiedenen Arten von Konvergenzen, die scharf auseinanderzuhalten sind.

Wir greifen eine bestimmte Person P_i heraus und betrachten die relativen Häufigkeiten $H_n^E(f)$ des Vorkommens von Ereignissen der Art E in der Folge f bei den ersten n Durchführungen des Versuchs. (Diese relativen Häufigkeiten sind natürlich auch für DE FINETTI *objektive Größen, über die es aufgrund empirischer Untersuchungen zu intersubjektiver Übereinstimmung kommt*.) P_i sei rational, d. h. halte stets an der Kohärenzforderung fest, und setze weiter die Vertauschbarkeit der Glieder von f voraus. Dann gilt, wie DE FINETTI beweisen konnte, das *starke Gesetz* und damit auch das *schwache*

Gesetz der großen Zahlen (vgl. Teil 0, Formel (70) und (71)), d. h. es gelten
die beiden Aussagen:

$$w_i \left(\{ f \mid \wedge \varepsilon \left[\varepsilon > 0 \to \vee N \wedge n \left(n > N \to \mid H_n^E(f) - g_i^E(f) \mid \; \leqq \varepsilon \right) \right] \} \right) = 1$$

oder kürzer:

$$(a) \quad w_i \left(\{ f \mid \lim_{n \to \infty} H_n^E = g_i^E(f) \} \right) = 1$$

und:

$$(b) \quad \text{für alle } \varepsilon > 0 \text{ ist}$$

$$\lim_{n \to \infty} w_i \left(\{ f \mid \mid H_n^E(f) - g_i^E(f) \mid \; < \varepsilon \} \right) = 1$$

bzw. in ausführlicherer Symbolik:

$$\wedge \varepsilon \wedge \eta \left[\varepsilon > 0 \wedge \eta > 0 \to \vee N \wedge n \left(n > N \to w_i \left(\{ f \mid \mid H_n^E(f) \right. \right. \right.$$

$$\left. \left. \left. - g_i^E(f) \mid \; \geqq \varepsilon \} \right) < \eta \right) \right].$$

(a) besagt, daß die Folge der relativen Häufigkeiten $H_n^E(f)$ *mit Wahrscheinlichkeit 1* (oder: w_i-*fast sicher*) *gegen einen Grenzwert* g_i^E konvergiert; (b) besagt, daß diese Folge *nach Wahrscheinlichkeit gegen diesen Grenzwert konvergiert*, d. h. die Wahrscheinlichkeit, daß bei Wahl eines hinreichend großen n die relative Häufigkeit höchstens um den beliebig klein gewählten Betrag ε nach oben oder nach unten von dem Grenzwert abweicht, liegt beliebig nahe bei 1.

Es ist wichtig zu beachten, daß der für den Subjektivisten problematische Begriff der *Unabhängigkeit* in die Voraussetzungen für die Beweise der Gesetze der großen Zahlen *nicht* eingeht. Was vorausgesetzt werden muß, ist nur die *Vertauschbarkeit*. Der Vertauschbarkeitsbegriff ist auf der einen Seite auch für den Subjektivisten unproblematisch, da die in seiner Definition benützte Gleichheit von Wahrscheinlichkeiten als Gleichheit von (maximalen) Wettquotienten interpretierbar ist. Andererseits enthält er gegenüber dem Unabhängigkeitsbegriff dasjenige größere Maß an Allgemeinheit, welches das noch zu schildernde (und in Anhang II genauer analysierte) *Lernen aus der Erfahrung* ermöglicht.

„w_i" bezeichnet hier die auf unsere Person P_i bezogene *subjektive* Wahrscheinlichkeit. (Der Grund dafür, daß hier auf einen oberen Index verzichtet wird, kommt weiter unten zur Sprache.) Die Größe $g_i^E(f)$ nennen wir *Quasi-Chance*. Dadurch soll ausgedrückt werden, daß man im Kontext subjektiver Wahrscheinlichkeitsaussagen mit dieser Größe wie mit einer objektiven Wahrscheinlichkeit rechnet.

Die Bedeutung des Begriffs der Quasi-Chance $g_i^E(f)$ könnte man psychologisch durch Vergleich mit der Auffassung CARNAPs verdeutlichen. CARNAP unterscheidet bekanntlich zwischen induktiver Wahrscheinlichkeit und Häufigkeit auf lange Sicht als zwei verschiedenen möglichen Explikanda für „Wahrscheinlichkeit". In bezug auf den ersten Begriff besteht prinzipiell Übereinstimmung zwischen ihm und den Subjektivisten. In bezug auf den zweiten Begriff aber *scheint* ein fundamentaler Gegensatz zu bestehen: Für CARNAP gibt es ja zwei verschiedene Wahrscheinlichkeiten (induktive und statistische), während für DE FINETTI nur eine ‚wahre' Wahrscheinlichkeit, eben die subjektive, besteht. Aber der Schein kann trügen. Vermutlich würde DE FINETTI eine Differenzierung vornehmen und sagen: Entweder CARNAP erwähnt in den Kontexten, wo er von Häufigkeit auf lange Sicht spricht, nicht nur ein mehr oder weniger vages Explikandum, sondern hat auch das Explikat von REICHENBACH bzw. v. MISES im Auge. Dann ist seine Annahme falsch (wegen der Fehlerhaftigkeit jener Explikation). Oder er will tatsächlich *nur* von einem solchen Explikandum sprechen. Dann kann man Größen von der Art der Größe $g_i^E(f)$ als präzises Explikat zugrundelegen. Dies weist zugleich auf ein wissenschaftstheoretisch interessantes Phänomen hin: Wenn zwei Explikanda vorgegeben werden, die prima facie vollkommen verschieden sind, so kann es sich später erweisen, daß beide mittels ein und desselben Grundbegriffs zu explizieren sind.

Auch CARNAPs Vorwurf, daß die Nichtunterscheidung zwischen den beiden Wahrscheinlichkeitsbegriffen zu einer Verwechslung von Wahrscheinlichkeit und *Schätzung* der Wahrscheinlichkeit führt (bzw. auch umgekehrt: auf dieser Verwechslung beruhen kann), trifft DE FINETTI nicht. Denn während man stets voraussetzen darf, daß die Größe w_i der Person P_i bekannt ist, gilt dies für den probabilistischen Grenzwert $g_i^E(f)$ nicht. Es ist daher durchaus sinnvoll, daß die Person P_i über diese Größe Annahmen macht, also sie z. B. schätzt.

Die bisherige Analyse bliebe noch immer einem fundamentalen Einwand ausgesetzt: Wie der Index „i" andeutet, bleibt auch die Größe $g_i^E(f)$ noch auf eine Person relativiert. Ein Verfechter des objektiven Wahrscheinlichkeitsbegriffs könnte daher die boshafte Bemerkung anbringen, daß es sich bei dieser Größe nicht um ein subjektivistisches Analogon zur Chance, sondern um nichts weiter als eine *subjektive fixe Idee* oder ein *subjektives Vorurteil* handle.

Um diesen Einwand entkräften zu können, müssen zwei weitere, und zwar diesmal echte, Konvergenzen herangezogen werden. Jedenfalls würde es nicht genügen darauf zu pochen, daß $g_i^E(f)$ als Grenzwert der *objektiven* Folge empirisch zu ermittelnder relativer Häufigkeiten $H_n^E(f)$ eingeführt wurde. Denn es handelt sich ja nur um die probabilistische Konvergenz w_i-fast überall. Der Objektivist könnte daher sofort einwenden, daß diese objektiven Größen nicht ausreichen: Eine hinreichende Verrücktheit in jenen ‚*bewußten Vorurteilen*', die der Subjektivist Wahrscheinlichkeiten nennt, vorausgesetzt, wird auch die Größe $g_i^E(f)$ mit einem beliebigen Grad an Unplausibilität ausgestattet werden können.

Hier ist nun die weitere Tatsache zu berücksichtigen, daß der Betrag der subjektiven Wahrscheinlichkeit für die Person P_i keine starre Größe darstellt. Gegeben sei eine statistische Verteilungshypothese. Die subjektive Ausgangswahrscheinlichkeit für Ereignisse der Art E sei wieder $w_i^{(0)}$. Diese Ausgangswahrscheinlichkeit wird bereits nach der ersten Beobachtung, welche also das Resultat $H_1^E(f)$ liefert, zu dem Betrag $w_i^{(1)}$ modifiziert. Wir erhalten so eine Folge von Aposteriori-Wahrscheinlichkeiten: Ist $w_i^{(n)}$ der rationale Wettquotient, der sich nach Beobachtung von n Resultaten ergibt, dann konvergiert unter der Voraussetzung der Vertauschbarkeit die Folge $w_i^{(0)}$, $w_i^{(1)}$, ... $w_i^{(n)}$, ... gegen einen Wert w_i. Und zwar vollzieht sich diese Konvergenz rapide — ganz im Gegensatz zur v. MISES-REICHENBACH-Theorie, in der nicht ohne irrationale Zusatzannahmen angebbar ist, wo das Konvergenzverhalten tatsächlich sichtbar wird. In dieser Weise vollzieht sich das *Lernen aus der Erfahrung*: Die ursprünglichen subjektiven Ausgangs-wahrscheinlichkeiten werden durch das sich nach und nach vergrößernde Erfahrungsmaterial sukzessive modifiziert und verbessert. Die objektive Erfahrung relativer Häufigkeiten erzwingt eine Konvergenz der subjekti-ven Wahrscheinlichkeitsannahmen und zwar ganz unabhängig davon, wie die Apriori-Quotienten lauteten. Und diese Konvergenz wiederum bewirkt, *daß die Quasi-Chance einen Wert nahe der beobachteten relativen Häufigkeit an-nimmt*, vorausgesetzt allerdings, daß die subjektive Ausgangswahrschein-lichkeit nicht den Wert 0 besaß (das Eintreten von der Person also nicht von vornherein ausgeschlossen worden ist).

Wenn man unter „Häufigkeitstheorie der Wahrscheinlichkeit" nicht mehr verstehen will als dies, daß die relative Häufigkeit auf lange Sicht das Explikandum für den Begriff der statistischen Wahrscheinlichkeit bildet, so könnte ein Subjektivist zwei Gründe dafür angeben, daß er selbst ebenfalls ein Verfechter dieser Theorie sei: (1) die Größe $g^E(f)$ *ist* ja ein (allerdings mit-tels des subjektiven Wahrscheinlichkeitsbegriffs definierter) Begriff des Grenzwertes der relativen Häufigkeit; (2) das in der subjektiven Theorie präzisierte Prinzip des Lernens aus der Erfahrung nimmt auf *faktische relative Häufigkeitsfeststellungen* Bezug.

Gehen wir von P_i zu einer anderen Person P_j (also $i \neq j$) über, so er-halten wir unter denselben Voraussetzungen analog eine Folge $w_j^{(0)}$, $w_j^{(1)}$, ..., $w_j^{(n)}$, ..., von der nicht nur gilt, daß sie ebenfalls konvergiert, sondern daß sie *zu demselben Grenzwert* konvergiert wie die Folge der $w_i^{(k)}$. Die subjektivistische Theorie kann also den Anspruch erheben, sowohl der Tatsache Rechnung zu tragen, *daß vernünftige Personen aufgrund von Erfahrun-gen ihre vorgefaßten Meinungen rasch berichtigen, so daß der Einklang mit der Er-fahrung hergestellt wird*, sowie der weiteren Tatsache, *daß Gruppen von ver-nünftigen Menschen aufgrund gemeinsamer Erfahrungen selbst dann zu denselben oder doch sehr ähnlichen Auffassungen gelangen, wenn ihre subjektiven Meinungen vor der Sammlung von Erfahrungen weit auseinandergingen.*

Hieran kann man deutlich erkennen, wie sehr die Begriffe der Objektivität bei den Subjektivisten und ihren objektivistischen Gegnern auseinander-klaffen. Objektivität wird nach subjektivistischer Auffassung nicht dadurch erzielt, daß man den Wert einer unbekannten Größe richtig errät, vielmehr besteht sie in der Herstellung intersubjektiver Übereinstimmung kraft ge-meinsamer Erfahrungen. Man könnte auch sagen: Das Prinzip des Ler-nens aus der Erfahrung bewirkt, daß die *vielen personellen Wahrscheinlich-*

keiten mit ihren voneinander abweichenden Apriori-Ansätzen mit wachsender empirischer Information mehr und mehr ähnlich werden und gegen *ein und dieselbe interpersonelle Wahrscheinlichkeit* konvergieren.

(IV) Die folgenden kritischen Anmerkungen verlaufen zum Teil in ganz verschiedene Richtungen und sollen daher in Punkte untergegliedert werden. Wir beginnen mit allgemeineren Feststellungen, um später zu konkreteren Problemen überzugehen:

(1) Verglichen mit anderen Theorien des statistischen Schließens hat die subjektivistische Theorie *programmatischen* Charakter. Mit Recht betont HACKING (a. a. O., S. 216), daß es wichtig wäre, wenn die Subjektivisten wenigstens ein Beispiel für ihre Behandlung statistischer Hypothesen von Anfang bis Ende durchanalysieren wollten, etwa eine Hypothese über die mittlere Lebenszeit bestimmter Insekten unter verschiedenen Lebensbedingungen[97]. Manche Subjektivisten, wie schon F. P. RAMSEY, meinen, daß dies gar nicht möglich sei. Doch dies wäre ein implizites Zugeständnis dessen, daß die subjektivistische Theorie nicht ausreicht. Prinzipielle Betrachtungen über die Art und Weise, wie die einschlägigen Begriffe einzuführen sind, genügen nicht, um einen Aufschluß über alle Probleme des statistischen Schließens zu bekommen.

(2) Eine Minimalbedingung dafür, von *einer* Theorie reden zu können, ist die Übereinstimmung der Vertreter dieser Theorie in den wesentlichen Punkten. Diese Bedingung ist hier nicht erfüllt. Wenn der Begriff der Wahrscheinlichkeit auf den des rationalen Wettquotienten zurückgeführt wird, so muß zunächst Übereinstimmung darüber bestehen, *worüber man sinnvollerweise Wetten abschließen kann.* In dieser Hinsicht gehen jedoch die Meinungen der Subjektivisten stark auseinander. Nach DE FINETTI kann man nur dann auf etwas wetten, wenn sich im nachhinein die Gewinne und Verluste verteilen lassen, ohne daß es darüber eine weitere Diskussion gäbe. Insbesondere kann es keine Wetten auf unverifizierbare Hypothesen und Theorien geben[98].

Gerade den gegenteiligen Standpunkt vertritt SAVAGE. Eine der Annahmen seiner Theorie besteht darin, daß es eine subjektive Wahrscheinlichkeitsbeurteilung von Hypothesen gibt. Es ist verständlich, daß DE FINETTI bei seiner Abneigung gegen alle metaphysischen Hypostasierungen so etwas nicht akzeptieren könnte. Man müßte sich ja vorstellen, daß man es beim Wetten auf Hypothesen und Theorien mit dem Gegenspieler *Natur* zu tun hätte und daß bei diesem Spiel ein allwissendes und zugleich absolut kor-

---

[97] Um konkreter zu sein, kann man etwa annehmen, daß Insekten dieser Species verschiedene Arten von Giften eingegeben wurden.

[98] Vgl. z. B. "If . . . a hypothesis is something that is not observable . . . its probability is meaningless", [Initial Probabilities], S. 11. Wie aus dem Zusammenhang hervorgeht, versteht DE FINETTI unter "not observable" dasselbe wie „nicht durch Beobachtung verifizierbar".

rektes Wesen als Schiedsrichter aufträte, welches dem Wettenden seinen Gewinn aushändigt, wann immer er auf eine richtige Theorie gesetzt hat.

Neuerdings hat HINTIKKA einen interessanten Versuch unternommen, gerade das (in bestimmter Weise interpretierte) Hauptresultat von DE FINETTI selbst zur Grundlage dafür zu nehmen, *um dem Wetten auf Naturgesetze einen klaren und ‚nichtmythologischen' Sinn zu geben.* Zweckmäßigerweise wurde die Schilderung und Diskussion der Hintikkaschen Auffassung an den Schluß von Anhang II gestellt, in welchem vorher das für HINTIKKAS Überlegungen entscheidende *Repräsentationstheorem von* DE FINETTI geschildert wird.

(3) In den Diskussionen über die subjektivistische Theorie spielen naturgemäß Auseinandersetzungen über die Plausibilität der Grundannahmen eine entscheidende Rolle. Der Objektivist wird mit Nachdruck darauf verweisen, daß den Vertretern der verschiedenen Spielarten subjektivistischer Theorien *keine adäquate Rekonstruktion probabilistischer Aussagen in den Einzelwissenschaften* geglückt sei. Insbesondere entziehe sich die moderne Physik klar der subjektivistischen Interpretation: Wenn der Atomphysiker über — meist *unbekannte,* jedenfalls aber immer *hypothetische* — Wahrscheinlichkeiten spreche, so rede er über das, was im subatomaren Mikrokosmos vor sich gehe, nicht aber spreche er über Spiele, Wetten und vernünftiges Glauben. Der Subjektivist wird mit dem Hinweis darauf kontern, daß dies nur der augenfällige erste Eindruck sei. Dieser erste Eindruck müßte mit zunehmender Kenntnis der Materie einem immer größeren Zweifel weichen, ob man denn überhaupt verstehe, wovon in den probabilistischen Aussagen der modernen Quantenphysik die Rede sei. Und in einem dritten Schritt werde sich der Rückgriff auf die subjektivistische Theorie als unvermeidlich erweisen, falls man bereit sei, sich bei der Benützung des Wahrscheinlichkeitsbegriffs von allen metaphysischen Fiktionen zu befreien.

Die Rede von metaphysischen Fiktionen ist jedoch nicht ungefährlich. Dem Objektivisten sollte es nicht zu schwer fallen, diesen schwarzen Peter den Subjektivisten zurückzureichen.

Warum ist es denn sinnlos, von unbekannten Wahrscheinlichkeiten zu sprechen? Als Grund gab DE FINETTI an, daß ein Wissen um solche Wahrscheinlichkeiten unmöglich wäre. Was aber heißt dies? Man vergleiche die Feststellung etwa mit einer analogen Bemerkung über die Länge eines Stabes (den Schmelzpunkt eines Metalls, den Härtegrad eines Minerals etc.) Wir betrachten die drei Behauptungen:

(a) Man kann weder um die Chance der Sechserwürfe noch um die Länge (den Schmelzpunkt, den Härtegrad) wissen;

(b) man kann zwar nicht um die Chance der Sechserwürfe, jedoch sehr wohl um die Länge (den Schmelzpunkt, den Härtegrad) wissen;

(c) man kann sowohl um die Chance als auch um die Länge (den Schmelzpunkt, den Härtegrad) wissen.

Wegen der Ablehnung von (c) kommen nur die Deutungsmöglichkeiten von (a) und (b) in Frage. In beiden Fällen erhalten wir eine Untergliederung:

(aa) Man kann beides deshalb nicht wissen, weil man überhaupt nur ein Wissen über logische Wahrheiten gewinnen kann;

(ab) man kann zwar um einige nichtlogische Wahrheiten wissen (z. B. daß ich jetzt auf meinem Stuhl sitze), aber man kann kein Wissen um generelle kontingente Wahrheiten erlangen, insbesondere nicht um solche, in denen von Quantitäten, Dispositionen und anderen Merkmalen mit gesetzesartigen Konsequenzen die Rede ist.

In beiden Fällen gabeln sich abermals die Möglichkeiten: Der Eine sagt, daß wir trotz mangelnden Wissens geringere oder größere Gewißheit erlangen können, nämlich Gewißheit über die nicht vollständig erkennbaren objektiven Wahrheiten ((aaα) und (abα)). Der Andere behauptet, daß diese objektiven Wahrheiten eine Fiktion darstellen, da außerhalb unserer Überzeugung oder unseres Geistes nichts existiert ((aaβ) und (abβ)). Der probabilistische Subjektivismus wäre dadurch mit irgendeiner Form von idealistischer Metaphysik gekoppelt.

Auch in (b) und (c) können analoge Fallunterscheidungen getroffen werden. Wir hätten damit alles Material beisammen, um je nach Veranlagung und Stimmung aus diesen drei Ausgangsalternativen entweder ein philosophiegeschichtliches Drama oder eine philosophische Komödie aufzubauen. Die Rollen in diesem metaphysischen Schauspiel wären gleichmäßig auf ‚Subjektivisten‘ und ‚Objektivisten‘ verteilt.

Läßt man alle Metaphysik beiseite, so ist es schwer einzusehen, warum man, wie DE FINETTI meint, (a) verwerfen und (b) akzeptieren soll. *Weder* in bezug auf die Begriffe *noch* in bezug auf das sog. Wissen scheint ein wesentlicher Unterschied zu bestehen. Der *theoretische* Begriff der Chance kann den *theoretischen* Begriffen der Länge und des Schmelzpunktes an die Seite gestellt werden. Und so, wie wir das Wort „Wissen“ verwenden, kann man um folgendes wissen: daß ich am Schreibtisch sitze; daß ich meine Armbanduhr anhabe; daß mein Nachbar verreist ist; daß Menschen auf dem Mond gelandet sind; daß alle Saphire blau sind; daß die spezielle Relativitätstheorie richtig ist. Auch das Wissen um Chancen kann hier irgendwo eingeordnet werden.

Sicherlich treten bei diesem letzten sowie bei allem hypothetischen Wissen schwierige erkenntnistheoretische Fragen auf. Aber dies sind Schwierigkeiten, welche die korrekte Analyse des Wissens betreffen. Schwierigkeiten bei der erkenntnistheoretischen Analyse sind aber scharf zu unterscheiden von Schwierigkeiten, die beim Wissenserwerb auftreten. Ein Wissenserwerb braucht überhaupt nicht schwierig zu sein (z. B. daß ich jetzt vor meinem Schreibtisch sitze); seine genaue Analyse kann erhebliche Schwierigkeiten bereiten (bezüglich des Verhältnisses von Wissen und Analyse vgl. auch (4c)).

Wenn man die Positionen der Subjektivisten und der Statistiker ‚herkömmlicher Prägung‘ einander gegenüberstellt, sollte man das Spiel mit dem Terminus ‚Metaphysik‘ vermeiden. Der Unterschied läßt sich besser durch eine andere Analogie verdeutlichen, nämlich durch den Gegensatz zwischen den ‚älteren‘ und den ‚jüngeren‘ Empiristen: jene glauben an den Reduktionismus, diese nicht. Diese Analogie macht auch den bestehenden Gegensatz psychologisch besser verständlich als die erste. Denn metaphysische Thesen stoßen bei Erfahrungswissenschaftlern und Praktikern nicht — wie empiristische Philosophen irrtümlich meinen — auf ablehnende Polemik als vielmehr auf gelangweiltes Desinteresse. *Was einen Statistiker an* DE

FINETTIS *Theorie abstoßen könnte, ist nicht so sehr seine subjektivistische Metaphysik, die im Hintergrund steht, als sein Reduktionismus, der im Vordergrund steht.*

(4) Der nächste Punkt läßt sich vielleicht anschaulich durch einen Vergleich zwischen einem Sinneswandel illustrieren, der sich in CARNAP aufgrund einer Kritik früherer Auffassungen über Dispositionen vollzogen hat, mit einem Sinneswandel, der in DE FINETTIS Geist mutmaßlich nach einer kritischen Auseinandersetzung mit den objektivistischen Theorien stattfand. CARNAP bekam berechtigte Zweifel an der operationalistischen Analyse der Wasserlöslichkeit. Dies führte ihn jedoch nicht dazu, am Begriff der Wasserlöslichkeit selbst zu zweifeln, sondern nur dazu, *nach einer besseren Analyse zu suchen.* DE FINETTI äußerte berechtigte Zweifel an der Analyse der statistischen Wahrscheinlichkeit, wie sie durch v. MISES und REICHENBACH geliefert wurde. Zum Unterschied von CARNAP führte ihn dies aber nicht nur dazu, nach einer besseren Analyse Umschau zu halten, sondern *am Begriff der statistischen Wahrscheinlichkeit selbst zu zweifeln.* Diese Reaktion ist offenbar viel radikaler als die erste: Es verhält sich, um im Analogiebild zu verbleiben, so, als wären bei CARNAP Skrupel darüber aufgetreten, ob es nicht eine metaphysische Fiktion sei, an die Existenz dispositioneller Eigenschaften, wie Wasserlöslichkeit oder Schmelzpunkte, zu glauben. Ein derartiger Skrupel wäre tatsächlich berechtigt gewesen, *wenn* CARNAP *das allzu ernst genommen hätte, was operationalistische Philosophen uns über Wasserlöslichkeit und Schmelzpunkte erzählen.*

Hat DE FINETTI also die Analysen der Objektivisten zu ernst genommen? Fast scheint es so. Drei Momente dürften dabei im Spiel gewesen sein, und zwar:

(a) Die *Definierbarkeitsforderung.* Danach sind der Begriff der Wahrscheinlichkeit, ebenso wie alle anderen in statistischen Schlüssen benützten Begriffe, durch saubere Definitionen auf bereits verfügbare Begriffe zurückzuführen. Wie wir gesehen haben, führt die Einsicht in die Unzulänglichkeit der Limesdefinition zusammen mit dem Verbesserungsvorschlag, in welchem „konvergiert" durch „konvergiert mit Wahrscheinlichkeit 1" ersetzt wird, zwangsläufig zu der subjektivistischen Konzeption. *Die Zwangsläufigkeit verschwindet jedoch, wenn man die Forderung strikter Definierbarkeit preisgibt.* Solange keine zwingenden Gründe dagegen vorgebracht werden, nur partiell deutbare theoretische Begriffe anzuerkennen, steht solcher Preisgabe nichts im Wege.

Auch HACKING formuliert seine Position recht irreführend. Er behauptet (a. a. O., S. 214, Zeile 6 von unten ff.), daß er *eine andere und bessere Definition* des Begriffs der statischen Wahrscheinlichkeit geliefert habe. Mit dieser These liefert er sich jedoch unnötig der Kritik seiner subjektivistischen Gegner aus. Was er tatsächlich vornimmt, ist keine Verbesserung einer Definition, sondern der Versuch einer *partiellen Deutung* eines theoretischen Begriffs der Chance über seine Stützungstheorie. Daß ein solches Vorgehen nicht ausreichen kann, werden die Überlegungen von SUPPES in 12.b zeigen.

(b) Die *Entscheidungsforderung*, welche in der Ablehnung unbekannter Wahrscheinlichkeiten gipfelt. Nach DE FINETTI muß jede Wahrscheinlichkeitsaussage in bezug auf ihren Wahrheitswert definitiv entscheidbar sein. Warum aber? Vermutlich deshalb, weil er meint, daß jede wissenschaftliche Aussage so entscheidbar sein müsse. Hier verschmilzt der Reduktionismus in unglückseliger Weise mit der Verifizierbarkeitsforderung. Unglücklich ist dies deshalb zu nennen, weil der Reduktionismus, wo immer er sich als durchführbar erweist, ernst genommen werden muß. Der generelle Verifikationspositivismus jedoch ist längst zu einem Stück Philosophiegeschichte geworden; er ist heute kein ernsthaft vertretbarer wissenschaftstheoretischer Standpunkt mehr.

(c) Den wichtigsten Punkt haben wir bis zuletzt aufgespart: die zu enge Verknüpfung von *Wissensproblemen* mit *Problemen der Analyse*. Legt man die alltäglichen wie naturwissenschaftlichen Verwendungen von „Wissen" zugrunde, so kann man mit Recht behaupten, daß wir eine Menge über psychische und physische Dispositionen und theoretische Größen *wissen*, wie Jähzorn, Gedächtnis, Schmelzpunkte, elektromagnetische Feldstärken, Elektronen. Wenn man jedoch diese Phänomene zu *analysieren* versucht, so muß man rasch erkennen, daß man vorläufig an eine Grenze stößt, und zugestehen, daß noch kein befriedigendes Verständnis erlangt worden ist. Es würde aber doch als absurd empfunden werden, wegen dieses unbefriedigenden Zustandes der Analyse zu leugnen, daß es jähzornige Leute gibt, daß Eisen und alle übrigen Metalle einen Schmelzpunkt haben, daß elektromagnetische Feldstärken existieren. Ein Argument von der Art: *„Solange du die von dir verwendeten Begriffe nicht genau zu analysieren imstande bist, kannst du auch kein Wissen über sie erlangen"*, ist daher nicht überzeugend.

Ein solches Argument liegt jedoch implizit der subjektivistischen Ablehnung andersartiger Versuche von Analysen zugrunde. Die ‚Objektivisten' gingen von der Beobachtung aus, daß wir bereits eine Menge von Wissen über Phänomene erlangt haben, in denen Wahrscheinlichkeiten eine Rolle spielen: Wir haben alle möglichen Erfahrungen über Münzen, Würfel und Glücksspiele gesammelt, über Lebensversicherungen und Sterbewahrscheinlichkeiten, über radioaktiven Zerfall und quantenmechanische Übergangswahrscheinlichkeiten. Die Analysen dieser Phänomene in den Begriffsapparaten der Theorien v. MISES' und REICHENBACHS erwiesen sich als unbefriedigend. Also hätte man schließen sollen, daß es eine Zukunftsaufgabe sei, befriedigende Analysen zu finden. Die Subjektivisten warfen jedoch die Flinte ins Korn und verlangten eine sofortige Analyse, die zu einem definitiven Resultat gelangt. Als solche bot sich ihre ‚operationalistische' Analyse des Wahrscheinlichkeitsbegriffs an.

(5) Ohne weiteren Kommentar sei nochmals eine gemeinsame Voraussetzung (ein gemeinsames Vorurteil?) so verschiedenartiger Denker wie REICHENBACH, CARNAP und DE FINETTI angeführt, nämlich die Annahme,

daß jeder statistische Stützungsschluß die Struktur eines Wahrscheinlichkeitsschlusses habe. Demgegenüber wurde hier die Auffassung vertreten, daß die Logik der Stützung *keine* Wahrscheinlichkeitslogik ist.

Gemeinsamkeiten und Verschiedenheiten zwischen den verschiedenen Positionen seien nochmals in einer tabellarischen Übersicht zusammengefaßt. Für die hier vertretene Auffassung wird jeweils ein „+" eingetragen. Diese Auffassung deckt sich — mit Ausnahme möglicherweise von Punkt (2) — mit derjenigen HACKINGs.

(1) *Forderung nach Entscheidbarkeit statistischer Aussagen* DE FINETTI	*Keine Entscheidbarkeitsforderung* CARNAP, POPPER, fast alle Vertreter der modernen Statistik, +
(2) *Reduktionismus* v. MISES, REICHENBACH, DE FINETTI	*Anti-Reduktionismus* CARNAP, POPPER, +
(3) *‚Stützungsschlüsse' statistischer Hypothesen sind Wahrscheinlichkeitsschlüsse* REICHENBACH, DE FINETTI, CARNAP	*‚Stützungsschlüsse' sind keine Wahrscheinlichkeitsschlüsse* POPPER, +
(4) *‚Enumerative Induktion'* REICHENBACH, DE FINETTI, CARNAP	*‚Eliminative Induktion'* KEYNES, NEYMAN, +

Wir erinnern daran, daß der nicht unbedenkliche Ausdruck „Induktion" in (4) nur aus Traditionsgründen benützt wurde. Er ist sicherlich auf der rechten Seite vermeidbar (eliminatives *Verfahren*), möglicherweise sogar auf der linken Seite.

Die bisherigen Anmerkungen waren sehr allgemein gehalten. Es sollen jetzt einige konkretere kritische Anmerkungen gemacht werden.

(6) Wir abstrahieren für den Augenblick von den Meinungsverschiedenheiten der Subjektivisten untereinander über die Natur statistischer Hypothesen. Es sei eine solche Hypothese gegeben. Beobachtungen werden angestellt oder Experimente vollzogen, um die Hypothese zu überprüfen. Was man auf diese Weise über die Hypothese aus der Erfahrung lernen kann, findet nach der subjektivistischen Theorie seinen Niederschlag in einer Änderung der Wettquotienten und der dadurch bedingten Bereitschaft, mit anderen Einsätzen zu wetten.

Demgegenüber hebt HACKING hervor, *daß sich nicht alles Lernen aus der Erfahrung in einer Änderung der Einsätze widerzuspiegeln braucht.* Tatsächlich scheint eine derartige Gleichsetzung *eine sehr problematische Einengung des Begriffs „Lernen aus der Erfahrung"* darzustellen. Ein Hinweis möge genügen: Das neue Beobachtungsergebnis führe *nicht* zu einer Änderung der Wetteinsätze; die Wettquotienten bleiben unverändert. Nach der subjektivistischen

Theorie müßte dann gesagt werden, daß der Beobachter nichts aus der Erfahrung gelernt habe, weil alles beim alten geblieben sei. Dies ist eine recht unbefriedigende Behauptung; denn obwohl die subjektiven Wettquotienten gleich geblieben sind, kann der Beobachter doch viel sicherer geworden sein. *Diese Zunahme im Grad der Sicherheit ist auch eine Form, in der die neue Erfahrung ihren Niederschlag findet.* Das Lernen aus der Erfahrung braucht nicht in einer Änderung der Einsätze seinen Niederschlag zu finden.

Wir wollen noch einen Schritt weitergehen. Dazu werde dem Subjektivisten zugestanden, daß die Änderung der Wettquotienten tatsächlich ein adäquates Maß dafür darstellt, was aus der Erfahrung gelernt wurde. Rechnerisch werden die neuen Quotienten, d. h. die aus der Verwirklichung eines neuen Experimentes resultierenden Wettquotienten, aus den alten Wettquotienten dadurch erhalten, daß man die letzteren mit denjenigen relativen Likelihoods für die verschiedenen betrachteten Hypothesen multipliziert, welche sich für diese aufgrund des neuen experimentellen Befundes ergeben. Die neuen Likelihood-Werte werden alle durch die sog. *Likelihood-Funktion* geliefert.

Daraus folgt das *subjektivistische Likelihood-Prinzip.* Danach ist alles, was am Ergebnis eines durchgeführten neuen Zufallsexperimentes an relevantem Wissen zu finden ist, bereits in der Likelihood-Funktion enthalten, zu welcher das Experiment führte. Alles übrige ist hingegen für die Beurteilung der Hypothese gänzlich irrelevant[99].

Zur konkreten Veranschaulichung stelle man sich den folgenden Sachverhalt vor: Zwei Personen A und B betrachten verschiedene statistische Hypothesen $h_1, \ldots, h_n$ über Versuchstypen an einer experimentellen Anordnung. Ihre subjektiven Wahrscheinlichkeiten (Glaubensgrade) finden den Niederschlag in dem Verhältnis der Wetteinsätze bezüglich dieser n Hypothesen. Das bisherige Erfahrungswissen sei gemeinsam. Ein neues experimentelles Resultat werde von A allein gewonnen *und vor B verheimlicht.* Wenn A dem B dagegen die Likelihood-Funktion offenbart, *so hat er nur Irrelevantes verschwiegen.* B hat durch die Mitteilung nach der Auffassung von SAVAGE dieselbe Information erhalten, welche ihm zuteil geworden wäre, falls er selbst das Experiment durchgeführt und das Resultat beobachtet hätte[100].

‚Nichts-weiter-als‘-Theorien sind stets suspekt. Um eine Theorie von solchem Typ handelt es sich hier. Die Apriori-Bedenklichkeit liegt in der bewußten und ausdrücklichen Empfehlung, alle Faktoren außer einem einzigen zu vernachlässigen. Allgemeine Verdachtsgründe sind natürlich kein Ersatz für substantielle Kritik. Für eine solche sind detaillierte Gegengründe

---

[99] Vgl. SAVAGE [Reconsidered], S. 583.

[100] Dieser Gedanke findet sich bereits bei FISHER. Doch hatte er ihn, ebenso wie andere Autoren, mehr als eine provisorische Erfahrungsregel betrachtet, die mit vertieftem Verständnis der Grundlagen der Statistik durch etwas Besseres zu ersetzen sei. Erst SAVAGE scheint, wie HACKING bemerkt, dieses Prinzip zum eigentlichen *Credo* der subjektivistischen Theorie erhoben zu haben.

erforderlich. Ein Vergleich mit der Likelihood-Testtheorie oder einer Variante davon könnte solche liefern.

Ein Vergleich wird ermöglicht, wenn man bedenkt, daß der Begriff der Likelihood *philosophisch neutral* ist; d. h. es spielt keine Rolle, wie der in seiner Definition benützte Wahrscheinlichkeitsbegriff interpretiert wird. Diese Feststellung allein genügt aber für unseren Zweck nicht; denn das frühere Vorgehen ist noch immer zu unähnlich demjenigen von Savage. Eine Vergleichbarkeit wird erst erzielt, wenn man die Regel **LR** modifiziert. *Eine* naheliegende Modifikation könnte etwa so formuliert werden: „Gegeben sei ein statistisches Datum *e* im früheren Sinn, d. h. ein Datum, welches eine Klasse von zulässigen Verteilungen angibt und außerdem eine Klasse von experimentellen Resultaten beschreibt. Wenn dann ein *neues* experimentelles Resultat hinzukommt, so kann eine Auswertung dieses Resultates in der Weise erfolgen, daß man die relativen Likelihoods der zur Diskussion stehenden Hypothesen im Licht des experimentellen *Gesamt-resultates* miteinander vergleicht" (**LR***).

Es sollen hier keine Argumente zugunsten einer Annahme dieser Modifikation vorgebracht werden. Vielmehr fingieren wir einfach, diese Annahme sei plausibel. Fällt dann die subjektivistische Statistik à la Savage mit der theoretischen Statistik à la Hacking zusammen? Die Antwort lautet „Nein" und zwar aus zwei Gründen.

Erstens ist auch in **LR*** nur davon die Rede, wie die Auswertung statistischer Hypothesen *im Lichte statistischer Daten* auszusehen habe. Es wird darin nicht behauptet, daß es *keine anderen Auswertungen* des neuen experimentellen Resultates gäbe. Solche Auswertungen sind durchaus denkbar. Bisher vorgebrachte Beispiele sind allerdings vorläufig nicht ganz schlüssig[101], so daß dieser erste Grund der weniger wichtige ist. Immerhin können wir festhalten, daß eine Anpassung an die Ideen von Savage erst dann erfolgt wäre, wenn man in **LR*** die Wendung: „so kann eine Auswertung dieses Resultates in der Weise erfolgen" durch die wesentlich schärfere ersetzen würde: „so soll *die einzige* Auswertung dieses Resultates darin bestehen".

Zweitens ist zu bedenken, daß eine Auswertung im Licht der statistischen Daten u. U. deshalb nicht erfolgt, *weil die neuen Resultate das ursprüngliche statistische Datum selbst erschüttern.* Wie wir von früher her wissen, können die im Datum enthaltenen Oberhypothesen ihrerseits in Frage gestellt, getestet und evtl. auch verworfen werden. Dann brauchen die beschriebenen relativen Likelihoods *keine* Leitfäden mehr zu sein; denn diese Likelihoods wurden ja unter Zugrundelegung der *unerschütterten* und um ein experimentelles Resultat erweiterten statistischen Daten gewonnen. Wieder zeigt sich, daß für die ‚theoretische' Statistik die relativen Likelihoods *nicht immer* der Weisheit letzter Schluß sind, wie für die ‚subjektivistische' Statistik.

---

[101] So etwa ein Beispiel, das A. S. Fraser in [Sufficiency] gegeben hat.

(7) Der zuletzt angedeutete Aspekt muß noch genauer zur Sprache kommen. Man könnte vom *Problem des statistischen Datums überhaupt* sprechen oder auch vom *Problem der unerwarteten Hypothese*. Ein ganz entscheidender Differenzpunkt zwischen theoretischer und subjektiver Statistik besteht darin, daß die letztere überhaupt kein Analogon zum Begriff des statistischen Datums kennt. Die Subjektivisten meinen, sie brauchten keinen derartigen Begriff, und dies sei gerade ein Vorzug ihrer Theorie. *Ist der Begriff des statistischen Datums eine unnötige Konzession an den praktisch arbeitenden Statistiker oder bildet er einen unverzichtbaren Bestandteil einer adäquaten Rekonstruktion des statistischen Schließens?* Es soll jetzt gezeigt werden, daß man bei Verzicht auf diesen Begriff ins Uferlose stürzt.

Zunächst ein konkretes Beispiel zur Illustration. Eine Person testet verschiedene Alternativen über die Wahrscheinlichkeitsverteilungen für Wurfergebnisse mit einem bestimmten Würfel. Eine dieser Hypothesen kann z. B. in der Annahme einer Gleichverteilung, also der Wahrscheinlichkeit 1/6 für jede der 6 Augenzahlen bestehen; eine andere in der Annahme 0,2 für die Augenzahl 6 und Gleichwahrscheinlichkeit (nämlich 0,16) für die übrigen 5 Augenzahlen usw. Zum statistischen Datum unserer Person gehört die Annahme, daß eine Binomialverteilung vorliegt. Dem Testenden braucht es gar nicht bewußt zu sein, daß er in seinem Datum stillschweigend von einer statistischen Oberhypothese, nämlich der Unabhängigkeitsannahme, Gebrauch macht. Doch dies ist ein psychologisches Faktum. Jedenfalls *kann* es ihm bewußt werden, daß er diese Oberhypothese als gültig voraussetzt, und es können in ihm Zweifel an der Richtigkeit dieser Oberhypothese aufkommen. Als psychischer Vorgang kann beides ineinanderfließen.

Was uns interessiert, ist die Art und Weise, *wie sich solche Zweifelsgründe empirisch manifestieren.* In unserem Beispiel könnte dies etwa so aussehen: Die Person nimmt Serien von Wurfreihen vor und macht dabei eine höchst seltsame Beobachtung. Es kommen Einer-, Zweier-, Vierer-Folgen usw. von Fünferwürfen vor, aber niemals eine Dreierfolge. Wo immer er eine Teilfolge von der Art: 555 beobachtet, verlängert sich diese Dreierfolge zu der Viererfolge: 5555, jedoch zu keiner anderen. Was aber heißt es, daß diese Ergebnisse *seltsam* sind? Sie sind nur seltsam *unter der Annahme, daß Unabhängigkeit vorliegt.* Die beobachteten Wurfreihen lassen an dieser Annahme berechtigte Zweifel aufkommen. Es kann der Fall sein, daß die Person eine geeignete Abhängigkeitshypothese findet, und die Seltsamkeit verschwindet. Eine Hypothese von dieser Art nennen wir *unerwartete Hypothese*, weil sie den durch die ursprünglichen Daten gesetzten Rahmen sprengt.

Für die Likelihood-Testtheorie bietet die Überprüfung statistischer Oberhypothesen, *sobald diese unter Zugrundelegung eines anderen statistischen Datums zur Diskussion gestellt werden*, keine prinzipiellen Schwierigkeiten. Dagegen darf nicht übersehen werden, *daß diese Theorie keine Rationalisierung*

des Verfahrens liefert, welches zu einem statistischen Datum führt. Verschiedene
Faktoren wurden früher angeführt: Einfachheit, Analogie, bereits akzeptierte physikalische Theorie. Diese Hinweise wurden aber nicht weiter präzisiert. Es muß daher zugestanden werden, daß hier eine *Rationalitätslücke*
besteht. Dies zeigt sich deutlich, wenn man den Testvorgang der Oberhypothese genauer ins Auge faßt. Es kann z. B. ein Konflikt bestehen zwischen dem, was die Daten lehren, wenn sie testtheoretisch ausgewertet
werden, und den Einfachheitsüberlegungen, die für die Annahme der ursprünglichen Oberhypothese sprechen. Denn Abhängigkeitsannahmen
führen bekanntlich zu viel komplizierteren Hypothesen als z. B. Hypothesen, welche nur den Parameter einer Binomialverteilung betreffen. So kann
es durchaus der Fall sein, *daß sich,* in einem Bild gesprochen, *die ‚Macht der
Einfachheit' gegen schwache Daten,* die für irgend eine Art von Abhängigkeit
sprechen, *durchsetzt.* Die Daten können aber andererseits so überzeugend
sein — z. B. wenn in mehreren tausend Würfen keine Dreierfolge 555 beobachtet worden ist, die sich nicht zu einer Viererfolge 5555 fortsetzte —, daß
sie sich gegen alle Analogie- und Einfachheitsüberlegungen durchsetzen,
welche für die Unabhängigkeitsannahme sprechen.

Die *theoretische* Statistik muß vorläufig zugestehen, daß sie für derartige
Konfliktsituationen überhaupt über keine präzisen Kriterien verfügt. Genau genommen sind es zwei verschiedene Fragen, die der Klärung harren:
(1) *An welchem Punkt* der Experimente soll der aufkommende Zweifel an
der Richtigkeit eines Teils der statistischen Daten (z. B. der Unabhängigkeitsannahme) dazu Anlaß geben, *diesen Teil der Daten selbst in Frage zu
stellen?* (2) Wenn die Infragestellung erfolgt ist, *in welcher Weise soll dann eine
Abwägung zwischen den Gründen, die für die ursprünglichen Daten ins Feld geführt
werden können, und den empirischen Befunden, welche gegen sie sprechen, erfolgen?*
Wir haben ja gerade gesehen, daß z. B. Einfachheitsüberlegungen nicht
nur bei der *ursprünglichen Wahl* der Daten mitbestimmend sind, sondern
auch bei der Frage ihrer *Beibehaltung* eine Rolle spielen (was wir durch das
Bild ausdrückten, daß sie sich gegen ‚schwache Daten' durchzusetzen vermögen).

Die *subjektive* Statistik kann in diese beiden Rationalitätslücken hinein-
stoßen und den Anspruch erheben, die angedeuteten Schwierigkeiten zu
vermeiden. Schlagwortartig könnte man die subjektivistische These so
formulieren: *Es gibt kein Problem der unerwarteten Hypothese.*

Die vorgeschlagene Lösung würde vermutlich ungefähr so aussehen:
Die ursprünglichen subjektiven Wahrscheinlichkeiten aller Abhängigkeitshypothesen werden im vorliegenden Fall sehr niedrig sein (dies wird sich
in niedrigen Wettquotienten widerspiegeln). Die geschilderten neuen Beobachtungen legen Abhängigkeitshypothesen nahe, was in entsprechenden
Likelihood-Verhältnissen seinen Niederschlag findet. Dadurch wird eine
Modifikation der ursprünglichen Wettquotienten in der Richtung auf eine

Erhöhung erzwungen. Die ‚unerwartete Hypothese‘, welche ursprünglich für recht unwahrscheinlich gehalten wurde, erhält schließlich eine hohe Wahrscheinlichkeit (einen hohen Wettquotienten).

Wesentlich für diesen Lösungsvorschlag ist die Voraussetzung, daß die fragliche subjektive Wahrscheinlichkeit zwar sehr niedrig war, *daß sie aber von 0 verschieden gewesen ist*. Denn nur unter dieser Voraussetzung können sich die Wahrscheinlichkeiten aufgrund späterer Erfahrungen erhöhen. Der Wert 0 bleibt hingegen 0, womit auch immer er später multipliziert werden mag.

HACKING zitiert[102] zu diesem Punkt eine höchst problematische Äußerung von SAVAGE. Danach hat jemand, wenn er auf ‚abnorme Daten‘ stößt, immer schon effektive oder latente Zweifel an der Hypothese gehegt. Was, so fragt HACKING, sind ‚latente Zweifel‘? Es gibt hier zwei Deutungsmöglichkeiten: Entweder der Ausdruck „latenter Zweifel" wird so *definiert*, daß er immer dann vorliegt, wenn jemand später tatsächlich zweifelt. Dann ist die Behauptung von SAVAGE, daß jedesmal, wenn jemand an etwas effektiv zweifelt, bereits ein latenter Zweifel vorhanden gewesen sein muß, nicht informativ, sondern ein leerer Pleonasmus (es ist einfach ein linguistischer *Beschluß, so zu reden*, daß immer bei Auftreten eines Zweifels bereits ein latenter Zweifel vorhanden war). Oder aber „latenter Zweifel" soll so viel bedeuten wie „geringer effektiver Zweifel". Dann ist die Behauptung tatsächlich informativ und im Einklang mit der geschilderten subjektivistischen Denkweise.

Doch dürfte die Behauptung in dieser zweiten, allein interessierenden Deutung falsch sein. Man könnte vielleicht geradezu die brutale These aufstellen, *daß die subjektivistische Theorie die Menschen dazu zwingen will, entweder Narren oder Starrköpfe zu sein*. Wer angesichts potentiellen künftigen Zweifels in keiner Lebenssituation einer Sache sicher ist, der ist ein Narr. Und wer, da er einmal seiner Sache sicher war, keinesfalls bereit ist, aufgrund neuer Fakten seine frühere Auffassung zu revidieren, ist ein Starrkopf oder gar ein Fanatiker.

Es könnte der Rettungsversuch unternommen werden, die für eine Person P geltende Sicherheit, daß A nicht eintreten wird, *nicht* mit der subjektiven Wahrscheinlichkeit 0 des Eintretens von A für P gleichzusetzen. Aber dieser Rettungsversuch würde dem Subjektivisten zum Verhängnis werden. *Er würde damit sein Explikandum preisgeben*. Mit der subjektiven Wahrscheinlichkeit sollte doch gerade der Begriff des vernünftigen Glaubensgrades präzisiert werden!

Einen Grund gibt es allerdings, der dagegen spricht, den Begriff der Sicherheit mit dem Wettverhalten in Zusammenhang zu bringen. Wenn ich heute früh, so wie täglich, meine Armbanduhr am linken Handgelenk be-

---

[102] [Statistical Inference], S. 223.

festigt habe und diese Uhr jetzt dort sowohl sehe als auch spüre, werde ich absolut sicher sein, daß sie sich dort befindet. Werde ich auch bereit sein, z. B. mein ganzes Vermögen gegen 5,— DM zu wetten, daß sie sich jetzt dort befindet? Warum nicht, möchte man meinen; ich könnte ja dadurch auf billige Weise zu 5,— DM kommen! HACKING bemerkt, daß ich vor einer solchen Wette vermutlich zurückschrecken werde, wenn sich mir ein düsterer Geselle mit einem diabolischen oder zumindest hypnotischen Blick nähert, um mir diese Wette anzubieten. Man kann wohl darüber hinausgehen und sagen: Es bedarf gar keines hypnotischen Blickes; als vorsichtiger Mensch werde ich, *selbst wenn die Stituation scheinbar ganz harmlos aussieht,* bei einem derartigen Wettangebot den Verdacht hegen, daß irgendeine von mir nicht durchschaute Teufelei im Spiel sei und die Wette nicht akzeptieren.

Anerkennt man dies, daß eine beginnende Wettsituation selbst Zweifelsursache sein kann, so wird das subjektivistische Vorgehen von vornherein blockiert. Der Subjektivist muß zu einer Idealisierung des Wettverhaltens zurückgreifen. Dann aber entsteht die ursprüngliche Schwierigkeit, daß „*Sicherheit, daß A nicht* = *subjektive Wahrscheinlichkeit 0, daß A schon*" niemals in „*positive Wahrscheinlichkeit, daß A schon*" übergehen kann, was immer die Erfahrung lehren mag.

Wenn man dem Subjektivisten entgegenkommt und ihm auch dieses Zugeständnis macht, daß eine rationale Person nur dann zu positiven Überzeugungen gelangen kann, wenn ihre Apriori-Wettquotienten von 0 verschieden waren, so entsteht eine neue Schwierigkeit. Dies sei wieder am Würfelbeispiel illustriert: Wenn zunächst nur Hypothesen unter der Voraussetzung der Unabhängigkeit in Erwägung gezogen werden, so dürfen die Wettquotienten in ihrer Summe *nicht* den Wert 1 ausmachen; denn es muß ja laut subjektivistischer Voraussetzung andere, auf einer Abhängigkeitsannahme beruhende Hypothesen geben, für die der Apriori-Wettquotient nicht 0 ist. Wenn wir fragen, *welche* und *wieviele mögliche Hypothesen* wir ins Auge fassen müssen, so geraten wir nun tatsächlich ins Uferlose. Der Begriff des statistischen Datums mit seinem restringierenden Effekt steht ja nicht mehr zur Verfügung. Es ist bereits die Frage, *ob der Begriff der Menge aller überhaupt möglichen statistischen Hypothesen einen mengentheoretisch sinnvollen Begriff bildet.* Sicherlich aber ist die über alle diese Hypothesen laufende Likelihood-Funktion *nicht definierbar* (die Anzahl der Elektronen im Universum reicht nicht aus, um sie anzuschreiben); und selbst wenn sie definierbar wäre, könnte man sie *nicht praktisch handhaben.*

Dies führt zu einer rein logischen Schwierigkeit, auf die BARNARD hingewiesen hat: Zu der Ausgangsliste der potentiellen Hypothesen $h_1, h_2, \ldots$ muß SAVAGE noch eine hinzufügen: „oder sonst irgendetwas". Was aber ist die Wahrscheinlichkeit dafür, daß der Wurf mit diesem Würfel zum Resultat 5 führt, sofern die Hypothese „*irgend etwas sonst*" vorausgesetzt wird? Die Frage ist nicht sinnvoll und kann daher auch nicht sinnvoll beantwortet werden. Nur wenn die Hypothese scharf charakterisiert ist, läßt sich die Wahrscheinlichkeit berechnen. Der Verzicht auf den Begriff des statistischen Datums, auf den die Subjektivisten stolz sind und der sich zunächst als Vorteil zu erweisen schien, führt zu dem unmöglichen, weil *undefinierten und nicht definierbaren Begriff der Likelihood von ‚etwas sonst‘*.

Ich neige daher dazu, der Auffassung von HACKING zuzustimmen, *daß die subjektivistische Theorie am Problem der unerwarteten Hypothese scheitert*. Wie wir feststellen mußten, superponieren sich sogar zwei Schwierigkeiten: Da eine Totalität von Hypothesen mit einer Mächtigkeit von höherer Ordnung zugrundegelegt wird, muß mit einem undefinierten Likelihood-Begriff, also in Wahrheit mit einem Pseudobegriff, gearbeitet werden. Und bereits an einer früheren Stelle traten bei den Fällen, in denen Sicherheit sich in Zweifel oder Unglaube in Glauben verwandelt, Schwierigkeiten auf. Der scheinbar so klare und geradlinige ‚Weg des rationalen Wettverhaltens‘ verlor sich im statistischen Fall (zum Unterschied vom Fall der personellen Wahrscheinlichkeit) in einem dämmerigen Labyrinth von falschen Behauptungen, zweifelhaften Analogien und wirklichkeitsfremden Idealisierungen.

Das Problem der unerwarteten Hypothese scheint allerdings, wie bereits die obige Bemerkung über eine Rationalitätslücke andeutete, eine generelle Schwierigkeit aufzudecken, mit der *jede* Theorie der Prüfung statistischer Wahrscheinlichkeitsaussagen konfrontiert ist. Sie liegt darin, daß man statistische Hypothesen nur unter der Annahme überprüfen kann, daß man *andere* statistische Hypothesen *für richtig hält*. Mancher wird darin so etwas wie eine Paradoxie erblicken. Der Schein einer Paradoxie verschwindet am ehesten, wenn man den Begriff der Chance als *theoretischen Begriff* deutet und z. B. zum physikalischen Kraftbegriff in Analogie setzt. Auch Kräfte kann man vermutlich nur messen, wenn man zugleich Annahmen über andere Kräfte macht.

Sehen wir von dem zuletzt vorgebrachten Einwand ab, so ist es fraglich, ob die vorgebrachten Einwendungen wirklich *entscheidend* sind oder ob sie nur auf *Schwierigkeiten* hinweisen, die sich vielleicht doch im Rahmen der subjektivistischen Theorie bewältigen lassen. Am überzeugendsten bleibt dann wohl noch das Bedenken (3), wenn man darin „Einzelwissenschaften“ durch „Physik“ ersetzt. Im Abschnitt 2 der Einleitung des ersten Halbbandes wurde auf die Notwendigkeit einer *radikalen Subjektivierung der Naturwissenschaften* hingewiesen, die unausweichlich sein dürfte, wenn sich die personalistische Auffassung in bezug auf den Begriff der statistischen Wahrscheinlichkeit durchsetzen sollte.

Der Wissenschaftstheoretiker wird, bevor er diese bittere Pille schluckt, nach einer anderen Lösung Umschau halten. Im folgenden Unterabschnitt sollen die interessantesten Versuche dieser Art, die bei der Propensity-Deutung von POPPER ihren Ausgang nahmen, diskutiert werden.

12.b Die Propensity-Interpretation der statistischen Wahrscheinlichkeit: Popper, Giere und Suppes. Philosophen, welche sich mit der Grundlegung der Wahrscheinlichkeitstheorie beschäftigen, haben heute zunehmend die Neigung, den *personalistischen* Standpunkt zu akzeptieren. Die großartigen Leistungen DE FINETTIs und SAVAGEs auf der einen Seite, die logischen Schwierigkeiten der Häufigkeitstheorie auf der anderen tragen dazu gleichermaßen bei. Die heutige Mode, statistische Probleme rein entscheidungstheoretisch zu behandeln, unterstützt diese Tendenz. Philosophen hingegen, welche vorwiegend an der Anwendung der Wahrscheinlichkeitstheorie in der Physik, und da wieder vor allem in der modernen Physik, interessiert sind, gehen in der Regel von einer *objektivistischen Konzeption* der statistischen Wahrscheinlichkeit aus. Die Schwierigkeiten der Limestheorie veranlaßten allerdings die gründlicheren Geister unter ihnen immer wieder, nach neuen Wegen Umschau zu halten.

Unabhängig von BRAITHWAITE hat K. POPPER vorgeschlagen, statistische Wahrscheinlichkeiten als *theoretische Dispositionen* bestimmter Art zu interpretieren. Während bei der Behandlung des theoretischen Begriffs der Wahrscheinlichkeit für BRAITHWAITE die Testproblematik und für HACKING die damit in engem Zusammenhang stehende Bestätigungsproblematik im Vordergrund steht, geht es POPPER vor allem darum, die quantenmechanischen Phänomene zu entsubjektivieren und *einen brauchbaren Begriff der physikalischen Wahrscheinlichkeit* einzuführen. Den Begriff der statistischen Wahrscheinlichkeit versucht er daher weder wie BRAITHWAITE durch eine Verwerfungsregel für statistische Hypothesen noch wie HACKING durch einen tieferliegenden, weil für die Rechtfertigung von Testregeln benötigten Stützungsbegriff zu charakterisieren, sondern *durch eine neue physikalische Hypothese*, von der POPPER selbst sagt, daß es sich vielleicht um eine *metaphysische* Hypothese handle.

Die Gründe, die POPPER dazu bewegten, von der Limestheorie abzurücken, sind bereits in Abschnitt 1.b unter Punkt (11) geschildert worden und brauchen daher nicht hier wiederholt zu werden. Es sei nur daran erinnert, daß die scheinbar geringfügige Modifikation der frequentistischen Theorie, die sich nach POPPERs Überzeugung aus seiner Kritik ergibt, in Wahrheit eine neue Deutung impliziert: *an die Stelle der Limestheorie tritt die Propensity-Theorie der statistischen Wahrscheinlichkeit.* Nach der Auffassung der ersteren sind Wahrscheinlichkeiten Merkmale gegebener Folgen von Ereignissen, nach der Auffassung der letzteren sind sie Eigenschaften der experimentellen Anordnungen ("generating conditions"), welche derartige Folgen hervorrufen. Diese Auffassung wurde den ganzen Betrachtungen dieses Teiles III zugrundegelegt.

Mit Nachdruck wendet sich POPPER gegen den potentiellen Vorwurf, daß die Deutung statistischer Wahrscheinlichkeiten als Neigungen oder als Tendenzen, eben als Propensities, einen Rückfall in eine metaphorische

Sprechweise oder in einen okkulten Anthropomorphismus darstelle (vergleichbar etwa mit vitalistischen Theorien, die einen Begriff der Entelechie verwenden). Denn für diesen Begriff gibt es ein (hypothetisch angenommenes) Gesetz. Da vor allem diese These POPPERs von SUPPES in seiner weiter unten geschilderten Kritik angegriffen wird, sei die Diskussion dieses Punktes vorläufig zurückgestellt.

POPPER beansprucht auch, mit der Propensity-Deutung eine der für die frequentistischen Theorien hartnäckigsten Probleme gelöst zu haben: das Problem der *Wahrscheinlichkeit von Einzelereignissen*. Die Behauptungen, daß die Wahrscheinlichkeit, mit diesem Würfel beim nächsten Wurf eine 6 zu werfen, 1/6 betrage, muß innerhalb der Limestheorie *umgedeutet* werden zu der Aussage, daß sich die relativen Häufigkeiten der Sechserwürfe mit diesem Würfel in einer immer länger werdenden Folge von Würfen dem Grenzwert 1/6 nähere. Da wir aber nicht am Grenzwert, sondern *am Ausgang des nächsten Versuchs* interessiert sind, entsteht die Frage, *warum denn das, was beim Grenzübergang geschieht, für den nächsten Fall von Relevanz sein soll*. Die früher geschilderte Hackingsche Diskussion der Einzelfall-Regel hat die Schwierigkeiten aufgezeigt, auf frequentistischer Grundlage auf diese Frage eine vernünftige Antwort zu finden. Nach POPPER besteht diese Schwierigkeit für die Propensity-Deutung nicht; denn nach seiner Deutung handelt es sich immer um *Propensities der Realisierung im Einzelfall*.

An diesem Punkt setzt GIERE mit seiner Kritik ein. Er weist zunächst nach, daß POPPER den Gedanken einer Einzelfall-Propensity nicht konsequent durchhält, sondern zwischen zwei Deutungen schwankt und sich dadurch (überflüssigerweise) mit Schwierigkeiten der frequentistischen Theorie belastet. Während er z. B. in [Propensity 2] auf S. 28 seinen Begriff ausdrücklich dahingehend erläutert, daß es sich um "propensities to realize singular events" handle, sagt er in [Without] auf S. 32, daß wir die Propensity eines Würfels, zu einer 6 zu führen, durch die (potentielle) relative Häufigkeit messen, mit der diese Augenzahl in einer potentiell unendlichen Folge von Wiederholungen des Experimentes eintrifft.

Demgegenüber versucht GIERE in [Single Case], den Gedanken einer *Einzelfall-Propensity* konsequent durchzuführen. Sein Motiv dafür ist klar: Wenn wirklich die Propensities zur Realisierung von Einzelereignissen fundamental sind, dann lassen sich daraus die Propensities für die Erzeugung von Häufigkeiten in Versuchsfolgen gewinnen. Die Umkehrung gilt jedoch nicht. Die Begründung dieser zweiten Behauptung fällt zusammen mit dem Nachweis, daß die Einzelfall-Regel auf frequentistischer Basis nicht herleitbar ist, eine Tatsache, an die im vorletzten Absatz gerade rückerinnert worden ist. Die Last des Argumentes beruht somit auf der ersten Behauptung.

Hier handelt es sich nun um nichts weiter als um eine *logische Generalisierung*. Um dies einzusehen, muß man beachten, daß GIERE die Einzelfall-

Interpretation in dem Sinn ganz ernst nimmt, daß er sich von den beobachtbaren endlichen Häufigkeitsfolgen sozusagen in die entgegengesetzte Richtung bewegt als die Limestheoretiker: während die letzteren zum Häufigkeits*grenzwert* übergehen, geht er zur Betrachtung *individueller Versuche* über. Um keine Konfusion mit unserem früheren Symbolismus hervorzurufen, möge eine vorliegende experimentelle Anordnung $\mathbb{E}A$ heißen. Sie erzeuge während der Dauer ihrer Existenz endlich viele Resultate. Es wird ihr eine Wahrscheinlichkeitsfunktion P zugeordnet. Eventuelle Unterschiede in dem, was wir früher Versuchstypen nannten, seien im gegenwärtigen Kontext vernachlässigt. Als unmittelbare physikalische Bedeutung von $P(E) = r$ wird vorgeschlagen:

(a) Die Stärke der *Propensity* von $\mathbb{E}A$, beim Versuch V an $\mathbb{E}A$ das Ergebnis E zu erzeugen, beträgt r.

Diese Aussage, welche sich auf einen ganz bestimmten Versuch bezieht, kann für beliebige Versuche verallgemeinert werden:

(*b*) Für jeden beliebigen Versuch gilt, daß die Stärke der *Propensity* von $\mathbb{E}A$, bei diesem Versuch an $\mathbb{E}A$ das Ergebnis E zu erzeugen, r beträgt.

Da $P(E) = r$ oft im Sinn von (*b*) verstanden wird, erweist sich diese Gleichung als äquivok. Die Zweideutigkeit wird vermieden, wenn man ausschließlich die Einzelfall-Deutung (*a*) zugrunde legt.

Da POPPER in seinen späteren Arbeiten, insbesondere in [Without], die Erzeugung von Versuchs*folgen* zum Ausgangspunkt nimmt, setzt er sich, wie GIERE hervorhebt, dem Einwand aus, kein Kriterium dafür angegeben zu haben, was als *Wiederholung desselben Experimentes* zu gelten habe. Zu einem ähnlichen kritischen Ergebnis ist L. SKLAR in [Dispositional Property] gelangt. Es handelt sich hierbei um nichts anderes als um das alte Problem der ‚richtigen Bezugsklasse‘, für welches auch POPPER keine Lösung anbietet.

Es scheint mir allerdings, daß man bezüglich dieses Punktes zwei Problemstellungen scharf voneinander unterscheiden muß. Nur die eine gehört, in GIEREs Sprechweise, zum *ontologischen* Problem, nämlich zu der Frage: *was sind statistische Wahrscheinlichkeiten?*, während das andere ein *epistemologisches* Problem ist, nämlich jenes, welches im Zusammenhang mit der Einzelfall-Regel auftritt: *wie lassen sich statistische Hypothesen für statistische Begründungen verwenden?* Diese letztere Frage wird in Teil IV diskutiert. HEMPELs Theorie der statistischen Erklärung von akzeptierten Tatsachen wird dort als Theorie der statistischen Begründung von nichtakzeptierten Tatsachen uminterpretiert. Das ‚Problem der Bezugsklasse‘, welches HEMPEL im Rahmen seiner Untersuchungen *das Problem der Mehrdeutigkeit statistischer Systematisierungen* nennt, tritt dort als ein spezielles *epistemologisches* Problem in Erscheinung, welches die korrekte Anwendung akzeptierter statistischer Hypothesen für die Zwecke des statistischen Schließens betrifft.

Doch hat GIERE meines Erachtens recht, daß dieses Problem *außerdem* bei der Einführung des statistischen Wahrscheinlichkeitsbegriffs auftritt, solange man die Propensity als eine Tendenz zur Erzeugung von *Folgen* mit bestimmten Häufigkeitsmerkmalen deutet, also nicht Ernst macht mit dem Begriff der *Einzelfall-*Propensity.

Da der Begriff der relativen Häufigkeit bei der Einzelfall-Interpretation (*a*) in der Definition überhaupt nicht auftritt, scheint für GIERE das Problem zu entstehen, *den Zusammenhang von Propensity und relativer Häufigkeit zu explizieren*. Dieses Problem muß in zwei Teilfragen zerlegt werden. Erstens geht es um die Klärung dessen, wie sich die Interpretation (*a*) mit *Folgen von Versuchen* in Verbindung bringen läßt. Hier kann an das in der Statistik übliche Verfahren angeknüpft werden[103], jedem einzelnen Versuch einer Folge von n Versuchen eine Zufallsfunktion zuzuordnen, so daß man eine Folge von n Zufallsfunktionen $\mathfrak{x}_1, \mathfrak{x}_2, \ldots, \mathfrak{x}_n$ mit den Wahrscheinlichkeitsverteilungen $P(\{\omega \mid \mathfrak{x}_i(\omega) = x\})$ bzw. mit den Wahrscheinlichkeitsdichten $f_{\mathfrak{x}_i}$ für $i = 1, \ldots, n$ erhält, *welche die Propensity-Verteilungen beim i-ten Versuch festlegen*. Daß die Versuche *voneinander unabhängig* zu sein haben, ist nicht probabilistisch zu explizieren — dies würde ja unweigerlich in einen Zirkel hineinführen —, sondern besagt lediglich, *daß zwischen dem Resultat eines beliebigen Versuchs der Folge und der Propensity-Verteilung bei einem anderen Versuch der Folge keine kausale Wechselwirkung besteht* (was man natürlich nicht ‚definitiv wissen‘, sondern nur hypothetisch annehmen kann). Wie man unmittelbar erkennt, ist dieser Gedanke identisch mit dem früher erwähnten Lösungsvorschlag zum Einwand (7) in Abschnitt 1.b. (Es sei daran erinnert, daß es sich dabei nicht nur um einen Einwand gegen die Limestheorie, sondern gegen *jede* ‚objektivistische‘ Theorie handelte.)

Die zweite Frage betrifft das Problem, ob es möglich sei, aus Annahmen über Einzelfall-Propensities Aussagen über absolute bzw. relative Häufigkeiten *logisch zu deduzieren*. Die Antwort ist *negativ*. Gegeben sei eine experimentelle Anordnung $\mathbb{E}\mathbb{A}$ und eine Folge von unabhängigen Versuchen, so daß die Propensity des Erfolges bei jedem Versuch gleich ϑ ist. Wie in Abschn. 1.b bezeichnen wir die Folge von relativen Häufigkeiten des Erfolges mit $f_1, f_2, \ldots$. Die Aussage, daß diese Folge den Grenzwert ϑ besitzt, d. h. die Aussage:

$$\bigwedge \varepsilon \bigvee N \bigwedge m \left[m > N \rightarrow \mid f_m - \vartheta \mid < \varepsilon \right]$$

ist *nicht* beweisbar. Dies ist kein Nachteil, sondern ein Vorzug dieses theoretischen Ansatzes! *Denn diese Nichtbeweisbarkeit bedeutet nichts Geringeres, als daß die Einzelfall-Propensity-Interpretation der statistischen Wahrscheinlichkeit dem entgeht, was ich in Abschnitt 1.b als tödlichen Einwand (8) gegen die Limestheorie bezeichnete.* Zum Unterschied von dieser letzteren Theorie *kann man der Propensity-Deutung nicht den Vorwurf machen, daß sie praktische Sicherheit mit logischer Notwendigkeit verwechsle.* Die angeführte Folge relativer Häufigkeiten braucht daher im Sinn der v. Misesschen oder Reichenbachschen Definition keine Wahrscheinlichkeitsfolge zu sein. Die Propensity-Interpretation liefert also nicht etwa nur eine andere intensionale Deutung der

---

[103] Vgl. Abschnitt 10.a sowie für die dabei benützten Grundbegriffe Teil 0, Kap. B, Abschnitt 3.a und Kap. C, Abschnitt 6.a.

statistischen Wahrscheinlichkeit. Vielmehr ist der Begriff der statistischen Wahrscheinlichkeit in der Propensity-Theorie *nicht extensionsgleich mit* dem Begriff der statistischen Wahrscheinlichkeit in der Limestheorie.

Was die Theorie POPPERs betrifft, so zeigt dieses Resultat allerdings, daß er nicht nur seine frühere Deutung des *Begriffs* der statistischen Wahrscheinlichkeit geändert hat, sondern daß er auch seine *epistemologischen Thesen* über statistische Wahrscheinlichkeit revidieren muß. Weder die auf S. 145 der *Logik der Forschung* stehende Aussage, daß ein Wahrscheinlichkeitsansatz mit einer unendlichen Ereignisfolge *im Widerspruch* stehen könne, noch die zwei Seiten später zu findende These, daß aus Wahrscheinlichkeitsannahmen Existenzbehauptungen *logisch folgen*, ist weiterhin haltbar. Darauf habe ich bereits in [Induktion] auf S. 40 hingewiesen. Nur nebenher sei erwähnt, daß damit POPPERs Abgrenzungskriterium zwischen Erfahrungswissenschaft und Metaphysik bei statistischen Hypothesen versagt, sofern man die von ihm selbst entworfene Propensity-Theorie akzeptiert und dabei mit der Einzelfall-Propensity, so wie GIERE, Ernst macht.

Dagegen läßt sich ein *probabilistischer* Zusammenhang zwischen den Gliedern f_i der Häufigkeitsfolge und ϑ herstellen: Wenn P ein Maß für die Propensity der zusammengesetzten Versuche ist, die aus den jeweils ersten m ursprünglichen Versuchen bestehen, so gilt das schwache Gesetz der großen Zahlen in der Gestalt:

$$\wedge\,\varepsilon\wedge\delta\vee N\wedge m\,[m>N\to P(|f_m-\delta|<\varepsilon)>(1-\delta)].$$

In Abschnitt 5 seines Aufsatzes macht GIERE einige philosophische Bemerkungen über die Unverträglichkeit der Einzelfall-Propensity mit dem, was er die Humesche Metaphysik und Epistemologie nennt. Diese Bemerkungen treffen sich inhaltlich mit den Feststellungen des vorletzten Absatzes.

So wie nach der 'Humeschen Metaphysik' Kausalgesetze nur in de-facto-Verknüpfungen bestehen, so bestehen probabilistische Gesetze in faktischen relativen Häufigkeitsverteilungen. Da jedoch zwischen Einzelfall-Propensity und relativen Häufigkeiten kein unmittelbarer Zusammenhang besteht, nicht einmal ‚beim Grenzübergang‘, *so können Propensity-Aussagen nicht als probabilistische Gesetze im Humeschen Sinn gedeutet werden.*

Nach der *Humeschen Erkenntnistheorie* kann auf der Grundlage endlich vieler Daten die Wahrheit keiner Gesetzesannahme eingesehen werden. Nennen wir ein Wesen, welches die gesamte Geschichte des Universums zu überschauen vermöchte, einen allbeobachtenden Geist (zum Unterschied von einem allwissenden Geist). Nach HUME würde ein allbeobachtender Geist alle Naturgesetze kennen. Für statistische Gesetze in der Propensity-Deutung würde dies nicht gelten: der ‚Allbeobachter‘ würde zwar alle Häufigkeitsgrenzwerte von Folgen kennen; trotzdem könnten ihm die Einzelfall-Propensities jener experimentellen Anordnungen, welche die betreffenden Folgen erzeugten, unbekannt sein.

Wie bereits in Abschnitt 2 der Einleitung (Erster Halbband) kurz erwähnt worden ist, macht GIERE — in diesem Punkt POPPER folgend — darauf aufmerksam, daß ein personalistischer Wahrscheinlichkeitstheoretiker außerstande ist, dem Indeterminismus der modernen Physik gerecht zu werden. *Der personalistischen Theorie*, für die *jede* Wahrscheinlichkeit subjektive Ungewißheit ausdrückt, *fehlt der Begriffsapparat, um zwischen jener Ungewißheit, die auf mangelnder Information beruht, einerseits und jener ganz anderen*

Form von Ungewißheit, die durch kein physikalisch mögliches Wachstum unseres gegenwärtigen Wissens beseitigt werden könnte, zu unterscheiden. Da dies aber gerade der Unterschied zwischen physikalischem Determinismus und Indeterminismus ist, *müssen die Bayesianer alle Ungewißheit auf Informationslücken zurückführen und somit den Determinismus akzeptieren.* GIERE erblickt darin offenbar eine indirekte Stütze für die Propensity-Interpretation. Denn das Zugeständnis, daß es Ungewißheit gibt, die nicht auf die Begrenztheit der menschlichen Information zurückzuführen ist, impliziere nach dieser Überlegung die Anerkennung einer physikalischen, nichtpersonellen Wahrscheinlichkeit.

Wie ich ebenfalls bereits in Abschnitt 2 der Einleitung andeutete, ist der Schluß in dieser Form nicht zwingend, da der Personalist stattdessen eine so radikale Subjektivierung der Naturwissenschaften in Kauf nehmen könnte, wie dies dort geschildert wurde. Es scheint mir daher, daß man nur sagen darf: Wenn personalistische Wahrscheinlichkeitstheoretiker, wie DE FINETTI und SAVAGE, nicht bereit sind zu behaupten, daß Atomphysiker in Wahrheit *über Physiker* (und nicht über subatomare Entitäten) sprechen, so bleibt ihnen nur die Annahme eines metaphysischen Determinismus übrig, der mit der heutigen Physik unverträglich ist. Immerhin glaube ich, daß auch diese dem Personalismus allein offenstehende Alternative genügt, *um als indirekte Stütze der Propensity-Interpretation zu dienen.*

Viel radikaler als die Kritik GIEREs an POPPER, ja prima facie geradezu vernichtend ist die Kritik, welches SUPPES in [POPPER's Analysis] an der Popperschen Konzeption geübt hat. Dennoch erweist sich auch seine Kritik im weiteren Verlauf als nicht destruktiv, sondern als in einem sehr wichtigen Sinn konstruktiv. SUPPES hat vor allem in der späteren Arbeit [New Foundations] angegeben, wie die entscheidende Lücke zu schließen ist, welche bei allen bisherigen Interpretationen der statistischen Wahrscheinlichkeit als einer *theoretischen* Größe festzustellen ist.

Den Grundgedanken der Kritik von SUPPES könnte man mittels des berühmten lateinischen Satzes ausdrücken: „*Termini sine theoria nihil valent*". Dieser Satz besitzt allerdings nur die *negative* Berühmtheit, daß er von keinem mittelalterlichen oder neuzeitlichen Philosophen ausgesprochen worden ist, obwohl er längst *hätte* ausgesprochen werden *sollen*. (Tatsächlich habe ich diesen Satz, in einem ganz anderen Kontext, erstmals im Jahre 1972 aus dem Munde von Herrn Prof. Y. BAR-HILLEL vernommen.) Gemeint ist einfach dies: Wenn ein Begriff als theoretische Größe bezeichnet wird, so muß man auch in der Lage sein, *die Theorie selbst anzugeben*, der diese Größe zu genügen hat. Wie lautet die ‚Theorie der Propensity'?

Eine Konfrontation der Popperschen Interpretation sowohl mit der personalistischen Auffassung als auch mit der Limestheorie möge die Bedeutung dieser Herausforderung von SUPPES verdeutlichen. Wenn eine Größe eine *Wahrscheinlichkeit* genannt wird, so denkt man zunächst daran, daß diese Größe in allen Anwendungen die Kolmogoroff-Axiome erfüllt[104]. Wie läßt sich dies rechtfertigen? In Teil II haben wir die Antwort kennengelernt, welche die Personalisten auf diese Frage geben: *Die Axiome lassen sich mittels der Kohärenzforderung begründen.* Die Antwort der Limestheoretiker lautet zwar ganz anders. Doch enthält auch sie — wenn man sie allein unter dem Gesichtspunkt *dieser einen Frage* beurteilt (und daher von allen potentiellen Einwendungen gegen diese Theorie abstrahiert) — eine einwandfreie und logisch befriedigende Reaktion auf diese Frage, nämlich: *Die Axiome folgen aus der Definition der statistischen Wahrscheinlichkeit als eines Grenzwertes relativer Häufigkeiten.* (Für diesen Nachweis werden außer der formalen Logik nur die Rechenregeln für die durch das Symbol „$\lim_{n \to \infty}$" bezeichnete Operation benötigt.) Die Propensity-Interpretation vermag (vorläufig) kein analoges Rechtfertigungs- oder Begründungsverfahren zu liefern.

Wir haben soeben ausdrücklich nur von einer *Verdeutlichung* der Herausforderung durch SUPPES gesprochen. Denn SUPPES selbst hat seine Frage auf andere und zwar auf präzisere Weise formuliert. Um diese Formulierung verstehen zu können, muß man mit den Grundzügen der axiomatischen Theorie der Metrisierung vertraut sein.

Da es nicht möglich war, diese Theorie in den gegenwärtigen Text einzuarbeiten, *sei der Leser auf den Anhang III dieses Buches verwiesen*: das Metrisierungsproblem wird dort eingehend geschildert; ferner wird die Lösung für den in den Naturwissenschaften wichtigsten Fall *extensiver Größen* angegeben; schließlich wird die Problemstellung und -lösung für insgesamt *fünf probabilistische Fälle* im Anschluß an das Werk von KRANTZ et al. [Foundations] formuliert, welches das beste moderne Standardwerk zu Fragen der Metrisierung darstellt.

Wer beansprucht, einen empirischen Größenbegriff in korrekter Weise eingeführt zu haben, der muß in der Lage sein, *für seinen Größenbegriff das Repräsentationstheorem zu beweisen.* Die Einführung eines Größenbegriffs oder eines quantitativen Begriffs für einen empirischen Bereich besteht nämlich darin, daß der fragliche Bereich in einen numerischen Bereich strukturgleich, d. h. homomorph abgebildet wird. Die Lösung des Repräsentationsproblems besteht daher, grob gesprochen, darin, in einem ersten Schritt die ‚formalen' Merkmale der im Metrisierungsverfahren benützten empirischen Relationen und empirischen Operationen axiomatisch zu charakterisieren und in einem zweiten Schritt zu zeigen, daß diese Relationen und Operationen ‚dieselbe Struktur' haben wie geeignet gewählte *numerische* Relationen und *numerische* Operationen. (Wie in Anhang III gezeigt wird, hängt es in der Regel von der Wahl der empirischen Objekte, nämlich: konkrete Einzeldinge oder Äquivalenzklassen, ab, ob eine Strukturgleichheit im Sinn der *Isomorphie* oder bloß im Sinn der *Homomorphie* vorliegt.)

---

[104] Um Komplikationen zu vermeiden, die den entscheidenden Punkt nicht berühren, beschränken sich die folgenden Überlegungen auf die Fälle *endlich* additiver Wahrscheinlichkeitsmaße.

Auf den Wahrscheinlichkeitsfall übertragen, heißt dies: Von denjenigen Entitäten, die im Rahmen einer bestimmten Interpretation der Wahrscheinlichkeit eingeführt werden, muß gezeigt werden, daß sie die strukturellen Merkmale einer Wahrscheinlichkeit besitzen, abstrakter gesprochen: es muß gezeigt werden, daß sie das mengentheoretische Prädikat „ist ein endlich additiver Wahrscheinlichkeitsraum" erfüllen. Für die beiden im vorletzten Absatz erwähnten Interpretationen ist dieser Beweis möglich. SUPPES betont demgegenüber, daß er nicht sehe, *wie ein entsprechendes Repräsentationstheorem für die Poppersche Propensity-Interpretation bewiesen werden könne.* Solange dies aber nicht möglich sei, müsse man sagen, *daß sich die Propensity-Deutung noch auf einer präsystematischen Stufe befindet.*

Sehr interessant ist in diesem Zusammenhang auch die Diskussion von POPPERs Kritik an der klassischen Wahrscheinlichkeitskonzeption (vgl. [Propensity 2], S. 35 f.), die SUPPES in [POPPER's Analysis] auf S. 7 ff. gibt. POPPER bemängelte in seiner Kritik, daß in der klassischen Wahrscheinlichkeitsdefinition („Wahrscheinlichkeit ist gleich der Anzahl der günstigsten Fälle, dividiert durch die Anzahl der möglichen Fälle") von *bloßen Möglichkeiten* die Rede sei, daß jedoch bloße Möglichkeiten niemals zu Voraussagen führen könnten; denn eine bloße Möglichkeit hat als solche keine Tendenz, sich zu realisieren. Tatsächlich verhält es sich jedoch, wie SUPPES mit Recht hervorhebt, so, *daß auch diese klassische Interpretation adäquater ist als die Propensity-Deutung,* da sich für sie das entsprechende Repräsentationstheorem beweisen läßt. In der Sprechweise von SUPPES besteht dieser Beweis darin, daß man zeigen kann: *Jeder endliche Laplacesche Wahrscheinlichkeitsraum ist ein endlich additiver Wahrscheinlichkeitsraum.* Der entscheidende Punkt in dieser klassischen Definition besteht eben darin, daß die *Berechnung von Wahrscheinlichkeiten* auf die *Aufzählung von Möglichkeiten* zurückgeführt wird. Was diese Theorie heute als unbefriedigend erscheinen läßt, ist etwas ganz anderes, nämlich ihr geringer Anwendungsbereich: Nur in den seltensten Fällen (im praktischen Leben meist nur bei gewissen Glücksspielen) stoßen wir auf Symmetriebedingungen, welche die Reduktion aller Wahrscheinlichkeiten auf *gleichwahrscheinliche* Möglichkeiten zulassen.

Die Analogie, die POPPER zwischen Propensities und den Newtonschen Kräften zieht, ist deshalb nicht überzeugend, weil für die Newtonschen Kräfte explizite formale Gesetze angegeben werden, für die Propensities hingegen nicht.

Man könnte zur Stützung dieser Kritik von SUPPES den Text bei POPPER in [Propensity 2], S. 31, Zeile 2—8, heranziehen. POPPER sagt hier selbst ausdrücklich, daß mit dem Begriff der Kraft eine physikalische Disposition eingeführt werde, *die nicht durch Metaphern, sondern durch bestimmte Gleichungen beschrieben wird.* Und er fährt fort, daß mit dem Begriff der Propensity in analoger Weise eine dispositionelle Eigenschaft einzelner physikalischer experimenteller Anordnungen eingeführt werde, um beobachtbare Häufigkeiten zu erklären. Das „in analoger Weise" (im englischen Text: "Similarly") ist jedoch unfundiert; denn es fehlt die Angabe von dem, was den eben erwähnten Gleichungen, zum Unterschied von Metaphern, in diesem physikalischen Illustrationsbeispiel entspricht.

An späterer Stelle (in [Propensity 2], S. 38) formuliert POPPER allerdings die Hypothese: „daß jede experimentelle Anordnung . . . physikalische

Propensities erzeugt, welche mittels Häufigkeiten geprüft werden können"[105]. Doch wird man auch hier Suppes beipflichten müssen, daß die Vagheit dieser physikalischen Hypothese in scharfem Gegensatz steht zu der präzisen Formulierung der Newtonschen Theorie.

Zur Erläuterung dieser Kritik von Suppes könnte man den Spieß umdrehen und die Newtonsche Theorie ähnlich ungenau zu formulieren versuchen. Angenommen, Newton hätte nichts weiter gesagt als: „Alle Beschleunigungen von Körpern werden durch Kräfte hervorgerufen." Dies wäre sicherlich eine interessante Äußerung gewesen, interessant nämlich in dem Sinn, *daß sie die weitere physikalische Forschung vielleicht angeregt hätte.* Es ist jedoch kaum anzunehmen, daß diese Äußerung als solche, selbst wenn sie von Beispielsanalysen und Kommentaren begleitet gewesen wäre, von Physikern als eine aufregende naturwissenschaftliche Theorie betrachtet worden wäre.

Trotz dieser Kritik findet Suppes die Ideen Poppers äußerst attraktiv. Sein Bemühen geht dahin, wenigstens für einen speziellen Typ von Fällen diejenige Präzisierung zu liefern, die den Beweis eines Repräsentationstheorems für Propensities gestattet. Es handelt sich um die *klassische Theorie des radioaktiven Zerfalls.* Halbwertszeiten von radioaktiven Elementen bilden ja besonders eindrucksvolle Beispiele von Wahrscheinlichkeiten, die wir, wenn wir nicht in eine phantastische subjektivistische Metaphysik flüchten wollen, nicht umhinkönnen, *als objektive Naturtatsachen* zu deuten.

Den Ausgangspunkt der Theorie bildet eine qualitative Relation, die man alltagssprachlich etwa so wiedergeben könnte: „Das Ereignis B hat bei gegebenem Ereignis A eine mindestens ebenso große Propensity vorzukommen wie das Ereignis D bei gegebenem Ereignis C". Als symbolische Abkürzung dafür diene: „$B \mid A \gtrsim D \mid C$". Die für die Repräsentation *notwendigen* Axiome (d. h. diejenigen, ohne die man nachweislich kein Repräsentationstheorem beweisen kann) sind im Begriff des *qualitativen bedingten Wahrscheinlichkeitsfeldes* enthalten.

Die Behauptung, daß diese Axiome *notwendig* sind, läßt sich zu der folgenden Aussage präzisieren: Diese Axiome sind eine logische Folgerung der Annahme, daß auf dem zugrunde liegenden Ereigniskörper ein Wahrscheinlichkeitsmaß P definiert ist, welches die Bedingung erfüllt: $B \mid A \gtrsim D \mid C$ gdw $P(B \mid A) \geqq P(D \mid C)$.

Die notwendigen Axiome sind in **D4** *von Anhang III formuliert.* Der auch an den technischen Details interessierte Leser sei daher auf die dortige Darstellung verwiesen. (Suppes gibt in [New Foundations] allerdings eine geringfügige Modifikation des Axiomensystems, das im Werk von Krantz et al., [Foundations], angegeben wird und welches wir im Anhang III übernommen haben. Er leitet außerdem in diesem Aufsatz eine Reihe weiterer Theoreme ab. Neuartig ist vor allem ein Theorem über Standardfolgen, welches Suppes a. a. O. auf S. 13 ff. formuliert und beweist.)

---

[105] „ . . . that every experimental arrangement . . . generates physical propensities which can be tested by frequencies".

Zu den notwendigen Axiomen treten — wie auch in anderen Fällen der Metrisierung — die nicht notwendigen *strukturellen* Axiome hinzu, die zusätzlich benötigt werden, um eine hinreichende Basis für den Beweis des Repräsentationstheorems zu erhalten. Mit diesen strukturellen Axiomen wird keine absolute Eindeutigkeit angestrebt, d. h. diese Axiome sollen zusammen mit den notwendigen Axiomen das Wahrscheinlichkeitsmaß nicht vollkommen festlegen. SUPPES bemerkt, daß diese seine Theorie der objektiven Wahrscheinlichkeit sich von den subjektivistischen Theorien wesentlich unterscheide, da in Theorien der letzteren Art die Strukturaxiome das Wahrscheinlichkeitsmaß eindeutig festlegen.

Diese Feststellung von SUPPES gilt jedoch nur für diejenigen subjektivistischen Theorien, die er im Auge hat. Es gilt insbesondere *nicht* von der in Teil I, Abschnitt 7 behandelten Theorie von JEFFREY. Denn in dieser Theorie sind die subjektiven Nützlichkeiten und subjektiven Wahrscheinlichkeiten *nur bis auf gewisse Transformationen* festgelegt, nämlich in bezug auf jene, die im Eindeutigkeitstheorem von BOLKER-GÖDEL (Teil I, Abschnitt 7.e) angegeben sind.

Jedenfalls erblickt SUPPES in der Nichteindeutigkeit keinen Mangel der Theorie, sondern eine Stärke. Es wird durch diese Theorie nur die parametrische Form des Wahrscheinlichkeitsmaßes eindeutig festgelegt, nicht jedoch das Maß selbst. Tatsächlich muß die Nichteindeutigkeit des Wahrscheinlichkeitsmaßes als ein beinahe selbstverständliches Desiderat erscheinen, wenn man bedenkt, daß man *für eine bestimmte physikalische Substanz* ohne genaue Experimente, also durch reine Apriori-Betrachtungen, nicht den Parameter der vorliegenden Verteilung bestimmen kann, sondern nur die Verteilungsform (,Zerfallskurve'). Mehr als die Eindeutigkeit *bis auf bestimmte empirisch zu ermittelnde Parameter* kann man von einer objektiven Theorie der statistischen Wahrscheinlichkeit nicht verlangen.

Aus Einfachheitsgründen wählt SUPPES für die strukturellen Axiome des radioaktiven Zerfalls eine diskrete Zeiteinteilung in gleiche Zeitintervalle. (Dies ist der Grund dafür, daß dann eine geometrische Verteilung und nicht eine Form von stetiger Verteilung herauskommt.) Wahrscheinlichkeitstheoretisch gesehen bedeutet dies, daß der n-te Versuch mit dem n-ten Zeitintervall identifiziert wird. Als Stichprobenraum Ω wird die Klasse aller derjenigen unendlichen Folgen von Nullen und Einsen gewählt, die genau eine 1 als Glied enthalten und deren übrige Glieder alle gleich 0 sind. Die in einer Folge als n-tes Glied vorkommende 1 repräsentiert den Zerfall einer Partikel beim n-ten Versuch (während des n-ten Zeitintervalls).

SUPPES reduziert die Strukturaxiome auf ein einziges Axiom, welches besagt: Die Zerfallswahrscheinlichkeit beim n-ten Versuch, gegeben das Ereignis, daß Zerfall bisher nicht vorkam, ist gleichwahrscheinlich mit[106] der Zerfallswahrscheinlichkeit beim ersten Versuch. Es wird durch dieses

---

[106] Genauer müßte es heißen: „probabilistisch äquivalent mit", da nur eine qualitative, aber noch keine quantitative Wahrscheinlichkeit verfügbar ist.

Axiom also in *qualitativer Formulierung* der Gedanke ausgedrückt, *daß die Propensity, während des Zeitablaufes zu zerfallen, konstant ist.*

Wenn E_n das Ereignis ist, daß der Zerfall beim n-ten Versuch stattfindet, so ist $Q_n = \overline{\bigcup_{i=1}^{n} E_i}$ das Ereignis, daß in den ersten n Versuchen kein Zerfall vorkam.

Für die genaue Formulierung des Axioms wird der Begriff der *Zylindermenge* benötigt. Wenn Ω eine Gesamtheit von unendlichen Folgen $\omega = \langle \omega_1, \ldots, \omega_n, \ldots \rangle$ ist, so sei Π_n diejenige auf Ω definierte Funktion, die für jedes $\omega \in \Omega$ liefert: $\Pi_n(\omega) = \langle \omega_1, \ldots, \omega_n \rangle$, d. h. die Ω auf den n-dimensionalen Unterraum der ersten n Koordinaten jedes Elementes ω projiziert. Die n-dimensionale Zylindermenge mit der Basis A ist die Klasse $\{\omega \mid \omega \in \Omega \wedge \Pi_n(\omega) \in A\}$. Die Zylindermengen bilden selbst einen Mengenkörper. Es ist in vielen Anwendungen, so auch in der vorliegenden, wichtig, Mengenkörper zu bilden, welche den Körper der Zylindermengen enthalten[107].

Das eine zusätzliche Axiom, auch *Zerfallsaxiom* oder *Wartezeitaxiom* genannt, kann dann in die Definition eines mengentheoretischen Prädikates einbezogen werden (im Sinn des Vorgehens der modernen Axiomatik, das in Anhang III geschildert wird. Der dort in 2.c mittels der Definition **D4** eingeführte Begriff des qualitativen bedingten Wahrscheinlichkeitsfeldes wird dabei vorausgesetzt):

Definition. Es sei Ω die Menge aller Folgen von 0-en und 1-en, deren jede eine 1 enthält. $\mathfrak{A}$ sei der kleinste σ-Körper über Ω, der den Körper der Zylindermengen enthält. $X = \langle \Omega, \mathfrak{A}, \mathfrak{N}, \succsim \rangle$ ist ein *qualitatives Wartezeitfeld mit Unabhängigkeit von der Vergangenheit* gdw X ein qualitatives bedingtes Wahrscheinlichkeitsfeld ist und wenn außerdem für jedes n das folgende Axiom unter der Voraussetzung $Q_{n-1} \succ \emptyset$ erfüllt ist:

$$E_n \mid Q_{n-1} \sim E_1 \ (\textit{Zerfallsaxiom}).$$

Die Hinzufügung dieses einen Axioms zu den notwendigen Axiomen genügt bereits für den Beweis des folgenden Theorems:

Repräsentations- und Eindeutigkeitstheorem. $X = \langle \Omega, \mathfrak{A}, \mathfrak{N}, \succsim, \rangle$ *sei ein qualitatives Wartezeitfeld mit Unabhängigkeit von der Vergangenheit. Dann existiert ein Wahrscheinlichkeitsmaß auf* $\mathfrak{A}$ *(also ein auf* $\mathfrak{A}$ *definiertes Maß, das die Kolmogoroff-Axiome erfüllt), welches außerdem das Zerfallsaxiom erfüllt, so daß gilt:*

$$(a) \qquad P(E_n \mid Q_{n-1}) = P(E_1);$$

außerdem existiert eine Zahl p mit $0 < p \leq 1$, so daß die folgende Gleichung gilt:

$$(b) \qquad P(E_n) = p(1-p)^{n-1}.$$

---

[107] Für technische Details vgl. z. B. RÉNYI, Wahrscheinlichkeitsrechnung, S. 242 ff.

Ferner gilt: Jedes die Bedingung (a) erfüllende Wahrscheinlichkeitsmaß ist von der Gestalt (b).

Die Bedingung (b) zusammen mit der im letzten Satz des Theorems enthaltenen Eindeutigkeitsaussage präzisiert die frühere Feststellung, daß durch die strukturellen Axiome nur die parametrische Form (rechte Seite von (b)!) festgelegt wird, nicht jedoch die Parameterwerte selbst fixiert sind, da diese nur durch empirische Untersuchungen ermittelt werden können.

Suppes führt noch zwei weitere Axiome zur Präzisierung zweier wichtiger Aspekte des in empirischen Wissenschaften angewandten Begriffs der Wahrscheinlichkeit an. Das erste betrifft die *unabhängige Wiederholung von Zufallsexperimenten*. Für seine Formulierung benötigt man das qualitative Analogon zu dem Begriff des Produktes von Maßräumen[108], welches in vollkommen gleicher Weise einzuführen ist wie der letztere Begriff. Wenn $X = \langle \Omega, \mathfrak{A}, \mathfrak{N}, \gtrsim \rangle$ ein qualitatives bedingtes Wahrscheinlichkeitsfeld ist, so sei $X^n = \langle \Omega^n, \mathfrak{A}^n, \mathfrak{N}^n, \gtrsim^n \rangle$ das n-fache Produktfeld. Das Ereignis E_i in der j-ten Wiederholung werde E_{ij} genannt. (Dabei kann für $j \neq k$ E_{ij} ein von E_{ik} verschiedenes Ereignis von $\mathfrak{A}$ bzw. von $\mathfrak{N}$ sein.)

Axiom der unabhängigen Wiederholungen. *Wenn* $\prod\limits_{k \neq j} E_{ik} > \emptyset$, *dann*

$$E_{ij} \mid \prod\limits_{k \neq j} E_{ik} \sim E_{ij}.$$

Aus diesem Axiom folgt, daß für ein auf dem Mengenkörper des Produktraumes gegebenes Wahrscheinlichkeitsmaß gilt:

$$P(E_{i_1} \cap \ldots \cap E_{i_n}) = P(E_{i_1}) \ldots P(E_{i_n}).$$

Das zweite Axiom betrifft den philosophisch wichtigeren *Begriff der Zufälligkeit*. Für die Formulierung eines qualitativen Zufallsaxioms knüpft Suppes an den Begriff der Vertauschbarkeit von de Finetti an[109]. π bezeichne eine Permutation der ersten n Zahlen, so daß also $\pi(i)$ diejenige Zahl ist, in welche die Zahl i bei dieser Permutation übergeht.

Zufallsaxiom. *Für alle Ereignisse* E_{ij} *und alle Permutationen* π *gilt:*

$$E_{i_1} \cap \ldots \cap E_{i_n} \sim E_{i_{\pi(1)}} \cap \ldots \cap E_{i_{\pi(n)}}.$$

Alle bisherigen Betrachtungen bezogen sich ausschließlich auf den klassischen Fall. Weiter oben sagten wir, daß man gewöhnlich an die Kolmogoroff-Axiome denkt, wenn man eine Größe eine *Wahrscheinlichkeit* nennt. Woher aber wissen wir denn überhaupt, daß die in einer empirischen Wissenschaft vorkommenden Wahrscheinlichkeiten diese Axiome *immer* erfüllen? Nach Suppes darf man nicht nur nicht von vornherein annehmen, daß sie stets gelten. Vielmehr kann man bezüglich des *quantenmechanischen Falles* sogar positiv sagen, daß sie *nicht* gelten. Die qualitativen Strukturen, die zur Repräsentation durch ein ‚quantenmechanisches Wahrscheinlichkeitsmaß' führen, sind im Anhang III, 2.b angeführt (vgl. dazu auch den Anhang von Bd. II, *Theorie und Erfahrung*).

---

[108] Vgl. Teil 0, Abschnitt 11 und 12.d.

[109] Für eine inhaltliche Erläuterung zu diesem Begriff vgl. Anhang II, 1.c und 2.a.

Neben den früheren Arbeiten von SUPPES finden sich vor allem im zweiten Teil seines Aufsatzes [POPPER's Analysis] interessante Bemerkungen zu diesem Thema. Die Überraschung, welche die Quantenphysik den meisten Physikern und Philosophen, einschließlich POPPER, bereitete und immer noch zu bereiten scheint, dürfte hauptsächlich auf dem ‚indeterministischen Schock' beruhen, wie ich dies nennen würde. Hat man diesen Schock einmal überwunden, so kommt es erst zu derjenigen Überraschung, *die einen wesentlich tieferen Aspekt der Quantenphysik betrifft*. Dazu muß man die Quantenmechanik *als eine genuine statistische Theorie betrachten*. Was SUPPES hier — meines Erachtens ganz zu Recht — höchst merkwürdig findet, ist die Tatsache, daß sich ganz natürlich aufdrängende Probleme, die diese Theorie *qua statistische Theorie* betreffen, überhaupt nicht aufgeworfen und diskutiert werden[110].

Nehmen wir als Beispiel die Unschärferelation. Es wurde und wird darüber nachgegrübelt, ob *diese Aussage* mit dem Determinismus verträglich sei oder nicht. *Diese Verträglichkeit besteht zweifellos.*

Wir benützen die übliche Definition der *Korrelation*, die gleich ist der Kovarianz, dividiert durch das Produkt der Standardabweichungen zweier Zufallsfunktionen. Ihr Wert 1 drückt eine deterministische Beziehung zwischen den beiden Größen aus. Es handelt sich um die folgende Aussage:

„Die Unschärferelation ist mit dem Determinismus verträglich".

Beweis: „Nimm an, die Korrelation zwischen Ort und Impuls eines Teilchens in einer bestimmten Richtung zu einer bestimmten Zeit sei gleich 1." Ende des Beweises.

Daß diese Verträglichkeitsbehauptung besteht, ist eine elementare statistische Tatsache, die allein das Verhältnis der Korrelation zu dem Produkt von Standardabweichungen betrifft. Natürlich wird mit der eben zitierten Aussage nicht die Verträglichkeit *mit der ganzen Theorie* behauptet!

Diese Probleme ergeben sich daraus, daß die Quantenmechanik, obwohl eine genuine statistische Theorie, *keine statistische Theorie von Standardform* ist. Diese Feststellung stützt sich auf die rein rechnerisch nachprüfbare Tatsache, daß die ‚gemeinsame Verteilung' von Zufallsfunktionen, deren jede eine Verteilung besitzt, für gewisse Argumente *negative Werte* liefert, so daß die fragliche Funktion eben *nicht als gemeinsame Verteilung deutbar* ist. SUPPES bemerkt dazu: "I do think that the difficulties raised by the nonexistence of joint distributions within the framework of the standard formalism are the most direct challenge to a straightforward interpretation of quantum mechanics as a standard statistical theory."

Die in Abschnitt 2.b von Anhang III skizzierte Theorie quantenmechanischer Wahrscheinlichkeitsfelder kann als ein wichtiger, wenn auch nur als ein erster Schritt in Richtung auf eine Präzisierung des Begriffs der sta-

---

[110] SUPPES sagt z. B. a. a. O. auf S. 18: "What HEISENBERG, for instance, has had to say about these matters would make the hair of any right-thinking statistician stand on end."

tistischen Wahrscheinlichkeit als derjenigen theoretischen Größe angesehen werden, die man als *quantenmechanische Propensity* zu bezeichnen hätte.

Zusammenfassend möchte ich sagen, daß die Gedanken von SUPPES den bisher wohl wichtigsten Beitrag zur Klärung und Präzisierung des Begriffs bzw. der Begriffe der statistischen Wahrscheinlichkeit als *theoretischer Propensities* darstellt. Diese hier geschilderten Überlegungen bilden auch eine wichtige Ergänzung zu der in diesem Band eingeschlagenen Methode der Behandlung statistischer Wahrscheinlichkeiten. Wir sind davon ausgegangen, daß eine größere Klarheit über den Begriff der statistischen Wahrscheinlichkeit dadurch zu gewinnen ist, daß man sich ansieht, ‚wie man mit diesem Begriff umgeht'. Eine noch so genaue Schilderung und Rekonstruktion des in Stützungs-, Test- und Schätzungstheorien erfolgenden ‚Umgehens mit statistischen Wahrscheinlichkeiten' macht jedoch eine Theorie der Propensity nicht überflüssig. Vielmehr muß eine solche Theorie aus den angegebenen Gründen unbedingt hinzutreten.

Der Beitrag von SUPPES ist — dies sei nur nebenher erwähnt — um so bemerkenswerter, als SUPPES früher selbst überzeugter Bayesianer und Anhänger der subjektivistischen Schule war. Gleichzeitig spricht es für den wissenschaftlichen Instinkt POPPERs, daß es ihm gelang, jemanden ‚aus dem anderen Lager herüberzuholen' und ihn von der Richtigkeit seiner Grundideen zu überzeugen.

13. Versuch einer Skizze der logischen Struktur des Fiduzial-Argumentes von R. A. Fisher

Wie bereits in der Einleitung hervorgehoben worden ist, soll hier *kommentarlos* versucht werden, die logische Struktur des Fiduzial-Argumentes von R. A. FISHER im Anschluß an die Darstellung HACKINGs für den diskreten Fall zu beschreiben, um damit eine mögliche Ausgangsbasis für künftige wissenschaftstheoretische Diskussionen zu schaffen.

Der Begriff der Stützung ist bisher nur als komparativer Begriff benützt worden. Mittels dieses Begriffs kann man Behauptungen formulieren, wonach eine Hypothese besser gestützt ist als eine andere. FISHER hat zu zeigen versucht, daß unter gewissen Bedingungen ein numerischer Wahrscheinlichkeitsgrad, in dem eine Hypothese durch gegebene Daten gestützt wird, angegeben werden kann. Dies scheint im Endeffekt auf dasselbe hinauszulaufen wie CARNAPs ursprüngliche quantitative Bestätigungstheorie. Doch bestehen die folgenden wesentlichen Unterschiede:

(1) In CARNAPs Theorie wird durch die Grundaxiome der Wahrscheinlichkeitstheorie keine bestimmte metrische Bestätigungsfunktion ausgezeichnet. Um zu einer Aussage über den Bestätigungsgrad zu kommen, muß eine zusätzliche Auswahl aus dem Kontinuum der induktiven Methoden vorgenommen werden. *In FISHERs Theorie ist keine analoge Wahl erforderlich.* Auch dort werden vom Begriff der Stützung zunächst nur die Kolmogoroff-

Axiome vorausgesetzt. Quantitative Stützungsaussagen werden allein durch die *Hinzufügung zweier weiterer Axiome* gewonnen.

(2) CARNAPs Methode ist bisher auf Systeme von relativ primitiver Struktur beschränkt geblieben. FISHERs *Theorie weist keine analoge Beschränkung auf*. Das Verfahren ist prinzipiell auf statistische Hypothesen von beliebiger Struktur anwendbar.

(3) Während dagegen CARNAPs Methode universell ist, kann FISHERs Verfahren *nur bei Vorliegen ganz bestimmter Bedingungen* angewendet werden.

Wir gehen im folgenden heuristisch vor, da der intuitive Zugang zum Fiduzial-Argument etwas kompliziert ist. Außerdem sei bemerkt, daß dieser Abschnitt mehr als alle vorangehenden provisorischen Charakter hat.

Zunächst wird die Funktion $s(h \mid e)$ eingeführt, die zu lesen ist als: „der Grad, in dem die Hypothese h durch das Datum e gestützt wird". Um eine Verwechslung mit der Carnapschen Bestätigungsfunktion zu vermeiden, wurde für die Funktion das Symbol „s" gewählt. Sowohl für „h" wie für „e" werden *kombinierte* Propositionen eingesetzt, d. h. jeweils geordnete Paare von Tripeln im früher angegebenen Sinn.

Die Funktion s hat die formale Struktur einer Wahrscheinlichkeit. Vollständigkeitshalber schreiben wir die für s geltenden Grundaxiome explizit an:

$\mathbf{A_1}$ $0 \leqq s(h \mid e) \leqq 1$;

$\mathbf{A_2}$ Wenn $e \mathbin{\Vdash} h$, dann $s(h \mid e) = 1$;

$\mathbf{A_3}$ Wenn $e \wedge h_1 \wedge h_2$ L-falsch ist, dann
$s(h_1 \vee h_2 \mid e) = s(h_1 \mid e) + s(h_2 \mid e)$ (spezielles Additionsprinzip);

$\mathbf{A_4}$ $s(h_1 \wedge h_2 \mid e) = s(h_1 \mid e \wedge h_2) \cdot s(h_2 \mid e)$ (allgemeines Multiplikationsprinzip).

(Wenn man die Propositionen e und h linguistisch deutet, so müssen wiederum zwei Axiome hinzugefügt werden, welche die Invarianz in bezug auf logische Äquivalenz verlangen.)

Eine Verallgemeinerung von $\mathbf{A_4}$ für den abzählbaren Fall bildet

$\mathbf{A_4^*}$ Wenn $\{h_n\}$ (für $n = 1, 2, \ldots$) eine abzählbare Klasse von Hypothesen bildet, die relativ zu e wechselseitig logisch unverträglich sind, und h die abzählbare Adjunktion der h_n bildet, dann $s(h \mid e)$

$$= \sum_{n=1}^{\infty} s(h_n \mid e).$$

Angenommen, wir wissen bereits, daß die Chance von Ereignissen der Art E bei Versuchen des Typs T gleich p ist. Dann erscheint es als vernünftig zu behaupten, dieses Wissen stütze im Grad p die Proposition, daß E bei einem speziellen Versuch des Typs T vorkommen wird. (Für die Rechtfertigung dieser Behauptung könnte man zusätzlich ebenso vorgehen wie die Personalisten und CARNAP: Man deute das Stützungsmaß als fairen

Wettquotienten und zeige, daß dieser mit der *bekannten* statistischen Wahrscheinlichkeit zusammenfällt, sofern vernünftige Wetten abgeschlossen werden.)

Wir müssen diesen Gedanken in unseren Symbolismus übersetzen. Das statistische Datum d beschreibe gerade das, was wir eben geschildert haben bzw. genauer eine doppelte Verallgemeinerung davon: (a) d besage, daß die Verteilung bei Versuchen vom Typ T an der Anordnung X gleich D sei; (b) da wir d als kombinierte Proposition anschreiben müssen, fügen wir $\langle X, V_T, \Omega \rangle$ als zweites Glied hinzu. Dieses empirische Datum enthält nur eine leere Information. Die *kombinierte* statistische Hypothese besagt im ersten Glied genau dasselbe wie d; das singuläre Glied betrifft die Feststellung, daß der Versuch V_T an X in E resultiert. Die Chance von E unter der Voraussetzung, daß D die wahre Verteilung ist, heiße $W_D(E)$. Es soll nun gelten:

$\mathbf{A_5}$ Falls $W_D(E) \neq 0$, so gilt:

$$s(\,\langle\langle X, T, D \rangle; \langle X, V_T, E \rangle\rangle \mid \langle\langle X, T, D \rangle; \langle X, V_T, \Omega \rangle\rangle\,)$$
$$= W_D(E).$$

Wir haben hier auf der linken Seite $s(h \mid e)$ explizit formuliert. FISHER nennt dieses Axiom Häufigkeitsprinzip, und HACKING übernimmt diese Terminologie. Sie erscheint nicht als angemessen. Wir nennen $\mathbf{A_5}$ vielmehr das *Likelihood-Stützungsaxiom*. Das Motiv für diese Bezeichnung dürfte einleuchten: Das Axiom setzt ja den Grad, in dem h durch d gestützt wird, mit der Likelihood von h gleich ($W_D(E)$ ist ja nichts anderes als die Likelihood von h!).

Von $\mathbf{A_5}$ wird eine doppelte Verallgemeinerung benötigt, die hier angedeutet sei: Es genügt, wenn in der statistischen Hypothese behauptet wird, daß die Verteilung einer Klasse Δ angehört. Es darf also in h wie in d das Symbol „D" durch „Δ" ersetzt werden. Ferner braucht der Versuch V selbst nicht vom Typ T zu sein. Es genügt, daß es sich um einen Versuch eines Typs T' handelt, der vom Versuchstyp T abgeleitet ist. Wir können also „V_T" durch „$V_{T'}$" ersetzen. Die Art der Ableitung muß natürlich genau beschrieben werden (vgl. dazu das folgende zweite Beispiel).

Bevor das wichtige letzte Axiom (Irrelevanzaxiom) formuliert wird, soll der Sachverhalt an zwei Beispielen illustriert werden. Das erste Beispiel ist trivial, das zweite nicht.

1. Beispiel: Wir beginnen mit einer Beschreibung des als bekannt vorausgesetzten Ausgangsdatums d. Dieses enthalte die folgenden Informationen:

(α) Gegeben sei eine Schachtel S, die genau eine farbige Kugel enthält; die Farbe ist unbekannt (die Schachtel kann nicht oder darf nicht geöffnet werden);

(β) gegeben sei ferner eine Urne U, die 100 Kugeln enthält; 95 dieser Kugeln haben dieselbe (unbekannte) Farbe wie die Kugel in S;

(γ) die Chance, aus U eine Kugel von einer bestimmten Farbe zu ziehen, ist gleich der relativen Häufigkeit der Kugeln von dieser Farbe in U.

Zu beachten ist: Aus d folgt logisch, daß die statistische Wahrscheinlichkeit, aus U eine Kugel zu ziehen, welche dieselbe Farbe hat wie die Kugel in der Schachtel, gleich 0,95 beträgt.

Es wird nun die Aufgabe gestellt, eine Kugel aus U zu ziehen und die Farbe der Kugel in der Schachtel S zu erraten. Angenommen, man ziehe eine weiße Kugel. Nach Fisher liegt es jetzt nicht nur nahe, zu raten, daß die Kugel in S ebenfalls weiß ist. Vielmehr ist nach seiner Auffassung *die Zahl* 0,95 *ein gutes Maß dafür, wie stark die Hypothese:* „die Kugel in S ist weiß" *durch das um den neuen Beobachtungsbefund erweiterte Datum d gestützt wird.* Wie läßt sich diese Auffassung rechtfertigen?

Außer d benötigten wir noch drei weitere Aussagen e, h_1 und h_2. h_1 sei die Hypothese: „die aus U gezogene Kugel hat dieselbe Farbe wie die Kugel in S". e beinhalte die Zusatzinformation, daß aus U eine weiße Kugel gezogen worden ist. h_2 sei die Hypothese: „die Kugel in der Schachtel ist weiß". Wir formulieren das Argument nur unter Benützung dieser intuitiven Angaben und verzichten auf eine Übersetzung in die präzise Sprechweise der kombinierten Propositionen. Es gilt zunächst:

(1) $s(h_1 \mid d) = 0,95$ (nach $\mathbf{A}_5$).

Hinweis für die formale Präzisierung: Was wir explizit als h_1 anschreiben, bildet nur das zweite Glied der kombinierten Proposition. Das erste Glied beinhaltet die Verteilungshypothese: „die Wahrscheinlichkeit dafür, daß aus der Urne eine Kugel von derselben Farbe gezogen wird wie die Schachtelkugel, ist 0,95". Eben diese Verteilungshypothese bildet das erste Glied der formalen Präzisierung von d. (Oben war dies als logische Folgerung unseres ‚intuitiven' Datums ausgezeichnet worden; dieses intuitive Datum verschwindet in der Formalisierung vollkommen und geht nur in die Vorgeschichte für die Annahme von d ein). Das zweite Glied von d gibt die leere Information, daß entweder eine farbgleiche oder keine farbgleiche Kugel gezogen wird.

Bereits in diesem ersten Schritt wird also das Likelihood-Stützungsaxiom benützt. Angenommen nun, *man könnte behaupten*, daß e irrelevant sei für die Stützung von h_1 durch d. Dann wäre der Übergang von (1) zur folgenden Aussage zulässig:

(2) $s(h_1 \mid d \wedge e) = 0,95$.

Hier klafft noch eine Lücke. Wenn man sich die Bedeutungen der drei Aussagen vor Augen hält, so erscheint der Übergang aber als sehr plausibel. Diese Plausibilitätsbetrachtung muß durch eine präzise Bestimmung ersetzt werden. Eine solche Bestimmung soll das noch ausstehende Irrelevanzprinzip liefern.

Nun bedenke man, daß relativ auf $d \wedge e$ (ja schon auf e) h_1 logisch äquivalent ist mit h_2 (nämlich: aus e und h_1 folgt logisch h_2; andererseits folgt aus e und h_2 logisch h_1). Die quantitative Stützungslogik gestattet somit den Übergang zu:

(3) $s(h_2 \mid d \wedge e) = 0{,}95.$

Unter der Voraussetzung, daß die Lücke ausgefüllt werden kann, ist damit die Rechtfertigung gegeben.

2. Beispiel: Die Nichttrivialität dieses Beispiels besteht darin, daß zum Unterschied vom ersten Fall die genaue statistische Wahrscheinlichkeit nicht bekannt ist. Die Anordnung X bestehe in einem Verfahren zum Werfen einer Münze (mit der Hand, mit einer Maschine u. dgl.). Der Versuchstyp T sei der Wurf einer Münze mit diesem Verfahren. Das Ausgangsdatum d besage diesmal nur: $W(K) = 0{,}6 \vee W(K) = 0{,}4$ (die Wahrscheinlichkeit eines Kopfwurfes beträgt 0,6 oder 0,4). e besage, daß ein Versuch V_T das Ergebnis S liefere. Aufgabe: Was ist der Wert von $s(W(K) = 0{,}4 \mid d \wedge e)$?

Die Aufgabe scheint zunächst unlösbar zu sein, da man die wahre Verteilung nicht kennt. Hier setzt nun der entscheidende gedankliche Trick von FISHER ein: Er zeigt, wie man aus dem primären Versuchstyp *T einen abgeleiteten Versuchstyp T* definieren kann, für den die Chancenverteilung bekannt ist.* Die abgeleiteten Versuche werden *Kernversuche* (pivotal trials) genannt.

Im vorliegenden Fall hat ein Versuch vom Typ T^* zwei mögliche Resultate, nämlich 0 und 1. T^* ist dadurch festgelegt, daß man definiert, wann 0 vorkommt und wann 1 vorkommt. In der Definition wird auf zweierlei Bezug genommen: erstens darauf, wie die wahre Verteilung bei primären Versuchsarten lautet; zweitens darauf, zu welchem Ergebnis ein primärer Versuch führte. Dadurch, daß im Definiens eine geeignete Adjunktion steht, befreit man sich von der Notwendigkeit, eine Kenntnis über die wahre Verteilung der primären Versuchsart erlangt zu haben.

<table>
<tr><td>0 kommt bei einem Versuch (der Art) T^* vor</td><td>gdw</td><td>entweder K bei einem Versuch T vorkommt und $W(K) = 0{,}6$
oder S bei einem Versuch T vorkommt und $W(K) = 0{,}4$</td></tr>
<tr><td>1 kommt bei einem Versuch (der Art) T^* vor</td><td>gdw</td><td>entweder K bei einem Versuch T vorkommt und $W(K) = 0{,}4$
oder S bei einem Versuch T vorkommt und $W(K) = 0{,}6$</td></tr>
</table>

Es gilt:

(1') $W(0) = 0{,}6,$

(2') $W(1) = 0{,}4.$

(Aufgabe: Man gebe einen Beweis unter Benutzung der zweifachen Fall-unterscheidung, welches die wahre Verteilung bei der primären Versuchs-art ist.)

Es wäre vielleicht angebracht, (1′) und (2′) *statistische Metaaussagen* zu nennen und die für T^* geltende Verteilung als *Metaverteilung* zu bezeichnen; denn der Begriff des Resultates bei Versuchen der Art T^* ist ja *durch Bezug-nahme auf die Chancen der beiden möglichen Verteilungen von T* definiert.

h^* sei die Hypothese, daß 0 bei dem nächsten Versuch V^*_T der Art T^* vorkommt. Es gilt:

$$(3') \qquad s(h^* \mid d) = 0,6.$$

(Hinweis: Da für die abgeleitete Versuchsart die Verteilung bekannt ist, folgt diese Behauptung aus (1′) und $\mathbf{A_5}$.)

Wenn man die in der Definition des Vorkommens oder Nichtvorkom-mens von 0 enthaltene Symmetrie beachtet, so liegt es nahe zu behaupten: e ist bezüglich d für die Hypothese h^* irrelevant. (Dies ist wieder der intui-tive Zwischenschritt, der noch formal zu präzisieren ist.) Wenn man dies akzeptiert, so erhält man aus (3′):

$$(4') \qquad s(h^* \mid d \wedge e) = 0,6.$$

Nun gehen wir nochmals auf die Definition „0 kommt bei T^* vor" zu-rück. Danach gilt:

$$d \wedge e \Vdash h^* \leftrightarrow W(K) = 0,4.$$

Aufgrund der Stützungslogik gewinnt man daher schließlich:

$$(5') \qquad s(W(K) = 0,4 \mid d \wedge e) = 0,6.$$

Damit ist die gestellte Aufgabe gelöst. Das Ergebnis ist bemerkenswert: (5′) besagt ja, *in welchem Grad verfügbare Daten eine rein statistische Hypothese über die wahre Verteilung stützen.*

Wenn man das Argument, für das wir die Fishersche Bezeichnung *Fiduzial-Argument* übernehmen, anatomisch analysiert, so erhält man bei der logischen Zergliederung die folgenden Schritte:

1. Schritt: Man formuliere gewisse *Ausgangsdaten d* über Versuche des Typs T an einer experimentellen Anordnung. Diese Daten enthalten in den nichttrivialen Fällen keine Behauptung über die wahre Verteilung, sondern nur eine Aussage über verschiedene mögliche Verteilungen.

2. Schritt: Man definiere einen *abgeleiteten Versuchstyp T^**, der folgender-maßen geartet ist: Obwohl die Verteilung für die Versuche der Art T un-bekannt sind, kann aus d eine eindeutige Verteilung für die Versuche der Art T^* gefolgert werden. Wir nennen dies den *Kernversuchstrick.*

3. Schritt: Man benütze das *Likelihood-Stützungsaxiom*, um den Grad zu bestimmen, in dem das Ausgangsdatum d verschiedene (oder gewisse) Hypothesen darüber stützt, daß ein Versuch der Art T^* zu dem genau bestimmten Resultat führt. (Der Ausdruck „Resultat" bezieht sich hier auf Vorkommnisse bei Versuchen des Typs T^*.)

4. Schritt: Ein *weiteres Datum e* sei gegeben, welches das Ergebnis eines Versuchs vom Typ T beschreibt.

5. Schritt (?): Unter der Annahme von d erweist sich e als *irrelevant* für Hypothesen über das Resultat eines bestimmten Versuchs vom Typ T^*.

6. Schritt: Aus dem 3. und 5. Schritt gewinnt man eine Aussage darüber, in welchem Grad $d \wedge e$ eine Hypothese darüber stützt, daß ein Versuch vom Typ T^* zu einem bestimmten Resultat führt.

7. Schritt: Der Kernversuchstrick war so beschaffen, daß unter der Annahme von $d \wedge e$ Hypothesen über Resultate bei Versuchen von der Art T^* *äquivalent* sind mit Hypothesen über die Chancenverteilung von Resultaten bei Versuchen der Art T. (Streng zu beachten: Hypothesen über *Resultate* sind äquivalent mit Hypothesen über die *Chancenverteilung*! Die Resultate sind auf T^* bezogen, die Verteilungen auf T.)

8. Schritt: Aus den Ergebnissen der beiden vorangehenden Schritte wird *eine Aussage über den Grad* gewonnen, *in dem $d \wedge e$ Hypothesen über die Chancenverteilung von Resultaten bei Versuchen der Art T stützt.*

Das Symbol „?" beim 5. Schritt soll andeuten, daß es sich dabei um einen lückenhaften Schritt handelt, der bisher nur durch vage Plausibilitätsbetrachtungen ausgefüllt worden ist. Unter der Voraussetzung, daß es gelingt, diese Betrachtungen durch präzise Bestimmungen zu ersetzen, zeigt die Analyse zugleich die abstrakte Struktur des Argumentes, das somit vom obigen Beispiel unabhängig ist: Wo immer die in den einzelnen Schritten angegebenen Bedingungen erfüllt sind, läßt sich das Fiduzial-Argument nach diesem Schema durchführen.

Von der Likelihood-Regel wird in diesem Argument nirgends Gebrauch gemacht! *Dies könnte sich wegen des früheren* — möglicherweise nicht befriedigend behebbaren — *Einwandes gegen dieses Prinzip als sehr wichtig erweisen.* (Man lasse sich durch die im 3. Schritt benützte Terminologie nicht irreleiten. In $\mathbf{A_5}$ wird zwar der Begriff der Likelihood verwendet; dagegen setzt dieses Axiom die Gültigkeit der Likelihood-Regel nicht voraus.)

Zunächst soll der Begriff der Irrelevanz inhaltlich erläutert werden. d sei ein statistisches Datum, welches die Hypothese h_1 besser stützt als die Hypothese h_2. Nach dem Früheren bedeutet dies dasselbe wie: h_1 wie h_2 sind im Datum eingeschlossen und die Likelihood von h_1 übersteigt die von h_2. Angenommen, das neue Datum e tritt zu d hinzu. Dann braucht h_1 nicht mehr besser gestützt zu sein als h_2. Es kann jedoch der Fall eintreten, daß das Stützungsverhältnis zwischen h_1 und h_2 dasselbe bleibt, wenn man von d zu der schärferen Information $d \wedge e$ übergeht. Dies wird insbesondere dann der Fall sein, wenn erstens die Likelihood von h_1 bezüglich $d \wedge e$ dieselbe ist wie die Likelihood von h_1 bezüglich d und wenn zweitens die Likelihood von h_2 bezüglich $d \wedge e$ dieselbe ist wie die Likelihood von h_2 bezüglich d.

Hier hat sich für unser Wissen nichts geändert; wir haben nichts Neues über das Stützungsverhältnis der beiden Hypothesen hinzugelernt. Anders ausgedrückt: e ist bei gegebenem Datum d für die beiden Hypothesen *irrelevant*.

Für eine präzise Fassung des Irrelevanz-Prinzips müssen wir einige weitere Begriffe einführen.

Unter einer *disjunktiven Klasse* von Propositionen soll eine Klasse von Propositionen verstanden werden, die paarweise logisch unverträglich sind. Eine solche Klasse wird *wahr* genannt, wenn eines ihrer Elemente wahr ist. Eine derartige Klasse *folgt logisch* aus einer Proposition c, wenn sie bei jeder c wahr machenden Interpretation wahr wird. p sei eine Proposition. Eine *disjunktive Aufsplitterung* $\mathfrak{d}(p)$ von p ist eine disjunktive Klasse von Propositionen, die aus p logisch folgt (die Umkehrung wird nicht verlangt). a sei eine kombinierte Proposition mit den beiden Gliedern a_1 und a_2. Eine disjunktive Aufsplitterung von a ist eine Klasse von einfachen kombinierten Propositionen, so daß jedes erste Glied Element einer disjunktiven Aufsplitterung von a_1 und jedes zweite Glied Element einer disjunktiven Aufsplitterung von a_2 ist. Die Negation von q bezüglich p ist die Proposition $\neg\, q \wedge p$.

Der *logische Körper, welcher auf einer disjunktiven Aufsplitterung* $\mathfrak{d}(p)$ *von p beruht*, ist die kleinste Klasse von Propositionen, die $\mathfrak{d}(p)$ einschließt und die außerdem abgeschlossen ist unter den beiden Operationen der Negation bezüglich p sowie der abzählbaren Adjunktion.

Wenn p eine kombinierte Proposition darstellt und q eine Proposition ist, die entweder im ersten oder im zweiten Glied von p eingeschlossen ist, so soll unter $p \wedge q$ diejenige Proposition verstanden werden, die aus p dadurch hervorgeht, daß man je nach Fall das erste oder das zweite Glied von p durch q ersetzt. (Diese Festsetzung ist dadurch gerechtfertigt, daß es sich nur um eine Vereinfachung in der Sprechweise handelt; denn das Ergebnis dieser Ersetzung ist logisch äquivalent mit $p \wedge q$, wenn man die Konjunktion im üblichen Sinn deutet.)

d sei eine kombinierte Proposition und e sei eine singuläre Proposition, die im Zweitglied von d eingeschlossen ist. Es sei $\mathfrak{d}_1$ eine disjunktive Aufsplitterung von d und $\mathfrak{d}_2$ eine disjunktive Aufsplitterung von $d \wedge e$. Weiter soll eine bijektive Abbildung φ zwischen $\mathfrak{d}_1$ und $\mathfrak{d}_2$ bestehen, so daß zugeordnete Glieder logisch äquivalent sind. Wegen der Invarianz der Likelihood-Definition in bezug auf logische Äquivalenz kann bei der Bestimmung der Likelihoods von Elementen aus $\mathfrak{d}_2$ bezüglich $d \wedge e$ jedes dieser Elemente durch sein φ^{-1}-Bild ersetzt werden. Dies setzen wir im folgenden stillschweigend voraus. d und e sollen die eben angegebene Bedeutung haben. Dann definieren wir:

$\mathbf{D_1}$ e ist bei gegebenem d *irrelevant für* die disjunktive Aufsplitterung $\mathfrak{d}$ von d gdw die Likelihood jedes Elementes von $\mathfrak{d}$ bei gegebenem d gleich ist seiner Likelihood bei gegebenem $d \wedge e$[111].

Das *Irrelevanz-Axiom* lautet nun:

$\mathbf{A_6}$ h sei eine einfache kombinierte Proposition, welche Element des logischen Körpers ist, der auf einer disjunktiven Aufsplitterung $\mathfrak{d}$ von d beruht. Wenn e bei gegebenem d irrelevant ist für $\mathfrak{d}$, dann gilt: $s(h \mid d) = s(h \mid d \wedge e)$.

Es sei an den Unterschied gegenüber dem Vorgehen CARNAPs erinnert. Während bei CARNAP durch die in $\mathbf{A_6}$ angeführte Gleichung die Irrelevanz *definiert* wird, soll hier die Gleichung aufgrund des Axioms eine Folge der Irrelevanz sein, die ihrerseits in der Sprache der Likelihoods definiert ist.

Zwecks größerer Veranschaulichung dieser abstrakten begrifflichen Apparatur sei das zweite Beispiel so weit analysiert, daß die Art der Anwendung von $\mathbf{A_6}$ deutlich wird. Dazu müssen die verschiedenen Aussagen in der Sprache der kombinierten Propositionen ausgedrückt werden. Die Beschreibung der Anordnung, des Versuchstyps usw. übernehmen wir von früher; T^* sei wieder der dortige Kernversuchstyp und V_{T*} ein bestimmter Versuch vom Typ T^*. Zunächst haben wir die beiden *logisch äquivalenten* Daten d und d^*:

$$d: \quad \langle\langle X, T, W(K) = 0{,}4 \vee W(K) = 0{,}6\rangle; \langle X, V_T, K \vee S\rangle\rangle$$

$$d^*: \langle\langle X, T, W(K) = 0{,}4 \vee W(K) = 0{,}6\rangle; \langle X, V_{T*}, 0 \vee 1\rangle\rangle$$

(Beide Daten sind nur in bezug auf die Verteilungshypothesen informativ; dagegen lassen sie das konkrete Versuchsresultat offen.)

Aufgrund der Erklärung der Kernversuche T^* sind d und d^* logisch äquivalent. So wie früher besage e, daß beim Versuch V_T das Merkmal S vorkommt. Da e im zweiten Glied von d eingeschlossen ist, kann die Konjunktion $d \wedge e$ nach der obigen Festsetzung mit der folgenden Aussage identifiziert werden:

$$d \wedge e: \quad \langle\langle X, T, W(K) = 0{,}4 \vee W(K) = 0{,}6\rangle; \langle X, V_T, S\rangle\rangle.$$

Zunächst wird die Aussage d^* in die Aussagen (1a) und (1b) disjunktiv aufgesplittert, und zwar nur bezüglich des *zweiten* Gliedes:

$$(1a) \quad \langle\langle \ldots \text{analog} \ldots\rangle; \langle X, V_{T*}, 0\rangle\rangle,$$

$$(1b) \quad \langle\langle \ldots \text{analog} \ldots\rangle; \langle X, V_{T*}, 1\rangle\rangle.$$

---

[111] Ohne die getroffene Konvention müßte es umständlicher heißen: „ . . . bei gegebenem d gleich ist der Likelihood seines φ-Bildes in der disjunktiven Aufsplitterung von $d \wedge e$ bei gegebenem $d \wedge e$."

Ferner wird die Aussage $d \wedge e$ disjunktiv aufgesplittert, und zwar bezüglich des *ersten* Gliedes:

(2a) $\langle\langle X, T, W(K) = 0{,}4\rangle; \langle X, V_T, S\rangle\rangle,$

(2b) $\langle\langle X, T, W(K) = 0{,}6\rangle; \langle X, V_T, S\rangle\rangle.$

Nun bedenken wir, daß (1a) und (1b) beide in d^* und damit auch in dem mit d^* L-äquivalenten d eingeschlossen sind. Daher können beide Likelihoods relativ auf das Datum d bestimmt werden:

(3a) die Likelihood der kombinierten Proposition (1a) bei gegebenem d beträgt 0,6,

(3b) die Likelihood der kombinierten Proposition (1b) bei gegebenem d beträgt 0,4.

Die Begründung wird durch (1′) und (2′) geliefert.

Da beide Aussagen (2a) und (2b) in $d \wedge e$ eingeschlossen sind, erhalten wir analog — diesmal unmittelbar aus der Definition der Likelihood — die beiden Zwischenresultate:

(4a) die Likelihood der kombinierten Proposition (2a) bei gegebenem $d \wedge e$ beträgt 0,6,

(4b) die Likelihood der kombinierten Proposition (2b) bei gegebenem $d \wedge e$ beträgt 0,4.

Wir benützen jetzt die bereits früher (unmittelbar hinter (4′)) benützte Tatsache, daß aus $d \wedge e$ die Äquivalenz des dortigen h^* mit $W(K) = 0{,}4$ folgt. Da h^* in der jetzigen Formalisierung durch $\langle X, V_{T*}, 0\rangle$, also durch das zweite Glied von (1a) wiedergegeben wird, kann man aus $d \wedge e$ folgern, daß (1a) äquivalent mit (2a) und analog (1b) äquivalent mit (2b) ist. Somit ergibt sich aus der erwähnten Invarianzeigenschaft des Likelihood-Grades:

(5a) die Likelihood der kombinierten Proposition (1a) bei gegebenem $d \wedge e$ beträgt 0,6;

(5b) die Likelihood der kombinierten Proposition (2a) bei gegebenem $d \wedge e$ beträgt 0,4.

Nach $\mathbf{A_5}$ erhält man aus (3a) und (3b):

(6a) $s((1\text{a}) \mid d) = 0{,}6;$

(6b) $s((1\text{b}) \mid d) = 0{,}4.$

Der Vergleich von (3a) mit (5a) und von (3b) mit (5b) lehrt, daß e bei gegebenem d *irrelevant* ist für (1a) und ebenso *irrelevant* für (1b). Mittels $\mathbf{A_6}$ gewinnt man daher:

(7a) $s((1\text{a}) \mid d \wedge e) = 0{,}6;$

(7b) $s((1\text{b}) \mid d \wedge e) = 0{,}4.$

Wenn wir wieder die Äquivalenz von (1a) mit (2a) und von (1b) mit (2b) bezüglich $d \wedge e$ berücksichtigen und bedenken, daß das zweite Glied dieser zwei Aussagen mit e identisch ist, so gewinnen wir:

(8a) $s(\langle X, T, W(K) = 0{,}4 \rangle \mid d \wedge e) = 0{,}6;$

(8b) $s(\langle X, T, W(K) = 0{,}6 \rangle \mid d \wedge e) = 0{,}4.$

(8a) ist nichts anderes als die frühere Aussage (5′).

Bibliographie

Werke über Statistik und Wahrscheinlichkeitstheorie sind hier nur so weit angeführt, als sie im Text verwendet wurden. Die Literatur zum Fiduzial-Argument wird am Ende getrennt angegeben.

AITCHISON, J., "Likelihood-Ratio and Confidence-Region Tests", Journal of the Royal Statistical Society Bd. 127 (1965), S. 245—250.

ANSCOMBE, F. J., "Bayesian Statistics", American Statistician Bd. 15 (1961), S. 21—24.

ARBUTHNOT, J., "An Argument for Divine Providence Taken from the Constant Regularity Observed in the Births of Both Sexes", Philosophical Transactions Bd. 27 (1710), S. 186—190.

ARNOLD, B. C., "Hypotheses Testing Incorporating a Preliminary Test of Significance", Journal of the American Statistical Association Bd. 65 (1970), S. 1590—1596.

BALLENTINE, L. E., "The Statistical Interpretation of Quantum Mechanics", Review of Modern Physics Bd. 42 (1970), S. 358—381.

BARNARD, G. A., "Statistical Inference", Journal of the Royal Statistical Society Bd. 11 (1949), S. 115—149. Series B.

BARNARD, G. A. und D. R. Cox (Hrsg.), The Foundations of Statistical Inference, New York 1962.

BARNARD, G. A., G. M. JENKINS und C. B. WINSTEN, [Likolihood Inference], "Likelihood Inference and Time Series", Journal of the Royal Statistical Society Bd. 125, Series A (1962), S. 321—372.

BARNARD, G. A., "The Use of the Likelihood-Function in Statistical Practice", Proceedings of the 5th Berkeley Symposion on Mathematical Statistics and Probability Vol. I (1967).

BARNARD, G. A., Rezension von J. HACKING, [Statistical Inference], British Journal for the Philosophy of Science Bd. 23 (1972), S. 123—132 (erst nach Drucklegung dieses Bandes publiziert).

BARTHOLOMEW, D. J., "A Comparison of Some Bayesian and Frequentist Inferences", Biometrika Bd. 52 (1965), S. 19—35.

BARTHOLOMEW, D. J. und E. E. BASSETT, "A Comparison of Some Bayesian and Frequentist Inferences II", Biometrika Bd. 53 (1966), S. 262—264.

BARTLETT, M. S., "Comments on Savage", in: SAVAGE, J. L. (Hrsg.), The Foundations of Statistical Inference, London 1962, S. 36—39.

BERNOULLI, D. [Most Probable Choice], "The Most Probable Choice Between Several Discrepant Observations and the Formation therefrom of the Most Likely Induction", Biometrika, Bd. 48 (1961), S. 3—13.

BILLETER, E. P., Grundlagen der erforschenden Statistik, Wien—New York 1972.

BIRNBAUM, A., "A Unified Theory of Estimation", Annals of Mathematical Statistics Bd. 32 (1961), S. 112—135.

BIRNBAUM, A., "On the Foundations of Statistical Inference: Binary Experiments", Annals of Mathematical Statistics Bd. 32 (1961), S. 414—435.

BIRNBAUM, A., "Another View on the Foundations of Statistics", American Statistician Bd. 16 (1962), S. 17—21.

BIRNBAUM, A., "On the Foundations of Statistical Inference", Journal of the American Statistical Association Bd. 57 (1962), S. 269—306.

BIRNBAUM, A., "Concepts of Statistical Evidence", in: MORGENBESSER, S., P. SUPPES und M. WHITE (Hrsg.), *Philosophy, Science and Method. Essays in Honor of Ernest Nagel*, New York 1969, S. 112—143.

BRADLEY, J. V., *Distribution-free Statistical Tests*, Englewood-Cliffs, N. J. 1968.

BRAITHWAITE, R. B. [Explanation], *Scientific Explanation. A Study of the Function of Theory, Probability and Law in Science*, 2. Aufl. Cambridge 1959.

BRAITHWAITE, R. B., "Moral Principles and Inductive Policies", Proceedings of the British Academy 1950, S. 51—68.

BRAITHWAITE, R. B., "On Unknown Probabilities", in: Körner, S. (Hrsg.), *Observation and Interpretation: A Symposium of Philosophers and Physicists*, London 1957, S. 3—11.

BRAITHWAITE, R. B., "Why is it Reasonable to Base a Betting Rate Upon an Estimate of Chance?", in: Bar-Hillel, Y. (Hrsg.), *Logic, Methodology and Philosophy of Science*, Amsterdam 1965, S. 263—274.

BROWN, B., "Radioactivity", in: THEWLIS, J. (Hrsg.), *Encyclopaedic Dictionary of Physics* Bd. 6, (1962), S. 59—61.

BROWN, B., "Radioactivity, Artificial", in: THEWLIS, J. (Hrsg.), *Encyclopaedic Dictionary of Physics* Bd. 6 (1962), S. 62.

CARNAP, R. [Probability], *Logical Foundations of Probability*, 2. Aufl. Chicago 1962.

CARNAP, R. [Continuum], *The Continuum of Inductive Methods*, Chicago 1952.

CARNAP, R. [I. L.], *Induktive Logik und Wahrscheinlichkeit*. Bearbeitet von W. STEGMÜLLER, Wien 1959.

CHURCH, A., "On the Concept of a Random Sequence", Bulletin of the American Mathematical Society Bd. 46 (1940), S. 130—135.

COLLINS, A. W., "The Use of Statistics in Explanation", British Journal for the Philosophy of Science Bd. 17 (1966/67), S. 127—140.

COX, D. R., "Some Problems Connected with Statistical Inference", Annals of Mathematical Statistics Bd. 29 (1958), S. 357—372.

COX, D. R., "Comments on Savage", in: BARNARD, G. A. und D. R. Cox (Hrsg.), *The Foundations of Statistical Inference*, New York 1962, S. 49—53.

CRAMÉR, H. [Statistics], *Mathematical Methods of Statistics*, Princeton 1951.

DIEHL, H. und D. A. SPROTT [Likelihoodfunktion], „Die Likelihoodfunktion und ihre Verwendung beim statistischen Schluß", Statistische Hefte Bd. 6 (1965), S. 112—134.

EDWARDS, A. F. [Likelihood], *Likelihood. An Account of the Statistical Concept of Likelihood and its Application to Scientific Inference*, Cambridge 1972 (erst nach Drucklegung dieses Bandes publiziert).

EDWARDS, W., H. LINDMANN und L. J. SAVAGE, "Bayesian Statistical Inference for Psychological Research", Psychological Review Bd. 70 (1963), S. 193—242.

FEIGL, H. [Wahrscheinlichkeit], „Wahrscheinlichkeit und Erfahrung", Erkenntnis Bd. 1 (1930), S. 249—259.

FINETTI, B. DE [Rezension von Reichenbach], Rezension des Buches von H. REICHENBACH, *Wahrscheinlichkeitslehre*, Zentralblatt für Mathematik und ihre Grenzgebiete Bd. 10 (1935), S. 364—365.

Finetti, B. de [Foresight], "Foresight: Its Logical Laws, Its Subjective Sources": in: Kyburg, H. E. und H. E. Smokler (Hrsg.), *Studies in Subjective Probability*, New York 1964, S. 93—158, Englische Übersetzung mit neuen Fußnoten von: "La Prévision: Ses Lois Logiques, Ses Sources Subjectives", Annales de l'Institut Henri Poincaré Bd. 7 (1937), S. 1—68.

Finetti, B. de, "Foundations of Probability", in: Klibansky, R. (Hrsg.), *Philosophy in Mid-Century* Bd. I (1958), S. 140—147.

Finetti, B. de, "Probability: Interpretations", International Encyclopedia of the Social Sciences Bd. 12 (1968), S. 496—504.

Finetti, B. de [Initial Probabilities], "Initial Probabilities: A Prerequisite for any Valid Induction", Synthese Bd. 20 (1969), S. 2—16.

Fisher, R. A. [Mathematical Foundations], "On the Mathematical Foundations of Theoretical Statistics", Philosophical Transactions of the Royal Society Bd. 222, Ser. A (1922), S. 309—368.

Fisher, R. A., "Theory of Statistical Estimation", Proceedings of the Cambridge Philosophical Society Bd. 22 (1925), 700—725.

Fisher, R. A., "Inverse Probability", Proceedings of the Cambridge Philosophical Society Bd. 26 (1930), S. 528—535.

Fisher, R. A., "Probability, Likelihood, and Quantity of Information in the Logic of Uncertain Inference", Proceedings of the Royal Society Bd. 146, Ser. A (1934), S. 1—8.

Fisher, R. A. [Two New Properties], "Two New Properties of Mathematical Likelihood", Proceedings of the Royal Society Bd. 144, Ser. A (1934), S. 285—307.

Fisher, R. A., "Statistical Methods and Scientific Inference", Journal of the Royal Statistical Society Bd. 17 (1955), S. 69—78.

Fisher, R. A. [Statistical Methods], *Statistical Methods and Scientific Inference*, New York 1956.

Fraser, D. A. [Sufficiency], "On the Sufficiency and Likelihood Principles", Journal of the American Statistical Association Bd. 58 (1963), S. 641—647.

Freund, J. E., "On the Confirmation of Scientific Theories", Philosophy of Science Bd. 17 (1950), S. 87—94.

Freund, J. E. [Statistics], *Mathematical Statistics*, Englewood Cliffs, N. J. 1962.

Giere, R. N. [Single Case], "Objective Single Case Probabilities and the Foundations of Statistics", in: Suppes, P., L. Henkin, A. Joja und Gr. C. Moisil (Hrsg.), *Proceedings of the Fourth International Congress on Logic, Methodology and Philosophy of Science*, Bukarest 1971, Amsterdam (im Erscheinen).

Good, I. J., *Probability and the Weighing of Evidence*, London 1950.

Hacking, J., "Guessing by Frequency", Proceedings of the Aristotelian Society Bd. 64 (1963/64), S. 55—70.

Hacking, J., "On the Foundations of Statistics", British Journal for the Philosophy of Science Bd. 15 (1964/65), S. 1—26.

Hacking, J. [Statistical Inference], *Logic of Statistical Inference*, Cambridge 1965.

Hacking, J., Rezension von Kyburg, H. E. und H. E. Smokler (Hrsg.), *Studies in Subjective Probability*, British Journal for the Philosophy of Science Bd. 16 (1965/66), S. 334—339.

Hacking, J., Rezension von Levi, I., *Gambling with Truth*, Synthese Bd. 17 (1967), S. 444—447.

Hacking, J., Rezension von A. F. Edwards, [Likelihood], British Journal for the Philosophy of Science Bd. 23 (1972), S. 132—137 (erst nach Drucklegung dieses Bandes publiziert).

HINTIKKA, J. und P. SUPPES (Hrsg.), *Aspects of Inductive Logic*, Amsterdam 1966.

HINTIKKA, J., "Statistics, Induction and Lawlikeness: Comment's on Dr. Vetter's Paper", Synthese Bd. 20 (1969), S. 72—83.

HINTIKKA, J., "Unknown Probabilities, Bayesianism, and DE FINETTI's Representation Theorem", in: *Boston Studies in the Philosophy of Science* Bd. VIII (1972), S. 325—341.

HODGES, J. L. und E. L. LEHMANN, "Some Problems in Minimax Point Estimation", Annals of Mathematical Statistics Bd. 21 (1950), S. 190.

JEFFREY, R. C., "New Foundations for Bayesian Decision Theory", in: BAR-HILLEL, Y. (Hrsg.), *Logic, Methodology and Philosophy of Science*, Amsterdam 1964, S. 289—300.

JEFFREY, R. C., Rezension von LEVI, I., *Gambling with Truth*, Journal of Philosophy Bd. 65 (1968), S. 313—322.

JEFFREYS, H. [Probability], *Theory of Probability*, 3. Aufl. Oxford 1961.

KENDALL, M. G., "On the Method of Maximum Likelihood", Journal of the Royal Statistical Society Bd. 103 (1940), S. 388—399.

KENDALL, M. G. und A. STUART, *Advanced Theory of Statistics*, Bd. I: *Distribution Theory*, 2. Aufl. London 1963; Bd. II: *Inference and Relationship*, 2. Aufl. London 1967; Bd. III: *Design and Analysis of Time Series*, 2. Aufl. London 1968.

KEYNES, J. M., *A Treatise on Probability*, 2. Aufl. London 1952.

KNEALE, W., *Probability and Induction*, Oxford 1949.

KOLMOGOROFF, A. N., *Foundations of the Theory of Probability*, 2. Aufl. New York 1956.

KOOPMAN, B. O., "The Axioms and Algebra of Intuitive Probability", Annals of Mathematics Bd. 41 (1940), S. 269—292.

KOOPMAN, B. O. "The Bases of Probability", Bulletin of the American Mathematical Society Bd. 46 (1940), S. 763—774.

KOOPMAN, B. O., "Intuitive Probabilities and Sequences", Annals of Mathematics Bd. 42 (1941), S. 169—187.

KÖRNER, S. (Hrsg.), *Observation and Interpretation: A Symposium of Philosophers and Scientists*, London 1957.

KÖRNER, S. [Experience], *Experience and Theory, An Essay in the Philosophy of Science*, London 1966.

KRANTZ, D. H., R. D. LUCE, P. SUPPES und A. TVERSKY [Foundations], *Foundations of Measurement, Vol. I*, New York und London 1971.

KUTSCHERA, F. VON [Subjektiver Wahrscheinlichkeitsbegriff], "Zur Problematik der naturwissenschaftlichen Verwendung des Subjektiven Wahrscheinlichkeitsbegriffs", Synthese Bd. 20 (1969), S. 84—103.

KUTSCHERA, F. VON [Offenes Problem], "Ein offenes Problem der subjektiven Wahrscheinlichkeitstheorie" (im Erscheinen).

KUTSCHERA, F. VON, *Wissenschaftstheorie*, München 1972

KYBURG, H. E., "R. B. Braithwaite on Probability and Induction", British Journal for the Philosophy of Science Bd. 9 (1958/59), S. 203—220.

KYBURG, H. E., *Probability and the Logic of Rational Belief*. Middletown 1961.

KYBURG, H. E., Rezension von LEBLANC, H., *Statistical and Inductive Probabilities*, American Mathematical Monthly Bd. 70 (1963), S. 1022—1023.

KYBURG, H. E., "Recent Work on Inductive Logic", American Philosophical Quaterly Bd. 1 (1964), S. 1—39.

KYBURG, H. E., "Probability and Decision", Philosophy of Science Bd. 33 (1966), S. 250—261.

KYBURG, H. E., "Bets and Belief", American Philosophical Quaterly Bd. 5 (1968), S. 54—63.

KYBURG, H. E. und H. E. SMOKLER (Hrsg.), *Studies in Subjective Probability*, New York 1964.

LEBLANC, H., *Statistical and Inductive Probabilities*, Englewood Cliffs, N. J., 1962.

LEHMANN, E. L., *Testing Statistical Hypotheses*, New York 1959.

LEVI, I., "Corroboration and Rules of Acceptance", British Journal for the Philosophy of Science Bd. 13 (1962/63), S. 307—313.

LEVI, I., Rezension von LEBLANC, H., *Statistical and Inductive Probabilities*, The Journal of Philosophy Bd. 60 (1963), S. 21.

LEVI, I., "Hacking and Salmon on Induction", The Journal of Philosophy Bd. 62 (1965), S. 481—485.

LEVI, I., *Gambling with Truth: An Essay on Induction and the Aims of Science*, New York 1967.

LEVI, I., "Are Statistical Hypotheses Covering Laws?", Synthese Bd. 20 (1969), S. 297—307.

LINDLEY, D. V. [Probability], *Introduction to Probability and Statistics*, Teil I: *Probability*, Cambridge 1965, Teil II: *Inference*, Cambridge 1965.

LUCE, R. D. und H. RAIFFA, *Games and Decisions: Introduction and Critical Survey*, New York 1957.

MARGENAU, H. und J. L. PARK, "Objectivity in Quantum Mechanics", in: BUNGE, M. (Hrsg.), *Delaware Seminar in the Foundations of Physics*, Berlin-Heidelberg-New York 1967.

MELLOR, D. H., *The Matter of Chance*, Cambridge 1971.

MISES, R. VON, *Wahrscheinlichkeit, Statistik und Wahrheit*, 3. Aufl. Wien 1951.

MYHILL, J., "On the Concept of a Random Sequence", The Journal of Symbolic Logic Bd. 16 (1951), S. 236.

NAGEL, E., *"Principles of the Theory of Probability*, Chicago 1949.

NEYMAN, J., "Outline of a Theory of Statistical Estimation Based on the Classical Theory of Probability", Philosophical Transactions of the Royal Society Bd. 236, Ser. A (1937), S. 333—380.

NEYMAN, J., "Basic Ideas and Some Recent Results of the Theory of Testing Statistical Hypotheses", Journal of the Royal Statistical Society Bd. 105 (1942), S. 292—327.

NEYMAN, J., *First Course in Probability and Statistics*, New York 1950.

NEYMAN, J. (Hrsg.), *Proceedings of the Second Berkeley Symposium on Mathematical Statistics and Probability*, University of California Press 1951.

NEYMAN, J., *Lectures and Conferences on Mathematical Statistics and Probability*, 2. Aufl. Washington 1952.

NEYMAN, J., "'Inductive Behaviour' as a Basic Concept of Philosophy of Science", Review of the International Statistical Institute Bd. 25 (1957), S. 7—22.

NEYMAN, J. (Hrsg.), *Proceedings of the Fourth Berkeley Symposium on Mathematical Statistics and Probability*, University of California Press 1961.

PEARSON, K., "The Fundamental Problem of Practical Statistics", Biometrika Bd. 13 (1920), S. 1—16.

PEARSON, E. S. und J. NEYMAN, "The Testing of Statistical Hypotheses in Relation to Probabilities A Priori", Proceedings of the Cambridge Philosophical Society Bd. 29 (1932/33), S. 492—510.

PEARSON, E. S. und J. NEYMAN, "On the Problem of the Most Efficient Tests of Statistical Hypotheses", Philosophical Transactions of the Royal Society Bd. 231, Ser. A (1933), S. 289—337.

PEARSON, E. S. und J. NEYMAN, "Contributions to the Theory of Testing Statistical Hypotheses", Statistical Research Memoirs Teil 1, 1936, S. 1—37; Teil 2, 1938, S. 25—57.

PLACKETT, R. L., "Current Trends in Statistical Inference", Journal of the Royal Statistical Society Bd. 129, Teil 2, Ser. A (1966), S. 249—267.

POPPER, K. R. [L. F.], *Logik der Forschung*, 4. Aufl. Tübingen 1971.

POPPER, K. R. [Propensity 1], "The Propensity Interpretation of the Calculus of Probability, and the Quantum Theory", in: KÖRNER, S. (Hrsg.), *Observation and Interpretation*, London 1957, S. 65—70.

POPPER, K. R. [Propensity 2], "The Propensity Interpretation of Probability", The British Journal for the Philosophy of Science Bd. 10 (1959/60), S. 25—42.

POPPER, K. R. [Without], "Quantum Mechanics without the 'Observer'", in: BUNGE, M. (Hrsg.), *Quantum Theory and Reality*, Berlin-Heidelberg-New York, 1967, S. 7—44.

PRATT, J. W., "Bayesian Interpretation of Standard Inference Statements", Journal of the Royal Statistical Society Bd. 27, Ser. B (1965), S. 169—192.

RÉNYI, A., *Wahrscheinlichkeitsrechnung*, Berlin 1962.

REICHENBACH, H., "Die logischen Grundlagen des Wahrscheinlichkeitsbegriffs", Erkenntnis Bd. 3 (1932/33), S. 401—425.

REICHENBACH, H., *Wahrscheinlichkeitslehre. Eine Untersuchung über die logischen und mathematischen Grundlagen der Wahrscheinlichkeitsrechnung*, Leiden 1935.

REICHENBACH, H., "Philosophical Foundations of Probability", in: Proceedings of the Berkeley Symposium on Probability and Statistics, Berkeley, 1943 S. 1—20.

REICHENBACH, H. [Probability], *The Theory of Probability*, Berkeley und Los Angeles 1949.

RESCHER, N., "The Concept of Randomness", Theorie Bd. 27 (1961), S. 1—11.

RICHTER, H. *Wahrscheinlichkeitstheorie*, 2. Aufl. Berlin-Heidelberg-New York 1966.

SALMON, W., "The Predictive Inference", Philosophy of Science Bd. 24 (1957), S. 180—190.

SALMON, W. "What Happens in the Long Run?", The Philosophical Review Bd. 74 (1965), S. 373—378.

SALMON, W., "The Status of Prior Probabilities in Statistical Explanation", Philosophy of Science Bd. 32 (1965), S. 137—146.

SALMON, W., *The Foundations of Scientific Inference*, Pittsburgh 1966.

SAVAGE, L. J. [Foundations], *Foundations of Statistics*, New York 1954.

SAVAGE, L. J. [Reconsidered], "The Foundations of Statistics Reconsidered", Proceedings of the Fourth Berkeley Symposium on Mathematics and Probability", Berkeley 1961, S. 575—585. Abgedruckt in: KYBURG, H. E. und H. E. SMOKLER, *Studies in Subjective Probability*, New York 1964, S. 173—188.

SAVAGE, L. J., "Subjective Probability and Statistical Practice", in: SAVAGE et al., *The Foundations of Statistical Inference*, 2. Aufl. London 1970, S. 9—35.

SAVAGE, L. J., W. EDWARDS und H. LINDMAN, "Bayesian Statistical Inference for Psychological Research", Psychological Review Bd. 70 (1963), S. 193—242.

SAVAGE, L. J., "Difficulties in the Theory of Personal Probability", Philosophy of Science Bd. 34 (1967), S. 305—310.

SAVAGE, L. J. et al. (Hrsg.), *The Foundations of Statistical Inference*, 2. Aufl. London 1970.

SKLAR, L., "Is Probability a Dispositional Property?", The Journal of Philosophy Bd. 67 (1970), S. 355—366.

SNEED, J. D., "Quantum Mechanics and Classical Probability Theory", Synthese Bd. 21 (1970), S. 34—64.

STEGMÜLLER, W. [Induktion], "Das Problem der Induktion: Humes Herausforderung und moderne Antworten", in: H. LENK (Hrsg.), *Neue Aspekte der Wissenschaftstheorie*, Braunschweig 1971, S. 13—74.

SUPPES, P., "Some Open Problems in the Foundations of Subjective Probability", in: R. E. MACHOL (Hrsg.), *Information and Decision Processes*, New York 1960, S. 162—169.

SUPPES, P., "Probability Concepts in Quantum Mechanics", Philosophy of Science Bd. 28 (1961), S. 378—389.

SUPPES, P., "The Role of Probability in Quantum Mechanics", in: B. BAUMRIN (Hrsg.), *Philosophy of Science. The Delaware Seminar*, Bd. 2, New York 1963, S. 319—337.

SUPPES, P., "The Probabilistic Argument for a Non-Classical Logic in Quantum Mechanics", Philosophy of Science Bd. 33 (1966), S. 14—21.

SUPPES, P., *Studies in the Methodology and Foundations of Science. Selected Papers from 1951 to 1969*, Dordrecht 1969.

SUPPES, P., *Set-Theoretical Structure in Science*, Institute for Mathematical Studies in the Social Sciences, Stanford 1970.

SUPPES, P. [Popper's Analysis], "Popper's Analysis of Probability in Quantum Mechanics", Manuskript 1972.

SUPPES, P. [New Foundations], "New Foundations of Objective Probability: Axioms for Propensities", in: SUPPES, P., L. HENKIN, A. JOJA und GR. C. MOISIL (Hrsg.), *Logic, Methodology and Philosophy of Science IV. Proceedings of the* 1971 *International Congress*, Bukarest 1971, Amsterdam (im Erscheinen).

VETTER, H., "Logical Probability, Mathematical Statistics, and the Problem of Induction", Synthese Bd. 20 (1969), S. 56—71.

VIETORIS, L., "Über den Betriff der Wahrscheinlichkeit", Monatshefte für Mathematik Bd. 52 (1948), S. 55—85.

VIETORIS, L., "Zur Axiomatik der Wahrscheinlichkeitsrechnung", Dialectica Bd. 8 (1954), S. 37—47.

WALD, A., "Die Widerspruchsfreiheit des Kollektivbegriffs der Wahrscheinlichkeitsrechnung", Ergebnisse eines Mathematischen Kolloquiums Bd. 8 (1937), S. 38—72.

WALD, A. [Maximum Likelihood Estimate], "Note on the Consistency of the Maximum Likelihood Estimate", Annals of Mathematical Statistics Bd. 20 (1949), S. 595—601.

WALD, A. [Decision Functions], *Statistical Decision Functions*, New York 1950.

WRIGHT, G. H. VON, *A Treatise on Induction and Probability*, New York 1951.

WRIGHT, G. H. VON, *The Logical Problem of Induction*, 2. Aufl. New York 1957.

Bibliographie zum Fiduzial-Argument

BARNARD, G. A., "Logical Aspects of the Fiducial Argument", Bulletin of the International Statistical Institute Bd. 40 (1964), S. 870—833.

BARNARD, G. A., "Logical Aspects of the Fiducial Argument", Journal of the Royal Statistical Society Bd. 25, Ser. B, S. 111—114.

BENETT, G. W. und E. A. CORNISH, "A Comparison of the Simultaneous Fiducial Distributions Derived from the Mutivariate Normal Distribution", Bulletin of the International Statistical Institute Bd. 40 (1964), S. 902—919.

BRILLINGER, D. R., "Examples Bearing on the Definition of Fiducial Probability with a Bibliography", Annals of Mathematical Statistics Bd. 33 (1962), S. 1349—1355.

DEMPSTER, A. P., "Further Examples of Inconsistencies in the Fiducial Argument", Annals of Mathematical Statistics Bd. 34 (1963), S. 884—891.

FISHER, R. A., "The Fiducial Argument in Statistical Inference", Annals of Eugenics Bd. 6 (1935), S. 391—398.

FRASER, D. A., "On Fiducial Inference", Annals of Mathematial Statistics Bd. 32 (1961), S. 661—676.

FRASER, D. A., "The Fiducial Method and Invariance", Biometrika Bd. 48 (1961), S. 261—280.

FRASER, D. A., "On the Consistency of the Fiducial Methods", Journal of the Royal Statistical Society Bd. 24 (1962), S. 425—434.

FRASER, D. A., "On the Definition of Fiducial Probability", Bulletin of the International Institute Bd. 40 (1964), S. 842—856.

FRASER, D. A., "Fiducial Inference for Location and Scale Parameters", Biometrika Bd. 51 (1964), S. 17—24.

HACKING, J., *Logic of Statistical Inference*, Cambridge 1965, Kap. IX, S. 133—160.

LINDLEY, D. V., "Discussion of Session on Fiducial Probability", Bulletin of the International Statistical Institute Bd. 40 (1964). S. 919—921.

NEYMAN, J., "Fiducial Argument and the Theory of Confidence Intervals", Biometrika Bd. 32 (1941), S. 128—150.

SAVAGE, L. J., "Discussion of Session on Fiducial Probability", Bulletin of the International Statistical Institute Bd. 40 (1964), S. 925—927.

SPROTT, D. A., "A Transformation Model for the Investigation of Fiducial Distributions", Bulletin of the International Statistical Institute Bd. 40 (1964), S. 856—869.

SPROTT, D. A., "Statistical Estimation — Some Approaches and Controversies", Statistische Hefte Bd. 6 (1965), S. 97—111.

STEIN, CH., "An Example of Wide Discrepancy between Fiducial and Confidence Intervals", Annals of Mathematical Statistics Bd. 30 (1959), S. 877—880.

TUKEY, J. W., "Discussion of Session on Fiducial Probability", Bulletin of the International Statistical Institute Bd. 40 (1964), S. 921—924.

WILLIAMS, J. S., "The Role of Probability in Fiducial Inference", Sankhya: The Indian Journal of Statistics Ser. A, Bd. 28 (1966), S. 271—296.

Teil IV

‚Statistisches Schließen — Statistische Begründung — Statistische Analyse‘ statt ‚Statistische Erklärung‘

1. Elf Paradoxien und Dilemmas

Im letzten Absatz des Unterabschnittes 6.a von Teil III wurde darauf aufmerksam gemacht, daß unabhängig vom Problem der Rechtfertigung der Einzelfall-Regel die genauen Bedingungen ihrer korrekten Anwendung zu prüfen seien, daß diese Prüfung jedoch zweckmäßigerweise innerhalb eines anderen systematischen Rahmens erfolgen sollte. Dieser Rahmen wird durch das Stichwort „Statistische Erklärung" geliefert. Jedenfalls sind die bisher in der Literatur bekannten Erörterungen der Anwendungsprobleme statistischer Gesetzeshypothesen unter diesem Thema diskutiert worden. An diese knüpfe ich daher im folgenden an.

Allerdings werde ich mich in diesem letzten Teil in viel stärkerem Maße als in den drei vorangehenden Teilen dieses Bandes genötigt sehen, von herrschenden Auffassungen abzuweichen. So werden die folgenden Überlegungen auch in höherem Grade den Charakter einer Pionierarbeit haben. Und sie werden daher vermutlich mit den Vor- und Nachteilen einer solchen Pioniertätigkeit verbunden sein, nämlich einerseits — so hoffe ich — anregend zu wirken auf diejenigen, welche beabsichtigen, diese Probleme nochmals genau zu überdenken; andererseits mit noch nicht völlig ausgearbeiteten, revisions- und präzisierungsbedürftigen Vermutungen durchsetzt zu sein.

Daß fachwissenschaftliche Problemstellungen fast immer in dem durch ein 'tacit knowledge' gesetzten Rahmen erfolgen, wird heute zunehmend anerkannt, ebenso dies, daß es erforderlich sei, innerhalb wissenschaftstheoretischer Analysen dieses 'background knowledge' ausdrücklich in die Thematisierung mit einzubeziehen. Der Begriff des statistischen Datums von Teil III dürfte eine Exemplifizierung dafür gegeben haben, daß man sich dabei nicht unbedingt im Vagen und Unverbindlichen zu verlieren braucht.

Weniger beachtet blieb bisher wohl die Tatsache, daß auch wissenschaftstheoretische Problemstellung selbst in der Regel *unter der stillschweigenden Annahme der Gültigkeit epistemologischer Oberhypothesen* erfolgen. Im vorliegenden Fall dürften es drei solcher Annahmen sein, die ursprünglich von den Forschern, die sich an der Diskussion zum Problemkomplex der statistischen Erklärung beteiligten, als gültiges ‚Datum' vorausgesetzt wurden:

(1) Es gibt genau *ein* Explikandum für den Begriff der statistischen Erklärung.

(2) Statistische Erklärungen sind *Argumente* von bestimmter Art (wenn auch Argumente von anderer Art als Erklärungen, die sich auf deterministische Gesetze stützen).

(3) Dasjenige, worauf man sich mit „Statistische Erklärung" bezieht, bildet einen explikationsbedürftigen wichtigen Begriff.

Diese drei Annahmen werden sich am Ende teils als falsch, teils als fragwürdig erweisen. Genauer gesprochen, werden wir zu folgenden Resultaten gelangen: Im Verlauf der Diskussion von 11 Paradoxien und Schwierigkeiten wird sich eine Infragestellung von (1) zwingend ergeben. Es wird sich herausstellen, daß es *zwei vollkommen verschiedene zu explizierende Begriffe* gibt. Der eine dieser Begriffe: der Begriff der *statistischen Begründung,* bildet einen speziellen Fall des sogenannten statistischen Schließens, nämlich jenen Typ, den wir in Teil III andeutungsweise als *die korrekte Anwendung der statistischen Einzelfall-Regel* bezeichneten. Der andere Begriff: der Begriff der *statistischen Analyse,* bildet zum Unterschied vom ersten kein prognostisch verwertbares ‚Schlußverfahren', sondern stellt ein Mittel zur Gewinnung eines *statistischen Situationsverständnisses* dar. Die Verwerfung der in dieser Generalität behaupteten Annahme (2) wird sich als eine direkte Konsequenz dieser Überwindung der Grundannahme (1) erweisen. Zu diesem Punkt ist zweierlei zu bemerken: Erstens lassen sich nur statistische Begründungen, nicht jedoch statistische Analysen als Argumente deuten, selbst bei noch so weitherziger Ausdehnung des Gebrauches von „Argument". Zweitens wird die Diskussion der grundlegendsten ersten Paradoxie, der ‚Paradoxie der Erklärung des Unwahrscheinlichen', ergeben, daß Begründungsargumente *nur Vernunftgründe für eine rationale Überzeugung* liefern — z. B. im Kontext rationaler Prognosen oder rationaler Retrodiktionen —, *daß diese Begründungsargumente jedoch prinzipiell nicht als Erklärungen dessen, was sich tatsächlich ereignete, verwendbar sind.* Aus dieser Erkenntnis wird schließlich die Infragestellung von (3) resultieren.

Wir werden uns allerdings am Ende, wenn die übrigen Untersuchungen abgeschlossen sind, nochmals dem Problem zuwenden, was unter „Statistische Erklärung" verstanden werden könnte. Vier verschiedene Vorschläge werden sich dabei anbieten. Gegen alle werden sich Einwendungen vorbringen lassen. Am relativ brauchbarsten wird sich der Gedanke erweisen, bestimmte Formen der ‚Überlagerung' von statistischen Begründungen und statistischen Minimalanalysen als Erklärungen zu bezeichnen. Eine merkwürdige Konsequenz muß man allerdings selbst bei dieser relativ günstigsten Wortwahl in Kauf nehmen, sollte man sich für sie entscheiden: Ob statistische Erklärungen von Ereignissen, die nur unter statistische Gesetzmäßigkeiten fallen, möglich sind, hängt nicht nur vom Wissensstand und von den intellektuellen Fähigkeiten des mit der Frage befaßten Forschers ab, sondern im strengen Wortsinn *vom Zufall.*

Als erfreulicher Nebeneffekt wird sich folgendes ergeben: Die sehr radikale Meinungsdifferenz zwischen C. G. Hempel, nach dessen Auffassung *alle* statistischen Erklärungen Argumente sind, R. C. Jeffrey, der *nur einige* statistische Erklärungen als Argumente gelten läßt, und W. Salmon, nach dessen Überzeugung statistische Erklärungen *niemals* Argumente darstellen, wird sich *als ein bloß scheinbarer Gegensatz in wissenschaftstheoretischen Überzeugungen* erweisen. Was insbesondere das Verhältnis von Hempel und Salmon betrifft, so kann man sagen, daß beide Denker von ganz verschiedenen Gegenständen sprechen, wenn sie den Ausdruck „Statistische Erklärung" gebrauchen, allerdings von Gegenständen, *die* aus noch zu schildernden Gründen *beide nicht als statistische Erklärungen bezeichnet werden sollten.*

Als je komplizierter sich eine Materie erweist, je hartnäckiger sie sich logischer Analyse widersetzt, desto wichtiger wird es, Klarheit über die einzelnen Probleme zu gewinnen, sie zu identifizieren und sauber auseinanderzuhalten. Mit einer solchen ganz besonders schwierigen Materie haben wir es hier zu tun. Mehr als in anderen Bereichen der Wissenschaftstheorie dürfte es daher diesmal angebracht sein, die *aporetische Methode* des Aristoteles anzuwenden, um ein möglichst scharfes Bild von der Problemsituation zu gewinnen.

Wir beginnen daher mit einer Schilderung von Schwierigkeiten. Sie haben prima facie nichts miteinander zu tun; ihre potentiellen Lösungen scheinen in ganz verschiedene Richtungen zu weisen oder in der Produktion neuer Berge von Problemen zu bestehen. Wenn eine Schwierigkeit so geartet ist, daß sie in einen Konflikt zwischen anerkannten Vorstellungen einmündet, dann reden wir von einer *Paradoxie*. Handelt es sich dagegen um ein Problem, dessen Lösung zunächst im Dunkeln zu liegen scheint, so sprechen wir von einem *Dilemma*.

(I) Die Paradoxie der Erklärung des Unwahrscheinlichen. Innerhalb der ausführlichen Diskussion der Frage, ob eine logische Symmetrie zwischen Erklärung und Voraussage besteht[1], ist früher von den Teilnehmern in der Regel ein Aspekt übersehen worden. *Im Fall einer kausalen Erklärung* (oder allgemeiner: Im Fall einer Erklärung mittels strikter Gesetze) *fällt das rational zu Erwartende mit dem faktisch Eintretenden zusammen, sofern das Explanans richtig ist.* Im Fall einer statistischen Prognose kann beides auseinanderklaffen. Als erster dürfte R. Jeffrey[2] darauf hingewiesen haben, daß dieser Sachverhalt zu Schwierigkeiten für die Standard-Interpretation wissenschaftlicher Erklärungen und Prognosen führt.

Angenommen, ich nehme einen homogenen Würfel, für den ich die Gleichverteilungshypothese bezüglich der sechs Augenzahlen sowie die

---

[1] Die Argumente für und wider diese These habe ich systematisch darzustellen versucht in Kap. II von Bd. I, [Erklärung und Begründung]. Dort wird zugleich der Versuch eines neuen systematischen Zuganges unternommen.

[2] In: [Explanation vs. Inference].

Annahme der Unabhängigkeit der Würfe als gültig voraussetze (d. h. also: erstens gelte für jede der 6 Augenzahlen die Wahrscheinlichkeit 1/6 ihres Eintreffens bei einem einzigen Wurf; und zweitens sei die Annahme zutreffend, daß kein Wurfergebnis ein folgendes beeinflusse). Ich würfele siebenmal und erziele jedesmal eine 6. *Wie ist diese Tatsache zu erklären?*

Bei der logischen Analyse von prognostischen Wahrscheinlichkeitsargumenten wird gewöhnlich davon ausgegangen, daß das mit hoher Wahrscheinlichkeit Vorausgesagte auch tatsächlich eintrifft. Dieser Fall ist hier *nicht* gegeben. Denn wie immer die genaue logische Analyse des Voraussage-Argumentes aussehen möge, die durch dieses Argument gestützte Prognose wird besagen, daß nicht siebenmal hintereinander eine 6 geworfen werden wird. Man beachte, daß diese Prognose (des Nichteintreffens von sieben aufeinanderfolgenden Sechserwürfen) nicht etwa nur so lange als rational anzuerkennen ist, als man das überraschende Resultat nicht kennt. Auch *nachdem* man feststellte, daß 7 Sechserwürfe gemacht worden sind, wird man die anders lautende Prognose weiterhin als rational gelten lassen müssen. Man wird sagen, *daß hier etwas eingetreten ist, was vernünftigerweise nicht zu erwarten war.*

Bei dem Versuch, die obige Warum-Frage zu beantworten, gerät man in eine Paradoxie, wenn man an der Standardauffassung festhält, daß eine wissenschaftliche Erklärung in einem erklärenden *Argument* besteht. Eine korrekte Erklärung dieses seltsamen Phänomens von 7 aufeinander folgenden Sechserwürfen müßte danach ein Argument sein, welches nur richtige Prämissen enthält und eine Begründung für die dieses Phänomen beschreibende Aussage liefert. Nach unserer Voraussetzung stützt sich jedoch auch das Voraussage-Argument, welches das Nichteintreten dieses Phänomens begründet, nur auf richtige Prämissen. Wie ist dies möglich?

Die ganze Schwierigkeit wäre sofort beseitigt, wenn man das prognostische Argument *in einem anderen pragmatischen Kontext* betrachten würde als wir dies hier tun, nämlich im Kontext der *Hypothesenprüfung.* Wenn wir die Annahme, daß für den fraglichen Würfel die Laplace-Wahrscheinlichkeit (Gleichverteilung) gelte, durch die sieben Würfe erst getestet hätten, so würde unser Schluß lauten, daß diese Annahme falsch sei.

Wie die Begründung im einzelnen aussehen würde, braucht uns hier nicht zu interessieren. Es genügt die Feststellung, daß *jede* vernünftige Testtheorie zu diesem Resultat gelangen würde. Ein Vertreter der Likelihood-Schule würde z. B. sagen, die Laplace-Hypothese habe im Licht dieses Beobachtungsbefundes relativ zu der Alternativhypothese, wonach die Augenzahl 6 begünstigt sei, eine so geringe Likelihood, daß sie zugunsten der Alternativhypothese zu verwerfen sei.

Daß wir die Beobachtung in einem derartigen Kontext anstellten, wurde von uns aber ausdrücklich durch die Voraussetzung ausgeschlossen, daß die Gleichverteilungshypothese als gesichert gelten solle, sei es aufgrund direkter früherer Bestätigung, sei es indirekt durch Herleitung dieser Annahme aus einer anderen, als gesichert geltenden Hypothese. Der Ausweg zu sagen: „das prognostische Argument beruhte auf einer falschen statistischen Hypothese“ steht uns also nicht zur Verfügung.

Auch wäre es nicht schlüssig zu verlangen, daß bei einem solchen Resultat der im vorletzten Absatz erwähnte pragmatische Kontext der Hypothesenprüfung erzwungen würde: Wenn sich etwas außerordentlich Unwahrscheinliches ereigne, müsse die Hypothese, aus der diese Unwahrscheinlichkeit folge, fallengelassen werden. Unwahrscheinliches ist nicht nur *logisch möglich;* es wird auch *faktisch realisiert.* Jeder Gewinner eines großen Loses stellt zu seiner Freude fest, daß sich sehr Unwahrscheinliches ereignet hat. Angehörige von Personen, die von einem Meteoriten erschlagen wurden, müssen zu ihrem Entsetzen feststellen, daß uns auch ungeheuer Unwahrscheinliches heimsuchen kann. Aus dem Mikrobereich lassen sich Fälle des Eintretens von Phänomenen von einer noch höheren Ordnung an Unwahrscheinlichkeit angeben.

Es bleibt also dabei, daß das Unwahrscheinliche, *wenn es einmal eingetreten ist,* etwas durchaus Rätselhaftes bleibt, wenn man sich nicht damit begnügt, es zu beschreiben, sondern darüber hinaus versucht, es zu erklären.

Folgendes ist zu beachten: Bei der Formulierung dieser Schwierigkeit wurde *weder* auf eine spezielle Deutung des Wahrscheinlichkeitsbegriffs *noch* auf eine ganz bestimmte formale Struktur dessen Bezug genommen, was als ‚erklärendes Argument‘ auszuzeichnen sei. Die Schwierigkeit besteht ganz unabhängig davon, ob man eine personalistische, eine objektivistische oder eine dualistische Wahrscheinlichkeitsauffassung vertritt. Ferner wurde ganz davon abstrahiert, wie ein ‚Argument‘ mit statistischen Prämissen zu rekonstruieren sei. Es genügt, daß die ‚Prämissen‘ der als Argument bezeichneten gedanklichen Operation *eher das Eintreten als das Nichteintreten* des durch die ‚Conclusio‘ beschriebenen Sachverhaltes *erwarten lassen.* Dieses zweite formale Merkmal werden wir später die Leibniz-Bedingung nennen.

Versuchen wir, nochmals die Bedingungen genauer anzugeben, unter denen die erste Schwierigkeit entsteht. 1. *Bedingung:* Eine Erklärung soll ein Argument in dem eben angegebenen weiten Sinn darstellen. Die ‚Prämissen‘ eines solchen Argumentes nennen wir das Explanans X. 2. *Bedingung:* Eine Erklärung ist stets eine *Erklärung von etwas,* nämlich des Explanandums. Dabei wird unter dem Explanandum ein Ereignis verstanden, das durch eine Proposition E beschrieben wird. Die Schwierigkeit ist nun die folgende: Während es noch als sinnvoll erscheinen mag, im Fall der Wahrheit von Prämisse und Conclusio (mit „$=$?“ als Symbol für das probabilistische Argument[3]):

$$(a) \quad \frac{X}{E} \ ?$$

---

[3] Durch das Zeichen „?“ neben den beiden horizontalen Strichen soll angedeutet werden, daß in dem probabilistischen Argument ‚das X im Fall seiner Richtigkeit für die Wahrheit von E spricht‘, daß jedoch im übrigen die genaue Natur dieses Argumentes offenbleiben kann.

zu sagen, daß X eine Erklärung für E liefert, geraten wir bei Erfüllung der folgenden drei Bedingungen

(b) X ist wahr, $\neg E$ ist wahr und (a) ist gültig

in eine Schwierigkeit. (Man beachte dabei, daß in (b) X mit dem X von (a) *identisch* ist!) Denn es wäre doch offenbar absurd, *dasselbe X*, welches für die Wahrheit von E spricht, ein Explanans für $\neg E$ zu nennen.

Ein denkbarer Ausweg scheint darin zu bestehen, von X eben *nur* im Fall (a) zu sagen, daß es eine Erklärung für E liefere; *im Fall (b) hingegen gäbe es überhaupt keine Erklärung* (falls nicht eine ‚kausale Tiefenanalyse‘ ein nomologisches Argument zugunsten von $\neg E$ bereitgestellt, welche Möglichkeit wir nach Voraussetzung ausschließen). Gegen diesen Ausweg aber sprechen zwei Überlegungen: (1) Die Plausibilität, im Fall (a) sagen zu dürfen, daß X das Explanandum E erkläre, ist nur eine scheinbare. Was nämlich in Wahrheit ‚erklärt‘ wird, ist nichts anderes als dies, daß es in einer Situation, in welcher X bekannt ist, hingegen noch nicht bekannt ist, ob E oder $\neg E$ wahr sein wird, vernünftig ist, das Eintreten von E zu erwarten: *Nicht das Eintreten von E wird erklärt, sondern die Rationalität einer E auszeichnenden Erwartung!* (2) Wenn man beschließt, X im Fall (a) ein Explanans zu nennen, nicht jedoch im Fall (b), so läßt man es vom Zufall abhängen, ob irgendetwas etwas anderes erklärt. Dies dürfte allen unseren Intuitionen widersprechen. So wie das Wort „erklären von Tatsachen“ im vorexplikativen Sinn gebraucht wird, sollte es doch nur von uns (nämlich von unseren Fähigkeiten, richtige Hypothesen zu entwerfen und richtige Argumente zu konstruieren) abhängen, ob etwas als eine korrekte Erklärung von etwas anderem anzusprechen ist, aber nicht vom Zufall.

Ein anderer Vorschlag für einen Ausweg aus der Schwierigkeit könnte dahin gehen, das Explanans X mit einem Index „Erklärungsgrad“ zu versehen und bei Eintreten von E zu sagen, X erkläre E in hohem Grade (z. B. 0,98), im Fall des Eintretens von $\neg E$ hingegen, dasselbe X erkläre $\neg E$, jedoch nur in einem sehr niedrigen Grade (z. B. 0,02). Auf einen solchen Vorschlag wäre zu erwidern, daß hiermit wieder das Thema gewechselt worden sei. Seit W. DRAY ist es üblich geworden, zwischen zwei Typen von Erklärungen zu unterscheiden, nämlich solchen, die auf Fragen: "why?" und solchen, die auf Fragen: "how possible?" eine Antwort zu geben versuchen. Man muß sich aber darüber im klaren sein, daß im gegenwärtigen Zusammenhang mit dem Übergang vom why-Fall zum how-possible-Fall der Erklärungsanspruch *außerordentlich verdünnt* wird: Man beansprucht ja *nicht* mehr, dasjenige, was sich ereignet hat, *in dem Sinn zu erklären, daß man angibt, warum es stattfand und nicht nicht stattfand*, sondern begnügt sich mit der viel bescheideneren Aufgabe, *zu erklären, wieso das, was sich ereignete, möglich war*. Nun: eine noch so niedrige Wahrscheinlichkeit für sein Eintreten zeigt natürlich seine *Möglichkeit*. Mit der Verdünnung des Erklärungsanspruches verschwindet auch die Paradoxie. Für den ‚wie-möglich-Fall‘ wäre ja sogar eine noch schwächere Information als Erklärung ausreichend, nämlich in unserem Fall *die Feststellung, daß kein deterministisches Gesetz existiert, welches das Eintreten von E ausschließt*.[4]

Wie man sich auch dreht und wendet, *entweder* die Paradoxie bleibt bestehen *oder* ihre Beseitigung ist nur eine scheinbare, da das Thema gewechselt und der ursprüngliche an die Erklärung gestellte Anspruch abgeschwächt wird: zu erklären ist nicht mehr das fragliche Ereignis, sondern entweder *die Rationalität der Erwartung* des Eintreffens dieser Ereignisse oder sogar nur *die Möglichkeit des Eintreffens* dieser Ereignisse.

Um einer eventuellen Mißdeutung vorzubeugen, sei schon jetzt darauf hingewiesen, daß hauptsächlich wegen dieses Paradoxons der Begriff der statistischen Erklärung eines Ereignisses preisgegeben werden wird. Dies ist *nicht* gleichbedeutend mit einer Preisgabe des ‚argumentativen Gesichtspunktes‘. Auch wir werden später so etwas wie ein ‚statistisches Argument‘ zulassen. Die ‚Conclusio‘ eines solchen Argumentes wird allerdings nicht eine Tatsache beschreiben, sondern nur eine *mögliche* Tatsache oder einen *Sachverhalt*. Das statistische Argument dient nur mehr dazu, *eine rationale Erwartung zu begründen*. Daß die Paradoxie dann nicht mehr auftreten wird, kann man sich schon jetzt durch die folgende Überlegung klarmachen: Die Erwartung wird entweder enttäuscht werden oder nicht enttäuscht werden. Vorkommen kann beides. *Die Enttäuschung einer Erwartung ist jedoch kein Indiz dafür, daß die Erwartung irrational war*. Auch eine rationale Erwartung kann enttäuscht werden. Diese Überlegung wird eine Verbindung herzustellen gestatten zwischen dem Thema „Statistisches Schließen“ und dem Hempelschen Explikationsversuch, der im Prinzip für dieses Thema angemessen ist.

(II) Das Paradoxon der irrelevanten Gesetzesspezialisierung. Ich frage: „Warum ist Herr X im vergangenen Jahr nicht schwanger geworden?“ Die Antwort lautet: „Weil er regelmäßig die Antibabypillen seiner Frau eingenommen hat; und weil kein Mann, der regelmäßig die Pille einnimmt, schwanger wird.“

Ein anderes Beispiel aus dem alten China: Nach einer Mondfinsternis kam der Mond wieder zum Vorschein. Die Erklärung dafür lautet, daß die Leute großen Lärm gemacht und Feuerwerkskörper abgeschossen hätten und daß der Mond nach einer Mondfinsternis immer wieder zum Vorschein komme, wenn man großen Lärm mache und ein Feuerwerk veranstalte.[5]

---

[4] DRAY hatte allerdings eine andere pragmatische Situation vor Augen, nämlich den Fall, daß der Fragende in seinem Hintergrundwissen von falschen Annahmen ausgeht und daß der Befragte in seiner Antwort diese Annahmen deutlich formuliert und ihre Unrichtigkeit nachweist.

[5] Diese und ähnliche Beispiele finden sich bei SALMON, “Statistical Explanation”, S. 178.

Grauenvolle Beispiele wie diese lassen sich beliebig vermehren. Das Schlimme an diesen Beispielen ist dies, *daß die bekannten Explikationsversuche von erklärenden Argumenten derartige ‚Erklärungen' ausnahmslos als gültig zulassen würden,* sofern die singuläre Prämisse des Explanans richtig ist. So ist es ja z. B. eine nicht zu leugnende Wahrheit, daß kein Mann, der regelmäßig die Pille einnimmt, schwanger wird, so daß man sich für die Erklärung außer auf die singuläre Prämisse auf diese generelle Wahrheit berufen zu können scheint.

In diesen Beispielen wurde nicht an statistische Hypothesen appelliert, sondern an strenge Regularitäten. Die Beispiele lehren daher, daß die zur Diskussion stehende Schwierigkeit im deduktiv-nomologischen Fall ebenso auftritt wie im statistischen. Die verbreitete Auffassung, wonach in einer Erklärung auch ein Appell an ein möglichst spezielles Gesetz zulässig sei, ist somit unzutreffend. Die Regularitäten, auf welche sich die obigen ‚Erklärungen' beriefen, enthalten *irrelevante Spezialisierungen* der Gesetzesprämisse. Und die offenkundigen Absurditäten, die den ‚Erklärungen' anhaften, beruhen auf unserem Wissen um diese Irrelevanz.

Noch ein statistisches Beispiel: Herr X wurde von seiner Neurose N zwei Jahre nach deren ersten Auftreten befreit. Es wird der Erklärungsvorschlag unterbreitet, daß X sich zwischendurch einer intensiven psychoanalytischen Behandlung unterzog und daß 89% aller Personen, die von einer Neurose der Art N befallen werden und sich darauf einer psychoanalytischen Behandlung unterziehen, von den neurotischen Symptomen befreit werden.

Dieser Fall unterscheidet sich von den anderen nicht allein dadurch, daß die benützte Gesetzmäßigkeit eine bloß statistische Regularität ist, *sondern daß wir selbst bei Annahme der Wahrheit dieser Regularität nicht wissen, ob eine brauchbare Erklärung vorliegt oder nicht.* Sollte eine irrelevante Gesetzesspezialisierung vorliegen, so müßten wir ebenso wie in den beiden anderen Fällen den Erklärungsanspruch zurückweisen: Ein Mann wird nicht schwanger, ob er nun die Pille einnimmt oder nicht. Der Mond kommt nach einer Mondfinsternis wieder zum Vorschein, ob Menschen Lärm produzieren oder nicht. Sollte analog gelten, daß 89% aller Menschen, welche von N befallen werden, nach zwei Jahren davon wieder befreit sind, gleichgültig, ob sie sich psychoanalytisch behandeln ließen oder nicht, so wäre die statistische Erklärung ebenso hinfällig wie die beiden nichtstatistischen; *denn dann würde man wissen, daß die psychoanalytische Behandlung ohne kausale Relevanz für die Heilung gewesen ist.* Eine etwaige Erfolgsmeldung eines Psychoanalytikers, welche sich nur auf das erste Beobachtungsdatum stützte, wäre durch dieses Resultat einer erweiterten empirischen Untersuchung, die sich auf behandelte *und nicht behandelte* Fälle erstreckt, offenbar entwertet.

(III) Das Informationsdilemma (oder das Dilemma der *fehlenden* Informationen). Ob Tabellen, die über historische Vorgänge referieren, bloße

Berichte sind oder darüber hinaus hypothetische Annahmen darstellen, hängt von dem *Gebrauch* ab, den man von ihnen macht. Sterbetafeln für einzelne Landstriche und Berufe scheinen zur ersten Kategorie zu gehören. Dann könnten sie nur zur Information für die Toten benützt werden. Bereits Verstorbene brauchen jedoch keine Information mehr. Sterbetafeln dienen zur Information für die Lebenden und sind daher keine bloßen statistischen Berichte, sondern enthalten die für uns Lebenden wichtige, prognostisch verwertbare hypothetische Komponente.

H. M., ein *Münchner Schuster*, möchte seine Lebenserwartung einschätzen. Es stehen ihm als Informationsquelle zwei Tabellen zur Verfügung. Aus der einen Tabelle kann er die Lebenserwartung *Bayerischer Schuster* entnehmen, aus der anderen die Lebenserwartung *Münchner Handwerker*. Leider weichen die auf den beiden Tabellen angegebenen Werte der Lebenserwartung voneinander ab. Da jeder Schuster ein Handwerker und jeder Münchner ein Bayer ist, steht er vor einem Dilemma: er scheint mit demselben Recht die eine wie die andere Informationsquelle benützen zu können. Was soll er also tun?

Man erkennt unschwer, daß es sich hier um diejenige Schwierigkeit handelt, die HEMPEL *das Problem der Mehrdeutigkeit der statistischen Erklärungen* bzw. *Systematisierungen* nennt. Unterschiedlich ist nur die Art der Darstellung. Während HEMPEL die Schwierigkeit in der Weise schildert, daß man prima facie den Eindruck gewinnt, es stünden uns *zu viele* Informationen zur Verfügung und wir wissen nicht, auf welche wir uns stützen sollen, haben wir eben die Sache gleich so dargestellt, daß das *Fehlen* einer relevanten Information zutage tritt[6].

(IV) Das Erklärungs-Bestätigungs-Dilemma. Für die Formulierung dieser Schwierigkeit knüpfen wir an den naheliegendsten Lösungsversuch des in (III) angeführten Problems an. Dieser Lösungsversuch ist erstmals provisorisch von REICHENBACH vorgeschlagen und später von HEMPEL systematisch ausgearbeitet worden[7]. Der leitende intuitive Gedanke ist dabei der, daß man sich *auf die schärfste statistische Information* zu stützen habe oder, anders ausgedrückt, daß das statistische Gesetz $P(G, F) = r$ mit der *engsten Bezugsklasse F* zugrundezulegen sei. Die Bemühungen HEMPELs um eine präzise Explikation dieses Gedankens spiegeln die außerordentlichen Schwierigkeiten wider, diesen scheinbar recht einfachen und plausiblen Gedanken auf solche Weise zu präzisieren, daß er weder ungewünschte Fälle einschließt noch gewünschte Fälle ausschließt.

---

[6] Über die sehr gründlichen Ausführungen HEMPELs zu diesem Punkt und die von ihm gegebenen Illustrationen habe ich ausführlich in Kap. IX von Bd. I referiert, insbesondere auf S. 631—636 und S. 657—659.

[7] Vgl. vor allem REICHENBACH, [Probability], die beiden letzten Absätze von S. 374 sowie den ersten Absatz von S. 375. Die ursprüngliche Fassung von HEMPELs Regel habe ich in Bd. I als Regel (*MB*), S. 668f., geschildert und die verbesserte Fassung als Regel (*MB₁*) auf S. 697. An diesen Stellen finden sich auch die weiteren Literaturangaben.

Setzen wir aber für den Augenblick diese Explikation als geglückt voraus. Dann liegt die Antwort auf die Frage in (III) auf der Hand: Herr H. M. kann *gar nichts* tun, d. h. er kann vorläufig überhaupt keine vernünftige Mutmaßung über seine Lebenserwartung aufstellen. Er kann dies erst dann tun, wenn ihm eine statistische Hypothese über die Lebenserwartung *Münchner Schuster* zur Verfügung steht, auf die er sich stützen kann. Denn dies ist die im vorliegenden Fall benötigte schärfere Information.

Anmerkung. Wir setzen hierbei voraus, daß die Hempelsche Regel der maximalen Bestimmtheit dies zuläßt. Es *könnte* nämlich der Fall sein, daß aufgrund dieser Regel selbst die erwähnte Informationsverbesserung nicht ausreicht, z. B. weil H. M. ein zusätzliches, für seine Lebenserwartung statistisch relevantes empirisches Merkmal F besitzt. Für dieses Merkmal F würde dann gelten, daß die Lebenserwartung Münchner Schuster *nicht* zusammenfällt mit der Lebenserwartung Münchner Schuster, *die außerdem das Merkmal F besitzen.*

Daß die benötigte statistische Information zur Verfügung gestellt wird, ist nicht auszuschließen. Daß man das Problem, welches sich hier auftut, nicht sofort erkennt, hat seinen Grund darin, daß München eine ziemlich große Stadt ist, für die sich vielleicht ein statistisches Gesetz von der gewünschten Art gewinnen läßt. Die Schwierigkeit wird dagegen offenkundig, wenn man zu einem wesentlich kleineren Ort übergeht, sagen wir zu Leutstetten. Wir wollen annehmen, daß dort nur ein Schuster X und sonst überhaupt kein Handwerker lebte, der eben verstorben ist, und daß H. M. eben dessen Platz einnimmt.

Wir wollen nicht übersehen, daß in einer bestimmten Hinsicht jetzt eine wesentlich bessere Information vorliegt. Zum Vergleich ziehen wir die Aussage über die Lebenserwartung bayerischer Schuster heran. Für diese Aussage wurden sicherlich *nicht alle* bayerischen Schuster getestet, die je gelebt haben. Man wird vielmehr, wie dies in der Statistik üblich ist, *eine für ganz Bayern repräsentative Stichprobe*[8] ausgewählt haben, so daß zwei sich überlagernde Hypothesen vorliegen: eine durch ‚statistischen Schluß von der Stichprobe auf die Gesamtheit‘ gewonnene Hypothese darüber, in welchem durchschnittlichen Alter bayerische Schuster *bisher* verstorben sind; und eine zweite Hypothese, welche besagt, daß die durchschnittliche Lebensdauer bayerischer Schuster *auch in Zukunft* dieselbe bleiben wird wie bisher. Ähnlich möge es sich bezüglich der Münchner Handwerker verhalten.

Beim Übergang von München nach Leutstetten fällt die erste Schwierigkeit hinweg. Denn hier stehen uns das genaue Geburts- und Sterbedatum von X zur Verfügung. Leider ist dies für unseren Zweck ohne Wert. Denn wir wollen ja nicht dem Herrn X seine (nun nicht mehr mutmaßliche, sondern absolut sichere) Lebenserwartung ins Grab nachschicken, sondern Herrn H. M. aufgrund verfügbarer statistischer Daten eine *Voraussage* für

---

[8] Bezüglich dieses Begriffs vgl. Teil III, Abschnitt 8.

seine Lebenserwartung ermöglichen. Dafür aber ist eine Statistik, die sich nur auf einen einzigen Fall stützt, natürlich viel zu schmal.

Abstrakt und allgemein formuliert, ist unser Dilemma folgendes: Solange man nur die *Anwendung* statistischer Gesetze für Erklärungen, Prognosen und andere ‚statistische Systematisierungen' im Auge hat, erscheint es als vernünftig, an der Forderung nach *möglichst enger* Bezugsklasse bzw. nach *möglichst scharfer Information* festzuhalten. Das Bild wandelt sich jedoch sofort, wenn man vom Erklärungskontext zum Bestätigungskontext hinüberwechselt: Da statistische Gesetze weder vom Himmel fallen noch durch Apriori-Betrachtungen verifiziert werden können, müssen sie *empirisch bestätigt* sein. Für eine gute Bestätigung wird man aber — wie immer der Bestätigungsbegriff im einzelnen expliziert werden mag — eine möglichst breite Erfahrungsbasis und damit eine *möglichst umfassende* Bezugsklasse verlangen müssen. *Die Forderung nach guter Bestätigung und die Forderung nach zuverlässiger prognostischer Verwertbarkeit drängen in entgegengesetzte Richtungen.* Die erstere tendiert nach möglichster Erweiterung unserer Bezugsklassen, die letztere nach möglichster Einengung dieser Klassen[9].

(V) Das Paradoxon der reinen ex post facto Kausalerklärung. Auch die jetzt zu schildernde Schwierigkeit weist auf eine Verflechtung der Erklärungsprobleme mit den Problemen der Bestätigung hin; doch handelt es sich um einen andersartigen Zusammenhang als im vorigen Fall.

Angenommen, ich gehe mit einem alten Griechen GR übers Land. Plötzlich, scheinbar aus heiterem Himmel, blitzt es. Ich reagiere darauf verwundert: „warum hat es da geblitzt?" GR antwortet: „weil Zeus zornig ist". Ich: „woher weißt du das?" GR: „du siehst doch, es hat geblitzt!"

Wir empfinden GR's zweite Antwort irgendwie als zirkulär, obzwar sie dies, streng logisch gesehen, nicht ist. Die erste Antwort enthält einen Erklärungsversuch, die zweite Antwort eine (etwas seltsame) Bestätigung des Explanans der ersten Antwort. Was uns als zirkulär erscheint, ist die Tatsache, daß die Bestätigung des *ganzen* Explanans *ausschließlich* durch Berufung auf das Explanandum erfolgt.

Der Anschein des Zirkels verschwindet, wenn man Fälle betrachtet, in denen *nur* die *singuläre* Prämisse des Explanans aus dem Explanandum erschlossen bzw. durch dieses bestätitgt wird. Ein gutes Beispiel von dieser Art gibt R. Jeffrey[10]. X habe mehrere Kinder. Das erste Kind, welches X bekam, war ein Knabe. Jemand fragt X: „*warum* ist dein erstes Kind ein Knabe geworden?" Unter Vorwegnahme einiger späterer Betrachtungen können wir sagen, daß auf diese Frage zwei Antworten möglich sind. *Ent-*

---

[9] Auch diese Schwierigkeit ist bereits bei Reichenbach angedeutet. Explizit betont wird sie von Salmon in: "Statistical Explanation", S. 185, wo es heißt: "It seems that we are being directed to maximize two variables that cannot simultaneously be maximized."

[10] [Statistical Inference], S. 110.

weder der Befragte gibt sich mit einer ‚statistischen Antwort' zufrieden. Da die Wahrscheinlichkeit dafür, daß eine Geburt eine Knabengeburt ist, ungefähr 1/2 beträgt und da außerdem bei (genauer oder ungefährer) Gleichwahrscheinlichkeit kein vernünftiger Grund dafür angebbar ist, warum sich das eine und nicht das andere ereignete, müßte die Antwort auf der statistischen Ebene lauten: „ich kann keinen Grund nennen; *es war reiner Zufall.*"

Die statistische Analyse bildet aber im vorliegenden Fall nur eine *Oberflächenanalyse*. Wir haben es hier nicht, wie z. B. in der Quantenphysik, mit einer irreduziblen statistischen Gesetzmäßigkeit zu tun. Vielmehr liegt der statistischen Regularität eine kausale zugrunde, die dem heutigen Genetiker bekannt ist und an die man ebenfalls hätte appellieren können. Der Befragte hätte daher eine kausale Begründung geben können, die in alltagssprachlicher Kurzfassung etwa so gelautet hätte: „weil die Samenzelle, die ich zu der Eizelle beitrug, aus der sich mein erstes Kind entwickelte, vom Y-Genotyp war." Diese Antwort liefert implizit eine *kausale Tiefenanalyse*, deren explizite Fassung im folgenden ‚deduktiv-nomologischen Argument' besteht:

A: Die von X stammende Samenzelle, die sich mit der Eizelle vereinigte, um den Zygoten zu bilden, aus dem sich das erste Kind von X entwickelte, war vom Y-Genotyp.

G: Wenn immer sich eine Samenzelle vom Y-Genotyp mit einer Eizelle vereinigt, um den Zygoten zu bilden, aus dem sich ein Kind entwickelt, so ist das Kind ein Knabe.

E: Das erste Kind von X war ein Knabe.

Diese Tiefenanalyse liefert eine korrekte kausale Erklärung. Die Paradoxie liegt in folgendem: Während es zwar *logisch denkbar* ist, daß A vor dem Wissen um E gewußt wurde, *wird in allen praktischen Lebenssituationen, in denen sich ein Mensch befindet, die Wahrheit von A erst aus der Wahrheit von E erschlossen werden können.* Sofern man dies zugesteht, gibt man damit zugleich zu, daß diese Erklärung nur *im nachhinein* möglich war und daß sie daher unter anderen pragmatischen Zeitumständen *nicht als Voraussage hätte verwendet werden können.* Dies liefert eine neuerliche Erschütterung der ‚These von der strukturellen Gleichheit von Erklärung und wissenschaftlicher Voraussage'. Der Grund für diese Erschütterung ist jedoch überraschenderweise von der *umgekehrten* Natur als derjenigen, an die man sich aufgrund der bisherigen kritischen Diskussionen der strukturellen Gleichheitsthese bereits gewöhnt hat.

Prima facie scheint nur diese umgekehrte Annahme plausibel zu sein, nämlich daß es rationale Prognosen gibt, die bei anderen pragmatischen Umständen keine Erklärungen liefern. Für die ausführliche Begründung dieser These sowie für eine Präzisierung der Voraussetzungen, unter denen die These von der strukturellen Gleichheit überhaupt diskutiert werden kann, vgl. Bd. I, [Erklärung und Begründung], Kap. II. Auf eine kurze Formel gebracht, sind die Fälle rationaler Prognosen, die nicht für Erklärungszwecke verwendbar sind, Voraussagen aufgrund von *Symptomen* (z. B. beginnender Krankheit), aufgrund von *Indikatoren* (z. B. Barometerfall als Anzeichen für kommende Wetterverschlechterung) sowie aufgrund von *Wissen aus zweiter Hand* (z. B. Mitteilungen kompetenter Wissenschaftler).

Als *Faustregel* für die Unterscheidung rationaler Voraussagen, die bloße Vernunftgründe liefern, von solchen, die Ursachen angeben und die daher zu einem späteren Zeitpunkt als Erklärungen verwendet werden könnten, läßt sich die folgende aufstellen: Würde das Argument zugunsten von E, sofern es erstens später als E und zweitens in vorheriger Unkenntnis der Wahrheit von „E" vorgebracht würde, *mehr als eine Begründung für die Richtigkeit einer historischen Behauptung liefern* (nämlich der Behauptung, daß E stattgefunden hat)? Wenn Nein, so wurden bloße Vernunftgründe angegeben; wenn Ja, so lag eine Angabe von Ursachen und damit ein potentielles Erklärungs-Argument vor. Wenn ein Arzt am Tag t aufgrund körperlicher Symptome an der Person X voraussagt, daß X am Tag $t + 1$ Fieber bekommen wird, so kann man sich am Tag $t + 2$ nicht auf die vom Arzt angeführten Symptome stützen, um zu *erklären*, daß X am Tag $t + 1$ Fieber bekam. Man kann dies jedoch am Tag $t + 2$, sofern man es nicht schon weiß, *als Begründung für die Richtigkeit der zum gegenwärtigen Zeitpunkt bereits historischen Behauptung verwenden*, daß X am Tag $t + 1$ Fieber bekam. Diese alleinige nachträgliche Verwertbarkeit für die Begründung historischer Behauptungen kennzeichnet die Voraussageargumente, die keine Antworten auf Erklärungen heischende Warum-Fragen liefern. Wir sprachen von einer bloßen Faustregel, weil dieser Hinweis natürlich nicht eine Explikation des Unterschiedes von Ursachen und ‚bloßen Vernunftgründen' liefert. Vielmehr setzt der erfolgreiche Gebrauch dieser Faustregel voraus, daß derjenige, welcher diese Regel benützt, die Abgrenzung zwischen bloßen Vernunftgründen und Ursachen zwar ‚instinktiv', aber doch *korrekt* vornimmt.

Den Anstrich der Paradoxie erhält das Erklärungs-Argument (1) gerade dadurch, daß hier *eine Ursache* angegeben wird, *die als Vernunftgrund in einem prognostischen Argument nicht zur Verfügung gestanden wäre*. Während man gewöhnlich geneigt sein dürfte, ex-post-facto-Erklärungen als pseudowissenschaftlich abzutun, scheint (1) eine völlig korrekte Erklärung darzustellen.

Einen Unterschied können wir sofort angeben: Während dort *das gesamte Explanans* nur durch das Explanandum gestützt wurde, gilt dies in (1) nur für die Prämisse A. Die Gesetzesprämisse G hingegen wird als *unabhängig von (1) gut bestätigt vorausgesetzt*[11].

(VI) Das Verzahnungsparadoxon (das Paradoxon der Verzahnung von statistischen und kausalen Erklärungen). Man kann die in (V) angeführte Schwierigkeit auch unter einem anderen Gesichtspunkt betrachten. Dort haben wir unsere Aufmerksamkeit allein auf die merkwürdige Tatsache konzentriert, daß die für eine kausale Tiefenerklärung, welche die statistische Analyse ablösen soll, erforderlichen Daten erst nach Bekanntwerden des Explanandums verfügbar sind. Statt dessen kann man die nicht weniger seltsame Verquickung von statistischen und kausalen Erklärungen zum Gegenstand machen. Wir können noch kompliziertere Fälle betrachten als

---

[11] Einen ähnlichen Fall hat bereits Hempel in [Aspects], S. 372f., behandelt.

dort. Dadurch werden sich weitere seltsame Dinge ergeben. Insbesondere wird diese Verquickung zur Folge haben, daß die durch zusätzliche Informationen ermöglichte weitere Analyse einige der früher erwähnten Probleme, z. B. das in (I) angeführte, erst hervorruft. Dies bedeutet nichts Geringeres als *daß Wissensvermehrung statt zur Problemlösung zur Problemvergrößerung beitragen kann.*

Verweilen wir zunächst noch für einen Augenblick bei dem durch das Argument (1) von (V) illustrierten Fall. Wenn wir davon ausgehen, daß es nur zwei Geschlechter gibt, so können wir uns, noch *bevor E bekannt ist*, einen systematischen Überblick über alle möglichen kausalen Erklärungen verschaffen. Aufgrund unseres *biologischen Hintergrundwissens* reduzieren sich diese Möglichkeiten sogar auf zwei: das Kind kann nur entweder ein Knabe oder ein Mädchen sein. Sollte letzteres der Fall sein, so würden wir A durch A^* mit „X-Genotyp" statt „Y-Genotyp" ersetzen und statt G ein anderes biologisches Gesetz G^* aus der Kiste des akzeptierten Wissens hervorziehen, das aus G durch Vertauschung von „Y-Genotyp" mit „X-Genotyp" und „Knabe" mit „Mädchen" hervorgeht und welches den Schluß auf E^* gestattet, welches lautet: „Das erste Kind von X war ein Mädchen". Nennen wir diesen ganzen Schluß zum Unterschied von (1) das Argument (1*).

Was hier vorliegt, ist folgendes: Vor der Geburt ist uns aufgrund statistischen Hintergrundwissens zweierlei bekannt: erstens, daß wir wegen der statistischen Regelmäßigkeit, betreffend Knaben- und Mädchengeburten, immer werden sagen können: „durch Zufall", *gleichgültig, was sich tatsächlich ereignen wird.* Zweitens, und dies ist der wichtige Punkt, *daß nur zwei mögliche kausale Erklärungen in Frage kommen*, nämlich *nur* (1), falls nach erfolgter Geburt E verifiziert wird, hingegen *nur* (1*), sofern E^* verifiziert wird. Wegen der bekannten statistischen Regelmäßigkeit hätte man bereits vor der Geburt *eine Wette darüber* abschließen können, *welche Erklärung die richtige sein wird.* Diese Wette wäre — und auch dies hätten wir bereits damals gewußt — eine *faire* Wette gewesen, wenn der Wettquotient ungefähr 1/2 betragen hätte. Würde ein Verfahren entdeckt, um A bzw. A^* unabhängig von E bzw. E^* zu verifizieren (z. B. durch eine verbesserte Kombination von Elektronenmikroskopie mit Röntgendiagnostik), so wäre auch etwas möglich geworden, was uns beim heutigen Stand unseres Wissens nicht möglich ist: Wir hätten je nach Ausgang der Untersuchung *als prognostisches Kausalargument* (1) *oder* (1*) verwenden können, um entweder E oder E^* vorauszusagen.

Der wichtige Aspekt ist jedoch der, daß das, was wir die statistische Oberflächenanalyse nannten, *genau zwei potentielle Kandidaten für kausale Tiefenerklärungen überlagert.*

Demgegenüber kann es der Fall sein, daß auch die Tiefenanalyse wieder nur zu *statistischen* Aussagen führt. Wenn wir eine homogene Münze M_0 mit Gleichwahrscheinlichkeit für *Kopf* und *Schrift* werfen, so wird uns, was immer sich bei einem Wurf ereignet, überhaupt keine Tiefenanalyse zur Verfügung stehen. Angenommen jedoch, wir benützen diese Münze nur als *Hilfsmechanismus*, als sog. *Randomizer*, zu dem zwei weitere *verfälschte* Münzen hinzutreten: eine Münze M_1 mit einer Wahrscheinlichkeit von 0,95 für *Kopf* und eine zweite Münze M_2 mit einer Wahrscheinlichkeit von 0,05 für *Kopf*. Das Zufallsexperiment soll sich nun in der folgenden Weise aus Würfen mit den drei Münzen zusammensetzen. Zunächst werfe man M_0; wenn *Kopf* erscheint, dann werfe man M_1 und notiere das Ergebnis; erscheint hingegen *Schrift*, so werfe man M_2 und notiere abermals das Ergebnis. Auf lange Sicht wird man ebenso wie in dem Fall, wo nur M_0 benützt wurde, gleichviel Kopfwürfe wie Schriftwürfe erhalten.

Wenn uns in einem konkreten Einzelfall keine weitere Information zur Verfügung steht, als die, daß dieses komplexe Experiment durchgeführt worden ist, so erhalten wir für beide Ausgänge dieselbe Wahrscheinlichkeit 1/2. Wenn die zusätzliche Information hinzutritt, daß der zweite Wurf bei der Realisierung dieses Experimentes mit M_1 gemacht worden ist, so erhöht sich die Wahrscheinlichkeit von *Kopf* von 0,5 auf 0,95. Nennen wir die erste Wahrscheinlichkeit Ausgangswahrscheinlichkeit und die zweite Endwahrscheinlichkeit. Wird wirklich *Kopf* geworfen, so können wir sagen: Da sich die in bezug auf den möglichen Ausgang indifferente Ausgangswahrscheinlichkeit 0,5 zu der wesentlich höheren Endwahrscheinlichkeit 0,95 erhöht hatte, war das, was sich tatsächlich ereignet hat, rational zu erwarten. Angenommen jedoch, *Kopf* wird geworfen, obwohl der zweite Wurf, wie wir erfahren, mit M_2 erfolgte. Diesmal hatte sich dieselbe Ausgangswahrscheinlichkeit 0,5 zur Endwahrscheinlichkeit 0,05 verringert. Die zusätzliche Information, welche wir erhielten — nämlich daß der zweite Teil des Zufallsexperimentes mit M_2 vorgenommen wurde —, erleichtert somit nicht unsere statistische Analyse des Vorkommens, sondern erschwert sie. Denn jetzt sind wir zusätzlich mit dem in (I) angeführten Problem konfrontiert: *Es hatte sich etwas ereignet, das vernünftigerweise nicht zu erwarten war*. Im übrigen aber ist die Situation dieselbe wie im vorigen Fall: Man hätte vor Erhalt der Zusatzinformation eine faire Wette mit dem Wettquotienten 1/2 abschließen können, daß *Kopf* erscheinen wird.

Auch hier also überlagert die statistische Oberflächenanalyse zwei Tiefenanalysen. Es bestehen aber zwei wesentliche Unterschiede gegenüber dem vorigen Fall: Erstens könnte auch nach Kenntnis des Explanandums kein sicherer, sondern höchstens ein probabilistischer Schluß darauf gemacht werden, welche statistische Gesamtanalyse die richtige ist (nämlich die mit M_1 oder die mit M_2 im zweiten Schritt). Zweitens scheint die Informationsverschärfung in einem der beiden Fälle (nämlich: Benützung von M_2 im zweiten Schritt) nicht zu einer *Verbesserung*, sondern zu einer *Verschlechterung* der Situation für die statistische Analyse zu führen, da erst diese zusätzliche Information das ‚Paradoxon der Erklärung des Unwahrscheinlichen' erzeugt. (Daß wir hier mehrmals den Ausdruck „Analyse" statt „Erklärung" verwendet haben, beruht auf einer Antizipation späterer Überlegungen.)

Die beiden geschilderten Fälle unterscheiden sich dadurch, daß auf Grund des verfügbaren Hintergrundwissens einmal zwei *kausale* Erklärungen als potentielle Kandidaten auftreten, das andere Mal hingegen zwei *statistische* Analysen. Es ist, wie JEFFREY, a. a. O. S. 111, andeutet, noch ein dritter Typ von Fällen möglich. Nach unserer Sprechweise müßten wir diesen Typ folgendermaßen beschreiben: Die statistische Oberflächenanalyse *überlagert genau zwei potentielle Kandidaten für eine Tiefenanalyse, von denen der eine in einer statistischen Analyse, der andere hingegen in einer kausalen Erklärung besteht.*

Das Beispiel ist folgendes: In zwei Schachteln befinden sich je eine Münze, eine in dem doppelten Sinn normale, daß für beide Seiten die Gleichwahrscheinlichkeit des Auftreffens gilt (Laplace-Wahrscheinlichkeit), und daß sie auf der einen Seite *Kopf* und auf der anderen *Schrift* aufweist. Die zweite Münze dagegen enthalte auf *beiden* Seiten *Kopf*. (Ob diese zweite Münze homogen ist oder nicht, spielt natürlich keine Rolle.) Wieder wird eine dritte homogene und normale Münze M als Hilfsmechanismus benützt; außerdem eine Hilfsperson H, die mit dieser Münze operiert[12]. Wenn H mit M *Kopf* wirft, dann nimmt H, ohne daß der eigentliche Spieler es merkt, die in der ersten Schachtel befindlichen Münze und wirft sie. Der Spieler stellt das Resultat fest, darf jedoch die rückwärtige Seite der Münze nicht überprüfen. H legt die Münze in dieselbe Schachtel zurück, aus der er sie herausgenommen hatte. Wenn H mit M *Schrift* wirft, so wird die analoge Prozedur mit der zweiten Münze vorgenommen.

Vor Durchführung des Spiels ist nur die folgende Oberflächenanalyse möglich: die Wahrscheinlichkeit dafür, daß der eigentliche Spieler *Kopf* feststellen wird, beträgt 3/4; die Wahrscheinlichkeit dafür, daß er *Schrift* feststellen wird, beträgt 1/4.

Betrachten wir nun die Situation nach erfolgter Beobachtung, also *bei Kenntnis des ‚Explanandums'.* Zum Unterschied von den vorigen Fällen müssen wir diesmal differenzieren, je nachdem, welche von zwei Möglichkeiten eintritt.

1. Möglichkeit: Der Spieler stellt fest, daß ein Wurf *Schrift* vorliegt. Er weiß nun mit Sicherheit, daß der zweite Wurf mit der homogenen Münze vorgenommen worden ist. Er kann im nachhinein eine statistische Tiefenanalyse vornehmen, die beinhaltet, daß das Ergebnis das Resultat zweier unabhängiger Würfe mit homogenen Münzen war, so daß sich etwas ereignete, das die Gesamtwahrscheinlichkeit $1/2 \cdot 1/2 = 1/4$ besitzt. Wir wollen

---

[12] Die Hilfsperson H wird nur zu dem Zweck eingeführt, um das Spiel beliebig oft wiederholbar zu machen. Dafür muß H gewisse Operationen durchführen, von denen der eigentliche Spieler nichts erfahren darf.

jedoch annehmen, daß er sich nur für die zweite Hälfte interessiert (d. h. der Wurf mit M und das Herausnehmen einer Münze aus einer Schachtel durch H war nur Teil des vorangehenden und ihn nicht interessierenden Hilfsprozesses). Dann hat der Spieler etwas beobachtet, was das Ergebnis eines Zufallsprozesses mit der Wahrscheinlichkeit 1/2 war.

2. Möglichkeit: Der Spieler beobachtet *Kopf.* Hier ist die Sachlage weiterhin kompliziert. Zwei Möglichkeiten bestehen, die — bei Beschränkung auf die zweite Hälfte des Prozesses — so beschreibbar sind: Entweder der Wurf wurde mit der verfälschten Münze vorgenommen, die auf beiden Seiten *Kopf* enthält. Oder der Wurf erfolgte mit der normalen Münze. Für beide Möglichkeiten besteht die Wahrscheinlichkeit 1/2. Nach erfolgter Beobachtung *Kopf* hätte er somit eine *faire Wette* mit dem Wettquotienten 1/2 darüber abschließen können, ob sich der eine oder der andere Fall ereignet. *Die beiden Konkurrenten sind diesmal eine kausale Erklärung und eine statistische Analyse.* Sofern die Kausalhypothese stimmt, *hätte das Ergebnis mit Sicherheit vorausgesagt werden können;* im statistischen Fall hingegen *hätte man nur eine Gleichverteilungsprognose* für *beide* Alternativen *Kopf* und *Schrift aufstellen können.*

(**VII**) **Das Erklärungs-Begründungs-Dilemma.** Die folgenden Überlegungen stellen eine gewisse Parallele zu den Betrachtungen dar, die in Bd. I, [Erklärung und Begründung], auf S. 760 ff. angestellt wurden. Im Rahmen der Schilderung des Explikationsversuchs von KÄSBAUER ist dort gezeigt worden, *daß alle Explikationsversuche des deduktiv-nomologischen Erklärungsbegriffs in Wahrheit Versuche darstellten, einen allgemeineren Begründungsbegriff zu explizieren.* Während die ersteren Antworten auf *Erklärung* heischende Warum-Fragen darstellen sollten, liefern die letzteren nur Antworten auf *epistemische* Warum-Fragen. So gibt z. B. eine rationale Prognose in der Regel nur eine Antwort darauf, warum etwas zu erwarten ist, liefert also eine rationale *Begründung* für eine Erwartung. Sie braucht damit keineswegs, wie die in (V) erwähnten Beispiele zeigen, auf die ‚wahren Ursachen' Bezug zu nehmen. Der in Bd. I erörterte Sachverhalt wurde an der angegebenen Stelle zusätzlich kompliziert durch ein Gegenbeispiel von BLAU gegen die bisherigen Explikationsmethoden, über welches a. a. O. S. 769 referiert wird.

Was anscheinend von vielen Lesern jenes Buches übersehen wurde, ist die Tatsache, daß damit die Versuche, den deduktiv-nomologischen Erklärungsbegriff durch die Angaben hinreichender und notwendiger semantischer und syntaktischer Bedingungen für die erklärenden Argumentformen zu präzisieren, anscheinend zu einem tödlichen Ende geführt worden sind. Denn wenn es auch nur eine einzige Argumentform A gibt, die bei *gewissen* Interpretationen der Prädikate (Interpretationen erster Art) eine adäquate Erklärung liefert, bei *anderen* Interpretationen der Prädikate (Interpretationen zweiter Art) hingegen keine Erklärungen, *so ist damit gezeigt, daß keiner der angestellten Versuche zum Ziele führen kann.* Denn entweder wird A vom Explikat mit umfaßt; dann zeigen die Interpretationen zweiter

Art von A, daß die Explikation *einen zu weiten Begriff* lieferte (da diese Fälle *nicht* einbezogen werden sollten). Oder A wird durch das Explikat aus der Klasse der zulässigen Erklärungen ausgeschlossen; dann zeigen die Interpretationen erster Art, daß das Explikat *zu eng* ist (denn Fälle dieser Art sollten einbezogen werden).

Die Konsequenz, die man im deduktiv-nomologischen Fall daraus zu ziehen hat, ist jedoch nicht, daß die vorliegenden Explikationsversuche uninteressant und wertlos sind. Vielmehr müssen wir, auf eine etwas vereinfachte Formel gebracht, zwei Schlüsse ziehen: erstens daß in *keinem* dieser Explikationsversuche ein adäquater *Erklärungs*begriff zu präzisieren versucht wurde, *sondern ein wesentlich allgemeinerer Begründungsbegriff;* zweitens *daß es unmöglich sein dürfte, adäquate Erklärungsbegriffe ohne Heranziehung pragmatischer Gesichtspunkte zu präzisieren.*

Das folgende anschauliche Beispiel[13] soll zeigen, daß auch im statistischen Fall eine ähnliche Problemsituation entsteht. Wir sprechen unter Bezugnahme auf solche Fälle vom Erklärungs-Begründungs-Dilemma, weil Fälle von dieser Art zeigen, daß nicht jede für gewisse wissenschaftliche Systematisierungszwecke verwertbare Begründung, selbst wenn sie in ihren Prämissen eine wesentliche Bezugnahme auf richtige statistische Gesetzmäßigkeiten enthält, auch als Erklärung benützt werden kann. Es sei aber zugleich eine Warntafel errichtet: Nur das *Problem* wird zum deduktiv-nomologischen Fall parallelisiert. *Es wird nicht der Anspruch erhoben, daß auch die Lösung analog sein muß!* Wir werden später vielmehr sehen, daß die Lösung im statistischen Fall nicht nur wesentlich komplizierter ist, sondern vermutlich auch ganz anderen Charakter haben muß.

Beispiel 1: Der Individuenbereich bestehe aus allen Menschen. Zum Unterschied von der vereinfachenden Annahme in (V) werden die Geschlechter in drei Klassen eingeteilt: M (männlich), W (weiblich), Z (Zwitter). Die bezeichnenden Prädikate seien „M", „W" und „Z". Die Individuenkonstante „a" bezeichne den amerikanischen Präsidenten des Jahres 1971. A_t sei das verfügbare Wissen zum Zeitpunkt t, repräsentiert als Klasse der zu t akzeptierten Sätze; t sei dabei irgendein Zeitpunkt nach dem 31. XII. 1971. Es sei eine bekannte Tatsache, daß Personen mit der Eigenschaft Z sehr selten sind. Um diesen Gedanken quantitativ zu präzisieren, nehmen wir an, daß in A_t das statistische Gesetz $p(M, \neg W) = 0{,}999$ vorkomme[14]. Ferner enthalte A_t auch die beiden singulären Sätze Ma und $\neg Wa$ (d. h. der amerikanische Präsident des Jahres 1971 war ein Mann und keine Frau). Nach HEMPELs Schema der statistischen Erklärung könnte das angeführte statistische Gesetz zusammen mit $\neg Wa$ als Explanans der als Ex-

---

[13] Auch dieses Beispiel stammt von Herrn U. BLAU.

[14] Das Symbol „p" wird in diesem Teil IV für die statistische Wahrscheinlichkeit verwendet, um mit der in Bd. I, Kap. IX verwendeten Symbolik im Einklang zu bleiben.

planandum gewählten Aussage *Ma* gelten, und die ‚induktive Wahrscheinlichkeit‘, die das letztere stützt, wäre 0,999. (Wir haben dabei soeben vorausgesetzt, daß es sich um eine statistische Systematisierung von *Basisform* handelt; vgl. [Erklärung und Begründung], S. 652 unten und S. 653 erster Absatz. Das dortige Schema (21) wird auch den späteren Explikationsversuchen zugrunde gelegt, insbesondere der endgültigen Fassung auf S. 699 oben.)

Was ist hier geschehen? Wir haben die *bekannte Tatsache*, daß der amerikanische Präsident des Jahres 1971 männlich ist, damit erklärt, daß er nicht weiblich gewesen ist und daß die Menschen, die nicht weiblich sind, in der weitaus überwiegenden Zahl der Fälle männlich sind.

Man wird wohl Zustimmung zu der These erwarten dürfen, *daß ein derartiger Erklärungsvorschlag als absurd zurückzuweisen ist*.

Beispiel 2: Wir modifizieren lediglich die pragmatischen Umstände des ersten Beispiels. Der Zeitpunkt t sei das Jahr 9000 n. Chr. Das statistische Argument werde von einem Historiker dieses Jahres vorgenommen. *Ma* komme in A_t nicht vor, unser Historiker kenne also noch nicht das Geschlecht des US-Präsidenten von 1971. Außerdem nehmen wir an, daß der Forscher über so wenige Informationsquellen verfügt, daß er das Geschlecht auch nicht aus irgendwelchen anderen als den eben genannten Daten indirekt erschließen kann, z. B. daraus, daß alle vorangegangenen US-Präsidenten männlichen Geschlechtes waren usw. Dagegen mögen ihm die beiden anderen Informationen, nämlich das obige statistische Gesetz sowie die singuläre Aussage $\neg Wa$, zur Verfügung stehen.

Anmerkung. Die genannte statistische Regularität braucht zur Zeit t nicht mehr zu gelten. Es genügt, daß unserem Historiker ihre Gültigkeit für das Jahr 1971 n. Chr. bekannt ist.

Darüber, wie der Historiker zum Wissen um $\neg Wa$ gekommen ist, ohne zu wissen, daß *Ma*, kann man verschiedene plausible Annahmen machen, z. B. die folgende: Angenommen, auf Personen mit den Merkmalen M und Z beziehe man sich im Schriftwechsel mit „er“ bzw. „he“. Unser Historiker besitze schriftliche Unterlagen, aus denen hervorgeht, daß man sich auf den US-Präsidenten von 1971 mit „he“ bezog.

Das *für Erklärungszwecke* als absurd zurückgewiesene Argument des ersten Beispiels kann nun *als nützliches Begründungsargument* von unserem Historiker verwendet werden: Er schließt auf das ihm zunächst unbekannte Geschlecht des amerikanischen Präsidenten daraus, daß dieser Präsident nicht weiblich war und daß zu unserer Zeit Hermaphroditen sehr selten vorkamen.

Man beachte, daß sich die beiden Beispiele *nicht nur* durch die pragmatischen Zeitumstände unterscheiden. Im ersten Beispiel sollte ein Schluß auf die *bekannte* Tatsache (ein Element von A_t) gemacht werden; im zweiten Beispiel wurde hingegen ein Schluß auf eine *unbekannte* Tatsache (auf etwas, das kein Element von A_t ist) vollzogen. *Es scheint also einen wesentlichen Un-*

*terschied auszumachen, ob wir statistische Gesetze dafür verwenden, um begründende
Schlüsse auf bekannte Tatsachen zu ziehen oder auf Vermutungen über unbekannte
Tatsachen.*

(VIII) Das Dilemma der nomologischen Implikation. Die Schilderung
der Schwierigkeiten (VIII), (IX) und (X) wurde zurückgestellt, weil sie an
den Hempelschen Lösungsvorschlag anknüpft und eine gewisse Kenntnis
dieses Vorschlags voraussetzt. Die erste Schwierigkeit wird bei SALMON,
a. a. O. auf S. 193f., angeführt. Sowohl bei der ursprünglichen als auch bei
der verbesserten Fassung der *Regel der maximalen Bestimmtheit* mußte für die
Verwendbarkeit einer statistischen Hypothese von der Gestalt $p(G, F) = q$
in einem statistischen Argument vorausgesetzt werden, daß das in der
Definition erwähnte maximal bestimmte Prädikat B (bzw. in der ‚Urfassung‘
das gegenüber F engere Prädikat F') weder G noch $\neg G$ logisch impliziert[15].
Diese Forderung scheint zu schwach zu sein.

Die Schwierigkeit, welche hier erwähnt werden soll, steht in einer formalen Parallele zu derjenigen, welche HEMPEL und OPPENHEIM bewogen
hatte, ihren ersten Explikationsvorschlag für deduktiv-nomologische Erklärungen zu modifizieren. Um nämlich absurde Konsequenzen zu vermeiden, mußte vorausgesetzt werden, daß das Antecedenzdatum *unabhängig vom Explanandum verifizierbar* sei. Dieser Gedanke wurde dann in die
syntaktische Sprechweise zu übersetzen versucht[16]. Die Überlegungen, welche später D. KAPLAN im Rahmen seines Explikationsversuches anstellte,
zeigten, daß dieser ‚Übersetzungsversuch‘ anfechtbar ist, weil er ein zu
schwaches Resultat liefert[17].

Die Analogie zum statistischen Fall ist die folgende: Wenn wir eine statistische Hypothese von der obigen Art zusammen mit der singulären Prämisse Fa benützen, um mit einer gewissen Wahrscheinlichkeit auf Ga zu
schließen, *so müssen wir voraussetzen, daß wir nicht bereits unabhängig von der
Berufung auf das statistische Gesetz diesen Schluß vollziehen könnten.* Dazu genügt
es jedoch nicht, die beiden von HEMPEL angeführten Fälle von *logischen*
Implikationen auszuschließen.

Das folgende Beispiel von SALMON liefert eine gute Illustration des
Sachverhaltes[18]: Angenommen, F bezeichne die (Bezugs-) Klasse der Züge
aus einer bestimmten Urne und R die Klasse der roten Kugeln. Das statistische Gesetz $p(R, F) = q$ sei bekannt; außerdem gelte $q \neq 0$ und $q \neq 1$.
c sei die Kugel des nächsten Zuges. Nach dem Hempelschen Schema
könnte man mit der (von 1 verschiedenen) Wahrscheinlichkeit q darauf
schließen, daß c rot sein werde, vorausgesetzt, daß die Forderung der

---

[15] Vgl. [Erklärung und Begründung], S. 669 oben und S. 697.

[16] Vgl. meine Schilderung in [Erklärung und Begründung], S. 714—716.

[17] Vgl. [Erklärung und Begründung], S. 742, mittlerer Absatz, sowie die auf
das unten angeführte Theorem folgenden Bemerkungen auf S. 743 oben.

[18] Vgl. SALMON, "Statistical Explanation", S. 193f.

maximalen Bestimmtheit erfüllt ist, eine Voraussetzung, die wir als gegeben annehmen. Wir betrachten nun die beobachtbare Eigenschaft: „im sichtbaren Spektrum am entgegengesetzten Ende zu liegen wie die Farbe Violett". V' bezeichne die Klasse der Züge, welche das eben beschriebene Merkmal erfüllen. Aufgrund unserer naturwissenschaftlichen Kenntnisse genügt ein Objekt c der Bedingung R genau dann, wenn es die Bedingung V' erfüllt. Es gilt somit: $p(R, V' \wedge F) = 1$. Nehmen wir nun die als verifiziert vorausgesetzte singuläre Prämisse $V'c \wedge Fc$ hinzu. Dann können wir mit Wahrscheinlichkeit 1 schließen, daß c das Merkmal *Rot* haben werde.

Die Hempelsche Regel der maximalen Bestimmtheit wäre in diesem Fall verletzt, wir müßten also die obige Voraussetzung, daß sie erfüllt sei, wieder fallen lassen.

Nach der ursprünglichen Fassung der Regel ergibt sich die Verletzung sofort daraus, daß $V' \wedge F$ ein stärkeres Prädikat ist als F, die beiden statistischen Gesetze jedoch die voneinander verschiedenen Werte q und 1 liefern.

Auch die spätere modifizierte Fassung der Regel ist jedoch verletzt, wie die geeignete Anwendung der Regel (MB_1) von Bd. I, S. 697, zeigt. Nach Voraussetzung ist nämlich das Naturgesetz $\wedge x(V'x \wedge Fx \to Rx)$ in der Klasse A_t der akzeptierten Sätze enthalten. Da alles, was immer gilt, mit Wahrscheinlichkeit 1 gilt, können wir daraus das statistische Gesetz $p(R, V' \wedge F) = 1$ ableiten. $V' \wedge F$ kann als Prädikat B von (MB_1) gewählt werden, da es statistisch relevant für Rc und stärker als F ist. Es müßte also gemäß dieser Regel das statistische Gesetz $p(R, V' \wedge F) = q$ in A_t vorkommen, was wegen $q \neq 1$ ausgeschlossen ist.

Vom intuitiven Standpunkt muß diese Reaktion als fehlerhaft bezeichnet werden. Man wird nämlich mit Recht sagen, daß die Verifikation von $V'c \wedge Fc$ (zusammen mit dem zitierten Gesetz $p(R, V' \wedge F) = 1$) deshalb keinen Gegensatz zum ursprünglichen Argument darstelle, weil sie auf purem Schwindel beruhe. *Wir wissen nämlich aufgrund elementarer naturwissenschaftlicher Kenntnisse, daß ein Objekt genau dann rot ist, wenn seine Farbe am entgegengesetzten Ende des sichtbaren Spektrums liegt wie die Farbe Violett.* Wir haben also *nur scheinbar* $V'c$ unabhängig von Rc verifiziert, um die Farbe von c vorauszusagen. Der Naturwissenschaftler würde sagen, daß $V'c$ nur eine andere Art und Weise sei, das Explanandum auszudrücken. Es ist zwar, so könnte man es formulieren, nicht möglich, *rein logisch* von $V'c$ auf Rc zu schließen; dagegen ist ein *nomologischer* Schluß von der ersten Aussage auf die zweite möglich, weil das erste Prädikat das zweite *nomologisch impliziert*. Mit dieser nomologischen Implikation ist nichts anderes gemeint als daß $\wedge x(V'x \to Rx)$ ein anerkanntes Naturgesetz ist. *Derartigen nomologischen Verknüpfungen der in einer statistischen Hypothese benützten Prädikate trägt die Hempelsche Regel nicht Rechnung.*

(IX) Das ‚Weltanschauungsdilemma'. Mit diesem Ausdruck zielen wir auf das ab, was man die probabilistische Weltanschauung nennen könnte. Es gibt drei Typen solcher ‚Weltanschauungen', nämlich philosophisch relevanter Deutungen des Wahrscheinlichkeitskalküls. Zwei dieser Typen sind *monistisch*: Die Subjektivisten oder Personalisten behaupten, daß die subjektive (personelle) Wahrscheinlichkeit die einzige wahre Wahrscheinlichkeit sei und daß alle Kontexte, in denen von objektiver oder von statistischer Wahrscheinlichkeit die Rede ist, zurückübersetzbar seien in solche über die erstgenannte Wahrscheinlichkeit. Die Frequentisten sowie die Vertreter der Auffassung, daß die statistische Wahrscheinlichkeit eine theoretische Diposition darstelle und daß nur diese Wahrscheinlichkeit wissenschaftlich interessant sei, lehnen umgekehrt den Begriff der subjektiven Wahrscheinlichkeit ab. Daneben gibt es schließlich noch den — auch in den vorangehenden Teilen dieses Buches versuchsweise vertretenen — *dualistischen* Standpunkt. Danach muß von der in statistischen Hypothesen benützten objektiven Wahrscheinlichkeit entweder die in der Entscheidungslogik verwendete personelle Wahrscheinlichkeit oder die metatheoretisch benützte induktive Wahrscheinlichkeit unterschieden werden. Im gegenwärtigen Kontext können wir die letztere, entsprechend dem Vorgehen in Teil II, als eine durch zusätzliche Rationalitätsprinzipien verengte personelle Wahrscheinlichkeit deuten.

Die Hempelsche Interpretation statistischer Argumente legt die dualistische Auffassung zugrunde, ja noch mehr: es wird die generelle Annahme gemacht, daß die in der statistischen Hypothese als Explanans vorkommende ‚objektive Wahrscheinlichkeit' q *identisch* sei mit der ‚induktiven Wahrscheinlichkeit' q, die das Explanans dem Explanandum verleiht[19]. Von diesem letzten Punkt wollen wir hier jedoch ganz abstrahieren. Denn selbst wenn eine Theorie der induktiven Wahrscheinlichkeit zu einer Regel führen sollte, die von der Hempelschen inhaltlich abweicht, so brauchte damit doch der Hempelsche Lösungsvorschlag als solcher nicht preisgegeben zu werden.

Das, was man hier als *prinzipiell* störend empfinden muß, ist die Tatsache, *daß die probabilistische Weltanschauung überhaupt Eingang findet in die Diskussion dessen, was Hempel statistische Systematisierung nennt.* Der Hempelsche Lösungssatz, insbesondere die ganz bestimmte Art der *Überlagerung* von statistischer und personeller (induktiver) Wahrscheinlichkeit im Hempelschen Schema ‚induktiv-statistischer Systematisierungen', kann nur von einem Dualisten akzeptiert werden.

Man könnte demgegenüber vorschlagen, die endgültige Lösung dieser Probleme zurückzustellen, bis eine Einigung in der Frage der Grundlegung der Wahrscheinlichkeitstheorie erzielt worden ist. Dem Lösungsansatz wäre dann eine monistische oder die dualistische Deutung zugrunde zu legen, je nachdem, wie der Streit ausging. Da die Diskussionen über die ‚korrekte'

---

[19] Vgl. das Erklärungsschema (21) in [Erklärung und Begründung], S. 653 oben und das doppelte Vorkommen des Wahrscheinlichkeitsparameters q in diesem Schema. Die eben erwähnte Annahme wird auf S. 652, letzte Zeile, explizit als *Regel S* zitiert.

Deutung des Wahrscheinlichkeitskalküls aber nun schon seit vielen Jahrzehnten andauern, befürchte ich, daß ein solches methodisches Vorgehen zur Folge haben würde, auf den St. Nimmerleinstag warten zu müssen, bevor man damit beginnen könnte, die hier angedeuteten Probleme überhaupt anzugehen.

Demgegenüber wäre es erfreulich, wenn es gelänge, die Probleme auf solche Weise zu lösen, daß die Lösung invariant ist in bezug auf die vom Wissenschaftstheoretiker akzeptierte probabilistische Weltanschauung.

Sollte man zu dem Ergebnis gelangen, daß dies bezüglich *aller* Probleme unmöglich ist, so sollte man wenigstens eine Unterteilung in zwei Klassen von Schwierigkeiten vornehmen: erstens in die Klasse derjenigen, die sich ‚weltanschauungsinvariant' beheben lassen; und zweitens in die Klasse derjenigen Probleme, deren Lösung nur im Rahmen einer ganz bestimmten (monistischen oder dualistischen) Interpretation des Wahrscheinlichkeitsbegriffs möglich ist. Da man sich bei der Behandlung von Problemen der zweiten Art auf eine bestimmte Auffassung festlegen müßte, wäre zusätzlich zu untersuchen, ob es möglich ist, den Lösungsvorschlag in andere ‚Weisen des Sprechens über Wahrscheinlichkeit' zu übersetzen.

(X) Das Argumentationsdilemma. Nach HEMPEL ist eine statistische Erklärung ein *Argument* oder ein *Schluß*. Diese Auffassung kann man sich selbst dann nicht ohne weitere Qualifikationen zu eigen machen, wenn man mit CARNAP und HEMPEL den probabilistischen Dualismus akzeptiert, was auch wir im augenblicklichen Zusammenhang tun wollen. Ferner wollen wir — ebenfalls nur bei der Erörterung dieses Punktes — fingieren, CARNAPs Theorie sei als eine Bestätigungstheorie deutbar und diese Theorie der *C*-Funktionen sei auf Objektsprachen von so großem Ausdrucksreichtum ausgedehnt worden, daß in diesen Sprachen beliebige statistische Hypothesen formulierbar sind.

An die Stelle des Hempelschen Schemas (21) müßte dann *eine Aussage* treten, nämlich die metatheoretische Aussage: $C(Gc, p(G, F) = q \wedge Fc) = q$[20]. Eine Aussage aber ist kein Schluß. Nun hat zwar CARNAP selbst, in [Probability] auf S. 207 f. und in [I. L.] auf S. 81 f., von induktiven Schlüssen gesprochen. Man muß jedoch bedenken, daß hier zunächst nur ein *metaphorischer Sprachgebrauch* vorliegt. Genauer müßte es heißen: Es handelt sich um die *Analoga* von 5 Typen sogenannter induktiver Schlüsse in CARNAPs System.

CARNAP selbst hat allerdings an noch mehr gedacht. Er meinte, daß erst durch die *Hinzufügung geeigneter methodologischer Regeln*, wie z. B. der Forderung des Gesamtdatums[21], seine induktive Logik *anwendbar* gemacht werden könne. Und in diesem Punkt befand sich CARNAP m. E. im Irrtum; zumindest enthalten seine diesbezüglichen Bemerkungen eine Zweideutigkeit. Wir *haben* ja in unserem obigen Beispiel eine Anwendung von der Theorie

---

[20] Vgl. den Hinweis in der letzten Fußnote.
[21] Vgl. [I. L.], S. 83 f.; [Probability], S. 211 f.

der C-Funktionen gemacht. Allgemein gilt: Wenn die Theorie der C-Funktionen für eine Objektsprache L entwickelt wurde, in der die beiden Sätze e und h ausdrückbar sind, so erhält man nach Berechnung des Wertes von $C(h,e)$ *automatisch* eine geeignete Anwendung der Carnapschen Theorie. Beträgt der Zahlenwert etwa r, so lautet die (vollkommen triviale) Anwendung: $C(h,e) = r$.

Was CARNAP wirklich *gemeint* hat, als er von Anwendung sprach, war *die Rechtfertigung einer Als-ob-Betrachtung*, also von etwas, das im Grunde mit einer Anwendung überhaupt nichts zu tun hat. CARNAP wollte die Frage beantworten: In welchem Typ von Fällen kann man so tun, *als ob in* $C(h,e) = r$ e die Prämisse und h die Konklusion eines Schlusses sei? Daß sich diese Frage für ihn überhaupt stellte, ergab sich aus der — nach meiner begründbaren Auffassung irrtümlichen[22] — Annahme, auch seine induktive Logik expliziere einen Begriff der logischen Implikation, nämlich den der partiellen L-Implikation. Da aber der logische Folgerungsbegriff zur Rechtfertigung von Schlüssen benützt wird, liegt es nahe, dasselbe auch vom Begriff der *partiellen* logischen Folgerung zu verlangen. Sobald man — gezwungenermaßen, wie mir scheint — den Gedanken fallen läßt, den C-Funktionen liege als Explikandum ein Folgerungsbegriff zugrunde, bricht auch diese Analogiebetrachtung zwischen deduktiver und induktiver Logik zusammen. Dann tritt deutlich zutage, daß kein Anwendungsproblem zu lösen ist, sondern daß es darum geht, *eine Als-ob-Philosophie in genau spezialisierter Form zu rechtfertigen*.

Diese Überlegung wirft auch ein neues Licht auf die Bemühungen HEMPELs: Mit der *Regel der maximalen Bestimmtheit* wollte HEMPEL nicht, wie es den Anschein hat, ein *einziges* Problem lösen. Vielmehr sollte diese Regel *der Lösung zweier heterogener Probleme* dienen: *erstens* des Problems der Mehrdeutigkeit der statistischen Systematisierung, also dessen, was wir in (III) in der Form des Informationsdilemmas formulierten; und *zweitens* des davon ganz unabhängigen Problems, eine handliche Regel dafür zu finden, diejenigen Fälle auszuzeichnen, in denen die erwähnte Als-ob-Betrachtung zulässig ist. Das Gewicht liegt beim zweiten Problem auf dem Wort „handlich". Denn CARNAPs Forderung des Gesamtdatums ist demgegenüber äußerst unhandlich.

Daß es sich um zwei verschiedene Probleme handelt, wird auch daraus ersichtlich, daß das erste Problem (das Informationsdilemma) selbst dann auftritt, wenn man eine ganz andere Auffassung von Wahrscheinlichkeit vertritt als CARNAP und HEMPEL. Das zweite Problem hingegen ist *ein spezifisches Problem des probabilistischen Dualismus*. Aber natürlich besteht zwischen den beiden Problemen ein Zusammenhang. Statistische Hypothesen nützen uns nichts, wenn sie nicht angewendet werden können. Eine

---

[22] Vgl. die Hinweise in meinem Aufsatz [Induktion], S. 56—58.

spezielle Art von Anwendung stellt das statistische Schließen in der Gestalt statistischer Begründungen dar[23]. Um zu wissen, wie man statistische Gesetzmäßigkeiten in konkreten Situationen anwenden soll, muß man wissen, *welche* man benützen darf, wenn sich mehrere anbieten, die miteinander in dem von HEMPEL beschriebenen Konflikt stehen; ja man muß wissen, ob man überhaupt in *dieser* Situation eine Anwendung vornehmen darf. Insofern setzt die Lösung des zweiten Problems eine solche des ersten voraus.

(XI) Das Gesetzesparadoxon. Zu diesem Punkt sollen keine weiteren Betrachtungen angestellt werden. Wir erinnern nur daran, daß das Goodman-Paradoxon nicht nur im Bereich strikter Gesetze, sondern auch im Bereich statistischer Regularitäten auftritt, wie HEMPEL gezeigt hat. (Vgl. dazu die kurze Schilderung nebst Beispiel in Bd. I, [Erklärung und Begründung], S. 694).

2. Diskussion

2.a Problemreduktionen. Ein Problem klar zu sehen, ist bereits der halbe Weg zur Lösung. Diese verbreitete philosophische Weisheit dürfte zwar im großen und ganzen nicht unrichtig sein; doch verliert sie etwas an Plausibilität, wenn man es nicht mit *einem*, sondern mit *elf* Problemen zu tun hat, die außerdem alle irgendwie zusammenhängen dürften, wobei die Art des Zusammenhanges zunächst ebenfalls im Dunkeln bleibt.

Wir gehen methodisch so vor, daß wir zunächst diejenigen Probleme herausgreifen, die wir ‚abschütteln‘ oder relativ unabhängig von den anderen einer Lösung zuführen können.

Auf die Diskussion des letzten Problems könnten wir verzichten. Die Rechtfertigung dafür ist einfach: Das Goodman-Paradoxon tritt zwar *auch* bei statistischen Hypothesen auf; es tritt jedoch *nicht nur* dort auf. Es dürfte generelle Übereinstimmung darin herrschen, daß die Lösung dieses Paradoxons, wie immer sie aussehen mag, von allen *spezifisch-statistischen* Problemen unabhängig ist. Dies erkennt man deutlicher, wenn man die Frage in GOODMANs Sprechweise formuliert: Es kommt darauf an, welche *Prädikate* für die Aufstellung gesetzesartiger Aussagen zulässig sind und welche nicht. Die Gesetze können dabei Kausalgesetze oder statistische Gesetze sein. Diese Frage soll also ausgeklammert werden.

Was den Punkt (IX) betrifft, so wollen wir wenigstens versuchen, uns ebenfalls in Abstinenz zu üben. Genauer gesprochen: Wir werden uns bemühen, die einzelnen verbleibenden Probleme auf solche Weise zu diskutieren, daß diese Diskussion möglichst ‚weltanschauungsinvariant‘ bleibt, so daß wir also nicht gezwungen sind, uns auf bestimmte Deutungen statistischer und eventueller weiterer Wahrscheinlichkeiten festzulegen.

---

[23] Die Frage, ob gewisse Begründungen auch *als Erklärungen* fungieren können, lassen wir für den Augenblick offen.

Damit ist eigentlich auch bereits das in (X) angeführte Dilemma beseitigt, vorausgesetzt, die im vorigen Absatz angekündigte Art der Problembehandlung läßt sich durchführen. *Nicht* ausgeklammert ist damit natürlich das in (X) nochmals erwähnte Problem (III), dessen Wichtigkeit von HEMPEL eindringlich demonstriert worden ist.

2.b Das Problem der nomologischen Implikation. Statistisches Schließen und statistische Begründungen. In einem zweiten Schritt zur vorbereitenden Klärung wollen wir uns mit den Problemen (III), (VII) und (VIII) beschäftigen.

Bereits bei der Formulierung der Schwierigkeit (III) wurde erwähnt, daß es sich — entgegen dem äußeren Anschein — um das von HEMPEL im Detail erörterte Problem handelt. Wenn man dies nicht sofort erkennen sollte, so beruht dies darauf, daß eine oberflächliche Kenntnisnahme der Hempelschen Formulierung den Anschein erwecken könnte, als liege ein *Überschuß an Information* vor und nicht ein *Mangel an Information,* wie sich dies aus der Fassung in (III) ergibt. Der scheinbare Widerspruch zwischen den beiden Fassungen verschwindet jedoch sofort, wenn man sich die Schwierigkeit anhand des Beispiels aus (III) verdeutlicht: Einerseits haben wir zwar tatsächlich zwei statistische Hypothesen mit verschiedenen Wahrscheinlichkeitsparametern, die hinsichtlich der Anwendung auf H. M. miteinander konkurrieren, nämlich eine über die Lebenserwartung bayerischer Schuster und eine andere über die Lebenserwartung Münchner Handwerker. Auf der anderen Seite liefern beide Hypothesen, so wie sie dastehen, zu schwache Informationen, da auf H. M. *beide* Prädikate zutreffen, durch welche die ‚Bezugsklassen' der statistischen Hypothesen festgelegt werden, nämlich sowohl das Prädikat „bayerischer Schuster" als auch das Prädikat „Münchner Handwerker".

Wir können daher bei der endgültigen Explikation an HEMPELs scharfsinnige Analyse anknüpfen. Allerdings werden sich dabei drei Arten von Verschiebungen und Modifikationen als erforderlich erweisen:

(1) Das Explikandum wird nicht der Begriff der Erklärung sein, sondern ein davon verschiedener und *schwächerer* Begriff der *Begründung,* der als Antwort nicht auf eine Erklärung heischende, sondern nur auf eine epistemische Warum-Frage gedacht ist. Als paradigmatische Fälle können dabei *wissenschaftliche Prognosen* und *wissenschaftliche Retrodiktionen* gelten. Denn in diesen Fällen geht es nicht darum, zu sagen, warum sich etwas *ereignete,* sondern warum man *glaube, daß* sich etwas ereignen werde (bzw. *ereignet habe*). Erwartet wird nicht (unbedingt) die Angabe von Ursachen; es genügt die Angabe von überzeugenden Gründen.

(2) Während sich dadurch, daß wir das Explikandum abschwächen, eine Vereinfachung ergeben wird, werden auf der anderen Seite Komplikationen auftreten, die darauf beruhen, daß HEMPELs eigene Explikation weder eine

Lösung des Paradoxons (II) noch eine Methode zur Überwindung des Dilemmas (VIII) liefert.

(3) Der Ausgangspunkt der Analyse wird sich andererseits wieder vereinfachen, da die durch das Gegenbeispiel von A. GRANDY erzeugten Komplikationen hinwegfallen. Diese Komplikationen sind nämlich Pseudoschwierigkeiten, da dieses Gegenbeispiel falsch ist.

Mit (1) ist auch die Antwort auf das Problem (VII) gegeben: Dieses Dilemma wird automatisch dadurch behoben, daß es verschwindet. Statt eines Explikandums werden wir es — und darin besteht allerdings eine weitere Erschwerung — *mit zwei vollkommen verschiedenen Explikanda* zu tun haben. Das erste ist der eben erwähnte Begriff der *statistischen Begründung,* das zweite ist das, was wir die *statistisch-kausale Minimalanalyse* nennen werden. Beim ersten handelt es sich zwar um ein Argument, aber nicht um eine Erklärung. Das Beispiel aus (VII) mit den variierenden pragmatischen Umständen dürfte hinreichend deutlich gemacht haben, daß Begründungsargumente nur auf epistemische, nicht hingegen auf Erklärung heischende Warum-Fragen Antworten liefern.

Es stehen uns dann noch immer *drei Möglichkeiten* offen, den Ausdruck „statistische Erklärung" zu verwenden. Diese Möglichkeiten werden wir in 4.d miteinander konfrontieren und ihre Vor- und Nachteile abwägen.

Was das Dilemma (VIII) betrifft, so dürfte bereits die kurze Diskussion, welche im unmittelbaren Anschluß an seine Schilderung erfolgte, gezeigt haben, wo die Lösung zu suchen ist: Es genügt nicht, in der Regel der maximalen Bestimmtheit gewisse Fälle von *logischen* Implikationen auszuschließen. Daneben müssen auch noch Fälle von *nomologischen* Implikationen ausgeschlossen werden, wie das dortige Beispiel zeigt. In 2.e soll dieser Punkt genau untersucht werden.

Der Oberbegriff, unter welchen wir den der statistischen Begründung subsumieren werden, ist der in Teil III bereits ausführlich diskutierte Begriff des *statistischen Schließens.* Während man aber darunter in der Hauptsache solche Überlegungen versteht, in denen statistische Hypothesen *das Objekt der Beurteilung* bilden (‚statistischer Stützungsschluß'), handelt es sich diesmal darum, daß umgekehrt bereits akzeptierte Hypothesen *das Mittel zur Beurteilung möglicher Sachverhalte* bilden sollen. Im Grunde ist dies für uns nichts Neues. Wir haben dieses Thema bereits in Teil III, 6.a unter der Überschrift „Einzelfall-Regel" kurz erörtert. Was wir die Likelihood-Regel nannten, war eine begrifflich einheitliche Darstellung des statistischen Stützungsschlusses sowie dieser Einzelfall-Regel. *Die Analyse des Begriffs der statistischen Begründung können wir daher deuten als eine weitergehende Analyse der Einzelfall-Regel und der genauen Bedingungen ihrer Anwendung.*

Es ist wichtig, dies für die systematischen Überlegungen in 2.e festzuhalten. Der Begriff der statistischen Begründung nimmt für uns immer deutlichere Konturen an, da wir ihn von zwei Seiten her einzukreisen beginnen: von der konkret-intuitiven und von der abstrakt-systematischen Seite her. Der konkret-intuitive Zugang ‚von unten her‘ bildet *die rationale Prognose, die sich auf statistische Gesetze stützt*. Der abstrakte Zugang ‚von oben her‘ ist *die Likelihood-Regel mit ihrer Spezialisierung zur Einzelfall-Regel*.

Der abstrakt-systematische Zugang wird sich noch in anderer Hinsicht als wichtig erweisen: In der Likelihood-Regel und ihren Spezialisierungen war *nur von statistischer Wahrscheinlichkeit* die Rede, nirgends jedoch von induktiver Wahrscheinlichkeit. Versteht man unter dem Begriff der statistischen Begründung eine weitergehende Explikation der Einzelfall-Regel, so drängt sich förmlich der Gedanke auf, *allein mit dem Begriff der statistischen Wahrscheinlichkeit auszukommen*. Der probabilistische Dualismus würde sich dann im gegenwärtigen Kontext als überflüssig erweisen. Damit wäre auch das ‚Weltanschauungsdilemma‘ überwunden: Wenn wir mit dem Begriff der statistischen Wahrscheinlichkeit allein auskommen, so können wir es offen lassen, ob dieser Begriff frequentistisch zu deuten *oder* als theoretische Disposition aufzufassen *oder* durch eine der personalistischen Rekonstruktionen einzuführen ist. Auch das Argumentationsdilemma träte dann nicht mehr auf. Denn dieses Problem entsteht ja erst dann, wenn man eine statistische Begründung als C-Aussage im Carnapschen Sinn deutet.

Die Einbettung des Problems der statistischen Begründung in den allgemeineren Rahmen des statistischen Schließens bildet somit die naheliegendste und einfachste Methode, die Schwierigkeiten (IX) *und* (X) *abzuschütteln*.

2.c Verzahnungen von Erklärungs- und Bestätigungsproblemen. Die Fragen (IV), (V) und (VI) erörtern wir zweckmäßigerweise simultan. Bezüglich der in (IV) genannten Schwierigkeiten kann man nichts weiter tun als die Forderung aufstellen: „Wähle die Bezugsklasse nicht kleiner als unbedingt nötig!“ Die Wendung „unbedingt nötig“ ist dabei so zu verstehen, daß eine adäquat formulierte Regel der maximalen Bestimmtheit erfüllt ist. Eine derartige adäquate Formulierung setzen wir augenblicklich als existierend voraus.

Es kann allerdings der Fall sein, daß die Forderung der maximalen Bestimmtheit eine so kleine Bezugsklasse erzwingt, daß das verfügbare Tatsachenmaterial für die Aufstellung einer *gut bestätigten* statistischen Hypothese nicht ausreicht. Was soll man in einer derartigen Situation tun? Es gibt nur eine Empfehlung: „Versuche weiteres Beobachtungsmaterial zu finden, welches die statistische Hypothese entweder zusätzlich stützt oder erschüttert!“ *Man muß sich dann vorläufig der Verwendung dieser Hypothese für Begründungszwecke zur Gewinnung brauchbarer Vermutungen enthalten*, weil keine genügenden Tatsacheninformationen vorliegen.

Zu beachten ist, daß dieses ‚Informationsdilemma‘ von ganz anderer Natur ist als das in (III) angeführte. Dort handelte es sich darum, daß man noch gar nicht wußte, welche von den verfügbaren, d. h. *als gut bestätigt vorausgesetzten* statistischen Hypothesen *für eine korrekte Begründung anzuwen-*

den sei bzw. daß eine derartige Hypothese überhaupt *noch nicht zur Verfügung* stand. Jetzt handelt es sich darum, daß zwar eine Hypothese vorliegt, daß man aber noch nicht sicher ist, ob diese Hypothese *überhaupt anwendbar* ist, *da man noch an ihrer Richtigkeit zweifelt.* Im ersten Fall ist die fehlende Information eine Lücke im Inventarium brauchbarer *Hypothesen;* im zweiten Fall besteht die Informationslücke im Nichtvorliegen von *Tatsachenbefunden,* die für die Beurteilung der gegebenen Hypothese von Relevanz sind. Im ersten Fall fehlt eine Hypothese; im zweiten Fall fehlen Erfahrungsdaten.

Daß zwischen diesen zwei verschiedenen Dingen häufig nicht klar unterschieden wird, dürfte zum Teil darauf beruhen, daß man eine Zweideutigkeit in Wendungen wie „gute Erklärung" bzw. „gute Begründung" übersieht. Dies kann einerseits besagen, daß das Argument qua *Argument* ein ‚gutes' (im deterministischen Fall: ein logisch korrektes) ist; andererseits kann es auch besagen, daß die *Prämissen* des Argumentes *gut bestätigt* sind. Wie leicht selbst Fachleute auf dem Gebiet des statistischen Schließens dieser Äquivokation zum Opfer fallen können, möge ein von SALMON gebrachtes Beispiel zeigen[24].

Angenommen, in einem Häuserblock oder in den Häusern eines ganzen Stadtviertels gehen plötzlich alle Lichter aus. Wie ist dies zu erklären? Verschiedene Möglichkeiten bieten sich an: (*a*) die Leute sind alle zu genau derselben Zeit schlafengegangen; (*b*) die Glühbirnen sind alle zur selben Zeit ausgebrannt; (*c*) die Hauptleitung ist durch einen Sturm beschädigt worden; (*d*) im zuständigen Elektrizitätswerk ist ein Schaden entstanden.

Unter normalen Umständen werden wir geneigt sein zu sagen, daß z. B. die Hypothese (*d*) *eine viel bessere Erklärung* liefere als (*a*). Man muß aber genau beachten, was dies bedeutet: Zur Diskussion stehen eigentlich gar nicht miteinander konkurrierende Erklärungen, sondern *verschiedene Hypothesen darüber, was sich ereignete. Alle* diese Hypothesen erklären das fragliche Phänomen; doch ist u. a. die vierte Hypothese *viel besser bestätigt* als die erste. Versteht man unter einer korrekten Erklärung diejenige, welche sich auf die richtige Hypothese stützt, so könnte es der Fall sein, daß (*a*) die korrekte Erklärung liefert. Geht es um die Frage der Wahrheit, so kann sich eben das am schlechtesten Bestätigte als das Richtige erweisen. Wenn man vorgibt, Erklärungsvorschläge nach Gütegraden miteinander zu vergleichen, so ist dies häufig nur eine verschlüsselte Form, um ‚Bestätigungsgrade' von Hypothesen miteinander zu vergleichen, die man für Erklärungszwecke benötigt. Sofern man, wie dies SALMON anstrebt, den *Relevanzbegriff* zum Schlüsselbegriff für die Explikation wissenschaftlicher Erklärungen machen möchte, so muß man sich vor einer Verwechslung hüten: der Verwechslung zwischen dem Vergleich der Apriori-Wahrscheinlichkeit und der Aposteriori-Wahrscheinlichkeit des Explanandums auf der einen

---

[24] "Statistical Explanation", S. 212f.

Seite, und dem Vergleich zwischen Apriori-Bestätigung (Apriori-Likelihood) und Aposteriori-Bestätigung (Aposteriori-Likelihood) *der im Explanans benützten Hypothese* auf der anderen Seite.

Selbstverständlich kann auch bei Vorliegen des Problems (IV) die fragliche statistische Hypothese *in gewissen pragmatischen Kontexten* benützt werden, insbesondere im Kontext der *Hypothesenprüfung*. In diesem letzten Fall verschwindet das Problem automatisch. Denn im Kontext der Prüfung geht man gerade *nicht* davon aus, daß es sich um eine Hypothese handelt, ‚auf die man sich verlassen kann‘. Das Dilemma entsteht erst, wenn man für eine bestimmte Anwendung eine *verläßliche* Hypothese benötigt, aber nur unverläßliche vorfindet. Dieses Dilemma ist insofern ein echtes und logisch unbehebbares, als es bei Auftreten nicht durch logisch-wissenschaftstheoretische Analysen behoben werden kann. Der Wissenschaftstheoretiker muß sich damit begnügen, darauf hinzuweisen, wie die Lösung gefunden werden kann: durch Sammlung von zusätzlichem empirischen Material.

Ganz anders verhält es sich im Fall (V). Hier kann man zeigen, daß das Paradoxon *nur ein scheinbares* ist. Dies gilt sogar vom ersten Beispiel. Es ist zwar richtig, daß hier etwas faul ist. Der Fehler liegt aber nicht in einem Zirkel, sondern darin, daß der Erklärende eine Begründung vortäuscht, die er nicht gegeben hat: Auf eine Erklärung heischende Warum-Frage antwortet *GR* mit einer Hypothese. Auf die zweite Frage, die von ganz anderer Natur ist, nämlich eine Frage nach dem empirischen Fundament für diese Hypothese (nach den ‚stützenden Daten‘ für sie) verweist er wieder auf dasselbe Phänomen, das er zu erklären hatte. In einer Erklärung, ja sogar in jedem rationalen Erklärungs*versuch*, dürfen nur ‚wohletablierte‘ Hypothesen benützt werden, insbesondere nur solche Hypothesen, die von beiden Partnern, dem Erklärung Heischenden und dem Erklärung Gebenden, bereits akzeptiert sind. Und dies bedeutet: Es muß *anderweitige Gründe* für ihre Annahme geben. Diese conditio sine qua non wissenschaftlicher Erklärungen oder Erklärungsversuche lag hier nicht vor. Deshalb wurde die zweite Frage gestellt. Sie gehört überhaupt nicht mehr in den Kontext der Erklärung, sondern in den der Bestätigung. *Es ist eine Bestätigung heischende Woher-Frage.* Und diese zweite Frage wurde *überhaupt nicht* beantwortet; denn die Antwort hätte nach Voraussetzung nur in der Angabe solcher anderweitiger Gründe bestehen können.

Es kann der Fall sein, daß *GR* unter Zugrundelegung *seines* Hintergrundwissens die Hypothese aus dem Explanandum korrekt erschlossen hat. Dann muß die Differenz zwischen uns beiden in der Weise geschildert werden, daß *GR* für Erklärungszwecke Oberhypothesen benützt, die nach meiner Auffassung ein mythologisches Pseudowissen darstellen.

Die Erklärung *als Erklärung* war aber keinesfalls fehlerhaft. Dies zeigt sich sofort, wenn man die Situation ändert und annimmt, daß ich nach einer Erklärung für eine mir seltsam erscheinende *menschliche* Handlung verlangt hätte. Diesmal kann es durchaus der Fall sein, daß die Hypothese wohlbegründet ist, der Handelnde habe *in großem Zorn* gehandelt, und daß diese Hypothese außerdem die gesuchte Erklärung liefert.

Das zweite Beispiel ist von ganz anderer Natur. Der Übergang von dem, was wir die statistische Oberflächenanalyse nannten, zu der durch das Argument (1) widergespiegelten kausalen Tiefenanalyse ist zwar auch jetzt erst möglich, nachdem das Explanandum E gewußt wird. Der entscheidende Unterschied ist der folgende: Während im vorigen Beispiel das gesuchte Explanans nur durch das Explanandum gestützt worden ist, gilt dies für (1) *nur bezüglich der singulären Prämisse A*. Die Gesetzeshypothese G von (1) ist dagegen als ein *empirisches Hintergrundwissen* vorausgesetzt, *welches unabhängig von* (1) *sehr gut bestätigt ist*. Daher entfällt der Einwand, welcher im ersten Fall — zwar nicht gegen den Erklärungsversuch, jedoch gegen die angebliche Begründung der *erklärenden Hypothese* — mit Recht vorgebracht wurde. Ein Problem der Hypothesenbegründung steht hier überhaupt nicht zur Diskussion.

Man kann diesen zweiten Fall aber noch weiter analysieren: Die benützte Hypothese G ist ein genereller Konditionalsatz. Es gilt jedoch nicht nur G, sondern auch dessen Umkehrung, d. h. *G läßt sich zu einem Bikonditionalsatz verschärfen:* das „wenn ... dann - - -" ist ersetzbar durch „... genau dann wenn - - -". Der Bestandteil dieser Verschärfung, welcher in der Umkehrung von G besteht, heiße G'. Diese Verschärfung folgt nicht rein logisch aus unseren Prämissen, sondern stützt sich auf *verfügbares biologisches Hintergrundwissen*. Nimmt man als Prämisse die Umkehrung G' hinzu, so kann A aus E sogar rein logisch erschlossen werden. Es ist im vorliegenden Fall also nicht einmal nötig, an einen intuitiven Bestätigungsbegriff zu appellieren. *Alle Schlüsse sind korrekte deduktive Schlüsse.* Wir nennen den zu (1) parallelen Schluß mit E und G' als Prämissen und A als Konklusion den Schluß (1').

Während sich die Schlüsse (1) und (1') in bezug auf ihre *logische Struktur* nicht unterscheiden, so weichen sie doch in *pragmatischer* Hinsicht voneinander ab. A war ja aus E durch ein retrodiktives Argument gewonnen worden. Nur (1) kann daher bei Vorliegen der entsprechenden pragmatischen Umstände *als Erklärung* anerkannt werden; (1') hingegen ist das typische Beispiel einer *Retrodiktion*.

Damit haben wir bereits erkannt, wieso eine Asymmetrie zwischen wissenschaftlicher Erklärung und wissenschaftlicher Prognose von der Art bestehen kann, *daß ein erklärendes Argument gegeben wird, welches nicht für eine rationale Prognose hätte verwendet werden können.* Diese Situation liegt immer dann vor, wenn die folgenden Bedingungen erfüllt sind: (1) die in der Erklärung benützte Gesetzesprämisse G ist eine generelle Wenn-dann-Aussage; die singuläre Antecedensbedingung A geht durch Allspezialisierung aus dem Antecedens von G hervor; und das Explanandum E bildet das Konsequens derselben Allspezialisierung von G; (2) kraft verfügbaren *empirischen*

Wissens kann G zu einer Bikonditionalaussage verschärft werden, aus der die Umkehrung G' von G herleitbar ist. Aus E und G' ist dann A in derselben Weise herleitbar wie E aus G und A; (3) *nur* auf diesem in (2) geschilderten Wege ist singuläres Tatsachenwissen von der Art A zu gewinnen.

Die dritte Bedingung mußten wir anführen, um die Möglichkeit prognostischer Verwertung des Argumentes auszuschließen. Beim *heutigen* Wissensstande dürfte in dem konkreten Beispiel außer (1) und (2) auch die dritte Bedingung erfüllt sein. Bei einem künftigen verbesserten Wissensstand wird (1) vielleicht auch prognostisch verwertbar sein.

Damit ist nicht nur das Paradoxon behoben worden. Wir haben darüber hinaus eine Einsicht in *einen neuen Fall von Asymmetrie zwischen Erklärung und Voraussage* gewonnen, nämlich in einen Fall von korrekter Erklärung, der sich nicht für eine wissenschaftliche Voraussage eignet.

Es möge beachtet werden, daß die kausale Tiefenanalyse, oder, wie wir jetzt genauer sagen müßten, die *beiden* kausalen Tiefenanalysen (1) *und* (1') es nicht ausschließen, daß man weiterhin die statistische Oberflächenanalyse heranzieht. Auf die Warum-Frage kann nach wie vor die ebenfalls korrekte Antwort gegeben werden: „*durch Zufall*". Denn bei Vorliegen statistischer Regularitäten ist dies eine stets korrekte Art von Antwort.

Wie bereits die Parallelisierung der Fälle von (VI) mit dem Fall des Argumentes (1) in (V) nahegelegt hat, verhält es sich hier *prinzipiell* analog. Da wir ‚das Paradoxon der reinen ex-post-facto-Kausalerklärung' als ein scheinbares erkannt haben, dürfte es keine großen Schwierigkeiten bereiten, durch eine analoge Einsicht das Verzahnungsparadoxon zu überwinden. Es treten allerdings *Komplikationen* auf, die aber alle darauf beruhen, *daß diesmal auch die Tiefenanalyse* teilweise oder ganz *nur zu statistischen Regelmäßigkeiten führt.*

Wir knüpfen an die seinerzeitige Analyse von (1) an, die sich von der eben gegebenen unterschied. Um nämlich das in (V) angeführte Paradoxon aufzulösen und die erwähnte ‚Asymmetrie' verständlich zu machen, mußten wir soeben nur die Tatsache benützen, daß neben G auch G' zum Hintergrundwissen gehört. Bei der seinerzeitigen ‚Parallelisierung' knüpften wir hingegen an ein anderes Hintergrundwissen an, über welches wir ebenfalls bereits *vor* Kenntnis dessen, was sich ereignen wird, verfügten: nämlich daß — bei Zugrundelegung bloß zweier Geschlechter — *genau zwei kausale Erklärungen in Frage kommen.* Die weiter oben gegebene Analyse deckt den logischen Weg auf, durch den man zu der korrekten dieser beiden Möglichkeiten gelangt, *sobald einem das Explanandum bekannt ist.*

Ein analoger *logischer* Rückschluß kann dagegen nur im zweiten Beispiel von (VI) vorgenommen werden, und auch da nur dann, wenn der Ausgang *Schrift* lautete. *In allen übrigen Fällen ist der retrodiktive Rückschluß ein ‚statistischer Schluß'.* Dabei treten zwar alle Probleme auf, die mit dem statistischen

Schließen verknüpft sind, aber auch *nur diese*. Wir brauchen daher in keine weiteren detaillierten Diskussionen einzutreten.

Wenn wir dann noch eine *zusätzliche* Information darüber erhalten, mit welcher der beiden ‚eigentlichen‘ Münzen geworfen wurde, so kann im ersten Fall, wie wir gesehen haben, eine weitere Schwierigkeit auftreten. Sie besteht in der Erzeugung des Paradoxons (I). Mit diesem Problem werden wir uns gesondert beschäftigen, so daß wir im gegenwärtigen Kontext darauf nicht einzugehen brauchen.

Als Ergebnis unserer Analyse können wir folgendes festhalten: Die in (IV), (V) und (VI) geschilderten Schwierigkeiten haben sich als *Pseudoschwierigkeiten* erwiesen. Gemeint ist damit folgendes: Wir konnten durch eine genauere Analyse diese Schwierigkeiten beheben, und zwar auf solche Weise, daß uns dadurch keine Verpflichtung auferlegt worden ist, neue Gesichtspunkte bei den intendierten Begriffsexplikationen zu beachten. Das Dilemma (IV), die Paradoxie (V) sowie das Paradoxon (VI) wurden ‚gelöst‘ im Sinn von ‚aufgelöst‘. Für unsere Aufgabe ist dies deshalb von größter Bedeutung, weil wir damit *eine weitere Reduktion* um drei Problemgruppen erzielten: Was immer am Ende unserer Überlegungen zu den Begriffen der statistischen Erklärung, der statistischen Begründung und der statistischen Analyse zu sagen sein wird, diese drei Schwierigkeiten werden uns kein weiteres Kopfzerbrechen bereiten; wir haben sie bereits abgeschüttelt.

Unabhängig von dieser Feststellung haben wir zwei Nebenresultate erzielt: Erstens hat die Gegenüberstellung der statistischen Oberflächenanalyse mit der durch das Argument (1) von (V) exemplifizierten kausalen Tiefenanalyse gezeigt, daß sich bei Vorliegen einer bestimmten Wissenssituation sowie weiterer pragmatischer Umstände echte deduktiv-nomologische *Erklärungsargumente* konstruieren lassen, *die nicht als prognostische Argumente verwendbar sind*. Zweitens hat sich ergeben, daß die Paradoxie (I), wenn sie überhaupt auftritt, nicht bereits mit der ursprünglichen Analyse mitgegeben sein muß, sondern *paradoxerweise* erst dann aufzutreten braucht, wenn die ursprüngliche Information durch eine neue ergänzt wird, wenn es also zu einer Informationsverschärfung kommt. Diese ‚Paradoxie zweiter Ordnung‘ kann erst verschwinden, wenn (I) bewältigt worden ist. Dieser Schwierigkeit (I) wenden wir uns jetzt zu.

2.d Die Leibniz-Bedingung. Unbehebbare intuitive Konflikte. Es scheint mir, daß das, was wir die Paradoxie der Erklärung desUnwahrscheinlichen nannten, *eine nicht zu lösende Paradoxie ist, sofern man an der herkömmlichen Vorstellung erklärender Argumente festhält*. Anders ausgedrückt: Mittels der Erkenntnis, daß sich auch Unwahrscheinliches ereignet, läßt sich nach meiner Auffassung das schärfste Argument gegen den Begriff der statistischen Erklärung überhaupt vorbringen, vorausgesetzt, man versteht unter „statistischer Erklärung“ etwas anderes als: (1) die Zwei-Worte-Antwort: „durch Zufall“; (2) statistische Begründungen, die spezielle Fälle des statistischen Schließens darstellen und nicht Erklärungen genannt werden sollten; (3) dasjenige, was wir eine statistische Minimalanalyse nennen werden; oder schließlich (4) eine Kombination dieser Möglichkeiten (1) bis (3).

Wenn Phänomene unter statistische Gesetze subsumierbar sind, so steht auf die Frage: „warum hat sich dies ereignet?" immer die Antwort zur Verfügung: „es geschah durch Zufall". In dem in (V) geschilderten Fall kann eine derartige Antwort als oberflächlich und provisorisch erscheinen, weil Fragender und Gefragter von der sicheren Überzeugung ausgehen, daß man diese Antwort prinzipiell durch eine kausale Tiefenanalyse von der Art des Argumentes (1) ersetzen könnte. Um uns einen derartigen Ausweg zu verbauen, nehmen wir an, daß wir es mit statistischen Gesetzen zu tun haben, die nicht den Charakter des Provisorischen tragen und die daher nicht bloß unsere mangelnde Kenntnis widerspiegeln, sondern die in dem Sinn *irreduzible* statistische Gesetze darstellen, daß sie eine kausale Tiefenanalyse ausschließen. Als Beispiel könnte man etwa die Gesetze des radioaktiven Zerfalls bestimmter Substanzen anführen oder quantenphysikalische Beschreibungen von Zustandsänderungen physikalischer Systeme gemäß statistischer Gesetze[25].

Einige Philosophen werden gegen eine solche Annahme protestieren und leugnen, daß so etwas überhaupt möglich sei. Ihre Leugnung muß sich auf *die deterministische Oberhypothese* stützen, daß *alle* Geschehnisse der Welt unter strikte (deterministische) Gesetze subsumierbar seien. Wir werden diesen Protest nicht ernst nehmen; denn das dabei vorausgesetzte Prinzip des universellen Determinismus hat nur in einer ‚kausalistischen Metaphysik' Platz. Mit der Ablehnung dieser Auffassung verbinden wir nicht die Behauptung, daß bestimmte physikalische Theorien, die mit statistischen Hypothesen arbeiten, richtig seien, insbesondere nicht, daß die Quantenphysik die ‚wahre Physik' darstelle. Es genügt, daß wir im gegenwärtigen Kontext *die Annahme irreduzibler statistischer Gesetze als eine theoretische Möglichkeit* zulassen.

Ich möchte nun die Aufmerksamkeit auf die *Leibniz-Bedingung* richten, wie ich es nennen möchte. Ich habe diese Bedingung erstmals in Bd. I, [Erklärung und Begründung], z. B. auf S. 220 sowie auf S. 684, angeführt. Soweit ich feststellen konnte, ist dieser Punkt bisher kaum beachtet worden.

Die einzige mir bekannte bemerkenswerte Ausnahme bilden die Untersuchungen, die v. WRIGHT in seinem Werk [Understanding] anstellt. Der Verfasser geht hier von der Annahme aus, daß das Ereignis E vorkam, obwohl es wegen des Vorliegens bloßer statistischer Gesetze nicht hätte vorkommen müssen. Damit bleibt, wie v. WRIGHT betont, noch Raum für eine weitere Suche nach Erklärung: "why did E, on this occassion, actually occur and why did it not fail to occur?" (a. a. O., S. 13). Dies ist eine Erklärung heischende Warum-Frage, in welche die Leibniz-Bedingung sogar *explizit* hineingenommen wird. Da ich wohl annehmen darf, daß diese Überlegungen in Unkenntnis des oben erwähnten Textes in [Erklärung und

---

[25] Der Unterschied zwischen dem Indeterminismus vom ersten und dem vom zweiten Typ ist in diesem Zusammenhang ohne Relevanz.

Begründung] angestellt worden sind, glaube ich darin eine indirekte Bestätigung meines Gedankenganges erblicken zu dürfen.

Wir wollen sagen, daß eine Erklärung heischende Warum-Frage bezüglich eines Explanandums E die *Leibniz-Bedingung* „cur potius sit quam non sit" erfüllt[26], wenn eine Antwort von solcher Art erwartet wird, daß diese zugleich *eine Begründung dafür* gibt, *warum E eingetreten ist und nicht nicht eingetreten ist.* Man wird mit Recht annehmen können, daß wir mit Erklärung heischenden Warum-Fragen sehr häufig oder vielleicht sogar in der Regel die Leibniz-Bedingung verknüpfen.

Es wäre vielleicht besser, eine sprachliche Differenzierung vorzunehmen. Von der Erklärung heischenden *Frage* wäre danach zu sagen, daß mit ihr die Leibniz-*Erwartung* verknüpft ist, und von der *Antwort*, daß sie die Leibniz-*Bedingung* erfüllt. Wir sprechen schlechthin von der Leibniz-Bedingung, um zu große Komplikationen in der Formulierung zu vermeiden.

Angenommen, wir haben es mit einem System von möglichen Ereignissen zu tun, deren Eintreten nur durch statistische Gesetze geregelt wird, so daß eine deterministische Kausalanalyse ausgeschlossen ist. Weiter wollen wir annehmen, daß die in (I) geschilderte Situation eingetreten sei: Unwahrscheinliches habe sich tatsächlich ereignet. Wie stets im statistischen Fall, kann auch diesmal auf die Erklärung heischende Warum-Frage geantwortet werden: „durch Zufall". Wie steht es aber, wenn der Fragende eine Antwort erwartet, welche die Leibniz-Bedingung erfüllt? *Dann kann nichts anderes getan werden als die Frage zurückzuweisen und eine ‚Erklärung' dafür abzugeben, warum sie zurückgewiesen werden muß.* Die Wendung „eine Erklärung geben" in diesem letzten Satz ist zu verstehen etwa im Sinn von: „eine Erläutertung mittels einer logischen Analyse geben".

Es liegt sogar ein doppelter intuitiver Konflikt zwischen ‚Vernunft und Tatsache' vor, der nicht behoben werden kann:

(1) Der Fragende betrachtet nur etwas als zufriedenstellende Erklärung, was die Leibniz-Bedingung erfüllt. *Tatsächlich kann jedoch eine Erklärung, die dieser Bedingung genügt, nicht gegeben werden.*

(2) Der zweite Konflikt bleibt auch dann bestehen, wenn man die Leibniz-Bedingung fallen läßt und sich mit einer genauen statistischen Analyse begnügt: es ist *der Konflikt zwischen dem, was vernünftigerweise zu erwarten war, und dem, was sich tatsächlich ereignet hat.*

Alles, was man hier tun kann, ist: einige die Situation klärende Betrachtungen anstellen. Die Klärung in bezug auf (1) ist vollzogen, wenn zweierlei gezeigt wurde: erstens, daß das fragliche Geschehen nach all unserem Wissen von irreduziblen statistischen Gesetzen beherrscht wird; zweitens, daß probabilistische Vorgänge wegen ihres Zufallscharakters die Möglichkeit offen lassen, daß sich mehr oder weniger Unwahrscheinliches

---

[26] Bei LEIBNIZ selbst ist diese Bedingung Bestandteil seiner Formulierung des Prinzips vom zureichenden Grunde.

ereignet. Und eine solche Möglichkeit, so könnte man hinzufügen, hat sich offenbar realisiert. In bezug auf (2) hätte die klärende Bemerkung darin zu bestehen, daß ein *prognostisches Argument*, welches sich auf die tatsächlichen Gesetze gestützt hätte, zur Voraussage nicht-E gelangt wäre und daß sich an der Gültigkeit dieser Begründung nichts ändere, wenn E eingetreten sei. Wollte man darauf insistieren, daß eine Erklärung ein *Argument* sein *müsse*, so hätte man eine unhaltbare Konsequenz zu ziehen. Da sich an der Rationalität des prognostischen Begründungsargumentes auch nach Eintreten von E nichts ändert, müßte das erklärende Argument entweder mit diesem Begründungsargument zusammenfallen oder aus diesem Argument nach Hinzufügung gewisser pragmatischer Umstände bestehen. *Es ist aber absurd, ein Argument (oder ein Argument plus sonstwas) eine Erklärung von E zu nennen, wenn dieses Argument die ‚Conclusio‘ nicht-E hat.*

So müssen wir uns in einem solchen Fall damit begnügen, einige Erläuterungen zu geben, im übrigen aber bedauernd mit den Achseln zu zucken um dem Fragenden zu sagen: „Wenn du dich mit deiner Frage von der Leibniz-Bedingung — d. h. von der Erwartung, daß die Antwort diese Bedingung erfüllt — nicht losreißen kannst, so können wir dir leider nicht helfen. Und wenn du außerdem glaubst, daß der Gegensatz zwischen dem, was vernünftigerweise zu erwarten war, und dem, was tatsächlich eingetroffen ist, behoben wird, so können wir dir ebenfalls nicht helfen."

Es dürfte zur Klärung beitragen, an dieser Stelle einige Bemerkungen zu den Auffassungen der drei Autoren zu machen, welche die bisher wichtigsten Arbeiten zu dem vorliegenden Thema verfaßt haben.

Was die Untersuchungen von HEMPEL betrifft, so sollte man zwischen zwei Arten von Erörterungen, die seinen Explikationsversuch betreffen, scharf unterscheiden. Die erste Art von Diskussionen bezieht sich auf das Explikandum; die zweite Art hat technische Details der Explikation selbst zum Gegenstand. Was das *Explikandum* betrifft, so ist dieses, ebenso wie im deduktiv-nomologischen Fall, überhaupt nicht der Begriff der Erklärung, sondern ein Typus von *Begründung*, zu dem die rationale Prognose das intuitive Paradigma abgibt. Daß es sich im deduktiv-nomologischen Fall so verhält, kann nicht unmittelbar einsichtig gemacht werden. Es ergibt sich erst im Verlauf einer genauen Diskussion der Explikationsversuche des Begriffs der strikten Erklärung in formalen Modellsprachen. Wie in (VII) angedeutet und in Kap. X von Bd. I, [Erklärung und Begründung], näher ausgeführt wurde, *dürfte jede derartige Explikation des Erklärungsbegriffs*, die erstens Erklärungen *als Argumente* deutet und die zweitens *nur mit logisch-semantischen, nicht jedoch auch mit pragmatischen Hilfsmitteln arbeitet, zum Scheitern verurteilt sein*; und zwar einfach deshalb, *weil mit dieser Explikationsaufgabe das ursprüngliche Thema gewechselt wurde*: Ziel der Explikation ist es nicht mehr, den Typus von korrekten Antworten auf *Erklärung* heischende Warum-Fragen zu charakterisieren, sondern als korrekt empfundene Antworten auf *epistemische* Fragen zu beschreiben.

HEMPEL spricht von epistemischen Warum-Fragen, wodurch eine gewisse Parallelisierung zu den Erklärung heischenden Fragen hergestellt wird. In der Tat *kann* man Fragen von dieser Art in der Form stellen: „warum *glaubst* du das"? Da auf Fragen nach dem Warum eines Glaubens oder einer Überzeugung u. a. *auch eine irrationale und doch korrekte Antwort* gegeben werden kann, wäre es besser, epistemische Fragen in der Form zu stellen: „*woher weißt du das?*“ Begründungen stellen Antworten auf Fragen dar, die zumindest übersetzbar sind in Fragen, die mit den Worten: „*warum glaubst du, daß . . .?*“ oder: „*woher weißt du, daß . . .?*“ beginnen. Wenn solche Fragen nicht zugleich jene Fragen beantworten, die man in der Form: „warum *ist* (*war*) das so?“ stellen kann, so haben wir es mit Begründungen zu tun, die keine Erklärungen sind. Dies ist natürlich keine Explikation, sondern ein intuitiver Hinweis. Auf das Problem der Explikation des Begriffs der Ursache kommen wir in 4.a zu sprechen.

In demjenigen Falltyp, wo die benützten Gesetze statistischer Natur sind, hat HEMPEL an einer Stelle den Übergang vom einen Explikandum zum anderen sogar ausdrücklich vollzogen. In [History], S. 14, heißt es, daß eine induktive Erklärung "*explains* a given phenomenon by showing that, in view of certain particular facts and certain statistical laws, its occurrence was to be expected with high logical, or inductive, probability." Der Übergang von "*explains*" zu "was to be *expected*" ist der Übergang vom Thema *Erklärung* zum Thema *Begründung*. Daß es sich tatsächlich um einen *Wechsel des Themas* handelt, wird u. a. durch solche Beispiele wie das in (VII) gegebene gezeigt. Denn der Schluß auf das männliche Geschlecht des US-Präsidenten liefert zwar sicherlich jedem, der dieses Geschlecht weder kennt noch es durch anderweitige Informationen und Schlüsse herausbekommen kann, *eine vernünftige Begründung der Annahme, daß dieses Geschlecht männlich ist*. Es wird hingegen kaum jemanden geben, der bereit sein wird, diese Begründung *als eine (naturwissenschaftliche) Erklärung des Faktums selbst* zu akzeptieren.

Hat man sich klargemacht, daß das Explikandum „*Statistische Begründung*“ und nicht „*Statistische Erklärung*“ heißt, so kann man zu HEMPELs Explikationsversuch zurückkehren. Die Analyse HEMPELs muß dann nach wie vor als die entscheidende Pionierleistung für die Explikation dieses Begriffs betrachtet werden. Allerdings scheint es mir, daß dieser Versuch aus drei Gründen modifikationsbedürftig ist: Erstens bildete für die letzte (und relativ komplizierte) Fassung von HEMPELs Regel ein Gegenbeispiel von GRANDY gegen den früheren Versuch den Ausgangspunkt der Begriffsexplikation. Dieses Beispiel ist jedoch fehlerhaft, wie wir in Abschnitt 3 erkennen werden. Es wird daher *ein neuer Ausgangspunkt zu wählen* sein. Zweitens muß die Explikation durch eine geeignete Zusatzbestimmung *das* in (II) angeführte *Paradoxon der irrelevanten Gesetzesspezialisierung beheben*, von dem auch der Hempelsche Explikationsversuch betroffen wird. Wie dies zu geschehen hat, ist im Prinzip von SALMON in „Statistical Explanation“, S. 193, angedeutet worden. Schließlich wird drittens noch der bereits in 2.b erörterten *nomologischen Implikation* Rechnung zu tragen sein.

Statistische Begründungen bilden nach unserer Auffassung einen wichtigen Spezialfall statistischen Schließens. Solches Schließen sollte man aus den genannten Gründen nicht Erklärung nennen. In diesem Punkt scheint Übereinstimmung mit der Auffassung von R. JEFFREY zu bestehen, der in [Statistical Inference], S. 108, ausdrücklich feststellt: "I think it misleading to think of statistical inference as being an explanation at all." Leider hält JEFFREY diese Auffassung nicht konsequent durch. Er vertritt a. a. O., S. 107, die Meinung, daß wir zwar *manchmal* mittels Schließen auch erklären, daß wir jedoch *nicht nur* durch Schließen erklären. In dem Fall, wo die Wahrscheinlichkeit außerordentlich groß ist, so daß wir ‚praktische Sicherheit‘ gewinnen können, ist es nach ihm statthaft, statt von bloßem statistischen Schließen von *statistischen Erklärungen* zu sprechen.

Gegen diese Auffassung lassen sich drei Einwendungen vorbringen. Erstens müßten wir die Wahrscheinlichkeit genau angeben, bei der eine Begründung eine Erklärung wird; jede derartige Angabe aber wäre *reine Willkür*. Zweitens kommt es im alltäglichen Leben wie in der Natur vor, *daß sich ungeheuer Unwahrscheinliches ereignet.* Vorher bestand für uns in solchen Situationen eine praktische Sicherheit dafür, daß es sich *nicht* ereignen werde. Für den menschlichen Bereich wähle man etwa das Meteoritenbeispiel. (Welcher geistig normale Mensch auf dieser Erde ist nicht von der praktischen Sicherheit beherrscht, nicht von einem Meteoriten erschlagen zu werden?) Für den außermenschlichen Bereich kann man ein Beispiel von folgender Art angeben: Vorgegeben sei ein großes Stück Uran 238. Angenommen, wir hätten eine Methode, um ein bestimmtes Atom dieses Stückes zu identifizieren und ihm einen Namen zu geben. Wie groß ist die Wahrscheinlichkeit, daß dieses Atom in den nächsten 5 Minuten zerfallen wird? Sie ist ungeheuer gering; denn die Halbwertszeit von ^{238}U beträgt $4,5 \cdot 10^9$ ($= 4,5$ Milliarden Jahre). Und trotzdem *werden* in den nächsten 5 Minuten einige Atome zerfallen und das Benannte *könnte* sich darunter befinden. Schließlich zeigt auch die entsprechende Modifikation des Beispiels aus (VII), daß die Annahme von JEFFREY nicht haltbar ist: *Der dortige Schluß wird nicht dadurch zu einer Erklärung des männlichen Geschlechtes des US-Präsidenten, daß die ‚statistische Dichte‘ der Hermaphroditen ungeheuer abnimmt.*

Wir gelangen daher zu dem Ergebnis, daß der im vorletzten Absatz zitierte Satz von JEFFREY *ausnahmslose Gültigkeit* besitzt. Heißt dies nun, daß wir *nur* den als Spezialfall des statistischen Schließens zu deutenden Begriff der statistischen Begründung zulassen sollen?

Die Antwort darauf ist verneinend. Die Untersuchungen SALMONs in "Statistical Explanation" zeigen, daß man sich das Ziel setzen kann, einen weiteren wichtigen Begriff zu explizieren. SALMON gibt seinem Explikat, *das nicht in einem Argument, sondern in einer Klasse von statistischen Wahrscheinlichkeitsaussagen sowie in einigen Zusatzbestimmungen besteht,* den Namen „statistische Erklärung". Abgesehen von dieser Bezeichnung werden wir später den Grundgedanken von SALMON übernehmen. Wir werden von einer *statistisch-kausalen Minimalanalyse* sprechen. Denn was hier geliefert wird, ist nicht die Antwort auf eine Erklärung heischende Warum-Frage, die sich auf ein konkretes Ereignis bezieht, sondern eine Analyse der für das Ereignis bekannten Ausgangswahrscheinlichkeit (‚Apriori-Wahrscheinlichkeit‘) in ein ganzes *probabilistisches Verteilungsspektrum*, in welchem neben einer Reihe von Wahrscheinlichkeitsaussagen, welche zusammen mit der Ausgangswahrscheinlichkeit eine Klasse von *statistischen Relevanzfeststellungen* über das fragliche Ereignis ermöglichen, auch die zur Bestimmung der Endwahrscheinlichkeit (‚Aposteriori-Wahrscheinlichkeit‘) erforderliche statistische Hypothese angeführt wird. Das Wort „Erklärung" kann hier nur metaphorisch gebraucht werden: Die Bedeutung dieses Ausdruckes würde hier mehr einer Wendung von der Art „das Funktionieren eines komplizierten Systems erklären" als „ein Ereignis erklären" entsprechen. Denn was dabei erklärt wird, ist, wie wir noch sehen werden, *das Funktionieren eines mehr oder weniger komplizierten statistischen Mechanismus,* welcher uns das Auftreten des fraglichen Ereignisses verständlich macht.

SALMON beschäftigt sich a. a. O., S. 192 ff. kritisch mit HEMPELs Regel der maximalen Bestimmtheit in der ursprünglichen Fassung. Er bringt zwei Einwendungen vor und macht einen Verbesserungsvorschlag, welcher dem ersten Einwand begegnen soll. SALMON vertritt die Auffassung, daß eine befriedigende Überwindung aller Schwierigkeiten nur durch Preisgabe der Hempelschen Annahme erzielbar ist, eine statistische Erklärung sei ein Argument.

Ich ziehe aus SALMONs Kritik einen ganz anderen Schluß: Die von SALMON hervorgehobenen Mängel sind korrigierbar, ohne das Hempelsche Verfahren im Prinzip zu ändern. Was wirklich zu ändern ist, betrifft die Annahme über das Explikandum: HEMPEL hat nicht den Erklärungsbegriff, sondern *ein davon ver-*

schiedenes Explikandum zu explizieren versucht. Das Analoge gilt von SALMONs Untersuchungen selbst: *Auch sein Explikandum ist nicht ein Erklärungsbegriff.*

Dazu muß die Feststellung hinzutreten, daß die beiden Explikanda voneinander verschieden sind: Im ersten Fall geht es um die Klärung eines statistischen Begründungsbegriffs, im zweiten Fall um die Explikation des Begriffs der statistisch-kausalen Minimalanalyse. *Aus diesem Grund sind die Explikationsversuche von HEMPEL und von SALMON überhaupt keine miteinander konkurrierenden Präzisierungsvorschläge. Vielmehr handelt es sich um Theorien über verschiedene Gegenstände.* Es besteht nur insoweit eine gewisse Parallele, als *gewisse* der von uns angeführten Probleme — z. B. das Problem der irrelevanten Gesetzesspezialisierung — *beide Male* auftreten und daher auch in *beiden* Fällen *derselbe* Begriffsapparat zu verwenden ist, um diese Schwierigkeiten zu beheben. Dies wird in den folgenden Analysen genauer zutage treten.

Am Schluß werden wir sehen, daß es unter gewissen Umständen möglich ist, drei ‚Analysen‘ zu geben, die in glücklicher Weise zusammenpassen: erstens eine statistisch-kausale Minimalanalyse, die sich zweitens mit einem Begründungsargument partiell deckt und die drittens die Eigenschaft hat, daß die Endwahrscheinlichkeit die Ausgangswahrscheinlichkeit überwiegt. Wenn man will, kann man dies eine *statistische Erklärung* nennen. Es muß aber beachtet werden, daß es nicht allein von uns abhängt, ob eine solche Erklärung möglich ist oder nicht. Nur statistische Analysen können prinzipiell immer gegeben werden. Eine Begründung ist nur bei *bestimmten* Wahrscheinlichkeitsverteilungen möglich; denn eine Begründung muß die Leibniz-Bedingung erfüllen. Selbst wenn wir aber annehmen, daß derartige Verteilungen vorliegen sollten, ist die partielle Deckung von Analyse und Begründung sowie das Überwiegen der Endwahrscheinlichkeit nicht in unser Belieben gestellt. Ob diese beiden zusätzlichen Bedingungen erfüllt sind, hängt vom Zufall ab.

3. Statistische Begründungen statt statistische Erklärungen. Der statistische Begründungsbegriff als Explikat der Einzelfall-Regel

In den bisherigen Diskussionen in 2.b bis 2.d ist die Schwierigkeit (II) nicht erwähnt worden. Diese Schwierigkeit läßt sich durch separate Überlegungen nicht ‚abschütteln‘ oder ‚auflösen‘, wie die von uns als Pseudoschwierigkeiten erkannten Probleme. Vielmehr muß sie im Rahmen der Begriffsexplikation selbst überwunden werden. Genauer gesprochen, müssen wir sie zweimal bewältigen: bei der Explikation des statistischen Begründungsbegriffs und bei der Explikation des Begriffs der statistisch-kausalen Minimalanalyse. Nur mit dem ersten Explikat beschäftigen wir uns augenblicklich. Doch sei schon hier angekündigt, daß die gedankliche Prozedur im zweiten Fall dieselbe sein wird.

Zuvor aber sollte noch ein Wort zur Schwierigkeit (I) gesagt werden, die in 2.d nur nebenher erwähnt worden ist. Diese Paradoxie werden wir ebenfalls ‚abschütteln‘, aber in völlig anderer Weise, als wir dies bei den Schwierigkeiten (IV) bis (VI) taten: Wir werden das Problem nicht überwinden, bevor wir in eine Begriffsexplikation eintreten, sondern wir werden es dadurch beseitigen, *daß wir den Begriff der statistischen Erklärung überhaupt preisgeben.*

Das Problem ist nämlich absolut unlösbar, wenn man von der These ausgeht, Erklärungen seien stets als Argumente zu konstruieren, als Argumente nämlich, die erklären sollen, warum sich das ereignet hat, was sich tatsächlich ereignete. Eine kurze intuitive Vorbetrachtung, welche an die entsprechenden Stellen von 2.d anknüpft, möge dies zeigen. Wir betrachten eine Situation, welche die folgenden drei Bedingungen erfüllt: (1) sehr Unwahrscheinliches habe sich ereignet; (2) eine nicht-statistische Erklärung stehe nicht zur Verfügung; (3) das Ereignis möge nicht den Anlaß dafür bilden, die statistische Hypothese preiszugeben (d. h. der Fall wird *nicht* im Kontext der Hypothesenprüfung betrachtet).

Beispiel: Ich besitze seit längerer Zeit einen Würfel, für den es aufgrund von tausendfacher Benützung als gesichert gilt, daß er homogen ist. Es wird daher nicht daran gezweifelt, daß dem Würfel ein Laplacescher Wahrscheinlichkeitsraum zuzuordnen ist. Ich würfle mit ihm 8-mal; jeder Wurf ist ein Sechserwurf. Es wird die Aufgabe gestellt, dieses Phänomen zu erklären. Dabei werden aber nur statistische ‚Makro-Argumente‘ zugelassen; kausale ‚Mikro-Argumente‘ werden verboten. Sofern man ein solches Verbot für unzulässig hält, muß man ein anderes Beispiel mit unwahrscheinlichem Ausgang nehmen, wo eine derartige Mikro-Analyse im Prinzip unmöglich ist, etwa ein Beispiel aus dem radioaktiven Zerfall.

Wir gehen von der Situation vor dem Eintreffen des Ereignisses aus. Es soll ein Argument zugunsten dessen vorgebracht werden, *was vernünftigerweise zu erwarten ist.* Unter den genannten Voraussetzungen muß ein solches Argument, wie immer es genau zu rekonstruieren ist, zu dem Schluß führen, daß sich mit großer Wahrscheinlichkeit etwas ereignen werde, das von dem verschieden ist, was sich später tatsächlich ereignet. Als korrektes Argument ist diese Begründung zeitinvariant, d. h. sie gilt auch nach Eintritt des Ereignisses. Das bedeutet: *Wir verwerfen die Begründung nach erfolgter Beobachtung nicht als unrichtig, sondern halten an ihr weiterhin als einer korrekten Begründung fest und fügen nur die Feststellung hinzu, daß sich etwas ereignete, was vom rationalen Standpunkt aus nicht zu erwarten gewesen ist.* Würden wir nun ein Erklärungs*argument* zu konstruieren versuchen, welches über dieselben Ausgangsdaten und statistischen Gesetze verfügt, so würden wir in einen Konflikt mit dem ersten Argument geraten. Da dieses Argument ex hypothesi korrekt ist, müßte das zweite falsch sein. Dies gilt von allen derartigen Argumenten. *Also kann es überhaupt keine erklärenden Argumente geben;* denn wir können die Gültigkeit unserer Argumente nicht vom zufälligen Ausgang statistischer Mechanismen abhängig machen. Wenn daher jemand fragt, ob das, was sich ereignete, rational zu erwarten war, müssen wir antworten: „Nein; denn . . .“ (und jetzt folgt das Begründungsargument, dessen genaue Struktur wir zu explizieren haben). Wenn der Fragende dann weiter bohrt: „Aber warum hat sich denn *dies* ereignet? (Warum waren die ersten 8 Würfe mit diesem homogenen Würfel alle Sechserwürfe?)“, so müssen wir erwidern: „Falls du eine Erklärung erwartest, welche die Leibniz-Bedingung erfüllt, so kann deine Frage nicht beantwortet werden. *Denn eine diese Bedingung erfüllende Erklärung existiert nicht.* Wenn du hingegen nicht verlangst, daß eine die Leibniz-Bedingung erfüllende Antwort auf deine Warum-Frage gegeben wird, so kann ich die Antwort geben, welche *immer* passend ist, wo das Geschehen nur statistischen Gesetzen unterliegt, nämlich: *Es geschah durch Zufall.*" Diese letzte Antwort ist natürlich ebenfalls *kein Argument.*

Zieht man sich hingegen auf den schwächeren Begriff der Begründung zurück, so ist (I) *überhaupt keine Schwierigkeit.* Wir können zunächst eine Begründung dafür geben, welches Ereignis oder welcher Ereignistyp rational zu erwarten ist. Und nach Bekanntwerden des tatsächlichen Ereignisses können wir bedauernd hinzufügen: „Leider ist es anders gekommen. Es hat sich etwas ereignet, das nicht zu erwarten war. So etwas kann bei Zufallsprozessen immer vorkommen." Dies ist eine resignierende Feststellung, *aber auch nicht mehr. Insbesondere impliziert diese Feststellung in keiner Weise eine Zurücknahme des Begründungsargumentes, welches nach wie vor Gültigkeit hat.* (Hätte es sich um ein *erklärendes Argument* gehandelt, so müßten wir dieses jetzt zurücknehmen, was paradox ist; denn wie kann man die Gültigkeit eines korrekten Argumentes davon abhängig machen, was sich zufälligerweise ereignet?)

Nach dieser Vorbetrachtung wenden wir uns der Explikationsaufgabe zu. Für unser intuitives Ausgangsmodell dürfen wir nicht erklärende Argumente nehmen. Wir wählen statt dessen *Voraussage-Argumente*[27]. Wie ist ein prognostisches Begründungsargument zu explizieren, welches sich nur auf statistische Gesetzmäßigkeiten stützt? Zur Beantwortung dieser Frage knüpfen wir an HEMPELS Analyse an. Daß wir an dieser Explikation Modifikationen vornehmen müssen, wissen wir bereits; denn wir haben das Explikat auf solche Weise zu ändern, daß die Paradoxien der nomologischen Implikation und der irrelevanten Gesetzesspezialisierungen nicht mehr auftreten.

Es gibt noch einen weiteren, davon vollkommen unabhängigen wichtigen Grund für eine Modifikation. Dazu müssen wir uns die Ausgangsbasis von HEMPELS Überlegungen in [Maximal Specificity] vergegenwärtigen. (Sie sind in [Erklärung und Begründung] im Detail geschildert in Kap. IX, Abschnitt 13, insbesondere auf S. 695—699.) Die folgenden Betrachtungen enthalten eine *rein immanente Kritik* der Hempelschen Formulierungen. (Diese Überlegungen sind so gehalten, daß sie auch von denjenigen Lesern verstanden werden können, die mit den Ausführungen von Bd. I, Kap. IX, nicht vertraut sind. Doch können die folgenden in Petit-Druck gesetzten Betrachtungen bei der Lektüre ohne Beeinträchtigung des Verständnisses übersprungen werden.)

---

[27] Ebenso könnten wir retrodiktive Argumente als Paradigmata wählen; vgl. dazu das Beispiel Nr. 2 von (VII).

Wie die Analyse des Weges zeigt, auf dem HEMPEL zur Endfassung seiner Regel gelangte, wurden die in dieser Regel enthaltenen Komplikationen nicht durch das a. a. O. auf S. 698 referierte Gegenbeispiel von WóIJICKI und auch nicht durch die a. a. O. auf S. 691 f. geschilderten Kritiken von HUMPHREYs und MASSEY hervorgerufen. Denn die Überlegungen all dieser Autoren erzwangen lediglich die Aufnahme von Zusatzbestimmungen, durch welche die *Gesetzesartigkeit* der statistischen Hypothesen garantiert wird (vgl. die Regeln (N_1) und (N_2), a. a. O. S. 691 und S. 692). Vielmehr war es das auf S. 695 von [Erklärung und Begründung] geschilderte Beispiel von R. GRANDY, welches HEMPEL veranlaßte, seine Regel der maximalen Bestimmtheit stark zu modifizieren. Da mir leider erst unmittelbar nach Veröffentlichung des ersten Bandes aufgefallen ist, daß dieses Beispiel auf einem Denkfehler beruht, sei es hier nochmals angeführt. (Ich übernehme auch die dortige Numerierung der beiden ‚induktiven Argumente‘, damit der Leser die jetzige Kritik ohne Mühe mit dem dortigen ausführlichen Text vergleichen kann.)

A_t sei die Klasse der zur Zeit t akzeptierten Propositionen. Gemäß der idealisierenden *Rationalitätsannahme* soll vorausgesetzt werden, daß diese Klasse erstens *logisch konsistent* und zweitens *in bezug auf die logische Folgebeziehung abgeschlossen* sei (vgl. a. a. O., S. 658). GRANDY nimmt nun in seinem Beispiel an, daß die vier Prämissen der folgenden Argumenten in A_t enthalten seien:

$$(36) \qquad \frac{\begin{array}{c} p(G, F \vee G) = 0{,}9 \\ Fb \vee Gb \end{array}}{Gb} \; [0{,}9]$$

und:

$$(37) \qquad \frac{\begin{array}{c} p(\neg G, \neg F \vee G) = 0{,}9 \\ \neg Fb \vee Gb \end{array}}{\neg Gb} [0{,}9].$$

Wie die Heranziehung der ursprünglichen Fassung von HEMPELs Regel (vgl. a. a. O. S. 668f.) zeigt, werden gemäß dieser Regel beide Argumente zugelassen. (Denn die einzigen echten Teilklassen der durch die Prädikate $F \vee G$ und $\neg F \vee G$ designierten Klassen ist die durch G bezeichnete Klasse; $p(G, G) = 1$ aber ist ein Theorem der Wahrscheinlichkeitsrechnung.) Nun aber widersprechen die Konklusionen von (36) und (37) einander, so daß das Problem, welches HEMPEL die Mehrdeutigkeit der statistischen Systematisierung nennt, wieder aufzutreten scheint. GRANDY glaubte damit gezeigt zu haben, daß HEMPELs ursprüngliche Fassung der Regel *zu liberal* sei, und HEMPEL schloß sich dieser Auffassung an.

Tatsächlich läßt sich jedoch diese Schwierigkeit auf eine ganz elementare Weise beseitigen, ohne auf eine verbesserte Form der Hempelschen Regel zurückgreifen zu müssen. Sowohl GRANDY als auch HEMPEL (und auch ich, als ich den Bd. I verfaßte) haben übersehen, daß die singuläre Conclusio Gb des ersten ‚induktivstatistischen Argumentes‘ eine logische Folgerung der beiden bereits in A_t enthaltenen singulären Prämissen ist, d. h. daß gilt:

$$Fb \vee Gb, \; \neg Fb \vee Gb \Vdash Gb.$$

Hat man dies einmal erkannt, so kann man folgendermaßen weiterschließen: Da A_t nach der Rationalitätsannahme in bezug auf die logische Folgebeziehung abgeschlossen ist, *muß Gb bereits Element von A_t sein, und zwar ganz unabhängig vom Argument* (36). Da A_t außerdem als konsistent vorausgesetzt worden ist, darf Gb, die Conclusio von (37), darin *nicht* vorkommen. Auch dies ergibt sich allein aus der Kenntnis der strukturellen Eigenschaften von A_t. Durch unser Wissen über A_t allein gewinnen wir also die folgende Erkenntnis: (36) ist ein *überflüssiges*

Argument; denn seine Conclusio kommt, wie wir aufgrund eines *deduktiven* Schlusses wissen, ohnehin schon in A_t vor. (37) hingegen ist in dem Sinn *unzulässig*, als seine Conclusio $\neg$ Gb wegen der Konsistenzvoraussetzung nicht in A_t vorkommen darf.

(*Anmerkung.* Wer die Abgeschlossenheitsforderung in bezug auf *alle* logischen Folgerungen wegen der Unentscheidbarkeit des allgemeinen Folgerungsbegriffs für eine zu starke Idealisierung hält, kann diese durch die folgende, weit schwächere Minimalbedingung ersetzen: A_t muß abgeschlossen sein in bezug auf solche Folgebeziehungen, *für welche zu t ein Entscheidungsverfahren verfügbar ist.* Die eben geschilderte Behebung der Grandyschen Paradoxie würde dann weiterhin gelten; denn Gb wurde ja durch einen elementaren *junktorenlogischen* Schluß aus den beiden singulären Prämissen gefolgert.)

Man könnte vielleicht meinen, daß das Beispiel trotzdem noch immer so etwas wie eine Paradoxie enthalte. Denn wie kann das verfügbare Wissen einer Aussage, nämlich $\neg Gb$, eine hohe Wahrscheinlichkeit zuteilen, wenn das Gegenteil davon, nämlich Gb, als wahr gewußt wird? Diese Paradoxie ist jedoch nur eine scheinbare. Es handelt sich um nichts anderes als um eine Variante unseres Problems (I). Auch dort lag ja in unserem Würfelbeispiel die folgende Situation vor: Nachdem acht Sechserwürfe mit dem homogenen Würfel erzielt worden waren, war dieses Beobachtungswissen Element der von uns als wahr akzeptierten Aussagen. Trotzdem mußten wir auch *im nachhinein* sagen, *daß die Negation dieses Beobachtungswissens vernünftigerweise zu erwarten war.* Diese Situation, in der wir von einem Ereignis Kenntnis erlangen, unser anderweitiges statistisches Wissen aber für das Nichteintreten dieses Ereignisses spricht, kann im probabilistischen Fall eben immer eintreten.

Jetzt entsteht für die Hempelsche Begriffsexplikation eine neuerliche Schwierigkeit[28]. GRANDY bringt noch ein weiteres Argument, dem aber, wie der Vergleich zeigt, bereits durch die Bestimmung (b) von (MB_1) auf S. 697 Rechnung getragen wird. Da die Bestimmung (a) von (MB_1) *allein* durch das eben zurückgewiesene Beispiel von GRANDY motiviert war, scheint es daher, *als könne man diese ganze Bestimmung (a) streichen und diese Vereinfachung auch in den Begriff der rationalen Annehmbarkeit auf* S. 699 *hinübernehmen.* (Um uns auf den Begründungsfall zu beschränken, dürften wir allerdings nur verlangen, daß die Prämissen, nicht jedoch die Conclusio Gb bereits Element von A_t ist. Nur die *logische Verträglichkeit* von A_t und Gb müßte verlangt werden). Das neue Problem besteht jetzt darin, *daß auf dieser abgeschwächten Basis das Adäquatheitsargument von* S. 700 — nämlich der Nachweis, daß durch diese Bestimmung die Mehrdeutigkeit der statistischen Systematisierung verschwindet —, *nicht mehr erbracht werden kann*[29].

Dieses Dilemma zeigt, daß die Versuche zur Formulierung einer Regel der maximalen Bestimmtheit in eine Sackgasse geraten sind, aus der man nur herauskommt, wenn man einen neuen Start macht.

Würden wir weiterhin am Gedanken festhalten, daß (auch) statistische Erklärungsargumente zu explizieren seien, so würde es sich als zweckmäßig erweisen, danach zu unterscheiden, ob es darum gehe, *eine akzeptierte Tatsache zu erklären* (Erklärung im engeren Sinn) oder darum, *einen Glauben an einen nicht bereits akzeptierten Sachverhalt zu begründen* (z. B. Prognose). Die erste Hälfte ist je-

---

[28] Die folgenden Bemerkungen sind nur für Kenner des Textes von [Erklärung und Begründung], S. 697—698 verständlich. Es wird hier ein zusätzliches Motiv dafür angegeben, warum der Hempelsche Ansatz preiszugeben ist.

[29] Den ursprünglichen Beweis, über den in [Erklärung und Begründung] in 8.g auf S. 672 berichtet worden ist, hatte HEMPEL selbst als unrichtig erkannt. Der Fehler wird a. a. O. im ersten Absatz von S. 696 analysiert.

doch für uns hinfällig. Es geht *nur* um Begründungen als Spezialfällen statistischen Schließens, also um die Beurteilung eines möglichen Sachverhaltes als eines solchen, *der mutmaßlich eintreffen wird*[30].

Innerhalb der folgenden Explikation des Begriffs der statistischen Begründung wird der problematische Begriff der Klasse A_t der zu einer Zeit t *akzeptierten* Sätze gebraucht[31]. Da dieser Begriff zu den umstrittensten epistemologischen Begriffen gehört und da es vor allem darauf ankommt, daß der Leser in diesen Begriff nicht zu viel hineindeutet, seien zwei Bemerkungen — eine sozusagen ,negative' und eine ,positive' Feststellung — vorangeschickt, die hoffentlich ausreichend sind, um eine für den gegenwärtigen Zweck erforderliche Klärung herbeizuführen:

(1) *Nicht* intendiert sind solche Bedeutungen, die durch die folgenden Wendungen ausgedrückt werden: „für richtig gehalten", „als wahr geglaubt", „als ,definitiv' gesichertes Wissen vorausgesetzt". Zwar können in A_t auch solche Sätze vorkommen. In der überwiegenden Zahl werden die Elemente von A_t jedoch nur *provisorisch akzeptierte* Sätze sein. Zu den letzteren (und nicht zu den ersteren) gehören insbesondere die im gegenwärtigen Zusammenhang interessierenden statistischen Hypothesen.

(2) Man kann statistische Hypothesen, ebenso wie deterministische, *in zwei verschiedenen Arten von pragmatischen Kontexten* betrachten: im Kontext der *Überprüfung* und im Kontext der *Anwendung*. In der ersten Art von Kontexten bildet die Hypothese das *Objekt der Untersuchung*, den *Gegenstand des Problematisierens*. Herangezogene Beobachtungstatsachen dienen hier *nur* dem Zweck ,nachzusehen, ob die Hypothese haltbar ist'. Im zweiten Kontext hingegen wird die Hypothese *als unproblematisch vorausgesetzt*: sie bildet *nicht den Gegenstand der Untersuchung*, sondern das *Mittel*, um evtl. gewisse Zukunftserwartungen (oder andere ,epistemische Erwartungen') als rational auszuzeichnen, also *zu begründen*. Hier ist die statistische Hypothese etwas, ,worauf wir uns bei unseren Voraussetzungen stützen'.

Die von Prof. BAR-HILLEL im Rahmen einer Explikation der Popperschen Theorie vorgeschlagenen Unterscheidung zweier Begriffe von „Annehmen" dürfte in diesem Zusammenhang besonders illustrativ sein[32]. Eine Hypothese wird *angenommen*$_1$, wenn sie als Kandidat für einen Test ausge-

---

[30] Wir erinnern nochmals daran, daß das absurde erste Beispiel von (VII) für die ,Erklärung' des männlichen Geschlechtes des US-Präsidenten eines der bisherigen Motive für die Preisgabe des Begriffs der statistischen Erklärung als eines Argumentes war. Wir erinnern ferner daran, daß die Absurdität verschwand, sobald man diese Argumentform nicht mehr dafür verwendete, *um ein Faktum zu erklären*, sondern dafür, um etwas, das man vorher noch nicht wußte, *zu erschließen*.

[31] Es soll dabei stets offen gelassen werden, wie groß der Personenkreis ist, auf den in diesem pragmatischen Begriff bezug genommen wird. Die beiden zulässigen Grenzfälle sind: eine einzige ,idealisierte rationale Person'; die Gesamtheit aller Wissenschaftler einer Zeit.

[32] Ich habe darüber kurz referiert in [Induktion] S. 26/27.

wählt worden ist. (In der Terminologie von Teil III wäre dies die sog. Nullhypothese.) Hat eine Hypothese den Test bestanden (in der Popperschen Terminologie: hat sie sich bewährt), so wird sie *angenommen*$_2$. Während diejenigen Hypothesen, die erst das Objekt der Untersuchung bilden, angenommen$_1$, aber nicht angenommen$_2$ sind, haben wir es, wenn wir von den akzeptierten Hypothesen in A_t sprechen, immer mit solchen zu tun, ‚welche den Test schon bestanden haben‘, also mit Hypothesen, die akzeptiert sind im Sinn von *angenommen*$_2$.

Die Unterscheidung der beiden Kontexte ist natürlich damit verträglich, daß man von dem hier vorausgesetzten zweiten pragmatischen Situationstyp stets zum ersten zurückkehren, d. h. den Begründungskontext verlassen und durch den Prüfungskontext ersetzen kann. In der bisherigen Diskussion bildete der Umstand eine wichtige Rolle, daß Unwahrscheinliches sich ereignen kann. So etwas kann man natürlich nur sagen, wenn man über eine Hypothese verfügt, die angenommen$_2$ ist. Wenn sich ‚immer wieder‘ Unwahrscheinliches ereignet, wird man dies zum Anlaß nehmen, die fragliche Hypothese selbst wieder zum Gegenstand des Problematisierens zu machen, also Untersuchungen von der Art anstellen, wie sie in Teil III geschildert worden sind. In der obigen Terminologie heißt dies: die Hypothese wird dann nur als angenommen$_1$, nicht jedoch als angenommen$_2$ betrachtet. Unter welchen Bedingungen eine solche ‚Umschaltung vom einen zum andern Kontext‘ stattfindet (bzw. stattfinden sollte) und ob sich diese Bedingungen präzisieren lassen, spielt für unsere Überlegungen keine Rolle. Es genügt sich zu merken, daß statistische Hypothesen nur solange für Begründungszwecke verwendbar sind, als sie angenommen$_2$ sind.

Die Paradoxie, *daß akzeptierte Sätze* nach der weiter unten gegebenen Explikation *nicht begründet werden können*, ist nur eine scheinbare: Sie alle können jederzeit *wieder* zum Gegenstand des Problematisierens und damit zum möglichen Objekt einer Begründung gemacht werden. Vorausgesetzt werden muß nur, daß sie in dem Kontext, in welchem sie für eine Begründung *verwendet* werden, *als angenommen*$_2$ *zu betrachten* sind.

Wir gehen jetzt dazu über, das Explikat für den statistischen Begründungsbegriff zu formulieren. Entsprechend der Unterscheidung zwischen einer *gut bestätigten* und einer *richtigen* Erklärung könnte das Explikat *in zwei Varianten* vorgeschlagen werden, in einer *epistemisch relativierten* und in einer *absoluten* Variante. Da die zweite aber kaum von praktischem oder philosophischem Interesse ist, beschränken wir uns auf die erste. Für beide Varianten wird folgendes vorausgesetzt:

(1) A_t ist die Klasse der zur Zeit t akzeptierten Sätze. A_t ist konsistent.

(2) A_t ist abgeschlossen in bezug auf gewisse logische Transformationen. Die Klasse dieser Transformationen enthält mindestens die logischen Folgerungen, für welche zur Zeit t ein Entscheidungsverfahren besteht.

Wir werden sagen, daß ein Satz S_1 einen anderen Satz S_2 nomologisch impliziert, wenn es (wahre) Gesetze gibt, so daß aus S_1 und diesen Gesetzen S_2 folgt. Sind diese Gesetze Elemente von A_t, so sprechen wir von A_t-

nomologischer Implikation. Sinngemäß übertragen wir diese Begriffe auch auf Prädikate: „F_1" impliziert „F_2" logisch bzw. nomologisch, wenn $\bigwedge x(F_1 x \to F_2 x)$ logisch wahr bzw. eine Folgerung von Gesetzen ist.

Wir sagen: Das geordnete Paar $\langle \{p(G, F) = q, Fa\}, Ga \rangle$ bildet *eine statistische Begründung für Ga zur Zeit t* nur dann wenn gilt:

(1) $\{p(G,F) = q, Fa\} \subseteq A_t$;

(2) $Ga \notin A_t$;

(3) „F" und „G" sind nomologische Prädikate;

(4) $q > \dfrac{1}{2}$ (verschärfter Alternativvorschlag: q liegt nahe bei 1);

(5) Für jedes nomologische Prädikat „F'" und jedes r gilt:
    (a) wenn $\{p(G, F') = r, F'a, F' \subseteq F\} \subseteq A_t$, dann $r \geqq q$,
    (b) wenn $\{p(G, F') = r, F'a, F \subseteq F' \wedge \neg(F = F')\} \subseteq A_t$, dann $r \neq q$.

Wir ergänzen diese notwendige Bedingung durch die Bestimmung:

(6) Wenn es kein $F^* \neq F$ gibt, das für irgendein $q^* \neq q$ die Bedingungen (1) bis (5) erfüllt, dann ist das geordnete Paar $\langle \{p(G, F) = q, Fa\}, Ga \rangle$ eine *statistische Begründung für Ga relativ zu A_t*. Gibt es mehrere solche F^*, so kann unter den entsprechenden Paaren *nach pragmatischen Gesichtspunkten frei gewählt* werden.

Für eine *inhaltliche Erläuterung und Rechtfertigung* ist zweierlei zu zeigen: erstens daß allen Schwierigkeiten und Einwendungen genügend Rechnung getragen ist; zweitens daß es sinnvoll ist, von einer Begründung zu sprechen, obzwar in dieser Bestimmung scheinbar überhaupt kein Argument vorkommt.

Die Bedingungen (1) und (2) besagen, daß zu t um die Richtigkeit von Fa sowie darum gewußt wird, daß $p(G, F)$ mindestens gleich q ist, daß hingegen *Ga keine* akzeptierte Tatsache ist, wie dies z. B. bei retrodiktiven und prognostischen Begründungen — zum Unterschied von der Erklärung bekannter Tatsachen — der Fall ist. Die Bedingung (2) könnte man daher auch so interpretieren, *daß ausdrücklich die Forderung zurückgewiesen wird, eine statistische Begründung lasse sich* (bei gegebenen pragmatischen Umständen) *auch als Erklärung anerkannter Tatsachen auffassen.* Für anerkannte Tatsachen gibt es nach unserer Auffassung *niemals* eine *effektive* Begründung, sondern höchstens eine *fiktive* Begründung in dem Sinn, daß man sich ‚in die Lage eines Menschen versetzen kann', der noch nicht um die Wahrheit von Ga weiß[33].

Mancher wird vermutlich geneigt sein, gegen diese Auffassung sofort Protest einzulegen und darauf hinzuweisen, daß es doch möglich sein müsse, *hypothetisches statistisches Wissen auf bekannte Tatsachen anzuwenden.* Dies will ich keineswegs

---

[33] Man beachte, daß Ga eine Tatsache sein kann; es darf nur keine *als gewußt akzeptierte* Tatsache sein; vgl. dazu das retrodiktive Argument des zweiten Beispiels in (VII).

leugnen. Ein derartiger Vorwurf würde nämlich auf einem voreiligen Schluß beruhen: Die hier vertretene Auffassung impliziert lediglich, *daß statistische Begründungen im explizierten Sinn nicht zu Erklärungen werden, wenn Ga akzeptiertes Tatsachenwissen darstellt.* Mit der Anwendung von statistischem Wissen auf Tatsachen werden wir uns noch ausführlich beschäftigen. Der Begriff, zu dem wir dabei gelangen werden, ist der Begriff der statistischen Analyse. *Dieser Begriff muß vollkommen unabhängig vom Begründungsbegriff expliziert werden!*

Die Bedingung (3) trägt dem Gesetzesparadoxon (Goodman-Paradoxon (XI)) Rechnung.

Daß „F" als nomologisch vorausgesetzt werden muß, ergibt sich aus dem Hempelschen Beispiel, über welches ich in [Erklärung und Begründung], S. 694, referierte. Daß auch „G" als nomologisch vorausgesetzt werden muß, folgt daraus, daß man die Goodmanschen Beispiele mit ‚zerrütteten Konsequenzprädikaten', wie „alle Smaragde sind grot", in statistische Beispiele transformieren kann.

Die Bedingung (4), sei es in der abgeschwächten, sei es in der verschärften Form, *garantiert die Erfüllung der Leibniz-Bedingung* und damit die Tatsache, *daß Ga eher zu erwarten als nicht zu erwarten ist.* Da es sich um eine Anwendung der Einzelfall-Regel $E.R.$ handelt (mit den noch zu erörternden Qualifikationen in (5)), kann man von einem *Argument* zugunsten dessen, *was rational zu erwarten ist*: nämlich Ga statt $\neg\, Ga$, sprechen.

Es ist wichtig, klar zu erkennen, *daß wir dabei weder offen noch versteckt einen Begriff der induktiven Wahrscheinlichkeit benötigen.* Die einzige Wahrscheinlichkeit, die benützt wird, ist die in der probabilistischen Hypothese vorkommende *statistische Wahrscheinlichkeit.* Auf diese Weise wird das ‚Weltanschauungsdilemma' (IX) behoben, und das Argumentationsdilemma (X) kann gar nicht erst auftreten.

Es möge jedoch folgendes beachtet werden: Wir machen zwar von einem probabilistischen Dualismus keinen Gebrauch. Wenn aber jemand die Auffassung vertritt, diesen Dualismus rechtfertigen und einen als Bestätigungsbegriff deutbaren Begriff der induktiven Wahrscheinlichkeit einführen zu können, *so kann er das obige Schema entsprechend ergänzen*: Die ‚Erwartung' Ga wäre dann relativ auf die Prämissen mit einem induktiven Wahrscheinlichkeitsindex zu versehen (der je nach der vertretenen Theorie entweder mit q identisch sein oder aber auch von q geringfügig abweichen könnte). Unsere Präsentation des statistischen Begründungsargumentes zeigt, daß es auch ohne diese zusätzliche Annahme geht. Selbstverständlich aber lassen wir dabei die Frage offen, wie der Begriff der statistischen Wahrscheinlichkeit selbst zu deuten ist.

Wir wenden uns jetzt der Bestimmung (5) zu. Die erste Teilbestimmung (a) garantiert, daß kein auf a zutreffendes Merkmal, welches stärker ist als F, entweder ‚dagegen' oder ‚weniger dafür' spricht, daß a auch die Eigenschaft G besitzt. Die zweite Teilbestimmung (b) garantiert, daß F eine *maximale* Klasse von der angegebenen Art ist. Diese Forderung dient dazu, das Auftreten des Paradoxons der irrelevanten Gesetzesspezialisierung im statistischen Begründungsfall zu verhindern. Denn wie die Beispiele von (II) zeigen, entsteht die Paradoxie stets dann, wenn durch die Hinzunahme irrelevanter Merkmale für die Gesetzeshypothese eine *engere* Bezugsklasse (statistischer Fall) bzw. eine *engere* Antecedensklasse (deterministischer Fall) gewählt wird, als es möglich wäre. Auf die Notwendigkeit dieser Revision hat bereits SALMON hingewiesen. Er betont in "Statistical Explanation", S. 193, daß die Hempelsche Forderung der maximalen Bestimmtheit nicht genüge, sondern daß diese zur Forderung der *Maximalklasse der maximalen Bestimmtheit* verschärft werden müsse. Tatsächlich wird durch die Zusatzforderung (5) (b) der Appell an Merkmale, welche für die Begründung irrelevant sind, ausgeschlossen.

Zur Illustration nehmen wir an, daß sich für das Neurosenbeispiel aus (II) aufgrund einer empirischen Untersuchung die Irrelevanz psychoanalytischer Behandlung B für die Heilung H von Neurosen N im Verlauf von zwei Jahren ergeben sollte. Diese Irrelevanz fände im statistischen Gesetz: $p(H, N) = p(H, N \cap B)$ ihren Niederschlag. Vor die Wahl gestellt, entweder diejenige statistische Hypothese zu benützen, die N als Bezugsklasse hat, oder diejenige mit der Bezugsklasse $N \cap B$ zu verwenden, müßten wir uns für N entscheiden, weil diese Klasse die zweite echt einschließt, der p-Wert aber in beiden Fällen derselbe ist.

Wir müssen uns auch noch davon überzeugen, daß die logische oder A_t-nomologische Implikation kein Unheil anrichten kann. Wie wir von früheren Schwierigkeiten her wissen, müssen wir dabei das Prädikat „F'" von (5) (a) aufs Korn nehmen. Sollte „G" durch das „F'" von (5) (a) logisch oder A_t-nomologisch impliziert werden, so enthielte A_t das statistische Gesetz $p(G, F') = 1$, und $r \geq q$ wäre wegen $r = 1$ automatisch erfüllt. Wenn hingegen „$\neg G$" durch das gegenüber „F" stärkere Prädikat „F'" logisch oder A_t-nomologisch impliziert wird, d. h. wenn in A_t das Gesetz $\wedge x(F'x \rightarrow \neg Gx)$ vorkommt, so würde daraus und aus der Prämisse $F'a$ der Satz $\neg Ga$ deduktiv erschlossen werden können. Eine Begründung von Ga sollte in diesem Fall natürlich ausgeschlossen sein. Tatsächlich *ist* eine derartige Begründung auch nicht möglich, da wegen des eben zitierten Gesetzes $p(G, F') = 0$ in A_t vorkäme und damit die Bedingung (5) (a) verletzt wäre (denn für kein q, welches die Bedingung (4) erfüllt, kann $0 \geq q$ gelten).

Durch diese Zwischenbetrachtung ist insbesondere gezeigt worden, daß das Dilemma der nomologischen Implikation (VIII) unseren Begriff der statistischen Begründung nicht bedroht.

Durch die Herausnahme der Zusatzbedingung (6) aus der Definition des Begründungsbegriffs wird die rationale Reaktion auf das Informationsdilemma (III) genau beschrieben: Wo die relevante Information fehlt, da fehlt sie eben; *kein* statistisches Begründungsargument ist daher zulässig. Ist hingegen die erforderliche Information verfügbar, so muß in einer Weise verfahren werden, die dem Vorgehen von Hempel bei der Formulierung der Regel der maximalen Bestimmtheit analog ist. Von einer bloßen Analogie müssen wir wegen der bereits geschilderten anderen Punkte sowie wegen der zusätzlichen Liberalisierung der Hempelschen Bedingung sprechen, die in der Ersetzung von „$r = q$" durch „$r \geqq q$" innerhalb der obigen Bestimmung besteht.

Es dürfte am zweckmäßigsten sein, diesen Punkt statt durch abstrakte Überlegungen durch Illustration an einem konkreten Beispiel zu erläutern. Wir knüpfen an das zweite Beispiel von Abschnitt 1, (VII), an. Angenommen, unserem Historiker im Jahr 9000 n. Chr. stehe die weitere Information zur Verfügung, daß der US-Präsident des Jahres 1971 früher ein Anwalt war und daß 92% der US-Anwälte in dem fraglichen Zeitraum Männer waren. Wird durch dieses Wissen die erste Begründung paralysiert oder wird sie durch eine zweite ergänzt oder muß sie durch eine andersartige ersetzt werden?

Zur Beantwortung dieser Frage müssen wir eine Differenzierung vornehmen. Falls *keine weitere Information* hinzutritt, so entsteht in der Tat das Informationsdilemma in abgeschwächter Form. Durch das folgende Gedankenexperiment kann man sich klarmachen, daß das ursprüngliche Argument zugunsten des männlichen Geschlechtes des US-Präsidenten hinfällig werden *könnte*: Angenommen, aus Gründen, die hier nicht interessieren, drängten die Zwitter in und vor dem fraglichen Zeitraum in den USA in den Anwaltsberuf. Dann könnte man aufgrund der gegebenen Informationen zwar noch immer eine Begründung dafür geben, daß Nixon ein Mann war. Doch würde dies nur mittels Ersetzung der ursprünglichen Begründung durch eine andere ermöglicht werden. Das in der ursprünglichen Begründung benützte statistische Gesetz $p(M, \neg W) = 0{,}999$ wäre hingegen nicht mehr benützbar. Wenn wir „K" für „zu dem fraglichen Zeitraum Anwalt sein" setzen, so haben wir nur die statistische Aussage $p(M, K) = 0{,}92$ für die Einsetzung an die entsprechende Stelle des Begründungsargumentes zur Verfügung; denn es könnte ja der Fall sein, daß die übrigen 8% von US-Bürgern mit dem Merkmal K zum größten Teil nicht aus Frauen, sondern aus Zwittern bestanden. Immerhin läßt sich die Begründung von Ma noch immer retten.

Wenn nur die Information Ka hinzutritt *und nichts weiter*, so ist damit allein die Begründung von Ma noch nicht blockiert. Diese neue Information könnte zwar im fraglichen Wissenschaftler den Gedanken aufkommen lassen, daß *vielleicht* die Hermaphroditen trotz ihres sehr seltenen Vorkommens einen großen Prozentsatz der US-Anwälte ausmachen. Aber der bloße Verdacht wird diese Begründung nicht annullieren. Erst wenn z. B. eine Aussage von der Gestalt: $p(Z, K) = 0{,}6$ als (für die fragliche Zeit) gesicherte Wahrheit gilt, muß die obige Begründung fallengelassen werden.

Der dritte Fall ist der, daß erstens beide statistische Hypothesen verfügbar sind, zweitens aber noch das Wissen darum, daß das Merkmal K für die Eigenschaft M in bezug auf $\neg W$ *statistisch irrelevant* ist, d. h. daß außer dem ersten statistischen Gesetz auch das folgende dritte Gesetz gilt: $p(M, \neg W \wedge K) = 0{,}999$. Dies ist nicht nur der plausibelste Fall — Irrelevanz des Berufs für die Eigenschaft der Männlichkeit unter den Nichtfrauen — sondern auch der interessanteste. *An diesem Punkt unterscheidet sich unsere Bestimmung von der Hempelschen.* Nach HEMPEL dürfte sich das statistische ‚Erwartungsargument' weiterhin nur auf das erste statistische Gesetz, nicht jedoch auf $p(M,K) = 0{,}92$ und die Information Ka stützen. Wir hingegen lassen *beides* zu.

Dies erkennt man leicht, wenn man die Werte r und q der Definition auf unseren Fall anwendet und außerdem $r = q$ verlangt, wie dies HEMPEL tut, statt $r \geqq q$ zu fordern. Stützt man sich auf das zweite Gesetz, so ist $q = 0{,}92$. Es gibt jedoch ein F', welches die weiteren Bedingungen erfüllt, nämlich $\neg\, W \wedge K$, jedoch als Wert $r = 0{,}999 > q$ liefert. Da HEMPEL $r = q$ fordert, ist dieses Argument bei ihm verboten, für uns hingegen zulässig.

Wir nehmen also eine *Liberalisierung* vor, die es gestattet, bei geeigneten Bedingungen aus dem Arsenal verfügbarer statistischer Hypothesen solche, die eine hinreichend große Wahrscheinlichkeit liefern, *beliebig* herauszugreifen. Welche tatsächlich herausgegriffen wird, kann von den *pragmatischen Umständen* abhängen, in denen Zweckmäßigkeitsgesichtspunkte maßgebend sind. In unserem Beispiel wäre es denkbar, daß für den Historiker noch eine dritte Information hinzutritt, nämlich daß a ein hohes politisches Amt bekleidete und daß die meisten Personen, die in den USA 1971 ein hohes politisches Amt bekleideten, in der weitaus überwiegenden Zahl Männer waren. Auch diese statistische Information dürfte für ein entsprechendes Begründungsargument verwendet werden.

Schlagwortartig könnte man den Unterschied zum Hempelschen Vorgehen an diesem Punkt folgendermaßen charakterisieren: Während HEMPEL für die Behebung der ‚Mehrdeutigkeit der statistischen Systematisierung' fordert, nur die *schärfste* statistische Information als Begründung zuzulassen, begnügen wir uns mit der Forderung, daß eine *hinreichend starke* Information vorliegen muß, um ein Begründungsargument zuzulassen, und daß wir, wenn mehrere solche sich nicht wechselseitig paralysierende Informationen vorliegen sollten, zwischen ihnen *frei wählen* können.

Auf einen Aspekt sei besonders nachdrücklich aufmerksam gemacht: Wir verlangen nicht, daß Ga zwar *vor* der Begründung kein Bestandteil des akzeptierten Wissens sein soll, *nach erfolgter Begründung jedoch als Element in A_t einzubeziehen ist. In dieser Hinsicht steht unser Vorgehen mit der Carnapschen Skepsis bezüglich des Begriffs der Akzeptierbarkeit durchaus im Einklang,* wenigstens was unser Explikandum betrifft. Nur im Fall eines *deduktiven* Schlusses kann man, sofern die Prämissen gewußt werden, dazu übergehen, auch die erschlossenen Folgerungen in das akzeptierte Wissen mit einzubeziehen. Beim nicht-deduktiven ,Schließen', insbesondere beim ,statistischen Schließen', verhält es sich nicht so. *Wir verlangen von einem Forscher nicht, daß er das ,gut Begründete' so behandelt, als werde es von ihm gewußt.* Unser Historiker wird im Jahr 9000 vielleicht bereit sein, Wetten zugunsten der Hypothese, daß der US-Präsident 1971 ein Mann war, mit sehr hohem Wettquotienten abzuschließen. Dazu braucht er diese Annahme aber nicht in sein Hintergrundwissen einbezogen zu haben: *Wir setzen keine Regel als gültig voraus, die einen Schluß von einer Wettbereitschaft zu einem Wissen gestattet.*

Ein potentieller Opponent könnte dies zum Anlaß nehmen, das Reden von der Begründung als einem *Argument* zurückzuweisen. Dazu wäre zu sagen: Wenn jemand das Prädikat „ist ein Argument" für den deduktiven Fall reservieren möchte, so ist dagegen nichts einzuwenden. Der Betreffende müßte aber auch konsequent sein und die Verwendung des Ausdruckes „statistisches Schließen" ablehnen. Sofern wir dagegen, im Einklang mit unserem Vorgehen in Teil III, diese Sprechweise aus der statistischen Fachliteratur mit übernehmen, so haben wir einerseits diejenigen Schlüsse zu charakterisieren, die *zu* statistischen Hypothesen führen: *Stützungsschlüsse*; andererseits diejenigen Schlüsse, welche von statistischen Hypothesen *zu singulären* Annahmen führen: *Begründungsschlüsse*. Wenn wir von einer Begründung oder von einem Argument sprechen, so beruht dies allein darauf, daß bei Erfüllung der angegebenen Voraussetzungen *auch die Leibniz-Bedingung erfüllt ist.* Und dies bedeutet wieder: *Wir können unsere Annahme, daß Ga eher richtig als unrichtig ist, rational rechtfertigen.*

Es erscheint als zweckmäßig, die Unterschiede zwischen dem obigen Explikat und der Hempelschen Explikation abschließend systematisch zusammenzufassen:

(I) Die Bedingung (2) schließt Tatsachen aus dem Anwendungsbereich des Explikates ausdrücklich aus. An die Stelle einer statistischen Erklärung *gewußter Tatsachen* tritt die *statistische Begründung nicht gewußter Annahmen*. (,Erklärt' wird nur, warum es rational ist anzunehmen, daß eher Ga als $\neg\, Ga$.) Das Gewicht liegt auf dem ,nicht gewußt': Ga kann wahr sein, d. h. es kann eine Tatsache beschreiben; die Wahrheit von Ga darf zum Zeitpunkt des Begründungsargumentes nur nicht als gesichert gelten.

(II) Es wird nur *von einem einzigen Wahrscheinlichkeitsbegriff*, nämlich vom Begriff der statistischen Wahrscheinlichkeit, Gebrauch gemacht; und die Frage, wie dieser Begriff genauer zu explizieren ist, wird offen gelassen. Damit ist das ,Weltanschauungsdilemma' behoben. *An keiner Stelle wird von einem Begriff der induktiven Wahrscheinlichkeit Gebrauch gemacht.* Die Rechtfertigung dafür, von einem Argument im weitesten Sinn zu sprechen, stützt sich nicht auf einen Begriff des induktiven Schließens, sondern einzig und allein auf die *Leibniz-Bedingung* (4) (entweder in der starken oder in der abgeschwächten Form).

(III) Dadurch, daß in (5) von der Bezugsklasse gefordert wird, sie müsse die *größte* Klasse sein, welche die angegebenen Bedingungen erfüllt, wird das Paradoxon der irrelevanten Gesetzesspezialisierung beseitigt. (Nebenbei bemerkt: Dieses Paradoxon bildet, wie man sich leicht überlegt, für den *Begründungs*fall — in welchem es nur um einen ,korrekten Schluß' geht — keine so große Schwierigkeit wie in dem Fall, wo der Anspruch erhoben wird, einen Erklärungsbegriff zu explizieren.)

(IV) Das Dilemma der nomologischen Implikation tritt nicht auf.

(V) Die Ersetzung von „=" durch „$\geqq$" in (5) (und evtl. in (1)) bewirkt eine Liberalisierung; innerhalb von (1) dadurch, daß der Wert von $p(G, F)$ nicht mehr genau gewußt, sondern nur nach unten hin abgeschätzt zu werden braucht (mit der die Bedingung (4) erfüllenden unteren Schranke q); innerhalb von (5) dadurch, daß dem Begründenden eine Wahlfreiheit bezüglich der aus dem verfügbaren Arsenal heranzuziehenden statistischen Gesetze belassen bleibt, zwischen denen er nach pragmatischen Gesichtspunkten auswählen kann.

4. Statistische Analysen

In diesem Abschnitt knüpfen wir an die scharfsinnigen, einfallsreichen und gründlichen Untersuchungen an, die SALMON in "Statistical Explanation" angestellt hat. Eine der Hauptthesen, welche SALMON zu begründen versucht, lautet, *daß eine statistische Erklärung kein Argument sei*, sondern daß dieser Begriff in ganz anderer Weise expliziert werden müsse. Obwohl einiges dafür spricht, SALMONs Bezeichnung „statistische Erklärung" beizubehalten, scheint es mir, daß das Explikandum diesmal von demjenigen, wovon HEMPEL und andere ausgingen, so stark abweicht, *daß man dafür einen anderen Namen prägen sollte*. Ich werde im folgenden von statistischen Analysen sprechen. Auf die Frage, was man alles „statistische Erklärung" nennen könnte, und ob es überhaupt zweckmäßig sei, diesen Ausdruck noch zu verwenden, komme ich erst am Ende dieses Abschnittes zurück.

In einer Reihe von Details sowie auch in der endgültigen Definition weiche ich vom Vorgehen SALMONs ab.

4.a Kausale Relevanz und Abschirmung. Wir müssen nochmals auf das Paradoxon (II) zu sprechen kommen. Im Rahmen der Explikation des Begriffs der statistischen Begründung konnten wir uns zwar von dieser Schwierigkeit befreien, indem wir forderten, daß die alle übrigen Bedingungen erfüllende statistische Bezugsklasse die *maximale* Klasse von dieser Art zu sein habe. Doch bildete dies keine eigentliche *Lösung* der Schwierigkeit, sondern sollte eher als eine Methode bezeichnet werden, um sich in dem fraglichen Problemzusammenhang in eleganter Weise ‚aus der Affäre zu ziehen'. Daß dieser einfache Weg auf andere Fälle nicht übertragbar ist, zeigt ein Blick auf das erste absurde Beispiel, welches ja gar nicht dem Bereich des statistischen Schließens, sondern dem Problemkreis der *kausalen Erklärung* entnommen ist.

Das Problem, mit welchem wir hier konfrontiert sind, hängt eng zusammen mit der Frage der Unterscheidung zwischen *Vernunftgründen* und *Ursachen* (‚Realgründen'). Die Conclusio „Herr H. M. wurde nicht schwanger" wurde in logisch exakter Weise aus den beiden richtigen Prämissen gewonnen, so daß die letzteren einen logisch unanfechtbaren Erkenntnisgrund für diese Aussage lieferten. Trotz der Unanfechtbarkeit des Argumentes wird man dieses Argument als inakzeptabel *für eine Erklärung* bezeichnen, weil darin auf ein Merkmal — das regelmäßige Einnehmen der Antibabypille — Bezug genommen wird, welches in dieser Situation *ohne jede kausale Relevanz* war für den zu erklärenden ‚Effekt': das Nichtschwangerwerden. Eine Pseudo-Erklärung wäre auch dann zustandegekommen, wenn wir ein anderes, auf das Individuum zutreffendes und in bezug auf das zu Erklärende irrelevantes Merkmal, z. B. „ist blauäugig", benützt hätten; denn auch der generelle Satz: „kein blauäugiger Mann wird schwanger" ist richtig. Was ein derartiges Beispiel von unserem unterscheidet, ist die Tatsache, daß die Blauäugigkeit (vermutlich) in *jedem* Fall — d. h. genauer: relativ auf *jedes* andere für den Individuenbereich der Menschen sinnvolle Attribut — für die Schwangerschaft ohne kausale Relevanz ist, während das Einnehmen der Pille *nur relativ auf das durch das Prädikat „männlich" designierte Attribut* irrelevant ist. Wir hätten ja nur eine Frau in geeignetem Alter zu betrachten und die durch die Substitution von „Frau" für „Mann" entstehende generelle Aussage zu einer statistischen Gesetzmäßigkeit abzuschwächen brauchen, um zwar keine kausale Erklärung, aber doch eine *statistische Begründung* dafür zu erhalten, daß die betreffende Frau nicht schwanger wurde. Mit der Blauäugigkeit anstelle des Einnehmens der Antibabypille würde dieser Versuch der Transformation in ein korrektes Argument nicht funktionieren.

Der Begriff der *kausalen Relevanz*, dessen Explikat wir suchen, muß also *auf ein Bezugsattribut relativiert* werden: Das Einnehmen der Pille ist in bezug auf das Attribut *Mann* kausal irrelevant für Nichtschwangerschaft, nicht jedoch in bezug auf das Attribut *Frau*.

Aber diese Relativierung allein genügt nicht. Bevor wir ein weiteres Illustrationsbeispiel geben, sei eine Frage gestellt und die prima facie verblüffende Antwort darauf gegeben. Wir gehen für die Frage von zwei Voraussetzungen aus: erstens daß eine deterministische Gesetzmäßigkeit gegeben sei; und zweitens daß die Anwendung dieser Gesetzmäßigkeit auf eine konkrete Situation nach übereinstimmendem Sprachgebrauch es gestattet, von einer Verursachung des gesetzmäßig folgenden Ereignisses zu reden. (Den zweiten Punkt haben wir ausdrücklich hervorgehoben, um auszuschließen, daß es sich um einen solchen Fall handelt, bei dem man sich nur auf Vernunftgründe, nicht jedoch auf Ursachen stützt.) Angenommen, das ursächliche Ereignis sei eingetroffen, so daß eine strikte wissenschaftliche Voraussage bezüglich des Eintretens eines zweiten Ereignisses möglich ist. Müßte man dieses Voraussage-Argument im Nachhinein *als Erklärung* des zweiten Ereignisses akzeptieren? Man würde erwarten, daß die Antwort bejahend ist, da sich die Prognose doch auf eine Ursache berief. Trotzdem lautet die Antwort: *Nein*.

Damit im Leser nicht der Eindruck entstehe, die negative Antwort komme nur durch Anwendung irgendeines ‚sophistischen' sprachlichen Tricks zustande, sei die erste Hälfte des Beispiels angeführt: In einem Wirtshaus entsteht unter mehreren Männern ein heftiger Streit, der immer mehr in tätliche Auseinandersetzungen ausartet. Die Person X wird dabei zum Zeitpunkt t von einem Maßkrug am Hinterkopf tödlich getroffen. Um eine quantitative Präzisierung zu erzielen, nehmen wir an, daß eine medizinische Untersuchung zu dem zwingenden Resultat geführt hätte, der Tod des X werde, von t an gerechnet, frühestens in 10 Minuten und spätestens in einer Stunde eintreten.

Kann man — z. B. $1^1/_2$ Stunden nach t — den Tod des X im nachhinein *durch Berufung auf diese Fakten* auch erklären? Man kann es *nicht*, wenn die Geschichte folgendermaßen weitergelaufen ist: Unmittelbar nach dem Schlag bekam X von einem anderen Beteiligten einen Messerstich ins Herz, der seinen Tod mit Sicherheit in einem Zeitraum von höchstens einer Minute herbeiführte.

Nach der weiter unten eingeführten Terminologie werden wir sagen, daß der tödliche Schlag durch den tödlichen Stich in seiner kausalen Relevanz für den Tod des X *abgeschirmt* worden sei. Um diesen Gedanken präzisieren zu können, muß der ‚Effekt‘ in seiner temporalen Relation zu t genau beschrieben werden, was auf verschiedene Weisen geschehen kann. Die Abschirmung erfolgt nicht hinsichtlich des Ereignisses *Tod des X* — denn in bezug auf dieses Ereignis könnten wir zwischen den beiden Ursachen nicht differenzieren —, sondern z. B. hinsichtlich des Ereignisses *Tod des X innerhalb von weniger als 5 Minuten nach t.*

Es kann sich auch in alltäglichen Fällen um Bruchteile von Sekunden handeln, wie das folgende Beispiel von HEMPEL zeigt. Ein Lausbub hat seinem Vater das Gewehr entwendet und schießt aus der Wohnung, die sich im ersten Stock eines Hochhauses befindet, spaßeshalber mit scharfer Munition zum offenen Fenster hinaus. Ein Selbstmörder, der sich vom zwölften Stock mit dem Kopf nach vorn in die Tiefe stürzte, wird in dem Augenblick, da er an dem Fenster vorbeifliegt, durch eine Kugel ins Herz getroffen. Der Tod tritt vor dem Aufschlag auf der Erde ein.

Da wir es in diesem Teil IV mit dem statistischen Fall zu tun haben, wenden wir uns in der Hauptsache diesem zu. Am Ende soll angedeutet werden, wie die Übertragung auf den deterministischen Fall auszusehen hätte.

Der dabei benützte Gedanke, den benötigten Begriff der kausalen Abschnirmung auf den der statistischen Irrelevanz zurückzuführen, geht auf REICHENBACH zurück[34]. Für die Lösung der gegenwärtig anstehenden Probleme hat SALMON auf die Idee REICHENBACHs zurückgegriffen[35]. Keiner dieser Autoren scheint jedoch zu einer scharfen Definition gelangt zu sein.

Als Ausgangspunkt eignen sich besonders diejenigen Fälle, welche im Rahmen der Diskussion über die These der strukturellen Gleichheit von Erklärung und Voraussage zugunsten der Auffassung vorgetragen wurden, daß es rationale Voraussagen gibt, welche nicht für Erklärungszwecke verwendbar sind, nämlich Prognosen, die sich auf *bloße Symptome* oder

---

[34] Vgl. [Direction], insbesondere Kap. III und IV et passim.
[35] Vgl. a. a. O. S. 188 ff.

Indikatoren stützen[36]. Ein einfaches Beispiel von dieser Art ist das Barometerbeispiel von A. GRÜNBAUM[37]. Dieses Beispiel soll im Anschluß an das Vorgehen von SALMON statistisch behandelt werden. Dazu erinnern wir an die Begriffe der statistischen Relevanz und Irrelevanz. In beiden Fällen handelt es sich um *dreistellige* Relationsbegriffe. Die möglichen Argumente der statistischen Wahrscheinlichkeitsfunktion bezeichnen wir wahlweise als Merkmale oder als Klassen. Es gilt: Das Merkmal (die Klasse) C ist *statistisch relevant für B bezüglich* des Grundmerkmals (der Bezugsklasse) A gdw $p(B, A \cap C) \neq p(B, A)$; und zwar sprechen wir von positiver bzw. von negativer Relevanz, je nachdem ob der erste p-Wert größer oder kleiner ist als der zweite. Dagegen sagen wir genau dann, daß C *für B bezüglich A irrelevant* ist, wenn gilt: $p(B, A \cap C) = p(B, A)$.

Für das Barometerbeispiel wählen wir als Bezugsklasse (Grundmerkmal) A eine Klasse von Raum-Zeit-Gebieten, deren (hinreichend groß gewählter) räumlicher Teil identisch ist, während die zeitlichen Teile aus aufeinanderfolgenden Intervallen bestehen, die eine Länge von 24 Stunden haben. Anschaulicher gesprochen: Wir betrachten einen bestimmten, hinreichend groß gewählten räumlichen Bereich von aufeinanderfolgenden Tagen. Wir wollen annehmen, daß in diesem Raum-Gebiet ein Haus steht, in dem sich ein Barometer befindet. B sei die Klasse der Tage, an denen ein Gewitter stattfindet (bzw. an denen es zu einer Wetterverschlechterung kommt); C sei die Klasse der Tage, an denen das Barometer plötzlich fällt; D sei die Klasse der Tage, an denen in dem fraglichen Raum-Zeit-Gebiet ein plötzlicher Luftdruckfall stattfindet. Wir zielen darauf ab, den intuitiven Gedanken zu präzisieren, daß der Fall des Barometers im Verhältnis zum Druckfall *ein bloßes Symptom* darstellt, während umgekehrt der Druckfall gegenüber dem Barometerfall für das kommende Wetter *von kausaler Relevanz* ist. Nach der von REICHENBACH in [Direction], S. 189, eingeführten Terminologie ist dies genau dann der Fall, wenn der Druckfall den Barometerfall vom Auftreten des Gewitters *abschirmt*, hingegen der Barometerfall den Druckfall *nicht* vom Auftreten des Gewitters *abschirmt*.

Diese beiden letzten Feststellungen können wir durch die zwei folgenden Sätze ausdrücken:

(1) $p(B, A \cap C \cap D) = p(B, A \cap D)$,

(2) $p(B, A \cap C \cap D) \neq p(B, A \cap C)$[38].

---

[36] Für eine ausführliche Erörterung der strukturellen Gleichheitsthese vgl. Bd. I, [Erklärung und Begründung], Kap. II, für den im gegenwärtigen Zusammenhang wichtigen Falltyp insbesondere S. 183 ff.

[37] [Space and Time], S. 309 f.; SALMON, a. a. O., S. 197 ff.

[38] Im vorliegenden Beispiel nehmen wir eine *positive* Relevanz von D (für B bezüglich $A \cap C$) an, so daß wir hier „$\neq$" durch „$>$" ersetzen können. Für den allgemeinen Fall ist es jedoch nur erforderlich, überhaupt eine Relevanz, d. h. eine *positive oder negative* Relevanz, zu verlangen. Diesem allgemeineren Fall haben wir in (2) bereits Rechnung getragen.

Die Gleichung (1) besagt, daß C statistisch irrelevant ist für B bezüglich $A \cap D$. Die Ungleichung (2) besagt, daß D statistisch relevant ist für B bezüglich $A \cap C$. *Abschirmung ist damit definitorisch auf statistische Irrelevanz zurückgeführt und Nichtabgeschirmtheit auf statistische Relevanz.* Nehmen wir noch die als richtig vorausgesetzten Aussagen hinzu:

(3) $p(B, A \cap C) \neq p(B, A)$

(4) $p(B, A \cap D) \neq p(B, A)$[39],

so erhalten wir eine vollkommene Schilderung der Sachlage in allen relevanten Hinsichten. Die Aussagen (3) und (4) liefern uns, grob gesprochen, die grundlegenden Informationen, daß prinzipiell sowohl die Beobachtung eines Barometerfalls als auch die eines Druckfalls einen ‚Wahrscheinlichkeitsschluß‘ auf kommendes Gewitter gestattet. Die Aussagen (1) und (2) zusammen zeigen eine Asymmetrie im Verhältnis von Barometerfall und Druckfall an, die man umgangssprachlich etwa so charakterisieren könnte: Der Druckfall ist *in höherem Grade von kausaler Relevanz für* kommendes Gewitter *als* der Barometerfall; der letztere dagegen ist *in höherem Grade ein bloßes Symptom* für das Gewitter.

Die Richtigkeit von (1) beruht auf folgendem Umstand: Wenn der Druck fällt, so kommt es mit einer bestimmten Wahrscheinlichkeit zu einem Gewitter, *ganz gleichgültig, was das Barometer anzeigt*; denn das Barometer könnte aus den verschiedensten Gründen falsche Angaben machen. Weiß man um D, so braucht man sich daher keine Gedanken darüber mehr zu machen, ob das Berometer korrekt funktionierte oder nicht. Die Richtigkeit von (2) beruht darauf, daß das Analoge bei der Vertauschung von C und D *nicht* gilt. (Man beachte, daß die linken Glieder von (1) und (2) identisch sind, während sich die rechten Glieder nur dadurch unterscheiden, daß in (2) genau dort C vorkommt, wo in (1) D vorkommt.) Habe ich zunächst erfahren, wie sich das Barometer verhält, danach jedoch, daß der Luftdruck gefallen ist, so werde ich mich in meiner Erwartung des kommenden Wetters allein auf die letztere Information stützen, während die erste Information für mich gegenstandslos geworden ist.

Anmerkung 1. Versuchen wir, denselben Gedanken auf den deterministischen Fall zu übertragen. In grober Schematisierung[40] würden wir für das Pillenbeispiel mit „Hx“ für „x ist ein Mensch“, „Mx“ für „x ist ein Mann“, „Sx“ für „x wird schwanger“ und „Px“ für „x nimmt regel-

---

[39] Wieder könnten wir *in unserem Beispiel* „$\neq$“ durch „$>$“ ersetzen, da in beiden Fällen positive Relevanz vorliegt.

[40] Von grober Schematisierung sprechen wir, weil wir den Zeitfaktor vernachlässigen, der an sich unbedingt zu berücksichtigen wäre: das regelmäßige Einnehmen der Pille durch eine Frau verhindert natürlich mit einer gewissen Wahrscheinlichkeit nur eine *spätere*, nicht dagegen eine frühere Schwangerschaft.

mäßig (während einer so und so langer Zeit) die Antibabypille ein" den Unterschied durch die beiden folgenden Satzpaare charakterisieren können:

(5) (a) $\wedge x(Hx \wedge Mx \rightarrow \neg Sx)$ (kein Mann wird schwanger).

    (b) $\wedge x(Hx \wedge Mx \wedge Px \rightarrow \neg Sx)$ (kein Mann, der regelmäßig die Antibabypille einnimmt, wird schwanger).

(6) (a) $\neg \wedge x(Hx \wedge Px \rightarrow \neg Sx)$,

    (b) $\wedge x(Hx \wedge Mx \wedge Px \rightarrow \neg Sx)$.

In Analogie zum statistischen Fall könnte man sagen, daß durch das Satzpaar (5) die *deterministische Irrelevanz* von P für $\neg S$ bezüglich M ausgedrückt werde, oder — unter Benützung der Reichenbachschen Terminologie — daß das Attribut der Männlichkeit die regelmäßige Einnahme der Antibabypille *von der kausalen Relevanz für* Nichtschwangerschaft *abschirme.* Die beiden Teilaussagen von (6) drücken dagegen aus, daß *M nicht deterministisch irrelevant* ist *für $\neg S$ bezüglich P*, d. h. daß zum Unterschied vom dualen Fall (5) das regelmäßige Einnehmen der Antibabypille die Eigenschaft, ein Mann zu sein, *nicht von ihrer kausalen Relevanz für* Nichtschwangerschaft *abschirmt.* Die Gültigkeit von (6) (a) beruht darauf, daß die regelmäßige Einnahme der Pille durch beliebige Menschen, *einschließlich Frauen,* zum Unterschied von der Männlichkeitseigenschaft kein ‚todsicheres‘ Mittel gegen Schwangerschaft darstellt.

Anmerkung 2. Nimmt man den statistischen Fall zum deterministischen hinzu, so kann man sagen, daß diese Überlegungen *einen wichtigen Beitrag zum Problem* „Abgrenzung von Ursachen (Realgründen, Seinsgründen) von bloßen Vernunftgründen (Erkenntnisgründen, Symptomen, Indikatoren)" liefern.

Auf die Wichtigkeit dieser Unterscheidung habe ich in [Erklärung und Begründung] verschiedentlich hingewiesen. Doch war es mir damals weder klar, ob sich dieser Unterschied überhaupt präzise explizieren lasse, noch, wie man im bejahenden Fall mit der Explikation anzusetzen habe. Obwohl noch keine Rede davon sein kann, daß die obigen Betrachtungen bereits eine befriedigende Explikation liefern, dürfte damit doch aufgezeigt worden sein, wie man für die Zwecke einer solchen Explikation zu verfahren hat.

Auf zwei Punkte sei besonders hingewiesen: Erstens muß man, wenn das obige strategische Vorgehen akzeptiert wird, eine Fallunterscheidung machen, je nachdem, ob man es mit deterministischen oder mit statistischen Gesetzen zu tun hat. Im deterministischen Fall kann man davon sprechen, daß ein Attribut ein anderes in seiner kausalen Relevanz für etwas Drittes abschirmt *und dem zweiten Attribut daher die ursächliche Bedeutung für dieses Dritte schlechthin nimmt.* Im statistischen Fall hingegen gelangt man, wie die Analyse des Beispiels lehrt, nur zu dem komparativen Begriff „*x ist in höherem Grade von kausaler Relevanz als y*" bzw. „*y ist in höherem Grade bloß symptomatisch als x*". Da man vom Alltag her gewohnt ist, eine rein qualitative Unterscheidung zwischen Ursachen und Symptomen zu machen, muß man dem üblichen Sprachgebrauch etwas Gewalt antun, wenn man von dieser vorexplikativen qualitativen Unterscheidung zur komparativen Gradabstufung übergeht.

Zweitens ist nicht zu übersehen, daß das Goodmansche Problem der Gesetzesartigkeit in den ganzen gegenwärtigen Kontext eingeht: Von allen in den Beispielen benützten statistischen und deterministischen Aussagen mußten wir voraussetzen, daß es sich um *nomologische Aussagen* handelt, um mit ihrer Hilfe die gewünschte Unterscheidung zu erzielen.

Anmerkung 3. Gegen den Explikationsversuch könnte man u. a. das Bedenken vorbringen, daß er der Möglichkeit *sicherer Symptome* nicht gerecht werde. Bei der obigen Behandlung des Barometerbeispiels etwa muß vorausgesetzt werden, ein Barometer funktioniere *nicht immer* richtig. Ist es aber denn nicht *logisch möglich*, ein ‚absolut sicheres Barometer‘ zu konstruieren? Ein solches Barometer ließe sich von kausaler Relevanz für B nicht durch ein Attribut von der Art des Attributes D abschirmen, vielmehr würde es seinerseits alle anderen Attribute abschirmen, obwohl wir auch da noch sagen würden, daß es uns ein *bloß symptomatisches*, nicht jedoch ein *ursächliches* Wissen vermittelt.

Hierauf würde ich folgendes entgegnen: Ich habe zwar, zum Unterschied von den reinen Extensionalisten, keine prinzipielle Abneigung gegen gedankliche Abschweifungen in unverwirklichte mögliche Welten. Ich weise aber auf die Gefahr hin, die entsteht, wenn man *nicht ganz genau* sagt, was in dieser möglichen Welt gegenüber der realen Welt eigentlich verändert sein soll. Angenommen, die Auffassung geht dahin, daß tatsächlich nichts weiter geschieht, als daß ein Barometer konstruiert wird, das absolut sichere Angaben macht, *daß sich aber sonst nichts ändert*. Dann könnte man also z. B. auch dieses Barometer in die Hand nehmen, es schütteln, die Zeiger verschieben u. dgl. Derartige Änderungen müßten ex hypothesi Wetteränderungen zur Folge haben. Die Annahme, daß es sich weiterhin um einen bloßen Indikator handeln würde, wäre somit unrichtig. In einer solchen möglichen Welt vermöchte ich das Wetter zu beeinflussen und zwar durch bloße Beeinflussung des Barometers. *Die Zeigerstellungen auf dem Barometer wären in einer solchen möglichen Welt von kausaler Relevanz für die folgende Wettersituation.*

Wenn mein Opponent hingegen behaupten sollte, daß man in dieser möglichen Welt ein Barometer nicht beeinflussen, dessen Zeiger nicht verschieben könnte usw., dann müßte ich mich darauf beschränken zu sagen, ich verstünde überhaupt nichts mehr. Was er „Barometer in dieser möglichen Welt" nenne, habe vermutlich mit dem, was wir mit „Barometer" bezeichnen, keine Ähnlichkeit.

Die adäquate Reaktion auf Gedankenexperimente mit den anderen Beispielen würde analog ausfallen. Wenn z. B. jemand darauf hinweist, daß das regelmäßige Einnehmen der Pille durch einen Mann *dessen Geschlecht ändern* könne, so daß er in Zukunft vielleicht einmal schwanger wird, so würde dies nicht die Inadäquatheit der obigen Definition zeigen. Vielmehr würde darin nur zum Ausdruck kommen, daß sich die Annahme als unrichtig erwiesen habe, daß M das Merkmal P von seiner kausalen Relevanz für $\neg S$ abschirme; denn der Satz (5) (b) wäre ja dann falsch.

In ähnlicher Weise würde ich heute zu jenem Beispielstyp Stellung nehmen, der in besonders starkem Maße geeignet ist, die These von der strukturellen Gleichheit von rationaler Erklärung und rationaler Prognose zu erschüttern: *das Phänomen des Wissens aus zweiter Hand.* Sollte in einer möglichen Welt die von mir in [Erklärung und Begründung], S. 194, angeführte ‚Gesetzesaussage‘ (x) gelten, daß ein kosmisches Ereignis *immer* eintreten werde, wenn ein Astronom von genau angebbarer psychophysischer Struktur dieses Ereignis voraussage, *so wäre in dieser Welt tatsächlich eine solche Voraussage von kausaler Relevanz für das Eintreten des Ereignisses*. Ein Astronom von der fraglichen Beschaffenheit könnte die Geschehnisse im Universum nur deshalb mit Sicherheit voraussagen, weil er sie kausal hervorrufen würde.

Anmerkung 4. Ein weiterer Punkt verdient allerdings Aufmerksamkeit: Die definierte Relation der Abschirmung ist zwar nicht symmetrisch; sie ist jedoch nicht *asymmetrisch*. Es kann sich sowohl im deterministischen als auch im statistischen Fall durchaus ereignen, daß ein Attribut A ein anderes Attribut C von B abschirmt und zugleich C das Attribut A von B abschirmt. Dieser Fall darf nicht so interpretiert werden, als würden sich A und C in ihrer kausalen Relevanz für B wechselseitig paralysieren. Vielmehr müßten wir hier sagen, daß A und C bei der Beurteilung dessen, was für die Realisierung von B von kausaler Relevanz war, *gleichwertige Kandidaten* sind.

Das modifizierte Tötungsbeispiel kann hier zur Veranschaulichung dienen: Der tödliche Schlag und der tödliche Stich können von solcher Art sein, daß sie unabhängig voneinander den Tod der Person zu genau demselben Zeitpunkt herbeiführen würden (und daß der Tod auch tatsächlich entweder zu diesem Zeitpunkt oder früher eintritt). Nach Definition schirmen Schlag und Stich sich wechselseitig ab. Das heißt nicht, daß sie sich gegenseitig paralysieren, sondern umgekehrt, daß sozusagen ein ‚Überschuß an kausaler Relevanz‘ vorliegt. Man kann sowohl den tödlichen Stich als auch den tödlichen Schlag für den faktischen Tod kausal verantwortlich machen (aber vielleicht nur *beide zusammen* für den Tod *zu einem ganz bestimmten Zeitpunkt*, sofern dieser früher liegt als der Zeitpunkt des Todes für den Fall gelegen hätte, daß *nur eine* der beiden Ursachen realisiert worden wäre).

Anmerkung 5. Zu den vieldiskutierten Beispielen zum Thema „Erklärung" gehört das Fahnenmastbeispiel von BROMBERGER[41]. Obzwar ich dem Ansatz SALMONS bei der Analyse dieses Beispiels im Prinzip zustimme, scheint hier eine interessante Komplikation vorzuliegen, die bisher von keinem Autor adäquat beschrieben worden ist. Das Beispiel soll daher kurz diskutiert werden.

An einem sonnigen Tag stehe auf einem ebenen Platz ein Fahnenmast, der einen Schatten wirft. SALMON erklärt a. a. O. S. 215: "We all agree that the position of the sun and the height of the flagpole explain the length of the shadow." Nun kann man aber aus der Länge des Schattens und dem Sonnenstand (und dem dadurch gegebenen Anpeilwinkel vom Schattenende zur Mastspitze) die Höhe des Fahnenmastes erschließen. Dagegen scheint es ganz inadäquat zu sein, davon zu sprechen, *daß die Länge des Schattens die Länge des Mastes erkläre*. SALMON benützt auch hier den Gedanken der Abschirmung, um die gewünschte Asymmetrie zu gewinnen.

Es scheint mir, daß der zitierte Satz SALMONS anfechtbar ist. Zumindest handelt es sich dabei um eine elliptische Wiedergabe von etwas, das kom-

---

[41] Vgl. HEMPEL, [Versus], S. 109f.; STEGMÜLLER, [Erklärung und Begründung], S. 196; SALMON, "Statistical Explanation", S. 215f. und 218f.

plizierter zu beschreiben wäre. Es geht nämlich nicht nur um die Gegenüberstellung von zwei, sondern von drei Argumenten: zwei Begründungen und einer Erklärung.

Was die *Längen* betrifft, so liegen *zwei vollkommen gleichberechtigte Argumente* vor, zwischen denen die Wahl nur von dem pragmatischen Umstand abhängt, welche singuläre Prämisse vorgegeben ist: Ist außer den Gesetzen der physikalischen Optik und der physikalischen Geometrie neben dem Sonnenstand die Kenntnis der Mastlänge gegeben, so läßt sich die Länge des Schattens *erschließen*, wie sich umgekehrt aus der Länge des Schattens die Länge des Mastes *erschließen* läßt. Es besteht also eine vollkommene Symmetrie zwischen den beiden Begründungen für die Länge des Schattens bzw. des Mastes. Hier ist keine Differenzierung zu machen und braucht auch keine gemacht zu werden; der korrekte Schluß funktioniert nach *beiden* Richtungen. Eine Asymmetrie kommt erst hinein, wenn wir die Existenzfrage stellen; *denn die Existenz des Schattens wird mittels der Existenz des Mastes erklärt, jedoch nicht umgekehrt die Existenz des Mastes durch die Existenz des Schattens.*

Diese letztere Asymmetrie kann nun unserem Schema gemäß beschrieben werden, wenn man auf die Prozedur der Aufstellung des Mastes zurückgeht. Dies sei ungefähr skizziert: Mit H für das Hinstellen des Mastes durch dafür qualifizierte Leute, M für das Dastehen des Mastes an der fraglichen Stelle des Platzes, S für den Schatten und A für eine geeignet gewählte Bezugsklasse betrachten wir die drei statistischen Wahrscheinlichkeiten: $p(M, A \cap H)$, $p(M, A \cap H \cap S)$ sowie $p(M, A \cap S)$. Nehmen wir an, daß die ordnungsgemäße Aufstellung des Mastes in einem hohen Prozentsatz der Fälle glückt, z. B. in 98% der Fälle. Wir erhalten dann als ersten Wert $p(M, A \cap H) = 0{,}98$. Doch was uns interessiert, ist nicht dieser Wert, sondern die Aussage:

(7) $p(M, A \cap H \cap S) = p(M, A \cap H)$.

Ihre Gültigkeit beruht darauf, daß S für M bezüglich $A \cap H$ statistisch irrelevant ist. Einen Schatten kann man nämlich auf die verschiedenste Art und Weise zum Verschwinden bringen, etwa durch Wegspiegelung mittels des natürlichen Sonnenlichtes oder durch Ingangsetzung einer künstlichen Lichtquelle. Ob der Schatten nun da ist oder nicht: die Wahrscheinlichkeit dafür, daß der Mast dasteht, ist allein bestimmt durch die Tätigkeit H der Mastaufstellung. Vertauschen wir nun die Rollen von S und H, so erhalten wir dagegen eine Ungleichung, da H statistisch relevant ist für M relativ zu $A \cap S$:

(8) $p(M, A \cap H \cap S) \neq p(M, A \cap S)$.

Der Vergleich mit (1) und (2) zeigt, daß der Schatten im gegenwärtigen Zusammenhang die analoge Rolle spielt wie das Barometer (und H sowie M die zu D sowie B analogen Rollen) im ersten Beispiel.

Die sich überlagernde Begründung und Erklärung läßt sich nun alltagssprachlich etwa so formulieren: „Das Aufstellen des Mastes schirmt den Schatten in seiner kausalen Relevanz für die Existenz des Mastes ab, jedoch nicht vice versa der Schatten das Aufstellen des Mastes in seiner kausalen Relevanz für die Existenz des Mastes. Die Länge des Schattens kann aus der Länge des Mastes erschlossen werden." Die Asymmetrie liegt allein im ersten Satz; denn der zweite Satz *könnte* ersetzt werden durch: „und umgekehrt die Länge des Mastes aus der Länge des Schattens". Die im ersten Satz zur Geltung gelangende Asymmetrie ist es, welche es gestattet, diese ganze Aussage zu der zitierten Kurzformel von SALMON zusammenzufassen.

Anmerkung 6. Wir werden die hier eingeführten Begriffe der Relevanz und der Abschirmung im folgenden nur *als Hilfsmittel* dafür benötigen, um den Begriff der *homogenen Teilklasse* einer gegebenen statistischen Bezugsklasse zu definieren. Dieser Begriff wird seinerseits eine wichtige Rolle bei der Explikation des Begriffs der statistischen Analyse und des statistischen Situationsverständnisses bilden. Der Begriff der homogenen Teilklasse wurde von SALMON in "Statistical Explanation", S. 187, durch Bezugnahme auf den v. Misesschen Begriff der regellosen Teilfolge einer gegebenen Folge eingeführt. v. MISES mußte den Begriff der Regellosigkeit mittels des problematischen Begriffs der *Stellenauswahl* definieren. Während bei dem v. Misesschen Verfahren die Begriffe der Relevanz und der Irrelevanz und damit der Inhomogeneität und der Homogeneität auf den Begriff der Stellenauswahl zurückzuführen sind, sollen in 4.b die Relevanzbegriffe *zum Ausgangspunkt* der weiteren Definitionen gemacht werden und damit die Schwierigkeiten umgangen werden, mit denen der Begriff der Stellenauswahl behaftet ist.

4.b Statistische Oberflächenanalyse und statistisch-kausale Tiefenanalyse von Minimalform. Nach SALMONS Auffassung ist der entscheidende Punkt, der bei einer Explikation des Begriffs der statistischen Erklärung zu berücksichtigen ist, ein *Vergleich zwischen einer Ausgangswahrscheinlichkeit* (‚Apriori-Wahrscheinlichkeit‘) *und einer Endwahrscheinlichkeit* (‚Aposteriori-Wahrscheinlichkeit‘)[42]. Erklärungen sind für ihn, zum Unterschied von HEMPEL, keine Argumente. Den Übergang von der Hempelschen Deutung statistischer Erklärungen als induktive Argumente zu der Salmonschen Interpretation statistischer Erklärungen als Feststellung über *positive statistische Relevanz* könnte man in eine formale Parallele setzen zu einem Übergang von dem, was CARNAP *Festigkeit* oder firmness nennt, zu dem, was er als *Zuwachs an Festigkeit* oder increment of firmness bezeichnet, also zu dem, was CARNAP ursprünglich *positive Relevanz* genannt hatte. Während es sich aber bei der Carnapschen Theorie darum handelt, ob es nicht

---

[42] Die in Klammern gesetzten Ausdrücke werden oft gebraucht, sind aber nicht eindeutig. Denn diese Gegenüberstellung umfaßt sowohl den Fall des Überganges vom tautologischen Wissen t zu einem Wissen um ein empirisches Datum e als auch den Fall des Überganges von einem empirischen Datum e zu einem erweiterten empirischen Datum $e \wedge i$. Die Verwendung des Wortes „Apriori-Wahrscheinlichkeit" legt fälschlich den Gedanken nahe, daß nur der erste Übergang gemeint sein könne. Die beiden englischen Ausdrücke "prior probability" und "posterior probability" sind diesbezüglich weniger irreführend.

besser wäre, den Ausdruck „Grad der Bestätigung" statt für das erste für das zweite zu verwenden — unter einem Bestätigungsgrad also keine Wahrscheinlichkeit zu verstehen —, geht es diesmal darum, ob der Ausdruck „Erklärung" nicht besser statt für ein Argument mit dem Explanandum als ‚Conclusio' *für die Feststellung einer positiven Relevanz* zu verwenden sei. Es ist die Schwierigkeit (II), nämlich das Paradoxon der irrelevanten Gesetzesspezialisierung, welches einen nach SALMON dazu zwingt, sich zugunsten der zweiten Alternative zu entscheiden. Denn für alle paradoxen Beispiele dieser Art ist es ja charakteristisch, daß Fakten herangezogen werden, die für das Explanandumereignis *irrelevant* sind: Die Irrelevanz der herangezogenen ‚erklärenden Tatsachen' ist es, welche die vorgeblichen Erklärungen zu *Pseudo*erklärungen machen. Die Beispiele, welche man zu (II) beibringen kann, zeigen daher nach SALMON, "that it is not correct, even in a preliminary and inexact way, to characterize explanatory accounts as arguments showing that the explanandum event was to be expected." Und er fährt mit der Ankündigung seiner eigenen Deutung fort: "It is more accurate to say that an explanatory argument shows that the probability of the explanandum event relative to the explanatory facts *is substantially greater than* its prior probability."[43] Was hier angekündigt wird, ist höchst interessant. *Leider läßt sich der Gedanke in dieser Form nicht durchhalten.* Denn einerseits treten, wie wir noch sehen werden, neben Fällen von *positiver* Relevanz auch solche von *negativer* Relevanz auf — was nicht von uns, sondern vom Zufall abhängt —; andererseits dürfte es nicht adäquat sein, solche Tatsachen *erklärende Tatsachen* zu nennen, die für das zu Erklärende von *negativer* Relevanz sind. Es scheint mir vielmehr, daß SALMON sich mit dem, was er statistische Erklärung nennt, *einem anderen, aber trotzdem äußerst wichtigen Explanandum* zugewandt hat. Man könnte davon sprechen, daß *ein statistisches Situationsverständnis aufgrund einer statistischen Detailanalyse* gesucht wird.

Es ist vielleicht nicht ohne Interesse, die Position von R. JEFFREY mit der von W. SALMON zu vergleichen. Für JEFFREY steht das Problem (I): *die Paradoxie der Erklärung des Unwahrscheinlichen*, im Vordergrund seiner kritischen Überlegungen. Er gelangt aufgrund dieser Schwierigkeit hinsichtlich der Frage, ob Erklärungen Argumente sind, meines Erachtens ganz zu Recht zu einem negativen Ergebnis (wobei wir im Augenblick von der erwähnten Inkonsequenz absehen, daß er statistische Begründungen im Fall des Vorliegens einer sehr hohen Wahrscheinlichkeit trotzdem als *erklärende* Argumente zuzulassen bereit ist).

SALMON hingegen geht von absurden Beispielen aus, welche eine Illustration für die Schwierigkeit (II), *die irrelevante Gesetzesspezialisierung*, bilden. Außerdem begnügt er sich, zum Unterschied von JEFFREY nicht mit der negativen Feststellung, daß statistische Erklärungen keine Argumente seien, sondern versucht eine adäquate Explikation des statistischen Erklärungsbegriffs zu liefern, wobei er den Gesichtspunkt der *positiven statistischen Relevanz* hervorkehrt. Er scheint jedoch,

---

[43] SALMON, a. a. O., S. 180. Die vier entscheidenden Worte wurden von mir gesperrt.

wenigstens am Beginn seiner Arbeit, aus dem das obige Zitat entnommen wurde[44], von der Schwierigkeit (II) geradezu ‚hypnotisiert‘ zu sein, so daß er die Schwierigkeit (I) übersieht. An späterer Stelle, insbesondere in Abschn. 10, S. 206ff., der zitierten Arbeit kommt zwar auch dieser Punkt zur Sprache. Doch scheint SALMON nicht zu bemerken, daß er hiermit den im obigen Zitat ausgedrückten Gedanken preisgeben muß, eine statistische Erklärung bestehe wesentlich in einer Feststellung von *positiver* Relevanz. Denn die von ihm als Explikat auf S. 200f. vorgeschlagene Analyse kann ja als Bestandteil auch eine *negative Relevanzfeststellung* der fraglichen Art enthalten. In einem solchen Fall aber kommt man nicht umhin, sagen zu müssen, daß die Verwendung des Wortes „Erklärung“ wenn nicht überhaupt sprachwidrig, so doch im höchsten Grade merkwürdig ist.

SALMON trifft allerdings an späterer Stelle[45] eine interessante pragmatische Feststellung, die man am besten als *unabhängige intuitive Stütze für sein methodisches Vorgehen* betrachten sollte. Er hebt hervor, daß die Hempelsche Rekonstruktion von Erklärungen mit logisch oder induktiv erschlossenem Explanandum Ga voraussetzen, daß die Erklärung heischende Frage die Gestalt hat: „warum ist dieses Ding ein G?“ Aber so lautet diese Frage praktisch niemals. Wir fragen in einer entsprechenden Situation z. B. nicht: „warum verschwand *dieses Ding*?“, sondern: „warum verschwand *diese Streptokokkeninfektion*?“ Ebenso fragen wir nicht: „warum hat dieses Ding eine gelbe Farbe?“, sondern: „warum hat *die Flamme dieses Bunsenbrenners* eine gelbe Farbe?“ Allgemein formuliert: In die Erklärung heischende Warum-Frage wird das in der Hempelschen Rekonstruktion im singulären Antecedensdatum enthaltene Attribut miteinbezogen. Wenn wir dieses Attribut durch das Prädikat „F“ designiert sein lassen, so lautet das Frageschema also nicht: „warum ist dieses x ein G?“, sondern: „warum ist dieses x, *welches ein F ist*, auch ein G?“

Wendet man dies auf den statistischen Fall an, so liefert die Erklärung heischende Warum-Frage selbst eine ursprüngliche Bezugsklasse, zu der das Explanandumereignis in Relation zu setzen ist. Die Ermittlung der Wahrscheinlichkeit von G in bezug auf F, also die Bestimmung des Wertes $p(G,F)$ bildet dann *nicht die Beantwortung* der Erklärung suchenden Frage, sondern nur eine *Ausgangswahrscheinlichkeit*, und damit *den Ausgangspunkt für eine beginnende Analyse, die erst nach erfolgreichem Abschluß die Antwort beinhaltet*. Zu dieser Analyse gehört die Angabe einer oder mehrerer *Endwahrscheinlichkeiten* relativ auf Bezugsklassen, die durch eine relevante Zerlegung der Klasse F zustandekommen.

Wir haben soeben den Ausdruck „Analyse“ verwendet. An späterer Stelle werden wir nämlich erkennen, daß auch das von SALMON formulierte Frageschema *inadäquat* ist, wenn man es mit dem Explikat vergleicht. Es wäre zweckmäßiger, die Frage so zu formulieren: „Wie ist es zu *verstehen*, daß dieses x, welches ein F ist, auch ein G ist?“ Die Antwort zielt auf ein

---

[44] Der fragliche dritte Abschnitt trägt den Titel: "Preliminary Analysis".
[45] a. a. O. S. 195.

statistisches *Verständnis* der Situation ab. Für die Gewinnung dieses Verständnisses ist die relevante Zerlegung von F wesentlich.

Die Frage ist, worin eine solche relevante Unterteilung bestehen soll. Die Frage so formulieren, heißt bereits, die Antwort nahelegen: Die Unterteilungen müssen im buchstäblichen Sinn des Wortes relevant sein, d. h. es muß sich um solche Klassen bzw. Attribute handeln, die für G bezüglich F *statistisch relevant* sind[46].

Hier ist eine erste Unterscheidung zu treffen. Entweder es handelt sich um den sehr seltenen Fall, daß eine derartige statistisch relevante Unterteilung von F überhaupt nicht möglich ist. Dann sind wir bereits am Ende. Die vom Fragenden erhoffte Analyse kann nicht gegeben werden, weil keine solche Analyse möglich ist. (Beispiel: Radioaktiver Zerfall einer Substanz.)

Oder derartige Unterteilungen lassen sich bewerkstelligen. Dann kann man sie prinzipiell in verschiedenster Weise vornehmen. Eindeutigkeit wird durch die Erfüllung von zwei Forderungen erzielt: Erstens durch die Forderung, daß keine weitere statistisch relevante Untergliederung möglich ist. Denn wäre sie möglich, so hätte man die Analyse nicht zu Ende geführt. Zweitens durch die Forderung, daß die Zerlegung in dem Sinn *minimal* ist, daß sie zu *maximalen* Klassen der gewünschten Art führt. Zur Begründung dieser zweiten Forderung kann, in vollkommener Parallele zum Vorgehen in Abschnitt 3, darauf verwiesen werden, daß nur auf diese Weise irrelevante Unterteilungen zu vermeiden sind und das Wiederauftreten der Paradoxie (II) verhindert wird. Die beiden an die Analyse zu stellenden Desiderata kann man so zusammenfassen: Die Ausgangsinformation, welche durch das statistische Gesetz $p(G,F) = r$ geliefert wird, soll *optimal verbessert* werden. Dies geschieht in der Weise, daß F in k Klassen $F \cap H_1$, $F \cap H_2, \ldots, F \cap H_k$ zerlegt wird, welche zwei Bedingungen erfüllen: (1) es ist nicht möglich, eine solche Klasse in einer bezüglich G statistisch relevanten Weise unterzuteilen, d. h. für alle $i = 1, 2, \ldots, k$ und für jedes Merkmal J ist $p(G, F \cap H_i) = p(G, F \cap H_i \cap J)$; (2) die k Wahrscheinlichkeiten $p(G, F \cap H_i)$ (für $i = 1, 2, \ldots, k$) sind voneinander verschieden.

Durch (1) gewinnt man Klassen von der gesuchten Art; durch (2) wird garantiert, daß es sich um *maximale* Klassen von dieser Art handelt.

SALMON nennt eine Klasse, welche die erste Bedingung erfüllt, eine *homogene Bezugsklasse für* G[47]. Für die Definition der Homogeneität greift er auf den Misesschen Begriff der Stellenauswahl zurück[48].

Der leitende Gedanke für die Einführung des Begriffs der Stellenauswahl im Rahmen des v. Misesschen Denksystems sei kurz erläutert, zum Teil durch Heranziehung eines Illustrationsbeispiels. Wenn wir einen Würfel betrachten, für den die

---

[46] In den folgenden Überlegungen weiche ich methodisch ziemlich stark vom Vorgehen SALMONs ab.

[47] Vgl. a. a. O. S. 187.

[48] Vgl. v. MISES, [Wahrscheinlichkeit], S. 28 ff.

Wahrscheinlichkeit, eine 6 zu werfen, p beträgt, so ist dieser Wert p nach der Limestheorie der Wahrscheinlichkeit, die v. Mises vertritt, der Grenzwert der relativen Häufigkeiten in der Bezugsklasse aller Würfe mit diesem Würfel. Wenn wir aus dieser Folge eine unbegrenzt fortsetzbare Teilfolge willkürlich herausheben, so muß der Grenzwert derselbe bleiben. (Dies ist praktisch die v. Misessche Definition des für seine Theorie so grundlegenden Begriffs des *Kollektivs*. Da dieser Begriff aber im augenblicklichen Kontext unwesentlich ist, soll er nicht weiter benützt werden.) Wenn die eben formulierte Bedingung erfüllt ist, spricht v. Mises von einer *Unempfindlichkeit gegen Stellenauswahl*. „Stellenauswahl" definiert er als „die Herstellung einer Teilfolge von der Art, daß über die Zugehörigkeit oder Nichtzugehörigkeit eines Elements entschieden wird, ohne daß dabei das Merkmal des Elementes, d. i. der Spielausgang, benützt wird"[49]. Bei unserer Symbolisierung „$p(G, F) = r$" von statistischen Wahrscheinlichkeitsaussagen wäre G dasjenige, was v. Mises das Merkmal des Elementes nennt. Wenn wir aus der Folge der Würfe z. B. die Teilfolge herausheben, deren Glieder in der ursprünglichen Folge Primzahlnummern haben, so liegt eine Stellenauswahl vor. Keine Stellenauswahl ist jedoch gegeben, wenn wir die Teilfolge der Würfe betrachten, die eine 6 ergeben haben, oder der Würfe, die eine gerade Augenzahl ergeben haben. Denn in derartigen Fällen ist die Teilfolge erst konstruierbar, *nachdem man bereits untersucht hat*, ob das fragliche Merkmal zutrifft oder nicht. In Analogie zu der v. Misesschen Definition nennt Salmon a. a. O., S. 187, eine Bezugsklasse homogen, *wenn es prinzipiell keine Möglichkeit gibt, eine statistisch relevante Zerlegung der Bezugsklasse zu liefern, ohne bereits zu wissen, welche Glieder das fragliche Attribut haben und welche nicht.*

Der hier — bei v. Mises explizit, bei Salmon implizit — benützte Begriff der Stellenauswahl für die Homogeneitätsdefinition ist aus zwei Gründen problematisch. Erstens ist er unmittelbar mit der Limeskonzeption der statistischen Wahrscheinlichkeit verknüpft: die Unempfindlichkeit gegenüber Stellenauswahl ist ja dadurch definiert, daß *der Grenzwert der relativen Häufigkeiten* in der willkürlich ausgewählten Teilfolge *derselbe* ist wie in der Gesamtfolge. Von dieser Bezugnahme auf die Häufigkeitsdefinition der statistischen Wahrscheinlichkeit könnte man sich aber leicht befreien, so daß dieses erste Bedenken keinen wesentlichen Einwand darstellt. Entscheidender ist ein zweites Bedenken: Von beiden Autoren wird dabei ein präzisierungsbedürftiger Begriff verwendet. Bei v. Mises kommt er innerhalb der Wendung „ohne daß ... *benützt* wird" vor, bei Salmon innerhalb der Wendung „ohne bereits zu *wissen*, daß ...". Was ist unter diesen Formulierungen genau zu verstehen? Man könnte zunächst an den folgenden Definitionsvorschlag denken: „Keine Stellenauswahl (bzw. keine Zerlegung von der geschilderten Art) liegt vor, wenn das das Auswahlverfahren (die Zerlegung) charakterisierende Prädikat entweder mit ,G' identisch oder so definiert ist, daß ,G' in der Definition wesentlich vorkommt." Die nicht erlaubte Aussonderung der Sechserwürfe wäre von der ersten Art. Die ebenfalls nicht erlaubte Aussonderung der geradzahligen Würfe wäre von der zweiten Art; denn ein Wurf ist als geradzahlig charakterisiert, wenn er entweder ein Zweier- oder ein Vierer- *oder ein Sechserwurf* ist.

Man kann sich aber leicht klarmachen, daß diese Bestimmung nicht ausreicht. Das Problem (VIII), welches wir das Dilemma der nomologischen Implikation nannten (und welches Salmon für seinen Einwand gegen Hempels ursprüngliche Explikation benützte), tritt auch hier wieder auf. Angenommen etwa, die sechs Seiten des Würfels seien nicht mit Augenzahlen versehen, sondern mit den sechs Farben *Rot, Blau, Grün, Gelb, Orange, Violett*. Wir sondern nun *die Teilfolge derjenigen Würfe aus, die V'-Würfe sind*, wobei ein Wurf ein V'-*Wurf* genannt wird, wenn die nach oben zeigende Seite eine Farbe hat, die am entgegengesetzten Ende

---

[49] a. a. O. S. 29/30.

des sichtbaren Spektrums liegt als die Farbe Violett. Ohne Zweifel würde v. Mises sagen, daß wir auf diese Weise *keine* Stellenauswahl vorgenommen haben. Denn wir haben ja in der Tat nichts anderes getan, als die Teilfolge der *Rot-Würfe* ausgesondert, und haben das Aussonderungsverfahren bloß in einer verklausulierten Weise formuliert. Die Schwierigkeit liegt aber darin, ein solches Aussonderungsverfahren zu verbieten. Nach dem obigen Präzisierungsvorschlag wird es jedenfalls *nicht* verboten. Wir haben für seine Charakterisierung das Attribut *Rot* weder wesentlich erwähnt noch einen Begriff benützt, in dessen Definition das Prädikat „rot" wesentlich vorkommt. Das Attribut Violett ist ja nicht dadurch *definiert*, daß es am entgegengesetzten Ende des sichtbaren Spektrums liegt als die Farbe *Rot*. Vielmehr haben wir *physikalisches Hintergrundwissen* herangezogen, um die verklausulierte Konstruktion einer Auswahl zu erreichen, die keine Stellenauswahl ist, obwohl sie durch die Definition des zulässigen Auswahlverfahrens nicht verboten wird.

Dieser Hinweis auf das Problem (VIII) und unser seinerzeitiger Lösungsvorschlag legt jedoch eine *präzise Definition des benötigten Homogeneitätsbegriffs* nahe, *in welcher nur von logischer und nomologischer Implikation die Rede ist*. Da wir den Begriff der statistischen Analyse in zwei Varianten vorlegen wollen — nämlich in einer ‚*absoluten*' und in einer *epistemisch relativierten* Fassung —, muß auch der Homogeneitätsbegriff auf zwei Weisen definiert werden. Um diese Definition nicht zweimal anschreiben zu müssen, wird die absolute Version, soweit sie sich von der epistemisch relativierten unterscheidet, jeweils in Klammern gesetzt. Der Einfachheit halber benützen wir, so wie bisher, alternativ die Attribut- und die Klassensprechweise. Unter A_t verstehen wir abermals das zur Zeit t akzeptierte Wissen.

Das statistische Gesetz $p(B,Y) = p$ sei Element von A_t (sei gültig). Wir nennen Y eine zu t *epistemisch homogene* (eine *absolut homogene*) Bezugsklasse für B gdw für jede nomologische Klasse bzw. für jedes nomologische Attribut D, welche bzw. welches weder B noch $\neg B$ logisch oder (A_t-) nomologisch impliziert, gilt:

$$p(B,Y \cap D) = p(B,Y) \in A_t \; (p(B,Y \cap D) = p(B,Y)).$$

Weiter sagen wir, daß die Klassen bzw. die Attribute $C_1, C_2, \ldots, C_n$ eine *epistemisch homogene Zerlegung* (eine *absolut homogene Zerlegung*) von X bezüglich B erzeugen gdw (1) X keine zu t epistemisch homogene (keine absolut homogene) Bezugsklasse für B ist; (2) $X \subseteq C_1 \cup C_2 \cup \cdots \cup C_n$; (3) $C_i \cap C_j = \emptyset$ für alle $i \neq j$ mit $1 \leq i \leq n$, $1 \leq j \leq n$; (4) für jedes i mit $1 \leq i \leq n$ $X \cap C_i$ eine zu t epistemisch homogene (eine absolut homogene) Bezugsklasse für B ist.

Schließlich sagen wir noch, daß die n Attribute eine *epistemisch homogene* (eine *absolut homogene*) *Minimalzerlegung* von X bezüglich B erzeugen gdw für die n Werte p_i mit $p_i = p(B, X \cap C_i)$ für $1 \leq i \leq n$ gilt: $p_i = p_j$ nur wenn $i = j$.

In den ersten beiden Definitionsschritten haben wir uns vom problematischen Begriff der Stellenauswahl befreit. Durch die Homogeneitätsdefinition wird der Gedanke präzisiert, daß es im Prinzip keine für B statistisch relevante Unterteilung der Bezugsklasse Y gibt (sei es relativ auf eine gegebene Wissenssituation, sei es absolut). Durch den Begriff der homogenen Zerlegung wird die Unterteilung einer vorgegebenen, bezüglich B inhomogenen Bezugsklasse X in für B homogene Teilklassen bewerkstelligt. Der Begriff der Minimalzerlegung garantiert dabei, daß wir *maximale* homogene Teilklassen $X \cap C_i$ bilden. Dadurch sollen bereits an dieser Stelle die Schwierigkeiten ausgeräumt werden, die durch das Analogon zum Paradoxon der irrelevanten Gesetzesspezialisierung auftreten würden (vgl. (II) und die Art der Überwindung dieses Problems in Abschnitt 3).

Würden wir nämlich zulassen, daß $p_i = p_j$ auch dann gelten könnte, wenn $i \neq j$, so könnte man ja eine Teilklasse C von der Art, daß $X \cap C$ für B homogen ist, in zwei Teilklassen C_i mit $C_i \subsetneq C$ und $C_j = C - C_i$ zerlegen, und die beiden Aussagen $p_i = p(B, X \cap C_i)$ sowie $p_j = p(B, X \cap C_j)$ $(= p_i)$ bilden. Für eine Minimalzerlegung ist dies wegen $p_i = p_j$ jedoch nicht zulässig.

Wir können jetzt dazu übergehen, die eigentliche Explikation vorzunehmen, wobei wir einige Modifikationen an der Salmonschen Definition[50] anbringen. Wir geben zunächst die abstrakte Definition und liefern im Anschluß daran die intuitiven Erläuterungen. Nur der leitende Gedanke sei bereits hier angeführt: In einer gegebenen pragmatischen Situation werde die Frage gestellt, wie es komme, daß ein Objekt a, welches Element von F ist, auch ein Element von G sei. Dabei möge die statistische Ausgangsinformation $p(G, F) = q$ zur Verfügung stehen[51]. Wir nennen das geordnete Paar $\mathfrak{B} = \langle a \in F \cap G, p(G, F) = q \rangle$ das Analysandum. Die Antwort wird durch eine homogene Minimalzerlegung von F bezüglich G geliefert, wobei die Wahrscheinlichkeitswerte (mit den Zerlegungsgliedern als Bezugsklassen) angegeben werden und außerdem eine Information hinzugefügt wird, die beinhaltet, welchem Zerlegungsglied das Objekt a angehört. Genauer gesprochen:

Eine *statistisch-kausale Tiefenanalyse von Minimalform* unseres Analysandums besteht aus einem geordneten Paar $\mathfrak{T} = \langle \mathfrak{B}, \mathfrak{A} \rangle$, dessen Erstglied das *Analysandum* $\mathfrak{B}$ und dessen Zweitglied das *Analysans* $\mathfrak{A}$ enthält. Diese Tiefenanalyse hat die folgende genauere Gestalt, wobei q eine bestimmte reelle Zahl mit $0 \leq q \leq 1$ und i eine bestimmte natürliche Zahl mit $i \leq n$ ist:

$$\mathfrak{T} = \langle \mathfrak{B}, \mathfrak{A} \rangle = \langle \langle a \in F \cap G, p(G, F) = q \rangle, \langle a \in F \cap C_i, \mathfrak{R} \rangle \rangle.$$

Dabei seien für eine natürliche Zahl $n > 0$ n Klassen bzw. Attribute C_1, $C_2, \ldots, C_n$ gegeben, die eine zu t epistemisch homogene (eine absolut homogene) Minimalzerlegung von F bezüglich G erzeugen; ferner sei

---

[50] "Statistical Explanation", S. 220f.

[51] Diese Ausgangsinformation *braucht* dem Fragenden nicht bekannt zu sein. Ist sie ihm nicht bekannt, so kann ihm dieser Teil des Analysandums anderweitig zur Verfügung gestellt werden.

$a \in F \cap C_i$ zu t akzeptiert (wahr) und $\Re$ sei die Klasse der folgenden n statistischen Elementaraussagen, welche zu t akzeptiert sind (welche wahr sind):

$$p(G, F \cap C_1) = q_1$$

$$p(G, F \cap C_2) = q_2$$

$$\vdots$$

$$p(G, F \cap C_n) = q_n \,.$$

(Man beachte, daß alle neuen Details dieser Definition ausschließlich das Analysans $\mathfrak{A}$ betreffen!)

Wir geben eine kurze Erläuterung, wobei wir zwecks größerer Anschaulichkeit pragmatische Ausdrücke verwenden: Die Ausgangsinformation bestehe in dem Wissen darum, daß a, welches ein F ist, *auch ein G ist*, sowie in dem Wissen um die *Ausgangswahrscheinlichkeit q von G bezüglich F*. Es wird keine Erklärung heischende Warum-Frage gestellt, sondern *eine auf das Situationsverständnis abzielende Frage*, welche etwa so formuliert werden könnte: „*Wie ist es zu verstehen, daß a, welches ein F ist, auch ein G ist?*"[52] Die Antwort wird durch eine statistische Tiefenanalyse geliefert, die aus zwei Komponenten besteht. Eine dieser Komponenten ist mit einer Klasse von elementaren statistischen Aussagen $p(G, F \cap C_j) = q_j$ identisch, wobei an die Stelle der ursprünglichen Bezugsklasse F n Durchschnitte $F \cap C_j$ für eine (sei es epistemisch, sei es absolut) *homogene Zerlegung* von F in C_1, $C_2, \ldots, C_n$ tritt. Die andere Komponente besteht insofern in einer *Verschärfung der singulären Ausgangsinformation*, als von a nicht nur die Zugehörigkeit zur ursprünglichen Bezugsklasse F, sondern zu der engeren Bezugsklasse $F \cap C_i$ für ein bestimmtes i ausgesagt wird. Man beachte, daß aus der Definition der Minimalzerlegung folgt, daß $q_i = q_j$ nur wenn $i = j$.

4.c Statistische Analyse und statistisches Situationsverständnis.
Wir beginnen unsere Betrachtungen mit einer sehr wichtigen, die statistische Tiefenanalyse betreffenden Feststellung: *In der durch das Analysans gelieferten Information sind auch die Endwahrscheinlichkeiten enthalten.* Die für das Objekt a bedeutsame und uns daher besonders interessierende Endwahrscheinlichkeit ist für die feste Zahl i gleich $p(G, F \cap C_i) = q_i$; denn die Bezugsklasse wurde ja von F auf $F \cap C_i$ reduziert, nämlich durch die Verschärfung der singulären Prämisse von $a \in F \cap G$ zu $a \in F \cap C_i \cap G$. Der Vergleich der Endwahrscheinlichkeit q_i mit der Ausgangswahrscheinlichkeit q ermöglicht eine Aussage darüber, ob und in welchem Sinn C_i für G bezüglich F von statistischer Relevanz ist. Die Analyse enthält eine Teilaussage über *positive Relevanz*, wenn $q_i > q$, über *negative Relevanz*, wenn

---

[52] Es möge beachtet werden: das dem Verbum „verstehen" entsprechende Substantiv ist nicht „Verstehen", sondern „Verständnis".

$q_i < q$, und über *Irrelevanz*, wenn $q_i = q$[53]. *Alle drei Fälle sind möglich.* Wir können uns davon, welcher realisiert sein wird, nur passiv überraschen lassen. Sobald die *n* statistischen Gesetze gegeben sind, hängt die Antwort auf die Relevanzfrage nur davon ab, in welcher der *n* Klassen $C_1, \ldots, C_n$ das Objekt *a* liegt.

Daß wir von einer statistischen Analyse *von Minimalform* sprechen, hat zwei verschiedene Gründe, entsprechend der Doppeldeutigkeit des Prädikates „minimal". Zum einen wird für die ursprüngliche Bezugsklasse *F* bezüglich *G* eine homogene Minimalzerlegung vorgenommen. Da wir Klassen von maximalem Umfang wählen, erhalten wir eine *Minimalzahl* derartiger Klassen. Zum anderen liefert uns eine derartige Analyse *die minimale statistische Information*, welche in der fraglichen Situation gegeben werden kann.

Daß wir schließlich von einer statistisch-*kausalen* Analyse sprechen, geschieht aus den in 4.a diskutierten Gründen: Die Homogeneität der *n* Klassen $F \cap C_1, \ldots, F \cap C_n$ bezüglich *G* ist ein Garant dafür, *daß keine neuen Informationen diese Attribute in ihrer Relevanz für G abschirmen*[54].

Auf die Frage: „Was leistet eine statistische Analyse von der beschriebenen Art?" dürfte die beste Antwort die folgende sein: „Sie liefert ein *statistisches Situationsverständnis*." Dieses Situationsverständnis war nicht vorhanden, solange die homogene Minimalzerlegung nicht durchgeführt worden ist. Genauer sollte man sagen, daß ein *minimales* statistisches Situationsverständnis geliefert wird. In 4.d werden wir uns überlegen, ob man die Bereitstellung eines derartigen Situationsverständnisses oder etwas anderes eine statistische Erklärung nennen solle. Ohne diesen Betrachtungen vorzugreifen, dürfen wir doch schon jetzt die eine Feststellung treffen, daß der Ausdruck „Erklärung" *in einem metaphorischen Sinne* gebraucht werden könnte. Neben der Verwendung in Kontexten wie „Erklärung von Tatsachen" bzw. „erklären, warum etwas geschehen ist" gibt es auch den Gebrauch: „Erklärung des Funktionierens einer Maschine (eines Automaten, eines Computers)". Was hier in diesem zweiten Sinn dem Fragenden ‚erklärt' wird, ist *das Funktionieren eines statistischen Mechanismus*. Damit, daß wir dieses Funktionieren erklärt bekommen, lernen wir den Mechanismus begreifen und gewinnen ein minimales Verständnis dessen, ‚was hier vor sich geht'.

---

[53] Auch dieser Fall kann eintreten; denn es wird ja nicht gefordert, daß alle q_j von q verschieden sein müssen. Da jedoch die q_j *untereinander verschieden* sind, kann auch die Irrelevanz nur bei Zugehörigkeit von *a* zu *einer ganz bestimmten Klasse C_i* gegeben sein.

[54] Im epistemischen Fall kann es sich natürlich ereignen, daß entweder gewisse unter den benützten statistischen Hypothesen oder die Homogeneitätsannahme oder beides unrichtig sind. Die oben erwähnte ‚Garantie' besteht natürlich *nur relativ auf diese als gültig vorausgesetzten Aussagen*.

Zur Illustration greifen wir ein von SALMON gegebenes Beispiel heraus[55], welches sich deshalb besonders gut eignet, weil die Endwahrscheinlichkeit von der Ausgangswahrscheinlichkeit außerordentlich stark abweicht. Das Objekt a sei ein Atom, von dem wir wissen, daß es aus einer zum Zeitpunkt t_0 entstandenen Mischung von ^{238}Uran-(U-) und Thorium-C' oder $^{212}P_0$-(P-) Atomen besteht. Die Frage laute, warum a im Verlaufe von 0,0005 Minuten nach t_0 zerfallen (Z) sei. Der Fragende wird vermutlich die Ausgangswahrscheinlichkeit nicht kennen. Sie möge ihm zur Verfügung gestellt werden. Wir erhalten eine statistische Aussage $p(Z,U \cup P) = r$, wobei die Wahrscheinlichkeit r vom Mengenverhältnis der U- und P-Atome abhängen wird. Nehmen wir an, es seien ungefähr gleich viele Atome beider Arten enthalten. Dann wird die Wahrscheinlichkeit ziemlich klein sein, da die Halbwertszeit bei ca. zwei Milliarden Jahren liegen wird.

Nach unserem gegenwärtigen Wissensstand bilden die beiden Klassen U und P eine *homogene* Zerlegung der ursprünglichen Bezugsklasse; denn keine physikalischen Einflüsse, wie Änderungen der Temperatur, des elektromagnetischen Feldes usw., bewirken eine Änderung im Tempo des radioaktiven Zerfalls.

Da $(U \cup P) \cap U = U$ und $(U \cup P) \cap P = P$, enthält die Klasse $\Re$ der statistisch-kausalen Tiefenanalyse von Minimalform zwei statistische Aussagen: $p(Z,U) = r_1$ und $p(Z,P) = r_2$[56]. Sowohl r_1 als auch r_2 weichen von r außerordentlich stark ab. Denn die Halbwertszeit von ^{238}U beträgt $4,5 \times 10^9$ $= 4,5$ Milliarden Jahre, während die Halbwertszeit von $^{212}P_0$ nur $1,6 \times 10^{-7}$ $= 1/16\,000\,000$ sec. beträgt.[57] Dennoch kann die Informationsverschärfung der singulären Aussage im Übergang von $a \in (U \cup P) \cap Z$ zu $a \in U \cap Z$ bestehen, d. h. das fragliche, in der kurzen Zeitspanne nach t_0 zerfallene Atom kann ein ^{238}U-Atom sein! Die formale Rekonstruktion der statistisch-kausalen Tiefenanalyse würde für diesen Beispielsfall so aussehen:

$$\langle\langle a \in (U \cup P) \cap Z, \; p(Z,U \cup P) = r \rangle, \langle a \in U \cap Z, \{p(Z,U) = r_1,$$
$$p(Z,P) = r_2\}\rangle\rangle$$

---

[55] "Statistical Explanation", S. 208.

[56] Die fraglichen Wahrscheinlichkeitsverteilungen sind Exponentialverteilungen. Die verschiedenen Parameter veranschaulichen jeweils die Steilheit der exponentiellen Zerfallskurve. Eine genaue mathematische Beschreibung dieses Sachverhaltes findet sich z. B. bei A. RÉNYI, [Wahrscheinlichkeitsrechnung], S. 106 f.

[57] Es sei kurz an den Begriff der Halbwertszeit erinnert. A sei ein atomares Element einer radioaktiven Substanz, welches zu t_0 noch nicht zerfallen ist. Die Halbwertszeit von A ist diejenige Zeitspanne t, so daß die statistische Wahrscheinlichkeit dafür, daß A zwischen t_0 und $t_0 + t$ zerfällt, gleich 1/2 ist. Der Begriff der Halbwertszeit wird von den Atomen auf die fragliche Substanz selbst übertragen. Gewöhnlich wird unter direkter Bezugnahme auf die Substanz selbst der Begriff der Halbwertszeit durch die Bestimmung definiert, daß es sich um denjenigen Zeitraum handelt, in dem ‚durchschnittlich die Hälfte‘ einer beliebigen Anfangszahl von Atomen dieser Substanz zerfällt.

Die Ausgangsinformation (= das Analysandum) besteht im Wissen um die Zerfallswahrscheinlichkeit der Mischung aus Uran-Thorium-C'-Atomen sowie in der Feststellung, daß a ein atomares Element dieser Mischung ist, das im Zeitraum $t-t_0$ zerfallen ist. Das Analysans enthält die beiden *schärferen statistischen Informationen*, die aus den statistischen Gesetzen über die Halbwertszeiten von ^{238}U und $^{212}P_0$ logisch ableitbar sind, sowie die *schärfere Tatsacheninformation*, daß das in $t-t_0$ zerfallene Atom ein Uran-Atom war.

Eine Person, welche erstens die beiden speziellen statistischen Gesetze nicht kannte, da ihr die beiden Halbwertszeiten unbekannt waren, und die zweitens nicht um die Zugehörigkeit des Atoms a zu U oder zu P wußte, hat durch diese Analyse *ein optimales statistisches Situationsverständnis* gewonnen. Und zwar hat sie dieses Verständnis gewonnen ungeachtet dessen, daß $r_1 < r$ und daß $r_2 \gg r$, daß also a ein gegenüber dem Ausgangsattribut $U \cup P$ engeres Attribut U besitzt, das bezüglich jenes Ausgangsattributes *von hoher negativer Relevanz ist*.

Das Beispiel liefert eine Illustration für einen besonders krassen Fall von der Art, daß zunächst eine statistische Gesetzmäßigkeit $p(G, F) = r$ und außerdem das Wissen um die Zugehörigkeit eines Individuums zur Bezugsklasse F sowie zu G gegeben ist; und daß die zu einem späteren Zeitpunkt erfolgende Informationsverschärfung darin besteht, daß das fragliche Individuum außerdem zu einer *engeren* Bezugsklasse bezüglich G gehört, die aus F dadurch hervorgeht, daß zu F ein Merkmal hinzugefügt wird, *welches für G bezüglich F von hoher negativer Relevanz ist*.

Der Grund dafür, daß wir von der *minimalen* statistischen Information sprechen, welche durch diese Analyse geliefert wird, liegt darin, daß bei geeignet gelagerten Fällen die Information auch erweitert werden könnte. Dazu müssen wir bedenken, daß die statistische Ausgangsinformation nur in einer elementar-statistischen Aussage, nicht jedoch in einer Verteilungshypothese bestand. Und nur für die elementar-statistische Aussage wurde eine homogene Zerlegung der Bezugsklasse vorgenommen. Während in unserem Beispiel die Verteilungshypothese mit der elementar-statistischen Hypothese automatisch mitgegeben ist, da wir nur an Z und $\overline{Z}$ interessiert sind (und die Wahrscheinlichkeit $p(\overline{Z}, U \cup P)$ den Betrag $1-r$ hat), braucht dies in anderen Fällen nicht so zu sein. Neben dem zunächst interessierenden Attribut G in der Ausgangshypothese $p(G, F) = q$ könnte es n Alternativen $G_1, G_2, \ldots, G_n$ geben, deren Wahrscheinlichkeiten bezüglich F vielleicht ebenfalls von gewissem Interesse sind. Ihre Kenntnis würde das statistische Situationsverständnis in ähnlicher Weise erweitern, wie im obigen Analogiebild das Wissen um das Funktionieren eines Automaten erweitert wird, wenn man das Funktionieren *des ganzen Fabrikationsprozesses* erfährt, in welchem der Automat nur eine bestimmte Teilfunktion erfüllt. Erklärungen im Sinn der Erklärungen des Funktionierens eines Automatismus oder Mechanismus können prinzipiell stets in der Weise verbessert werden, daß man größere Zusammenhänge, die ursprünglich außer Betracht gelassen wurden, miteinbezieht.

Sowohl in unseren allgemeinen Überlegungen als auch in dem speziell gewählten Beispiel sind wir davon ausgegangen, daß der Begriff der Homogeneität ein *qualitativer Begriff* ist. Wie die in 4.a angestellten Betrachtungen zeigen, mag dies — vielleicht (!) — im deterministischen Fall gelten. Es gilt sicherlich *nicht generell* im statistischen Fall. Insofern war das Beispiel vom radioaktiven Zerfall ein untypischer Grenzfall. Man braucht nur wieder an das Barometerbeispiel zurückzudenken, um sich daran zu erinnern, daß wir uns im allgemeinen Fall mit einem *komparativen Begriff* „ist homogener als" werden begnügen müssen. Wie ein derartiger Begriff formal präzisiert werden kann, ist von Salmon in „Statistical Explanation" auf S. 195—197 gezeigt worden. Diejenigen Leser, welche sich für dieses technische Detail interessieren, seien auf die dortigen Ausführungen verwiesen.

4.d Was könnte unter „Statistische Erklärung" verstanden werden? Für die in den Abschnitten 3 und 4.b angestellten Überlegungen war der folgende Gedanke maßgebend: Was in der bisherigen Literatur unter dem Thema „statistische Erklärung" behandelt wurde, bezieht sich nicht auf *einen* bestimmten vorexplikativen Begriff, sondern auf *zwei ganz verschiedene Explikanda*. Das *erste Explikandum* besteht danach nicht, wie in Hempels Untersuchungen, in einem korrekten statistischen Argument, durch welches die Frage beantwortet werden soll, warum eine *gewußte Tatsache* stattgefunden habe. Vielmehr handelt es sich um Begründungen, die statistische Hypothesen wesentlich benützen und *durch welche noch nicht gewußte Sachverhalte erst erschlossen werden*. Die paradigmatischen Fälle hierfür bilden Prognosen und Retrodiktionen, die sich auf statistische Hypothesen stützen. Begründungen in diesem Sinn sind keine logisch zwingenden Argumente und daher, wenn man den Ausdruck „Argument" für deduktive Schlüsse reservieren möchte, überhaupt keine Argumente. Sie sind jedoch Argumenten in dem Sinn *ähnlich*, daß sie wegen der Erfüllung der Leibniz-Bedingung gewisse Annahmen, also etwa bestimmte Voraussagen, als rational oder als gut gestützt auszeichnen. Der Begriff der statistischen Begründung nahm für uns dadurch schärfere Konturen an — und erwies sich daher auch als explikationsfähig —, *daß wir diesen Begriff mit einem speziellen Typus des statistischen Schließens identifizieren konnten*, nämlich mit korrekten Anwendungen der Einzelfall-Regel. Während in denjenigen Fällen des statistischen Schließens, die im Vordergrund des fachwissenschaftlichen Interesses stehen, die statistische Hypothese das Objekt der Beurteilung bildet, werden hier umgekehrt als gültig vorausgesetzte statistische Hypothesen *als Mittel zur Stützung bestimmter Erwartungen* verwendet. Zu den interessantesten Anwendungen der statistischen Wahrscheinlichkeit auf Einzelfälle gehören zweifellos die prognostischen Verwertungen von Wahrscheinlichkeitshypothesen.

Das *zweite Explikandum* bildete die *statistische Analyse bekannter Tatsachen.* Eine ausgezeichnete Stellung nimmt hier die statistische Analyse von Minimalform ein, *die das Minimum an erreichbarem statistischen Situationsverständnis erzeugt.*

Für beide Explikationen waren Schwierigkeiten verschiedenster Art zu überwinden. Nur für die erste Explikation konnte ungeachtet dessen, daß sich zusätzliche Probleme ergeben, an die Untersuchung HEMPELs angeknüpft werden. Denn nur hier handelte es sich darum, etwas zu präzisieren, das man als Argument im weiten Wortsinn bezeichnen kann. Für die zweite Explikation hingegen boten sich die Untersuchungen von SALMON als Anknüpfungspunkt an.

Bei HEMPEL sind beide Dinge miteinander verschmolzen: Was die Details seiner Explikation betrifft, so zielen diese auf eine Präzisierung des *Begründungs*begriffs ab. Was dagegen den Ausgangspunkt betrifft, nämlich *zu erklärende Fakten,* so bezieht sich dieser auf das zweite Problemgebiet. Beschränkt man HEMPELs Analysen auf die Probleme des ersten Typs, so wird die Polemik von SALMON gegen HEMPEL gegenstandslos: sein Explikandum, welches auf *Tatsachen* bezogen ist, muß von dem Hempelschen Explikandum, das *Nichttatsachen* betrifft, unterschieden werden. *Beide* Explikanda sind wichtig und interessant und *beide* Präzisierungen erfüllen wissenschaftstheoretische Desiderata.

Um nicht abermals einer Äquivokation zum Opfer zu fallen, haben wir den Ausdruck „statistische Erklärung" in beiden Fällen vermieden. *Am Ende* der Betrachtungen sollte man sich aber nochmals überlegen, ob und wann von statistischen Erklärungen gesprochen werden könnte. Wir werden vier diesbezügliche Vorschläge überprüfen. Für jeden dieser Vorschläge läßt sich etwas ins Feld führen. Leider werden wir aber auch feststellen müssen, daß sich gegen alle Vorschläge irgendwelche Einwendungen vorbringen lassen.

1. Vorschlag. Unter Berufung darauf, daß einem intuitiven Explikandum stets eine mehr oder weniger große Verschwommenheit anhaftet und daß man daher dem vorexplikativen Sprachgebrauch kein allzu großes Gewicht beimessen sollte, beschließt man, *die Ausdrücke „statistische Begründung"* und *„statistische Erklärung" als Synonyma zu verwenden.* Für diese Sprachregelung kann man zwei zusätzliche und voneinander unabhängige Rechtfertigungsargumente anführen:

Erstens erfüllen Begründungen die *Leibniz-Bedingung.* Wie wir gesehen haben, ist die Leibniz-Bedingung in allen Fällen, wo wir geneigt sind, von einer Tatsachenerklärung zu sprechen, eine wichtige, wenn nicht die wichtigste notwendige Voraussetzung; denn nur dann, wenn wir in irgendeiner Weise einzusehen vermögen, warum das tatsächlich Eingetretene eingetreten und nicht nicht eingetreten ist, billigen wir der Einsicht Erklärungswert zu. Zweitens läßt sich nur bei dieser Gleichsetzung die prima facie doch recht plausible These von der ‚strukturellen Gleichheit von wissenschaftlicher Erklärung und wissenschaftlicher Voraussage' auf den statistischen Fall zumindest *teilweise* rechtfertigen. Akzeptiert man hingegen den Vorschlag von Salmon (vgl. den 2. Vorschlag unten), so wird die strukturelle Gleichheitsthese nicht dadurch falsch, daß sich diese beiden Begriffe nicht ganz decken, sondern sie wird falsch aus dem fundamentalen Grund, *daß statistische Prognosen und statistische Erklärungen überhaupt nichts mehr miteinander zu tun haben.* Denn im einen Fall geht es um Argumente, durch die etwas noch nicht Bekanntes *erst erschlossen* werden soll, im anderen Fall hingegen um die Gewinnung eines Situationsverständnisses, bei dem *überhaupt nichts* zu erschließen ist, da das Analysandum = ‚Explanandum' *bereits bekannt* ist.

Ich selbst würde allerdings eher dazu neigen, diese zweite Erwägung nicht als eine indirekte Stütze zugunsten dieses ersten Vorschlages zu benützen, sondern tatsächlich die eben angedeutete radikale Konsequenz zu ziehen.

Ganz unabhängig davon, wie man zu dieser Frage steht, läßt sich gegen diesen ersten Vorschlag der schwerwiegende Einwand machen, *daß durch eine solche Sprachregelung ein kategorialer Unterschied bewußt unterdrückt wird,* nämlich der Unterschied zwischen epistemischen Fragen und Erklärung heischenden Fragen. Die ersteren sind vom Typ: „woher weißt du, daß...?" die letzteren vom Typ: „warum ist das und das so und nicht anders?" Wenn man sich daran erinnert, wieviel Unheil in der Philosophie bereits durch kategoriale Verwechslungen angerichtet worden ist, *so wird man eine Empfehlung nicht gutheißen können, die darauf hinausläuft, sich über den Unterschied zwischen Gründen für eine Überzeugung (ein Glauben, ein Wissen) und Ursachen für ein Weltgeschehen hinwegzusetzen.* Frühere Beispiele haben gezeigt, wie sehr sich unser Sprachgefühl gegen eine solche Gleichsetzung wehrt.

2. Vorschlag. Unter *statistischen Erklärungen* sollen *statistische Analysen von Minimalform* verstanden werden. Dies entspräche dem Sprachgebrauch von Salmon. Wenn man nur zwischen dem ersten und diesem zweiten Sprachgebrauch zu entscheiden hätte, so könnte man zugunsten des Vorschlages von Salmon auf einen weiteren Nachteil des ersten Vorschlages hinweisen, der hier hinwegfällt: die Paradoxie (I). Nur solange man unter statistischen Erklärungen *Argumente zugunsten des Wahrscheinlichen* versteht, führt die Realisierung des Unwahrscheinlichen zu einer Paradoxie, wenn man eine Erklärung für diese Realisierung geben soll, eine deterministische Tiefenanalyse jedoch ausgeschlossen ist, wie etwa im Beispiel des radioaktiven Zerfalls. Für die statistischen Analysen im explizierten Sinn verschwindet diese Paradoxie automatisch, weil diese Analysen nichts enthalten, was man ‚argumentative Auszeichnung oder Begünstigung des Wahrscheinlichen' nennen könnte.

Trotzdem läßt sich auch hier ein ähnlicher Einwand vorbringen: Nach Salmons eigenen Worten, die zu Beginn von 4.b zitiert wurden, soll der Begriff der statistischen Erklärung auf den der *positiven* Relevanz zurückgeführt werden. Nun kann jedoch die statistische Minimalanalyse so beschaffen sein, daß man aus ihr im Widerspruch dazu eine *Irrelevanzaussage* oder sogar eine *negative Relevanzfeststellung* gewinnen kann. Präziser ausgedrückt: Wenn die singuläre Ausgangsinformation in der Konjunktion $Fa \wedge Ga$ besteht und die ursprüngliche Hypothese $p(G, F) = r$ lautet, so kann das Analysans die beiden Aussagen $Fa \wedge C_i a \wedge Ga$ und $p(G, F \cap C_i) = r_i$ mit $r_i < r$ oder sogar $r_i \ll r$ enthalten, wie dies in dem von SALMON selbst angeführten Beispiel mit dem radioaktiven Zerfall tatsächlich gilt. *Sowohl die Leibniz-Bedingung als auch die Bedingung der positiven Relevanz sind hier verletzt.* Daher würde von uns auch die Antwort auf die Frage: „warum ist dieses F auch ein G?" als intuitiv absurd empfunden werden, wenn sie lautete: „weil dieses F auch ein C_i ist und weil die Wahrscheinlichkeit, daß ein Ding, welches neben dem Merkmal F das Merkmal C_i besitzt, auch ein G ist, *viel geringer* (!) ist als die Wahrscheinlichkeit, daß ein F überhaupt ein G ist".

Den entscheidenden Einwand gegen SALMONs Anspruch, den Begriff der statistischen Erklärung expliziert zu haben, kann man jetzt in einfacher und bündiger Form formulieren: Jede Erklärung ist Erklärung *von etwas.* *Auf die Frage, was denn durch das, was er Erklärung nennt, erklärt werde, vermag Salmon keine adäquate Antwort zu geben.* Denn eine adäquate Antwort auf eine Erklärung heischende Frage von der Gestalt: „Warum ist dieses a, welches ein F ist, auch ein G?" kann offenbar nicht lauten: „weil a außerdem ein weiteres Merkmal besitzt, das zusammen mit F die Wahrscheinlichkeit, daß a auch ein G ist, unter die ursprüngliche Wahrscheinlichkeit für das Vorliegen von G wesentlich herabdrückt."

SALMON ist vermutlich durch seinen Versuch irregeleitet worden, die Carnapsche Unterscheidung zwischen *Bestätigungsgrad* und *Relevanz* zu parallelisieren. Sein Erklärungsbegriff sollte sich vom Hempelschen in ähnlicher Weise unterscheiden wie sich die Carnapschen Relevanzbegriffe vom Carnapschen Begriff des Bestätigungsgrades unterscheiden. Doch diese Parallele hat einen Haken. Während nämlich die Carnapsche Familie *alle* Relevanzbegriffe umfaßt: die Fälle der positiven Relevanz, der negativen Relevanz und der Irrelevanz — und es übrigens nichts ausgemacht haben würde, wenn CARNAP diese ganze Familie, im Widerspruch zu seiner Terminologie, unter den Oberbegriff „Bestätigungsgrad" zusammengefaßt hätte[58] —, kann von einer Erklärung im Sinn der Beantwortung der Salmonschen Frage: „warum ist dieses F auch ein G?" *höchstens im Fall der positiven Relevanz* gesprochen werden. Die positive Relevanz aber können wir nicht erzwingen, wenn der Zufall es anders will.

3. Vorschlag. Man beschließt, der Aufforderung zu einer Erklärung im statistischen Fall stets durch die Zwei-Worte-Antwort nachzukommen: „(es geschah) *durch Zufall*". Obzwar wir vom intuitiven Standpunkt eine derartige Antwort vermutlich nur in denjenigen Fällen als wirklich angemessen empfinden, wo sich sehr Unwahrscheinliches tatsächlich ereignete,

---

[58] Es hätte dann auch *negative* Bestätigungsgrade gegeben. So etwas anzunehmen, ist nichts Unnatürliches.

hat diese Antwort doch den Vorteil, *daß sie niemals falsch ist, sofern das Geschehen von statistischen Gesetzen beherrscht wird*; und daß diese Antwort daher in solchen Fällen im Prinzip immer gegeben werden kann. Man kann keine Gegenbeispiele vorbringen; und man braucht auch keine komplizierten Überlegungen darüber anzustellen, ob gewisse Bedingungen erfüllt sind, wie z. B. die Leibniz-Bedingung oder die Bedingung der positiven Relevanz gegenüber einer Ausgangswahrscheinlichkeit oder die Bedingung für adäquate statistische Begründungen.

Diesen Vorteilen steht ein nicht weniger fundamentaler Nachteil gegenüber: *Die Antwort hat keinen Informationswert.* Man könnte es auch so ausdrücken: Das ursprüngliche Explikandum war der Begriff der *wissenschaftlichen* statistischen Erklärung. Das Explikandum wurde durch ein anderes ersetzt, in welchem das Beiwort „wissenschaftlich" gestrichen wird. Es handelt sich nur um eine der vielen möglichen Verwendungen von „eine Erklärung geben", auf welche hier, allerdings beschränkt auf den statistischen Fall, hingewiesen wird. Wenn man zunächst von der Vorstellung ausging, daß zumindest *eines* der Ziele der systematischen Wissenschaften darin besteht, Erklärungen zu liefern, die vorher nicht möglich waren, so müßte man diesen Gedanken wieder preisgeben, sobald man den dritten Vorschlag für den Begriff der statistischen Erklärung akzeptiert. Man braucht nur zu der prinzipiellen Auffassung zu gelangen, daß die grundlegenden Naturgesetze statistische Gesetze sind, um ausnahmslos alles ,erklären' zu können, selbst etwas zwar logisch Mögliches, aber doch phantastisch Unwahrscheinliches wie dies, daß dieser Stein sich plötzlich von der Erde löst und aufs Dach des nächsten Hauses fliegt. *Man würde bei Befolgung dieses dritten Vorschlages* außer dem grundsätzlichen Wissen um den probabilistischen Charakter allen Geschehens *keine Theorie benötigen, um alles erklären zu können.*

4. Vorschlag. Angenommen, die folgenden drei Bedingungen seien erfüllt:

(1) Außer $a \in A$ und $a \in B$ sei die statistische Hypothese $p(B, A) = r$ *mit niedriger Ausgangswahrscheinlichkeit r* gegeben.

(2) Die statistische Minimalanalyse führe zu der weiteren Erkenntnis, daß außerdem $a \in C_i$, wobei $p(B, A \cap C_i) = s$ mit $s \gg r$. Es sei also die (zu Beginn von 4.b zitierte) Bedingung von SALMON erfüllt, ,daß die Wahrscheinlichkeit des Explanandum-Ereignisses relativ auf die erklärenden Tatsachen wesentlich größer ist als die Ausgangswahrscheinlichkeit'. Denn die Ausgangswahrscheinlichkeit dafür, daß ein A auch ein B ist, betrug nur r, während die ,erklärende Tatsache' $a \in A \cap C_i$ so geartet ist, daß das wesentlich erwähnte Attribut $A \cap C_i$, als Bezugsattribut für B genommen, diesem letzteren *die Wahrscheinlichkeit s zuteilt, welche viel größer ist als die Ausgangswahrscheinlichkeit* $p(B, A)$.

(3) Die in Abschnitt 3 formulierten *Bedingungen für ein Begründungsargument seien erfüllt:* aus einem Wissen um $a \in A \cap C_i$ sowie $p(B, A \cap C_i) = s$

hätte $a \in B$, wenn es nicht schon gewußt gewesen wäre, in dem dortigen Sinn *rational erschlossen* werden können.

Wenn diese günstige Überlagerung von statistischer Analyse und statistischer Begründung vorliegt, scheinen alle an einen Erklärungsbegriff zu stellenden Desiderata erfüllt zu sein: *Erstens* haben wir das durch die statistische Minimalanalyse gelieferte *statistische Situationsverständnis* gewonnen, das mit den in (1) gegebenen Daten noch nicht vorlag. *Zweitens* ist, wie das Ergebnis der Minimalanalyse zeigt, die von SALMON geforderte Bedingung der positiven Relevanz erfüllt, da s viel größer ist als r. *Drittens* sind die Voraussetzungen für ein prognostisch verwertbares *rationales Begründungsargument* gegeben, was wieder zweierlei bedeutet: (a) *die* von jeder adäquaten Erklärung zu fordernde *Leibniz-Bedingung ist erfüllt*; (b) *was sich tatsächlich ereignete*, nämlich daß A ein B ist, *stimmt mit dem überein, was rational zu erwarten war*.

Wenn man also überhaupt einen statistischen Erklärungsbegriff benützen möchte, scheint unter allen Vorschlägen dieser vierte Vorschlag der beste zu sein. Ohne überhaupt auf die Frage einzugehen, ob das Reden von einer statistischen Erklärung bei Vorliegen dieser Bedingungen als sprachlich angemessen erscheint, müssen wir abermals sofort auf einen negativen Punkt hinweisen, der selbst in diesem günstigsten Fall dagegen spricht, den Ausdruck „statistische Erklärung" zu verwenden: Ob eine statistische Erklärung in dieser vierten Bedeutung möglich ist oder nicht, hängt nicht allein von uns ab, *sondern auch wieder ‚vom Zufall'*.

Wenn keine Erklärung in diesem Sinn vorliegt, so *kann* dies natürlich darauf beruhen, *daß wir versagt haben*: Der Fehler liegt bei uns, wenn wir uns z. B. auf eine *falsche* statistische Hypothese stützen oder wenn wir *fälschlich* annehmen, alle für ein Begründungsargument erforderlichen Voraussetzungen seien erfüllt. Der Fehler liegt insbesondere auch dann bei uns, wenn wir *irrtümlich* glauben, es handle sich um einen irreduziblen statistischen Fall, der eine deterministische Tiefenanalyse ausschließt.

Das Nichtvorliegen einer Erklärung in diesem Sinn *kann* aber auch vom Zufall abhängen. Die statistische Analyse *könnte* ja ergeben haben, daß $a \in A \cap C_k$ mit $p(B, A \cap C_k) = v$ mit $v < r$ oder sogar $v \ll r$. Dann wäre das, was wir als ‚erklärende Tatsachen' anführen möchten, von *negativer* Relevanz für das zu Erklärende; a fortiori wäre *die Leibniz-Bedingung nicht erfüllt*, und *ein Begründungsargument*, welches lehrt, daß das, was sich tatsächlich ereignete, rational zu erwarten war, *wäre ausgeschlossen*. Bei Vorliegen eines solchen unbehebbaren intuitiven Konfliktes zwischen dem, was sich ereignete, und dem, was zu erwarten war, könnte eine Erklärung in diesem vierten Wortsinn nicht gegeben werden. Wieder am Salmonschen Beispiel des radioaktiven Zerfalls erläutert: Wenn wir gefragt werden, warum *dieses Atom* aus der zu t_0 gebildeten Mischung von Uran-Atomen und Thorium-C'-Atomen 0,0005 Minuten nach t_0 zerfallen ist, so kann eine Erklärung im Sinn dieses vierten Vorschlages gegeben werden, *falls es sich bei diesem Atom um ein Thorium-C'-Atom handelt.* Es ist jedoch *keine* Erklärung möglich, wenn wir das Pech haben sollten, uns mit „dieses Atom" auf ein Uran-Atom zu beziehen. Die einzige Antwort, welche uns hier übrig bliebe, wäre die Zurückbeziehung auf die nichtinformative sprachliche Reaktion des dritten Vorschlages: „durch Zufall".

Es bliebe nur ein sehr schwachen Trost, sich zu überlegen, *daß man in derartigen Fällen ‚auf lange Sicht' viel häufiger Eklärungen im vierten Wortsinn zu geben vermöchte als keine Erklärungen.* Denn diesem Gedanken wäre der andere entgegenzustellen, *daß wir in solchen Fällen auf lange Sicht mit praktischer Gewißheit in Situationen geraten werden, in denen eine Erklärung dieser Art ausgeschlossen ist.*

Rein logisch bestünde noch die Möglichkeit weiterer Vorschläge, so z. B. eines *5. Vorschlages,* der zwischen dem zweiten und vierten in der Mitte liegt: man verzichtet auf die Erfüllung der Bedingungen für ein statistisches Begründungsargument (Abschwächung des vierten Vorschlages), verlangt jedoch positive Relevanz (Verstärkung des zweiten Vorschlages). Es dürfte sich erübrigen, solche weiteren Vorschläge im einzelnen zu diskutieren, weil in ihnen stets prima-facie-Vorteile durch verschiedene bereits erwähnte Nachteile paralysiert werden.

Über die ‚Paradoxien des Indeterminismus' ist viel geschrieben und viel herumgerätselt worden. Die Ergebnisse der Untersuchungen dieses Teiles IV zeigen eine *rationale Wurzel* für den Eindruck des Paradoxon auf. Sie besteht nicht, wie dies oft behauptet worden ist, in der ‚Preisgabe des Kausalprinzips'. Denn diese Preisgabe enthält keinerlei logische oder epistemologische Paradoxie, sondern nur eine Paradoxie *für jemanden,* für den der Determinismus zum Dogma geworden ist.

Die rationale Wurzel dafür, daß ein indeterministisches System — also ein System, welches nur von statistischen Zustands- und (oder) Ablaufgesetzen regiert wird — in uns einen unbehebbar paradoxen Eindruck hinterläßt, liegt woanders. Eine Aufgabe, wenn nicht *die* Hauptaufgabe der Naturgesetze und der naturwissenschaftlichen Theorie wird darin erblickt, daß man mit ihrer Hilfe *zu Erklärungen* dessen, was wir in dieser Welt antreffen, gelangen solle.

In einem indeterministischen System muß dies *ein unerfüllbarer Wunsch* bleiben. Wir können in solchen Systemen zwar *statistische Begründungen* geben, durch die bestimmte, noch nicht als Tatsachen anerkannte *Erwartungen als rational ausgezeichnet werden.* Wir können *anerkannte Tatsachen* durch *statistische Analysen* anatomisch zergliedern und dadurch ein *statistisches Verständnis* dessen gewinnen, ‚was hier vor sich gegangen ist'. *Aber wir können für ein indeterministisches System, selbst bei Kenntnis aller für das System geltender Gesetze, keine Erklärungen von bekannten Tatsachen geben. Wir können dies aus dem einfachen Grunde nicht tun, weil es so etwas wie statistische Erklärungen überhaupt nicht gibt.*

Der Ausdruck „statistische Erklärung" könnte allerdings sinnvoll in einem anderen Kontext verwendet werden, nämlich als Beantwortung einer Frage, die nicht ein Einzelereignis, sondern gewisse *Eigentümlichkeiten sich wiederholender Folgen von Ereignissen* bestimmter Art betrifft. Eine Erklärung heischende Frage von dieser Art könnte etwa lauten: „Wie kommt es, daß bei Würfen mit dieser Münze viel häufiger *Kopf* als *Schrift* erscheint?" Die Antwort würde hier *nur* in der Berufung auf ein statistisches Gesetz bestehen, evtl. versehen mit einer inhaltlichen Erläuterung, die auf den Zusammenhang von Chance und relativer Häufigkeit hinweist: „Die statistische Wahrscheinlichkeit von *Kopf* ist für diese Münze größer als die von *Schrift*. Und es liegt nun einmal in der Natur des Wahrscheinlicheren, daß es häufiger vorzukommen pflegt als das Unwahrscheinliche." Vielleicht liegt hier eine der psychologischen Wurzeln dafür, daß man geneigt ist, am Gedanken einer statistischen Erklärung von Einzelvorgängen festzuhalten. Man denkt sich etwa: „Wenn man schon *komplexe* Ereignisse (von der Art längerer beobachtbarer Folgen) erklären kann, so muß doch dieselbe Erklärung auch für diejenigen einzelnen Glieder der Folge gelten, in denen sich das Wahrscheinlichere ereignet hat!" Dieser Übergang ist jedoch, wie wir bereits von den Diskussionen in Teil III her wissen, keineswegs selbstverständlich.

Bibliographie

Bar-Hillel, Y. [Corroboration], "Popper's Theory of Corroboration", Manuskript 1970.

Carnap, R. [Probability], *Logical Foundations of Probability*, 2. Aufl. Chicago 1962.

Carnap, R. und W. Stegmüller [I. L.], *Induktive Logik und Wahrscheinlichkeit*, 2. Aufl. Wien 1972.

Grünbaum, A. [Space and Time], *Philosophical Problems of Space and Time*, New York 1963.

Hempel, C. G. [History], "The Function of General Laws in History", in: The Journal of Philosophy Bd. 39 (1942), S. 35—48, abgedruckt in: Hempel, C. G. [Aspects], S. 231—243.

Hempel, C. G. [Versus], "Deductive-Nomological versus Statistical Explanation", in: Feigl, H. und G. Maxwell (Hrsg.), *Minnesota Studies in the Philosophy of Science:* Bd. III, Minneapolis 1962.

Hempel, C. G. [Aspects], *Aspects of Scientific Explanation*, New York-London 1965.

Hempel, C. G. [Maximal Specificity], "Maximal Specificity and Lawlikeness in Probabilistic Explanation", in: Philosophy of Science Bd. 35 (1968), S. 116—133.

Jeffrey, R. C. [Explanation vs. Inference], "Statistical Explanation versus Statistical Inference", in: Rescher, N. (Hrsg.), *Essays in Honor of* Carl G. Hempel, Dordrecht 1969, angedruckt in: Salmon, W. C. (Hrsg.), *Statistical Explanation and Statistical Relevance*, S. 19—28.

Mises, R. v. [Wahrscheinlichkeit], *Wahrscheinlichkeit, Statistik und Wahrheit*, 4. Aufl. Wien-New York 1972.

Reichenbach, H. [Direction], *The Direction of Time*, Berkeley und Los Angeles 1956.

Rényi, A. [Wahrscheinlichkeitsrechnung], *Wahrscheinlichkeitsrechnung mit einem Anhang über Informationstheorie*, Berlin 1962.

SALMON, W. C. [Prior Probabilities], "The Status of Prior Probabilities in Statistical Explanation", in: Philosophy of Science Bd. 32 (1965), S. 137—154.

SALMON, W. C., "Statistical Explanation", in: COLODNY, R. G. (Hrsg.), *Nature and Function of Scientific Theories*, S. 173—231, abgedruckt in: SALMON, W. C. (Hrsg.), *Statistical Explanation and Statistical Relevance*, S. 29—87, "Postscript", S. 105—110.

SALMON, W. C. (Hrsg.), *Statistical Explanation and Statistical Relevance*, Pittsburgh 1971.

STEGMÜLLER, W. [Erklärung und Begründung], *Wissenschaftliche Erklärung und Begründung*, Berlin-Heidelberg-New York 1969, Kap. IX, Abschn. 8, S. 664—675, und Abschn. 13, S. 689—702.

STEGMÜLLER, W. [Induktion], „Das Problem der Induktion: Humes Herausforderung und moderne Antworten", in: H. LENK (Hrsg.), *Neue Aspekte der Wissenschaftstheorie*, Braunschweig 1971, S. 13—74.

WRIGHT, G. H. v. [Understanding], *Explanation and Understanding*, London 1971.

Anhang I:
Indeterminismus vom zweiten Typ

In diesem Anhang werden einige Verbesserungen in der Beschreibung der im Bd. I behandelten diskreten Zustandssysteme angegeben, die *indeterministisch* sind, obwohl *alle* für diese Systeme geltenden *Zustands- und Ablaufgesetze streng deterministisch* sind.

In „Wissenschaftliche Erklärung und Begründung" habe ich auf S. 509—517 die Struktur von diskreten Zustandssystemen beschrieben, die in gewissem Sinn ein primitives diskretes Analogon zur Quantenmechanik bilden. Diese Systeme haben die merkwürdige Eigenschaft, daß alle für sie geltenden Zustands- und Ablaufgesetze streng deterministisch sind. Der indeterministische Grundzug entsteht allein dadurch, daß diese Systeme außer deterministischen, d. h. in allen Einzelheiten genau bestimmten Zuständen noch Zustände von anderer Art haben: *Wahrscheinlichkeitszustände* (*W-Zustände*), in denen die einzelnen Merkmale nur ‚bis auf Wahrscheinlichkeiten bestimmt' sind. Systeme von diesem Typ nannte ich J_2-*Systeme*.

J_1-*Systeme* sind demgegenüber die von N. Rescher entwickelten diskreten Zustandssysteme. Die indeterministischen J_1-Systeme sind dadurch charakterisiert, daß einige der ein solches System beherrschenden Ablaufgesetze statistische Gesetze sind (vgl. Bd. I, Kap. III).

Wenn in naturphilosophischen Überlegungen von Indeterminismus die Rede ist, so denkt man meist an denjenigen Typus, der im diskreten Fall durch J_1-Systeme repräsentiert wird, also an das Vorliegen bloß statistischer Ablaufgesetze, die nicht auf deterministische Ablaufgesetze reduzierbar sind.

Meine These lautete: Wenn die moderne Physik recht hat, so ist das Universum ein indeterministisches System, aber nicht ein solches, das durch ein diskretes Analogiemodell vom J_1-Typus repräsentiert wird, sondern ein solches, für welches eher die J_2-Systeme eine diskrete Veranschaulichung liefern.

Das a. a. O. beschriebene System hatte zwei Typen von Zuständen: *S-Zustände* und *T-Zustände* (diskretes Analogon zu konjugierten Größen). Für beide Typen gibt es zwei Arten von Zuständen: *D-Zustände* (deterministische Zustände) und *W-Zustände* (Wahrscheinlichkeitszustände). Befindet sich das System bezüglich eines der beiden Typen in einem D-Zustand, so kann der elementare Teilzustand S_i bzw. T_i bestimmt werden. Befindet sich das System hingegen in einem W-Zustand, so ist dies nicht möglich.

Bei verschiedenen Lesern wird vermutlich dadurch eine gewisse Verwirrung hervorgerufen worden sein, daß ich eine dritte Zustandsart einführte, nämlich *unbestimmte Zustände* oder *U-Zustände* (a. a. O. S. 510). Die Einführung dieser dritten Zustandsart ist tatsächlich vollkommen überflüssig, da sich diese Zustände als spezielle Wahrscheinlichkeitszustände deuten lassen. Dementsprechend sind die Komplikationen vermeidbar, die bei der Formulierung von Gesetzen durch die Einführung dieser dritten Zustandsart auftreten.

Eine prinzipielle Klärung dürfte sich am raschesten dadurch herbeiführen lassen, daß ich das Motiv angebe, welches mich zur Einführung von *U*-Zuständen neben *W*-Zuständen veranlaßte: *Es waren wahrscheinlichkeitstheoretische Skrupel.* In der wahrscheinlichkeitstheoretischen Literatur sind bekanntlich seit langem die fehlerhaften Anwendungen des sog. Indifferenzprinzips bemängelt worden, die darauf hinauslaufen, *daß aus einer Unkenntnis auf Gleichwahrscheinlichkeit geschlossen wird.* Ich war nun der (irrigen) Meinung, daß man auch in der Quantenphysik scharf zwischen Unbestimmtheit und Gleichwahrscheinlichkeit unterscheiden müsse; andernfalls sei man den Einwendungen ausgesetzt, die gegen das erwähnte Prinzip vorgebracht worden sind.

Man muß jedoch zwischen zwei anderen Dingen scharf unterscheiden: einem irreführenden Sprachgebrauch einerseits und einer fehlerhaften Anwendung des Indifferenzprinzips andererseits. Falls z. B. das Quantenphysiker sagt: „Wenn der Impuls eines Elementarteilchens genau bestimmt ist, dann ist der Ort vollkommen *unbestimmt*" und außerdem noch hinzugefügt, mit dem letzteren sei gemeint, daß eine *totale Unkenntnis* der Ortskoordinaten bestehe, so *meint er* in Wahrheit etwas ganz anderes, nämlich daß eine *Gleichwahrscheinlichkeit* in bezug auf die möglichen Werte der Ortskoordinaten vorliegt. Es wird daher, wenn der Physiker später Gleichwahrscheinlichkeit annimmt, kein fehlerhafter oder zumindest höchst anfechtbarer Schluß nach dem Indifferenzprinzip vorgenommen. Vielmehr handelt es sich nur um einen etwas ungewöhnlichen (und wohl von den meisten Wahrscheinlichkeitstheoretikern verpönten) Sprachgebrauch. Wenn immer solche Wendungen, wie „totale Unkenntnis" oder „Unbestimmtheit" vorkommen, so ist in diesen physikalischen Kontexten nichts anderes gemeint als *das Vorliegen einer ganz bestimmten Verteilung,* nämlich eine Gleichwahrscheinlichkeit bezüglich der möglichen Meßwerte.

Meine probabilistischen Skrupel waren also unbegründet. Dementsprechend sind in dem diskreten Modell, a. a. O. S. 510ff., die U-Zustände stets als *Gleichverteilungszustände,* also als spezielle Wahrscheinlichkeitszustände, zu interpretieren. Das Symbol „U" bedeutet somit nur eine Abkürzung. Daß z. B. U(T) gilt, muß so gedeutet werden: Es liegt jener spezielle *W*-Zustand vor, in welchem für die 7 elementaren Teilzustände vom Typus *T dieselbe* Wahrscheinlichkeit, nämlich 1/7, besteht, bei der Bestimmung des Zustandes vom *T*-Typ beobachtet zu werden. Analog bedeutet das Vorliegen von U(S) nichts anderes als gleiche Wahrscheinlichkeit von 1/5 für die Realisierung der Zustände S_1, S_2, . . ., S_5 bei Bestimmung des Zustandes vom Typ S.

Zustandsgesetze werden durch „$\vec{Z}$" oder „$\overset{\leftrightarrow}{Z}$", Ablaufgesetze durch „$\vec{A}$" wiedergegeben. Der Buchstabe „U" dient als Abkürzung im angegebenen Sinn. Die beiden ersten Zustandsgesetze besagen, daß bei gegebenem

D-Zustand vom S-Typ ein U-Zustand vom T-Typ vorliegt, sowie daß bei gegebenem D-Zustand vom T-Typ ein U-Zustand vom S-Typ vorliegt:

(1) $S_i \vec{Z} U(T)$ für alle i,

(2) $T_j \vec{Z} U(S)$ für alle j.

In den beiden gleich bezeichneten Gesetzen von Bd. I, S. 511, ist also der Doppelpfeil durch einen einfachen Pfeil von links nach rechts zu ersetzen.

Ferner ist das Zustandsgesetz (5), a. a. O. S. 512, falsch. An seine Stelle hat diejenige Verschärfung zu treten, die a. a. O. auf derselben Seite als Fußnote 62 in der Form einer Vermutung ausgesprochen worden ist: Wenn der Zustand eines Typs bestimmt ist, dann liegt bezüglich des anderen Zustandstyps eine Gleichverteilung vor. Ein derartiges Gesetz braucht aber gar nicht eigens erwähnt zu werden, weil es nach der neuen Interpretation bereits in den Gesetzen (1) und (2) enthalten ist.

Die weiteren Zustandsgesetze verknüpfen Wahrscheinlichkeitsverteilungen von elementaren S-Zuständen mit Wahrscheinlichkeitsverteilungen von elementaren T-Zuständen. Hier kann man im Symbolismus eine Vereinfachung vornehmen: Die oberen Indizes, die ich a. a. O. bei W-Zuständen verwendet habe, sind prinzipiell überflüssig. Sie dienen nur als Hilfsmittel, um mehrere Fälle summarisch zusammenzufassen. Die eigentliche Unterscheidung zwischen W-Zuständen erfolgt durch die *unteren* Indizes. Die auf den Typ S bezogenen W-Zustände werden durch „W_i“, die auf den Typ T bezogenen W-Zustände durch „W_i^*“ symbolisiert. Ein W_1-Zustand hat z. B. eine andere Struktur als ein W_2-Zustand. „Eine andere Struktur haben“ bedeutet dabei soviel wie: „eine andere Wahrscheinlichkeitsverteilung bezüglich der elementaren Zustände (vom Typ S) festlegen.“ Analoges gilt für die W_i^*-Zustände.

Ein rein probabilistisches Zustandsgesetz, welches ‚nicht-entartete‘ Wahrscheinlichkeitsverteilungen miteinander verknüpft, könnte z. B. lauten:

$$W_1 \overset{\leftrightarrow}{Z} W_3^* .$$

Die *Ablaufgesetze* sind alle deterministisch. Einige verbinden D-Zustände mit D-Zuständen, andere sind gemischt, d. h. sie verbinden D-Zustände mit nachfolgenden W-Zuständen oder umgekehrt. Die interessantesten Gesetze sind diejenigen von reiner W-Form: sie verknüpfen (deterministisch!) bestimmte W-Zustände zu einem Zeitpunkt mit W-Zuständen zum darauffolgenden Zeitpunkt. (Für Illustrationen vgl. a. a. O. S. 513.)

Unter Benützung der einfacheren Symbolik (ohne obere Indizes) könnte man für ein J_2-System mit zwei Zustandstypen S und T die Situation für zwei aufeinanderfolgende Zeiten t_1 und t_2 durch eine Abbildung veranschaulichen (vgl. Fig. 1). Der *horizontale* Pfeil betrifft dabei ein *Ablaufgesetz*, die beiden *senkrechten* Pfeile (ein einfacher, ein doppelter) charakterisieren jeweils ein *Zustandsgesetz*. (Der Buchstabe „Z" steht in diesem Fall links vom Pfeil.) Was innerhalb eines Rechteckes steht, entspricht dem, was durch den Wert der Psi-Funktion für den fraglichen Zeitpunkt ausgedrückt wird. Diese Entsprechung ist natürlich nur eine sehr ungefähre, daher die Anführungszeichen. (Es darf nicht vergessen werden, daß wir uns auf zwei Zustandstypen beschränkten; die ψ-Funktion im quantenmechanischen Fall besagt natürlich wesentlich mehr, d. h. sie liefert eine viel größere Information.)

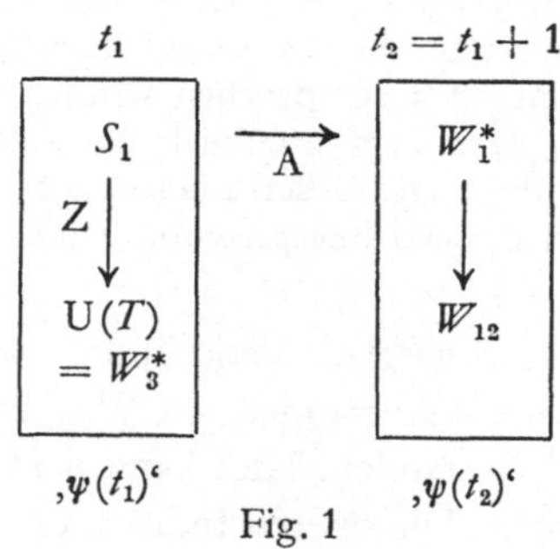

Fig. 1

Zu beachten ist ferner: Wenn sich das System zu t_2 in dem angegebenen ,$\psi(t_2)$-Zustand' befindet, so führt eine *T*-Beobachtung (und analog eine *S*-Beobachtung) zu einem genau bestimmten Teilzustand vom Typ *T* (bzw. vom Typ *S*). Das System läuft dann so weiter, wie dies auf Grund des Ablaufgesetzes mit diesem Teilzustand als Ausgangszustand bestimmt ist. *Welches* Ablaufgesetz dies sein wird, kann man nicht a priori sagen, da ja nur die Wahrscheinlichkeiten dafür bekannt sind, daß *T*- bzw. *S*-Beobachtungen zu bestimmten Teilzuständen führen werden.

Nicht zu übersehen ist auch, daß das a. a. O. skizzierte System — gleichgültig, ob es sich selbst überlassen bleibt oder ob es durch Eingriffe von der Art der *T*- und *S*-Beobachtungen in seinem Ablauf in einer nur probabilistisch voraussehbaren Weise beeinflußt wird — zyklisch ist. Dies ergibt sich einfach daraus, daß es nur endlich viele Zustände enthält. Man kann aber selbstverständlich auch diesmal unendliche Zustandssysteme von verschiedenster Beschaffenheit angeben, die nicht zyklisch sind.

Anhang II:
Das Repräsentationstheorem von B. de Finetti
1. Intuitiver Zugang

1.a Bernoulli-Wahrscheinlichkeiten und Mischungen von Bernoulli-Wahrscheinlichkeiten. Unter ‚objektive Wahrscheinlichkeit‘ verstehen wir in diesem Anhang stets den Wahrscheinlichkeitsbegriff in der Häufigkeitsdeutung. Zwar wird damit in der Regel der Begriff derjenigen Theorie gemeint sein, welche in Teil III, 1.b als Limestheorie der Wahrscheinlichkeit bezeichnet worden ist. Doch sollen hier in die objektivistische Auffassung auch alle anderen Theorien einbezogen werden, wonach die statistische Wahrscheinlichkeit ein objektives Merkmal von Ereignisfolgen darstellt, das sich in einem bestimmten Häufigkeitsverhalten manifestiert. Die Gegenposition zum Objektivismus bezeichnen wir als Subjektivismus[1].

Wie wir wissen, bildet es für die objektivistischen Konzeptionen, und da wiederum vor allem für die Limestheoretiker, eine große Schwierigkeit, von der Wahrscheinlichkeit von Einzelereignissen zu reden. Der Subjektivist kennt diese Schwierigkeit nicht, da er das, was dort zum *Problem* wird, zum *Ausgangspunkt* seiner Begriffsexplikation macht: Wahrscheinlichkeiten sind Überzeugungsgrade, und Überzeugungsgrade beziehen sich zunächst immer auf das Eintreffen einzelner Ereignisse. In Teil I und II ist gezeigt worden, wie mittels des Begriffs des Wettquotienten der subjektive Wahrscheinlichkeitsbegriff quantitativ präzisiert werden kann und wie außerdem auf dieser Grundlage eine Begründung der Axiome der Wahrscheinlichkeitstheorie — unter Ausschluß der σ-Additivität — geliefert werden kann.

Der Subjektivist beschränkt sich aber nicht darauf, mit seinem Wahrscheinlichkeitsbegriff in der rationalen Entscheidungstheorie zu arbeiten. *Für ihn ist der subjektive Wahrscheinlichkeitsbegriff der einzig legitime Wahrscheinlichkeitsbegriff schlechthin.* Er lehnt somit den probabilistischen Dualismus genauso ab wie dies die ‚orthodoxen Objektivisten‘ tun, die keinen Wahrscheinlichkeitsbegriff außer dem der objektiv-statistischen Wahrscheinlichkeit anerkennen wollen, wenn auch aus dem gegenteiligen Grund. Am radikalsten hat sich diesbezüglich DE FINETTI geäußert. Wenn man daran glaubt, daß es eine objektive statistische Wahrscheinlichkeit gibt, dann ist

---

[1] Der Unterschied zwischen der deskriptiven und der normativen Betrachtungsweise, der an früherer Stelle zu der terminologischen Unterscheidung zwischen *subjektiver Wahrscheinlichkeit* und *personeller Wahrscheinlichkeit* führte, spielt im gegenwärtigen Zusammenhang keine wesentliche Rolle.

diese Wahrscheinlichkeit eine *unbekannte* Größe, über die man nur hypothetische Annahmen machen kann. *Unbekannte Wahrscheinlichkeit* aber ist nach DE FINETTI *ein nebuloser und unexakter Begriff*; denn der Ausdruck „unbekannte Wahrscheinlichkeit" läßt sich nicht definieren und Hypothesen über eine solche Wahrscheinlichkeit haben daher keinerlei objektive Bedeutung[2]. Die Geschichte scheint in der Tat DE FINETTI recht zu geben: Die Definition, welche die Limestheoretiker für diesen Begriff vorschlugen, hielt der Kritik nicht stand. Und eine andere und bessere Definition ist auf objektivistischer Grundlage nicht gefunden worden.

Gerade dieses Definitionsproblem bereitet nun wiederum dem Subjektivisten überhaupt keine Schwierigkeiten und daher auch keine schlaflosen Nächte. Wie bereits erwähnt, identifiziert DE FINETTI die *Wahrscheinlichkeit*, die ein Ereignis E *für eine Person* hat, mit dem Grad, in dem diese Person an E glaubt; und diesen Glaubensgrad *definiert er ‚operational'* als den höchsten Wettquotienten, mit dem diese Person auf E zu wetten bereit ist.

Ich will die Feststellung: „‚Unbekannte objektive Wahrscheinlichkeit' ist ein sinnloser Ausdruck", DE FINETTIs *erste These* nennen. Zu dieser ersten These tritt nämlich eine zweite These hinzu, in deren Begründung nicht nur die Wurzel dafür liegen dürfte, daß der Subjektivismus eine so starke Beachtung gefunden hat, sondern die außerdem dazu führte, daß viele Wahrscheinlichkeitstheoretiker und Statistiker die subjektive Interpretation akzeptierten und in allen Varianten des Objektivismus nicht mehr zu erblicken bereit sind als verschiedene Spielarten eines zum Scheitern verurteilten metaphysischen Abenteuers.

Die *zweite These* kann folgendermaßen formuliert werden: „Die Suche nach einer besseren Definition der statistischen Wahrscheinlichkeit ist *überflüssig.* Ein Begriff der statistischen Wahrscheinlichkeit ist nämlich in dem Sinn *unnötig,* daß man in allen wissenschaftlichen Kontexten, in denen von Wahrscheinlichkeit die Rede ist, mit dem subjektiven Wahrscheinlichkeitsbegriff allein auskommt". Im Repräsentationstheorem von DE FINETTI kann man die Begründung dieser zweiten These erblicken. Mit den im Beweis dieses Theorems entwickelten Methoden wird der Anspruch verknüpft, *die gesamte Theorie der objektiven Wahrscheinlichkeit in den subjektivistischen Rahmen einbetten zu können.* Wir können nach Kenntnisnahme dieses Beweises zwar wieder dazu übergehen, *so zu tun, als ob* es unbekannte objektive Wahrscheinlichkeiten gäbe. Aber dies ist nichts weiter als eine *façon de parler* — analog wie es etwa eine bloße façon de parler ist, in der Analysis zu sagen, daß der Wert der Funktion $1/n$ *unendlich klein* wird, wenn das Argument n *unendlich groß* wird.

Um sich ein Bild von dem genialen Verfahren DE FINETTIs zu verschaffen, ist es wichtig, die Probleme, welche er bewältigen mußte, nicht zu vernied-

---

lichen. Genau genommen mußte er mit zwei Klassen von Schwierigkeiten
fertig werden, die in einem gleich zu erläuternden Sinn auf zwei verschiedenen Ebenen oder ‚Stockwerken‘ liegen: Der Objektivist muß von objektiven Wahrscheinlichkeiten reden, die insofern *unbekannt* sind, als wir die
Wahrheit oder Falschheit von Aussagen über objektive Wahrscheinlichkeiten niemals endgültig feststellen können. Anders gesprochen: Über statistische Wahrscheinlichkeiten lassen sich nur *Hypothesen* formulieren, die
weder verifizierbar noch falsifizierbar sind. Nun kann der Objektivist natürlich nicht alle statistischen Hypothesen als gleichwertig betrachten, sondern
muß sie *metatheoretisch beurteilen*. Er braucht also auf der metatheoretischen
Ebene so etwas wie einen *Glaubwürdigkeitsgrad* statistischer Hypothesen. Für
den Subjektivisten ist nun bereits die erste Voraussetzung falsch: *objektive
statistische Wahrscheinlichkeit* ist für ihn ja ein sinnloser Begriff. Daher ist es
auch sinnlos, *Hypothesen über* diese Wahrscheinlichkeit aufzustellen. Und damit wird schließlich auch der Begriff des Glaubwürdigkeitsgrades von Hypothesen sinnlos[3]. (Insbesondere wäre vom streng subjektivistischen Standpunkt auch ein Streit zwischen ‚Popperianern‘ und ‚Carnapianern‘[4] darüber,
ob diese Glaubwürdigkeit oder *Hypothesenwahrscheinlichkeit* eine Wahrscheinlichkeit im technischen Sinn darstelle, als sinnlos zu beurteilen.) In der Begründung der zweiten These muß also eine doppelte Abhilfe geschaffen
werden, nämlich erstens für den Begriff der objektiven statistischen Wahrscheinlichkeit und zweitens für den Begriff der Hypothesenwahrscheinlichkeit.

Die Notwendigkeit, den Begriff der Hypothesenwahrscheinlichkeit abzulehnen,
ergäbe sich für den Subjektivisten übrigens selbst dann, wenn es einen Sinn hätte,
von statistischen Wahrscheinlichkeiten zu sprechen und hypothetische Annahmen
über statistische Wahrscheinlichkeiten zu machen. *Nur auf Einzelereignisse kann
man Wetten abschließen*, da wir hier die Möglichkeit haben, festzustellen, ob das
Ereignis eingetroffen ist oder nicht. Da man hingegen die Wahrheit oder
Falschheit statistischer Hypothesen *niemals* entscheiden könnte, wäre es auch unmöglich, über sie Wetten abzuschließen. Die obige operationale Definition der
Wahrscheinlichkeit, die von subjektivistischer Seite als allein gültig anerkannt
wird, wäre also in diesem Fall nicht mehr durchführbar. *Was soll es auch heißen,
eine Wette über eine statistische Hypothese abzuschließen, wenn es prinzipiell unmöglich ist,
den Ausgang einer solchen Wette festzustellen bzw. genauer: wenn ein solcher Ausgang überhaupt nicht existiert?*

Ganz abgesehen von der Ablehnung des Begriffs der statistischen Wahrscheinlichkeit *kann* der Subjektivist den Wahrscheinlichkeitsbegriff *nur auf Ereignisse*,
nicht jedoch auf statistische Hypothesen anwenden.

Um einen intuitiven Zugang zu DE FINETTIS Begründung der zweiten
These zu gewinnen, bedienen wir uns der objektivistischen Sprechweise:

---

[3] Von der Frage, ob man im *deterministischen* Fall so etwas wie eine Beurteilung
einer Hypothese nach Glaubwürdigkeitsgraden benötigt, kann man hier ganz
abstrahieren; denn deterministische Hypothesen stehen jetzt nicht zur Diskussion.

[4] „CARNAP“ ist hier im Sinn von „CARNAP I“ zu verstehen.

Wir tun so, als ob es alles das gäbe, wovon im Rahmen des Objektivismus gesprochen wird. Allerdings überlegen wir uns jedesmal *außerdem*, wie die subjektive Wahrscheinlichkeitsbewertung zu lauten hat. Später wird sich, dies ist DE FINETTIS Überzeugung, ergeben, daß wir es hier nicht nur mit einem *methodischen* ‚Als Ob‘, sondern *mit einem wirklichen Als-Ob* zu tun haben: es wird sich als überflüssig erweisen, solche Entitäten anzunehmen, wie *objektive Wahrscheinlichkeiten*, *unabhängige Durchführungen* von Zufallsexperimenten u. dergl.

Ein besonders einfacher Fall ist der einer unregelmäßig aussehenden Münze. Da wir beschlossen haben, zunächst die objektivistische Sprech- und Denkweise anzuwenden, können wir von der *statistischen Oberhypothese* ausgehen, daß die einzelnen Würfe, die man mit dieser Münze machen kann, *voneinander unabhängig sind* und *konstante Wahrscheinlichkeit* haben. Wir unterscheiden zwei Fälle. In beiden Fällen ordnen wir den Münzbeispielen, gemäß dem Vorgehen von BRAITHWAITE in [Unknown Probabilities], entsprechende *Urnenbeispiele* zu. Dies wird zwei Zwecken dienen: Erstens läßt sich dadurch eine Veranschaulichung erzielen, welche die Berechnung der vom subjektivistischen Standpunkt aus allein ‚wahren‘ subjektiven Wahrscheinlichkeitsbewertung erleichtert. Zweitens läßt sich hier die subjektivistische Kritik am Objektivismus nochmals verdeutlichen; denn die Analogie von Münz- und Urnenbeispielen gilt im strengen Sinn *nur* für den Objektivisten, nicht jedoch für den Subjektivisten. Später werden wir den zweiten Falltyp verallgemeinern. Diese Verallgemeinerung wird zugleich den Weg zur Begründung der zweiten These weisen.

Um für alle behandelten Fälle einen einheitlichen Symbolismus zur Verfügung zu haben, führen wir einige Abkürzungen ein. Einzelne Würfe mit der Münze nennen wir *Versuche*. Die Versuche mit dem Ergebnis *Kopf* nennen wir *Erfolge* oder *erfolgreiche Versuche*. Analog soll im Urnenbeispiel von Erfolg gesprochen werden, wenn eine weiße Kugel gezogen wird. Unter $A_{n,x}$ verstehen wir das Ereignis, daß bei n Versuchen genau x Versuche *in einer ganz bestimmten Reihenfolge* — die im übrigen nicht näher spezifiziert wird — erfolgreich sind. $B_{n,x}$ soll das Ereignis sein, daß bei n Versuchen genau x Versuche erfolgreich sind. Zum Unterschied von $A_{n,x}$ spielt in $B_{n,x}$ die Reihenfolge keine Rolle. $B_{n,x}$ ist also die Vereinigung von $\binom{n}{x}$ Ereignissen $A_{n,x}$[5]. Wenn P_ϑ die Bernoullische Wahrscheinlichkeitsverteilung[6]

---

[5] Für die hier und im folgenden benützten elementaren Ergebnisse der Kombinatorik vgl. Teil 0, Abschnitt 1.d. Die Anwendung auf die BERNOULLI-Verteilung, mit welcher wir es im Folgenden zu tun haben werden, findet sich in Teil 0, Abschnitt 3.b.

[6] Statt „Binomialverteilung“ soll in diesem Anhang stets nur „BERNOULLI-Verteilung“ gesagt werden. Der Eigenname läßt sich auch adjektivisch verwenden („binomische Verteilung“ wäre hingegen mißverständlich).

mit dem Parameter ϑ ist, so erhalten wir somit:

$$P_\vartheta (A_{n,x}) = \vartheta^x (1-\vartheta)^{n-x},$$

sowie:

$$P_\vartheta (B_{n,x}) = \binom{n}{x} \vartheta^x (1-\vartheta)^{n-x} \text{ }^7.$$

Die in objektivistischer Sprechweise formulierte statistische Oberhypothese besagt dann: Für ein bestimmtes ϑ mit $0 \leqq \vartheta \leqq 1$ muß F_ϑ die wahre Verteilung sein.

Fall I: Angenommen, wir wissen bereits, daß die statistische Wahrscheinlichkeit, mit dieser Münze *Kopf* zu werfen, 0,7 beträgt. Das Ereignis $B_{n,x}$ hat dann die Wahrscheinlichkeit

$$P_{0,7}(B_{n.x}) = \binom{n}{x} 0,7^x \cdot 0,3^{n-x}.$$

Wir schreiben auch noch die entsprechende kumulative Verteilungsfunktion an, doch diesmal für die *relativen* statt wie früher für die absoluten Wahrscheinlichkeiten. $F(x; n, 0,7)$ besage also, *daß die Wahrscheinlichkeit der Erfolge bei n Versuchen höchstens x betrage.* (In der Sprache von Teil 0 wäre dies natürlich durch $F(nx; n, 0,7)$ wiederzugeben.) Wenn r die größte ganze Zahl ist, so daß $r \leqq nx$, so lautet die Formel für diese Verteilungsfunktion:

$$F(x; n, 0,7) = \sum_{i=0}^{r} P_{0,7}(B_{n,i}).$$

Aufgrund des starken Gesetzes der großen Zahlen gilt, wenn wir n gegen ∞ gehen lassen:

$$(1) \quad \phi_{0,7}(x) = {}_{\text{Df}} \lim_{n \to \infty} F(x; n, 0,7) = \begin{cases} 0 \text{ für } x < 0,7 \\ 1 \text{ für } x \geqq 0,7 \end{cases}$$

Wir nennen $\phi_{0,7}$ die dem Bernoullischen Wahrscheinlichkeitsmaß $P_{0,7}$ korrespondierende *Bernoullische Grenzverteilungsfunktion mit dem Parameter* 0,7.

Um im ungeübten Leser keine Verwirrung zu erzeugen, sei ausdrücklich darauf hingewiesen, daß wir hier tatsächlich eine *gewöhnliche* Konvergenz und nicht etwa eine Form maßtheoretischer Konvergenz benützen. Denn wir lassen ja nicht relative Häufigkeiten gegen eine Wahrscheinlichkeit konvergieren; vielmehr lassen wir die durch $F(x; n, 0,7)$ festgelegten *Wahrscheinlichkeiten* von x Erfolgen bei n Versuchen zu der *Wahrscheinlichkeit* konvergieren, die durch die *Grenzfunktion* $\lim_{n \to \infty} F(x; n, 0,7)$ festgelegt ist. $\phi_{0,7}(x)$ ist nur eine Abkürzung für den diese Grenzfunktion bezeichnenden Ausdruck.

---

⁷ Vgl. Teil 0, Abschnitt 3.d. In der dort benützten Symbolik der Wahrscheinlichkeitsverteilungen wäre der jetzige Ausdruck „$P_\vartheta (B_{n,x})$" wiederzugeben durch: „$b(x, n, \vartheta)$". Der von nun an benützte Symbolismus hat den Vorteil, die Unterscheidung von Wahrscheinlichkeitsmaßen durch einen einzigen unteren Index zu gestatten. Diese Vereinfachung ist statthaft, weil wir keine anderen Verteilungen (Wahrscheinlichkeitsmaße) als BERNOULLI-Verteilungen (Bernoullische Maße) benützen.

Inhaltlich gesprochen, besagt das Resultat: Beim Grenzübergang $n \to \infty$ ist die Wahrscheinlichkeit dafür, daß die relative Häufigkeit der Erfolge kleiner als 7/10 ist, gleich 0; die Wahrscheinlichkeit dafür hingegen, daß die relative Häufigkeit der Erfolge mindestens 7/10 beträgt, ist gleich 1.

Der Graph der Funktion $\phi_{0,7}(x)$ hat die folgende Gestalt:

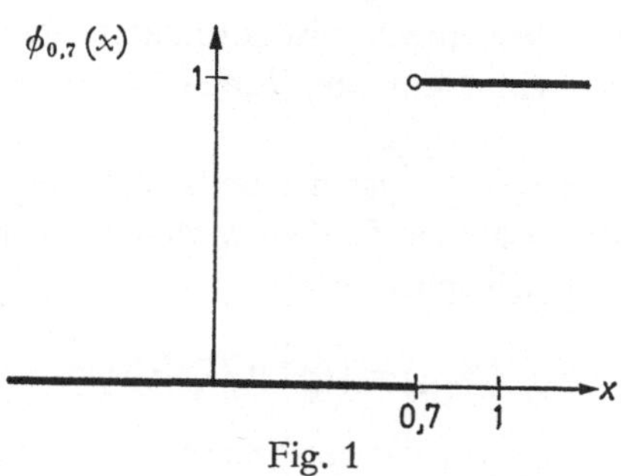

Fig. 1

Das Urnenbeispiel, für welches genau dasselbe mathematische Modell gilt, lautet: Gegeben ist eine Urne mit 7 weißen und 3 schwarzen Kugeln. Die einzelnen *Versuche* bestehen diesmal im Ziehen mit Zurücklegen. Der *Erfolg* eines Versuches bestehe im Ziehen einer weißen Kugel. Vorausgesetzt werde, daß die statistische Wahrscheinlichkeit, eine weiße Kugel zu ziehen, gleich der Proportion (relativen Häufigkeit) der weißen Kugeln unter allen Kugeln der Urne ist. (Bildlich gesprochen: Es wird angenommen, daß man nach jedem Zurücklegen die Urne ‚gut mischt‘, so daß die Erfolgswahrscheinlichkeit nach jedem Zug plus Zurücklegen wieder mit der relativen Häufigkeit der weißen Kugeln identisch wird.)

Dieses konkrete Beispiel für $\vartheta = 0,7$ illustriert die folgende *allgemeine* Aussage: *Für beliebiges ϑ mit $0 \leq \vartheta \leq 1$ entspricht der Bernoullischen Verteilung P_ϑ eine Grenzverteilungsfunktion $\phi_\vartheta(\cdot)$, die eine Sprungfunktion mit einem einzigen Sprung von der Größe 1 an der Stelle ϑ ist; für die Argumente $x < \vartheta$ hat $\phi_\vartheta(x)$ den konstanten Wert 0, für die Argumente $x \geq \vartheta$ den konstanten Wert 1.*

Die Frage: „Welches subjektive Wahrscheinlichkeitsmaß P soll eine Person unter den geschilderten Umständen wählen?" kann sofort beantwortet werden: „Selbstverständlich das ihr bekannte wahre Wahrscheinlichkeitsmaß $P_{0,7}$!" Es soll also für jedes Ereignis E stets gelten: $P(E) = P_{0,7}(E)$.) Dies ist einerseits trivial, andererseits in einem gewissen Sinn nichtssagend. *Trivial* ist es insofern, als jede rationale Schätzung einer Größe mit dem *gewußten* Wert der Größe übereinstimmen muß. Weiß ich z. B. bereits, daß ein Eisenstab genau 1,219 *m* lang ist, so kann ich selbstverständlich auf die Frage, wie lang *nach meiner Schätzung* der Stab ist, nur antworten: „1,219 *m*". *Nichtssagend* ist die Antwort insofern, als sie auf einer niemals geltenden fiktiven Annahme beruht, nämlich der Annahme, ein Mensch könne jemals den wahren Wert einer statistischen Wahrscheinlichkeit genau kennen. Wir können darüber höchstens Hypothesen aufstellen, diese Hypothesen akzeptieren und sie in unser 'tacit knowledge' einbeziehen. „Wissen" heißt hier nicht mehr als „hypothetisch annehmen"; wirklich wissen kann den wahren Wert höchstens der liebe Gott.

Diesen Punkt können wir nun zum Anlaß nehmen, den nach subjektivistischer Ansicht *wesentlichen* Unterschied zwischen dem Münz- und dem Urnenbeispiel hervorzuheben. Im Urnenbeispiel liegt ein *objektives Faktum* vor: die Anzahl der weißen und der schwarzen Kugeln in der Urne. Dieses objektive Faktum können wir jederzeit nachprüfen, indem wir die Urne öffnen und die Zahl der weißen sowie die der schwarzen Kugeln zählen. Was entspricht dem im Münzbeispiel? Die Antwort von DE FINETTI würde lauten: *Nichts*. Wir können bei der Münze nicht so etwas tun wie bei der Urne: die Münze ‚öffnen' und nachsehen, wie groß die Wahrscheinlichkeit für *Kopf* ist. Wir können nur fingieren, daß wir dies könnten; wir tun so, *als ob* jemand dazu in der Lage wäre, das zu tun.

An dieser Stelle drängt sich mir die Analogie zu dem Bild auf, welches WITTGENSTEIN für den Umgang mit unendlichen Mengen in der klassischen Mathematik sowie für den Umgang mit sog. Bewußtseinsvorgängen in der herkömmlichen Philosophie gegeben hat. Es sind, wie er in § 426 der *Philosophischen Untersuchungen* sagt, Ausdrucksweisen, die „für einen Gott zugeschnitten" sind, für einen Gott nämlich, der weiß, was wir nicht wissen können: „er sieht die ganzen unendlichen Reihen und sieht in das Bewußtsein der Menschen hinein". Hier könnte man hinzufügen: „und er sieht in das Innere der Münze hinein und erkennt dadurch deren statistische Wahrscheinlichkeit". *Wir* endlichen Wesen können nur die Urne öffnen und die relative Häufigkeit der weißen Kugeln feststellen. Dagegen können wir nicht dasselbe mit der Münze tun. Der liebe Gott hingegen kann beides. Daß man sich hier unbewußt an das Bild eines allwissenden Geistes klammert, ist für beide, für WITTGENSTEIN wie für DE FINETTI, ein Symptom dafür, daß an der Suche etwas faul ist.

Fall II: Wir gehen nun — nach der Abschweifung des letzten Absatzes — zu dem weit interessanteren und wichtigeren Fall über, in dem uns die statistische Wahrscheinlichkeit *nicht* genau bekannt ist. Doch soll die Anzahl der in Frage kommenden Möglichkeiten sehr stark eingeschränkt sein. Genauer gesprochen, machen wir die folgende Annahme: Wir wissen, daß die statistische Wahrscheinlichkeit, mit dem Würfel *Kopf* zu werfen, entweder genau 0,7 oder 0,2 beträgt. Außerdem benötigen wir in diesem Fall eine *Glaubwürdigkeitsbewertung* statistischer Hypothesen. Wir nehmen an, diese Glaubwürdigkeitsbewertung werde durch einen *quantitativen Begriff der Hypothesenwahrscheinlichkeit* ausgedrückt. Die Hypothesenwahrscheinlichkeit der ersten Hypothese habe den Wert 0,4 und die der zweiten Hypothese somit den Wert 0,6.

Die Situation wird sofort durchsichtiger und verständlicher, wenn wir gleich zum analogen Urnenbeispiel von BRAITHWAITE übergehen; denn in dem Analogiebeispiel benötigt man, wie wir sehen werden, den Begriff der Hypothesenwahrscheinlichkeit überhaupt nicht. Gegeben seien diesmal zehn Urnen und nicht nur eine Urne. Jede der zehn Urnen enthalte wieder 10 Kugeln. Und zwar mögen vier Urnen je 7 weiße und 3 schwarze Kugeln enthalten, während in den übrigen sechs Urnen je 2 weiße und 8 schwarze Kugeln enthalten sind. Ein *Versuch* besteht jetzt aus zwei Schritten: im ersten Schritt wird eine Urne gewählt; im zweiten Schritt wird aus dieser Urne eine Kugel gezogen. Ein Erfolg liegt wieder vor, wenn eine weiße Kugel gezogen wurde. So wie im ersten Schritt setzen wir voraus, daß die statistische Wahrscheinlichkeit mit der relativen Häufigkeit gleichzusetzen ist. Dabei ist aber zu bedenken, daß diese Voraussetzung jetzt zweimal zur Anwendung gelangt: für jede der zehn Urnen besteht dieselbe Wahrscheinlichkeit, im ersten Schritt des Versuchs gewählt zu werden; und für jede der in einer solchen Urne befindlichen Kugeln besteht dieselbe Wahrscheinlichkeit, im zweiten Schritt des Versuchs gezogen zu werden. Zwecks Abkürzung in der Sprechweise nennen wir die ersten vier Urnen 0,7-Urnen und die übrigen sechs Urnen 0,2-Urnen (denn wir sind ja an den Ziehungen *weißer* Kugeln interessiert). Das Ereignis, eine 0,7-Urne zu wählen, werde Z_1 genannt, das Ereignis, eine 0,2-Urne zu wählen, Z_2. Nach Voraussetzung gilt: $P(Z_1) = 0,4$, und: $P(Z_2) = 0,6$. E sei ein Ereignis, welches die Farbe der gezogenen Kugel beschreibt (oder irgendein anderes, sowohl von Z_1 als auch von Z_2 unabhängiges Ereignis). (Gemeint ist natürlich in jedem Fall, daß E ein Ereignis des zugehörigen Ereigniskörpers sein muß. Darin liegt eine unbehebbare Vagheit, die ihren Grund aber nur darin hat, daß wir in diesen intuitiven Beispielen die Wahrscheinlichkeitsräume und damit auch die entsprechenden Ereigniskörper nicht genau konstruieren. Im gegenwärtigen Beispiel wäre eine solche Konstruktion ziemlich kompliziert.)

Die Wahrscheinlichkeit, daß das Ereignis E *unter der Voraussetzung* stattfindet, *daß Z_1 stattgefunden hat*, also die bedingte Wahrscheinlichkeit $P(E\,|\,Z_1)$, ist gleich $P_{0,7}(E)$; denn Z_1 bedeutet die Wahl einer 0,7-Urne, und eine 0,7-Urne repräsentiert ja nach Voraussetzung gerade die Bernoulli-Wahrscheinlichkeit $P_{0,7}$. Aus derselben Überlegung heraus muß $P(E\,|\,Z_2)$ gleich $P_{0,2}(E)$ sein. Wir erhalten also die vier Gleichungen:

$$P(Z_1) = 0,4; \qquad\qquad P(Z_2) = 0,6;$$

$$P(E\,|\,Z_1) = P_{0,7}(E); \qquad\qquad P(E\,|\,Z_2) = P_{0,2}(E).$$

Daraus und wegen der Tatsache, daß Z_1 und Z_2 zwei disjunkte und erschöpfende Ereignisse sind, kann man die Wahrscheinlichkeit $P(E)$ in folgender Weise berechnen:

$$P(E) = P(E \cap (Z_1 \cup Z_2)) = P((E \cap Z_1) \cup (E \cap Z_2))$$

$$= P(E \cap Z_1) + P(E \cap Z_2)$$

$$(2) \qquad = P(E \mid Z_1) \cdot P(Z_1) + P(E \mid Z_2) \cdot P(Z_2) \qquad \text{(Definition der bedingten Wahrscheinlichkeit)}$$

$$= 0{,}4 \cdot P_{0,7}(E) + 0{,}6 \cdot P_{0,2}(E) \qquad \text{(Einsetzung der gewonnenen 4 Gleichungen)}$$

Die letzte Formel drückt etwas aus, das man als *gemischt-Bernoullische Verteilung* bezeichnet. Gemeint ist damit: Es wird ein gewogener Durchschnitt aus zwei Bernoulli-Verteilungen, nämlich der Verteilung $P_{0,7}$ und der Verteilung $P_{0,2}$ gebildet, wobei die Wahrscheinlichkeiten 0,4 und 0,6 als Gewichte (Wägungskoeffizienten) dienen. *Diese beiden Gewichte geben im Urnenbeispiel genau das wieder, was im Münzbeispiel als Hypothesenwahrscheinlichkeit bezeichnet worden ist.* Man kann das Resultat (2) auch so ausdrücken: Die *Wahrscheinlichkeit $P(E)$ ergibt sich als eine Mischung der beiden Bernoulli-Verteilungen $P_{0,7}$ und $P_{0,2}$ mit den entsprechenden Gewichten 0,4 und 0,6.*

Wie lautet also die Regel für die Wahl einer ‚vernünftigen‘ subjektiven Wahrscheinlichkeitsbewertung? Man kann sie aus der Gleichung: $P(E) = 0{,}4 \cdot P_{0,7}(E) + 0{,}6 \cdot P_{0,2}(E)$ entnehmen. *Unter den angegebenen Voraussetzungen ist eine solche subjektive Wahrscheinlichkeitsbewertung vernünftig, die eine Mischung aus den beiden Bernoullischen Wahrscheinlichkeitsverteilungen ($P_{0,7}$ und $P_{0,2}$) ist —* von denen man weiß, daß sie die einzig möglichen sind —, *wobei die Hypothesenwahrscheinlichkeiten* (0,4 und 0,6) *als Gewichte dienen.*

Ebenso wie im Fall I wenden wir uns auch diesmal noch der kumulativen Verteilungsfunktion (abermals mit der relativen statt der absoluten Erfolgswahrscheinlichkeit) zu, da wir etwas über deren Gestalt erfahren möchten. Wir symbolisieren diese Funktion durch $F(x; n, 0{,}7, 0{,}2)$ und schreiben für die Grenzfunktion $\psi^2(x)$ (der obere Index 2 soll anzeigen, daß eine Mischung von *zwei* Bernoulli-Verteilungen vorliegt.)[8]
In vollkommener Parallele zum ersten Fall erhalten wir:

$$F(x; n, 0{,}7, 0{,}2) = \sum_{i=0}^{r} P(B_{n,i}),$$

mit r als größter ganzer Zahl, für die gilt: $r \leq nx$. Zum Unterschied vom ersten Fall enthält das Symbol „P" zunächst keinen unteren Index; ein

---

[8] Genauer müßte es statt $\psi^2(x)$ heißen: $\psi^2_{0,7;0,2}(x; 0{,}4, 0{,}6)$, wobei die Parameter der Bernoulli-Maße als untere Indices angefügt sind und die Gewichte im Argument hinter dem „;" angegeben werden.

solcher tritt erst auf, wenn man die Formel für die Mischung anschreibt, nämlich:

$$\psi^2(x) = {}_{\mathrm{Df}} \lim_{n \to 0} F(x; n, 0{,}7, 0{,}2) = \lim_{n \to 0} \sum_{i=0}^{r} P(B_{n,i})$$

$$= \lim_{n \to \infty} \sum_{i=0}^{r} [0{,}4 \cdot P_{0,7}(B_{n,i}) + 0{,}6 \cdot P_{0,2}(B_{n,i})] \quad \text{(aus der obigen}$$

Gleichung für die Mischung, mit $B_{n,i}$ statt E)

$$= 0{,}4 \cdot \lim_{n \to \infty} \sum_{i=0}^{r} P_{0,7}(B_{n,i}) + 0{,}6 \cdot \lim_{n \to \infty} \sum_{i=0}^{r} P_{0,2}(B_{n,i})$$

$$= 0{,}4 \cdot \phi_{0,7}(x) + 0{,}6 \cdot \phi_{0,2}(x) = \begin{cases} 0 \text{ für } x < 0{,}2 \\ 0{,}6 \text{ für } 0{,}2 \leq x < 0{,}7 \\ 1 \text{ für } 0{,}7 \leq x \end{cases}$$

Für den letzten Schritt wurde wieder das starke Gesetz der großen Zahlen herangezogen. Außerdem wurde die im Fall I eingeführte Symbolik benützt: die der Bernoullischen Wahrscheinlichkeit $P_{0,7}$ entsprechende Grenzverteilungsfunktion wurde mit $\phi_{0,7}$ und die der Bernoullischen Wahrscheinlichkeit $P_{0,2}$ entsprechende Grenzverteilungsfunktion mit $\phi_{0,2}$ bezeichnet.

Sehen wir uns den Graphen der Funktion $\psi(\cdot)$, welche die Grenzverteilung unserer gemischt-Bernoullischen Verteilung darstellt, genauer an! Wir erhalten das folgende Bild der Funktion:

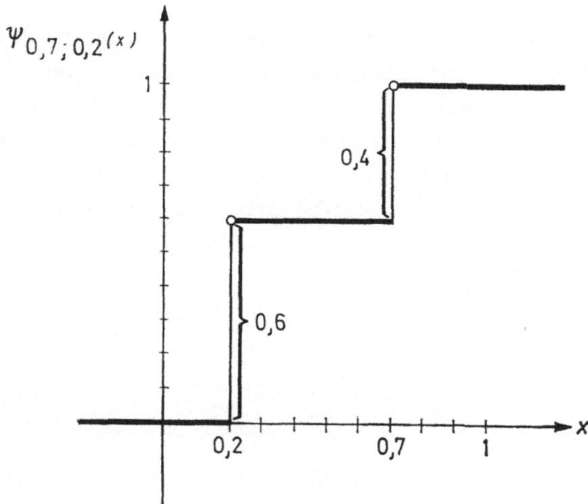

Fig. 2

Das Diagramm ergibt sich aus Fig. 1 sowie der obigen ‚Mischungs-formel': Wir greifen zunächst dasjenige ϕ mit dem kleineren unteren Index heraus, also $\phi_{0,2}$. Für diese Grenzverteilungsfunktion gilt genau das in Fall I Gesagte (mit 0,2 statt dem dortigen 0,7), nämlich daß diese Funktion für Argumente $< 0,2$ den Wert 0 ergibt („bei unendlich vielen Versuchen ist die Wahrscheinlichkeit, daß die relative Häufigkeit unter dem Parameter 0,2 liegt, gleich 0"), für Argumente $\geqq 0,2$ hingegen den Wert 1. Da jedoch in der Mischungsformel das Ganze mit 0,6 zu multiplizieren ist, springt der Funktionswert von ψ^2 an der Stelle 0,2 nicht auf 1, sondern nur auf 0,6. Von da an bleibt der Wert bis zu 0,7 konstant, da $\phi_{0,7}$ für alle Argumente $<0,7$ den Wert 0 hat und den Wert der Gesamtfunktion daher nicht beeinflußt. (Zu-fälligerweise ist diese Funktion übrigens mit der von Fall I identisch.) Von der Stelle 0,7 an ist der Wert von $\phi_{0,7}$ gleich 1. Die Gesamtfunktion springt allerdings nur auf eine um 0,4 höhere Stufe, da in der Mischungsformel für jedes x das $\phi_{0,7}(x)$ mit 0,4 zu multiplizieren ist.

Der eben diskutierte zweite Fall liefert das elementarste Beispiel für den allgemeineren (aber noch immer diskreten) Fall. Er soll daher als psycholo-gisch-didaktische Ausgangsbasis für ein Verständnis dieses allgemeineren Falles dienen. Diese Verallgemeinerung besteht für das Münzbeispiel in folgendem: Wir wissen nur, daß eine von m Bernoulli-Verteilungen $P_{\vartheta_1}, P_{\vartheta_2}, \ldots, P_{\vartheta_m}$ die wahre Verteilung ist. Aus Zweckmäßigkeitsgründen seien die Werte ϑ_i nach zunehmender Größe geordnet, so daß also gilt: $\vartheta_1 < \vartheta_2 < \cdots < \vartheta_m$. Die Hypothesenwahrscheinlichkeiten dieser m Mög-lichkeiten seien $u_1 = \dfrac{k_1}{r_1}, u_2 = \dfrac{k_2}{r_2}, \ldots, u_m = \dfrac{k_m}{r_m}$. Der hier gewählte Buch-stabe „u" soll die Überleitung zum Urnenbeispiel erleichtern: Wir nehmen an, daß wir es mit einer Gesamtheit von $r_1 \times r_2 \times \cdots \times r_m$ Urnen zu tun haben. In einer Proportion von u_1 Urnen befinden sich weiße Kugeln mit derselben Proportion ϑ_1; kürzer ausgedrückt: die relative Häufigkeit der ϑ_1-Urnen beträgt u_1. Analog ist die relative Häufigkeit der ϑ_2-Urnen gleich $u_2, \ldots,$ und schließlich die relative Häufigkeit der ϑ_m-Urnen gleich u_m.

In vollkommener Analogie zur Formel (2) erhalten wir jetzt die allge-meinere Formel:

$$(3) \qquad P(E) = \sum_{i=1}^{m} u_i \cdot P_{\vartheta_i}(E) \,.$$

Dies ist somit abermals eine *gemischt-Bernoullische Verteilung*, nämlich eine Mischung von m Bernoulli-Verteilungen P_{ϑ_i} mit den entsprechenden Ge-wichten u_i. Die Regel für die vernünftige Wahl einer subjektiven Wahr-scheinlichkeitsbewertung lautet daher ganz analog wie früher: Es ist eine Mischung aus den m Bernoulli-Verteilungen P_{ϑ_i} zu wählen, deren Gewichte u_i die zugehörigen Hypothesenwahrscheinlichkeiten ausdrücken. Im Urnenbeispiel könnte diese Hypothesenwahrscheinlichkeit u_i durch die Proportion der ϑ_i-Urnen repräsentiert werden.

Wenn man ebenso wie im Fall II zur kumulativen Verteilungsfunktion übergeht und von dieser für $n \to \infty$ zur Grenzverteilung $\psi^m(x)$ (genauer: $\psi^m_{\vartheta_1, \vartheta_2, \ldots, \vartheta_m}(x;\, u_1,\, u_2,\, \ldots, u_m)$), so erhält man, wie zu erwarten, auch diesmal aufgrund des starken Gesetzes der großen Zahlen:

$$(4) \quad \psi^m(x) = u_1 \cdot \phi_{\vartheta_1}(x) + u_2 \cdot \phi_{\vartheta_2}(x) + \ldots + u_m \cdot \phi_{\vartheta_m}(x)$$

$$= \sum_{i=1}^{m} u_i \cdot \phi_{\vartheta_i}(x).$$

Jedes ϕ_{ϑ_i} ist eine Grenzverteilung von der Art (1), also die dem Bernoulli-Maß P_{ϑ_i} zugeordnete Bernoullische Grenzverteilungsfunktion mit dem Parameter ϑ_i, d. h. eine Sprungfunktion mit dem Wert 0 für Argumente, die kleiner sind als ϑ_i, und dem Wert 1 für Argumente $\geqq \vartheta_i$. Wir können die Funktion ψ^m die gewogene kumulative Grenzverteilung der Wahrscheinlichkeit P von (3) nennen. Sie ist ein gewogener Durchschnitt von m Bernoullischen Grenzverteilungen. Wollte man ganz pedantisch sein, so müßte man sie daher als *gewogene kumulative Bernoullische Grenzverteilungsfunktion mit den Parametern $\vartheta_1, \ldots, \vartheta_m$* bezeichnen. Die $m + 1$ Funktionswerte kann man wieder in übersichtlicher Weise anschreiben:

$$\psi^m(x) = \begin{cases} 0 \text{ für } x < \vartheta_1 \\ u_1 \text{ für } \vartheta_1 \leqq x < \vartheta_2 \\ u_1 + u_2 \text{ für } \vartheta_2 \leqq x < \vartheta_3 \\ \vdots \\ u_1 + u_2 + \cdots + u_i \text{ für } \vartheta_i \leqq x < \vartheta_{i+1} \\ \vdots \\ 1 \text{ für } \vartheta_m \leqq x. \end{cases}$$

Aufgrund dieser Beschreibung kann man sich sofort ein anschauliches Bild vom Graphen dieser Funktion machen: Es handelt sich um eine monoton wachsende Treppenfunktion, die an den m Stellen ϑ_i jeweils um den Betrag u_i ‚nach oben springt‘ und von da an für alle Argumente $< \vartheta_{i+1}$ konstant bleibt, um bei ϑ_{i+1} wieder um u_{i+1} weiter ‚nach oben zu springen‘; für $x < \vartheta_1$ ist sie 0 und ab dem Argument ϑ_m nimmt sie den konstanten Wert 1 an.

Diese Verallgemeinerung lehrt zugleich folgendes: Wenn man die Zahl m hinreichend groß und die Sprunghöhen geeignet groß wählt, so kann man erreichen, daß eine solche Treppenfunktion mit beliebiger Genauigkeit eine vorgegebene Funktion F approximiert, welche die drei Bedingungen erfüllt: (a) $F(0) = 0$; (b) $F(1) = 1$; (c) F ist schwach monoton wachsend. Könnte es daher nicht möglich sein, einen bestimmten Typus von Verteilungsfunktionen zu finden, die sich auf diese Weise approximieren lassen? Wenn wir weiter bedenken, daß sich Wahrscheinlichkeitsmaße und Verteilungen eindeutig entsprechen (vgl. Satz (129) von Teil 0), so würde sich dann ergeben, *daß alle Wahrscheinlichkeitsmaße von diesem Typ als geeignete Mischungen von Bernoullischen Wahrscheinlichkeitsmaßen rekonstruierbar sind.*

Selbst wenn diese Frage eine positive Antwort finden sollte, so wird der Leser vermutlich noch nicht erkennen, worauf denn das Ganze hinaus soll. Daß sich alle Wahrscheinlichkeitsmaße von bestimmtem Typ als Mischungen von Bernoullischen Wahrscheinlichkeitsmaßen darstellen lassen, mag ja ein recht interessantes *mathematisches Resultat* sein. Aber was um alles in der Welt, so wird er fragen, hat denn ein derartiges Resultat mit der subjektivistischen Begründung der Wahrscheinlichkeitstheorie zu tun?

Bevor wir auf die überraschende Antwort eingehen, die DE FINETTI auf diese letzte Frage gibt, müssen wir uns einem sehr wichtigen speziellen Problem zuwenden, dem *Problem des Lernens aus der Erfahrung.* Ein ‚vernünftiges‘ subjektives Wahrscheinlichkeitsmaß muß ja so geartet sein, daß es ein solches Lernen ermöglicht. In einer Vorbetrachtung werden wir uns jetzt davon überzeugen, daß sich in dieser Hinsicht einfache Bernoullische Wahrscheinlichkeitsmaße und Mischungen von solchen *vollkommen anders* verhalten.

1.b Das Problem des Lernens aus der Erfahrung. Eine genauere Analyse dessen, was „vernünftiges Lernen aus der Erfahrung“ bedeuten kann, wurde bereits in Teil II, Abschn. 1 gegeben. Dieses Lernen geht so vonstatten, daß wir die zunächst allein verfügbaren absoluten Wahrscheinlichkeiten durch bedingte Wahrscheinlichkeiten ersetzen, in welche die zwischenzeitlich gewonnenen Erfahrungsdaten als Bedingungen eingehen.

Unter diesem Gesichtspunkt ist eine Formulierung von DE FINETTI in [Foresight], S. 154, zu interpretieren, die manche Leser vermutlich unverständlich finden dürften. Sie lautet: "Observation cannot confirm or refute an opinion, which is and cannot be other than an opinion and thus neither true nor false; observation can only give us information which is capable of *influencing* our opinion". Diese Äußerung ist folgendermaßen zu interpretieren: Der Ausdruck "opinion" steht für „Wahrscheinlichkeitsverteilung“, wobei dieser letztere Ausdruck natürlich wieder subjektivistisch zu interpretieren ist, nämlich im Sinn von „subjektive Wahrscheinlichkeitsverteilung einer Person“. Daß Beobachtungen eine 'opinion' nicht bestätigen oder widerlegen können, da eine solche weder wahr noch falsch ist, heißt: Beobachtungen führen *nicht* dazu, daß die Person, welche diese Beobachtungen machte, *ihr Wahrscheinlichkeitsmaß preisgibt und durch ein anderes ersetzt.* Und mit der Wendung, daß Beobachtungen uns Informationen liefern, die geeignet sind, unsere 'opinion' zu *beeinflussen,* ist gemeint: das Wahrscheinlichkeitsmaß als solches (die 'opinion') wird *festgehalten,* hingegen werden die Beobachtungsresultate *in das Erfahrungsdatum einbezogen,* relativ auf welches die bedingte Wahrscheinlichkeit zu berechnen ist. Sollten vorher überhaupt keine Beobachtungen vorgelegen haben, so handelt es sich um den Übergang von der absoluten zur bedingten Wahrscheinlichkeit. Sollten bereits anderweitige Beobachtungsresultate vorliegen, so liegt der Übergang von einer bedingten Wahrscheinlichkeit zu einer anderen vor, wobei die letztere aus der ersteren dadurch hervorgeht, daß das ursprüngliche Erfahrungsdatum durch das um die neuen Beobachtungsresultate erweiterte ersetzt wird.

Diese Form des ‚Lernens aus der Erfahrung‘, die in ihrer prinzipiellen Struktur bereits in Teil II analysiert worden ist, soll jetzt in bezug auf die Formen von Bernoullischen Maßen studiert werden.

Wir gehen zunächst auf den **Fall I** des vorigen Abschnittes zurück. Das zu wählende subjektive Wahrscheinlichkeitsmaß P war dort mit dem bekannten objektiven Bernoullischen Wahrscheinlichkeitsmaß $P_{0,7}$ identisch. Nehmen wir nun an, daß die Münze n-mal geworfen worden sei und daß dabei k Erfolge (Kopfwürfe) erzielt wurden, d. h. daß das Ereignis $A_{n,k}$ stattgefunden habe. E sei ein Ereignis, ‚das nichts über diese ersten n Beobachtungsresultate aussagt‘, d. h. genauer: welches bezüglich des Maßes $P_{0,7}$ *unabhängig* ist von $A_{n,k}$. E kann z. B. eine Aussage über das Ereignis des nächsten, also des $(n+1)$-ten Münzwurfes, enthalten. Die Berücksichtigung des Beobachtungsresultates $A_{n,k}$ stellt uns somit vor die Aufgabe, den Wert der bedingten Wahrscheinlichkeit $P(E \mid A_{n,k})$ auszurechnen. (Der Leser beachte, daß das Erfahrungsdatum $A_{n,k}$ lautet und nicht etwa $B_{n,k}$; denn die beobachteten Wurfergebnisse liegen ja *in einer ganz bestimmten Reihenfolge* vor.) Wir erhalten:

$$P(E \mid A_{n,k}) = P_{0,7}(E \mid A_{n,k}) \qquad \text{(gemäß der Rationalitätsvorschrift für die Wahl von } P\text{)}$$

$$(5) \qquad = \frac{P_{0,7}(E \cap A_{n,k})}{P_{0,7}(A_{n,k})} \qquad \text{(Definition der bedingten Wahrscheinlichkeit)}$$

$$= \frac{P_{0,7}(E) \cdot P_{0,7}(A_{n,k})}{P_{0,7}(A_{n,k})} \qquad \text{(wegen der vorausgesetzten Unabhängigkeit von } E \text{ und } A_{n,k}\text{)}$$

$$= P_{0,7}(E) \quad \text{(Kürzung)}$$

$$= P(E) \quad \text{(Rationalitätsvorschrift für die Wahl vor } P\text{)}$$

Was ist hier passiert? Nun: Wir sind zu dem Ergebnis gelangt, *daß man unter der Voraussetzung des* **Falles I** *überhaupt nichts aus der Erfahrung lernen kann.* Zeigt dieses Resultat im Nachhinein, daß die Wahl von P doch unvernünftig war? Keineswegs. Um dies klar einzusehen, müssen wir uns an die genaue Voraussetzung dieses Falles zurückerinnern. Und diese lautete ja: *Wir kennen genau die wahre statistische Wahrscheinlichkeit, mit dieser Münze Kopf zu werfen.* Wenn wir diese wissen, so wäre es in der Tat unvernünftig, sich durch irgendwelche Erfahrungen davon abbringen zu lassen; denn wie kann die Erfahrung zu etwas im Widerspruch stehen, dessen Richtigkeit man bereits eingesehen hat?

Der intuitive Eindruck einer Paradoxie — nämlich daß sich eine zunächst als rational ausgezeichnete Wahl von P nachträglich doch wieder als unvernünftig herausstellt — entsteht allein dadurch, *daß wir von einer stark fiktiven Voraussetzung ausgingen*, nämlich daß uns die ‚wahre' statistische Wahrscheinlichkeit genau bekannt ist. Diese Situation ist, um wieder in einem Bild zu sprechen, zwar für einen allwissenden Geist gegeben, niemals jedoch für uns Menschen. Für jenen Geist wäre es tatsächlich unvernünftig, sich durch Beobachtungen beeinflussen, d. h. *beirren* zu lassen: Wenn er *genau weiß*, daß $P_{0,7}$ für *Kopf* das wahre Wahrscheinlichkeitsmaß darstellt, so kann er, wenn mit dieser Münze 100mal hintereinander Schrift geworfen wird, nicht sagen, er habe sich geirrt, vielmehr muß er feststellen, daß sich hier etwas ungeheuer Unwahrscheinliches ereignet habe.

Gehen wir nun zu dem ‚realistischeren' **Fall II** über, in welchem wir die objektive Wahrscheinlichkeit nicht genau kennen. Die empirischen Voraussetzungen seien wieder genau dieselben wie im vorigen Fall: $A_{n,k}$ wurde beobachtet und ein davon unabhängiges Ereignis E (z. B. das Ergebnis des nächsten Münzwurfes) soll probabilistisch beurteilt werden. Wir erinnern uns daran, daß das Rationalitätskriterium diesmal verlangte, *die spezielle gemischt-Bernoullische Verteilung* der Form (2) zu wählen. Wenn wir diesmal von der in (2) verwendeten absoluten Wahrscheinlichkeit zur bedingten Wahrscheinlichkeit $P(\,\cdot\,\mid A_{n,k})$ übergehen, so erhalten wir:

$$P(E \mid A_{n,k}) = \frac{P(E \cap A_{n,k})}{P(A_{n,k})} \quad \text{(Definition)}$$

$$(6) \qquad = \frac{1}{P(A_{n,k})}\,[0{,}4 \cdot P_{0,7}(E \cap A_{n,k}) + 0{,}6 \cdot P_{0,2}(E \cap A_{n,k})]$$

(Rationalitätsvorschrift und Einsetzung in Formel (2))

$$= 0{,}4 \cdot \frac{P_{0,7}(A_{n,k})}{P(A_{n,k})}\,P_{0,7}(E) + 0{.}6 \cdot \frac{P_{0,2}(A_{n,k})}{P(A_{n,k})}\,P_{0,2}(E)$$

(Umschreibung unter Benützung der Unabhängigkeit von E und $A_{n,k}$) .

Durch einen Vergleich mit (2) erkennen wir mit einem Blick, daß zum Unterschied von (4), wo wir die die Unempfindlichkeit des Wahrscheinlichkeitsmaßes gegenüber gemachten Erfahrungen ausdrückende Gleichung $P(E \mid A_{n,k}) = P(E)$ erhielten, *die gemachte Erfahrung* $A_{n,k}$ das Ergebnis beeinflußt hat; denn das letzte Glied von (6) ist mit dem letzten Glied von (5) *nicht identisch*.

Nach erfolgter Feststellung, daß die Erfahrung die Wahrscheinlichkeitsbeurteilung *überhaupt* beeinflußt hat, stellen wir die Frage, ob dieser Einfluß der Erfahrung *adäquat* ist. An den beiden Wahrscheinlichkeitsmaßen $P_{0,7}$ und $P_{0,2}$ hat sich nichts geändert. Dies ist wegen der gemachten Voraussetzungen sicherlich vernünftig; denn zur vorausgesetzten Oberhypothese gehörte ja das Wissen darum, daß die statistische Erfolgswahrscheinlichkeit entweder nach $P_{0,7}$ oder nach $P_{0,2}$ zu berechnen ist. Was sich vernünftigerweise ändern sollte, sind also nur die Gewichte. Diese haben sich tatsächlich geändert. Und zwar sind die ursprünglichen Gewichte 0,4 und 0,6 jeweils mit einem Faktor multipliziert worden.

Der Nenner ist in diesen beiden Faktoren derselbe, nämlich $1/P(A_{n,k})$. Dieser Faktor hat keine wissenschaftstheoretische Bedeutung. Er dient nur der Normierung (d. h. nur durch diesen Faktor wird erreicht, daß auch der neue Wert wieder eine *Wahrscheinlichkeit* ist). Somit bleiben als wirklich relevant nur die beiden Teilfaktoren $P_{0,7}(A_{n,k})$ sowie $P_{0,2}(A_{n,k})$ übrig. Wenn wir bedenken, daß $A_{n,k}$ nicht bloß ein *mögliches*, sondern ein *faktisch erzieltes* Beobachtungsresultat darstellt, so erkennen wir, daß es sich hierbei um die *Likelihoods* der beiden Verteilungen $P_{0,7}$ und $P_{0,2}$ *in bezug auf dieses Erfahrungsdatum* $A_{n,k}$ handelt. *Die Gewichte* der als gemischte Bernoulli-Verteilung angeschriebenen bedingten Verteilung $P(\cdot \mid A_{n,k})$ sind also *proportional zu dem Produkt der Gewichte der absoluten Verteilung* $P(\cdot)$, *multipliziert mit den Likelihoods dieser Verteilung bezüglich des Erfahrungsdatums* $A_{n,k}$. Dies entspricht genau dem, was wir in Teil III, Abschn. 6.e auf Grund einer Analyse des Theorems von BAYES gewannen und in der Merkregel festhielten, wonach die Aposteriori-Wahrscheinlichkeit stets der Apriori-Wahrscheinlichkeit, multipliziert mit der Likelihood, proportional ist! Das Resultat ist somit tatsächlich adäquat.

Wir halten den Unterschied ausdrücklich fest:

(7) *Einfache Bernoullische Wahrscheinlichkeitsmaße sind erfahrungsunempfindlichlich, d. h. sie gestatten überhaupt kein Lernen aus der Erfahrung. Gemischt-Bernoullische Verteilungen hingegen gestatten ein vernünftiges Lernen aus der Erfahrung.*

Wir haben die Untersuchung darüber, wie gemischt-Bernoullische Verteilungen, zum Unterschied von gewöhnlichen Bernoulli-Verteilungen, ein Lernen aus der Erfahrung möglich machen, nur für den Fall der Mischung von *zwei* solchen Verteilungen im Detail durchgeführt. Das Ergebnis gilt natürlich auch für den allgemeineren endlichen Fall, für den man statt auf die Formel (2) auf die Formel (3) zurückzugreifen hat.

1.c Die Bedeutung des Begriffs der Vertauschbarkeit. Gehen wir für den Augenblick wieder zu den Grenzverteilungsfunktionen zurück, welche den Wahrscheinlichkeitsmaßen entsprechen! Die dem gemischt-Bernoullischen P von (3) korrespondierende gemischt-Bernoullische Grenzverteilungsfunktion ψ^m war eine Mischung von m Bernoullischen Grenzverteilungsfunktionen ϕ_{ϑ_i}, wobei jedes ϕ_{ϑ_i} von (4) genau dem Bernoullischen Maß P_{ϑ_i} von (3) entsprach und wobei die korrespondierenden Gewichte miteinander identisch waren. Angenommen, wir lassen das m von (3) bzw. von (4) größer und größer werden und schließlich gegen ∞ gehen. Dann können wir zwar das Braithwaitesche Urnenbeispiel nicht mehr konstruieren oder zumindest nicht mehr wörtlich nehmen; denn wir können nicht unendlich viele Urnen aufstellen. Doch soll uns das nicht davon abhalten, diesen Prozeß zu verfolgen, denn die Urnenbeispiele waren ja nichts weiter als anschauliche Hilfsmittel, die wir den Münzbeispielen zuordneten, um eine Klarheit über die in den letzteren vorkommenden Begriffe der Hypothesenwahrscheinlichkeit zu erhalten (oder, wie man auch sagen könnte: um uns von diesen Begriffen zu befreien). Dann gewinnen wir ,beliebige' Mischungen von Bernoulli-Verteilungen P_ϑ mit $0 \leqq \vartheta \leqq 1$ bzw. ,beliebige' Mischungen der Bernoullischen Grenzverteilungsfunktionen. (Der Ausdruck „beliebig" wurde eben unter ein metaphorisches Anführungszeichen gesetzt, da hierin eine Vagheit steckt, die erst im Verlauf der maßtheoretischen Präzisierung beseitigt werden kann.)

Um die Wichtigkeit der de Finettischen Entdeckung, die sogleich geschildert werden soll, verständlicher zu machen, führen wir für den Augenblick den Begriff des *Semi-Subjektivisten* ein. Darunter verstehen wir einen Menschen, der im Grunde methodisch genauso vorgeht wie dies in den vorangehenden Betrachtungen geschildert worden ist: Er ist Subjektivist *in dem Sinn*, daß er für jede Situation eine ihr entsprechende geeignete subjektive Wahrscheinlichkeitsbewertung sucht. Er ist aber ,nur mit halbem Herzen' Subjektivist, insofern nämlich, als er nicht davor zurückschreckt, bei dieser Suche auf die beiden Grundbegriffe der objektivistischen Theorie zurückzugreifen: die Begriffe der (unbekannten) *statistischen Wahrscheinlichkeit* und der *Unabhängigkeit* von Ereignissen, und auch nicht davor, den statistischen Hypothesen eine *Hypothesenwahrscheinlichkeit* (ein Gewicht) zuzuordnen. Nach dem, was für den diskreten Fall ausführlich bewiesen worden ist und was sich gemäß den Andeutungen des vorigen Absatzes auch im nichtdiskreten Fall realisieren läßt, wissen wir, daß der Semi-Subjektivist sein Ziel immer erreichen wird: *Welche statistischen Wahrscheinlichkeiten auch immer er als möglich in Betracht ziehen wird und wie die den einzelnen statistischen Hypothesen zugeordneten Hypothesenwahrscheinlichkeiten auch immer lauten mögen, er wird stets eine der Situation entsprechende subjektive Wahrscheinlichkeitsbewertung finden.* Er hat nichts anderes zu tun als das, was für den primitivsten Fall durch die Gl. (2) illustriert worden ist: nämlich zunächst die geeigneten Mischungen der möglichen objektiven Wahrscheinlichkeiten zu bestimmen (rechte Seite) und dann zu dem dadurch festgelegten Wahrscheinlichkeitsmaß als dem für diese Situation geeigneten Maß überzugehen (linke Seite).

Dem ,reinen Subjektivisten' ist mit diesem Resultat natürlich noch nicht geholfen. Er kann ja nicht wie der Semi-Subjektivist eine Anleihe beim Begriffsapparat der Objektivisten machen, da darin die beiden ,nebulosen und unexakten' Begriffe der *Unabhängigkeit* von Ereignissen und der *unbekannten Wahrscheinlichkeit* vorkommen. Wir müssen uns wieder an den Ausgangspunkt zurückerinnern: Die Übernahme der objektivistischen Sprechweise war nur ein methodisches ,als ob'. Jetzt gilt es, sich davon wieder zu befreien. Der *reine Subjektivist* schlägt, zum Unterschied vom Semi-Subjektivisten, nicht den ‚Produktionsumweg‘ über statistische Wahrscheinlichkeitshypothesen und deren Hypothesenwahrscheinlichkeiten ein; er beginnt unmittelbar mit subjektiven Wahrscheinlichkeitsbewertungen von Ereignissen. Er muß nur zeigen können, inwiefern er *dasselbe zu leisten* vermag, was der Objektivist mit seinen Begriffen allein glaubt leisten zu können.

Die Entdeckung DE FINETTIS kann man unter Benützung der obigen Terminologie bildhaft so ausdrücken: *Er gibt ein Verfahren dafür an, wie der Semi-Subjektivist sich in den reinen Subjektivisten verwandeln kann.* Der Kardinalbegriff, mit welchem er dabei operiert, ist der Begriff der *Vertauschbarkeit von Ereignissen bezüglich eines Wahrscheinlichkeitsmaßes P.* Dies ist nämlich dasjenige Merkmal, welches eine Klasse von Ereignissen genau dann besitzt, wenn das zugehörige Wahrscheinlichkeitsmaß P eine Mischung von Bernoullischen Wahrscheinlichkeitsmaßen ist, bzw. genau dann, wenn die zugehörige kumulative Grenzverteilungsfunktion eine gemischt-Bernoullische Verteilung ist. Unter Zurückstellung der präzisen Definition, die in Abschn. 2 gegeben wird, läßt sich der Begriff der Vertauschbarkeit folgendermaßen erläutern: Die Ereignisse einer Klasse sind bezüglich eines Wahrscheinlichkeitsmaßes P (miteinander) vertauschbar, wenn der Durchschnitt einer beliebigen Anzahl n von Ereignissen dieser Klasse stets dieselbe Wahrscheinlichkeit p_n hat.

(Daraus ergibt sich insbesondere für $n=1$, daß die Ereignisse dieser Klasse alle dieselbe Wahrscheinlichkeit besitzen.)

Die wichtigsten Vorzüge des Begriffs der Vertauschbarkeit seien knapp angeführt:

1. Wie sich an Beispielen und mittels Analyse zeigen läßt, ist dies ein sehr *natürlicher* Begriff, der außerdem *einen weiten Anwendungsbereich* besitzt. Vor allem hat er infolge seiner größeren Allgemeinheit *weit mehr* Anwendungsmöglichkeiten als der objektivistische Begriff der unabhängigen Ereignisse mit gleichbleibender, aber unbekannter Wahrscheinlichkeit.

2. Wegen der eben geschilderten Äquivalenz, die den eigentlichen Inhalt des Repräsentationstheorems ausmacht, steht dieser Begriff in bezug auf Leistungsfähigkeit dem Begriff der gemischt-Bernoullischen Verteilung nicht nach. Insbesondere läßt sich mit seiner Hilfe *ein adäquater Begriff des Lernens aus der Erfahrung* konstruieren.

3. Zum Unterschied vom Begriff der gemischt-Bernoullischen Verteilung, der auf die für den Subjektivisten unannehmbaren Begriffe der Unabhängigkeit und der unbekannten statistischen Wahrscheinlichkeit zurückgreift, *kann der Begriff der Vertauschbarkeit direkt und ohne jegliche Bezugnahme auf das begriffliche Inventar des Objektivismus eingeführt werden.*

4. Der in 3. hervorgehobene Vorzug ist der für die subjektivistische Grundlegung eigentlich entscheidende. In ihm liegt der weitere Anspruch des Subjektivismus beschlossen, *die objektivistische Sprechweise als eine bloße*

façon de parler in die subjektive Theorie einbeziehen und damit den probabilistischen Objektivismus durch den probabilistischen Subjektivismus absorbieren zu können. Die subjektivistische Philosophie des Als-Ob ist auf den ganzen objektivistischen Begriffsapparat anwendbar.

Eine wichtige terminologische Anmerkung. Der Ausdruck „*vertauschbar*" ist die deutsche Übersetzung des Wortes "*exchangeable*", das sich zur Charakterisierung dieses Merkmals im Englischen eingebürgert hat. SAVAGE verwendet meist den Ausdruck "*symmetry*". In der ursprünglichen französischen Fassung von [Foresight] hatte DE FINETTI von *équivalence* gesprochen. Es scheint mir, daß man *sowohl* den Ausdruck „vertauschbar" *als auch* den Ausdruck „symmetrisch" verwenden sollte, je nachdem, was den Gegenstand der Betrachtung bildet. Wenn man sich, wie wir dies oben getan haben, auf Ereignisse bezieht, ist der Ausdruck „vertauschbar" angemessen (ebenso wie in dem allgemeinerern Fall, wo man sich auf Zufallsfunktionen bezieht). Häufig ist man jedoch genötigt, *Klassen* von vertauschbaren Ereignissen oder *Folgen* von vertauschbaren Zufallsfunktionen ein entsprechendes Merkmal zuzuschreiben. Auch für das fragliche *Wahrscheinlichkeitsmaß* selbst sollte ein entsprechendes Prädikat zur Verfügung stehen. Man könnte zwar beschließen, auch in all diesen Fällen von Vertauschbarkeit zu sprechen. Doch dies wäre erstens irreführend und zweitens sprachwidrig. Irreführend wäre es deshalb, weil im ersten Fall der Ausdruck „vertauschbar" als *zweistelliges* Relationsprädikat benützt wird: „*A* ist vertauschbar mit *B* (bezüglich *P*)". In der zweiten Klasse von Fällen würde derselbe Ausdruck hingegen als *einstelliges* Prädikat benützt. Die letzte Verwendung wäre außerdem deshalb sprachwidrig, weil man doch gegenüber einer Wendung wie „die Klasse *K* ist vertauschbar" sofort zu fragen geneigt ist: „vertauschbar *womit*?" In allen diesen Fällen bietet sich nun der von SAVAGE geprägte Begriff der *Symmetrie* als natürlichster Ausweg aus der Doppeldeutigkeit an: Wir werden von der Vertauschbarkeit von Ereignissen und Zufallsfunktionen, aber von der Symmetrie von Ereignisklassen, von Folgen von Zufallsfunktionen sowie von Wahrscheinlichkeitsmaßen sprechen.

Es wäre übrigens besser, wenn man im Englischen statt "exchangeable" den suggestiveren Ausdruck "*interchangeable*" verwenden würde[9].

2. Formale Skizze. Übergang zum kontinuierlichen Fall

2.a Vertauschbarkeit und Symmetrie. Da es sich im Folgenden nur um eine *Skizze* des formalen Apparates handelt, sollen die einzelnen Begriffe nur kurz erläutert, aber nicht als formale Definitionen angeschrieben werden.

Für alle folgenden Betrachtungen setzen wir einen σ-additiven Wahrscheinlichkeitsraum $\langle \Omega, \mathfrak{A}, P \rangle$ als gegeben voraus (vgl. Teil 0, Abschnitt 2.c, **D4**). $\mathfrak{C}$ sei eine abzählbare Teilklasse von $\mathfrak{A}$. Diejenigen Ereignisse, welche zugleich Elemente von $\mathfrak{C}$ sind, können also numeriert werden; wir bezeichnen sie durch: $E_1, E_2, \ldots, E_n, \ldots$ $\mathfrak{C}$ werde *symmetrisch bezüglich des Wahrscheinlichkeitsmaßes* P genannt gdw eine Folge von Zahlen $p_1, p_2, \ldots, p_n, \ldots$ existiert, so daß für jeden Durchschnitt von k Elementen

---

[9] Dagegen könnte ich nicht empfehlen, im Deutschen das Wort „austauschbar" zu verwenden, weil damit zu starke technische und (oder) ökonomische Assoziationen verbunden sind.

$E_{i_1}, E_{i_2}, \ldots, E_{i_k}$ aus $\mathfrak{E}$ gilt: $P(E_{i_1} \cap E_{i_2} \cap \ldots \cap E_{i_k}) = p_k$. Inhaltlich gesprochen soll also der Durchschnitt (die ‚Konjunktion‘) von k beliebigen Elementen aus $\mathfrak{E}$ stets denselben Wert p_k haben. (In etwas abstrakterer mengentheoretischer Formulierung könnte man diese notwendige und hinreichende Bedingung der Symmetrie auch so formulieren: Für zwei beliebige endliche und *gleichmächtige* Teilmengen $\mathfrak{E}_1$ und $\mathfrak{E}_2$ von $\mathfrak{E}$ muß die Gleichung $P(\cap \mathfrak{E}_1) = P(\cap \mathfrak{E}_2)$ gelten.) Ist diese Bedingung gegeben, so werden die Elemente von $\mathfrak{E}$, also die Ereignisse E_i, als *vertauschbar bezüglich P* bezeichnet. Eine analoge terminologische Festsetzung soll gelten, wenn E eine *Folge* von Ereignissen darstellt, d. h. die Folge heiße dann symmetrisch und ihre Glieder vertauschbar. So wie $\mathfrak{E}$ *symmetrisch bezüglich P* genannt wird, soll umgekehrt das Wahrscheinlichkeitsmaß P auf $\mathfrak{A}$ als *symmetrisch bezüglich $\mathfrak{E}$* bezeichnet werden.

Die Vertauschbarkeitsbehauptung besagt also, daß die Elemente von $\mathfrak{E}$ alle gleichwahrscheinlich sind und daß die Realisierung von je k dieser Ereignisse stets dieselbe Wahrscheinlichkeit p_k hat. Wie man leicht erkennt, wird durch die Symmetrie bzw. durch die Vertauschbarkeit ein viel allgemeineres Merkmal ausgedrückt als durch den *Bernoulli-Fall*. Wir benötigen jetzt nämlich eine *unendliche* Folge von Wahrscheinlichkeiten $p_1, p_2, \ldots,$ $p_n, \ldots$, von denen nicht vorausgesetzt wird, daß sie aufeinander zurückführbar sind. Wenn wir es hingegen mit Bernoullischen Ereignisfolge zu tun haben — so daß z. B. das n-te Glied das Ereignis ist, daß der n-te Versuch eines Zufallsexperimentes erfolgreich ist, wobei die Versuchsergebnisse voneinander unabhängig sind und die Wahrscheinlichkeit von Versuch zu Versuch konstant ist —, so ist diese gesamte Zahlenfolge bereits durch das erste Glied festgelegt; denn es gilt dann für jede natürliche Zahl n: $p_n = (p_1)^n$.

Diese letzte Bemerkung zeigt übrigens, wie man innerhalb der subjektivistischen Theorie den Begriff des Bernoullischen Wahrscheinlichkeitsmaßes definieren kann, *ohne* auf den für den Subjektivisten problematischen Begriff der *Unabhängigkeit* zurückgreifen zu müssen: P wird *Bernoullisch bezüglich $\mathfrak{E}$* genannt gdw P *symmetrisch bezüglich $\mathfrak{E}$* ist und wenn die eben angeführte Gleichung $p_n = (p_1)^n$ gilt.

Für den Beweis des Repräsentationstheorems benötigt man die Anwendung dieses Begriffsapparates auf Folgen von Zufallsfunktionen. Eine derartige Folge wird *symmetrisch* genannt gdw für jede Zahl k die k-stellige kumulative Verteilungsfunktion für k beliebig herausgegriffene Glieder der Folge dieselbe ist wie für k andere herausgegriffene Glieder der Folge. Auch die dabei benützten kumulativen Verteilungsfunktionen für $k = 1, 2, \ldots$ kann man dann symmetrisch nennen; sie sind übrigens symmetrisch im üblichen Wortsinn, d. h. sie liefern gleiche Werte bei beliebiger Permutation der Argumente. Wiederum ist es zweckmäßig, die *Glieder* einer derartigen Folge, also die Zufallsfunktionen selbst, *vertauschbar* zu nennen. Selbstverständlich sind auch diesmal die Begriffe der Symmetrie und der Vertauschbarkeit auf das Wahrscheinlichkeitsmaß P des vorgegebenen Wahrscheinlichkeitsraumes $\langle \Omega, \mathfrak{A}, P \rangle$ zu relativieren.

2.b Mischungen und Lernen aus der Erfahrung: Der Riemannsche Fall. Der σ-Körper $\mathfrak{A}$ werde erzeugt durch eine abzählbare Klasse $\mathfrak{E}$ von Ereignissen. Für jede reelle Zahl x aus dem abgeschlossenen Einheitsintervall $[0,1]$ sei P_x dasjenige Bernoullische Wahrscheinlichkeitsmaß auf $\mathfrak{A}$ bezüglich $\mathfrak{E}$, für welches gilt: $p_1 = x$. Dies bedeutet also: Für jedes Element $E \in \mathfrak{E}$ gilt: $P(E) = x$, und für jeden Durchschnitt $E_1 \cap E_2 \cap \cdots \cap E_n$ mit $E_i \in \mathfrak{E}$ (für i$=$1, $\ldots$ n) gilt: $P(E_1 \cap E_2 \cap \cdots \cap E_n) = x^n$.

Wir führen jetzt ein spezielles Wahrscheinlichkeitsmaß P auf $\mathfrak{A}$ durch die Forderung ein, daß für jedes $E \in \mathfrak{A}$ gelten soll:

$$(8) \qquad P(E) =_{\text{Df}} \int_0^1 P_x(E)\,dx.$$

Hier steht auf der rechten Seite ein gewöhnliches *Riemannsches Integral*. Was wir soeben angeschrieben haben, *ist der einfachste Fall einer Mischung von Bernoullischen Wahrscheinlichkeitsmaßen im kontinuierlichen Fall*. Ein intuitives Verständnis von P gewinnt man durch die Interpretation des Integrals als eines gewogenen Durchschnittes: Unseren Ausgangspunkt bildete die überabzählbare Totalität der Binomialverteilungen mit dem Parameter x (für alle x mit $0 \leq x \leq 1$). Ein *neues* Wahrscheinlichkeitsmaß P wurde in der Weise eingeführt, *daß wir aus allen diesen Bernoulli-Maßen ein gewogenes Mittel bildeten*. Die Verwendung des *Riemannschen* Integrals läuft darauf hinaus, daß für die Bestimmung der Gewichte nur das Lebesguesche Maß verwendet wird, und dies wiederum bedeutet anschaulich: die Wahrscheinlichkeit, daß das Bernoulli-Maß in einem Teilintervall des Einheitsintervalls liegt, ist gleich der Wahrscheinlichkeit, daß es in einem anderen Teilintervall des Einheitsintervalls *von gleicher Länge* liegt.

Es sei etwa E ein Ereignis von spezieller Art, nämlich ein Durchschnitt von n verschiedenen Ereignissen aus $\mathfrak{E}$. Nach der eben nochmals erwähnten Regel für Bernoulli-Wahrscheinlichkeiten gilt dann: $P_x(E) = x^n$. Durch Einsetzung in (8) und Ausführung der einfachen Integration erhalten wir:

$$(8\text{a}) \qquad P(E) = \int_0^1 x^n\,dx = \left[\frac{x^{n+1}}{n+1}\right]_0^1 = \frac{1}{n+1}.$$

Auch diesmal läßt sich zeigen, daß das neue Wahrscheinlichkeitsmaß P hinsichtlich des Problems des Lernens aus der Erfahrung ein ganz anderes Verhalten an den Tag legt als die Bernoulli-Wahrscheinlichkeiten P_x. Wir wollen uns auch davon ein deutliches Bild machen.

So wie früher bedienen wir uns für die Anwendung von (8) zunächst einer objektivistischen Sprechweise: Wir gehen davon aus, eine Person sei davon überzeugt, daß die verschiedenen Würfe mit einer vorgegebenen

Münze voneinander *unabhängig* sind, doch daß ihr die Erfolgswahrscheinlichkeit *vollkommen unbekannt* ist. Als Oberhypothese nehme sie lediglich an, daß diese unbekannte Wahrscheinlichkeit von Wurf zu Wurf *konstant* bleibt. Zum Unterschied von den in Abschnitt 1.a betrachteten Fällen, wo unsere Person nur zwei mögliche objektive Wahrscheinlichkeiten (Formel (2)) oder endlich viele mögliche objektive Wahrscheinlichkeiten (Formel (3)) in Erwägung zieht, soll sie diesmal — und dies ist die den früheren gegenüber realistischere Annahme — *alle* reellen Zahlen zwischen 0 und 1 *als mögliche Kandidaten für die wahre objektive Wahrscheinlichkeit* zulassen. Wenn sie keinen Grund dafür zu erkennen vermag, irgendwelchen dieser möglichen Wahrscheinlichkeiten einen Vorzug zu geben, so wird sie das durch (8) bestimmte Wahrscheinlichkeitsmaß *als ihr subjektives Wahrscheinlichkeitsmaß* wählen. Die Regel für die vernünftige Wahl einer subjektiven Wahrscheinlichkeitsbewertung, welche sie dabei befolgt, ist genau dieselbe wie früher: Es ist eine Mischung aus Bernoulli-Verteilungen P_x — für alle x mit $0 \leq x \leq 1$ — zu wählen, wobei die Gewichte die zugehörigen Hypothesenwahrscheinlichkeiten ausdrücken. Daß die Person keinen Grund sieht, gewisse Bernoulli-Verteilungen anderen vorzuziehen, findet ihren Niederschlag in der Wahl des Riemannschen Integrals.

Man könnte sagen, daß unsere Person in dieser Hinsicht an das *Indifferenzprinzip* appelliert. Es ist aber nicht zu übersehen, daß dieser Appell ein sozusagen ,instinktiver‘ ist, insofern nämlich, als das Indifferenzprinzip ja nur über den Motivationszusammenhang, der zur Wahl gerade des Riemannschen Integrals führt, in die ganzen Überlegungen Eingang findet.

Wenn wir davon ausgehen, daß eine potentiell unendliche Folge von Würfen gemacht werden kann, bilden wir zunächst in der folgenden Weise einen meßbaren Raum $\langle \Omega, \mathfrak{A} \rangle$: Ω sei die Menge aller unendlichen Folgen ω, d. h. die Menge aller Funktionen ω mit $D_{\mathrm{I}}(\omega) = \mathbb{N}$, so daß $D_{\mathrm{II}}(\omega) = \{0,1\}$. Dabei identifizieren wir $\omega(n)$, also den Wert der Funktion für das Argument n, mit dem n-ten Glied der Folge. Die Zahl 1 steht für *Kopf* und die Zahl 0 steht für *Schrift*. Wenn G_n das durch die folgende Aussage beschriebene Ereignis bedeutet: „der n-te Wurf ist ein Kopfwurf", so ist G_n zu definieren durch: $G_n =_{\mathrm{Df}} \{\omega \mid \omega(n) = 1\}$. $\mathfrak{E}$ sei die Klasse aller dieser Mengen, d. h. $\mathfrak{E} =_{\mathrm{Df}} \{G_i \mid i \in \mathbb{N}\}$. Wir wählen diese Klasse als Erzeuger unseres σ-Körpers $\mathfrak{A}$, d. h. es soll gelten: $\mathfrak{A} = \mathfrak{A}(\mathfrak{E})$.

Zum Zwecke der Kontrastbildung stellen wir jetzt zwei Falltypen einander gegenüber. Im ersten Typ betrachten wir die (überabzählbar vielen) Wahrscheinlichkeitsmaße P_x auf $\mathfrak{A}$, so daß $x = p_1 =$ der Parameter der Bernoulli-Verteilung für die Elemente aus $\mathfrak{E}$. Wir erhalten so die (überabzählbar vielen) Wahrscheinlichkeitsräume $\langle \Omega, \mathfrak{A}, P_x \rangle$. Der zweite Falltyp wird durch eine einzige Wahl eines Wahrscheinlichkeitsmaßes repräsentiert, nämlich durch die Wahl von P gemäß (8). In diesem zweiten Fall erhalten wir nur den einzigen Wahrscheinlichkeitsraum $\langle \Omega, \mathfrak{A}, P \rangle$. Es gelten die folgenden beiden Aussagen:

(a) *Keines der Wahrscheinlichkeitsmaße P_x gestattet ein Lernen aus der Erfahrung: die gemachten Erfahrungen finden keinen Eingang in die künftigen Wahrscheinlichkeitsbewertungen, d. h. bisherige Beobachtungsdaten bleiben vollkommen unbeachtet.*

Beweis: Die *bedingte Bernoulli-Wahrscheinlichkeit* dafür, daß das $(n+1)$-te Glied der Folge $(= (n+1)$-te Wurf) ein Kopfwurf ist, *unter der Voraussetzung, daß die vorangehenden Würfe ausnahmslos Kopfwürfe waren*, wird in der obigen Symbolik durch $P_x(G_{n+1} \mid G_1 \cap \ldots \cap G_n)$ ausgedrückt. Aus der Definition der bedingten Wahrscheinlichkeit sowie der Regel für die Berechnung von Bernoulli-Wahrscheinlichkeiten folgt:

$$P_x(G_{n+1} \mid G_1 \cap \ldots \cap G_n) = \frac{P_x(G_{n+1} \cap G_n \cap \cdots \cap G_1)}{P_x(G_n \cap \cdots \cap G_1)}$$

$$= \frac{x^{n+1}}{x^n} = x = P_x(G_{n+1}) \, .$$

Der Vergleich des ersten Gliedes mit dem letzten Glied zeigt, *daß die Erfahrung vollkommen ‚ignoriert‘ wird:* Die ‚Aposteriori-Wahrscheinlichkeit‘, die sich auf bereits vorliegende n positive Resultate stützt, ist mit der ‚Apriori-Wahrscheinlichkeit‘, bei deren Berechnung überhaupt kein positives Datum verfügbar ist, identisch.

Die Behauptung gilt selbst für den Fall, daß die positiven Beobachtungsresultate jede endliche Schranke überschreiten, d. h. bei Anwendung der Operation $\lim_{n \to \infty}$; denn es ist:

$$\lim_{n \to \infty} \frac{x^{n+1}}{x^n} = x.$$

(b) *Das subjektive Wahrscheinlichkeitsmaß, welches als die Mischung (8) aller Bernoullischen Wahrscheinlichkeitsmaße P_x mit $0 \leq x \leq 1$ definiert ist, gestattet demgegenüber ein vernünftiges Lernen aus der Erfahrung.*

Beweis: Unter Benützung der Formel (8a) erhalten wir:

$$\lim_{n \to \infty} P(G_{n+1} \mid G_1 \cap \ldots \cap G_n) = \lim_{n \to \infty} \frac{P(G_{n+1} \cap G_n \cap \cdots \cap G_1)}{P(G_n \cap \cdots \cap G_1)}$$

$$= \lim_{n \to \infty} \frac{\dfrac{1}{n+2}}{\dfrac{1}{n+1}} = \lim_{n \to \infty} \frac{n+1}{n+2} = \frac{1 + \dfrac{1}{n}}{1 + \dfrac{2}{n}} = 1 \, .$$

Dies steht vortrefflich mit unserer Intuition im Einklang: *Je länger die Folgen sind, welche Beobachtungsreihen von ausschließlichen Kopfwürfen repräsentieren, desto größer wird die Wahrscheinlichkeit, daß auch der nächste Wurf ein Wurf mit dem Resultat Kopf sein wird.*

Anmerkung. Wir haben hier nur sehr spezielle Fälle des ‚Lernens aus der Erfahrung‘ betrachtet, nämlich jene Fälle, in denen sämtliche bisherigen Beobachtungen in *Erfolgsmeldungen* bestanden. Der durch den Unterschied zwischen (a) und **(b)** exemplifizierte Gegensatz zwischen Bernoullischen Maßen und Mischungen von solchen gilt selbstverständlich auch in dem allgemeineren Fall, wo *nicht alle* bisherigen Resultate von genau derselben Art waren.

2.c Mischungen im abstrakten maßtheoretischen Fall. Das Repräsentationstheorem. Unter Verallgemeinerung des vorigen Falles verstehen wir diesmal unter einer *Mischung von Wahrscheinlichkeitsmaßen* ein *Wahrscheinlichkeitsintegral dieser Wahrscheinlichkeitsmaße*. (Gelegentlich wird in der Literatur auch von *konvexen linearen Kombinationen von Wahrscheinlichkeitsmaßen* gesprochen.) Unser erstes Ziel besteht darin, nachzuweisen, daß Mischungen von Wahrscheinlichkeitsmaßen, die für ein und denselben σ-Körper $\mathfrak{A}$ definiert sind, wieder Wahrscheinlichkeitsmaße auf diesem σ-Körper $\mathfrak{A}$ liefern.

Gegeben sei ein *meßbarer* Raum $\langle \Omega, \mathfrak{A} \rangle$. Wir betrachten *sämtliche möglichen* Erweiterungen dieses meßbaren Raumes zu einem Wahrscheinlichkeitsraum $\langle \Omega, \mathfrak{A}, P \rangle$ durch Hinzufügung von Wahrscheinlichkeitsmaßen P, die auf $\mathfrak{A}$ definiert sind. Ω' sei eine Gesamtheit derartiger Wahrscheinlichkeitsmaße, die von Fall zu Fall spezifiziert wird. Die Wahl dieses Symbols „Ω'" erfolgt wegen des sogleich realisierten Hintergedankens, *die Totalität solcher auf $\mathfrak{A}$ definierten Wahrscheinlichkeitsmaße P als neuen Stichprobenraum zu wählen, dessen ‚Punkte' diese Wahrscheinlichkeitsmaße P sind.*

Zur Konstruktion eines geeigneten σ-Körpers über Ω' betrachten wir für *beliebiges* $E \in \mathfrak{A}$ und *beliebiges* $x \in \mathbb{R}$ die folgende Teilmenge von Ω':

$$\{P \mid P(E) \leqq x\}$$

(dadurch gewinnen wir eine Klasse von Teilmengen von Ω', weil ja die Wahrscheinlichkeitsmaße P Elemente von Ω' sind, d. h. weil gilt: $P \in \Omega'$.)

Für *jedes* Paar E, x mit $E \in \mathfrak{A}$ und $x \in \mathbb{R}$ ist eine solche Menge festgelegt. Wir beschließen nun, *die Klasse $\mathfrak{E}'$ aller dieser Mengen als Erzeuger des gesuchten σ-Körpers über Ω' zu wählen.* Unser neuer σ-Körper sei also durch

$$\mathfrak{A}' = \mathfrak{A}'(\mathfrak{E}')$$

definiert. Damit haben wir einen neuen meßbaren Raum $\langle \Omega', \mathfrak{A}' \rangle$ gewonnen. (Man beachte, in welcher Weise dieser neue Raum zu relativieren ist: in die Konstruktion von Ω' sowie in die von $\mathfrak{A}'$ ging $\mathfrak{A}$ als Bestandteil ein; für die Bildung von $\mathfrak{A}'$ mußte außerdem die Menge der reellen Zahlen $\mathbb{R}$ benützt werden; und die Elemente von Ω' sind diejenigen Wahrscheinlichkeitsmaße, die zur Erweiterung des ursprünglichen meßbaren Raumes $\langle \Omega, \mathfrak{A} \rangle$ zu Wahrscheinlichkeitsräumen benützt wurden.)

Wir definieren weiter für *jedes* $E \in \mathfrak{A}$ eine Punktfunktion auf Ω' — also eine Funktion, die wir im Fall der $\mathfrak{A}'$-Meßbarkeit eine Zufallsfunktion auf Ω' nennen würden — durch die folgende Bestimmung:

$$f_E(P) = {}_{\text{Df}} P(E)$$

Hier scheint nur ein Unterschied in der Schreibweise vorzuliegen. Doch die Einführung des neuen Symbols ist zweckmäßig: Bei „$P(E)$" deutet man unwillkürlich P als feste Mengenfunktion und „E" als Variable, die alle Elemente von $\mathfrak{A}$ durchläuft. In „$f_E(P)$" hingegen deutet man „E" als Konstante und „P" als Variable, die über alle Punkte (Wahrscheinlichkeitsmaße) von Ω' läuft. Das letztere ist genau intendiert.

Man überzeugt sich sofort, daß f_E tatsächlich für jedes $E \in \mathfrak{A}$ eine Zufallsfunktion auf Ω', d. h. also $\mathfrak{A}'$-meßbar ist. Zum Nachweis der $\mathfrak{A}'$-Meßbarkeit genügt es ja zu zeigen, daß $\{P \mid f_E(P) \leq x\} \in \mathfrak{A}'$ (vgl. Teil 0, (111)). Diese Aussage ist aber trivial richtig; denn nach Definition von „f_E" ist der Ausdruck in der geschlungenen Klammer dasselbe wie $\{P \mid P(E) \leq x\}$ und dies ist ja nach der Konstruktion von $\mathfrak{A}'$ sogar ein Element des Erzeugers von $\mathfrak{A}'$!

Der neue meßbare Raum $\langle \Omega', \mathfrak{A}' \rangle$ werde jetzt *durch Hinzufügung eines Wahrscheinlichkeitsmaßes P' auf $\mathfrak{A}$ zu einem Wahrscheinlichkeitsraum $\langle \Omega',* $\mathfrak{A}', P' \rangle$ ergänzt. Dieses neue Wahrscheinlichkeitsmaß wird die Aufgabe haben, in Analogie zum Vorgehen im diskreten Fall die *Wägungen* der möglichen ,*objektiven Wahrscheinlichkeiten*' P vorzunehmen. Genauer wäre das Vorgehen folgendermaßen zu beschreiben: Für ein festes $E \in \mathfrak{A}$ liefert die Zufallsfunktion f_E für *jedes mögliche ,objektive Wahrscheinlichkeitsmaß*' P (= Element von Ω') den Wahrscheinlichkeitswert $P(E)$. Die durch P' festgelegte Verteilung von f_E liefert für vorgegebene reelle Zahlen x die ,Hypothesenwahrscheinlichkeit' (genauer: die ,Hypothesenwahrscheinlichkeitsdichte') dafür, daß $f_E(P) \leq x$.

Das eben Gesagte ist, vom subjektivistischen Standpunkt aus betrachtet, natürlich wieder nur eine Als-Ob-Konstruktion: Wir haben auf die objektivistische Sprechweise zurückgegriffen und müssen uns von dieser wieder befreien. Dies geschieht abermals in Analogie zu den Fällen (2), (3) und (8). Der jetzige Fall unterscheidet sich von diesen früheren nur durch seine viel größere Allgemeinheit.

Allerdings muß man sich noch davon überzeugen, daß die Bildung des ,allgemeinen gewogenen Durchschnittes' in Gestalt eines Integrals auch wirklich zulässig ist. Dies ergibt sich aber sofort aus der eben bewiesenen $\mathfrak{A}'$-Meßbarkeit der nichtnegativen Funktion f_E sowie dem früheren Resultat (vgl. Teil 0, 10.b), daß man für nichtnegative meßbare Funktionen stets das Integral bilden darf. Wir können somit f_E für *jedes* $E \in \mathfrak{A}$ bezüglich des Maßes P' über ganz Ω' integrieren. Wir definieren auf diese Weise eine neue Funktion Q:

$$(9) \qquad Q(E) = \int_{\Omega'} f_E \, dP'$$

Diese ,Mischung' Q ist eine Mengenfunktion auf $\mathfrak{A}$. Von dieser Mengenfunktion gilt der

Satz 1. *Die Funktion Q von (9) ist ein Wahrscheinlichkeitsmaß auf dem ursprünglichen σ-Körper $\mathfrak{A}$, d. h. Q ist ein normiertes, nichtnegatives und σ-additives Maß auf $\mathfrak{A}$.*

Beweis. (1) *Normierung von Q:* Es ist $f_{\Omega}(P) = P(\Omega)$ für alle $P \in \Omega'$ (nach Definition von f) $= 1$ (da P nach Voraussetzung ein Wahrscheinlichkeitsmaß, also normiert ist). Daher ist nach (9) $Q(\Omega) = \int_{\Omega'} 1 \, dP' = P'(\Omega') = 1$ (da auch P' als Wahrscheinlichkeitsmaß vorausgesetzt ist).

(2) *Nichtnegativität von Q:* Es sei ein beliebiges $E \in \mathfrak{A}$ gewählt. Nach Definition von f_E ist für jedes $P \in \Omega' : f_E(P) = P(E) \geqq 0$. Wegen der Isotonie der Integralfunktion (vgl. Teil 0, (119)) kann auch das Integral nicht negativ sein.

(3) *σ-Additivität von Q:* Es sei $\mathfrak{E}$ eine abzählbare Teilklasse von $\mathfrak{A}$,welche aus disjunkten Mengen besteht.
Es gilt:

$$f_{\bigcup \mathfrak{E}}(P) = P(\bigcup \mathfrak{E}) \qquad \text{(nach Definition von } f)$$

$$(a) \qquad\qquad = \sum_{E \in \mathfrak{E}} P(E) \qquad \text{(infolge der } \sigma\text{-Additivität von } P)$$

$$= \sum_{E \in \mathfrak{E}} f_E(P) \qquad \text{(nach Definition von } f)$$

Unter Benützung von (a) gewinnen wir:

$$Q(\bigcup \mathfrak{E}) = \int_{\Omega'} f_{\bigcup \mathfrak{E}} \, dP' \qquad \text{(nach Definition (9))}$$

$$= \int_{\Omega'} \left(\sum_{E \in \mathfrak{E}} f_E(P) \right) dP' \qquad \text{(Einsetzung nach (a))}$$

$$= \sum_{E \in \mathfrak{E}} \int_{\Omega'} f_E(P) \, dP' \qquad \text{(wegen der abzählbaren Linearität des Integrals)}$$

$$= \sum_{E \in \mathfrak{E}} Q(E) \qquad \text{(nach Definition (9))}$$

Damit ist der Beweis beendet.

Mit dem Beweis von Satz 1 ist gezeigt worden, *daß Wahrscheinlichkeitsintegrale von Wahrscheinlichkeitsmaßen, die auf einem σ-Körper $\mathfrak{A}$ definiert sind, selbst wiederum Wahrscheinlichkeitsmaße auf demselben σ-Körper $\mathfrak{A}$ darstellen,* auf eine Kurzformel gebracht: *Mischungen von Wahrscheinlichkeitsmaßen sind abermals Wahrscheinlichkeitsmaße.* Zum Zwecke terminologischer Abkürzung sagen wir von den Wahrscheinlichkeitsmaßen P auf $\mathfrak{A}$, daß sie Maße *in der Mischung Q* sind.

Die eine Hälfte des Satzes von DE FINETTI gewinnt man durch Spezialisierung des Satzes 1 auf solche Maße P in der Mischung Q, die bezüglich einer abzählbaren Klasse $\mathfrak{E} \subset \mathfrak{A}$ symmetrisch sind:

Satz 2. *Wenn alle Wahrscheinlichkeitsmaße P auf $\mathfrak{A}$ in der gemäß (9) gebildeten Mischung Q symmetrisch sind in bezug auf eine abzählbare Teilmenge $\mathfrak{E}$ von $\mathfrak{A}$, so ist die Mischung Q selbst symmetrisch in bezug auf $\mathfrak{E}$.*

Beweis. Nach Voraussetzung sind die Elemente von Ω' genau diejenigen Wahrscheinlichkeitsmaße auf $\mathfrak{A}$, welche in bezug auf $\mathfrak{E}$ symmetrisch sind (oder umgekehrt ausgedrückt: Ω' enthält genau die Wahrscheinlichkeitsmaße auf $\mathfrak{A}$, in bezug auf welche $\mathfrak{E}$ symmetrisch ist). Es sei A der Durchschnitt von n Elementen aus $\mathfrak{E}$. Aufgrund von (9) erhalten wir:

$$Q(A) = \int_{\Omega'} f_A \, dP' \, .$$

Nun sei E ein Durchschnitt von beliebigen *anderen* n Elementen aus $\mathfrak{E}$. Aus der Definition von f sowie der Symmetrievoraussetzung für $\mathfrak{E}$ ($=$ Voraussetzung der Vertauschbarkeit der Elemente von $\mathfrak{E}$) gilt:

$$
\begin{aligned}
f_A(P) &= P(A) \quad \text{(Definition von } f) \\
&= p_n \quad \text{(wegen der Symmetrie von } \mathfrak{E} \text{ bezüglich } P \text{ sowie der An-} \\
&\qquad \text{nahme, daß } A \text{ Durchschnitt von } n \text{ Elementen aus } \mathfrak{E} \text{ ist)} \\
&= P(E) \quad \text{(aus demselben Grund wie soeben)} \\
&= f_E(P).
\end{aligned}
$$

Die Integranden sind also identisch und es gilt somit:

$Q(A) = Q(E)$, d. h. Q ist symmetrisch in bezug auf $\mathfrak{E}$.

Da der Bernoulli-Fall ein Spezialfall der Symmetrie ist, gewinnt man als unmittelbare Folge von Satz 2 die Aussage, daß jede Mischung von Bernoullischen Wahrscheinlichkeitsmaßen symmetrisch ist. Genauer gesprochen erhalten wir das Folgende:

Korollar zu Satz 2. *$\mathfrak{A}$ sei ein σ-Körper von Ereignissen über einem Möglichkeitsraum Ω. Dann ist jede Mischung von Wahrscheinlichkeitsmaßen, die auf $\mathfrak{A}$ definiert und in bezug auf eine abzählbare Teilklasse $\mathfrak{E}$ von $\mathfrak{A}$ Bernoullische Wahrscheinlichkeitsmaße sind, ein Wahrscheinlichkeitsmaß auf $\mathfrak{A}$, welches symmetrisch ist in bezug auf $\mathfrak{E}$.*

Die wichtigere und nur mit tiefliegenden maßtheoretischen Methoden zu beweisende Umkehrung dieses Korollars läßt die Verschärfung des „wenn ... dann———" zum „gdw" zu und bildet den eigentlichen Inhalt des

Repräsentationstheorems. *Es sei $\mathfrak{A}$ ein σ-Körper von Ereignissen über einem Möglichkeitsraum Ω, Q ein Wahrscheinlichkeitsmaß auf $\mathfrak{A}$ und $\mathfrak{E}$ eine abzählbare Teilklasse von $\mathfrak{A}$. Ferner sei Ω' die Klasse der Wahrscheinlichkeitsmaße auf $\mathfrak{A}$, die in bezug auf $\mathfrak{E}$ Bernoullische Maße sind; Ω' sei nicht leer. $\mathfrak{E}'$ sei die Klasse aller Mengen $\{P \mid P(E) \leq x\}$ mit $P \in \Omega'$, $E \in \mathfrak{A}$ und $x \in \mathbb{R}$. $\mathfrak{A}'$ sei der von $\mathfrak{E}'$ erzeugte σ-Körper $\mathfrak{A}' = \mathfrak{A}'(\mathfrak{E}')$. Dann gilt:*

Q ist genau dann symmetrisch in bezug auf $\mathfrak{E}$, wenn ein eindeutig bestimmtes Wahrscheinlichkeitsmaß P' auf $\mathfrak{A}'$ existiert, so daß für jedes $E \in \mathfrak{A}$ gilt:

$$Q(E) = \int_{\Omega'} f_E \, d\, P' \, [10]$$

---

[10] „f_E" hat dieselbe Bedeutung wie in (9). Tatsächlich haben wir diese Formel nochmals explizit angeschrieben, wobei Q, Ω', f_E und P die angegebenen Bedeutungen besitzen.

(kurz: Q ist genau dann symmetrisch in bezug auf $\mathfrak{E}$, wenn Q eine Mischung der in bezug auf $\mathfrak{E}$ Bernoullischen Wahrscheinlichkeitsmaße ist.)

Durch die Gleichung werden zwei *Funktionen* mit dem Definitionsbereich $\mathfrak{A}$ miteinander identifiziert. Das variable Argument der Funktion wird im linken Ausdruck in der üblichen Weise durch das in der Klammer stehende „E" bezeichnet, auf der rechten Seite hingegen durch den unteren Index „E" von „f".

Was die mathematische Struktur dieses Theorems betrifft, so sei nochmals darauf hingewiesen, daß Wahrscheinlichkeiten an drei verschiedenen Stellen vorkommen. Q ist das auf $\mathfrak{A}$ definierte *symmetrische Wahrscheinlichkeitsmaß* (die ‚wahre subjektive Wahrscheinlichkeit' nach DE FINETTI). Die Elemente von Ω' sind die ‚unbekannten objektiven Wahrscheinlichkeiten' (Wahrscheinlichmaße auf $\mathfrak{A}$). Alle diese bezüglich $\mathfrak{E}$ *Bernoullischen Wahrscheinlichkeitsmaße* auf $\mathfrak{A}$ sind in den Zufallsfunktionen f_E enthalten. Die letzteren Funktionen — deren jede ja nach Definition bei gegebenem $E \in \mathfrak{A}$ als Bildbereich die Klasse der Werte $P(E)$ für $P \in \Omega'$, also die Werte der fraglichen Bernoulli-Wahrscheinlichkeiten für das Argument E, liefert — sind *als Zufallsfunktionen auf Ω' konstruiert*. Diese Konstruktion war notwendig, um diese Bernoulli-Wahrscheinlichkeiten selbst probabilistisch beurteilen zu können. *Diese probabilistische Beurteilung erfolgt mittels des Maßes P',* welches die Verteilung der Zufallsfunktion f_E festlegt, d. h. inhaltlich gesprochen: es legt die Wahrscheinlichkeit fest, daß eine unbekannte Wahrscheinlichkeit einen solchen und solchen Wert annimmt (bzw. in ein solches und solches Intervall hineinfällt). Das Maß P' entspricht also dem, was wir in der intuitiven Vorbetrachtung als Hypothesenwahrscheinlichkeit bezeichneten. Die Bezeichnung rührte daher, daß die objektiven Bernoulli-Wahrscheinlichkeiten den Inhalt statistischer Hypothesen ausmachten, die mittels P' — sozusagen metatheoretisch — nach ihrer Wahrscheinlichkeit beurteilt werden.

Die obige Fassung des Repräsentationstheorems ist, obwohl sie bereits in der Sprache der Maßtheorie abgefaßt ist, noch nicht die allgemeinste Formulierung dieses Theorems. Dafür müßte von dem am Ende von 2.a erwähnten Begriffsapparat Gebrauch gemacht werden. Außer dem meßbaren Raum $\langle \Omega, \mathfrak{A} \rangle$ müßte hier ein Wahrscheinlichkeitsraum $\langle \Delta, \mathfrak{D}, P^* \rangle$ betrachtet werden, dessen Möglichkeitsraum Δ die Menge aller noch zu spezifizierenden einstelligen Verteilungsfunktionen und $\mathfrak{D}$ ein σ-Körper über Δ ist. Die Wahrscheinlichkeit, daß eine Verteilungsfunktion F aus Δ in einem Element D von $\mathfrak{D}$ liegt, werde durch $P''(D)$ gegeben. F soll dabei die gemeinsame Verteilungsfunktion einer Folge von ($\mathfrak{A}$-meßbaren) Zufallsfunktionen $\mathfrak{x}_1, \mathfrak{x}_2, \ldots, \mathfrak{x}_n, \ldots$ sein, welche in dem Sinn eine Bernoullische Folge darstellt, daß für jedes m und jedes $i_1, \ldots, i_m$ sowie für jedes m-Tupel reeller Zahlen $x_1, \ldots, x_m$ der Wert von $F_{i_1 \ldots i_m}(x_1, x_2, \ldots, x_m)$ identisch ist mit dem Produkt $F(x_1) \cdot \ldots \cdot F(x_m)$. Jedem F entspricht eindeutig ein Wahrscheinlichkeitsmaß P_F auf $\mathfrak{A}$, so daß die Zufallsfunktionen erstens bezüglich

P_F unabhängig sind und zweitens F als gemeinsame Verteilungsfunktion besitzen. Falls man ein Wahrscheinlichkeitsmaß Q^* auf $\mathfrak{A}$ folgendermaßen definiert:

$$(*) \qquad Q^*(E) = \int_\Delta P_F(E) \, dP'' \text{ für alle } E \in \mathfrak{A},$$

so ist Q^* relativ auf die Folge der Zufallsfunktionen symmetrisch. Hat Ω eine genügend ‚reiche Struktur‘, so gilt auch die Umkehrung dieser Feststellung — und das ist wiederum der nichttriviale Teil des Repräsentationstheorems: Jedes Wahrscheinlichkeitsmaß auf $\mathfrak{A}$, relativ zu dem die Folge der Zufallsfunktionen $(\mathfrak{x}_n)$ symmetrisch ist, bildet eine Mischung bezüglich eines P'' (im Sinn der rechten Seite von $(*)$) von Wahrscheinlichkeitsmaßen auf $\mathfrak{A}$, in bezug auf welche diese Zufallsfunktionen unabhängig und identisch verteilt sind.

Dies ist die Fassung, in der das Theorem von Jeffrey in [Probability Measures], S. 218 formuliert und in [Representation Theorem] bewiesen wird.

2.d Diskussion. Der Gegensatz zwischen den Auffassungen der ‚Subjektivisten‘ und der ‚Objektivisten‘ wurde bereits in Teil III, 12 geschildert und erörtert. Das Theorem liefert per se zu dieser Diskussion in dem Sinn keinen Beitrag, daß die Frage, ob eine Variante der v. Mises-Reichenbachschen Theorie oder die subjektivistische Theorie oder eine Variante der Propensity-Interpretation zutrifft, unabhängig auf anderer Ebene entschieden werden muß. *Allerdings kann das Theorem zusammen mit dem Prinzip des Lernens aus der Erfahrung dazu beitragen, anfängliche Zweifel an der Leistungsfähigkeit der subjektivistischen Theorie zu beseitigen.*

Man kann das Theorem unter drei Gesichtspunkten betrachten: erstens ‚weltanschauungsfrei‘ als ein rein mathematisches Ergebnis; zweitens unter Zugrundelegung des subjektivistischen Gesichtspunktes; und drittens auf solche Weise, daß auch die objektiven Wahrscheinlichkeiten und deren probabilistische Beurteilungen inhaltlich ernst genommen und nicht als reine Als-Ob-Konstruktionen abgetan werden.

Die rein mathematische Bedeutung hat Braithwaite durch eine interessante Parallele zu illustrieren versucht[11]: Dem Mathematiker Fourier gelang es, für alle periodischen Funktionen — durch welche z. B. periodische Schwingungen in der Physik beschrieben werden — eine sog. *harmonische Analyse* zu geben, durch welche eine periodische Funktion (Schwingung) als Überlagerung von einfachen harmonischen Funktionen (Schwingungen), etwa von Sinusfunktionen (Sinusschwingungen), gedeutet werden kann. Analog hat de Finetti gezeigt, wie man jene Art von Abhängigkeit zwischen Ereignissen, die ein Lernen aus der Erfahrung gestattet und die sich daher für singuläre Voraussagen auf der Basis bisheriger Beobachtungen eignet, durch Analyse von geeigneten ‚Mischungen‘ derjenigen Art von Unabhängigkeit zurückführen kann, die ein derartiges Lernen ausschließt.

Was die Beurteilung vom subjektivistischen Gesichtspunkt aus betrifft, so ist alles Wesentliche bereits gesagt worden. Zwei Punkte sind in diesem Zusammenhang wesentlich:

---

[11] "On Unknown Probabilities", S. 9.

(1) Der entscheidende Begriff der Vertauschbarkeit bzw. der Symmetrie drückt ein Merkmal aus, das in der Sprache der Wettquotienten definierbar ist und welches daher für den Subjektivisten einen klaren und eindeutigen Sinn hat. Denn das Wahrscheinlichkeitsmaß, auf welches in der Definition von „vertauschbar" bzw. von „symmetrisch" Bezug genommen wird, kann stets als der maximale Wettquotient interpretiert werden, zu dem eine rationale Person zu wetten bereit ist; die in der Definition verlangte Gleichheit von Wahrscheinlichkeiten ist als Gleichheit von Wettquotienten zu interpretieren. Die linke Seite von (9) wird damit *für sich verständlich*.

(2) Blickt man hingegen auf die rechte Seite von (9), wo die Zufallsfunktionen f_E mit den unbekannten objektiven Wahrscheinlichkeiten als Werten sowie die Wahrscheinlichkeitsverteilung P' (Hypothesenwahrscheinlichkeit) dieser unbekannten objektiven Wahrscheinlichkeit vorkommen, so handelt es sich dabei nach subjektivistischer Ansicht um nichts weiter als um mathematische Fiktionen, deren wirkliche Bedeutung ganz in der Funktion Q auf der linken Seite enthalten ist.

In der Abhandlung [Unknown Probabilities] hat HINTIKKA einige sehr interessante philosophische Betrachtungen über DE FINETTIS Theorem angestellt, die sich dadurch auszeichnen, daß darin einerseits nicht bloß der rein mathematische Ertrag zur Sprache kommt, und daß andererseits die inhaltliche Beurteilung nicht vom Standpunkt eines als gültig vorausgesetzten Subjektivismus (aber auch nicht, wie bei BRAITHWAITE, vom Standpunkt eines als gültig vorausgesetzten Objektivismus) erfolgt. Mit Ausnahme von einer — allerdings sehr wichtigen — These glaube ich den meisten Überlegungen HINTIKKAS zustimmen zu können. Einige Punkte seiner Betrachtungen sollen kurz angeführt werden.

Damit sich der Leser in diesem Aufsatz rascher zurecht findet, seien ein paar Andeutungen über den Zusammenhang zwischen der eben gegebenen Formulierung und dem Symbolismus von HINTIKKA gemacht.

HINTIKKA verwendet zunächst einen dem Carnapschen ähnlichen Formalismus: Gegeben ist ein (endlicher oder unendlicher) Bereich von Individuen sowie eine endliche Anzahl $Ct_1, \ldots, Ct_K$ von Q-Prädikaten, d. h. von schärfsten, nicht logisch inkonsistenten Individuenprädikaten. Es seien keine Relationen bekannt, die zwischen den Individuen bestehen. Verschiedene Individuen können daher wie im Urnenmodell als aus dem Bereich zufällig gezogen betrachtet werden. In der Integralformel bzw. Summenformel dieser Arbeit auf S. 330 entspricht das K-stellige Q unserem einstelligen Q in (9), die Ausdrücke „x_i" auf der rechten Seite entsprechen unseren Zufallsfunktionen f_E, und die Wahrscheinlichkeitsdichte p bzw. die Wahrscheinlichkeitsverteilung p entspricht unserem Maß P'. Die dortige Formel ergibt sich aus dem Fall der Multinomialverteilung (vgl. Teil 0, (53)) unter Weglassung des Bruches am Anfang, da eine Stichprobe von n beliebigen, aber *bestimmten* Individuen betrachtet wird, so daß für jedes i von 1 bis K n_i bestimmte Individuen das Prädikat Ct_i besitzen, wobei gilt:

$$\sum_{i=1}^{K} n_i = n. \quad Q(n_1, \ldots, n_K) \text{ ist die ,subjektive' Wahrscheinlichkeit dafür, daß } n_1$$

Individuen die Eigenschaft $Ct_1, \ldots, n_K$ Individuen die Eigenschaft Ct_K besitzen.

In der Formel für die Bestimmung der Wahrscheinlichkeit wird die Tatsache benützt, daß $\sum x_i = 1$, so daß die Wahrscheinlichkeit x_K ersetzt werden kann durch:

$$\left(1 - \sum_{i=1}^{K-1} x_i\right).$$

Die Wahrscheinlichkeit $q_j(n_1, \ldots, n_K)$ dafür, daß beim $(n+1)$-ten Versuch ein Individuum von der Eigenschaft Ct_j erhalten wird, sofern sich die $n = \sum n_i$ bisher beobachteten Individuen in der angegebenen Weise auf die K Q-Prädikate verteilen, ist durch die bedingte Wahrscheinlichkeit

$$\frac{Q(n_1, n_2, \ldots, n_{j-1}, n_j + 1, n_{j+1}, \ldots, n_K)}{Q(n_1, n_2, \ldots, n_j, \ldots, n_K)}$$

gegeben. Daß Q symmetrisch ist, drückt sich darin aus, daß Q nur von den Zahlen $n_1, \ldots, n_K$ abhängt, nicht jedoch von der Reihenfolge, in der die n_1 Individuen der Art $Ct_1, \ldots$, die n_i Individuen der Art $Ct_i, \ldots$, gezogen worden sind. Die q_i sind dann auch nur von diesen Zahlen abhängig. Doch ist das letztere für die Symmetrie von Q nicht hinreichend; es muß noch die ‚Wegunabhängigkeit‘ der Bestimmung des Q-Wertes aus den q_j-Werten hinzutreten (vgl. a. a. O. Formel (4) auf S. 331 sowie alle analog gebauten Darstellungen des Q-Wertes). Der Wert von q_j gibt an, mit welchem Betrag unter den genannten Voraussetzungen darauf zu wetten ist, daß das $(n+1)$-te Individuum das Prädikat Ct_j besitzt.

Wenn wir der Einfachheit halber wieder unsere Formel (9) zugrunde legen und alle drei Kategorien von Wahrscheinlichkeiten auch inhaltlich ernst nehmen, so ergibt sich als wichtigstes Resultat, daß die *subjektive Wahrscheinlichkeit* Q eindeutig das Maß P' bestimmt (und umgekehrt), durch welches die *Hypothesenwahrscheinlichkeiten* (*Glaubwürdigkeitsbewertungen*) der ins Auge gefaßten *statistischen Hypothesen* (*objektiven Wahrscheinlichkeiten*) festgelegt sind. (Die Hypothesenwahrscheinlichkeiten sind das, was GOOD einmal *Wahrscheinlichkeiten vom Typ II* nannte.)

HINTIKKA benützt nun die Tatsache, daß man wegen der wechselseitigen Bestimmung von Q und den Funktionen q_i das Maß P' auch zu den q_i in Beziehung setzen kann. Dadurch, daß er einerseits die oben gegebene Definition von q_i verwendet und andererseits das Maß P' (die ‚Glaubwürdigkeitsbewertung‘) selbst in der Sprache der Wettquotienten deutet, gelangt HINTIKKA zu der Feststellung, daß man das Wetten auf unbekannte Wahrscheinlichkeiten (oder wie wir auch sagen könnten: auf statistische Hypothesen) als Wetten bezüglich des nächsten Einzelfalles auffassen kann: "... if we know how to bet on whatever *next* individual we can conceivably encounter, we know how to bet on unknown probabilities"[12]. Wir kommen auf diese etwas überraschende Schlußfolgerung weiter unten nochmals zu sprechen.

Um seine von DE FINETTIS Vorstellungen abweichenden Gedanken näher zu erläutern, zeigt HINTIKKA zunächst, daß der Begriff der *unbekannten* Wahrscheinlichkeiten auch für den Subjektivisten sinnvoll ist: Gegeben seien zwei Würfel, der erste unbeschriftet, der zweite in der üblichen Weise

---

[12] a. a. O. S. 333.

beschriftet. Man beschließe, die Beschriftung des ersten Würfels von den ersten sechs Resultaten von Würfen mit dem zweiten Würfel abhängig zu machen (wenn z. B. genau dreimal eine 4 geworfen wird, werden auf dem ersten Würfel an drei Seiten vier Punkte angebracht). Beide Würfel seien im subjektivistischen Sinn unverfälscht (d. h. in beiden Fällen betrage der maximale Wettquotient für das Auftreten jeder Würfelseite 1/6). Die *unbekannten* Wahrscheinlichkeiten des ersten Würfels sind dann nichts weiter als die *hypothetischen* Wettquotienten, die man verwenden würde, wenn man bereits wüßte, zu welchen Resultaten die Würfe mit dem zweiten Würfel geführt haben. Diese Überlegung kann nach HINTIKKA verallgemeinert werden: Wenn *objektiv oder subjektiv* gedeutete Wahrscheinlichkeiten (Wahrscheinlichkeiten erster Stufe), zusammen mit einer darauf definierten Wahrscheinlichkeitsverteilung (Wahrscheinlichkeiten zweiter Stufe) vorliegen, so kann man sich dies durch ein Zufallsexperiment veranschaulichen, dessen verschiedene mögliche Resultate die Wahrscheinlichkeiten erster Stufe festlegen, wobei für das Eintreffen der Resultate des Zufallsexperimentes die Wahrscheinlichkeiten zweiter Stufe gelten. *Unbekannte* Wahrscheinlichkeiten werden damit für HINTIKKA zu *bedingten* Wahrscheinlichkeiten.

An dieser Stelle muß man allerdings auch auf eine Äquivokation im Ausdruck „unbekannte Wahrscheinlichkeit" hinweisen. Was HINTIKKA durch das Würfelbeispiel gezeigt hat, ist die Tatsache, daß es *unbekannte subjektive Wahrscheinlichkeiten* (im Sinn unbekannter Wettquotienten) geben kann und daß diese sich als bedingte Wahrscheinlichkeiten deuten lassen[13]. Gegen diese Feststellung ist absolut nichts einzuwenden. Problematisch wird die Sache erst, wenn die subjektiv *oder objektiv* interpretierten unbekannten Wahrscheinlichkeiten als bedingte Wahrscheinlichkeiten aufgefaßt werden[14]. Der Objektivist wird dem nicht zustimmen. Bereits im Würfelbeispiel würde er die Situation anders analysieren: Die Voraussetzung, daß die beiden Würfel nicht gefälscht sind, ist für ihn ja nicht in der Sprache der Wettbereitschaft beschreibbar. Vielmehr handelt es sich *um zwei prinzipiell nicht verifizierbare statistische Hypothesen* über die beiden Würfel (je nach der akzeptierten Variante der Häufigkeitstheorie entweder um hypothetische Annahmen über Grenzwerte relativer Häufigkeiten oder über die Propensities dieser Würfel.)

Analog weichen die beiden Deutungen radikal voneinander ab, wenn es darum geht, die ‚konstante, jedoch unbekannte Wahrscheinlichkeit' von *Kopf* und *Schrift* einer gefälschten Münze durch Erfahrung zu ermitteln[15]. Der Subjektivist wendet dabei sein ‚Prinzip des Lernens aus der Erfahrung' an. Dazu muß er ein nicht-Bernoullisches Wahrscheinlichkeitsmaß P benützen. Die sich ändernden Erfahrungsdaten beeinflussen dieses Maß selbst (seine ‚opinion') nicht, sondern gelangen nur als neue und neue Hypothesen X der bedingten Wahrscheinlichkeit $P(\,\cdot\mid X)$ zur Geltung. Der Objektivist hingegen stellt sukzessive neue und neue statistische Hypothesen zur Diskussion, die er z. B. nach jeder neuen Beobachtung einem Likelihood-Test unterwirft, ohne dabei je zu einer endgültigen Auszeichnung der richtigen Hypothese zu gelangen, ja ohne auch nur irgendeine der ins Auge gefaßten Hypothesen als endgültig verworfen ansehen zu können.

---

[13] Vgl. a. a. O. S. 333 unten sowie die ersten drei Zeilen auf S. 334.
[14] So im zweiten Absatz auf S. 334, Zeile 4 bis 11.
[15] Vgl. dazu a. a. O. S. 328, erster Absatz.

HINTIKKA glaubt, noch einen Schritt weitergehen *und die gesamte frequentistische Theorie im folgenden Sinn auf die subjektivistische reduzieren zu können: Die objektive Wahrscheinlichkeit* des Ereignisses, daß das nächste Individuum die Eigenschaft Ct_1 haben wird, *ist gleich dem Wettquotienten, den ich benützen würde, wenn mir die relative Häufigkeit der Individuen mit dieser Eigenschaft im ganzen Universum bekannt wäre.* (Tatsächlich stützt sich diese Überlegung auf eine bei DE FINETTI beweisbare Aussage: Wenn in $P(H \mid E)$ P ein symmetrisches Wahrscheinlichkeitsmaß ist, ferner H die eben erwähnte Hypothese über das nächste Individuum bildet und E die Proposition darstellt, daß der Grenzwert der relativen Häufigkeiten von Ct_1-Individuen existiert und gleich r ist, so ist $P(H \mid E) = r$.)

Daß DE FINETTI nicht bereit ist, Wetten auf den Grenzwert einer unendlichen Folge von relativen Häufigkeiten zuzulassen, hat nach HINTIKKA nichts mit dessen Subjektivismus zu tun, sondern beruht nach seinen eigenen Worten auf DE FINETTIS ,*Positivismus*'. Dieser Positivismus finde hier in der Forderung seinen Niederschlag, daß Wetten aufgrund von Beobachtungen entscheidbar sein müßten, ein unendlich langes Warten auf den Ausgang einer Wette also für unzulässig erklärt werde. Wenn wir ein ,allwissendes Orakel' hätten, dann könnte selbst ein Positivist dem Wetten auf allgemeine Aussagen einen Sinn geben.

Der Gedanke des Wettens auf statistische Gesetze (unbekannte Wahrscheinlichkeiten) wird später auf den Fall übertragen, in dem unbekannte Wahrscheinlichkeiten überhaupt nicht auftreten: *das Wetten auf strikte Allsätze*[16]. Es ist leicht zu erkennen, daß diese Übertragung statthaft ist, wenn man den ersten Gedanken überhaupt akzeptiert, denn in endlichen Bereichen können strikte Gesetze als statistische Gesetze mit den Werten 0 und 1 aufgefaßt werden; und der Übergang zu unendlichen Bereichen gelingt durch Grenzwertbetrachtungen.

Was das Hauptresultat von DE FINETTIS Untersuchung betrifft, so findet es HINTIKKA irreführend zu behaupten, DE FINETTI habe gezeigt, wie man objektive auf subjektive Wahrscheinlichkeiten zurückführen kann. Vielmehr sei durch seine Resultate ein wichtiger Zusammenhang zwischen subjektiven und objektiven Wahrscheinlichkeiten aufgedeckt worden: Einerseits können danach subjektive Wahrscheinlichkeiten als Approximationen gegen die objektiven relativen Häufigkeiten aufgefaßt werden. Andererseits wird dadurch dem Frequentisten gezeigt, wie er auf objektive Wahrscheinlichkeitsaussagen wetten kann[17].

Nicht erwähnt habe ich die Bemerkungen von BRAITHWAITE und HINTIKKA zu DE FINETTIS Infragestellung des Begriffs der Unabhängigkeit. Beide äußern sich darüber zunächst befremdet[18]. Tatsächlich erscheint DE FINETTIS Kritik prima

---

[16] HINTIKKA a. a. O. S. 338f.

[17] a. a. O. S. 337.

[18] BRAITHWAITE a. a. O. auf S. 8 HINTIKKA a. a. O. vor allem auf S. 327.

facie als nicht ganz verständlich, da doch auch ein Subjektivist nach Wahl eines Wahrscheinlichkeitsmaßes P zwei Ereignisse E_1 und E_2 genau dann für unabhängig erklären kann, wenn $P(E_1 \cap E_2) = P(E_1) \cdot P(E_2)$.

Es scheint mir, daß die Erklärung hierfür hauptsächlich einen Punkt betrifft, der unmittelbar gar nicht in den gegenwärtigen Kontext gehört, sondern zu DE FINETTIs Kritik an den verschiedenen Varianten einer Theorie der ‚objektiven Wahrscheinlichkeit‘. Genauer gesprochen handelt es sich um das, was in Teil III, 1.b die Schwierigkeit (7) der Limestheorie genannt worden ist: Entweder wird unter Unabhängigkeit die stochastische Unabhängigkeit verstanden; dann ist die objektivistische Definition der Wahrscheinlichkeit zirkulär. Oder es wird unter Unabhängigkeit das Fehlen kausaler Beeinflussung verstanden; dann ist dies nach DE FINETTIs Auffassung offenbar eine zu vage und nicht präzisierbare intuitive Vorstellung.

Etwas ganz anderes betrifft die Frage, warum DE FINETTI im Rahmen des Aufbaus seiner Theorie nicht vom Begriff der stochastischen Unabhängigkeit, der doch in der eben angedeuteten Weise definierbar ist, Gebrauch macht. Die Antwort auf diese Frage hat HINTIKKA a. a. O. auf S. 328 f. gegeben. In unserer Sprechweise formuliert: Diese Fälle der Unabhängigkeit betreffen ausschließlich Bernoulli-Wahrscheinlichkeiten, somit solche Wahrscheinlichkeiten, die jedes Lernen aus der Erfahrung ausschließen. Das Interesse eines Subjektivisten konzentriert sich dagegen auf solche Wahrscheinlichkeiten, die ein derartiges Lernen ermöglichen. Daher wird z. B. das starke Gesetz der großen Zahlen von DE FINETTI ohne die Unabhängigkeitsannahme, unter alleiniger Zugrundelegung der Annahme der Vertauschbarkeit, bewiesen.

Dieser Beweis kann übrigens dadurch durchsichtiger gemacht werden, daß das starke Gesetz der großen Zahlen für *stationäre* Ereignisfolgen bewiesen wird. Dabei heißt eine Folge E_1, E_2, ... von Ereignissen eines σ-Körpers $\mathfrak{A}$ genau dann *stationär* bezüglich eines auf $\mathfrak{A}$ definierten Wahrscheinlichkeitsmaßes P, wenn eine ‚Translationsinvarianz nach rechts‘ in dem Sinn besteht, daß für alle positiven ganzen Zahlen n und k sowie für alle n-Tupel $i_1, \ldots, i_n$ von verschiedenen positiven ganzen Zahlen gilt:

$$P(E_{i_1} \cap \ldots \cap E_{i_n}) = P(E_{i_1+k} \cap \ldots \cap E_{i_n+k}).$$

Das Resultat überträgt sich dann unmittelbar auf den Fall der Symmetrie; denn eine symmetrische Folge ist ein spezieller Fall einer stationären Folge[19].

Ich möchte abschließend meine Bedenken gegen HINTIKKAs Idee des Wettens auf (statistische oder deterministische) Naturgesetze begründen. HINTIKKAs *Kritik an de* FINETTIs *Positivismus* scheint mit auf einer Voraussetzung zu beruhen, die man HINTIKKAs *Positivismus* nennen könnte.

Doch Wortspiel beiseite! Der Sachverhalt soll ohne Benützung des vagen Ausdruckes „Positivismus“ analysiert werden. Ohne Zweifel kann man in DE FINETTIs Überlegungen mehrere voneinander unabhängige gedankliche Voraussetzungen unterscheiden, vor allem drei: (*a*) die Ablehnung des Begriffs der objektiven Wahrscheinlichkeit und die ausschließliche Zulassung des Begriffs der subjektiven Wahrscheinlichkeit; (*b*) die Auffassung, daß alle ‚wirklichen‘ Wahrscheinlichkeiten, die keine bloßen mathe-

---

[19] Leider wird das Gesetz der großen Zahlen in den Lehrbüchern fast niemals auf diese Weise bewiesen. Für Hinweise vgl. JEFFREY, [Probability Measures], S. 202, und DOOB, *Stochastic Processes*, insbesondere S. 464 ff.

matischen Fiktionen darstellen, ,operational‘ als Wettquotienten definierbar sind; *(c)* die Forderung, daß alle Aussagen entscheidbar sein müssen. Von *(c)* können wir hier absehen, da dies höchstens im Kontext von DE FINETTIs Kritik am Objektivismus eine Rolle spielt[20].

HINTIKKA hebt, wie wir gesehen haben, noch einen weiteren Punkt hervor: die Forderung DE FINETTIs, daß Wetten auf Grund von endlich vielen Beobachtungen entscheidbar sein müssen. Wenn er diese Forderung als *positivistisch* bezeichnet, so vermutlich deshalb, weil er darin eine Analogie zur positivistischen Verifikationstheorie der Satzbedeutung erblickt. Danach soll, grob gesprochen, eine Aussage nur dann als sinnvoll anerkannt werden, wenn eine Methode zu ihrer Verifikation oder Falsifikation bekannt ist.

Ich vermag hier jedoch keinerlei Analogie zu erblicken. Die eben erwähnte Bedeutungstheorie hat aus verschiedenen Gründen Ablehnung erfahren, vor allem wegen der *unzulässigen Verquickung epistemologischer und semantischer Fragen.* Allerdings: Wenn es TARSKI nicht geglückt wäre, überzeugend darzulegen, daß man auch in solchen Fällen von *wahren* Aussagen sinnvoll sprechen kann, wo eine *Verifikation* ausgeschlossen ist, dann hätte die Verifikationstheorie der Satzbedeutung bis heute eine große Durchschlagskraft behalten.

Im Fall der Wette verhält es sich anders: sie ist *definiert* als ein *Vertrag* bestimmter Art zwischen zwei menschlichen Personen. Und Verträge haben nur dann einen Sinn, wenn die Vertragspartner mit der Vertragserfüllung rechnen dürfen. Dies können sie nicht, wenn sie auf diese Vertragserfüllung eine unendlich lange Zeit warten müssen. Es macht daher für mich keinen Unterschied aus, ob ich einen 500,— DM-Schein mittels einer Kerze anzünde und verbrenne oder ihn als Einsatz einer Wette auf ein Naturgesetz benütze. Das Geld ist für mich in beiden Fällen verloren gegangen. Im zweiten Fall weiß ich dies deshalb — und dies ist einer der wenigen Fälle des *sicheren* Wissens —, weil ich bis zum St. Nimmerleinstag, an dem die Gewinne ausbezahlt werden, längst tot sein werde. *Eine Wette auf ein Naturgesetz mit positivem Einsatz ist* (für einen Menschen, zum Unterschied von einem unsterblichen Engel) *eine Wette, für die Verlust notwendig ist.*

Es scheint mir daher, daß vom Begriff der Wette ein magischer Gebrauch gemacht wird, wenn zur Vermeidung dieser Schwierigkeit ein allwissendes Orakel ins Spiel gebracht werden muß, dessen Auskünfte Wetten über Naturgesetze entscheiden. Die Ablehnung eines solchen magischen Gebrauches sollte man nicht Positivismus nennen.

Ließe sich durch Parallelisierung der Hintikkaschen Überlegung nicht ein analoger Einwand gegen den mathematischen Intuitionismus machen: „Könnten wir stets ein allwissendes Orakel befragen, so müßte selbst ein ,Positivist wie

---

[20] Es handelt sich um die in Teil III, 1.b angeführte Kritik (1).

BROUWER' zugeben, daß es entweder unendlich viele Primzahlzwillinge gibt oder nicht"?

Wenn man sich an die entscheidungstheoretische Verwendung des Begriffs der personellen Wahrscheinlichkeit zurückerinnert, so könnte man durch Vergleich mit der Verifikationstheorie sagen: Es fehlt im entscheidungstheoretischen Fall das Tarski-Analogon zum Begriff der Wahrheit, welches es gestatten würde, den Begriff des Wettens auf Naturgesetze zu entmythologisieren (so wie durch TARSKI der Wendung „wahr, aber nicht verifizierbar" das mythologische Gewand abgestreift worden ist)[21].

All dem könnte man jedoch entgegenhalten, daß HINTIKKA durch nichts anderes zu seinem Ergebnis gelangt sei als durch seine Analyse des de Finettischen Resultates, insbesondere nicht durch Einführung eines ‚magischen Begriffs der Wette'. Der einzige Unterschied zu DE FINETTI bestehe darin, daß HINTIKKA sich bezüglich der Formel (9) nicht darauf beschränkt, die (auf der linken Seite angeführte) Wahrscheinlichkeit Q direkt zu interpretieren, sondern daß er ebenso die aufgrund des Repräsentationstheorems durch Q eindeutig bestimmte Wahrscheinlichkeit P' — die Wahrscheinlichkeit vom Typ II im Sinn von GOOD — inhaltlich als subjektive Wahrscheinlichkeit deutet.

Ein solcher Einwand würde übersehen, daß HINTIKKA für seine Conclusio eine weitere Prämisse benötigt, die in der Übernahme des de Finettischen Operationalismus besteht (vgl. die obige Aussage (b)). Am deutlichsten zeigt sich dies in der Aussage, die HINTIKKA der Feststellung folgen läßt, daß DE FINETTI nicht gezeigt habe, wie man objektive Wahrscheinlichkeiten mittels subjektiver erklären könne[22], nämlich: „Er hat vielmehr erklärt, was es bedeutet, auf solche objektiven Wahrscheinlichkeitsaussagen zu wetten, d. h. was es bedeutet, ihnen subjektive Wahrscheinlichkeiten zuzuteilen"[23]. Die Übernahme der Voraussetzung (b) zeigt sich in der Verwendung des „d. h." (bzw. im Englischen: "i. e."). Wenn wir für diesen Begriff der Hypothesenwahrscheinlichkeit wieder den Ausdruck „Glaubensgrad" verwenden, so kann man HINTIKKAs Überlegung, welche den Übergang vom inhaltlich gedeuteten Q zum inhaltlich gedeuteten P' von (9) betrifft, etwa so wiedergeben:

---

[21] Im nichtmagischen Gebrauch entspricht: „eine Wette gewinnen (verlieren)" höchstens der Wendung: „eine Aussage verifizieren (falsifizieren)", nicht jedoch: „eine Aussage ist wahr (falsch)".

[22] Nebenher bemerkt: Einen solchen Anspruch hat DE FINETTI auch nie erhoben. Wenn man den im ersten Abschnitt dieses Anhanges geschilderten intuitiven Gedankengang als inhaltlich adäquat ansieht, so soll das Resultat von DE FINETTI nicht zeigen, daß der Begriff der objektiven Wahrscheinlichkeit auf den der subjektiven Wahrscheinlichkeit *zurückführbar* ist, sondern daß der erstere *unnötig* oder *überflüssig* ist.

[23] "Rather, he has explained what it means to bet on such probability-statements, i. e. what it means to associate probabilities to them subjectively".

(*A*) „Da DE FINETTI gezeigt hat, wie man von *Wahrscheinlichkeiten* (der Art Q) zu eindeutig bestimmten *Glaubensgraden* (der Art P') für statistische Hypothesen gelangt und da Glaubensgrade als Wettquotienten interpretierbar sind, *so hat er gezeigt, wie Wetten auf statistische Hypothesen sinnvoll ist.*"

Demgegenüber scheint mit der folgende Gedankengang die korrekte Auswertung zu liefern:

(*B*) „Da erstens eine Wette auf nicht verifizierbare statistische (oder nichtstatistische) Hypothesen keinen Sinn ergibt, zweitens jedoch DE FINETTI gezeigt hat, wie man von Wahrscheinlichkeiten (der Art Q) zu eindeutig bestimmten Glaubensgraden (der Art P') für statistische Hypothesen gelangt, *so hat er damit gezeigt, daß man nicht immer Glaubensgrade (Hypothesenwahrscheinlichkeiten) als Wettquotienten deuten darf.*"

Der Unterschied zwischen (*A*) *und* (*B*) *ist genau der Unterschied zwischen Festhalten und Preisgabe der operationalistischen Voraussetzung* (*b*)! Ich würde daher überall, wo HINTIKKA von Wetten auf unbekannte Wahrscheinlichkeiten spricht, nur von der Zuordnung von Glaubensgraden sprechen; insbesondere würde ich im weiter oben zitierten Text "how to bet on" ersetzen durch: "how to assign a degree of belief to".

Wenn man mich nun ins Kreuzfeuer nehmen und fragen würde: „Was soll denn eine Glaubwürdigkeitsbewertung, die sich nicht in der Sprache der Wettquotienten ausdrücken läßt, überhaupt bedeuten? Gehst du nicht einfach von einem magischen Gebrauch von ‚Wette' zu einem magischen Gebrauch von ‚Hypothesenwahrscheinlichkeiten' über?", so würde ich erwidern: „*Ich* habe diesen Übergang vom inhaltlich gedeuteten *Q zum inhaltlich gedeuteten P'* ja nicht vorgeschlagen! Daher ist die Beantwortung dieser Frage auch nicht *meine* Sorge. Ich sehe nur die folgende Alternative: *Entweder* man zieht sich, wie DE FINETTI, darauf zurück, in (9) *nur* das Q als echte Wahrscheinlichkeit zu deuten, dagegen *beide* Kategorien von Wahrscheinlichkeiten auf der rechten Seite als bloße mathematische Fiktionen anzusehen (*sowohl* die im Bildbereich der Zufallsfunktionen f liegenden objektiven Wahrscheinlichkeiten *als auch* die Glaubwürdigkeitsbewertung P'). *Oder* aber man denkt sich eine Interpretation eines probabilistischen Begriffs der Hypothesenwahrscheinlichkeit aus, die nicht auf dem Begriff des Wettquotienten beruht".

Durch diese angestellten Überlegungen habe ich eine nachträgliche Begründung dafür gegeben, warum ich bei der kritischen Erörterung der Carnapschen Theorie (vgl. den ersten Halbband, Teil II, 17) dem, was ich die *Intuition I*, nannte, den Vorzug gab.

Im Kontext der gegenwärtigen Diskussion des de Finettischen Theorems haben wir stets vorausgesetzt, daß die Glaubwürdigkeitsbewertungen von statistischen Hypothesen die Struktur einer Wahrscheinlichkeit haben. Es ist dieselbe Voraussetzung, die in Teil III, 13 bei der Analyse der Fiduzialwahrscheinlichkeit gemacht wurde. Daß diese Voraussetzung keineswegs selbstverständlich ist, dürften hoffentlich die Ausführungen zum Begriff der Likelihood in Teil III gezeigt haben.

Die Art und Weise, wie der Einfluß der Erfahrung auf unsere Wahrscheinlichkeitsbeurteilung künftigen Geschehens nach DE FINETTI auszusehen hat, ist von BRAITHWAITE in knapper und prägnanter Weise geschildert worden[24]: Die Erfahrung beeinflußt unsere Wahrscheinlichkeitsurteile über die Zukunft *nicht indirekt*, auf dem Wege über einen ‚dazwischengeschalteten mysteriösen Begriff' einer objektiven Wahrscheinlichkeit, der ‚ein Teil der physikalischen Welt ist und außerhalb von uns selbst existiert', sondern nur über den Gebrauch bedingter Wahrscheinlichkeitsurteile, bezüglich deren wir wissen, daß die Bedingungen erfüllt worden sind.

In dieser Tatsache, daß die personalistische Wahrscheinlichkeitstheorie *nur Einzelfälle auf Grund von Einzelfällen beurteilt* (in CARNAPS Sprechweise: nur ‚singuläre Voraussageschlüsse' betrachtet), *hingegen niemals Einzelfälle als Spezialisierungen einer allgemeinen Gesetzmäßigkeit deutet*, kann ich nur ein neues Anzeichen dafür erblicken, daß der Personalismus zwar für die *Entscheidungstheorie* das adäquate Instrumentarium zur Verfügung stellt, nicht jedoch für die *theoretische* Beurteilung deterministischer Gesetzeshypothesen oder statistischer Annahmen, etwa von der Art der Theorie der Radioaktivität.

Bibliographie

BRAITHWAITE, R. B., "On Unknown Probabilities", in: KÖRNER, S. (Hrsg.) *Observation and Interpretation*, London 1957, S. 3—11.

DOOB, J. L., *Stochastic Processes*, New York 1953.

DE FINETTI, B. [Foresight], "Foresight: Its Logical Laws, Its Subjective Sources", englische Übersetzung von: "La Prévision: Ses Lois Logiques, Ses Sources Subjectives", Ann. de l'Inst. H. Poincaré, Bd. 7 (1937), in: KYBURG, H. E. und SMOKLER, H. E. (Hrsg.), *Studies in Subjective Probability*, New York 1964, S. 93—158.

DE FINETTI, B., "Initial Probabilities: A Prerequisite for any Valid Induction", Synthese Bd. 20 (1969), S. 2—16.

GAIFMAN, H., "Applications of de Finetti's Theorem to Inductive Logic", in: CARNAP, R. und R. C. JEFFREY (Hrsg.), *Studies in Inductive Logic and Probability*, Berkeley-Los Angeles-London 1971, S. 235—251.

GOOD, I. J., Discussion of Bruno de Finetti's Paper: 'Initial Probabilities: A Prerequisite for any Valid Induction', Synthese Bd. 20 (1969), S. 17—24.

HEWITT, E. und SAVAGE, L. J., "Symmetric Measures on Cartesian Products", Transactions of the Amer. Math. Soc. Bd. 80 (1955), S. 470—501.

HINTIKKA, J. [Unknown Probabilities], "Unknown Probabilities, Bayesianism, and de Finetti's Representation Theorem", in: Boston Studies in the Philosophy of Science Bd. 8 (1972), S. 325—341.

---

[24] "On Unknown Probabilities", S. 9.

JEFFREY, R. C. [Representation Theorem], "De Finetti's Representation Theorem", unveröffentlichtes Manuskript 1960.

JEFFREY, R. C. [Probability Measures], "Probability Measures and Integrals", in: CARNAP, R. und R. C. JEFFREY (Hrsg.), *Studies in Inductive Logic and Probability*, Berkeley-Los Angeles-London 1971, S. 167—221.

KUTSCHERA, F. VON, „ Zur Problematik der Naturwissenschaftlichen Verwendung des Subjektiven Wahrscheinlichkeitsbegriffs", Synthese Bd. 20 (1969), S. 84—103.

LOÈVE, M., *Probability Theory*, 3. Aufl. Princeton 1963.

WRIGHT, G. H. VON, "Remarks on the Epistemology of Subjective Probability", in: E. NAGEL, P. SUPPES and A. TARSKI (Hrsg.), *Logic, Methodology and Philosophy of Science*, Stanford 1962, S. 330—339.

Anhang III: Metrisierung qualitativer Wahrscheinlichkeitsfelder

1. Axiomatische Theorien der Metrisierung. Extensive Größen

Im Bd. II, Kap. I dieser Reihe wurde die Einführung verschiedener Typen von Größen auf intuitiver Basis geschildert. Für eine präzise Formulierung des in diesem Anhang zu behandelnden Problems der Metrisierung qualitativer Wahrscheinlichkeitsfehler erweist es sich als notwendig, an den streng systematischen Aufbau von Theorien der Messung anzuknüpfen. In einem ersten Abschnitt soll kurz die axiomatische Theorie der extensiven Größen geschildert werden. (Es handelt sich hierbei um das systematische Gegenstück zu dem in Bd. II, Kap. I, 4.b behandelten Thema.) Es wird damit ein doppelter Zweck verfolgt: Erstens soll dadurch an einem besonders wichtigen Falltyp die axiomatische Einführung von Größenbegriffen geschildert werden. Zweitens ist dieser Typ auch für den probabilistischen Fall insofern von fundamentaler Bedeutung, als sich die Metrisierungen qualitativer Wahrscheinlichkeitsfelder darauf zurückführen lassen. Dies wird in dem Werk von D. H. KRANTZ et al., [Foundations], gezeigt. Für die Beweise der weiter unten angeführten Theoreme wird stets auf dieses Buch verwiesen.

Die axiomatische Theorie extensiver Größen soll allerdings nicht nach dem Vorgehen in diesem Werk skizziert werden, da dort von ziemlich komplizierten algebraischen Strukturen Gebrauch gemacht wird. Vielmehr knüpfen wir dazu an die einfachere Darstellung von P. SUPPES und J. L. ZINNES in [Basic Measurement] an. Diese Darstellung beruht ihrerseits auf einer Verbesserung der Theorie von O. HÖLDER in [Quantität], welche SUPPES in [Extensive Quantities] gegeben hat.

Mit der Einführung empirischer Größenbegriffe verfolgt man das Ziel, das Wissen über Zahlsysteme für die genauere Beschreibung und Analyse empirischer Gegenstandsbereiche auszuwerten. Dazu werden in einem ersten Schritt die ‚formalen‘ Eigenschaften gewisser empirischer Relationen und empirischer Operationen des Gegenstandsbereiches charakterisiert. In einem zweiten Schritt wird gezeigt, daß man dem *empirischen* Bereich einen Bereich von *Zahlen* auf solche Weise zuordnen kann, daß sich der empirische Bereich als *strukturgleich* mit dem Zahlbereich erweist. Die intuitive Vorstellung der Zuordnung wird mittels des Begriffs der Funktion und die intuitive Idee der Strukturgleichheit je nach Situation entweder durch den Begriff des Homomorphismus oder durch den des Isomorphismus präzisiert. Die Aufgabe, eine solche Zuordnung zu finden, nennt man das *Repräsentationsproblem* eines Metrisierungsprozesses. Die Lösung der Aufgabe erfolgt durch ein *Repräsentationstheorem*.

Anmerkung. Der Ausdruck „Repräsentationstheorem" hat im gegenwärtigen Kontext *nichts* zu tun mit dem gleichlautenden Ausdruck in Anhang II! Es hat sich leider eingebürgert, dieses Wort in zwei vollkommen verschiedenen Bedeutungen zu verwenden.

Die erwähnte Charakterisierung empirischer Relationen und Operationen soll *auf axiomatischem Wege* erfolgen. Die eleganteste Methode, eine Theorie zu axiomatisieren, besteht in der *Einführung eines mengentheoretischen Prädikates*. (Dabei wird allerdings kein formaler Aufbau der Mengenlehre benützt; vielmehr wird, ebenso wie dies in Teil 0, Kap. A, Abschnitt 1 geschah, die mengentheoretische Apparatur auf rein intuitivem Wege eingeführt.) Jede Entität, auf die das mengentheoretische Prädikat zutrifft, wird ein *Modell des Axiomensystems* genannt. Die Aufgabe, welche durch das Repräsentationstheorem einer Theorie der Metrisierung zu lösen ist, besteht in dem Nachweis dafür, daß jedes empirische Modell der Theorie mit einem numerischen Modell homomorph (isomorph) ist.

Von dieser Methode der Axiomatisierung haben wir bereits bei der Einführung der wahrscheinlichkeitstheoretischen Grundbegriffe Gebrauch gemacht (vgl. Teil 0, Kap. A, 2.b und 2.c). Wir analysieren nochmals das Vorgehen am Beispiel des Begriffs des endlich additiven Wahrscheinlichkeitsraumes. Zunächst haben wir jene Entitäten beschrieben, von denen es überhaupt sinnvoll ist zu fragen, ob sie Wahrscheinlichkeitsräume darstellen. Dies sind geordnete Tripel $\langle \Omega, \mathfrak{A}, P \rangle$, wobei Ω eine Menge ist, $\mathfrak{A}$ eine Klasse von Teilmengen von Ω und P eine reelle Funktion mit dem Argumentbereich $\mathfrak{A}$. *Nur* Entitäten, auf die all dies zutrifft, sind potentielle Kandidaten von Wahrscheinlichkeitsräumen. Sollte etwa statt des Tripels ein geordnetes Paar oder ein geordnetes Quadrupel vorgegeben sein oder sollten die drei Glieder nicht die eben angegebenen Bedingungen erfüllen (also z. B. $\mathfrak{A}$ eine Teilmenge von Ω oder P eine Funktion auf Ω sein), so weiß man a priori, daß es sich *nicht* um einen Wahrscheinlichkeitsraum handeln kann. „Man weiß es a priori" heißt dabei: „man weiß es, ohne sich die eigentlichen wahrscheinlichkeitstheoretischen Axiome ansehen zu müssen". Die eigentliche Axiomatisierung erfolgt dann mittels Einführung des mengentheoretischen Prädikates: „ist ein endlich additiver Wahrscheinlichkeitsraum". Und zwar treten hier zwei Gruppen von Axiomen auf: die erste Gruppe verlangt, daß $\mathfrak{A}$ ein Ereigniskörper ist (**D1** von Teil 0, Kap. A, 2.b); die zweite Gruppe fordert, daß P die Kolmogoroff-Axiome erfüllt (**D3** von Teil 0, Kap. A, 2.c).

Aus diesem Beispiel läßt sich das Verfahren für den allgemeinen Fall abstrahieren: Zunächst wird diejenige Art von Entität beschrieben, von der man sinnvollerweise fragen kann, ob sie das mengentheoretische Prädikat erfüllt. Sodann wird dieses Prädikat selbst definiert. Im Rahmen unseres gegenwärtigen Problems haben allerdings die im ersten Schritt formal zu charakterisierenden Entitäten eine andere Grundstruktur als in dem soeben gebrachten Beispiel. Denn wir müssen ja davon ausgehen, daß noch gar keine Größen verfügbar sind. Es hat sich herausgestellt, daß man mit dem von Tarski in [Models] eingeführten Begriff des Relationssystems auskommt. Unter einem *Relationssystem* verstehen wir eine endliche Folge $\langle B, R_1 \ldots, R_n \rangle$ so daß B, der *Bereich* des Relationssystems, eine nichtleere Menge ist, und $R_1, \ldots, R_n$ auf B definierte Relationen darstellen, also $D_I(R_i)$ und $D_{II}(R_i)$ $\subseteq B$ für alle $i = 1, \ldots, n$ (vgl. Teil 0, (18) und (19)). Es wird dabei von der Tatsache Gebrauch gemacht, daß auch Operationen oder Funktionen als Relationen spezieller Art gedeutet werden können, nämlich als Relationen, die gewisse Eindeutigkeitsbedingungen erfüllen. Damit der Symbolismus nicht zu abstrakt wird, werden wir jedoch für Operationen eigene Symbole verwenden, die sich von Relationssymbolen unterscheiden. (Auf die Komplikation, Relationssystemen einen Typus zuzuordnen, können wir hier verzichten.)

Ein Relationssystem $\mathfrak{E} = \langle B, R_1, \ldots, R_n \rangle$ wird ein *empirisches Relationssystem* genannt, wenn B aus einer Gesamtheit empirisch identifizierbarer Objekte (Längen, Gewichte, Personen, Töne) besteht und die Relationen R_i empirische Relationen auf B darstellen. Besteht hingegen der Bereich aus Zahlen und sind dementsprechend alle im Relationssystem vorkommenden Relationen Beziehungen zwischen Zahlen, so spricht man von einem *numerischen Relationssystem*.

Es sei $\mathfrak{E} = \langle B, R_1, \ldots, R_n \rangle$ ein empirisches und $\mathfrak{N} = \langle N, S_1, \ldots, S_n \rangle$ ein numerisches Relationssystem. (Die Anzahl n der in beiden Systemen vorkommenden Relationen sei also dieselbe.) $\mathfrak{N}$ heißt *isomorphes Bild* von $\mathfrak{E}$ gdw es eine Bijektion, d. h. eine umkehrbar eindeutige Abbildung f von B auf N[25] gibt, so daß für jedes $i=1, \ldots, n$ sowie für jedes Paar (a_1, a_2) von Elementen aus B gilt: $R_i(a_1, a_2)$ dann und nur dann wenn $S_i(f(a_1), f(a_2))$. (Diese Definition läßt sich natürlich für den Fall von beliebigen m-stelligen Relationen mit $m > 2$ verallgemeinern.) Wird die Forderung, daß f injektiv sein müsse, zu der Forderung abgeschwächt, daß f eine Funktion zu sein habe, und im übrigen alles beibehalten, so wird $\mathfrak{N}$ *homomorphes Bild* von $\mathfrak{E}$ genannt. Im Fall des Homomorphismus kann also *verschiedenen* Objekten durch f *dieselbe* Zahl zugeordnet werden, im Fall des Isomorphismus dagegen nicht. f selbst wird Isomorphie- bzw. Homomorphiekorrelator genannt. Man sagt dann auch, daß das eine System mit dem anderen *unter dem Homomorphiekorrelator h* homomorph sei. Wenn die *f*-Bilder von B in einer echten Teilmenge von N bestehen, so sagt man, f bilde $\mathfrak{E}$ in ein *Teilsystem von* $\mathfrak{N}$ ab.

Der Unterschied zwischen den beiden Typen von Strukturgleichheit ist meist nicht von großer praktischer Bedeutung. Da in der Regel *verschiedene Objekte dieselbe* Länge, *dasselbe* Gewicht etc. haben werden, scheint zunächst nur der Fall des Homomorphismus der ‚natürliche‘ Fall zu sein. Doch steht in den meisten Fällen — im Fall der Einführung extensiver Größen immer — eine Äquivalenzrelation zur Verfügung, also eine reflexive, transitive und symmetrische Relation, die B

---

[25] Vgl. Teil 0, Definition (21) sowie den dort darauffolgenden Text.

in disjunkte Äquivalenzklassen zerlegt. Man braucht dann nur diese Äquivalenz-klassen statt der Elemente von B *als neue Individuen* zu wählen, um den Homo-morphismus in einen Isomorphismus zu verwandeln. Für eine einfache Illustration vgl. KRANTZ et al., [Foundations], S. 16.

Unter Benützung dieser Terminologie kann die Aufgabe einer Theorie der Messung (genauer natürlich: der Metrisierung) dahingehend charakteri-siert werden, daß ein mengentheoretisches Prädikat einzuführen ist, welches mindestens ein empirisches Relationssystem als Modell besitzt und außer-dem mindestens ein damit homomorphes (isomorphes) numerisches Rela-tionssystem (Lösung des *Repräsentationsproblems*). Wenn $\mathfrak{E}$ ein empirisches Relationssystem und f eine Funktion ist, die $\mathfrak{E}$ homomorph in ein Teil-system eines numerischen Relationssystems $\mathfrak{N}$ abbildet, so wird das Tripel $\langle \mathfrak{E}, \mathfrak{N}, f \rangle$ eine *Skala* genannt. Die Art der Skala liegt allerdings erst fest, wenn außer dem Repräsentationsproblem auch noch das *Eindeutigkeits-problem* gelöst ist. Dieses Problem besteht in der Frage, bis auf welche Trans-formationen der Homomorphiekorrelator eindeutig bestimmt ist. Je nach der Beantwortung dieser Frage unterscheidet man verschiedene *Skalentypen*.

Alle diese Begriffe sollen sogleich am Beispiel extensiver Größen illu-striert werden. Die Entitäten, auf die das mengentheoretische Prädikat „ist ein extensives System" anwendbar ist, sind geordnete Tripel $\langle B, R, \circ \rangle$. Zwecks besseren Verständnisses der Axiome stelle man sich B als Menge empirischer Objekte, R als zweistellige Relation von der Art „ist höchstens gleich (schwer, lang usw.) wie" und $\circ$ als eine Kombinationsoperation vor, die der Addition in dem analogen Sinn entspricht, wie die Relation R der Relation $\leqq$ zwischen Zahlen entspricht. (Für detaillierte inhaltliche Er-läuterungen vgl. Bd. II, S. 49 ff.) Größerer Anschaulichkeit halber soll die Aussageform „die Relation R besteht zwischen x und y" durch „xRy" wiedergegeben werden.

D1 X ist ein *extensives System* gdw ein B, R und $\circ$ existiert, so daß gilt:
    (I) (1) $X = \langle B, R, \circ \rangle$;
        (2) B ist eine nichtleere Menge;
        (3) R ist eine zweistellige Relation auf B;
        (4) $\circ$ ist eine Funktion mit $D_I(\circ) = B \times B$ und $D_{II}(\circ) \subseteqq B$[26];
    (II)   Für alle $x, y, z \in B$ gilt:
        (1) $(xRy \wedge yRz) \rightarrow xRz$;
        (2) $(x \circ y) \circ z Rx \circ (y \circ z)$;
        (3) $xRy \rightarrow x \circ z Rz \circ y$;
        (4) $\neg xRy \rightarrow \bigvee z (z \in B \wedge xRy \circ z \wedge y \circ zRx)$;
        (5) $\neg x \circ yRx$;
        (6)   Wenn xRy, dann gibt es eine natürliche Zahl n, so daß $yRnx$.

---

[26] Auch hier wurden die in Teil 0, Kap. A, Abschnitt 1.c eingeführten Sym-bole benützt: von der Kombinationsoperation wird also verlangt, daß sie auf dem Cartesischen Produkt von B mit sich selbst definiert ist und nur Werte in B be-sitzt.

Das in der letzten Bestimmung vorkommende „nx“ ist rekursiv definiert durch: $1x = x$, $nx = (n-1)\,x \circ x$. Die Aussage (6) ist äquivalent mit der Forderung, das das System *archimedisch* sein müsse[27].

Im Einklang mit der inhaltlichen Vorbetrachtung wurden unter (I) diejenigen Merkmale angeführt, die eine Entität besitzen muß, ‚damit man überhaupt sinnvoll fragen kann, ob es sich um ein extensives System handle‘. Die ‚eigentlichen Axiome‘ sind dann unter (II) angeführt.

Die Relation R liefert eine *schwache Ordnung* der Elemente aus B, d. h. R ist *transitiv* und *stark zusammenhängend*. (Letzteres bedeutet, daß für alle $x, y \in B$ gilt: xRy oder yRx. Für einen Nachweis dieser Aussage vgl. z. B. Suppes, [Extensive Quantities], Theorem 5).

Für die Formulierung des Repräsentationstheorems benötigen wir noch den Begriff des *numerischen extensiven Systems*. Dies ist ein geordnetes Tripel $\langle N, \leq, + \rangle$, so daß N eine nichtleere Menge von positiven reellen Zahlen ist, während $\leq$ die übliche kleiner-oder-gleich-Beziehung und $+$ die übliche Operation der Addition darstellt, die letzteren beiden beschränkt auf die Menge N. Das Repräsentationstheorem kann dann so formuliert werden:

$\mathbf{T_1}$ *Jedes extensive System $\langle B, R, \circ \rangle$ ist homomorph mit einem numerischen extensiven System $\langle N, \leq, + \rangle$. Der Homomorphiekorrelator h erfüllt die Bedingung, daß für alle $x, y, \in B$ gilt: $h(x) = h(y)$ gdw sowohl xRy als auch yRx.*

Die Skala, welche ein empirisches extensives System besitzt, ist eine *Verhältnisskala*, d. h. der Homomorphiekorrelator ist nur bis auf Ähnlichkeitstransformationen eindeutig bestimmt. Dies wird im folgenden Eindeutigkeitstheorem ausgedrückt:

$\mathbf{T_1^*}$ *Wenn ein extensives System $\langle B, R, \circ \rangle$ unter dem Homomorphiekorrelator h_1 homomorph ist mit dem numerischen System $\langle N_1, \leq, + \rangle$ und unter dem Homomorphiekorrelator h_2 homomorph mit dem numerischen System $\langle N_2, \leq, + \rangle$, dann existiert eine positive reelle Zahl α, so daß für alle $x \in B$ gilt: $h_1(x) = \alpha\, h_2(x)$.*

Anmerkung 1. Für jedes numerische extensive System, welches bezüglich eines vorgegebenen empirischen extensiven Systems die Bedingung von $\mathbf{T_1}$ erfüllt, existiert genau ein Homomorphismus h. Er ist ein Element der Klasse aller homomorphen Abbildungen des empirischen Systems in ein numerisches extensives System. Da wegen $\mathbf{T_1^*}$ zwei verschiedene derartige Abbildungen nicht denselben Wert für ein Element $x \in B$ haben können, genügt es zur Bestimmung von h, für *ein einziges* Element x aus B den Wert $h(x)$ anzugeben. Die Aufgabe, eine empirische extensive Größe zu beschreiben, ist damit zurückgeführt auf die Auf-

---

[27] Dem entspricht im Bereich der positiven reellen Zahlen die folgende Aussage: Zu jeder (noch so großen) reellen Zahl y und jeder (noch so kleinen) reellen Zahl x gibt es eine natürliche Zahl n, so daß $y \leq nx$. Dadurch wird die intuitive Idee ausgedrückt, daß keine noch so große Zahl von einer beliebig vorgegebenen kleinen Zahl ‚unendlich weit entfernt‘ ist, wenn man für die Entfernungsmessung die kleine Zahl als Einheit wählt.

gabe, ein empirisches extensives System axiomatisch zu beschreiben und für ein Element des Bereichs dieses Systems den numerischen Wert anzugeben.

Anmerkung 2. Durch „$x \sim y$ gdw xRy und yRx" wird eine Äquivalenzrelation auf dem Bereich des extensiven Systems definiert. $[x] = \{y \mid y \in B \wedge y \sim x\}$ ist die durch x bestimmte Äquivalenzklasse. Die Äquivalenzklassen bezüglich $\sim$ bilden eine Zerlegung von B. Wählt man in der obigen Darstellung diese Äquivalenzklassen als neue Individuen (d. h. geht man statt von B von der Familie $B/\sim$ aller aus B zu gewinnenden $\sim$-Äquivalenzklassen aus), so wird im Repräsentationstheorem die Existenz eines Isomorphismus statt eines bloßen Homomorphismus behauptet.

Anmerkung 3. Aus dem Axiom (II) (5), der Definition von „o" und den Ordnungseigenschaften von R folgt, daß der Bereich B eines extensiven Systems stets unendlich sein muß. Für viele, wenn nicht für sämtliche empirischen Anwendungen beinhaltet dies eine unrealistische Forderung. In dem bereits zitierten Werk von Krantz et al. wird diesem Mangel abgeholfen, allerdings nur um den Preis einer gewissen mathematischen Komplikation: Es wird dort das Repräsentations- und Eindeutigkeitstheorem für Relationssysteme bewiesen, die spezielle Fälle von geordneten lokalen Halbgruppen sind (vgl. a. a. O. S. 44 ff.).

2. Metrisierung von Wahrscheinlichkeitsfeldern

2.a Metrisierung klassischer absoluter Wahrscheinlichkeitsfelder im endlichen und abzählbaren Fall. Im Fall der klassischen Wahrscheinlichkeitstheorie besteht das Metrisierungsproblem darin, den Begriff des Wahrscheinlichkeitsraumes (vgl. **D3** und **D4** von Teil 0) als Bestandteil eines Repräsentationstheorems zu behandeln. Es wird davon ausgegangen, daß auf dem Körper (σ-Körper) nur eine Ordnungsrelation $\succsim$ definiert ist, welche die Bedeutung hat: „ist mindestens so wahrscheinlich wie"[28]. Gesucht wird eine ,die Ordnung erhaltende' numerische Funktion P, welche die Kolmogoroff-Axiome erfüllt. Bei diesem Vorgehen wird also die Zuordnung von Wahrscheinlichkeiten zu Ereignissen als ein Problem der (fundamentalen) Metrisierung behandelt.

Wenn die qualitative Relation $\succsim$ gegeben ist, so können die beiden Relationen $\sim$ (für „ist gleichwahrscheinlich mit") und $>$ (für „ist wahrscheinlicher als") durch Definition eingeführt werden:

$$A \sim B \text{ gdw } A \succsim B \text{ und } B \succsim A$$

$$A > B \text{ gdw } A \succsim B \text{ und nicht } B \succsim A.$$

Es sei $\mathfrak{A}$ ein Mengenkörper und $\sim$ eine Äquivalenzrelation auf $\mathfrak{A}$. Eine Folge $(A_i)_{i\in\mathbb{N}}$ von Elementen $A_i \in \mathfrak{A}$ heißt *Standardfolge bezüglich des Elementes* $A \in \mathfrak{A}$ gdw für $i = 1, 2, \ldots$ Elemente $B_i, C_i \in \mathfrak{A}$ existieren, so daß gilt:

$$(a) \qquad\qquad A_1 = B_1 \text{ und } B_1 \sim A;$$

$$(b) \qquad\qquad B_i \cap C_i = \emptyset;$$

---

[28] Dieser Relationsbegriff wird als *qualitativer* Wahrscheinlichkeitsbegriff bezeichnet. In der Terminologie von Bd. II liegt ein *komparativer* Begriff vor.

(c) $\qquad\qquad B_i \sim A_i;$

(d) $\qquad\qquad C_i \sim A;$

(e) $\qquad\qquad A_{i+1} = B_i \cup C_i.$

Jedes Glied A_i der Standardfolge wird also durch diese Bestimmungen als Vereinigung von i disjunkten ‚Kopien‘ des vorgegebenen Elementes A von $\mathfrak{A}$ konstruiert.

Im folgenden verstehen wir unter einer *schwachen Ordnung* stets ein Relationssystem $\langle A, R \rangle$, so daß A eine Menge und R eine Teilmenge von $A \times A$ ist, wobei diese Relation R auf A transitiv und stark zusammenhängend ist.

D2 X ist ein *qualitatives Wahrscheinlichkeitsfeld* gdw es ein Ω, $\mathfrak{A}$ und $\gtrsim$ gibt, so daß gilt:

(I) (1) $X = \langle \Omega, \mathfrak{A}, \gtrsim \rangle$;

(2) Ω ist eine nichtleere Menge;

(3) $\mathfrak{A}$ ist ein Mengenkörper über Ω;

(4) $\gtrsim$ ist eine Teilmenge von $\mathfrak{A} \times \mathfrak{A}$ (d. h. eine Relation auf $\mathfrak{A}$).

(II) Für alle $A, B, C, D \in \mathfrak{A}$ gilt:

(1) $\langle \mathfrak{A}, \gtrsim \rangle$ ist eine schwache Ordnung;

(2) $\Omega > \emptyset$ und $A \gtrsim \emptyset$;

(3) wenn $A \cap B = A \cap C = \emptyset$, dann ist $B \gtrsim C$ gdw $A \cup B \gtrsim A \cup C$.

Von dem Wahrscheinlichkeitsfeld wird außerdem gesagt, daß es eine *archimedische Struktur* habe, wenn die Definition unter (II) die zusätzliche Bestimmung enthält:

(4) für jedes $A > \emptyset$ ist jede Standardfolge bezüglich A end-lich[29].

Man kann leicht zeigen: Alle diese axiomatischen Bestimmungen sind in dem Sinn *notwendig*, daß sie aus der Annahme folgen, die gesuchte Repräsentation existiere. Für das archimedische Axiom ergibt sich dies so: Da P ordnungstreu sein muß, ist nach Voraussetzung $P(A) > 0$. Das i-te Glied A_i der Standardfolge bezüglich A besteht aus i disjunkten Mengen, deren jede mit A gleichwahrscheinlich ist. Also ist $P(A_i) = i P(A)$. Würde somit (II) (4) nicht gelten, so wäre die Normierungsbedingung für P verletzt.

Der Notwendigkeitsbeweis der übrigen angeführten Axiome findet sich in KRANTZ et al., [Foundations], S. 203.

Die in **D2** angeführten Axiome sind nachweislich für den Beweis des Repräsentationstheorems nicht ausreichend.

Dies haben KRAFT, PRATT und SEIDENBERG in [Intuitive Probability] durch einen raffinierten und verblüffend einfachen Kunstgriff gezeigt. Dieses Verfahren wird in KRANTZ et al., [Foundations], auf S. 205f. geschildert.

---

[29] Es möge beachtet werden, daß die Glieder A_i einer Standardfolge in dem Sinn nach oben durch Ω beschränkt sind, daß stets gilt: $A_i \subset \Omega$.

Die Hinzufügung des folgenden, erstmals von R. D. Luce in [Sufficient Conditions] angegebenen Axioms genügt jedoch, um das gewünschte Repräsentationstheorem zu beweisen. Es werde ebenso wie in Krantz et al., S. 207, Axiom 5 genannt. Sein Inhalt bedarf keiner weiteren Erläuterung.

Axiom 5 $\langle \Omega, \mathfrak{A}, \gtrsim \rangle$ *sei ein qualitatives Wahrscheinlichkeitsfeld. Für alle* $A, B, C, D \in \mathfrak{A}$, *so daß* $A \cap B = \emptyset$, $A \succ C$ *und* $B \gtrsim D$, *existieren* $C', D', E \in \mathfrak{A}$, *so daß:*

  (α) $E \sim A \cup B$;

  (β) $C' \cap D' = \emptyset$;

  (γ) $C' \cup D' \subset E$;

  (δ) $C' \sim C$ *und* $D' \sim D$.

Für eine kurze Diskussion dieses Axioms sowie seinen Vergleich mit anderen, teils stärkeren, teils schwächeren Axiomen vgl. Krantz et al., a. a. O. S. 206 ff. Die Autoren geben außerdem auf S. 208 ff. eine knappe und dennoch vollständige Schilderung des Verfahrens von Savage, der die Relation $\gtrsim$ aus einer *Präferenzrelation* herleitet, die — entscheidungstheoretisch gesprochen — eine schwache Ordnung der Menge der Resultate und der Menge der Handlungen liefert.

Das Verfahren von Savage berührt sich mit der in Teil I, Abschnitt 7, geschilderten Methode. Doch besteht der entscheidende Unterschied darin, daß es auch bei Savage nur um die Metrisierung *der Wahrscheinlichkeit allein* geht, während das in Teil I geschilderte Verfahren eine *simultane* Metrisierung von Nützlichkeiten *und* Wahrscheinlichkeiten lieferte.

Jetzt kann das gesuchte Repräsentationstheorem formuliert werden, welches zugleich eine absolute Eindeutigkeitsaussage enthält:

$\mathbf{T_2}$ *Wenn* $\langle \Omega, \mathfrak{A}, \gtrsim \rangle$ *ein qualitatives Wahrscheinlichkeitsfeld von archimedischer Struktur ist, welches außerdem* **Axiom 5** *erfüllt, so existiert eine eindeutig bestimmte, die Ordnung bezüglich* $\gtrsim$ *bewahrende Funktion* P *mit* $D_I(P) = \mathfrak{A}$ *und* $D_{II}(P) = [0,1]$ *(Einheitsintervall), so daß* $\langle \Omega, \mathfrak{A}, P \rangle$ *ein endlich additiver Wahrscheinlichkeitsraum ist.*

Der interessante Beweis dieses Theorems, den Krantz et al. auf S. 212 ff. geben, besteht in der Zurückführung auf das Repräsentationstheorem für extensive Größen.

Es sei noch kurz die von Villegas angegebene Verschärfung der Bedingungen angeführt, welche notwendig ist, wenn das zweite Glied $\mathfrak{A}$ eines qualitativen Wahrscheinlichkeitsfeldes ein σ-Körper ist. Die Relation $\gtrsim$ werde *monoton stetig auf* $\mathfrak{A}$ genannt gdw für jede Folge $(A_i)_{i \in \mathbf{N}}$ von Elementen aus $\mathfrak{A}$ und jedes $B \in \mathfrak{A}$ gilt: Wenn $A_k \subset A_{k+1}$ und $B \gtrsim A_k$ für alle k, dann $B \gtrsim \bigcup\limits_{i=1}^{\infty} A_i$.

Das Repräsentationstheorem $\mathbf{T_3}$, dessen genaue Formulierung dem Leser überlassen bleibe, liefert die folgenden hinreichenden Bedingungen für eine σ-additive Wahrscheinlichkeitsrepräsentation einer zweistelligen Relation $\succsim$ auf einem σ-Körper $\mathfrak{A}$: die Erfüllung der vier Axiome (II) (1) bis (4) von **D2,** des Axiom 5 sowie der monotonen Stetigkeit von $\succsim$ auf $\mathfrak{A}$.

Für einen Beweis vgl. Krantz et al., [Foundations], S. 218 ff.

2.b Metrisierung quantenmechanischer Wahrscheinlichkeitsfelder. Eine Eigentümlichkeit der Quantenphysik besteht darin, daß für zwei Ereignisse A und B die Wahrscheinlichkeiten $P(A)$ sowie $P(B)$ existieren können, ohne daß die Wahrscheinlichkeit $P(A \cap B)$ existiert. Es sei etwa A das Ereignis, daß eine Elementarpartikel zur Zeit t sich in einem räumlichen Bereich x aufhält, und B das Ereignis, daß eben diese Partikel zur selben Zeit t einen Impuls besitzt, der in ein Intervall y hineinfällt. $A \cap B$ ist dann das Ereignis, daß sich die Partikel zur Zeit t in x aufhält und einen Impuls y hat. Der eben genannte Sachverhalt ist die probabilistische Widerspiegelung jener Fälle, in denen man beobachten kann, ob A vorkam, ebenso auch, ob B vorkam, nicht jedoch, ob $A \cap B$ vorkam. (Für eine eingehendere Diskussion vgl. Bd. II, Anhang, S. 438 ff.)

Der naheliegendste und wohl auch einfachste Ausweg aus dieser Schwierigkeit ist von Suppes beschrieben worden. Er besteht in einer Änderung des Begriffs der ‚Logik der Ereignisse‘.

D3 *Ω sei eine nichtleere Menge und $\mathfrak{A}$ eine nichtleere Klasse von Teilmengen von Ω. $\mathfrak{A}$ ist ein QM-Mengenkörper über Ω gdw für jedes $A, B \in \mathfrak{A}$ gilt:*

    1. $\overline{A} \in \mathfrak{A}$;

    2. *wenn* $A \cap B = \emptyset$, *dann* $A \cup B \in \mathfrak{A}$.

Ist $\mathfrak{A}$ außerdem abgeschlossen bezüglich der Operation der Bildung abzählbarer Vereinigungen wechselseitig disjunkter Mengen, so wird $\mathfrak{A}$ ein QM-σ-Körper genannt.

Daß die obige Schwierigkeit hier nicht auftritt, ergibt sich aus der beweisbaren Aussage: wenn $A, B \in \mathfrak{A}$, dann $A \cup B \in \mathfrak{A}$ gdw $A \cap B \in \mathfrak{A}$.

Für einen Beweis dieser Aussage vgl. Krantz et al. [Foundations], S. 217, Lemma 5.

Die eindeutige Wahrscheinlichkeitsrepräsentation läßt sich auch in diesem Fall beweisen, wenn entsprechend dem Vorgehen von Krantz et al. in [Foundations] die Bestimmung (3) von **D2,** (II) verschärft wird zum folgenden

Axiom 3'. *Es sei $A \cap B = C \cap D = \emptyset$. Wenn $A \succsim C$ und $B \succsim D$, dann $A \cup B \succsim C \cup D$. Sofern in einem der Glieder des Wenn-Satzes „$\succ$“ statt „$\succsim$“ vorkommt, so ist auch im Dann-Satz „$\succsim$“ durch „$\succ$“ uz ersetzen.*

T$_4$ *Wenn $\mathfrak{A}$ ein QM-Mengenkörper über Ω ist und wenn das Relationssystem $\langle \Omega, \mathfrak{A}, \succsim \rangle$ die Axiome (1), (2) und (4) von **D2** (II) sowie **Axiom 5** und **Axiom 3'** erfüllt, dann existiert eine eindeutig bestimmte Funktion P auf $\mathfrak{A}$,* *welche die Ordnung bezüglich $\gtrsim$ bewahrt und die Kolmogoroff-Axiome erfüllt.*

Die Repräsentation für den Fall, daß $\mathfrak{A}$ ein σ-Körper ist, durch ein σ-additives Wahrscheinlichkeitsmaß gilt unter derselben Zusatzvoraussetzung wie im klassischen Fall: *monotone Stetigkeit von $\gtrsim$ auf $\mathfrak{A}$* ($\mathbf{T_5}$).

Für die Beweise vgl. KRANTZ et al., a. a. O., S. 215 und S. 218 ff.

2.c Metrisierung qualitativer bedingter Wahrscheinlichkeitsfelder.
Die Übertragung der bisherigen Methoden auf den Fall bedingter Wahrscheinlichkeiten ist nicht trivial. Der Grund dafür liegt darin, daß die Definition der bedingten Wahrscheinlichkeit

$$P(B \mid A) = \frac{P(A \cap B)}{P(A)}$$

nur unter der Voraussetzung $P(A) > 0$ gilt.

Zu lösen ist das folgende Problem: Gegeben sei eine vierstellige Relation $B \mid A \gtrsim D \mid C$, welche besagt, daß B bei gegebenem A *mindestens so wahrscheinlich ist wie D* bei gegebenem C. *Unter welchen Voraussetzungen kann diese Relation durch ein Maß für bedingte Wahrscheinlichkeit repräsentiert werden, so daß also gilt:*

$$B \mid A \gtrsim D \mid C \text{ gdw } \frac{P(A \cap B)}{P(A)} \geq \frac{P(C \cap D)}{P(C)} \; ?$$

Das folgende Verfahren wurde von LUCE in [Conditional Probability] entwickelt. Wegen der eingangs erwähnten Tatsache kann diesmal $\gtrsim$ nicht als Teilmenge auf $\mathfrak{A} \times \mathfrak{A}$ gewählt werden. Es sind aus den ‚Bedingungen‘ die Ereignisse mit der Wahrscheinlichkeit 0 auszuschließen. Diese Ereignisse bilden eine Teilklasse $\mathfrak{N}$ von $\mathfrak{A}$. $\gtrsim$ ist daher als Teilmenge von $\mathfrak{A} \times (\mathfrak{A}-\mathfrak{N})$ zu wählen. Für ein typisches Element dieser Menge werde die Bezeichnung „$B \mid A$" gewählt.

D4 X *ist ein qualitatives bedingtes Wahrscheinlichkeitsfeld* gdw es ein Ω, ein $\mathfrak{A}$, ein $\mathfrak{N}$ und ein $\gtrsim$ gibt, so daß gilt:

(I) (1) $X = \langle \Omega, \mathfrak{A}, \mathfrak{N}, \gtrsim \rangle$;

     (2) Ω ist eine nichtleere Menge;

     (3) $\mathfrak{A}$ ist ein Mengenkörper über Ω;

     (4) $\mathfrak{N}$ ist eine Teilmenge von $\mathfrak{A}$;

     (5) $\gtrsim$ ist eine Teilmenge von $\mathfrak{A} \times (\mathfrak{A}-\mathfrak{N})$;

(II) Für alle $A, B, C, A', B', C' \in \mathfrak{A}$ (bzw. $\in \mathfrak{A}-\mathfrak{N}$, wenn das Symbol rechts von „$\mid$" vorkommt) gilt:

     (1) $\langle \mathfrak{A} \times (\mathfrak{A}-\mathfrak{N}), \gtrsim \rangle$ ist eine schwache Ordnung;

     (2) $\Omega \in \mathfrak{A}-\mathfrak{N}$ und $B \in \mathfrak{N}$ gdw $B \mid \Omega \sim \emptyset \mid \Omega$;

     (3) $\Omega \mid \Omega \sim A \mid A$ und $\Omega \mid \Omega \gtrsim B \mid A$;

     (4) $B \mid A \sim A \cap B \mid A$;

(5) Es sei $A \cap B = A' \cap B' = \emptyset$. Wenn $B \mid A \gtrsim B' \mid A'$ und $C \mid A \gtrsim C' \mid A'$, dann $B \cup C \mid A \gtrsim B' \cup C' \mid A'$. Falls ein Glied des Wenn-Satzes $\succ$ statt $\gtrsim$ enthält, so gilt auch im Dann-Satz $\succ$ statt $\gtrsim$.

(6) Es sei $C \subseteq B \subseteq A$ und $C' \subseteq B' \subseteq A'$. Wenn $B \mid A \gtrsim C' \mid B'$ und $C \mid B \gtrsim B' \mid A'$, dann $C \mid A \gtrsim C' \mid A'$. Ferner gilt die Analogie zu (5) für $\succ$ statt $\gtrsim$.

Ein solches Feld wird archimedisch genannt, wenn außerdem gilt:

(7) Jede Standardfolge ist endlich.

Dabei wird A_1, A_2, ... eine Standardfolge genannt gdw für alle Glieder A_i gilt:

(a) $\qquad A_i \in \mathfrak{A} - \mathfrak{N}$;

(b) $\qquad A_i \subseteq A_{i+1}$;

(c) $\qquad \Omega \mid \Omega \succ A_i \mid A_{i+1} \sim A_1 \mid A_2$.

Alle diese Axiome sind für die gesuchte Repräsentation notwendig. (Vgl. KRANTZ et al., [Foundations], S. 223f.) Die letztere gewinnt man durch Hinzufügung des folgenden nicht notwendigen Axioms:

Axiom 8. *Wenn $B \mid A \gtrsim D \mid C$, dann gibt es ein $D' \in \mathfrak{A}$, so daß* $C \cap D \subseteq D'$ *und* $B \mid A \sim D' \mid C$.

Eine nichttriviale Anwendung dieses Axioms liegt vor, wenn die Bedingung $B \mid A \succ D \mid C$ lautet. Dann wird verlangt, daß $\mathfrak{A}$ ‚inhaltsreich‘ genug ist, um D zu einer Menge D' zu erweitern (man könnte auch sagen: zu einer solchen umfassenderen Menge adjunktiv zu ergänzen), so daß $B \mid A$ probabilistisch äquivalent wird mit $D' \mid C$.

Das Repräsentations- und Eindeutigkeitstheorem lautet:

$\mathbf{T_6}$ *Es sei $\langle \Omega, \mathfrak{A}, \mathfrak{N}, \gtrsim \rangle$ ein qualitatives bedingtes Wahrscheinlichkeitsfeld, für welches außerdem das* **Axiom 8** *gilt. Dann gibt es eine eindeutig bestimmte reellwertige Funktion P auf $\mathfrak{A}$, so daß für alle B, $D \in \mathfrak{A}$ und alle A, $C \in \mathfrak{A} - \mathfrak{N}$ gilt:*

(a) *$\langle \Omega, \mathfrak{A}, P \rangle$ ist ein endlich additiver Wahrscheinlichkeitsraum;*

(b) *$B \in \mathfrak{N}$ gdw $P(B) = 0$;*

(c) *$B \mid A \gtrsim D \mid C$ gdw $\dfrac{P(A \cap B)}{P(A)} \geqq \dfrac{P(C \cap D)}{P(C)}$.*

Durch (a) ist gewährleistet, daß P die Kolmogoroff-Axiome erfüllt, durch (b), daß $\mathfrak{N}$ genau die ‚Nullereignisse‘ (=Ereignisse von der Wahrscheinlichkeit 0) enthält, und durch (c), daß die Funktion P die gewünschte Repräsentation der qualitativen bedingten Wahrscheinlichkeit liefert.

Für den Beweis des Theorems vgl. KRANTZ et al. [Foundations], S. 225 und S. 228ff.

Bibliographie

HÖLDER, O. [Quantität], „Die Axiome der Quantität und die Lehre vom Maß", Ber. Verh. d. Kgl. Sächs. Ges. d. Wiss., Math.-Phys. Classe Bd. 53 (1901), S. 1—64.

KRAFT C. H., J. W. PRATT und A. SEIDENBERG [Intuitive Probability], "Intuitive Probability on Finite Sets", Ann. Math. Statist. Bd. 30 (1959), S. 408—419.

KRANTZ, D. H., R. D. LUCE, P. SUPPES und A. TVERSKY [Foundations], *Foundations of Measurement*, New York und London 1971.

LUCE, R. D. [Sufficient Conditions], "Sufficient Conditions for the Existence of a Finitely Additive Probability Measure", Ann. Math. Statist. Bd. 38 (1967), S. 780—786.

LUCE, R. D. [Conditional Probability], "On the Numerical Representation of Qualitative Conditional Probability", Ann. Math. Statist. Bd. 39 (1968), S. 481—491.

SAVAGE, L. J., *The Foundations of Statistics*, New York 1954.

SUPPES, P. [Extensive Quantities], "A Set of Independent Axioms for Extensive Quantities", Portugal. Math. Bd. 10 (1951), S. 163—172.

SUPPES, P., "Probability Concepts in Quantum Mechanics", Philosophy of Science Bd. 28 (1961), S. 378—389.

SUPPES, P., "The Role of Probability in Quantum Mechanics", in: BAUMRIN, B. (Hrsg.), *Philosophy of Science, The Delaware Seminar*, New York 1963, S. 319—337.

SUPPES, P., "The Probabilistic Argument for a Non - Classical Logic of Quantum Mechanics", Philosophy of Science Bd. 33 (1966), S. 14—21.

SUPPES, P., *Studies in the Methodology and Foundations of Science*, Dordrecht 1969.

SUPPES, P. und J. L. ZINNES [Basic Measurement], "Basic Measurement Theory", in: LUCE, R. D., R. R. BUSH und E. GALANTER (Hrsg.), Handbook of Mathematical Psychology, Bd. 1, New York 1963, S. 1—76.

TARSKI, A. [Models] "Contributions to the Theory of Models", Indagationes Mathematicae Bd. 16 (1954), S. 572—588, und Bd. 17 (1955), S. 56—64.

VILLEGAS, C. "On Qualitative Probability σ-Algebras", Ann. Math. Statist. Bd. 35 (1964), S. 1787—1796.

VILLEGAS, C. "On Qualitative Probability", Amer. Math. Monthly Bd. 74 (1967), S. 661—669.

Autorenregister

Sachverzeichnis

Verzeichnis der Symbole und Abkürzungen